MATLAB SCIENTIFIC CALCULATION

MATLAB
科学计算

温 正◎编著
Wen Zheng

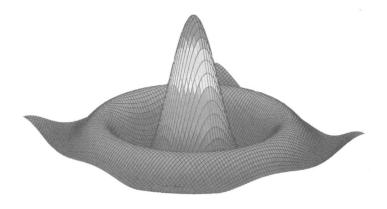

清華大学出版社
北京

内 容 简 介

本书以最新推出的 MATLAB R2016a 软件为基础,详细介绍了各科学计算求解方法及其MATLAB 在科学计算中的应用,是一本掌握 MATLAB 科学计算方法的综合性参考书。全书以科学计算在 MATLAB 中的应用为主线,结合各种应用案例,详细讲解了科学计算的 MATLAB 实现方法。

全书分为 MATLAB 基础应用、科学计算和工具箱等三部分,共 17 章。基础应用部分详细讲解了MATLAB 的计算入门知识、基本运算方法、图形的可视化以及编程方法等,这些都是掌握科学计算的必备知识。科学计算部分详细讲解了 MATLAB 的插值拟合、数据拟合、微分方程求解、微分方程及级数、线性方程(组)求解、非线性方程(组)求解、常微分方程(组)求解、概率统计计算、偏最小二乘应用分析、人工智能算法等相关知识。工具箱部分介绍了模糊逻辑工具箱、优化工具箱和偏微分方程工具箱。

本书按逻辑编排,自始至终采用实例描述;内容完整且每章相对独立,是一本具有较高参考价值的MATLAB 科学计算参考书。

本书以工程应用为目标,内容深入浅出,讲解循序渐进,适合作为理工科高等院校研究生、本科生教学用书,也可作为广大科研工程技术人员的参考用书。

图书在版编目(CIP)数据

MATLAB 科学计算/温正编著. —北京:清华大学出版社,2017(2023.1重印)
(科学与工程计算技术丛书)
ISBN 978-7-302-46714-4

Ⅰ. ①M… Ⅱ. ①温… Ⅲ. ①数值计算—Matlab 软件 Ⅳ. ①O245

中国版本图书馆 CIP 数据核字(2017)第 038675 号

责任编辑:盛东亮
封面设计:李召霞
责任校对:梁 毅
责任印制:朱雨萌

出版发行:清华大学出版社
   网 址:http://www.tup.com.cn,http://www.wqbook.com
   地 址:北京清华大学学研大厦 A 座   邮 编:100084
   社 总 机:010-83470000   邮 购:010-62786544
   投稿与读者服务:010-62776969,c-service@tup.tsinghua.edu.cn
   质量反馈:010-62772015,zhiliang@tup.tsinghua.edu.cn
   课件下载:http://www.tup.com.cn,010-83470236
印 装 者:三河市铭诚印务有限公司
经 销:全国新华书店
开 本:185mm×260mm 印 张:39.75   字 数:962 千字
版 次:2017 年 9 月第 1 版   印 次:2023 年 1 月第 9 次印刷
定 价:99.00 元

产品编号:072496-01

致力于加快工程技术和科学研究的步伐——这句话总结了 MathWorks 坚持超过三十年的使命。

在这期间,MathWorks 有幸见证了工程师和科学家使用 MATLAB 和 Simulink 在多个应用领域中的无数变革和突破:汽车行业的电气化和不断提高的自动化;日益精确的气象建模和预测;航空航天领域持续提高的性能和安全指标;由神经学家破解的大脑和身体奥秘;无线通信技术的普及;电力网络的可靠性等等。

与此同时,MATLAB 和 Simulink 也帮助了无数大学生在工程技术和科学研究课程里学习关键的技术理念并应用于实际问题中,培养他们成为栋梁之才,更好地投入科研、教学以及工业应用中,指引他们致力于学习、探索先进的技术,融合并应用于创新实践中。

如今,工程技术和科研创新的步伐令人惊叹。创新进程以大量的数据为驱动,结合相应的计算硬件和用于提取信息的机器学习算法。软件和算法几乎无处不在——从孩子的玩具到家用设备,从机器人和制造体系到每一种运输方式——让这些系统更具功能性、灵活性、自主性。最重要的是,工程师和科学家推动了这些进程,他们洞悉问题,创造技术,设计革新系统。

为了支持创新的步伐,MATLAB 发展成为一个广泛而统一的计算技术平台,将成熟的技术方法(比如控制设计和信号处理)融入令人激动的新兴领域,例如深度学习、机器人、物联网开发等。对于现在的智能连接系统,Simulink 平台可以让您实现模拟系统,优化设计,并自动生成嵌入式代码。

"科学与工程计算技术丛书"系列主题反映了 MATLAB 和 Simulink 汇集的领域——大规模编程、机器学习、科学计算、机器人等。我们高兴地看到"科学与工程计算技术丛书"支持 MathWorks 一直以来追求的目标:助您加速工程技术和科学研究。

期待着您的创新!

Jim Tung
MathWorks Fellow

PREFACE

To Accelerate the Pace of Engineering and Science. These eight words have summarized the MathWorks mission for over 30 years.

In that time, it has been an honor and a humbling experience to see engineers and scientists using MATLAB and Simulink to create transformational breakthroughs in an amazingly diverse range of applications: the electrification and increasing autonomy of automobiles; the dramatically more accurate models and forecasts of our weather and climates; the increased performance and safety of aircraft; the insights from neuroscientists about how our brains and bodies work; the pervasiveness of wireless communications; the reliability of power grids; and much more.

At the same time, MATLAB and Simulink have helped countless students in engineering and science courses to learn key technical concepts and apply them to real—world problems, preparing them better for roles in research, teaching, and industry. They are also equipped to become lifelong learners, exploring for new techniques, combining them, and applying them in novel ways.

Today, the pace of innovation in engineering and science is astonishing. That pace is fueled by huge volumes of data, matched with computing hardware and machine—learning algorithms for extracting information from it. It is embodied by software and algorithms in almost every type of system – from children's toys to household appliances to robots and manufacturing systems to almost every form of transportation – making those systems more functional, flexible, and autonomous. Most important, that pace is driven by the engineers and scientists who gain the insights, create the technologies, and design the innovative systems.

To support today's pace of innovation, MATLAB has evolved into a broad and unifying technical computing platform, spanning well—established methods, such as control design and signal processing, with exciting newer areas, such as deep learning, robotics, and IoT development. For today's smart connected systems, Simulink is the platform that enables you to simulate those systems, optimize the design, and automatically generate the embedded code.

The topics in this book series reflect the broad set of areas that MATLAB and Simulink bring together: large — scale programming, machine learning, scientific computing, robotics, and more. We are delighted to collaborate on this series, in support of our ongoing goal: to enable you to accelerate the pace of your engineering and scientific work.

I look forward to the innovations that you will create!

Jim Tung
MathWorks Fellow

在科学研究和工程计算领域经常会遇到一些非常复杂的计算问题,这些问题利用计算器或手工计算无法完成,只能借助计算机完成,而 MATLAB 在数值计算方面表现卓越,又 MATLAB 语言具有编程效率高、图形界面友好、全方位的帮助系统、扩充能力强、交互性好、可移植性强等特点,因此,MATLAB 广泛应用于各行各业。

目前,MATLAB 已成为数学应用领域的重要基础课程的首选实验平台,而对于学生而言最有效的学习途径是结合专业课程的学习掌握该软件的使用与编程。本书将详细介绍应用 MATLAB R2016a 进行科学计算的实现方法。

1. 本书特点

由浅入深,循序渐进:本书以 MATLAB 爱好者为对象,首先从 MATLAB 使用基础讲起,再由简单的科学计算出发,逐渐过渡到 MATLAB 优化设计部分,并辅以工程中的应用案例,帮助读者快速掌握 MATLAB 进行科学计算与优化设计和开发。

步骤详尽、内容新颖:本书结合作者多年 MATLAB 使用经验与实际工程应用案例,将 MATLAB 软件的使用方法与技巧详细地讲解给读者。本书在 MATLAB 进行科学计算和优化设计讲解过程中,步骤详尽,与算法理论贴切并辅以实际案例为背景,使读者在阅读时,结合程序和理论,从而快速理解理论思想,并掌握该理论编程方法。

实例典型、轻松易学:通过学习实际工程应用案例,运用 MATLAB 科学计算求解,是掌握 MATLAB 编程应用最好的方式。本书通过理论联系实际案例,并结合编程代码,透彻详尽地讲解了 MATLAB 在科学计算和数值分析中的应用研究。

2. 本书内容

本书以初中级读者为对象,结合笔者多年 MATLAB 使用经验与实际工程应用案例,将 MATLAB 软件的使用方法与技巧详细地讲解给读者。本书基于 MATLAB R2016a 版,详细讲解 MATLAB 在科学计算中的应用。全书内容共分为三部分,具体如下。

第 1 部分:MATLAB 基础应用部分。详细讲解了 MATLAB 简介、基本运算、图形的可视化以及编程方法等,这些都是掌握科学计算的必备知识。

第 1 章　MATLAB 简介　　　　　第 2 章　MATLAB 基本运算

第 3 章　MATLAB 图形可视化　　　第 4 章　MATLAB 编程入门

第 2 部分:MATLAB 科学计算部分。详细讲解了 MATLAB 的插值拟合、数据拟合、微分方程求解、微分方程及级数、线性方程(组)求解、非线性方程(组)求解、常微分方程(组)求解、概率统计计算等相关知识。

第 5 章　插值拟合　　　　　　　第 6 章　数据拟合

第 7 章　微分方程求解　　　　　第 8 章　微分方程及级数

第 3 部分：MATLAB 工具箱。详细讲解了 MATLAB 的模糊逻辑工具箱、优化工具箱、偏微分方程工具箱等相关知识。

3. 读者对象

本书适合于 MATLAB 初学者和研究算法提高并解决工程应用能力的读者,具体说明如下:

- 相关从业人员
- 初学 MATLAB 科学计算的技术人员
- 大中专院校的教师和在校生
- 相关培训机构的教师和学员
- 广大科研工作人员
- MATLAB 爱好者

4. 读者服务

为了方便解决本书疑难问题,读者朋友在学习过程中遇到与本书有关的技术问题时,可以发邮件到邮箱 caxart@126.com,或者访问博客 http://blog.sina.com.cn/caxart,编者会尽快给予解答,我们将竭诚为您服务。

另外,本书所涉及的素材文件(程序代码)已经上传到为本书提供的博客中,供读者下载。

5. 本书作者

本书主要由温正编著。此外,付文利、王广、张岩、林晓阳、任艳芳、唐家鹏、孙国强、高飞等也参与了本书部分内容的编写工作。

虽然作者在本书的编写过程中力求叙述准确、完善,但由于水平有限,书中欠妥之处在所难免,希望读者和同仁能够及时指出,共同促进本书质量的提高。

最后再次希望本书能为读者的学习和工作提供帮助!

编　者

2017 年 6 月

目 录

目录

目录

目录

目录

目录

目录

随着 MATLAB 的商业化以及软件本身的不断升级,MATLAB 的用户界面也越来越精致,更加接近 Windows 的标准界面,人机交互性更强,操作更简单。而且新版本的 MATLAB 提供了完整的联机查询、帮助系统,极大地方便了用户的使用。

本章简单介绍了 MATLAB 工作环境、图形绘制和帮助系统等内容。

学习目标:
- 了解 MATLAB 的特点;
- 熟悉 MATLAB 的工作环境;
- 熟练掌握 MATLAB 的帮助系统。

1.1 MATLAB 平台简介

MATLAB 语言相对于传统的科技编程语言有诸多的优点。

1. 易用性

MATLAB 是一种解释型语言,就像各种版本的 Basic。和 Basic 一样,它简单易用,可直接在命令行窗口输入命令行处表达式的值,也可执行预先写好的大型程序。

在 MATLAB 集成开发环境下,程序可以方便地编写、修改和调试。这是因为这种语言极易使用,对于教育应用和快速建立新程序的原型,它是一个理想的工具。

许多的编程工具使得 MATLAB 十分简单易用。这些工具包括一个集成的编译/调试器、在线文件手册、工作台和扩展范例。

2. 平台独立性

MATLAB 支持许多的操作系统,提供了大量的平台独立的措施。在本书编写的时候,Windows 10 和许多版本的 UNIX 系统都支持它。

在一个平台上编写的程序,在其他平台上一样可以正常运行,在一个平台上编写的数据文件在其他平台上一样可以编译。因此,用户可以根据需要把 MATLAB 编写的程序移植到新平台。

3. 预定义函数

MATLAB 带有一个极大的预定义函数库,它提供了许多已测试和打包过的基本工程问题的函数。例如,假设正在编写一个程序,这个程序要求用户必须计算与输入有关的统计。

在许多的语言中,需要写出所编数组的下标和执行计算所需要的函数,这些函数包括其数学意义、中值、标准误差等。像这样成百上千的函数已经在 MATLAB 中编写好,所以让编程变得更加简单。

除了植入 MATLAB 基本语言中的大量函数,还有许多专用工具箱,以帮助用户解决在具体领域的复杂问题。例如,用户可以购买标准的工具箱以解决在信号处理、控制系统、通信、图像处理、神经网络和其他许多领域的问题。

4. 机制独立的画图

与其他语言不同,MATLAB 有许多的画图和图像处理命令。当 MATLAB 运行时,这些标绘图和图片将会出现在这台计算机的图像输出设备中。此功能使得 MATLAB 成为一个形象化技术数据的卓越工具。

5. 用户图形界面

MATLAB 允许程序员为他们的程序建立一个交互式的用户图形界面。利用 MATLAB 的这种功能,程序员可以设计出相对于无经验的用户可以操作的复杂的数据分析程序。

6. MATLAB 编译器

MATLAB 的灵活性和平台独立性是通过将 MATLAB 代码编译成设备独立的 P 代码,然后在运行时解释代码来实现的。

这种方法与微软的 VB 相类似。不幸的是,由于 MATLAB 是解释型语言,而不是编译型语言,产生的程序执行速度慢。

如今的 MATLAB 已经不再是仅仅解决矩阵与数值计算的软件,更是一种集数值与符号运算、数据可视化图形表示与图形界面设计、程序设计、仿真等多种功能于一体的集成软件。

MATLAB 已经成为线性代数、数值分析计算、数学建模、信号与系统分析、自动控制、数字信号处理、通信系统仿真等一批课程的基本教学工具。随着 MATLAB 在我国高校的推广和应用不断扩大,MATLAB 逐渐被越来越多地认识和使用。

1.2　MATLAB R2016a 的工作环境

在一般情况下,可以使用两种方法来打开 MATLAB R2016a。双击桌面上的 MATLAB 图标,打开如图 1-1 所示的操作界面。

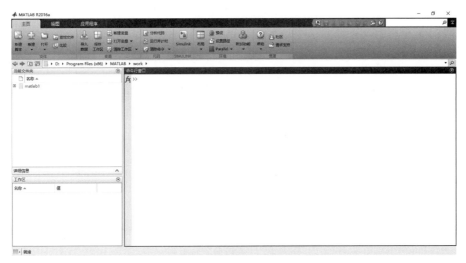

图 1-1　MATLAB 操作界面的默认外观

如果用户没有添加 MATLAB 快捷方式，则需要在 MATLAB 的安装文件夹里（默认路径为 C:\Program Files\MATLAB\R2016b\bin\win32）选择 MATLAB.exe 应用程序，同样可以打开 MATLAB 操作界面。这两种方法的结果完全相同。

MATLAB R2016a 延续了 MATLAB R2015b 的操作界面。该操作界面中包含大量的交互式界面，如通用操作界面、工具包专业界面、帮助界面和演示界面等。这些交互性界面组合在一起，构成 MATLAB 的默认操作界面。

1.2.1　命令行窗口

在 MATLAB 默认主界面的右边是命令行窗口。

顾名思义，命令行窗口是接收命令输入的窗口，但实际上，可输入的对象除 MATLAB 命令之外，还包括函数、表达式、语句以及 M 文件名或 MEX 文件名等。为叙述方便，这些可输入的对象以下通称语句。

MATLAB 的工作方式之一是在命令行窗口中输入语句，然后由 MATLAB 逐句解释执行并在命令行窗口中给出结果。命令行窗口可显示除图形以外的所有运算结果。命令行窗口可从 MATLAB 主界面中分离出来，以便单独显示和操作。当然，也可重新返回主界面中，其他窗口也有相同的行为。

分离命令行窗口可单击窗口右上角的 ⊙ 按钮后选择 Undock 选项。另外，还可以直接用鼠标将命令行窗口拖离主界面，其结果如图 1-2 所示。若将命令行窗口返回到主界面中，可单击窗口右上角的 ⊙ 按钮后选择 Dock 选项。

下面对使用命令行窗口的一些相关问题加以说明。

1. 命令提示符和语句颜色

在命令行窗口，每行语句前都有一个符号"＞＞"，此即命令提示符。在此符号后（也只能在此符号后）输入各种语句并按 Enter 键，方可被 MATLAB 接收和执行。执行的结果通常就直接显示在语句下方，如图1-3所示。

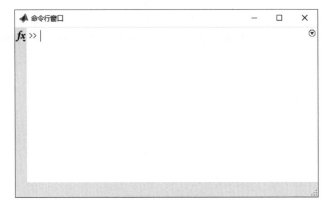

图1-2　分离的命令行窗口

图1-3　MATLAB语句运行结果

不同类型语句用不同颜色区分。在默认情况下，输入的命令、函数、表达式以及计算结果等采用黑色字体，字符串采用红色，if、for等关键词采用蓝色，注释语句用绿色。

2. 语句的重复调用、编辑和重运行

命令行窗口不仅能编辑和运行当前输入的语句，而且对曾经输入的语句也有快捷的方法进行重复调用、编辑和运行。成功实施重复调用的前提是已输入的语句仍然保存在命令历史记录窗口中（未对该窗口执行清除操作）。而重复调用和编辑的快捷方法就是利用表1-1所列的键盘按键。

表1-1　语句行用到的编辑键

键盘按键	键 的 用 途	键盘按键	键 的 用 途
↑	向上回调以前输入的语句行	Home	让光标跳到当前行的开头
↓	向下回调以前输入的语句行	End	让光标跳到当前行的末尾
←	光标在当前行中左移一字符	Delete	删除当前行光标后的字符
→	光标在当前行中右移一字符	BackSpace	删除当前行光标前的字符

其实这些按键与文字处理软件中介绍的同一编辑键在功能上是大体一致的,不同点主要是:在文字处理软件中是针对整个文档使用,而 MATLAB 命令行窗口是以行为单位使用这些编辑键,类似于编辑 DOS 命令的使用手法。

3. 语句行中使用的标点符号

MATLAB 在输入语句时,可能要用到表 1-2 所列的各种符号。在向命令行窗口输入语句时,一定要在英文输入状态下输入,尤其在刚刚输完汉字后初学者很容易忽视中英文输入状态的切换。

表 1-2　MATLAB 语句中常用标点符号的作用

名称	符号	作　　用
空格		变量分隔符;矩阵一行中各元素间的分隔符;程序语句关键词分隔符
逗号	,	分隔欲显示计算结果的各语句;变量分隔符;矩阵一行中各元素间的分隔符
点号	.	数值中的小数点;结构数组的域访问符
分号	;	分隔不想显示计算结果的各语句;矩阵行与行的分隔符
冒号	:	用于生成一维数值数组;表示一维数组的全部元素或多维数组某一维的全部元素
百分号	%	注释语句说明符,凡在其后的字符视为注释性内容而不被执行
单引号	' '	字符串标识符
圆括号	( )	用于矩阵元素引用;用于函数输入变量列表;确定运算的先后次序
方括号	[ ]	向量和矩阵标识符;用于函数输出列表
花括号	{ }	标识细胞数组
续行号	…	长命令行需分行时连接下行用
赋值号	=	将表达式赋值给一个变量

4. 命令行窗口中数值的显示格式

为了适应用户以不同格式显示计算结果的需要,MATLAB 设计了多种数值显示格式以供用户选用,如表 1-3 所示。其中,默认的显示格式是:数值为整数时,以整数显示;数值为实数时,以 short 格式显示;如果数值的有效数字超出了这一范围,则以科学计数法显示结果。

表 1-3　命令行窗口中数据 e 的显示格式

格　　式	命令行窗口中的显示形式	格式效果说明
short(默认)	2.7183	保留 4 位小数,整数部分超过 3 位的小数用 short e 格式
short e	2.7183e+000	用 1 位整数和 4 位小数表示,倍数关系用科学计数法表示成十进制指数形式
short g	2.7183	保证 5 位有效数字,数字大小在 $10^{-5} \sim 10^5$ 之间时,自动调整数位多少,超出幂次范围时用 short e 格式
long	2.71828182845905	14 位小数,最多 2 位整数,共 16 位十进制数,否则用 long e 格式表示
long e	2.718281828459046e+000	15 位小数的科学计数法表示

续表

格　　式	命令行窗口中的显示形式	格式效果说明
long g	2.71828182845905	保证 15 位有效数字,数字大小在 $10^{-5} \sim 10^{15}$ 之间时,自动调整数位多少,超出幂次范围时用 long e 格式
rational	1457/536	用分数有理数近似表示
hex	4005bf0a8b14576a	十六进制表示
＋	＋	正、负数和零分别用＋、－、空格表示
bank	2.72	限两位小数,用于表示元、角、分
compact	不留空行显示	在显示结果之间没有空行的压缩格式
loose	留空行显示	在显示结果之间有空行的稀疏格式

需要说明的是,表中最后两行是用于控制屏幕显示格式的,而非数值显示格式。MATLAB 所有数值均按 IEEE 浮点标准所规定的长型格式存储,显示的精度并不代表数值实际的存储精度,或者说数值参与运算的精度,认清这一点是非常必要的。

5. 数值显示格式的设定方法

格式设定的方法有两种:一是单击 MATLAB 窗口中的 ⊙ 预设 按钮,用弹出的对话框去设定;二是执行 format 命令,例如要用 long 格式,在命令行窗口中输入 format long 语句即可。两种方法均可独立完成设定,但使用命令是方便在程序设计时进行格式设定。

不仅数值显示格式可由用户自行设置,数字和文字的字体显示风格、大小、颜色也可由用户自行挑选。其方法还是单击 MATLAB 窗口中的 ⊙ 预设 按钮,弹出如图 1-4 所示对话框。利用该对话框左侧的格式对象树,从中选择要设定的对象再配合相应的选项,便可对所选对象的风格、大小、颜色等进行设定。

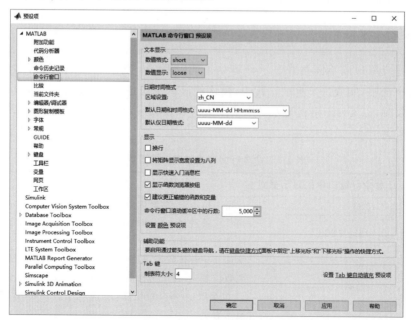

图 1-4　Preferences 设置对话框

6. 命令行窗口清屏

当命令行窗口中执行过许多命令后,窗口会被占满。为方便阅读,清除屏幕显示是经常采用的操作。

清除命令行窗口显示通常有两种方法:一是单击 [Clear Commands ▼] 按钮,然后选取下拉菜单中的 [Command Window] 选项;二是在提示符后直接输入 clc 语句。两种方法都能清除命令行窗口中的显示内容,但不能清除工作区和历史命令行窗口的显示内容。

1.2.2　命令历史记录窗口

命令历史记录窗口是 MATLAB 用来存放曾在命令行窗口中使用过的语句。它借用计算机的存储器来保存信息。其主要目的是便于用户追溯、查找曾经用过的语句,利用这些既有的资源节省编程时间。

MATLAB 主界面中的命令历史记录窗口如图 1-5 所示。从窗口中记录的时间来看,其中存放的正是曾经使用过的语句。

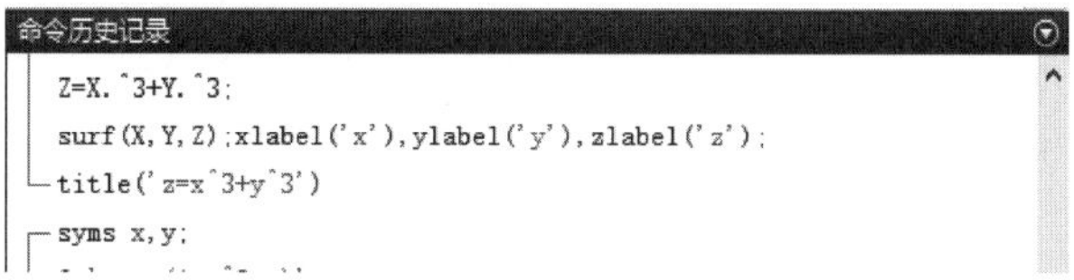

图 1-5　分离的命令历史记录窗口

对命令历史记录窗口中的内容,可在选中的前提下,将它们复制到当前正在工作的命令行窗口中,以供进一步修改或直接运行。其优势在如下两种情况下体现得尤为明显:一是需要重复处理长语句;二是在选择多行曾经用过的语句形成 M 文件时。

1. 复制、执行命令历史记录窗口中的命令

命令历史记录窗口的主要应用体现在表 1-4 中。表中"操作方法"一栏中提到的"选中"操作,与 Windows 选中文件时方法相同,同样可以结合 Ctrl 键和 Shift 键使用。

表 1-4　命令历史记录窗口的主要应用

功　　能	操　作　方　法
复制单行或多行语句	选中单行或多行语句,执行 Edit 菜单中的复制命令,回到命令行窗口,执行粘贴操作,即可实现复制
执行单行或多行语句	选中单行或多行语句,右击,弹出快捷菜单,执行该菜单中的 Evaluate Selection 命令,则选中语句将在命令行窗口中运行,并给出相应结果。或者双击选择的语句行也可运行
把多行语句写成 M 文件	选中单行或多行语句,右击,弹出快捷菜单,执行该菜单中的 Create M-File 命令,利用随之打开的 M 文件编辑/调试器窗口,可将选中语句保存为 M 文件

用命令历史记录窗口完成所选语句的复制操作:

① 选中所需第一行;

② 按 Shift 键和鼠标选择所需最后一行,于是连续多行即被选中;

③ 在选中区域单击鼠标右键,执行快捷菜单中的"复制"命令;

④ 回到命令行窗口,在该窗口用快捷菜单中的 Paste 命令,所选内容即被复制到命令行窗口。

其操作如图 1-6 所示。

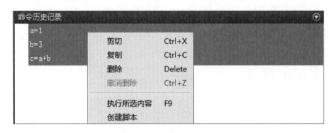

图 1-6　命令历史记录窗口选中与复制操作

用命令历史记录窗口完成所选语句的运行操作:

① 选中所需第一行;

② 按 Ctrl 键结合鼠标选中所需的行,于是不连续多行即被选中;

③ 在选中的区域右击,弹出快捷菜单,选中 Evaluate Selection 命令,计算结果就会出现在命令行窗口中。

2. 清除命令历史记录窗口中的内容

清除命令历史记录窗口内容的方法就是清除命令行窗口显示。通常有两种方法:一是单击 ![清除命令] 按钮,然后选取下拉菜单中的 ![命令历史记录] 选项。当执行上述命令后,命令历史记录窗口当前的内容就被完全清除了,以前的命令再不能被追溯和利用,这一点必须清楚。

1.2.3　当前文件夹窗口和路径管理

MATLAB 借鉴 Windows 资源管理器管理磁盘、文件夹和文件的思想,设计了当前文件夹窗口。利用该窗口可组织、管理和使用所有 MATLAB 文件和非 MATLAB 文件,如新建、复制、删除和重命名文件夹和文件。甚至还可用此窗口打开、编辑和运行 M 程序文件以及载入 MAT 数据文件等。当然,其核心功能还是设置当前目录。

当前文件夹窗口如图 1-7 所示。下面主要介绍当前目录的概念及如何完成对当前目录的设置,并不准备在此讨论程序文件的运行。

MATLAB 的当前目录即是系统默认的实施打开、装载、编辑和保存文件等操作时的文件夹。用桌面图标启动 MATLAB 后,系统默认的当前目录是…\MATLAB\work。设置当前目录就是将此默认文件夹改变成用户希望使用的文件夹,它应是用户准备用来存放文件和数据的文件夹,可能正是用户自己有意提前创建好的。

具体的设置方法有两种:

(1) 在当前目录设置区设置。在图 1-5 所示 MATLAB 主界面工具栏的右边,可以

图 1-7　分离的当前文件夹窗口

在设置区的下拉列表文本框中直接填写待设置的文件夹名或选择下拉列表中已有的文件夹名；或单击 按钮，从弹出的当前目录设置对话框的目录树中选取欲设为当前目录的文件夹。

（2）用命令设置。有一组从 DOS 中借用的目录命令可以完成这一任务，它们的语法格式如表 1-5 所示。

表 1-5　几个常用的设置当前目录的命令

目录命令	含　义	示　例
cd	显示当前目录	cd
cd 文件夹名	设定当前目录为"文件夹名"	cd f:\matfiles

用命令设置当前目录，为在程序中控制当前目录的改变提供了方便，因为编写完成的程序通常用 M 文件存放，执行这些文件时是不便先退出再用窗口菜单或对话框去改变当前目录设置的。

1.2.4　搜索路径

MATLAB 中大量的函数和工具箱文件是组织在硬盘的不同文件夹中的。用户建立的数据文件、命令和函数文件也是由用户存放在指定的文件夹中。当需要调用这些函数或文件时，找到这些函数或文件所存放的文件夹就成为首要问题，路径的概念也就因此而产生了。

路径其实就是给出存放某个待查函数和文件的文件夹名称。当然，这个文件夹名称应包括盘符和一级级嵌套的子文件夹名。例如，现有一文件 lx04_01.m 存放在 D 盘"MATLAB 文件"文件夹下的"M 文件"子文件夹下的"第 4 章"子文件夹中，那么，描述它的路径是：D:\MATLAB 文件\M 文件\第 4 章。若要调用这个 M 文件，可在命令行窗口或程序中将其表达为：D:\MATLAB 文件\M 文件\第 4 章\lx04_01.m。

在实用时，这种书写因为过长，很不方便，MATLAB 为克服这一问题，引入了搜索路径机制。设置搜索路径机制就是将一些可能要被用到的函数或文件的存放路径提前通知系统,而无须在执行和调用这些函数和文件时输入一长串的路径。

必须指出,不是说有了搜索路径,MATLAB对程序中出现的符号就只能从搜索路径中去查找。在MATLAB中,一个符号出现在程序语句里或命令行窗口的语句中可能有多种解读,它也许是一个变量、特殊常量、函数名、M文件或MEX文件等,到底将其识别成什么,这里涉及一个搜索顺序的问题。

如果在命令提示符">>"后输入符号 xt,或程序语句中有一个符号 xt,那么,MATLAB将试图按下列次序去搜索和识别:

(1)在MATLAB内存中进行检查搜索,看 xt 是否为工作区窗口的变量或特殊常量,如果是,则将其当成变量或特殊常量来处理,不再往下展开搜索识别。

(2)上一步否定后,检查 xt 是否为MATLAB的内部函数,若肯定,则调用 xt 这个内部函数。

(3)上一步否定后,继续在当前目录中搜索是否有名为 xt.m 或 xt.mex 的文件存在,若肯定,则将 xt 作为文件调用。

(4)上一步否定后,继续在MATLAB搜索路径的所有目录中搜索是否有名为 xt.m 或 xt.mex 的文件存在,若肯定,则将 xt 作为文件调用。

(5)上述4步全走完后,若仍未发现 xt 这一符号的出处,则MATLAB发出错误信息。必须指出的是,这种搜索是以花费更多执行时间为代价的。

MATLAB设置搜索路径的方法有两种:一种是用菜单对话框;另一种是用命令。

1. 用菜单对话框设置搜索路径

在MATLAB主界面的菜单中有 设置路径 命令,执行这一命令将打开设置搜索路径的对话框,如图1-8所示。

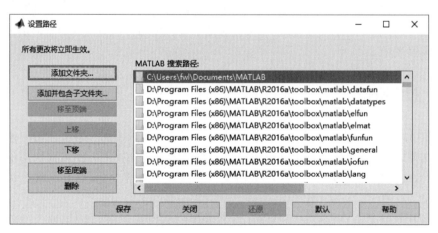

图1-8 设置搜索路径对话框

对话框左边设计了多个按钮,其中最上面的两个按钮分别是:"添加文件夹…"和"添加并包含子文件夹…",可以从树形目录结构中选择欲指定为搜索路径的文件夹。

单击"添加文件夹…"按钮,出现如图1-9所示的添加路径对话框。选中文件夹后,单击"选择文件夹"按钮,选中的文件夹将自动被加入到搜索路径中。

图 1-9　添加路径对话框

2. 用命令设置搜索路径

MATLAB 能够将某一路径设置成可搜索路径的命令有两个：一个是 path；另一个是 addpath。

下面以将路径"F:\ MATLAB 文件\M 文件"设置成可搜索路径为例，分别予以说明。

用 path 和 addpath 命令设置搜索路径。

```
>> path(path,'F:\ MATLAB 文件\M 文件');      % begin 将路径放在路径表的前面
>> addpath F:\MATLAB 文件\M 文件 − begin
>> addpath F:\MATLAB 文件\M 文件 − end       % end 将路径放在路径表的最后
```

1.2.5　工作区窗口和数组编辑器

在默认的情况下，工作区窗口位于 MATLAB 操作界面的左下侧，单击目录窗口右上方的 ⊙ 按钮，可以查看工作区窗口的详细外观。MATLAB 主界面中的工作区如图 1-10 所示。

图 1-10　工作区

MATLAB菜单栏中包含有PLOTS图形选项菜单选项。当选中工作区内的变量且该变量至少包含两个数值时，MATLAB的PLOTS组件中就会由1-11(a)变为1-11(b)，即出现绘制各种图形的快捷选项供用户选择。

(a) 未选中变量时的PLOTS选项

(b) 选中变量时的PLOTS选项

图 1-11　图形选项菜单

除了非常强大的绘图功能，工作区窗口还有许多其他应用功能，如内存变量的查阅、保存和编辑等。所有这些操作都比较简单，只需要在工作区窗口中选择相应的变量，然后右击鼠标，从弹出的快捷菜单中选择相应的菜单选项即可，如图1-12所示。

在 MATLAB 中，数组和矩阵都是十分重要的基础变量，因此 MATLAB 专门提供数组编辑器这个工具来编辑数据。右击工作区窗口中任意一个数组，然后从弹出的快捷菜单中选择"打开所选内容"命令，或者直接双击该变量，就可以打开该变量的数组编辑器，如图1-13所示。

图 1-12　修改变量名称

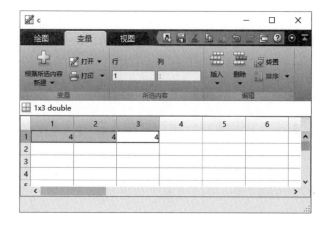

图 1-13　图 1-12 中变量 a 的数组编辑器

用户可以在数组编辑器中直接编辑该变量。对于大型数组，使用数组编辑器会给用户带来很大的便利。

1.2.6　变量的编辑命令

在 MATLAB 中，用户除了可以在工作区窗口中编辑内存变量之外，还可以在 MATLAB 的命令行窗口输入相应的命令，查阅和删除内存中的变量。下面用简单的案例，说明如何在命令行窗口中对变量进行操作。

【**例 1-1**】 在 MATLAB 命令行窗口中查阅内存变量。

具体步骤如下：

在命令行窗口中输入 who 和 whos 命令，查看内存变量的信息，如图 1-14 所示。

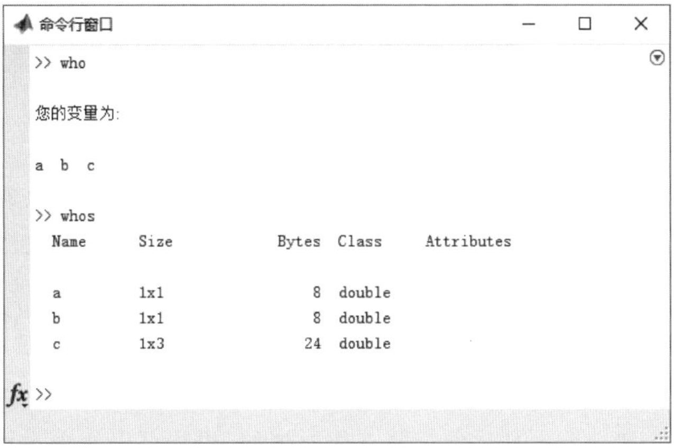

图 1-14　查阅内存变量的信息

需要注意的是，who 和 whos 命令适用于 MATLAB 各种版本，两个命令的区别只在于内存变量信息的详细程度。两个命令结果的列表次序随具体情况而不同。

【**例 1-2**】 在例 1-1 之后，在 MATLAB 命令行窗口中删除内存变量 b。

在命令行窗口中输入下面命令行：

```
>> clear b
>> who
```

得到的结果如图 1-15 所示。

图 1-15　删除内存变量

和前面的例子相比，用户可以看出，当用户运行 clear 命令后，将 b 变量从工作区删除，而且在工作区窗口中也将该变量删除。

1.2.7　存取数据文件

在 MATLAB 中，提供 save 和 load 命令来实现数据文件的存取。表 1-6 列出了命令的常见用法。

表 1-6　MATLAB 文件存取的命令

命　　令	功　　能
save Filename	将工作区中的所有变量保存到名为 Filename 的 MAT 文件中
save Filename x y z	将工作区中的 x,y,z 变量保存到名为 Filename 的 MAT 文件中
save Filename -regecp pat1 pat2	将工作区中符合表达式要求的变量保存到名为 Filename 的 MAT 文件中
load Filename	将名为 Filename 的 MAT 文件中的所有变量读入内存
load Filename x y z	将名为 Filename 的 MAT 文件中的 x,y,z 变量读入内存
load Filename -regecp pat1 pat2	将名为 Filename 的 MAT 文件中符合表达式要求的变量读入内存
load Filename x y z -ASCII	将名为 Filename 的 ASCII 文件中的 x,y,z 变量读入内存

　　表 1-6 中列出了几个常见的文件存取命令,用户可以根据需要选择相应的存取命令;对于一些较少见的存取命令,用户可以查阅 MATLAB 帮助。

　　在 MATLAB 中,除了可以在命令行窗口中输入相应的命令之外,也可以在工作区中选择相应的按钮,实现数据文件的存取工作。例如,用户可以右击工作区窗口中变量,从弹出的快捷菜单中选择"另存为…"命令将所选中的变量保存到指定的文件夹,如图 1-16 所示。

图 1-16　保存变量

1.3　MATLAB 图形绘制

　　图形绘制是 MATLAB 的主要特色之一。MATLAB 图形绘制指令具有自然、简捷、灵活及扩充的特点。MATLAB 的指令很多,例如在同一坐标下绘制多条曲线,编程如下:

```
clc,clear,close all
t = 0:pi/50:4 * pi;
y0 = exp( - t/3);
y = exp( - t/3). * sin(3 * t);
plot(t,y,t,y0,t, - y0);
grid on
```

运行程序,输出结果如图 1-17 所示。

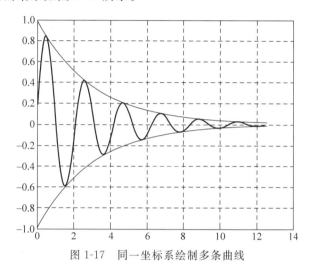

图 1-17 同一坐标系绘制多条曲线

对于邻接矩阵图形的绘制,MATLAB 工具箱提供所对应的图的函数为 gplot(A, xy)。其中,A 表示图的邻接矩阵;xy 表示图的每一个顶点的坐标。

具体 MATLAB 程序如下:

```
A = [0 1 0 1; 1 0 1 0; 0 1 0 1; 1 0 1 0];    %定义含有四个顶点的图的邻接矩阵
xy = [1 3; 2 1; 3 3; 2 5];                   %四个顶点的坐标分别为(1,3),(2,1),(3,3),(2,5)
gplot(A,xy);
```

运行程序,输出结果如图 1-18 所示。

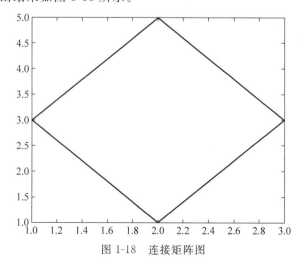

图 1-18 连接矩阵图

1.4 MATLAB 的帮助系统

MATLAB 拥有非常完善的帮助系统,在学习 MATLAB 的过程中,用户必须熟练掌握 MATLAB 帮助系统。

MATLAB 帮助系统大体上包括三种:联机帮助系统、命令窗口查询帮助系统和联机演示系统。下面分别介绍这三种帮助系统。

1.4.1 联机帮助系统

MATLAB 的联机帮助系统最为全面,单击"主页"功能区的 按钮即可进入 MATLAB 的联机帮助系统,如图 1-19 所示。

图 1-19 联机帮助系统

在窗口的文本框中输入待查询的字符,便可显示相关条目,如图 1-20 所示。用户还可以单击 "收藏夹"选项将当前的帮助页面加入收藏,方便用户日后查询。

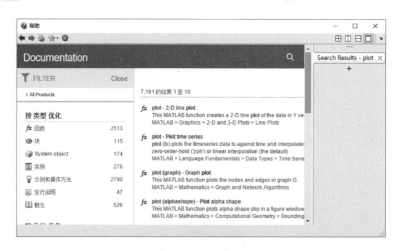

图 1-20 plot 函数查询

1.4.2　命令窗口查询帮助系统

通过命令窗口查询帮助系统可以在命令窗口中快速查询相关帮助。常用的帮助命令如表 1-7 所示。

表 1-7　常用的帮助命令

命　　　令	功　　　能
help	显示当前帮助系统中包含的所有项目
help＋函数名/类名	显示函数/类的相关信息
lookfor＋关键字	显示包含关键字的函数/类的所有项目
what	显示当前目录中 MATLAB 文件列表
who	显示工作区间中所有变量的列表
whos	显示工作区间中变量的详细信息

1.4.3　联机演示系统

联机演示系统提供给 MATLAB 初学者一个演示学习的平台，在命令行窗口输入 demo 或 demos 即可进入 MATLAB 帮助系统的主演示页面，如图 1-21 所示。

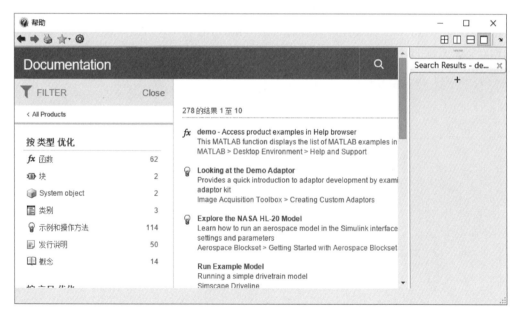

图 1-21　MATLAB 自带实例

单击相应的实例资源即可进入具体的演示界面，如图 1-22 所示为选择 Graphics→3-D Plots 实例资源的情形。

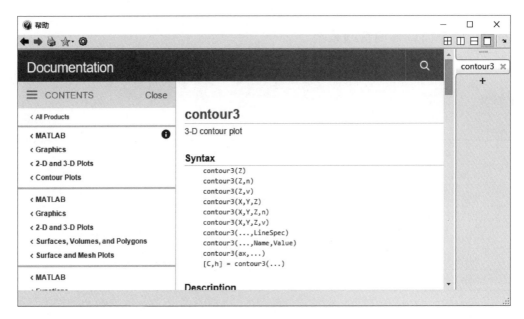

图 1-22　3-D Plots 演示

本章小结

基于 MATLAB 的科学计算,能够灵活运用于各行各业。针对问题本身,用户可以根据自身需求,进行程序的编写、图形的绘制和函数调用,MATLAB 对于矩阵的运算表现极好的运算能力。

本章主要介绍了 MATLAB 基本运算，分别介绍了 MATLAB 的数据类型、矩阵运算、关系运算和逻辑运算、多项式运算、符号运算、复数运算等。通过本章的介绍，读者能够熟悉掌握 MATLAB 编程思路，从而能对 MATLAB 的运算功能有一个全面的认识，开始 MATLAB 编程之路。

学习目标：
- 熟练掌握 MATLAB 矩阵的表示方法；
- 熟练运用矩阵变换和运算求解实际物理模型；
- 熟练掌握 MATLAB 编程技巧等。

2.1　MATLAB 的数据类型

MATLAB 数据类型的最大特点是每种类型的数据都是以矩阵的形式存在的。MATLAB 常用的数据类型包括数值型、字符型、元胞数组、结构体和函数句柄等，其中数值型又包括双精度类型、单精度类型和整型。MATLAB 支持不同数据类型间的转换，增加了数据处理的灵活性。

2.1.1　变量和常量

1. 变量

变量是任何程序设计语言的基本元素之一。相比 C、Fortran 语言等其他高级语言，MATLAB 在变量声明方面要求并不严格，其变量无须事先声明，也不需要指定变量类型，MATLAB 会自动根据变量的赋值与其相关操作来确定变量的类型。

MATLAB 变量的命名规则有如下三种：

（1）变量名区分大小写。

（2）变量名必须以字母开头，可包含字母（大小写）、数字和下画线。

（3）变量名长度不超过 63 个（MATLAB 6.5.1 以上版本）。

2. 常量

MATLAB 中存在一些预定义的特殊变量,称为常量。常用的 MATLAB 常量如表 2-1 所示。

表 2-1　MATLAB 常用常量

常　量	说　明	常　量	说　明
i,j	虚数单位,定义为 $\sqrt{-1}$	eps	浮点运算的相对精度
pi	圆周率	realmax	最大的正实数
Inf	无穷大	realmin	最小的正实数
NaN	不定值(0/0)	ans	默认变量名

在 MATLAB 中,定义变量时应避免与常量名相同,以免改变常数的值,为计算带来不便。

【例 2-1】　在 MATLAB 命令窗口输入命令如下:

```
>> eps
>> pi
```

运行程序,输出结果如下:

```
>> eps
ans =
   2.2204e-16
>> pi
ans =
   3.1416
```

2.1.2　数值型数据

MATLAB 数值型数据包括整数(有符号和无符号)和浮点数(单精度和双精度),表 2-2 列出了数值型的不同格式。需要注意的是,在默认状态下,数据类型默认为双精度的浮点数。

表 2-2　数值型

数　值　型		说　明	表　示　范　围
浮点型	double	双精度浮点数	$-2^{128} \sim -2^{-126}, 2^{-126} \sim 2^{128}$
	single	单精度浮点数	$-2^{1024} \sim -2^{-1022}, 2^{-1022} \sim 2^{1024}$
整型	int8	8 位有符号整数	$-2^7 \sim 2^7 - 1$
	int16	16 位有符号整数	$-2^{15} \sim 2^{15} - 1$
	int32	32 位有符号整数	$-2^{31} \sim 2^{31} - 1$
	int64	64 位有符号整数	$-2^{63} \sim 2^{63} - 1$
	uint8	8 位无符号整数	$0 \sim 2^8 - 1$
	uint16	16 位无符号整数	$0 \sim 2^{16} - 1$
	uint32	32 位无符号整数	$0 \sim 2^{32} - 1$
	uint64	64 位无符号整数	$0 \sim 2^{64} - 1$

1. MATLAB 的数值精度

MATLAB 所能表示的最小实数称为 MATLAB 的数值精度,在 MATLAB 7 以上版本中,MATLAB 的数据精度为 2^{-1074},任何绝对值小于 2^{-1074} 的实数,MATLAB 都将其视为 0。

【例 2-2】 MATLAB 的数值精度。

在 MATLAB 命令窗口输入命令如下:

```
>> x = 2 ^ ( - 1074)
>> x = 2 ^ ( - 1075)
```

运行程序,输出结果如下:

```
>> x = 2 ^ ( - 1074)
x =
   4.9407e - 324
>> x = 2 ^ ( - 1075)
x =
     0
```

由例 2-2 可知,$2^{-1075} < 2^{-1074}$,MATLAB 可以表示 2^{-1074},但将 2^{-1075} 视为 0。因此 MATLAB 程序在判断某个实数是否为 0 时,最可靠的方法是看其绝对值是否小于等于 2^{-1075},但实际上并不一定要与 2^{-1075} 相比较。针对不同精度需求的问题,可以使用不同的比较对象。例如,MATLAB 使用内置常量 eps 作为浮点运算的相对精度,值为 2.2204×10^{-16}。

2. MATLAB 的显示精度

MATLAB 所能显示的有效位数称为 MATLAB 的显示精度。默认状态下,若数据为整数,则以整型显示;若为实数,则以保留小数点后 4 位的浮点数显示。

MATLAB 的显示格式可由 format 函数控制。需要注意的是,format 函数并不改变原数据,只影响其在命令窗口中的显示。此外,还可以使用 digits 和 vpa 函数来控制显示精度。

【例 2-3】 使用 format、short、rat、digits 和 vpa 函数控制显示精度。

在 MATLAB 命令窗口输入命令如下:

```
clc,clear,close all
eps
format long
eps
format short
eps
format rat
eps
```

```
digits(10);
vpa(pi)
vpa(pi,20)
```

运行程序,输出结果如下:

```
ans =
    2.2204e-16
ans =
     2.220446049250313e-16
ans =
    2.2204e-16
ans =
       1/4503599627370496
ans =
3.141592654
ans =
3.1415926535897932385
```

2.1.3　字符型数据

类似于其他高级语言,MATLAB 的字符和字符串运算也相当强大。在 MATLAB中,字符串可以用单引号(')进行赋值,字符串的每个字符(含空格)都是字符数组的一个元素。MATLAB 还包含很多字符串相关操作函数,如表 2-3 所示。

表 2-3　字符串操作函数

函数名	说　　明	函数名	说　　明
char	生成字符数组	strsplit	在指定的分隔符处拆分字符串
strcat	水平连接字符串	strtok	寻找字符串中记号
strvcat	垂直连接字符串	upper	转换字符串为大写
strcmp	比较字符串	lower	转换字符串为小写
strncmp	比较字符串的前 n 个字符	blanks	生成空字符串
strfind	在其他字符串中寻找此字符串	deblank	移去字符串内空格
strrep	以其他字符串代替此字符串		

【例 2-4】　在 MATLAB 命令窗口输入命令如下:

```
clc,clear,close all
syms a b
y = 2 * a + 1;
```

运行程序,输出结果如下:

```
>> y
y =
    2 * a + 1
```

字符串的相减运算操作如下：

```
y1 = a + 2;
y2 = y - y1
```

运行程序，输出结果如下：

```
y2 =
    a - 1
```

字符串的相加运算操作如下：

```
y3 = y + y1
```

运行程序，输出结果如下：

```
y3 =
    3 * a + 3
```

字符串的相乘运算操作如下：

```
y4 = y * y1
```

运行程序，输出结果如下：

```
y4 =
    (2 * a + 1) * (a + 2)
```

字符串的相除运算操作如下：

```
y5 = y/y1
```

运行程序，输出结果如下：

```
y5 =
    (2 * a + 1)/(a + 2)
```

2.1.4 元胞数组

元胞数组是 MATLAB 语言中一种特殊的数据类型。元胞数组的基本组成单位是元胞，元胞可以存放任意类型、任意大小的数组，而且同一个元胞数组中各元胞的内容可以不同。

MATLAB 中元胞数组可以通过赋值语句直接定义，也可以由 cell 函数预先分配存储空间再对元胞元素逐个赋值。元胞数组直接定义可以使用花括号{}，而使用 cell 函数创建空元胞数组可以节约内存占用,提高执行效率。

MATLAB中元胞数组的相关操作函数如表2-4所示。

表2-4   元胞数组操作函数

函数名	说　明	函数名	说　明
cell	生成元胞数组	cellfun	对元胞数组中元素指定不同的函数
cellstr	生成字符型元胞数组	iscell	判断是否为元胞数组
celldisp	显示元胞数组的内容	reshape	改变元胞数组的结构
cellplot	图形显示元胞数组的内容		

【例2-5】 元胞数组的创建。

在 MATLAB 命令窗口输入命令如下:

```
>> A = {[1,2,3],ones(3),'matlab'}          %直接定义元胞数组
```

运行程序,输出结果如下:

```
A =
    [1x3 double]  [3x3 double]  'matlab '
```

输入命令如下:

```
>> B = cell(1,3);                          %创建空的元胞数组
>> B{1,1} = [1,2,3];B{1,2} = ones(2);B{1,3} = 'matlab ';   %为元胞中元素赋值
>> celldisp(B)                             %显示元胞数组B
```

运行程序,输出结果如下:

```
B{1} =
    1    2    3
B{2} =
    1    1
    1    1
B{3} =
matlab
```

2.1.5   结构体

结构体是MATLAB语言中另一种能够存放不同类型数据的数据类型,它与元胞数组的区别在于结构体是以指针的方式来传递数据的,而元胞数组则是通过值传递。结构体与元胞数组在程序中的合理使用,能够让程序简洁易懂,操作方便。

MATLAB中结构体的定义也有两种方式:一种是直接赋值,另一种是通过 struct 函数来定义。

直接赋值需要指出结构体的属性名称,以指针操作符"."连接结构体变量名与属性

名。对某属性进行赋值时,MATLAB 会自动生成包含此属性的结构体变量,而且同一结构体变量中,属性的数据类型不要求完全一致,这也是 MATLAB 语言灵活性的体现。

结构体变量也可以构成数组,即结构体数组,对结构体数组进行赋值操作时,可以只对部分元素赋值,此时未被赋值的元素将赋以空矩阵,可以随时对其进行赋值。

使用 struct 函数定义结构体时,需采用如下调用方式:

结构体变量名 = struct (属性名 1,属性值 1,属性名 2,属性值 2,…)

MATLAB 中结构体的相关操作函数如表 2-5 所示。

表 2-5　结构体操作函数

函数名	说　　明	函数名	说　　明
struct	生成结构体变量	isfield	判断是否为结构体变量的属性
fieldname	得到结构体变量的属性名	isstruct	判断是否为结构体变量
getfield	得到结构体变量的属性值	rmfield	删除结构体变量中的属性
setfield	设定结构体变量的属性值		

【**例 2-6**】　结构体的创建。

在 MATLAB 命令窗口输入命令如下:

```
clc,clear,close all
A.b1 = 1;                                        %直接赋值
A.b2 = ones(2);
A.b3 = 'matlab 2016a';
B = struct('b1',1,'b2',ones(2),'b3','matlab 2016a')   %使用 struct 函数赋值
```

运行程序,输出结果如下:

```
>> A
A =
    b1: 1
    b2: [2x2 double]
    b3: 'matlab 2016a'
B =
    b1: 1
    b2: [2x2 double]
    b3: 'matlab 2016a'
```

2.1.6　函数句柄

函数句柄是用于间接调用一个函数的 MATLAB 值或数据类型。在调用其他函数时可以传递函数句柄,也可在数据结构中保存函数句柄备用。

引入函数句柄是为了使 feval 及借助于它的泛函指令工作更可靠,特别在反复调用情况下更显效率:使"函数调用"像"变量调用"一样方便灵活,提高函数调用速度,提高软

件重用性,扩大子函数和私用函数的可调用范围,并迅速获得同名重载函数的位置、类型信息。

函数句柄可以通过命令 fhandle＝@functionname 来创建,如 trig_f＝@sin 或 sqr＝@(x)x.^2。

使用句柄调用函数的形式是 fhandle(arg1,arg2,…,argn)或 fhandle()(无参数)。

【例 2-7】 函数句柄的创建和调用。

在 MATLAB 命令窗口输入命令如下:

```
clc,clear,close all
sin_f = @sin;
a = sin_f(pi)
myadd = @(x,y) x + y^2;
b1 = myadd(1,2)
```

运行程序,输出结果如下:

```
sin_f =
    @sin
a =
      1/8165619676597685
myadd =
    @(x,y)x + y^2
b1 =
      5
```

2.1.7 数据类型间的转换

MATLAB 支持不同数据类型间的转换,这给数据处理带来极大方便。常用的数据类型转换函数如表 2-6 所示。

表 2-6 数据类型转换函数

函数名	说　明	函数名	说　明
int2str	整数→字符串	dec2hex	十进制数→十六进制数
mat2str	矩阵→字符串	hex2dec	十六进制数→十进制数
num2str	数字→字符串	hex2num	十六进制数→双精度浮点数
str2num	字符串→数字	num2hex	浮点数→十六进制数
base2dec	B 底字符串→十进制数	cell2mat	元胞数组→数值数组
bin2dec	二进制数→十进制数	cell2struct	元胞数组→结构体数组
dec2base	十进制数→B 底字符串	mat2cell	数值数组→元胞数组
dec2bin	十进制数→二进制数	struct2cell	结构体数组→元胞数组

【例 2-8】 数据类型之间的切换,特别对于图像本身而言,有较多的应用,图像读入的多位 uint8 型数据,需要转换成 double 型数据进行处理。数据类型转换编程如下:

```
clc,clear,close all
im = imread('cameraman.tif');
imshow(im)
im1 = im2double(im);
imshow(im)
```

运行结果如图 2-1 所示。

图 2-1 数据类型转换

字符型变量转换,命令如下:

```
clc,clear,close all
a = '2'
b = double(a)
b1 = str2num(a)
c = 2 * a
d = 2 * b
d = 2 * b1
```

运行程序,输出结果如下:

```
a =
2
b =
      50
b1 =
       2
c =
     100
d =
     100
d =
       4
```

2.2 数组运算

数组运算是 MATLAB 计算的基础。由于 MATLAB 面向对象的特性,这种数值数组成为 MATLAB 最重要的一种内建数据类型,而数组运算就是定义这种数据结构的方法。本节将系统地列出具备数组运算能力的函数名称,为兼顾一般性,以二维数组的运算为例,读者可推广至多维数组和多维矩阵的运算。

下面将介绍在 MATLAB 中如何建立数组,以及数组的常用操作等,包括数组的算术运算、关系运算和逻辑运算。

2.2.1 数组的创建和操作

在 MATLAB 中一般使用"[ ]"、","、空格和";"来创建数组,数组中同一行的元素使用逗号或空格进行分隔,不同行之间用分号进行分隔。

【例 2-9】 创建空数组、行向量、列向量示例。

在命令行窗口中输入如下语句:

```
clear all
A = [ ]
B = [6 5 4 3 2 1]
C = [6,5,4,3,2,1]
D = [6;5;4;3;2;1]
E = B'           % 转置
```

命令行窗口中的输出结果如下:

```
A =     [ ]
B =     6    5    4    3    2    1
C =     6    5    4    3    2    1
D =
    6
    5
    4
    3
    2
    1
E =
    6
    5
    4
    3
    2
    1
```

【例 2-10】 访问数组示例。

在命令行窗口中输入如下语句：

```
clear all
A = [6 5 4 3 2 1]
a1 = A(1)              %访问数组第1个元素
a2 = A(1:3)           %访问数组第1、2、3个元素
a3 = A(3:end)        %访问数组第3个到最后一个元素
a4 = A(end: -1:1)    %数组元素反序输出
a5 = A([1 6])        %访问数组第1个及第6个元素
```

命令行窗口中的输出结果如下：

```
A =      6    5    4    3    2    1
a1 =     6
a2 =     6    5    4
a3 =     4    3    2    1
a4 =     1    2    3    4    5    6
a5 =     6    1
```

【例 2-11】 子数组的赋值(Assign)示例。

在命令行窗口中输入如下语句：

```
clear all
A = [6 5 4 3 2 1]
A(3) = 0
A([1 4]) = [1 1]
```

命令行窗口中的输出结果如下：

```
A =     6    5    4    3    2    1
A =     6    5    0    3    2    1
A =     1    5    0    1    2    1
```

在 MATLAB 中还可以通过其他各种方式创建数组,具体如下。

1. 通过冒号创建一维数组

在 MATLAB 中,通过冒号创建一维数组的代码如下：

```
X = A:step:B
```

其中,A 是创建一维数组的第一个变量,step 是每次递增或递减的数值,直到最后一个元素和 B 的差的绝对值小于等于 step 的绝对值为止。

【例 2-12】 通过冒号创建一维数组示例。

在命令行窗口中输入如下语句：

```
clear all
A = 2:6
B = 2.1:1.5:6
C = 2.1: - 1.5: - 6
D = 2.1: - 1.5:6
```

命令行窗口中的输出结果如下：

```
A =     2      3       4        5       6
B =     2.1000   3.6000     5.1000
C =     2.1000   0.6000    - 0.9000      - 2.4000      - 3.9000      - 5.4000
D =     Empty matrix: 1 - by - 0
```

2. 通过 logspace 函数创建一维数组

MATLAB 常用 logspace()函数创建一维数组,该函数的调用方式如下。

(1) y= logspace(a,b)：该函数创建行向量 **y**,第一个元素为 10^a,最后一个元素为 10^b,形成总数为 50 个元素的等比数列。

(2) y = logspace(a,b,n)：该函数创建行向量 **y**,第一个元素为 10^a,最后一个元素为 10^b,形成总数为 n 个元素的等比数列。

【例 2-13】 通过 logspace 函数创建一维数组示例。

在命令行窗口中输入如下语句：

```
clear all
format short;
A = logspace(1,2,20)
B = logspace(1,2,10)
```

命令行窗口中的输出结果如下：

```
A = 10.0000   11.2884   12.7427   14.3845   16.2378   18.3298   20.6914   23.3572   26.3665
29.7635   33.5982   37.9269   42.8133   48.3293   54.5559   61.5848   69.5193   78.4760
88.5867   100.0000
B = 10.0000   12.9155   16.6810   21.5443   27.8256   35.9381   46.4159   59.9484   77.4264
100.0000
```

3. 通过 linspace 函数创建一维数组

MATLAB 常用 linspace()函数创建一维数组,该函数的调用方式如下。

(1) y= linspace (a,b)：该函数创建行向量 **y**,第一个元素为 a,最后一个元素为 b,形成总数为 100 个元素的等比数列。

(2) y=linspace (a,b,n)：该函数创建行向量 **y**,第一个元素为 a,最后一个元素为 b,形成总数为 n 个元素的等比数列。

【例 2-14】 通过 linspace 函数创建一维数组示例。

在命令行窗口中输入如下语句：

```
clear all
format short;
A = linspace(1,100)
B = linspace(1,36,12)
C = linspace(1,36,1)
```

命令行窗口中的输出结果如下：

```
A =
  Columns 1 through 25
   1    2    3    4    5    6    7    8    9   10   11   12   13   14   15
  16   17   18   19   20   21   22   23   24   25
  Columns 26 through 50
  26   27   28   29   30   31   32   33   34   35   36   37   38   39
  40   41   42   43   44   45   46   47   48   49   50
  Columns 51 through 75
  51   52   53   54   55   56   57   58   59   60   61   62   63   64
  65   66   67   68   69   70   71   72   73   74   75
  Columns 76 through 100
  76   77   78   79   80   81   82   83   84   85   86   87   88   89
  90   91   92   93   94   95   96   97   98   99  100
  B = 1.0000    4.1818    7.3636   10.5455   13.7273   16.9091   20.0909   23.2727   26.4545
  29.6364   32.8182   36.0000
  C =     36
```

2.2.2 数组的常见运算

1. 数组的算术运算

数组的运算是从数组的单个元素出发，针对每个元素进行的运算。在 MATLAB 中，一维数组的基本运算包括加、减、乘、左除、右除和乘方。

（1）数组的加减运算：通过格式 $A+B$ 或 $A-B$ 可实现数组的加减运算。但是运算规则要求数组 A 和 B 的维数相同。

提示：如果两个数组的维数不相同，则将给出错误的信息。

【**例 2-15**】 数组的加减运算示例。

在命令行窗口中输入如下语句：

```
clear all
A = [1 5 6 8 9 6]
B = [9 8 5 6 2 4 0]
C = [1 1 1 1 1]
D = A + B            % 加法
E = A - B            % 减法
F = A * 2
G = A + 3            % 数组与常数的加法
H = A - C
```

命令行窗口中的输出结果如下：

```
A =    1     5     6     8     9     6
B =    9    85     6     2     4     0
C =    1     1     1     1     1
D =   10    90    12    10    13     6
E =   -8   -80     0     6     5     6
F =    2    10    12    16    18    12
G =    4     8     9    11    12     9
错误使用  -
矩阵维度必须一致
```

（2）数组的乘除运算：通过格式". ＊"或". /"可实现数组的乘除运算。但是运算规则要求数组 A 和 B 的维数相同。

乘法：数组 A 和 B 的维数相同，运算为数组对应元素相乘，计算结果与 A 和 B 是相同维数的数组。

除法：数组 A 和 B 的维数相同，运算为数组对应元素相除，计算结果与 A 和 B 是相同维数的数组。

右除和左除的关系：$A./B = B.\backslash A$，其中 A 是被除数，B 是除数。

提示：如果两个数组的维数不相同，则给出错误的信息。

【例 2-16】 数组的乘法示例。

在命令行窗口中输入如下语句：

```
clear all
A = [1 5 6 8 9 6]
B = [9 5 6 2 4 0]
C = A. * B               %数组的点乘
D = A * 3                %数组与常数的乘法
```

命令行窗口中的输出结果如下：

```
A =    1     5     6     8     9     6
B =    9     5     6     2     4     0
C =    9    25    36    16    36     0
D =    3    15    18    24    27    18
```

【例 2-17】 数组的除法示例。

在命令行窗口中输入如下语句：

```
clear all
A = [1 5 6 8 9 6]
B = [9 5 6 2 4 0]
C = A.\B                 %数组和数组的左除
D = A./B                 %数组和数组的右除
E = A./3                 %数组与常数的除法
F = A/3
```

命令行窗口中的输出结果如下：

```
A =     1       5       6       8       9       6
B =     9       5       6       2       4       0
C =     0.1111  1.0000  1.0000  4.0000  2.2500      Inf
D =     9.0000  1.0000  1.0000  0.2500  0.4444        0
E =     0.3333  1.6667  2.0000  2.6667  3.0000   2.0000
F =     0.3333  1.6667  2.0000  2.6667  3.0000   2.0000
```

（3）通过乘方格式".^"实现数组的乘方运算。数组的乘方运算包括数组间的乘方运算、数组与某个具体数值的乘方运算，以及常数与数组的乘方运算。

【例 2-18】 数组的乘方示例。

在命令行窗口中输入如下语句：

```
clear all
A = [1 5 6 8 9 6]
B = [9 5 6 2 4 0]
C = A.^B              % 数组的乘方
D = A.^3              % 数组与某个具体数值的乘方
E = 3.^A              % 常数与数组的乘方
```

命令行窗口中的输出结果如下：

```
A =     1       5       6       8       9       6
B =     9       5       6       2       4       0
C =     1       3125        46656          64        6561          1
D =     1  125  216  512    729  216
E =     3       243         729        6561       19683        729
```

（4）通过函数 dot() 可实现数组的点积运算，但是运算规则要求数组 A 和 B 的维数相同。其调用格式如下：

```
C = dot(A,B)
C = dot(A,B,dim)
```

【例 2-19】 数组的点积示例。

在命令行窗口中输入如下语句：

```
clear all
A = [1 5 6 8 9 6]
B = [9 5 6 2 4 0]
C = dot(A,B)              % 数组的点积
D = sum(A.*B)            % 数组元素的乘积之和
```

命令行窗口中的输出结果如下：

```
A =     1       5       6       8       9       6
B =     9       5       6       2       4       0
```

```
C =    122
D =    122
```

2. 数组的关系运算

在 MATLAB 中提供了 6 种数组关系运算符,即<(小于)、<=(小于等于)、>(大于)、>=(大于等于)、==(恒等于)、~=(不等于)。

关系运算的运算法则如下:

(1) 当两个比较量是标量时,直接比较两个数的大小。若关系成立,则返回的结果为1,否则为0。

(2) 当两个比较量是维数相等的数组时,逐一比较两个数组相同位置的元素,并给出比较结果。最终的关系运算结果是一个与参与比较的数组维数相同的数组,其组成元素为 0 或 1。

【例 2-20】 数组的关系运算示例。

在命令行窗口中输入如下语句:

```
clear all
A = [1 5 6 8 9 6]
B = [9 5 6 2 4 0]
C = A < 6              % 数组与常数比较,小于
D = A >= 6             % 数组与常数比较,大于等于
E = A < B              % 数组与数组比较,小于
F = A == B             % 数组与数组比较,恒等于
```

命令行窗口中的输出结果如下:

```
A =    1    5    6    8    9    6
B =    9    5    6    2    4    0
C =    1    1    0    0    0    0
D =    0    0    1    1    1    1
E =    1    0    0    0    0    0
F =    0    1    1    0    0    0
```

3. 数组的逻辑运算

在 MATLAB 中提供了 3 种数组逻辑运算符,即 &(与)、|(或)和~(非)。逻辑运算的运算法则如下:

(1) 如果是非零元素则为真,用 1 表示;反之是零元素则为假,用 0 表示。

(2) 当两个比较量是维数相等的数组时,逐一比较两个数组相同位置的元素,并给出比较结果。最终的关系运算结果是一个与参与比较的数组维数相同的数组,其组成元素为 0 或 1。

(3) 与运算($a \& b$)时,a、b 全为非零,则为真,运算结果为 1;或运算($a|b$)时,只要 a、b 有一个为非零,则运算结果为 1;非运算($\sim a$)时,若 a 为 0,则运算结果为 1,若 a 为非

零,则运算结果为 0。

【例 2-21】 数组的逻辑运算示例。

在命令行窗口中输入如下语句：

```
clear all
A = [1 5 6 8 9 6]
B = [9 5 6 2 4 0]
C = A&B            % 与
D = A|B            % 或
E = ~B             % 非
```

命令行窗口中的输出结果如下：

```
A =     1    5    6    8    9    6
B =     9    5    6    2    4    0
C =     1    1    1    1    1    0
D =     1    1    1    1    1    1
E =     0    0    0    0    0    1
```

2.3 矩阵运算

MATLAB 简称矩阵实验室,对于矩阵的运算,MATLAB 软件有着得天独厚的优势。

生成矩阵的方法有很多种：直接输入矩阵元素；对已知矩阵进行矩阵组合、矩阵转向、矩阵移位操作；读取数据文件；使用函数直接生成特殊矩阵。表 2-7 列出了常用的特殊矩阵生成函数。

表 2-7 常用的特殊矩阵生成函数

函数名	说　明	函数名	说　明
zeros	全 0 矩阵	eye	单位矩阵
ones	全 1 矩阵	company	伴随矩阵
rand	均匀分布随机矩阵	hilb	Hilbert 矩阵
randn	正态分布随机分布	invhilb	Hilbert 逆矩阵
magic	魔方矩阵	vander	Vander 矩阵
diag	对角矩阵	pascal	Pascal 矩阵
triu	上三角矩阵	hadamard	Hadamard 矩阵
tril	下三角矩阵	hankel()	Hankel 矩阵

2.3.1 矩阵生成

【例 2-22】 随机矩阵输入：

```
>> A = rand(5)
```

运行如下：

```
A =
    0.0512    0.4141    0.0594    0.0557    0.5681
    0.8698    0.1400    0.3752    0.6590    0.0432
    0.0422    0.2867    0.8687    0.9065    0.4148
    0.0897    0.0919    0.5760    0.1293    0.3793
0.0541    0.1763    0.8402    0.7751    0.7090
```

A 中第 1 列如下：

```
>> A(:,1)
ans =
    0.7577
    0.7431
    0.3922
    0.6555
    0.1712
```

A 中第 2 列如下：

```
>> A(:,2)
ans =
    0.7060
    0.0318
    0.2769
    0.0462
    0.0971
```

A 中第 3~5 列如下：

```
>> A(:,3:5)
ans =
    0.8235    0.4387    0.4898
    0.6948    0.3816    0.4456
    0.3171    0.7655    0.6463
    0.9502    0.7952    0.7094
    0.0344    0.1869    0.7547
```

A 中第 1 行如下：

```
>> A(1,:)
ans =
    0.7577    0.7060    0.8235    0.4387    0.4898
```

A 中第 2 行如下：

```
>> A(2,:)
```

```
ans =
    0.7431    0.0318    0.6948    0.3816    0.4456
```

A 中第 3～5 行如下：

```
>> A(3:5,:)
ans =
    0.3922    0.2769    0.3171    0.7655    0.6463
    0.6555    0.0462    0.9502    0.7952    0.7094
    0.1712    0.0971    0.0344    0.1869    0.7547
```

【例 2-23】 矩阵的乘法运算。

```
>> A^2
```

运行如下：

```
ans =
    0.4011    0.2015    0.7194    0.7772    0.4955
    0.2436    0.5555    0.8460    0.5994    0.9364
    0.3919    0.4631    1.7354    1.4175    1.0347
    0.1410    0.2939    0.9334    0.8985    0.6118
    0.2995    0.4842    1.8414    1.5305    1.1836
```

【例 2-24】 矩阵的点乘运算。

```
>> A.^2
```

运行如下：

```
ans =
    0.0026    0.1715    0.0035    0.0031    0.3227
    0.7565    0.0196    0.1408    0.4343    0.0019
    0.0018    0.0822    0.7547    0.8217    0.1721
    0.0080    0.0085    0.3318    0.0167    0.1439
    0.0029    0.0311    0.7059    0.6008    0.5026
```

【例 2-25】 矩阵的除法运算。

```
>> A^2\A.^2
```

运行如下：

```
ans =
    0.2088    0.5308   -0.4762    0.8505   -0.0382
    1.3631   -0.1769    1.1661    0.8143   -4.2741
   -0.3247   -0.0898    1.5800    2.7892   -1.0326
   -0.5223    0.0537   -0.5715   -2.4802    0.4729
    0.5725    0.0345   -1.4792   -1.1727    3.1778
```

【例 2-26】 矩阵的减法运算。

```
>> A^2 - A.^2
```

运行如下：

```
ans =
    0.3984    0.0300    0.7159    0.7741    0.1728
  - 0.5129    0.5359    0.7052    0.1652    0.9345
    0.3901    0.3810    0.9807    0.5958    0.8626
    0.1330    0.2854    0.6016    0.8818    0.4679
    0.2965    0.4531    1.1355    0.9297    0.6809
```

【例 2-27】 矩阵的加法运算。

```
>> A^2 + A.^2
```

运行如下：

```
ans =
    0.4037    0.3730    0.7229    0.7803    0.8182
    1.0001    0.5751    0.9868    1.0337    0.9383
    0.3937    0.5453    2.4901    2.2392    1.2068
    0.1491    0.3023    1.2652    0.9152    0.7558
    0.3024    0.5153    2.5473    2.1314    1.6862
```

【例 2-28】 Hankel 矩阵求解。

```
% % hankel 矩阵
clc,clear,close all
c = [1:3],
r = [3:9],
H = hankel(c,r)
```

运行程序,输出结果如下：

```
c =
    1    2    3
r =
    3    4    5    6    7    8    9
H =
    1    2    3    4    5    6    7
    2    3    4    5    6    7    8
    3    4    5    6    7    8    9
```

【例 2-29】 Hibert 矩阵及逆 Hibert 矩阵生成。

```
clc,clear,close all
A = hilb(5)
```

运行程序,输出结果如下:

```
A =
    1.0000    0.5000    0.3333    0.2500    0.2000
    0.5000    0.3333    0.2500    0.2000    0.1667
    0.3333    0.2500    0.2000    0.1667    0.1429
    0.2500    0.2000    0.1667    0.1429    0.1250
    0.2000    0.1667    0.1429    0.1250    0.1111
```

更改输出格式,如下:

```
format rat
A
```

运行程序,输出结果如下:

```
A =
    1         1/2       1/3       1/4       1/5
    1/2       1/3       1/4       1/5       1/6
    1/3       1/4       1/5       1/6       1/7
    1/4       1/5       1/6       1/7       1/8
    1/5       1/6       1/7       1/8       1/9
```

【例 2-30】 希尔伯特逆矩阵求解如下:

```
A = invhilb(5)
```

运行程序,输出结果如下:

```
A =
      25      -300      1050     -1400       630
    -300      4800    -18900     26880    -12600
    1050    -18900     79380   -117600     56700
   -1400     26880   -117600    179200    -88200
     630    -12600     56700    -88200     44100
```

2.3.2 向量的生成

向量是指单行或单列的矩阵,是组成矩阵的基本元素之一。在求某些函数值或曲线时,常常要设定自变量的一系列值,因此除了直接使用"[]"生成向量,MATLAB还提供了两种为等间隔向量赋值的简单方法。

1. 使用冒号表达式生成向量

冒号表达式的格式为 x=[初值 x_0:增量:终值 x_n]。这里需要注意以下几点:

（1）生成的向量尾元素并不一定是终值 x_n，当 $x_n - x_0$ 恰好为增量的整数倍时，x_n 才为尾元素。

（2）当 $x_n > x_0$ 时，增量必须为正值；当 $x_n < x_0$ 时，增量必须为负值；当 $x_n = x_0$ 时，向量只有一个元素。

（3）当增量为 1 时，增量值可以略去，直接写成 x＝[初值 x_0：终值 x_n]。

（4）方括号"[]"可以删去。

2. 使用 linspace 函数生成向量

linspace 函数的调用格式为 x＝linspace(初值 x_1，终值 x_n，点数 n)，点数 n 也可不写，此时默认 $n = 100$。

【例 2-31】 等间隔向量赋值。

在 MATLAB 命令窗口输入命令如下：

```
>> t = 1:3:20
```

运行程序，输出结果如下：

```
t =
    1    4    7    10    13    16    19
```

命令如下：

```
>> t = 10: -3: -20
```

运行程序，输出结果如下：

```
t =
  Columns 1 through 9
    10    7    4    1    -2    -5    -8    -11    -14
  Columns 10 through 11
   -17   -20
```

命令如下：

```
>> t = 1:2:1
```

运行程序，输出结果如下：

```
t =
    1
```

命令如下：

```
>> t = 1:5
```

运行程序,输出结果如下:

```
t =
    1    2    3    4    5
```

命令如下:

```
>> t = linspace(1,10,5)
```

运行程序,输出结果如下:

```
t =
    1.0000    3.2500    5.5000    7.7500    10.0000
```

【例 2-32】 有时需要生成对数等比向量,此时可用 logspace 函数。其调用格式为: x＝logspace(初值 x_1,终值 x_n,点数 n),它表示从 10 的 x_1 次幂到 x_n 次幂等比生成 n 个点。

MATLAB 命令窗口输入命令如下:

```
>> t = logspace(0,1,15)
```

运行程序,输出结果如下:

```
t =
  Columns 1 through 5
    1.0000    1.1788    1.3895    1.6379    1.9307
  Columns 6 through 10
    2.2758    2.6827    3.1623    3.7276    4.3940
  Columns 11 through 15
    5.1795    6.1054    7.1969    8.4834    10.0000
```

矩阵的加、减、乘、除、比较运算和逻辑运算等代数运算是 MATLAB 数值计算最基础的部分。下面将重点介绍这些运算。

2.3.3 矩阵加减运算

进行矩阵加法、减法运算的前提是参与运算的两个矩阵或多个矩阵必须具有相同的行数和列数,即 A、B、C 等多个矩阵均为 $m \times n$ 矩阵;或者其中有一个或多个矩阵为标量。

在上述前提下,对于同型的两个矩阵,其加减法定义如下:

$C = A \pm B$,矩阵 C 的各元素 $C_{mn} = A_{mn} + B_{mn}$。

当其中含有标量 x 时,有

$C = A \pm x$,矩阵 C 的各元素 $C_{mn} = A_{mn} + x$。

由于矩阵的加法运算归结为其元素的加法运算,容易验证,因此矩阵的加法运算满足下列运算律。

（1）交换律：$A+B=B+A$。

（2）结合律：$A+(B+C)=(A+B)+C$。

（3）存在零元：$A+0=0+A=A$。

（4）存在负元：$A+(-A)=(-A)+A$。

【例 2-33】 矩阵加减法运算示例。

已知矩阵 $A=[10\ 5\ 79\ 4\ 2;1\ 0\ 66\ 8\ 2;4\ 6\ 1\ 1\ 1]$,矩阵 $B=[9\ 5\ 3\ 4\ 2;1\ 0\ 4\ -23\ 2;4\ 6\ -1\ 1\ 0]$,行向量 $C=[2\ 1]$,标量 $x=20$,试求 $A+B$、$A-B$、$A+B+x$、$A-x$、$A-C$。

输入的命令为：

```
A = [10 5 79 4 2;1 0 66 8 2;4 6 1 1 1];
B = [9 5 3 4 2;1 0 4 -23 2;4 6 -1 1 0];
x = 20;
C = [2 1];
ApB = A + B
AmB = A - B
ApBpX = A + B + x
AmX = A - x
AmC = A - C
```

得到的结果如下：

```
ApB =
    19    10    82     8     4
     2     0    70   -15     4
     8    12     0     2     1
AmB =
     1     0    76     0     0
     0     0    62    31     0
     0     0     2     0     1
ApBpX =
    39    30   102    28    24
    22    20    90     5    24
    28    32    20    22    21
AmX =
   -10   -15    59   -16   -18
   -19   -20    46   -12   -18
   -16   -14   -19   -19   -19
错误使用  -
矩阵维度必须一致
```

在 $A-C$ 的运算中,MATLAB 返回错误信息,并提示矩阵的维数必须相等。这也证明了矩阵进行加减法运算必须满足一定的前提条件。

2.3.4　矩阵乘法运算

MATLAB 中矩阵的乘法运算包括两种：数与矩阵的乘法、矩阵与矩阵的乘法。

1. 数与矩阵的乘法

由于单个数在 MATLAB 中是以标量来存储的,因此数与矩阵的乘法也可以称为标量与矩阵的乘法。

设 x 为一个数,A 为矩阵,则定义 x 与 A 的乘积 $C=xA$ 仍为一个矩阵,C 的元素就是用数 x 乘矩阵 A 中对应的元素而得到,即 $C_{mnx}=xA_{mn}$。数与矩阵的乘法满足下列运算律:

(1) $1A=A$。

(2) $x(A+B)=xA+xB$。

(3) $(x+y)A=xA+yA$。

(4) $(xy)A=x(yA)=y(xA)$。

【例 2-34】 矩阵数乘示例。

已知矩阵 $A=[0\ 3\ 3;1\ 1\ 0;-1\ 2\ 3]$,$E$ 是 3 阶单位矩阵,$E=[1\ 0\ 0;0\ 1\ 0;0\ 0\ 1]$,试求表达式 $2A+3E$。

输入的命令如下:

```
A=[0 3 3;1 1 0;-1 2 3];
E = eye(3);
R=2*A+3*E
```

得到的结果如下:

```
R =
    3    6    6
    2    5    0
   -2    4    9
```

2. 矩阵与矩阵的乘法

两个矩阵的乘法必须满足被乘矩阵的列数与乘矩阵的行数相等。设矩阵 A 为 $m\times h$ 矩阵,B 为 $h\times n$ 矩阵,则两矩阵的乘积 $C=A\times B$ 为一个矩阵,且 $C_{mn}=\sum_{h=1}^{H}A_{mh}\times B_{hn}$。

矩阵之间的乘法不遵循交换律,即 $A\times B\neq B\times A$。但矩阵乘法遵循下列运算律。

(1) 结合律:$(A\times B)\times C=A\times(B\times C)$。

(2) 左分配律:$A\times(B+C)=A\times B+A\times C$。

(3) 右分配律:$(B+C)\times A=B\times A+C\times A$。

(4) 单位矩阵的存在性:$E\times A=A,A\times E=A$。

【例 2-35】 矩阵乘法的示例。

已知矩阵 $A=[2\ 1\ 4\ 0;1\ -1\ 3\ 4]$,矩阵 $B=[1\ 3\ 1;0\ -1\ 2;1\ -3\ 1;4\ 0\ -2]$,试求矩阵乘积 AB 及 BA。

输入的命令如下:

```
A = [2 1 4 0;1 -1 3 4];
B = [1 3 1;0 -1 2;1 -3 1;4 0 -2];
R1 = A * B
R2 = B * A
```

程序运行结果如下：

```
R1 =
      6    -7     8
     20    -5    -6
错误使用 *
内部矩阵维度必须一致      %由于不满足矩阵的乘法条件,故BA无法计算
```

2.3.5 矩阵除法运算

矩阵的除法是乘法的逆运算,分为左除和右除两种,分别用运算符号"\"和"/"表示。如果矩阵 **A** 和矩阵 **B** 是标量,那么 **A**/**B** 和 **A****B** 是等价的。对于一般的二维矩阵 **A** 和 **B**,当进行 **A****B** 运算时,要求 **A** 的行数与 **B** 的行数相等;当进行 **A**/**B** 运算时,要求 **A** 的列数与 **B** 的列数相等。

【例 2-36】 矩阵除法的示例。

设矩阵 **A**=[1 2；1 3],矩阵 **B**=[1 0；1 2],试求 **A****B** 和 **A**/**B**。

输入的命令如下：

```
A = [1 2;1 3];
B = [1 0;1 2];
R1 = A\B
R2 = A/B
```

程序运行结果如下：

```
R1 =
     1    -4
     0     2
R2 =
                    0   1.000000000000000
   -0.500000000000000   1.500000000000000
```

2.4 奇异值分解

奇异值分解在某些方面与对称矩阵或 Hermite 矩阵基于特征向量的对角化类似。对已知矩阵奇异值分析程序如下：

```
clc,clear,close all
A = rand(5),
[V,D,U] = svd(A)
```

运行程序,输出结果如下:

```
A =
        664/815       694/7115       589/3737       689/4856       3581/5461
       1298/1433      408/1465      6271/6461       407/965        489/13693
        751/5914     1324/2421       581/607       1065/1163       439/517
        717/785       338/353        614/1265        61/77         283/303
       1493/2361      687/712       1142/1427      1966/2049       1481/2182
V =
      − 1749/7066    − 2221/3966     937/2268        129/224        561/1601
      − 611/1725     − 4813/9244    − 2543/3356     − 131/11843    − 1058/6197
      − 536/1155      721/1199      − 413/2460      1375/2268      − 229/1386
      − 1313/2398    − 496/4191      494/1039       − 1015/3063    − 525/887
      − 457/837       154/773       − 139/4660      − 308/705      1011/1474
D =
       1567/473         0             0              0              0
          0          1210/1283        0              0              0
          0             0          1629/1949         0              0
          0             0             0           2585/5344         0
          0             0             0              0           79/3990
U =
      − 379/880      − 1401/1585     337/6355       − 479/5417     1291/8591
      − 752/1745      740/3353      1205/6144       − 175/239      − 274/627
      − 1919/4156     184/2067      − 516/691        847/2734      − 527/1489
      − 307/649       937/2532      − 95/1191       − 639/6247     815/1033
      − 2200/5023     1510/9527      551/877        1124/1901      − 572/2907
```

2.5 矩阵的基本函数运算

MATLAB 支持多种矩阵的函数。常用的矩阵的函数运算如表 2-8 所示。

表 2-8   MATLAB 常用矩阵函数运算

函数名	说　　明	函数名	说　　明
det	求矩阵的行列式	fliplr	矩阵左右翻转
inv	求矩阵的逆	flipud	矩阵上下翻转
eig	求矩阵的特征值和特征向量	resharp	矩阵阶数重组
rank	求矩阵的秩	rot90	矩阵逆时针旋转 90°
trace	求矩阵的迹	diag	提取或建立对角阵
norm	求矩阵的范数	tril	取矩阵的左下三角部分
poly	求矩阵特征方程的根	triu	取矩阵的右上三角部分

【例 2-37】 计算矩阵的特征值和特征向量。

在 MATLAB 命令窗口输入命令如下：

```
>> A = [8,1,6;3,5,7;4,9,2];
>> [x,y] = eig(A)                    % x 为特征向量矩阵,y 为特征值矩阵
```

运行程序,输出结果如下：

```
x =
  - 0.5774    - 0.8131    - 0.3416
  - 0.5774      0.4714    - 0.4714
  - 0.5774      0.3416      0.8131
y =
   15.0000           0           0
         0      4.8990           0
         0           0    - 4.8990
```

【例 2-38】 计算矩阵的逆。

在 MATLAB 命令窗口输入命令如下：

```
clc,clear,close all
 A = [8,1,6;
    3,5,7;
    4,9,2];
 B = inv(A)
```

运行程序,输出结果如下：

```
B =
    0.1472    - 0.1444      0.0639
  - 0.0611      0.0222      0.1056
  - 0.0194      0.1889    - 0.1028
```

求矩阵的范数,命令如下：

```
C = norm(A)
```

运行程序,输出结果如下：

```
C =
    15
```

2.5.1　矩阵的分解运算

矩阵的分解常用于求解线性方程组,常用的矩阵的分解运算如表 2-9 所示。

表 2-9   MATLAB 矩阵分解函数

函数名	说　明	函数名	说　明
eig	特征值分解	chol	Cholesky 分解
svd	奇异值分解	qr	QR 分解
lu	LU 分解	schur	Schur 分解

【例 2-39】   矩阵分解运算。

在 MATLAB 命令窗口输入命令如下：

```
>> A = [8,1,6;3,5,7;4,9,2];
>> [U,S,V] = svd(A)          % 矩阵的奇异值分解,A = U * S * V'
```

运行程序,输出结果如下：

```
U =
  - 0.5774      0.7071      0.4082
  - 0.5774      0.0000    - 0.8165
  - 0.5774    - 0.7071      0.4082
S =
   15.0000           0           0
        0      6.9282           0
        0           0      3.4641
V =
  - 0.5774      0.4082      0.7071
  - 0.5774    - 0.8165    - 0.0000
  - 0.5774      0.4082    - 0.7071
```

2.5.2　关系运算和逻辑运算

除了传统的数学运算外,MATLAB 还支持关系运算和逻辑运算。通常这些运算符和函数的目的是给出命题的真假,从而控制基于真假命题的 MATLAB 命令的流程或执行次序。

当关系表达式和逻辑表达式作输入时,MATLAB 将任何非 0 数值都当作真,而将 0 当作假;而关系表达式和逻辑表达式的输出,真输出 1,假输出 0。

表 2-10 给出了基本的关系运算符和逻辑运算符。

表 2-10   基本关系运算符和逻辑运算符

类　别	符号	功能	对应函数
关系运算符	==	等于	eq
	~=	不等于	ne
	<	小于	lt
	>	大于	gt
	<=	小于等于	le
	>=	大于等于	ge

续表

类　别	符号	功能	对应函数
逻辑运算符	&	逻辑与	and
			逻辑或	or
	～	逻辑非	not

此外,MATLAB还提供相关的关系运算函数和逻辑运算函数,如表 2-11 所示。

表 2-11　关系运算函数和逻辑运算函数

函数名	说　明	函数名	说　明
any	任意元素不为 0 时为真	all	所有元素均不为 0 时为真
xor	逻辑异或运算	find	寻找非 0 元素坐标
bitand	位方式的逻辑与运算	bitor	位方式的逻辑或运算
bitxor	位方式的逻辑异或运算	bitcmp	位比较运算
bitshift	二进制移位运算		

12.6　线性方程组

在线性方程组 $Ax=b$ 中,A 是 $n \times m$ 的系数矩阵。

(1) 当 $n=m$ 且非奇异时,此方程称为"恰定"方程。

(2) 当 $n>m$ 时,此方程称为"超定"方程。

(3) 当 $n<m$ 时,此方程称为"欠定"方程。

2.6.1　矩阵逆和除法解恰定方程组

方法有两种:

(1) 采用求逆运算:$x=\mathrm{inv}(A) \cdot b$;

(2) 采用左除运算:$x=A \backslash b$。

说明:

(1) 由于 MATLAB 遵循 IEEE 算法,所以即使 A 阵奇异,该运算也照样进行。但在运算结束时,一方面给出警告;另一方面,所得逆矩阵的元素都是 Inf(无穷大)。

(2) 当 A 为"病态"时,也给出警告信息。

(3) 在 MATLAB 中,求逆 inv( )函数较少使用,使用 MATLAB 时尽量用除运算,少用逆算方法。

【例 2-40】　为了对比"求逆"法和"左除"法解恰定方程的性能,采用如下指令进行高阶恰定方程组的对比研究。程序如下:

```
clc,clear,close all
format short
rand('seed',12);              %随机选定种子,产生随机矩阵
```

```
A = rand(500) + 1.e8;          %使 A 的随机数增大
x = ones(500,1);               %500 行零矩阵
b = A * x;                     %生成 b
A1 = cond(A);
disp '条件数为:'
A1
```

运行程序,输出结果如下:

```
条件数为:
A1 =
     17608292500131
```

"求逆"法解恰定方程组的误差、残差和所用计算时间计算,编程如下:

```
tic                            %启动计时器
A = rand(500) + 1.e8;          %使 A 的随机数增大
x = ones(500,1);               %500 行零矩阵
b = A * x;                     %生成 b
xi = inv(A) * b;               %求逆
toc
eri = norm(x - xi)             %解向量 xi 与真解向量的 2 范数误差
rei = norm(x - xi)             %解向量 xi 与真解向量的 2 范数残差
```

运行程序,输出结果如下:

```
Elapsed time is 0.202887 seconds.
eri =
      85/21562
rei =
      85/21562
```

"左除"法解恰定方程组的误差、残差和所用计算时间计算,编程如下:

```
tic                            %启动计时器
A = rand(500) + 1.e8;          %使 A 的随机数增大
x = ones(500,1);               %500 行零矩阵
b = A * x;                     %生成 b
xd = A\b;                      %求逆
toc
erd = norm(x - xd)             %解向量 xi 与真解向量的 2 范数误差
red = norm(x - xd)             %解向量 xi 与真解向量的 2 范数残差
```

运行程序,输出结果如下:

```
Elapsed time is 0.074632 seconds.
erd =
      70/20357
red =
      70/20357
```

由以上对比分析可知：

(1) 除法求解比求逆求解速度明显快,精度相当；但"除法"的相对误差几乎是"零",而"逆阵"的相对残差高得多。

(2) MATLAB 在设计求逆函数 inv()时,采用的是高斯(Gauss)消元法。

(3) MATLAB 在设计"左除"运算解恰定方程时,并不求逆阵,而是直接采用高斯消元法求解,有效地减小了误差和残差,能得到较好的结果。

2.6.2 矩阵除法解超定方程组

方法有两种：

(1) 求正规方程组$(A^{T}A)x = A^{T}b$ 的解。

(2) 用 Householder 变换直接求原超定方程的最小二乘解。

由于第 2 种方法采用的是正交变换,据最小二乘理论可知,第 2 种方法所得的解的准确性、可靠性都比第 1 种方法好得多。MATLAB 解超定方程组用的就是第 2 种方法。

【例 2-41】 用矩阵除法求解超定方程组。编程如下：

```
%矩阵除法求解超定方程组
clc,clear,close all
format short
a = [1,2,3;
    4, - 5,6;
    7,8,9;
    9,10, - 11];
b = [1:4]';
x = a\b
```

运行程序,输出结果如下：

```
x =
    0.4621
  - 0.0147
    0.0051
```

2.6.3 矩阵除法解欠定方程组

欠定方程组 $Ax = b$ 的解不是唯一的。用除法运算所得的解有两个重要的特征：

(1) 在解中至多有 A 的秩个非零元素。

(2) 它是这个类型中范数最小的一个。

【例 2-42】 用矩阵除法求解欠定方程组。编程如下：

```
% 矩阵除法求解欠定方程组
b = [1,2,3;3,4,5;];
c = [1,3]';
x = b\c
```

运行程序,输出结果如下:

```
x =
    1
    0
    0
```

2.7　符号运算

MATLAB 不仅在数值计算功能方面相当出色,在符号运算方面也提供了专门的符号数学工具箱(symbolic math toolbox)——MuPAD Notebook。

符号数学工具箱是操作和解决符号表达式的符号函数的集合,其功能主要包括符号表达式与符号矩阵的基本操作、符号微积分运算以及求解代数方程和微分方程。

符号运算与数值运算的主要区别在于:数值运算必须先对变量赋值,才能进行运算;符号运算无须事先对变量进行赋值,运算结果直接以符号形式输出。

2.7.1　符号表达式的生成

在符号运算中,数字、函数、算子和变量都是以字符的形式保存并进行运算的。符号表达式包括符号函数和符号方程,两者的区别在于前者不包括等号,后者必须带等号,但它们的创建方式是相同的。

MATLAB 中创建符号表达式的方法有两种:一种是直接使用字符串变量的生成方法对其进行赋值;另一种是根据 MATLAB 提供的符号变量定义函数 sym() 和 syms()。

sym() 函数用来定义单个符号量,调用格式为:

符号量名 = sym('符号字符串')

其中,符号字符串可以是常量、变量、函数或表达式。

syms() 函数用来建立多个符号变量,调用格式为:

syms 符号量名 1 符号量名 2 … 符号量名 n

此时变量名不需加字符串分界符('),变量间用空格分隔。

【例 2-43】　符号表达式的生成。

在 MATLAB 命令窗口输入命令如下:

```
clc,clear,close all
y1 = 'exp(x)';                        %直接创建符号函数
equ = 'a * x^2 + b * x + c = 0';      %直接创建符号方程
y2 = sym('exp(x)');                   %使用sym函数生成符号表达式
syms x y                              %建立符号变量x、y
y3 = x^2 + y^2;                       %生成符号表达式
```

运行程序,输出结果如下:

```
y1  =
    exp(x)
equ =
    a * x^2 + b * x + c = 0
y2  =
    exp(x)
y3 =
    x^2 + y^2
```

2.7.2 符号矩阵

符号矩阵也是一种特殊的符号表达式。MATLAB 中的符合矩阵也可以通过 sym() 函数来建立,矩阵的元素可以是任何不带等号的符号表达式。其调用格式为:

符号矩阵名 = sym('符号字符串矩阵')

符号字符串矩阵的各元素之间可用空格或逗号分割。

【例 2-44】 符号矩阵示例。

在 MATALB 命令窗口输入命令如下:

A = sym('[aa,bb;1,a + 2 * b]')

运行程序,输出结果如下:

```
A =
 [ aa,        bb]
 [  1, a + 2 * b]
```

输入命令如下:

```
clc,clear,close all
A = sym('[a,b;1,a + 2 * b,1,2;4,5]')
```

运行程序,输出结果如下:

```
A =
[ a,          b, 0, 0]
[ 1, a + 2 * b, 1, 2]
[ 4,          5, 0, 0]
```

从输出结果可以看出,与数值矩阵输出形式不同,符号矩阵的每一行两端都有方括号。

在 MATLAB 中,数值矩阵不能直接参与符号运算,必须先转换为符号矩阵,同样也是通过 sym() 函数来转换。

符号矩阵也是一种矩阵,因此之前介绍的矩阵的相关运算也适用于符号矩阵。很多应用于数值矩阵运算的函数,如 det()、inv()、rank()、eig()、diag()、triu()、tril()等,也能应用于符号矩阵。

符号矩阵的逆:

```
≫ inv(A)
ans =
[ (a + 2 * b)/(a * aa − bb + 2 * aa * b), − bb/(a * aa − bb + 2 * aa * b)]
[               −1/(a * aa − bb + 2 * aa * b), aa/(a * aa − bb + 2 * aa * b)]
```

符号矩阵的秩:

```
≫ rank(A)
ans =
    2
```

符号矩阵的上三角:

```
≫ triu(A)
ans =
    [ aa,        bb]
    [  0, a + 2 * b]
```

符号矩阵的下三角:

```
≫ tril(A)
ans =
    [ aa,        0]
    [  1, a + 2 * b]
```

2.7.3 常用符号运算

符号数学工具箱中提供了符号矩阵因式分解、展开、合并、简化和通分等符号操作函数,如表 2-12 所示。

表 2-12 常用符号运算函数

函数名	说　　明	函数名	说　　明
factor	符号矩阵因式分解	expand	符号矩阵展开
collect	符号矩阵合并同类项	simplify	应用函数规则对符号矩阵进行化简
simple	调用 MATLAB 其他函数对符号矩阵进行综合化简,并显示化简过程	numden	分式通分
compose	复合函数运算	finverse	反函数运算
limit	计算符号表达式极限	int	符号积分(定积分或不定积分)
diff	微分和差分函数	gradient	近似梯度函数
jiacobian	计算多元函数的 Jacobi 矩阵		

由于微积分是大学教学、科研及工程应用中最重要的基础内容之一,这里只对符号微积分运算进行举例说明,其余的符号函数运算,读者可以通过查阅 MATLAB 的帮助文档进行学习。

【例 2-45】 符号微积分运算。

在 MATLAB 命令窗口输入命令如下:

```
>> syms t x y            %定义符号变量
>> f1 = sin(2 * x);
>> df1 = diff(f1)        %对函数 f1 中变量 x 求导
```

运行程序,输出结果如下:

```
df1 =
    2 * cos(2 * x)
```

输入命令如下:

```
>> f2 = x^2 + y^2;
>> df2 = diff(f2,x)        %对函数 f2 中变量 x 求偏导
```

运行程序,输出结果如下:

```
df2 =
    2 * x
```

输入命令如下:

```
>> f3 = x * sin(x * t);
>> int1 = int(f3,x)           %求函数 f3 的不定积分
```

运行程序,输出结果如下:

```
int1 =
    (sin(t * x) - t * x * cos(t * x))/t^2
```

输入命令如下：

```
>> int2 = int(f3,x,0,pi/2)                    % 求 f3 在[0,pi/2]区间上的定积分
```

运行程序,输出结果如下：

```
int2 =
    (sin((pi * t)/2) - (pi * t * cos((pi * t)/2))/2)/t^2
```

2.8 复数及其运算

复数运算从根本上讲是对实数运算的拓展,在自动控制、电路学科等自然科学与工程技术中复数的应用非常广泛。

2.8.1 复数和复矩阵的生成

复数有两种表示方式：一般形式和复指数形式。

一般形式为 $x = a + bi$,其中 a 为实部,b 为虚部,i 为虚数单位。在 MATLAB 中,使用赋值语句：

```
>> syms a b
>> x = a + b * i
x =
    a + b * i
```

即可生成复数 x。其中,a、b 为任意实数。

复指数形式为 $x = r \cdot e^{i\theta}$,其中 r 为复数的模；θ 为复数的幅角；i 为虚数单位。在 MATLAB 中,使用赋值语句：

```
>> syms r theta
>> x = r * exp(theta * i)
x =
    r * exp(theta * i)
```

即可生成复数 x。其中,r、theta 为任意实数。

选取合适的表示方式能够便于复数运算,一般形式适合处理复数的代数运算,复指数形式适合处理复数旋转等涉及幅角改变的问题。

复数的生成有两种方法：一种是直接赋值,如上所述；另一种是通过符号函数 syms() 来构造,将复数的实部和虚部看作自变量,用 subs() 函数对实部和虚部进行赋值。

【例 2-46】 复数的生成。

在 MATLAB 命令窗口输入命令如下：

```
clc,clear,close all
x1 = -1 + 2i                              % 直接赋值
x2 = sqrt(2) * exp(i * pi/4)
syms a b real
x3 = a + b * i                            % 构造符号函数
subs(x3,{a,b},{-1,2})                     % 使用 subs 函数对实部和虚部赋值
```

运行程序,输出结果如下:

```
x1 =
   -1.0000 + 2.0000i
x2 =
    1.0000 + 1.0000i
x3 =
a + b * i
ans =
   -1 + 2 * i
```

输入命令如下:

```
clc,clear,close all
syms r theta real
x4 = r * exp(theta * i);
subs(x4,{r,theta},{sqrt(20),pi/8})
```

运行程序,输出结果如下:

```
ans =
    2 * 5^(1/2) * ((2^(1/2) + 2)^(1/2)/2 + ((2 - 2^(1/2))^(1/2) * i)/2)
```

复数矩阵的生成也有两种方法:一种是直接输入复数元素生成;另一种是将实部和虚部矩阵分开建立,再写成和的形式,此时实部矩阵和虚部矩阵的维度必须相同。

【例 2-47】 复数矩阵的生成。

在 MATLAB 命令窗口输入命令如下:

```
clc,clear,close all
A = [-1 + 20i, -3 + 40i;1 - 20i,30 - 4i]        % 复数元素
```

运行程序,输出结果如下:

```
A =
   -1.0000 + 20.0000i   -3.0000 + 40.0000i
    1.0000 - 20.0000i   30.0000 -  4.0000i
```

矩阵 *A* 的实部:

```
real(A)
```

运行程序,输出结果如下：

```
>> real(A)
ans =
    -1    -3
     1    30
```

矩阵 **A** 虚部矩阵如下：

```
imag(A)
```

运行程序,输出结果如下：

```
>> imag(A)
ans =
    20    40
   -20    -4
```

由矩阵 **A** 的实部和虚部构造复向量矩阵如下：

```
B = real(A);
C = imag(A);
D = B + C * i
```

运行程序,输出结果如下：

```
D =
   -1.0000 + 20.0000i   -3.0000 + 40.0000i
    1.0000 - 20.0000i   30.0000 - 4.0000i
```

2.8.2　复数的运算

复数的基本运算与实数相同,都是使用相同的运算符或函数。此外,MATLAB 还提供了一些专门用于复数运算的函数,如表 2-13 所示。

表 2-13　复数运算函数

函数名	说　明	函数名	说　明
abs	求复数或复数矩阵的模	angle	求复数或复数矩阵的幅角,单位为弧度
real	求复数或复数矩阵的实部	imag	求复数或复数矩阵的虚部
conj	求复数或复数矩阵的共轭	isreal	判断是否为实数
unwrap	去掉幅角突变	cplxpair	按复数共轭对排序元素群

2.8.3 留数运算

留数定义：设 a 是 $f(z)$ 的孤立奇点，C 是 a 的充分小的邻域内一条把 a 点包含在其内部的闭路，积分 $\dfrac{1}{2\pi i}\oint f(z)\mathrm{d}z$ 称为 $f(z)$ 在 a 点的留数或残数，记作 $\mathrm{Res}[f(z),a]$。

留数定理：如果函数 $f(z)$ 在闭路 C 上解析，在 C 的内部除去 n 个孤立奇点 a_1，$a_2,\cdots,a_n$ 外也解析，则闭路上的积分满足

$$\oint_c f(z)\mathrm{d}z = 2\pi i\sum_{k=1}^{n}\mathrm{Res}[f(z),a_k]$$

于是通过留数定理可以将闭路积分转化为简单的代数运算。

通常在工程中 $f(z)$ 大多为有理分式，即

$$f(z)=\frac{B(z)}{A(z)}=\frac{b_1z^m+b_2z^{m-1}+\cdots+b_{m+1}}{a_1z^m+a_2z^{m-1}+\cdots+a_{m+1}}$$

在 MATLAB 中，留数的计算可以通过函数 residue()实现。其调用格式如下：

```
[r,p,k] = residue(b,a)
```

其中，输入量 b、a 为有理分式的分子分母系数矩阵，输出量 r、p、k 分别表示留数、极点及部分分式展开的直接项。

若分式无重根，极点数目 $n=\mathrm{length}(a)-1=\mathrm{length}(r)=\mathrm{length}(p)$。若 $\mathrm{length}(b)<\mathrm{length}(a)$，直接项 k 为空；否则，$\mathrm{length}(k)=\mathrm{length}(b)-\mathrm{length}(a)+1$。

分式展开形式为

$$\frac{B(z)}{A(z)}=\frac{r_1}{z-p_1}+\frac{r_2}{z-p_2}+\cdots+\frac{r_n}{z-p_n}+k(z)$$

如果存在 m 重极点，即有 $p(j)=\cdots=p(j+m-1)$，那么展开式中包含以下形式：

$$\frac{r_j}{z-p_j}+\frac{r_{j+1}}{(z-p_j)^2}+\cdots+\frac{r_{j+m-1}}{(z-p_j)^m}$$

$[b,a]=\mathrm{residue}(r,p,k)$ 则为上述运算的逆运算，输入量为 r、p、k，输出量为 b、a。

【例 2-48】 求函数 $f(z)=\dfrac{z+1}{z^2+z}$ 在奇点处的留数。

在 MATLAB 命令窗口输入命令如下：

```
clc,clear,close all
[a,b,c] = residue([1,1],[1,1,0])
```

运行程序，输出结果如下：

```
a =
     0
     1
b =
    -1
     0
```

```
c =
    []
```

留数的逆运算如下：

```
[c,d] = residue(a,b,c)
```

运行程序，输出结果如下：

```
c =
    1    1
d =
    1    1    0
```

因此，可得 $\mathrm{Res}[f(z),-1]=0,\mathrm{Res}[f(z),0]=1$。

【例 2-49】　计算积分 $\oint_c \dfrac{z+1}{z^4+1}\mathrm{d}z$，其中 C 为正向圆周，$|z|=1$。

首先求出被积函数在奇点处的留数。

在 MATLAB 命令窗口输入命令如下：

```
clc,clear,close all
[a,b,c] = residue([1,1],[1,0,0,0,1])
```

运行程序，输出结果如下：

```
a =
    0.1768 + 0.0732i
    0.1768 - 0.0732i
   -0.1768 - 0.4268i
   -0.1768 + 0.4268i
b =
   -0.7071 + 0.7071i
   -0.7071 - 0.7071i
    0.7071 + 0.7071i
    0.7071 - 0.7071i
c =
    []
```

因此，在圆周 $|z|=1$ 内有 4 个极点，分别为 $0.1768+0.0732i$、$0.1768-0.0732i$、$-0.1768-0.4268i$、$-0.1768+0.4268i$。

2.8.4 泰勒级数展开

泰勒(Taylor)级数展开在复变函数中占据重要的地位，特别在（复）信号分析处理中等应用较广泛。

若函数 $f(x)$ 在包含 x_0 点的邻域内各阶导数 $f'(x),f''(x),\cdots,f^{(n)}(x),\cdots$ 存在,则 $f(x)$ 可以在 x_0 的邻域内展开成 $x-x_0$ 的幂级数:

$$f(x)=f(x_0)+f'(x_0)(x-x_0)+\cdots+\frac{f^{(n)}(x_0)(x-x_0)^n}{n!}+\cdots$$

此幂级数称为 $f(x)$ 在点 $x=x_0$ 的泰勒级数。

在 MATLAB 中,泰勒级数展开可以通过函数 taylor() 来实现。其调用格式为:

```
taylor(fun,v,n,x0)
```

其中,fun 为待展开函数;v 为展开所依据的自变量,其默认值由函数 findsym() 确定;n 为泰勒展开的项数,即展开到 $n-1$ 次幂,其默认值为 6;x0 为指定展开的点即上述的 x_0,其默认值为 0。

【例 2-50】 求下列函数的泰勒级数展开式:

(1) $f_1(x)=e^{2x}$,$x_0=0.717$ (2) $f_2(x)=\sin(2x)$,$x_0=\pi/8$

在 MATLAB 命令窗口输入命令如下:

```
clc,clear,close all
syms x;
f1 = taylor(exp(2 * x),x,0.717)
f2 = taylor(sin(2 * x),x,pi/8)
```

运行程序,输出结果如下:

```
f1 =
exp(717/500) + 2 * exp(717/500) * (x - 717/1000) + 2 * exp(717/500) * (x - 717/1000)^2
+ (4 * exp(717/500) * (x - 717/1000)^3)/3 + (2 * exp(717/500) * (x - 717/1000)^4)/3 +
(4 * exp(717/500) * (x - 717/1000)^5)/15
f2 =
(2 * 2^(1/2) * (pi/8 - x)^3)/3 - 2^(1/2) * (pi/8 - x)^2 + (2^(1/2) * (pi/8 - x)^4)/3 -
(2 * 2^(1/2) * (pi/8 - x)^5)/15 + 2^(1/2)/2 - 2^(1/2) * (pi/8 - x)
```

2.8.5　傅里叶变换及其逆变换

傅里叶(Fourier)变换是数字信号处理领域的重要工具。傅里叶变换及其逆变换之间各有优势:傅里叶变换可以清晰地反映信号的频域特性,在 MATLAB 中提供了傅里叶变换及其逆变换使用的函数,使用较为方便。

在 MATLAB 中,傅里叶变换及其逆变换的调用格式如下:

(1) F=fourier(f,t,w)。其中,f 为时域函数表达式;t 为时域变量;w 为频域变量。

(2) f=ifourier(F,w,t)。其中,F 为频域函数表达式;w 为频域变量;t 为时域变量。

【例 2-51】 求函数 $f(t)=\dfrac{2}{t}$ 的傅里叶变换 F 并求 F 的逆变换。

在 MATLAB 命令窗口输入命令如下:

```
clc,clear,close all
syms t w
f = 2/t;
F = fourier(f,t,w)
```

运行程序,输出结果如下:

```
F =
    pi * (2 * heaviside( - w)  -  1) * 2 * i
```

傅里叶逆变换如下:

```
y1 = ifourier(F,w,t)
```

运行程序,输出结果如下:

```
y1 =
    2/t
```

因此,函数 $f(t) = \dfrac{2}{t}$ 的傅里叶变换为 $F(w) = \begin{cases} 2\pi\mathrm{j} & 0_- \leqslant w \leqslant 0_+ \\ 0 & \text{其他} \end{cases}$,$F(\omega)$ 的逆变换即为原函数。

2.8.6　拉普拉斯变换及其逆变换

通过拉普拉斯(Laplace)变换能够得到系统传递函数的零点和极点分布,从而判断该系统的稳定性以及可靠性,因此在信号分析处理中应用较为广泛。

在 MATLAB 中,拉普拉斯变换可以通过函数 laplace()来实现,拉普拉斯逆变换可以通过函数 ilaplace()来实现。它们的调用格式为:

(1) L=laplace(f,t,s)。其中,f 为时域函数表达式;t 为时域变量;s 为 s 域变量。

(2) f=ilaplace (L,s,t)。其中,L 为 s 域函数表达式;s 为 s 域变量;t 为时域变量。

【例 2-52】　求函数 $f(t) = b \cdot \mathrm{e}^{at}$ 的拉普拉斯变换 L 并求 L 的逆变换。

在 MATLAB 命令窗口输入命令如下:

```
syms t s a b
f = b * exp(a * t);
L = laplace(f,t,s)
```

运行程序,输出结果如下:

```
L =
    - b/(a - s)
```

拉普拉斯逆变换如下:

```
f1 = ilaplace(L,s,t)
```

运行程序,输出结果如下:

```
f1 =
    b * exp(a * t)
```

因此,函数 $f(t)=b \cdot \mathrm{e}^{at}$ 的拉普拉斯变换为 $L(s)=\dfrac{b}{s-a}$,$L(s)$ 的逆变换即为原函数。

2.8.7　Z 变换及其逆变换

在 MATLAB 中,Z 变换是拉普拉斯变换的一种变换形式,能够很好地实现系统的分析,加快分析速度,因此 Z 变换也是较常应用的一种方法。

Z 变换可以通过函数 ztrans()来实现,Z 逆变换可以通过函数 iztrans()来实现。它们的调用格式为:

(1) F=ztrans(f,n,z)。其中,f 为时域函数表达式;n 为离散时域变量;z 为复频域变量。

(2) f= iztrans(F,z,n)。其中,F 为复频域函数表达式;z 为复频域变量;n 为离散时域变量。

【例 2-53】　求函数 $f(n)=\sin(a \cdot n)$ 的 Z 变换 F 并求 F 的逆变换。

在 MATLAB 命令窗口输入命令如下:

```
syms n z a
f = sin(a * n);
F = ztrans(f,n,z)
```

运行程序,输出结果如下:

```
F =
    (z * sin(a))/(z^2 - 2 * cos(a) * z + 1)
```

Z 逆变换如下:

```
f1 = iztrans(F,z,n)
```

运行程序,输出结果如下:

```
>> z1 = iztrans(F,z,n)
z1 =
    sin(a * n)
```

因此,函数 $f(n)=\sin(a\cdot n)$ 的 Z 变换为 $F(z)=\dfrac{(\sin a)z^{-1}}{1-2(\cos a)z^{-1}+z^{-2}}$,$F(z)$ 的逆变换即为原函数。

2.9 多项式求解

多项式方式的约定为 $p(x)=a_0 x^n+a_1 x^{n-1}+\cdots+a_{n-1}x+a_n$ 用以下系数行向量表示:$p=[a_0,a_1,a_2,\cdots,a_{n-1},a_n]$。多项式行向量的创建方法有以下两种:

(1) 多项式系数向量的直接输入法。

(2) 利用指令 $p=\text{poly}(\text{AR})$,产生多项式系数向量。

若 AR 是方阵,则多项式为特征多项式;若 AR 是向量,即 $\text{AR}=[ar_1,ar_2,\cdots,ar_n]$,则所得到的多项式满足:

$$(x-ar_1)(x-ar_2)(x-ar_3)\cdots(x-ar_n)=a_0 x^n+a_1 x^{n-1}+\cdots+a_{n-1}x+a_n$$

【例 2-54】 求三阶方阵 **A** 的特征多项式。编程如下:

```
clc,clear,close all
a = [11:13;14:16;20:22];
a1 = poly(a)
a2 = poly2str(a1,'s')
```

运行程序,输出结果如下:

```
a1 =
    1.0000   - 48.0000   - 27.0000   0.0000
a2 =
    s^3 - 48 s^2 - 27 s + 6.6214e - 14
```

值得注意的是:

(1) n 阶方阵的特征多项式系数向量一定是 $n+1$ 维的。

(2) 特征多项式向量的第一个元素必是 1。

【例 2-55】 给定根向量求多项式系数向量。编写程序如下:

```
clc,clear,close all
r = [ - 0,5,3,6 + i];
r1 = poly(r)
r2 = real(r1)
r3 = poly2str(r2,'x')
```

运行程序,输出结果如下:

```
r1 =
  Columns 1 through 3
   1.0000 + 0.0000i - 14.0000 - 1.0000i 63.0000 + 8.0000i
  Columns 4 through 5
 - 90.0000 - 15.0000i   0.0000 + 0.0000i
```

```
r2 =
     1    -14    63    -90     0
r3 =
   x^4 - 14 x^3 + 63 x^2 - 90 x
```

由结果可知：

（1）要形成实数多项式，根向量中的复数必须共轭成对。

（2）可采用取实部的指令 real() 把虚部值去掉。

（3）poly2str() 是一个函数文件，它存在于 MATLAB 控制工具箱中。

常用的多项式运算指令有：

（1）R＝roots(p)。求多项式向量 p 的根。

（2）PS＝polyval(P,S)。按照数组运算规则计算多项式值。P 为多项式，S 为矩阵。

（3）PS＝polyvalm(P,S)。按照数组运算规则计算多项式值。P 为多项式，S 为矩阵。

（4）[r,p,k]＝residue(b,a)。部分分式展开。b、a 分别是分子、分母多项式系数向量。r、p、k 分别为留数、极点、直项向量。

（5）P＝polyfit(x,y,n)。用 n 阶多项式拟合 x、y 向量给定的数据。

【例 2-56】 求多项式 $x^3 - 6x^2 - 72x - 27$ 的根。编程如下：

```
clc,clear,close all
r = roots([1, - 6, - 72, - 27])
```

运行程序，输出结果如下：

```
r =
   12.1229
  - 5.7345
  - 0.3884
```

说明：MATLAB 约定多项式系数用行向量表示，一组根用列向量表示。

【例 2-57】 求解两种多项式求值指令的差别。编程如下：

```
clc,clear,close all
s = pascal(4)
p = poly(s)
p1 = poly2str(p, 'x')
p2 = polyval(p, s)
p3 = polyvalm(p, s)
```

运行程序，输出结果如下：

```
p =
   1.0000   - 29.0000    72.0000   - 29.0000    1.0000
```

```
p1 =
    x^4 - 29 x^3 + 72 x^2 - 29 x + 1
p2 =
    1.0e + 04 *
    0.0016     0.0016     0.0016     0.0016
    0.0016     0.0015    - 0.0140   - 0.0563
    0.0016    - 0.0140   - 0.2549   - 1.2089
    0.0016    - 0.0563   - 1.2089   - 4.3779
p3 =
    1.0e - 10 *
   - 0.0014   - 0.0064   - 0.0105   - 0.0242
   - 0.0049   - 0.0220   - 0.0362   - 0.0801
   - 0.0116   - 0.0514   - 0.0827   - 0.1819
   - 0.0230   - 0.0976   - 0.1567   - 0.3424
```

由输出结果可知,p3 中的元素都很小,它是运算误差造成的。理论上它应该是 0。这就是著名的 Caylay-Hamilton 定理:任何一个矩阵满足它本身的特征多项式。

【例 2-58】 六阶多项式对区间$[0,2.5]$上的误差函数 $y(x) = \dfrac{2}{\sqrt{\pi}}\displaystyle\int_0^x e^{-\mu^2}\,d\mu$ 进行最小二乘拟合。编程如下:

```
x = 0:0.1:2.5;
y = erf(x)                        % 计算误差函数在[0,2.5]的数据点
p = polyfit(x,y,6)
p1 = poly2str(p,'s')
```

运行程序,输出结果如下:

```
p =
    0.0084    - 0.0983    0.4217    - 0.7435    0.1471    1.1064    0.0004
p1 =
    0.0084194 s^6 - 0.0983 s^5 + 0.42174 s^4 - 0.74346 s^3 + 0.1471 s^2
    + 1.1064 s + 0.00044117
```

【例 2-59】 用$[0,2.5]$区间数据拟合曲线拟合$[0,5]$区间的数据。编程如下:

```
clc,clear,close all
x = 0:0.1:5;
x1 = 0:0.1:2.5;
y = erf(x);
y1 = erf(x1);
p1 = polyfit(x1,y1,6)
f = polyval(p1,x)
plot(x,y,'bo','linewidth',2)
hold on
plot(x,f,'r-- ','linewidth',2)
grid on
```

```
axis([0,5,0,2])
legend('拟合曲线','原始数据')
```

运行程序,输出结果如下:

```
f =
  Columns 1 through 5
    0.0004    0.1119    0.2223    0.3287    0.4288
  Columns 6 through 10
    0.5209    0.6041    0.6778    0.7418    0.7965
  Columns 11 through 15
    0.8424    0.8800    0.9104    0.9342    0.9526
  Columns 16 through 20
    0.9664    0.9765    0.9838    0.9889    0.9925
  Columns 21 through 25
    0.9951    0.9969    0.9982    0.9991    0.9995
  Columns 26 through 30
    0.9994    0.9984    0.9964    0.9931    0.9882
  Columns 31 through 35
    0.9818    0.9737    0.9642    0.9539    0.9434
  Columns 36 through 40
    0.9341    0.9277    0.9267    0.9339    0.9533
  Columns 41 through 45
    0.9897    1.0488    1.1375    1.2640    1.4380
  Columns 46 through 51
    1.6706    1.9745    2.3646    2.8574    3.4718    4.2290
```

输出图形如图 2-2 所示。

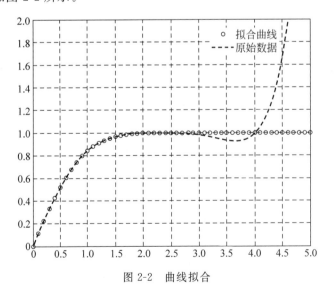

图 2-2 曲线拟合

本章小结

MATLAB 的科学计算包括多方面,涵盖面极广,本章主要围绕矩阵运算、符号矩阵运算、复数矩阵运算等进行分析。通过本章基础编程学习,用户可以根据自身需求,进行程序的编写和函数调用,MATLAB 对于矩阵的运算表现极好的运算能力。

第3章 MATLAB图形可视化

　　MATLAB语言丰富且功能卓越的图形可视化功能,使得数学计算结果可以方便地、多样地实现可视化。这是其他编程语言所不能及的,而且得到的图形可方便地插入 Word 和 LaTeX 等其他排版系统。MATLAB 图形可视化操作分析了常见二维、三维图形绘制,以及 MATLAB 动画设计,方便用户进行可视化设计。

学习目标:
- 熟练掌握 MATLAB 编程表示方法;
- 熟练运用 MATLAB 产生可视化图形;
- 熟练掌握 MATLAB 进行动画设计等。

3.1　图形绘制

　　基于由浅入深的原则,本节将从最简单的平面上的点的表示入手,逐步深入,由离散数据的表示到连续数据的表示,使得读者易于掌握其中规律。

3.1.1　离散数据图形绘制

　　一个二元实数标量对(x_0,y_0)可以用平面上的点来表示,一个二元实数标量数组$[(x_1,y_1)(x_2,y_2)\cdots(x_n,y_n)]$可以用平面上的一组点来表示,对于离散函数$Y=f(X)$,当$X$为一维标量数组$X=[x_1,x_2,\cdots,x_n]$时,根据函数关系可以求出$Y$相应地为一维标量$Y=[y_1,y_2,\cdots,y_n]$。

　　当把这两个向量数组在直角坐标系中用点序列来表示时,就实现了离散函数的可视化。当然,这些图形上的离散序列所反映的只是X所限定的有限点上或有限区间内的函数关系。应当注意的是,MATLAB是无法实现对无限区间上的数据的可视化的。

　　【例 3-1】　离散数据的图形绘制。

```
clc,clear
x = 1:10;
```

```
y = [0.0370    0.0340    0.0270    0.0400    0.0350 0.0270    0.0260    0.0260
0.0270    0.0250];
plot(x,y,'ro -- ')
```

运行该程序文件,得到图形如图 3-1 所示。

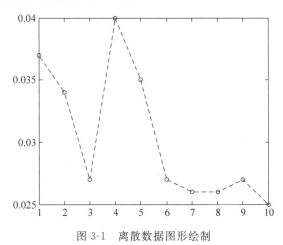

图 3-1　离散数据图形绘制

3.1.2　函数图形绘制

在 MATLAB 中,是无法画出真正的连续函数的,因此在实现连续函数的可视化时,首先也必须将连续函数用在一组离散自变量上计算函数结果,然后将自变量数组和结果数组在图形中表示出来。

当然,这些离散的点还是不能表现函数的连续性的。为了更形象地表现函数的规律及其连续变化,通常采用以下两种方法:

(1) 对离散区间进行更细的划分,逐步趋近函数的连续变化特性,直到达到视觉上的连续效果。

(2) 把每两个离散点用直线连接,以每两个离散点之间的直线来近似表示两点间的函数特性。

【例 3-2】　函数图形绘制。

```
clc,clear
x = 1:0.01:10;
y = tan(x);
plot(x,y,'r')
```

运行该程序文件,得到图形如图 3-2 所示。

【例 3-3】　对 x,y 界定的区域填充,并对各属性设置对应的属性值。编程如下:

```
clc,clear,close all
t = linspace(0,2 * pi,10);
```

```
x = sin(2 * t);
y = cos(2 * t);
area(x, y, 'facecolor', 'r')
```

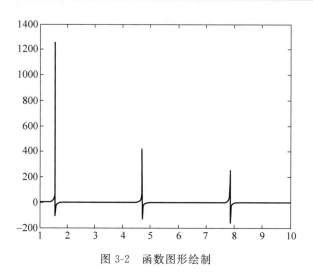

图 3-2　函数图形绘制

运行程序,输出结果如图 3-3 所示。

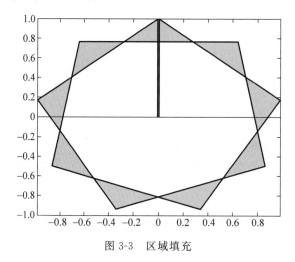

图 3-3　区域填充

3.1.3　图形绘制的基本步骤

通过上述实例,可以总结出利用 MATLAB 绘制图形的一般步骤。大致分为如下 7 个步骤:

(1) 数据准备。主要工作是产生自变量采样向量,计算相应的函数值向量。

(2) 选定图形窗口及子图位置。默认情况下,MATLAB 系统绘制的图形为 figure. 1、figure. 2、…依次类推。

(3) 调用绘图函数绘制图形,如 plot()函数。

（4）设置坐标轴的范围、刻度及坐标网格。

（5）利用对象属性值设置或者利用图形窗口工具栏设置线型、标记类型及其大小等。

（6）添加图形注释，如图名、坐标名称、图例、文字说明等。

（7）图形的导出与打印。

3.2　二维图形绘制

绘制二维图形常用的指令为 plot()。根据不同的坐标参数，它可以在二维平面上绘制出不同的曲线。MATLAB R2016a 主窗口中的"绘图"功能区能够利用工作空间的数据方便地画出各种类型的图形，不需要相应的绘图程序代码。

3.2.1　plot 指令

将数对排序的一种方法是使用 plot 指令。该命令可以带有不同数目的参数。最简单的形式就是将数据传递给 plot，但是线条的类型和颜色可以通过使用字符串来指定，这里用 str 表示。线条的默认类型是实线型。

下面给出 plot 指令的一般使用规范。

1）plot 指令使用规范 1：plot(x,y)

语句说明：以 x 为横坐标，y 为纵坐标，按照坐标 (x_j,y_j) 的有序排列绘制曲线。

【例 3-4】　绘制给定数据点的增长率图。编程如下：

```
clc,clear,close all
load('x1 - 38.mat')
%增长率
for i = 1:38
    x1(i) = i;
end
for i = 2:39
    y11((i - 1),:) = y1(i,:) - y1((i - 1),:);
end
for i = 1:38
    for j = 1:6
        y111(i,j) = y11(i,j)/y1(i,j);
    end
end
%增长率时间曲线
for i = 1:6
    subplot(3,2,i);
    plot(x1,y111(:,i));
end
```

运行程序，输出图形如图 3-4 所示。

2）plot 指令使用规范 2：plot(y)

语句说明：y 为一维实数数组，以 $1{:}n$ 为横坐标，y_j 为纵坐标绘制曲线（n 为 y 的长度）。

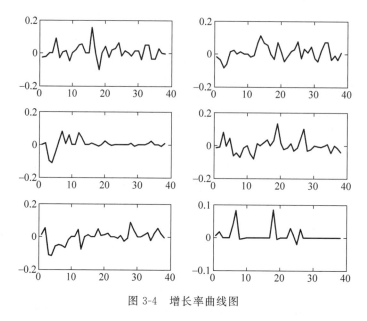

图 3-4 增长率曲线图

【例 3-5】 采用 plot()编程如下：

```
clc,clear,close all
y = [0.0370  0.0340  0.0270  0.0400  0.0350  0.0270  0.0260  0.0260  0.0270
0.0250];
plot(y','rs - ','linewidth',2)
```

运行程序,输出图形如图 3-5 所示。

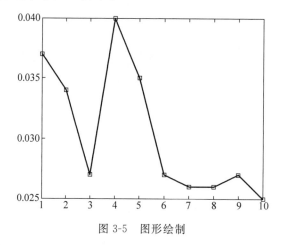

图 3-5 图形绘制

3.2.2 格栅

当图像需要对具体数值有更加清楚的展示时,在图形中添加格栅是十分有效的方法。在 MATLAB 中,利用 grid on 指令可以在当前图形的单位标记处添加格栅,利用

grid off 指令则可以取消格栅的显示,单独使用 grid 指令则可以在 on 与 off 状态下交替转换,即起到触发的作用。

【例 3-6】 画 $y = x^2 \sin(x)$ 的图形。编程如下:

```
clc,clear,close all
ezplot('x^2 * sin(x)',[ - 10,10])
grid on
```

运行程序,输出图形如图 3-6 所示。

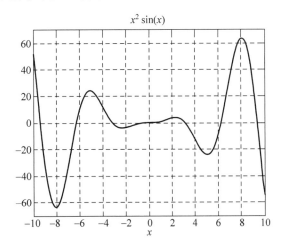

图 3-6　栅格化的二维图形绘制

【例 3-7】 去掉栅格。编程如下:

```
grid off
ezplot('x^2 * sin(x)',[ - 10,10])
```

运行程序,输出图形如图 3-7 所示。

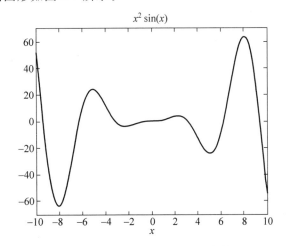

图 3-7　去栅格化的二维图形绘制

3.2.3 图形标记说明

通常,曲线所表示出的函数或数据的规律都需要进行一些文字的说明或标注。现将图形窗口中的文本操作指令列出如下:

(1) title('text')。指令的功能为在图形窗口顶端的中间位置输出字符串'text'作为标题。

(2) xlabel('text')。指令的功能为在 x 轴下的中间位置输出字符串'text'作为标注。

(3) ylabel('text')。指令的功能为在 y 轴边上的中间位置输出字符串'text'作为标注。

(4) zlabel('text')。指令的功能为在 z 轴边上的中间位置输出字符串'text'作为标注。

(5) legend(str1,str2,…,pos)。指令的功能为在当前图上输出图例,并用说明性字符串 str1、str2 等作标注。其中,参数 pos 的可选项目如表 3-1 所示。

表 3-1　曲线线型

线型代号	表示线型
−1	将图例框放在坐标轴外的右侧
0	将图例框放在图窗内与曲线交叠最小的位置
1	将图例框放在图窗内右上角
2	将图例框放在图窗内左上角
3	将图例框放在图窗内左下角
4	将图例框放在图窗内右下角

(6) legend(str1,str2,…,'Location','pos')。指令的功能为在当前图上输出图例,并用说明性字符串 str1、str2 等作标注。其中,参数'pos'的可选项目列表如表 3-2 所示。

表 3-2　图形标记

标记代号	表示标记	标记代号	表示标记
North	图窗内最上端	SouthOutside	图窗外下部
South	图窗内最下端	EastOutside	图窗外右侧
East	图窗内最右端	WestOutside	图窗外左侧
West	图窗内最左端	NorthEastOutside	图窗外右上部
NorthEast	图窗内右上角(二维图窗的默认项)	NorthWestOutside	图窗外左上部
NorthWest	图窗内左上角	SouthEastOutside	图窗外右下部
SouthEast	图窗内右下角	SouthWestOutside	图窗外左下部
SouthWest	图窗内左下角	Best	图窗内与曲线交叠最小的位置
NorthOutside	图窗外上部	BestOutside	图窗外最不占空间的位置

（7）legend off。指令的功能为从当前图形中清除图例。

【**例 3-8**】　对于图形坐标轴以及曲面标记，具体的程序如下：

```
clc,clear,close all
A = rand(10,10);
surf(A)
xlabel('x')
ylabel('y')
zlabel('z')
title('三维曲面')
legend('曲面','NorthEast')
```

运行程序，输出图形如图 3-8 所示。

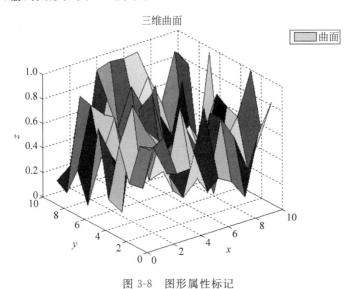

图 3-8　图形属性标记

3.2.4　线型、标记和颜色

当同一张图形中同时画了多条曲线时，则需要使用不同的线型、标记或不同的曲线颜色来区分不同的曲线。

1. 线型

MATLAB 平台中共有 5 种不同线型，如表 3-3 所示。

表 3-3　曲线线型

线型代号	表示线型	线型代号	表示线型
-	实线	:	点线
--	虚线	none	无线
-.	点画线		

2. 标记

MATLAB平台中共有14种不同标记方式,如表 3-4 所示。

表 3-4　图形标记

标记代号	表 示 标 记	标记代号	表 示 标 记
.	点	○	o
*	星号	+	+
square	正方形	×	×
diamond	菱形	<	顶点指向左边的三角形
pentagram	五角星形	>	顶点指向右边的三角形
hexagram	六角星形	∧	正三角形
none	无点	∨	倒三角形

3. 颜色

MATLAB平台中有代号的颜色共有 8 种,如表 3-5 所示。

表 3-5　曲线或标记颜色

颜色代号	表示颜色	颜色代号	表示颜色
g	绿色	w	白色
m	品红色	r	红色
b	蓝色	k	黑色
c	灰色	y	黄色

【例 3-9】　对于线型、标记和颜色的程序书写,程序如下:

```
clc,clear,close all
figure
x = -20:0.01*pi:pi*8;
y = x.*(x).*(x)/1000;
plot(x,y,'r:','LineWidth',3);
hold on;
plot(x,y,'k--','LineWidth',2);
plot(x,y+3,'b--','LineWidth',1);
plot(x,y+5,'rs','LineWidth',3);
hold on;
plot(x,y-3,'kp--','LineWidth',2);
plot(x,y-5,'bh--','LineWidth',1);
axis tight
```

运行程序,输出图形如图 3-9 所示。

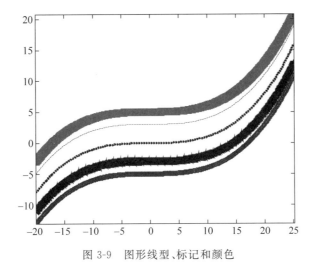

图 3-9　图形线型、标记和颜色

3.2.5　子图绘制

MATLAB 允许用户在同一个图形窗中同时绘制多幅相互独立的子图,这需要应用到 subplot 指令。其具体语句规范如下:

(1) subplot(m,n,k)。在 $m \times n$ 幅子图中的第 k 幅图作为当前曲线的绘制图。

(2) subplot('position',[left bottom width height])。在指定位置上生成子图,并作为当前曲线的绘制图。

subplot 指令说明:

(1) subplot(m,n,k)指令生成的图形窗中将会有 $m \times n$ 幅子图,k 是子图的编号,编号的顺序如下:左上为第 1 幅子图,然后先向右后向下依次排号,该指令产生的子图分割与占位完全按照默认值自动进行。

(2) subplot('position',[left bottom width height])指令所产生的子图的位置由用户指定,指定位置的 4 个元素采用归一化的标称单位,即认为图形窗的宽、高的取值范围均为[0,1],左下角的坐标为(0,0)。

(3) 指令所产生的子图,彼此之间相互独立,所有的绘图指令都可以在任一子图中运用,而对其他的子图不起作用。

(4) 在使用 subplot 指令之后,如果再想绘制充满整个图形窗的图时,应当先使用 clf 指令对图形窗进行清空。

【例 3-10】　创建与分割图形窗口,编程如下:

```
clc,clear,close all
clf,b = 2 * pi;x = linspace(0,b,50);
for k = 1:9
    y = sin(k * x);
    subplot(3,3,k),plot(x,y),axis([0,2 * pi, −1,1])
end
```

运行程序,输出图形如图 3-10 所示。

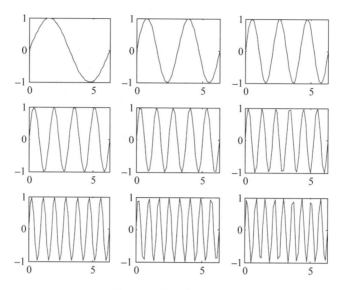

图 3-10　图形窗口设置

3.2.6　拓扑关系图

拓扑关系绘图指令如下：

```
gplot(A,xy,lc)
```

其中,A 为一个图 G 的邻接矩阵,即若 $a(i,j) \neq 0$,则从节点 i 到节点 j 有一条边,但 A 未必为方阵；xy 为一个 $n \times 2$ 的矩阵,表示各节点的位置,即 $xy(i,:)=[x(i),y(i)]$；lc 为线型和颜色,默认为"b-",其指明方式与 plot 画图属性设置相同。

【例 3-11】　绘制拓扑关系图。编程如下：

```
% 拓扑图
clc,clear,close all
a = [0,1,0,1,0;
    1,0,0,0,1;
    0,0,0,0,1;
    1,1,0,0,0;
    0,1,1,0,0;];
xy = [1,5;4,7.4;
    6,3.5;5,2;2,3];
gplot(a,xy,'r - ')
text(1.1,5,'1')
text(4,7.4,'2')
text(5.9,3.6,'3')
text(5.1,2.1,'4')
text(2,2.8,'5')
```

运行程序,输出结果如图 3-11 所示。

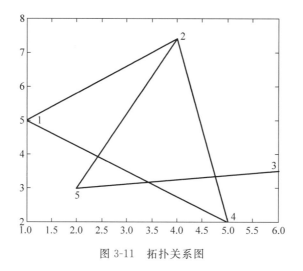

图 3-11   拓扑关系图

【例 3-12】   绘制足球网络拓扑图。编程如下：

```
clc,clear,close all
[a,v] = bucky;
H = sparse(60,60);
gplot(a - H,v,'r - ');
hold on
gplot(H,v,'bo - ')
```

运行程序，输出结果如图 3-12 所示。

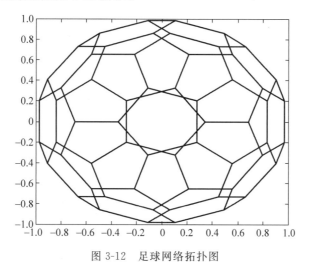

图 3-12   足球网络拓扑图

3.2.7   双坐标轴绘制

在实际的应用中，常常需要把同一自变量的两个不同量纲、不同量级的函数量的变化同时绘制在同一个图形窗中。例如，在同一张图中同时展示空间一点上的电磁波的幅度和相位随时间的变化；或者不同时间内的降雨量和温湿度的变化；或者放大器的输入、输出电流的变化曲线等。MATLAB中的plotyy()函数可以对上述功能进行实现。其具体的句法格式如下：

（1）plotyy(X1,Y1,X2,Y2)。该语句的功能为以左、右不同的纵轴分别绘制X1-Y1和X2-Y2两条曲线。

（2）plotyy(X1,Y1,X2,Y2,Fun)。该语句的功能为以左、右不同的纵轴以Fun指定的形式分别绘制X1-Y1和X2-Y2两条曲线。

（3）plotyy(X1,Y1,X2,Y2,Fun1,Fun2)。该语句的功能为以左、右不同的纵轴分别以Fun1、Fun2指定的形式绘制X1-Y1和X2-Y2两条曲线。

使用plotyy指令时需要注意的是：左侧的纵轴用来描述X1-Y1曲线，右侧的纵轴用来描述X2-Y2曲线。轴的范围与刻度值都是自动生成的，进行人工设置时，使用的绘图指令与一般的绘图指令相同。

【例3-13】 同坐标绘制不同图形。

在同一坐标中使用不同坐标系绘制不同的图形。具体编程实例如下：

```
%同一图形中不同坐标系绘制不同图形
clc,clear,close all
x = - 2 * pi:pi/20:2 * pi;
y = sin(x);
z = 2 * abs(cos(x));
subplot(211)
plot(x,y,x,z);
title('按相同坐标刻度绘制不同图形')
subplot(212)
plotyy(x,y,x,z,'plot','semilogy')
title('按不同的坐标系进行绘制')
```

运行程序，输出结果如图3-13所示。

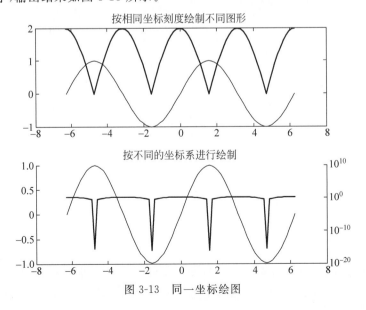

图3-13 同一坐标绘图

3.2.8　二元函数的伪色彩

用颜色表示平面图表中二元函数值的大小(高度),方法如下。

1. 指定颜色集

(1) pcolor(X,Y,Z)。表示在由 X、Y 构造的平面上,用 Z 的元素确定相应小格子的颜色。

(2) pcolor(Z)。表示在由 Z 的下标值构造的平面上,用 Z 的元素确定相应小格子的颜色。

2. 使用 Shading 命令控制着色模式

shading flat/interp/faceted

默认为 faceted,即着色网格并附加黑色网线。

若为 flat,则无网线,且各网格颜色单一。若为 interp,则无网线,且各网格颜色通过相应 4 个顶点的颜色值进行双线性内插得出。

3. 使用 hold on 使以上设定一直保持

【**例 3-14**】　二元函数的伪色彩、二元函数图像的伪图像实例。编程如下:

```
clc,clear,close all
[x,y,z] = peaks(50);
pcolor(x,y,z);
shading interp
hold on
contour(x,y,z,10,'k')
pause
shading flat
contour(x,y,z,10,'k')
pause
shading faceted
contour(x,y,z,10,'k')
```

运行程序,输出结果如图 3-14～图 3-16 所示。

3.2.9　MATLAB 特殊符号标记

MATLAB 提供了特殊符号标记对图形进行修饰,对于上下标的标定,工程上应用较广泛,例如,$e^{-t}\sin t$、$x - \chi_a^2(2)$ 等的标记,MATLAB 提供了上下控制指令,如表 3-6 所示。

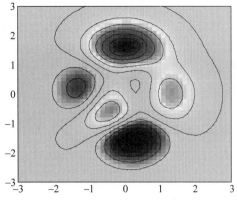

图 3-14 interp 彩色图

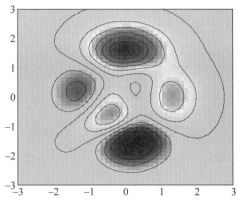

图 3-15 flat 彩色图

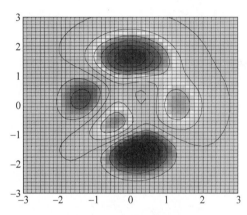

图 3-16 faceted 彩色图

表 3-6 上下控制指令

类型	指令	arg 取值	举　例	
			示例指令	效果
上标	^{arg}	任何合法字符	'\ite^{-t}sint'	$e^{-t}\sin t$
下标	_{arg}	任何合法字符	'x∼{\chi}_{\alpha}^{2}(3)'	$x-\chi_\alpha^2(2)$

对于常见的阿拉伯字母,α、β、$\delta(\Delta)$等注释符号,MATLAB 也提供了特殊的字符指令,如表 3-7 所示。

表 3-7 希腊字母指令

指　　令	字符	指　　令	字符
\alpha	α	\eta	η
\beta	β	\theta(\Theta)	$\theta(\Theta)$
\gamma(\Gamma)	$\gamma(\Gamma)$	\iota	ι
\delta(\Delta)	$\delta(\Delta)$	\kappa	κ
\epsilon	ε	\lambda(\Lambda)	$\lambda(\Lambda)$
\zeta	ς	\mu	μ

指　　令	字符	指　　令	字符
\vartheta	ϑ	\varsigma	ς
\Nu	υ	\upsilon(\Upsilon)	$\nu(\Upsilon)$
\xi(\Xi)	$\xi(\Xi)$	\phi(\Phi)	$\varphi(\Phi)$
\pi(\Pi)	$\pi(\Pi)$	\chi	χ
\rho	ρ	\psi(Psi)	$\psi(\Psi)$
\sigma(\Sigma)	$\sigma(\Sigma)$	\omega(\Omega)	$\omega(\Omega)$
\tau	τ	\varpi	ω

还有其他的一些数学字符指令,即数学公式编辑器中出现的字符,MATLAB 提供了相应的字符指令,如表 3-8 所示。

表 3-8　其他字符指令

指令	字符	指令	字符	指令	字符	指令	字符	指令	字符
\approx	$\approx$	\propto	$\propto$	\exists	$\exists$	\cap	$\cap$	\downarrow	$\downarrow$
\cong	$\cong$	\sim	$\sim$	\forall	$\forall$	\cup	$\cup$	\leftarrow	$\leftarrow$
\div	$\div$	\times	$\times$	\in	$\in$	\subset	$\subset$	\leftrightarrow	$\leftrightarrow$
\equiv	$\equiv$	\oplus	$\oplus$	\infty	∞	\supseteq	$\subseteq$	\rightarrow	$\rightarrow$
\geq	$\geqslant$	\oslash	ϕ	\perp	$\perp$	\subset	$\supset$	\uparrow	$\uparrow$
\leq	$\leqslant$	\otimes	$\otimes$	\prime	$,$	\supseteq	$\supseteq$	\circ	$\circ$
\neq	$\neq$	\int	$\int$	\cdot	$\cdot$	\Im	$\Im$	\bullet	$\bullet$
\pm	$\pm$	\partial	∂	\ldots	$\cdots$	\Re	$\Re$	\copyright	$\odot$

针对这些特殊字符的标记,用户可以将要使用的变量显示在图形中,达到一一对应的关系,因此实际应用中广泛使用。

MATLAB 中用于文字、字符等的标记函数为 text()。具体的使用方法如下:

(1) text(x,y,'text')。指令的功能为在图形窗口的(x,y)处写字符串 'text'。坐标 x 和 y 按照与所绘制图形相同的刻度给出。对于向量 x 和 y,字符串'text'写在(x_i,y_i)的位置上。如果 'text' 是一个字符串向量,即一个字符矩阵,且与 x,y 有相同的行数,则第 i 行的字符串将写在图形窗口的(x_i,y_i)的位置上。

(2) text(x,y,'text','sc')。指令的功能为在图形窗口的(x,y)处输出字符串'text',给定左下角的坐标为(0.0,0.0),右上角的坐标则为(1.0,1.0)。gtext('text')通过使用鼠标或方向键,移动图形窗口中的十字光标,让用户将字符串 txt 放置在图形窗口中。当十字光标走到所期望的位置时,用户按下任意键或单击鼠标上的任意按钮,字符串将会写入在窗口中。

【例 3-15】　特殊字符标记具体的代码如下:

```
clc,clear,close all
load('x1 - 38.mat')
plot(1:39,y1(:,1))
hold on
% grid on
```

```
text(10,13,'\approx')
text(10,12.5,'\exists')
text(5,13,'\approx')
text(5,12.5,'\exists')
```

运行程序,得到如图 3-17 所示标记图。

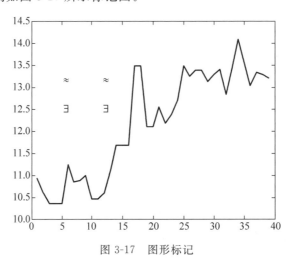

图 3-17　图形标记

【**例 3-16**】　在同一张图上画出 $y = \sin(t)$ 和 $y = 3e^{-0.5t}$,这里 $t \in [0, 3\pi]$,并进行适当的标注。编程如下:

```
clc,clear,close all
clf, x = linspace(0,8 * pi,100);
F = inline('sin(x + cos(x + sin(x)))');
y1 = sin(x + cos(x + sin(x)));
y2 = 0.2 * x + sin(x + cos(x + sin(x)));
plot(x,y1,'k:',x,y2,'k - ')
legend('sin(x + cos(x + sin(x)))','0.2x + sin(x + cos(x + sin(x)))',2)
h = plot([0:0.1:2 * pi],sin([0:0.1:2 * pi])); grid on
set(h,'LineWidth',5,'color','red'); set(gca,'GridLineStyle','- ','fontsize',16)
%设置 y 坐标的刻度并加以说明,并改变字体的大小
h = plot([0:0.1:2 * pi],sin([0:0.1:2 * pi]));grid on;
set(gca,'ytick',[ - 1 - 0.5 0 0.5 1]), set(gca,'yticklabel','a|b|c|d|e'),
set(gca,'fontsize',20)
%文字标注指令
plot(x,y1,'b',x,y2,'k - ') ,
set(gca,'fontsize',15,'fontname','times New Roman'),   %设置轴对象的字体为 times New Roman
title('\it{Peroid and linear peroid function}');       %加标题
xlabel('x from 0 to 8 * pi \it{x}'); ylabel('\it{y}'); %说明坐标轴
text(x(49),y1(50) - 0.4,'\fontsize{15}\bullet\leftarrowThe period function {\itf(x)}');
%在坐标(x(49),y1(50) - 0.4)处作文字说明,各项设置用"\"隔开
%\fontsize{15}\bullet\leftarrow 的意义依次是:\字体大小 = 15 \ 画圆点 \左箭头
text(x(14),y2(50) + 1,'\fontsize{15}The linear period function {\itg(x)}\rightarrow\
bullet')
```

运行程序,输出图形如图 3-18 所示。

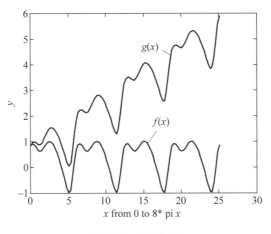

图 3-18　图形标记

【**例 3-17**】　填充多边形指令,填充由点$(x_1,y_1),(x_2,y_2),\cdots,(x_n,y_n)$构成的多边形,其颜色由 c 指明。填充多边形区域编程如下:

```
%区域颜色填充
clc,clear,close all
x = linspace(0,10,50);
y = sin(x). * exp( - x/5);
fill(x,y,'b')                    %填充蓝色
text(4,0.01,'蓝色')
```

运行程序,输出结果如图 3-19 所示。

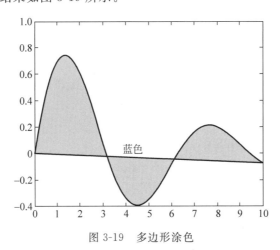

图 3-19　多边形涂色

3.3　三维图形绘制

本节通过例子观察 MATLAB 的三维绘图功能和技巧。

3.3.1 网格图绘制

三维网格图和曲面图的绘制比三维曲线图的绘制稍显复杂,主要是因为:绘图数据的准备以及三维图形的色彩、明暗、光照和视角等的处理。绘制函数 $z=f(x,y)$ 的三维网格图的过程如下:

(1) 确定自变量 x 和 y 的取值范围和取值间隔,即

x = x1:dx:x2, y = y1:dy:y2

(2) 构成 xoy 平面上的自变量采样个点矩阵。

① 利用"格点"矩阵的原理生成矩阵。

```
x = x1:dx:x2; y = y1:dy:y2;
X = ones(size(y)) * x;
Y = y * ones(size(x));
```

② 利用 meshgrid 指令生成"格点"矩阵。

```
x = x1:dx:x2; y = y1:dy:y2;
[X,Y] = meshgrid(x,y);
```

(3) 计算在自变量采样"格点"上的函数值: $z=f(x,y)$。

绘制网格图的基本 mesh 指令的句法格式如下:

(1) mesh(X,Y,Z)。其功能为以 **X** 为 x 轴自变量、**Y** 为 y 轴自变量,绘制网格图;**X**、**Y** 均为向量,若 **X**、**Y** 长度分别为 m、n,则 **Z** 为 $m \times n$ 的矩阵,即[m,n]=size(Z),则网格线的顶点为 (X_j, Y_i, Z_{ij})。

(2) mesh(Z)。其功能为以 **Z** 矩阵列下标为 x 轴自变量、行下标为 y 轴自变量,绘制网格图。

(3) mesh(X,Y,Z,C)。其功能为以 **X** 为 x 轴自变量、**Y** 为 y 轴自变量,绘制网格图;其中 **C** 用于定义颜色,如果不定义 **C**,则成为 mesh(X,Y,Z),其绘制的网格图的颜色随着 **Z** 值(即曲面高度)成比例变化。

④ mesh(X,Y,Z,'PropertyName',PropertyValue,…)。其功能为以 **X** 为 x 轴自变量、**Y** 为 y 轴自变量,绘制网格图;PropertyValue 用来定义网格图的标记等属性。

【例 3-18】 绘制 $z=f(x,y)=(1-x)^{-\frac{1}{2}}\ln(x-y)$ 的图像,作定义域的裁剪。

(1) 观察 meshgrid 指令的效果。编写程序如下:

```
clc,clear,close all
a = −0.98;b = 0.98;c = −1;d = 1;n = 10;
x = linspace(a,b,n); y = linspace(c,d,n);
[X,Y] = meshgrid(x,y);
plot(X,Y,' + ')
```

运行程序,输出图形如图 3-20 所示。

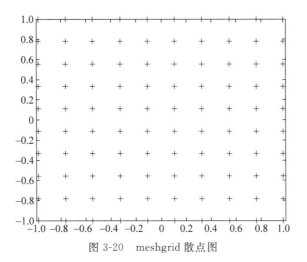

图 3-20 meshgrid 散点图

（2）做函数的定义域裁剪，观察上述三维绘图指令的效果。编程如下：

```
clear,clf,
a = - 1;b = 1;c = - 15;d = 15;n = 20;eps1 = 0.01;
x = linspace(a,b,n);y = linspace(c,d,n);
[X,Y] = meshgrid(x,y);
for i = 1:n                                 %计算函数值 z,并作定义域裁剪
    for j = 1:n
        if (1 - X(i,j))< eps1|X(i,j) - Y(i,j)< eps1          %if 语句这样用
            z(i,j) = NaN;                    %作定义域裁剪,定义域以外的函数值为 NaN
        else
            z(i,j) = 1000 * sqrt(1 - X(i,j))^ - 1. * log(X(i,j) - Y(i,j));
        end
    end
end
zz = - 20 * ones(1,n);plot3(x,x,zz),grid off,hold on          %画定义域的边界线
mesh(X,Y,z)                                 %绘图,读者可用 meshz、surf、meshc 在此替换之
view([ - 56.5 38]);
xlabel('x'),ylabel('y'),zlabel('z'), box on           %把三维图形封闭在箱体里
```

运行程序，输出图形如图 3-21 所示。

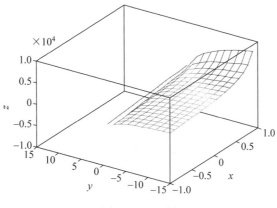

图 3-21 3D 图

3.3.2 曲线图绘制

在三维图形指令中,plot3 指令十分易于理解,其使用格式也与 plot 指令类似。其具体句法形式如下:

(1) plot3(X,Y,Z)。语句的功能为: X、Y、Z 为同维向量时,绘制以 X、Y、Z 为 x、y、z 坐标的三维曲线;X、Y、Z 为同维矩阵时,用 X、Y、Z 的对应列元素绘制 x、y、z 坐标的三维曲线,曲线的条数为矩阵的列数。

(2) plot3(X1,Y1,Z1,X2,Y2,Z2)。语句的功能为: 绘制以 X1、Y1、Z1 和 X2、Y2、Z2 为 x、y、z 坐标的三维曲线。

(3) plot3(X,Y,Z,'PropertyName',PropertyValue,…)。语句的功能为: 在 PropertyName 所规定的曲线属性下,绘制以 X、Y、Z 为 x、y、z 坐标的三维曲线。

(4) plot3(X1,Y1,Z1,'PropertyName1',PropertyName1,X2,Y2,Z2,'PropertyName1',PropertyName1)。语句的功能为: 在 PropertyName1 所规定的曲线属性下,绘制以 X1、Y1、Z1 为 x、y、z 坐标的三维曲线;在 PropertyName2 所规定的曲线属性下,绘制以 X2、Y2、Z2 为 x、y、z 坐标的三维曲线。需要说明的是:plot3 指令用来表现的是单参数的三维曲线,而非双参数的三维曲面。

【例 3-19】 用平行截面法讨论由曲面 $z = x^2 - 2y^2$ 构成的马鞍面形状。编程如下:

```
clc,clear,close all
clf, a = -20;eps0 = 1;
[x,y] = meshgrid(-10:0.2:10);              %生成平面网格
v = [-10 10 -10 10 -100 100];              %设定空间坐标系的范围
%colormap(gray)                            %将当前的颜色设置为灰色
z1 = (x.^2 - 2 * y.^2) + eps;              %计算马鞍面函数 z1 = z1(x,y)
z2 = a * ones(size(x));                    %计算平面 z2 = z2(x,y)
r0 = abs(z1 - z2) <= eps0;
%计算一个和 z1 同维的函数 r0。当 abs(z1 - z2) <= eps 时 r0 = 1;当 abs(z1 - z2) > eps0 时,r0
= 0
%可用 mesh(x,y,r0)语句观察它的图形,体会它的作用,该方法可以套用
zz = r0. * z2;xx = r0. * x;yy = r0. * y;   %计算截割的双曲线及其对应的坐标
subplot(2,2,2),                            %在第 2 图形窗口绘制双曲线
h1 = plot3(xx(r0~= 0),yy(r0~= 0),zz(r0~= 0),'+');
set(h1,'markersize',2),hold on,
axis(v),grid on
subplot(2,2,1),                            %在第 1 图形窗口绘制马鞍面和平面
mesh(x,y,z1);
grid,
hold on;
mesh(x,y,z2);
h2 = plot3(xx(r0~= 0),yy(r0~= 0),zz(r0~= 0),'.');          %画出二者的交线
set(h2,'markersize',6),hold on,axis(v),
for i = 1:5                                %通过循环绘制一系列的平面去截割马鞍面
    a = 70 - i * 30;                       %在这里改变截割平面
```

```
z2 = a * ones(size(x));
r0 = abs(z1 - z2) <= 1;
zz = r0. * z2;
yy = r0. * y;
xx = r0. * x;
subplot(2,2,3),
mesh(x,y,z1);
grid, hold on;
mesh(x,y,z2);
hidden off
h2 = plot3(xx(r0~ = 0),yy(r0~ = 0),zz(r0~ = 0),'.');
axis(v),grid
subplot(2,2,4),
h4 = plot3(xx(r0~ = 0),yy(r0~ = 0),zz(r0~ = 0),'o');
set(h4,'markersize',2),
hold on,
axis(v),
grid on
end
```

运行程序,输出图形如图 3-22 所示。

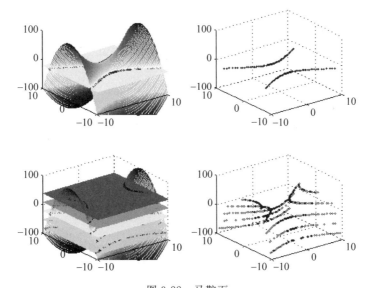

图 3-22　马鞍面

3.3.3　曲面图绘制

曲面图的绘制由 surf 指令完成,该指令的调用格式与 mesh 指令类似。具体如下:

(1) surf (X,Y,Z)。

(2) surf (Z)。

(3) surf (X,Y,Z,C)。

（4）surf(X,Y,Z,'PropertyName',PropertyValue,…)。

与 mesh 指令不同的是，mesh 指令所绘制的图形是网格划分的曲面图，而 surf 指令绘制得到的是平滑着色的三维曲面图，着色的方式是在得到相应的网格点后，对每一个网格依据该网格所代表的节点的色值（由变量 C 控制）来定义这一网格的颜色。

【例 3-20】 采用 surf 指令实现曲面的绘制。程序如下：

```
clc,clear,close all
X = - 20:1:20;
Y = - 20:1:20;
[X,Y] = meshgrid(X,Y);
Z = - X.^2 - Y.^2 + 100;
surf(X,Y,Z)
```

运行程序，输出图形如图 3-23 所示。

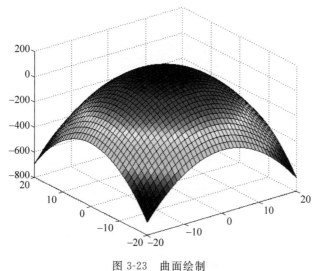

图 3-23　曲面绘制

3.3.4　等值线图绘制

等值线图，又叫作等高线图。绘制等值线图需要用到 contour 指令。其调用格式如下：

（1）contour(Z)。其功能为以 Z 矩阵列下标为 x 轴自变量、行下标为 y 轴自变量，绘制等值线图。

（2）contour(Z,n)。其中，n 为所绘制的图形等值线的条数。

（3）contour(Z,v)。其中，v 为向量，向量的长度为等值线的条数，并且等值线的值为对应的向量的元素值。

（4）contour(X,Y,Z)。其功能为以 X 为 x 轴自变量、Y 为 y 轴自变量，绘制等值线图；X、Y 均为向量，若 X、Y 长度分别为 m、n，则 Z 为 $m \times n$ 的矩阵，即[m,n]＝size(Z)，则网格线的顶点为 (X_j, Y_i, Z_{ij})。

（5）contour(X,Y,Z,n)。其中，n 为所绘制的图形等值线的条数。

（6）contour(X,Y,Z,v)。其中，v 为向量，向量的长度为等值线的条数，并且等值线的值为对应的向量的元素值。

（7）surf(…,LineSpec)。其中，LineSpec 用来定义等值线的线型。

【例 3-21】 等高线绘制。编程如下：

```
clc,clear,close all
[X,Y,Z] = peaks;
figure(1),
contour(X,Y,Z)
title('peaks 等高线等值线图 1')
figure(2),
contour(X,Y,Z,[3 5 7 10])
title('peaks 等高线等值线图 2')
figure(3),
contour(Z)
title('peaks 等高线等值线图 3')
figure(4),
contour(Z,10)
title('peaks 等高线等值线图 4')
```

运行程序，输出图形如图 3-24～图 3-27 所示。

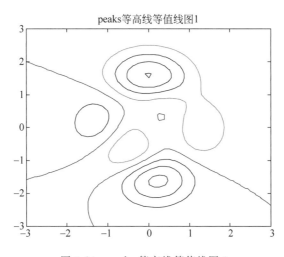

图 3-24　peaks 等高线等值线图 1

3.3.5　特殊图形绘制

MATLAB 对于不同的三维曲面绘制，提供了不同的画图函数，如 slice 切片函数、quiver3 三维箭头标记函数、sphere 等，因此 MATLAB 丰富的图形可视化工具箱函数应用相当广泛。

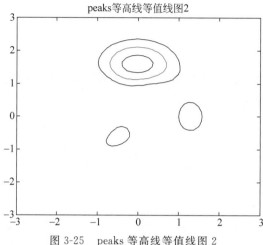

图 3-25　peaks 等高线等值线图 2

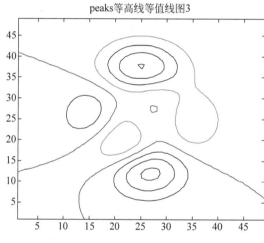

图 3-26　peaks 等高线等值线图 3

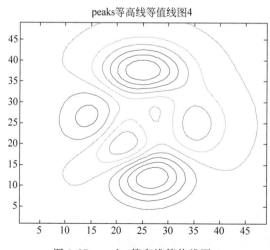

图 3-27　peaks 等高线等值线图 4

【例 **3-22**】　绘制三元函数 $w = x^2 + y^2 + z^2$ 的可视化图形。编程如下：

```
clc,clear,close all
clf,x = linspace( - 2,2,40);
y = x;
z = x;
[X,Y,Z] = meshgrid(x,y,z);
w = X.^2 + Y.^2 + Z.^2;
slice(X,Y,Z,w,[ -1,0,1],[ -1,0,1],[ -1,0,1])
colorbar
```

运行程序，输出图形如图 3-28 所示。

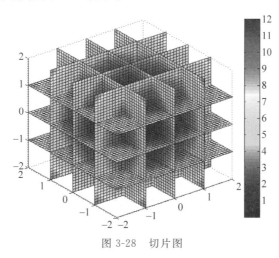

图 3-28　切片图

【例 **3-23**】　空间曲线及其运动方向的表现。编程如下：

```
clc,clear,close all
clf, t = 0:0.1:1.5;
Vx = 2 * t;Vy = 2 * t.^2;Vz = 6 * t.^3 - t.^2;
x = t.^2;y = (2/3) * t.^3;z = (6/4) * t.^4 - (1/3) * t.^3;     % 由速度得到曲线
plot3(x,y,z,'r. - '),hold on                                  % 画飞行轨迹
% 算数值梯度,也就是重新计算数值速度矢量,这只是为了编程的方便,不是必须的
Vx = gradient(x);Vy = gradient(y);Vz = gradient(z);
quiver3(x,y,z,Vx,Vy,Vz),grid on                              % 画速度矢量图
xlabel('x'),ylabel('y'),zlabel('z')
```

运行程序，输出图形如图 3-29 所示。

【例 **3-24**】　用 sphere 指令绘制地球表面的气温分布。编程如下：

```
clc,clear,close all
[a,b,c] = sphere(40);
t = max(max(abs(c))) - abs(c);
surf(a,b,c,t);
axis('equal'),
colormap('hot'),
shading flat,
colorbar
```

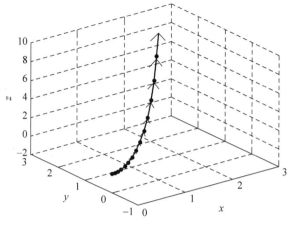

图 3-29　曲线指向图

运行程序,输出图形如图 3-30 所示。

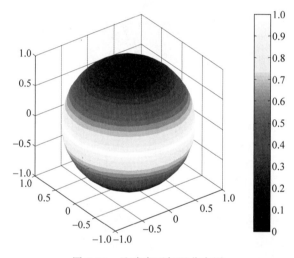

图 3-30　地球表面气温分布图

【例 3-25】　旋转曲面的生成:柱面指令 cylinder 和光照控制指令 surfl。编程如下:

```
clc,clear,close all
x = 0:0.1:10;
z = x;y = 1./(x.^3 - 2. * x + 4);
[u,v,w] = cylinder(y);
surfl(u,v,w,[45,45]);
shading interp
```

运行程序,输出图形如图 3-31 所示。

【例 3-26】　绘制马鞍面 $z = \dfrac{x^2}{2} - \dfrac{y^2}{2}$ 的图形。程序调用如下:

```
ezmesh('x^2/2 - y^2/2')
```

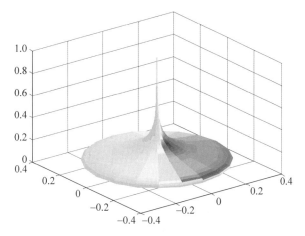

图 3-31　旋转曲面

运行程序,输出图形如图 3-32 所示。

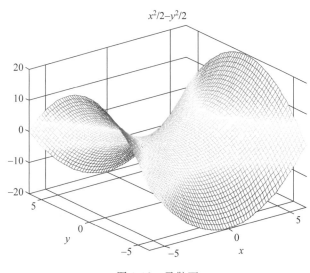

图 3-32　马鞍面

【例 3-27】　特殊图形的绘制。编程如下:

```
clc,clear,close all
x = [1:10];
y = [5 6 3 4 8 1 10 3 5 6];
subplot(2,3,1),
bar(x,y),axis([1 10 1 11])
subplot(2,3,2),
hist(y,x),axis([1 10 1 4])
subplot(2,3,3),
stem(x,y,'k'),axis([1 10 1 11])
subplot(2,3,4),
stairs(x,y,'k'), axis([1 10 1 11])
subplot(2,3,5),
```

```
x = [1 3 0.5 5];explode = [0 0 0 1];pie(x,explode)
subplot(2,3,6),
z = 0:0.1:100; x = sin(z);y = cos(z). * 10;
plot3(x,y,z)
```

运行程序,输出图形如图 3-33 所示。

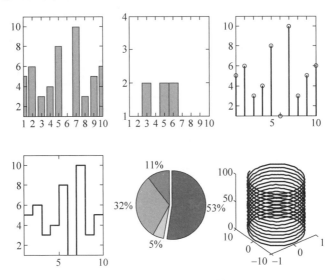

图 3-33　特殊图形绘制

3.4　四维图形可视化

3.4.1　用颜色描述第四维

在前面章节中介绍到,用 mesh 和 surf 等指令所绘制的图像,在未给出颜色参量的情况下,图像的颜色是沿着 z 轴的数据变化的。例如,surf(X,Y,Z)与 surf(X,Y,Z,Z)两个指令的执行效果是相同的。将颜色施加于 z 轴能够产生色彩亮丽的图画,但由于 z 轴已经存在,因此,它并不提供新的信息。因此,为更好地利用颜色,则可以考虑使用颜色来描述不受三个轴影响的数据的某些属性。为此,需要赋给三维作图函数的颜色参量所需要的"第四维"的数据。

如果作图函数的颜色参量是一个向量或矩阵,那么就用作颜色映像的下标。这个参量可以是任何实向量或与其参量维数相同的矩阵。

【例 3-28】 使用颜色描述第四维示例。

输入命令如下:

```
[X,Y,Z] = peaks(30);
R = sqrt(X.^2 + Y.^2);
subplot(1,2,1);surf(X,Y,Z,Z);
axis tight
```

```
subplot(1,2,2);surf(X,Y,Z,R);
axis tight
```

程序运行结果如图 3-34 所示。

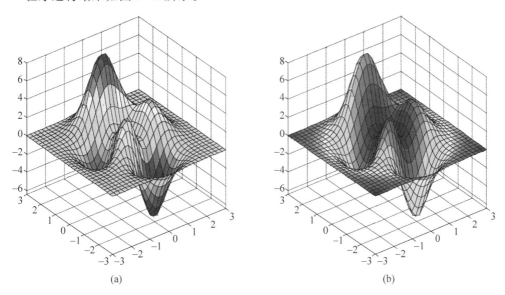

(a)　　　　　　　　　　　　(b)

图 3-34　使用颜色描述第四维示例

其中,在坐标系中描述一个面需要三维数据,而另一维数据描述空间中的点的坐标值,则使用不同的颜色表现出来。在图 3-34(a)中,第四维数据为 Z;在图 3-34(b)中,第四维数据为 R。在图上可以看到两者的颜色分布发生了明显的变化。

3.4.2　其他函数

除了 surf()函数外,mesh()和 pcolor()函数也可以将第四维的数据附加到颜色属性上,并在图像中表现出来。各函数的句法列表如表 3-9 所示。

表 3-9　其他指令的句法和功能

句 法 格 式	说　　明
surf(X,Y,Z,fun(X,Y,Z))	根据函数 fun(X,Y,Z)来附加颜色数据
surf(X,Y,Z)＝surf(X,Y,Z,Z)	默认动作,附加颜色数据于 z 轴
surf(X,Y,Z,X)	附加颜色数据于 x 轴
surf(X,Y,Z,Y)	附加颜色数据于 y 轴
surf(X,Y,Z,X.^2＋Y.^2)	xoy 平面上距原点一定的距离附加颜色数据
surf(X,Y,Z,del2(Z))	根据曲面的拉氏函数值附加颜色数据
[dZdx,dZdy]＝gradient(Z);surf(X,Y,Z,abs(dZdx))	根据 x 轴方向的曲面斜率附加颜色数据
dz＝sqrt(dZdx.^2＋dZdy.^2);surf(X,Y,Z,dz)	根据曲面斜率大小附加颜色数据

除了表 3-9 所列出的函数之外,slice 函数也可以通过颜色来表示存在于第四维空间中的值。其具体句法格式如下:

（1）slice(V,nx,ny,nz)。显示三元函数 $V(X,Y,Z)$ 确定的立体图在 x 轴、y 轴、z 轴方向上的若干点(对应若干平面)的切片图,各点的坐标由数量向量 sx、sy、sz 指定,其中 V 为大小为 $m \times n \times p$ 的三维数组,默认值为 $X=1:m,Y=1:n,Z=1:p$。

（2）slice(X,Y,Z,V,nx,ny,nz)。显示三元函数 $V(X,Y,Z)$ 确定的立体图在 x 轴、y 轴、z 轴方向上的若干点(对应若干平面)的切片图。若函数 $V(X,Y,Z)$ 中有一个变量 X 取定值 X_0,则函数 $V(X_0,Y,Z)$ 为 $X=X_0$ 立体面的切面图(将该切面通过颜色表示 V 的值),各点的坐标由数量向量 sx、sy、sz 指定。参量 X、Y、Z 均为三维数组,用于指定立方体 V 的每点的三维坐标。

（3）slice(V,XI,YI,ZI)。显示由参量矩阵 **XI**、**YI**、**ZI** 确定的立体图的切片图,参量 **XI**、**YI**、**ZI** 定义了一个曲面,同时会在曲面的点上计算立体图 V 的值。需要注意的是,**XI**、**YI**、**ZI** 必须为同型矩阵。

（4）slice(X,Y,Z,V,XI,YI,ZI)。沿着由矩阵 **XI**、**YI**、**ZI** 定义的曲面穿过立体图 V 的切片图。

（5）slice(…,'method')。通过 method 来指定内插值的方法,method 可取 linear、cubic、nearest。linear 指定的内插值方法为三次线性内插值(若未指定,此即为默认值),cubic 指定使用三次立方内插值法,nearest 指定使用最近点内插值法。

3.5　MATLAB 动画设计

MATLAB 动画由一系列的帧图像组成,MATLAB 图形可视化工具箱为动画化设计提供了必备基础。以下将结合几个动画例子来说明。

【例 3-29】　绘制二维振动的弹簧的动画。编程如下:

```
clc,clear,close all
animinit('onecart1 Animation')
axis([-2 6 -10 10]); hold on; u = 2;
xy = [0 0 0 0 u u u+1 u+1 u u;
    -1.2 0 1.2 0 0 1.2 1.2 -1.2 -1.2 0];
x = xy(1,:);y = xy(2,:);
% Draw the floor under the sliding masses
plot([-10 20],[-1.4 -1.4],'b-','LineWidth',2);
hndl = plot(x,y,'b-','EraseMode','XOR','LineWidth',2);
set(gca,'UserData',hndl);
for t = 1:0.025:100;
    u = 2 + exp(-0.00*t)*cos(t);
    x = [0 0 0 0 u u u+1 u+1 u u];
    hndl = get(gca,'UserData');
    set(hndl,'XData',x);
    drawnow
end
```

运行程序,输出图形如图 3-35 所示。

【例 3-30】　曲面 $z=\dfrac{\sin(\sqrt{x^2+y^2})}{\sqrt{x^2+y^2}} \cdot \sin\theta$ 随着 θ 的变化,$z=\dfrac{\sin(\sqrt{x^2+y^2})}{\sqrt{x^2+y^2}}$ 图形的

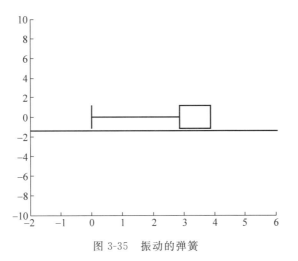

图 3-35 振动的弹簧

实时变化动画显示。编程如下：

```
clc,clear,close all
x = - 8:0.5:8;                          %定义曲面
[XX,YY] = meshgrid(x);
r = sqrt(XX.^2 + YY.^2) + eps;
Z = sin(r)./r;
surf(Z);                                %画出帧
theAxes = axis;                         %保存坐标值,使得所有帧都在同一坐标系中
fmat = moviein(20);                     %创建一个动画的矩阵,保存 20 帧
for j = 1:20;                           %循环创建动画数据
    surf(sin(2 * pi * j/20) * Z,Z)      %画出每一步的曲面
    axis(theAxes)                       %使用相同的坐标系
    fmat(:,j) = getframe;               %复制帧到矩阵 fmat 中
end
movie(fmat,10)
```

运行程序,输出图形如图 3-36 和图 3-37 所示。

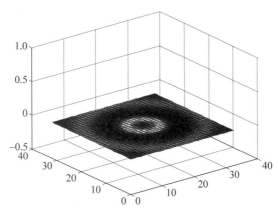

图 3-36 动画视图 1

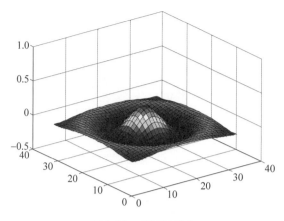

图 3-37　动画视图 2

【例 3-31】　地球、月球、嫦娥一号运动仿真模拟。编程如下：

```
clc,clear,close all
figure('name','嫦娥一号与月亮、地球关系','color',[1 1 1]);        %设置标题名字
s1 = [0:.01:2 * pi];
hold on;axis equal;                          %建立坐标系
axis off                                     %除掉Axes
r1 = 10;                                      %月亮到地球的平均距离
r2 = 3;                                       %嫦娥一号到月亮的平均距离
w1 = 1;                                       %设置月亮公转角速度
w2 = 12                                       %设置嫦娥一号绕月亮公转角速度
t = 0;                                        %初始时刻为0
pausetime = .002;                             %设置暂停时间
sita1 = 0;sita2 = 0;                          %设置开始它们都在水平线上
set(gcf,'doublebuffer','on')                  %消除抖动
plot( - 20,18,'color','r','marker','.','markersize',40);
text( - 17,18,'地球');                        %对地球进行标识
p1 = plot( - 20,16,'color','b','marker','.','markersize',20);
text( - 17,16,'月亮');                        %对月亮进行标识
p1 = plot( - 20,14,'color','w','marker','.','markersize',13);
text( - 17,14,'嫦娥一号');                    %对嫦娥一号进行标识
plot(0,0,'color','r','marker','.','markersize',60);        %画地球
plot(r1 * cos(s1),r1 * sin(s1));              %画月亮公转轨道
set(gca,'xlim',[ - 20 20],'ylim',[ - 20 20]);
p1 = plot(r1 * cos(sita1),r1 * sin(sita1),'color','b','marker','.','markersize',30);
                                              %画月亮初始位置
l1 = plot(r1 * cos(sita1) + r2 * cos(s1),r1 * sin(sita1) + r2 * sin(s1));
                                              %画嫦娥一号绕月亮公转轨道
p2x = r1 * cos(sita1) + r2 * cos(sita2);p2y = r1 * sin(sita1) + r2 * sin(sita2);
p2 = plot(p2x,p2y,'w','marker','.','markersize',20);       %画嫦娥一号的初始位置
orbit = line('xdata',p2x,'ydata',p2y,'color','r');         %画嫦娥一号的运动轨迹
while 1
    set(p1,'xdata',r1 * cos(sita1),'ydata',r1 * sin(sita1));        %设置月亮的运动过程
```

```
        set(l1,'xdata',r1 * cos(sita1) + r2 * cos(s1),'ydata',r1 * sin(sita1) + r2 * sin(s1));
                                            % 设置嫦娥一号绕月亮的公转轨道的运动过程
        ptempx = r1 * cos(sita1) + r2 * cos(sita2);ptempy = r1 * sin(sita1) + r2 * sin(sita2);
        set(p2,'xdata',ptempx,'ydata',ptempy); % 设置嫦娥一号的运动过程
        p2x = [p2x ptempx];p2y = [p2y ptempy];
        set(orbit,'xdata',p2x,'ydata',p2y); % 设置嫦娥一号运动轨迹的显示过程
        sita1 = sita1 + w1 * pausetime;        % 月亮相对地球转过的角度
        sita2 = sita2 + w2 * pausetime;        % 嫦娥一号相对月亮转过的角度
        pause(pausetime);                      % 暂停一会
        drawnow
end
```

运行程序，输出图形如图 3-38 和图 3-39 所示。

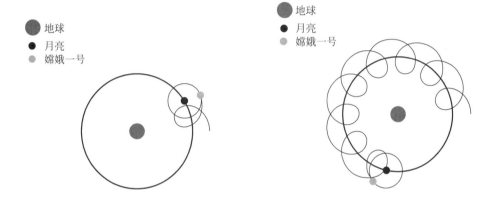

图 3-38　地球、月球、嫦娥一号运动视图 1　　　图 3-39　地球、月球、嫦娥一号运动视图 2

【例 3-32】　地球、月球、卫星运动仿真模拟动画制作。编程如下：

```
clc,clear,close all
h = figure('numbertitle','off','name','卫星绕地球旋转演示动画');        % 设置标题名字
s1 = 0:.01:2 * pi;
hold on;
axis equal;                                        % 建立坐标系
axis off;                                          % 除掉 Axes
r1 = 10;                                           % 地球到太阳的平均距离
r2 = 3;                                            % 卫星的轨道半径
w1 = 1;                                            % 设置地球公转角速度
w2 = 12;                                           % 设置卫星绕地球公转角速度
t = 0;                                             % 初始时刻
pausetime = .002;                                  % 设置视觉暂留时间
sita1 = 0;
sita2 = 0;                                         % 设置开始它们都在水平线上
set(gcf,'doublebuffer','on')                       % 消除抖动
plot( - 20,18,'color','r','marker','.','markersize',40);
text( - 17,18,'太阳');                              % 对太阳进行标识
plot( - 20,16,'color','b','marker','.','markersize',20);
text( - 17,16,'地球');                              % 对地球进行标识
```

```
plot( - 20,14,'color','w','marker','.','markersize',13);
text( - 17,14,'卫星');                            % 对卫星进行标识
plot(0,0,'color','r','marker','.','markersize',60);  % 画太阳
plot(r1 * cos(s1),r1 * sin(s1));                  % 画地球公转轨道
set(gca,'xlim',[ - 20 20],'ylim',[ - 20 20]);
p1 = plot(r1 * cos(sita1),r1 * sin(sita1),'color','b','marker','.','markersize',30);
                                              % 地球初始位置
l1 = plot(r1 * cos(sita1) + r2 * cos(s1),r1 * sin(sita1) + r2 * sin(s1));
                                              % 画卫星绕地球的公转轨道
p2x = r1 * cos(sita1) + r2 * cos(sita2);
p2y = r1 * sin(sita1) + r2 * sin(sita2);
p2 = plot(p2x,p2y,'w','marker','.','markersize',20); % 画卫星的初始位置
orbit = line('xdata',p2x,'ydata',p2y,'color','r');   % 画卫星的运动轨迹
while 1

    if ~ishandle(h),
        return,
    end
    set(p1,'xdata',r1 * cos(sita1),'ydata',r1 * sin(sita1));         % 设置地球的运动过程
    set(l1,'xdata',r1 * cos(sita1) + r2 * cos(s1),'ydata',r1 * sin(sita1) + r2 * sin(s1));
                                              % 设置卫星绕地球的公转轨道的运动过程
    ptempx = r1 * cos(sita1) + r2 * cos(sita2);
    ptempy = r1 * sin(sita1) + r2 * sin(sita2);
    set(p2,'xdata',ptempx,'ydata',ptempy);         % 设置卫星的运动过程
    p2x = [p2x ptempx];
    p2y = [p2y ptempy];
    set(orbit,'xdata',p2x,'ydata',p2y);            % 设置卫星运动轨迹的显示过程
    sita1 = sita1 + w1 * pausetime;                % 地球相对太阳转过的角度
    sita2 = sita2 + w2 * pausetime;                % 卫星相对地球转过的角度
    pause(pausetime);                              % 视觉暂停
    drawnow                                        % 刷新屏幕,重绘
end
```

运行程序,输出图形如图 3-40 和图 3-41 所示。

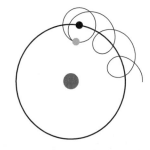

图 3-40　太阳、地球、卫星运动视图 1

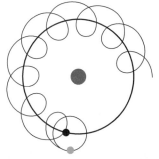

图 3-41　太阳、地球、卫星运动视图 2

本章小结

　　基于 MATLAB 图形可视化以二维图形和三维曲面以及 MATLAB 图形动画为例，讲述其编程基本思想，根据函数本身，通过 MATLAB 代码编程和内置函数调用，实现相应的图形可视化操作。

第4章 MATLAB编程入门

随着 MATLAB 的商业化以及软件本身的不断升级,MATLAB 的用户界面也越来越精致,更加接近 Windows 的标准界面,人机交互性更强,操作更简单。

本章基于 MATLAB R2016a 进行 MATLAB 编程,详细地阐述 MATALB 编程思想。

学习目标:

- 熟练掌握 MATLAB 编程基本表示方法;
- 熟练运用简单的 MATLAB 编程语句解决运算求解;
- 熟练掌握 MATLAB 编程对矩阵进行分析等;
- 熟练掌握 MATLAB 编程技巧等。

4.1　MATLAB 编程简介

MATLAB 拥有强大的数据处理能力,能够很好地解决几乎所有的工程问题。作为一款科学计算软件,MATLAB 软件提供了人性化的操作界面,更加简易的是 MATLAB 软件提供了可供用户任意编写函数、调用和修改脚本文件的功能,用户可以根据自己需要修改 MATLAB 工具箱函数等。

在 MATLAB R2016a 中,单击 MATLAB 主界面的"新建脚本"按钮或者单击"新建"按钮下的"脚本"选项,如图 4-1 所示。

在图 4-1 中,用户可以进行注释的书写,字体默认为绿色,新建文件系统默认为 Untitled 文件,依次为 Untitled 1、Untitled 2、Untitled 3、…,用户也可以另存为,从而修改文件名称,例如修改名称为 ysw。当用户进行程序的书写或者注释文字或字符时,光标是跟着字符而动的,从而使得用户更加轻松地定位书写程序所在位置。

在编写代码时,要及时保存阶段性成果,可以通过 File 菜单中的 Save 命令或者保存工具按钮保存当前的 M 文件。

完成代码书写之后,要试运行代码,看看有没有运行错误,然后根据针对性的错误提示对程序进行修改。

MATLAB 运行程序代码,如果程序有误,MATLAB 像 C 语言编

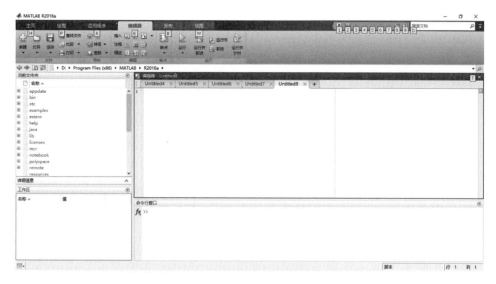

图 4-1 M-File 编辑

译器一样,能够报错,并给出相应的错误信息;单击错误信息,MATLAB 工具能够自动定位到脚本文件(M-文件),供用户修改。此外,用户还可以进行断点设置,逐行或者逐段运行,查找相应的错误,查看相应的运行结果,整体上使得编程简易。

4.2 MATLAB 编程原则

MATLAB 软件提供了一个供用户自己书写代码的文本文件,用户可以通过文本文件轻松地对程序代码进行注释,对程序框架进行封装,真正地给用户提供一个人机交互的平台。MATLAB 具体的一个编程程序脚本文件如图 4-2 所示。

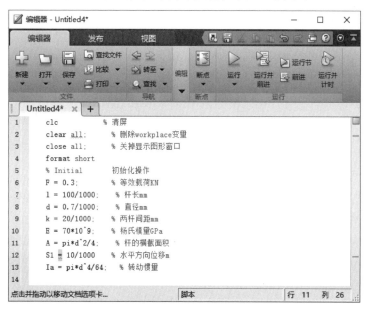

图 4-2 编程流程

%（百分号）表示注释符号。用户可以在注释符号后面写相应的文字或者字母，表示该程序语句的作用，使得程序更加具有可读性。

clc表示清屏操作。程序运行界面常常暂存运行过的程序代码，使得屏幕不适合用户进行编写程序，用户采用clc把前面的程序全部从命令行Windows界面清除，方便用户进行后续程序书写。

clear命令表示清除workplace中各类型所有数据，使得后续程序的运行变量之间不相互冲突，编程时应该注意清除某些变量的值，以免造成程序运行错误，此类错误在较复杂的程序中较难查找。

close all表示关闭所有的图形窗口，便于下一程序运行时更加直观地看见图形的显示。close all能够为用户提供较好的图形显示界面，特别在图像和视频处理中，close all能够较好地实现图形参数化设计，以提高执行速度。

程序应该尽量显得清晰可见，多设计可调用的执行程序，达到编程的逻辑化操作，提升编程目的，设计好程序后可进行程序的运行调试。具体程序结构如下：

```
clc                      % 清屏
clear all;               % 删除 workplace 变量
close all;               % 关掉显示图形窗口
format short
% Initial 初始化操作
F = 0.3;                 % 等效载荷 KN
l = 100/1000;            % 杆长 mm
d = 0.7/1000;            % 直径 mm
k = 20/1000;             % 两杆间距 mm
E = 70 * 10^9;           % 杨氏模量 GPa
A = pi * d^2/4;          % 杆的横截面积
S1 = 10/1000;            % 水平方向位移 m
Ia = pi * d^4/64;        % 转动惯量
```

输出程序结果如下：

```
S1 =
    0.0100
Ia =
    1.1786e - 14
```

如上述程序所示，程序采用清晰化编程，用户可以很清晰地知道每句程序代码是什么意思，通过一系列的求解，最终得到相应的结果输出，然后将所有子程序合并在一起来执行全部的操作。调试过程中特别注意错误提示，用户可通过断点设置、单步执行等操作对程序进行修改，以便程序运行。当然，更复杂的程序还需要调用子程序，或与其他应用程序相结合。

4.3 M 文件和函数

4.3.1 M 文件

M 文件通常就是使用的脚本文件,供用户写程序代码的文件,用户可以进行代码相关调试,进而得到优化的 MATLAB 可执行代码。

1. M 文件的类型

MATLAB 程序文件分为函数调用文件和主函数文件,主函数文件通常可单独写成简单的 M 文件,执行 run 命令,得到相应的结果。

1)脚本 M-File

脚本文件通常即所谓的.m 文件。如图 4-3 所示为一脚本文件。

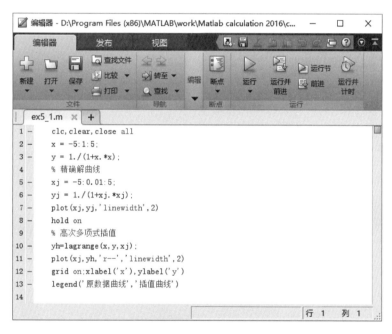

图 4-3 脚本文件

脚本文件也是主函数文件,用户可以将脚本文件写为主函数文件。在脚本文件,用户可以进行主要程序的书写,遇到需要调用函数来求解某个问题时,则需要调用该函数文件,输入该函数文件相应的参数值,即可得到相应的结果。

2)函数 M-File

函数文件可供用户调用的程序,能够避免变量之间的冲突,函数文件一方面可以节约代码行数,另一方面也可以通过调用函数文件使得整体程序显得清晰明了。

函数文件和脚本文件有差别,函数文件通过输入变量得到相应的输出变量,它也是为了实现一个单独功能的代码块,返回后的变量显示在命令行窗口或者供主函数继续使用。

函数文件里面的变量将作为函数文件独立变量,不和主函数文件冲突,因此极大地扩展了函数文件的通用性。通过封装代买的函数文件,主函数中可以多次调用,达到精简优化程序的目的。

2. M 文件的结构

脚本文件和函数文件均属于 M 文件,如图 4-3 所示的脚本文件,函数名称一般包括文件头、躯干、end 结尾。文件头首先是清除变量以及 workplace 空间。代码如下:

```
clc                    %清屏
clear all;             %删除 workplace 变量
close all;             %关掉显示图形窗口
```

对于躯体部分,即书写脚本文件中各变量的赋值,以及公式的运算。代码如下:

```
l = 100/1000;          %杆长 mm
d = 0.7/1000;          %直径 mm
x = linspace(0,l,200);
y = linspace( - d/2,d/2,200);
```

对于躯干部分,一般为程序主要部分,必要的注释部分是必要的,读者可以清晰地看出程序要解决的问题以及解决问题的思路。

end 结尾常常用于主函数文件中,一般的脚本文件不需要要加,end 常和 function 搭配。代码如下:

```
function ysw
…
end
```

end 语句表示该函数已经结束。在一个函数文件中可以同时嵌入多个函数文件。具体如下:

```
function ysw
…
end
function ysw
…
end
…
function ysw
…
end
```

函数文件实现了代码的精简操作,用户可以多次调用,阶跃代码行数。在 MATLAB 编程中,函数名称也不用刻意去声明,因此使得整个程序可操作性极大。

3. M 文件的创建

脚本文件的创建较容易,用户可以直接在命令行 Windows 窗口进行代码书写。书写代码格式如下:

```
>> close all
>> clear
>> rand(3)
ans =
     0.8147     0.9134     0.2785
     0.9058     0.6324     0.5469
     0.1270     0.0975     0.9575
>> 3 * ans
ans =
     2.4442     2.7401     0.8355
     2.7174     1.8971     1.6406
     0.3810     0.2926     2.8725
```

MATLAB 对元素之间的运算很快,能够快捷地实现矩阵的基本运算。对于函数文件的运算,供用户进行调用。书写程序如下:

```
function Untitled
clc
clear
close all
x = [1:4]
mean(x)
end


function y = mean(x,dim)
if nargin == 1,
    % Determine which dimension SUM will use
    dim = find(size(x) ~= 1, 1 );
    if isempty(dim), dim = 1; end

    y = sum(x)/size(x,dim);
else
    y = sum(x,dim)/size(x,dim);
end
end
```

运行程序,单击 ▷ 在命令行 Windows 界面输出如下:

```
x =
    1    2    3    4
ans =
    2.5000
```

从主函数可看出,该函数包括主函数 function Untitled 和调用函数 function y = mean(x,dim),该函数主要用于求解数组的平均值,用户可以调用多次,达到精简程序的目的。当然,对于不同的函数文件,用户根据输入/输出的参数都可以进行设置。

4.3.2 匿名函数、子函数、私有函数与私有目录

1. 匿名函数

匿名函数没有函数名,也不是函数 M 文件,只包含一个表达式和输入/输出参数。用户可以在命令行窗口中输入代码,创建匿名函数。匿名函数的创建方法为:

```
f = @(input1,input2,…) expression
```

其中,f 为创建的函数句柄。函数句柄是一种间接访问函数的途径,可以使用户调用函数过程变得简单,减少了程序设计中的繁杂,而且可以在执行函数调用过程中保存相关信息。

例如,当给定实数 x、y 的具体数值后要求计算表达式 $x^y + 3xy$ 的结果,可以通过创建匿名函数的方式来解决。

在命令行窗口中输入下述命令:

```
Fxy = @(x,y) x.^y + 3 * x * y
```

MATLAB 将创建一个名为 Fxy 的函数句柄,如下:

```
Fxy =      @(x,y)x.^y + 3 * x * y
```

调用 whos 函数,可以查看到变量 Fxy 的信息,如下:

```
whos Fxy
  Name       Size            Bytes  Class               Attributes
  Fxy        1x1                16  function_handle
```

分别求当 $x=2$、$y=5$ 及 $x=1$、$y=9$ 时表达式的值,如下:

```
Fxy(2,5)
ans =     62
 Fxy(1,9)
ans =     28
```

2. 子函数

在 MATLAB 中,多个函数的代码可以同时写到一个 M 函数文件中。其中,出现的第一个函数称为主函数(primary function),该文件中的其他函数称为子函数(sub function)。保存时所用的函数文件名应当与主函数定义名相同,外部程序只能对主函数

进行调用。

子函数的书写规范有如下几条：

（1）每个子函数的第一行是其函数声明行。

（2）在 M 函数文件中，主函数的位置不能改变，但是多个子函数的排列顺序可以任意改变。

（3）子函数只能被处于同一 M 文件中的主函数或其他子函数调用。

（4）在 M 函数文件中，任何指令通过"名称"对函数进行调用时，子函数的优先级仅次于 MATLAB 内置函数。

（5）同一 M 文件的主函数、子函数的工作区都是彼此独立的。各个函数间的信息传递可以通过输入/输出变量、全局变量或跨空间指令来实现。

（6）help、lookfor 等帮助指令都不能显示一个 M 文件中的子函数的任何相关信息。

【例 4-1】 M 文件中的子函数示例。

创建 M 文件并命名为 ex4_1.m。

利用 M 文件编辑器，在 ex4_1.m 文件中写入：

```
function F = ex4_1(n)
A = 1; w = 2; phi = pi/2;
signal = createsig(A,w,phi);
F = signal.^n;
% --------- subfunction ----------
function signal = createsig(A,w,phi)
x = 0: pi/100 : pi * 2;
signal = A * sin(w * x + phi);
```

3. 私有函数与私有目录

所谓私有函数，是指位于私有目录 private 下的 M 函数文件。它的主要性质有如下几条：

（1）私有函数的构造与普通 M 函数完全相同。

（2）关于私有函数的调用：私有函数只能被 private 直接父目录下的 M 文件所调用，而不能被其他目录下的任何 M 文件或 MATLAB 指令窗中的命令所调用。

（3）在 M 文件中，任何指令通过"名称"对函数进行调用时，私有函数的优先级仅次于 MATLAB 内置函数和子函数。

（4）help、lookfor 等帮助指令都不能显示一个私有函数文件的任何相关信息。

4.3.3 重载函数

重载是计算机编程中非常重要的概念，经常用于处理功能类似但变量属性不同的函数。例如，实现两个相同的计算功能，输入的变量数量相同，不同的是其中一个输入变量类型为双精度浮点类型，另一个输入变量类型为整型，这时，用户就可以编写两个同名函数，分别处理这两种不同情况。当用户实际调用函数时，MATLAB 就会根据实际传递的变量类型选择执行哪一个函数。

MATLAB的内置函数中就有许多重载函数,放置在不同的文件路径下,文件夹通常命名为"@十代表MATLAB数据类型的字符"。例如,@int16路径下的重载函数的输入变量应为16位整型变量,而@double路径下的重载函数的输入变量应为双精度浮点类型。

4.3.4 eval 和 feval 函数

1. eval 函数

eval 函数可以与文本变量一起使用,实现有力的文本宏工具。其具体句法形式如下。

eval(s):该指令的功能为使用MATLAB的注释器求表达式的值或执行包含文本字符串 s 的语句。

【例 4-2】 eval 函数的简单运用示例。

本例共展示了利用 eval 函数分别计算 4 种不同类型的语句字符串,即"表达式"字符串、"指令语句"字符串、"备选指令语句"字符串和"组合"字符串。

现示例如下。

(1) 创建 M 文件并命名为 eval_exp1.m。

利用 M 文件编辑器,在 eval_exp1.m 文件中写入:

```
Array = 1:5;
String = '[Array * 2; Array/2; 2.^Array]';
Output = eval(String)
```

输出结果如下:

```
Output =
    2.0000    4.0000    6.0000    8.0000   10.0000
    0.5000    1.0000    1.5000    2.0000    2.5000
    2.0000    4.0000    8.0000   16.0000   32.0000
```

(2) 创建 M 文件并命名为 eval_exp2.m。

利用 M 文件编辑器,在 eval_exp2.m 文件中写入:

```
theta = pi;
eval('Output = exp(sin(theta))');
who
```

运行 M 文件,结果如下:

```
Output =
    1.0000
```

```
Your variables are:
Array  Output  String  Y    t    theta
```

（3）创建 M 文件并命名为 eval_exp3.m。

利用 M 文件编辑器，在 eval_exp3.m 文件中写入：

```
Matrix = magic(3)
Array = eval('Matrix(5,:)','Matrix(3,:)')
errmessage = lasterr
```

运行 M 文件，结果如下：

```
Matrix =
    8    1    6
    3    5    7
    4    9    2
Array =
    4    9    2
errmessage =
Index exceeds matrix dimensions.
```

（4）创建 M 文件并命名为 eval_exp4.m。

利用 M 文件编辑器，在 eval_exp4.m 文件中写入：

```
Expression = {'zeros','ones','rand','magic'};
Num = 2;
Output = [];
for i = 1:length(Expression)
    Output = [Output eval([Expression{i},'(',num2str(Num),')'])];
end
Output
```

运行 M 文件，结果如下：

```
Output = 0  0    1.0000   1.0000   0.0318   0.0462   1.0000   3.0000
         0  0    1.0000   1.0000   0.2769   0.0971   4.0000   2.0000
```

2. feval 函数

feval 函数的具体句法形式如下：

```
[y1, y2, …] = feval('FN', arg1, arg2, …)
```

该指令的功能为用变量 arg1,arg2,…来执行 FN 函数指定的计算。

说明：

（1）在此 FN 为函数名。

（2）在 eval 函数与 feval 函数通用的情况下（使用这两个函数均可以解决问题），

feval 函数的运行效率比 eval 函数高。

（3）feval 函数主要用来构造"泛函"型 M 函数文件。

【例 4-3】 feval 函数的简单运用示例。

（1）示例说明：feval 和 eval 函数运行区别之一是 feval 函数的 FN 不可以是表达式。

创建 M 文件并命名为 feval_exp1.m。

利用 M 文件编辑器，在 feval_exp1.m 文件中写入：

```
Array = 1:5;
String = '[Array * 2; Array/2; 2.^Array]';
Outpute = eval(String)              % 使用 eval 函数运行表达式
Outputf = feval(String)             % 使用 feval 函数运行表达式
```

运行 M 文件，结果如下：

```
Outpute =
    2.0000    4.0000    6.0000    8.0000   10.0000
    0.5000    1.0000    1.5000    2.0000    2.5000
    2.0000    4.0000    8.0000   16.0000   32.0000
Invalid function name '[Array * 2; Array/2; 2.^Array]'
```

（2）示例说明：feval 函数中的 FN 只接受函数名，不能接受表达式。

创建 M 文件并命名为 feval_exp2.m。

利用 M 文件编辑器，在 feval_exp2.m 文件中写入：

```
j = sqrt( - 1);
Z = exp(j * ( - pi:pi/100:pi));
eval('plot(Z)');
set(gcf,'units','normalized','position',[0.2,0.3,0.2,0.2])
title('Results by eval');axis('square')
figure
set(gcf,'units','normalized','position',[0.2,0.3,0.2,0.2])
feval('plot',Z);
title('Results by feval');axis('square')
```

运行 M 文件，结果如图 4-4 所示。

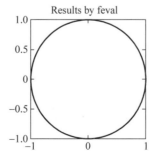

图 4-4 feval_exp2.m 文件的运行结果

4.3.5　内联函数

内联函数(inline function)的属性和编写方式与普通函数文件相同,但相对来说,内联函数的创建简单得多。其具体句法形式如下。

(1) inline('CE'):其功能为把字符串表达式 CE 转化为输入变量自动生成的内联函数。本语句将自动对字符串 CE 进行辨识,其中除了"预定义变量名"(如圆周率 pi)、"常用函数名"(如 sin、rand 等),其他由字母和数字组成的连续字符辨识为变量,连续字符后紧接左括号的,也不会被识别为变量,如 array(1)。

(2) inline('CE',arg1,arg2,…):其功能为把字符串表达式 CE 转换为 arg1、arg2 等指定的输入变量的内联函数。本语句创建的内联函数最为可靠,输入变量的字符串用户可以随意改变,但是由于输入变量已经规定,因此生成的内联函数不会出现辨识失误等错误。

(3) inline('CE',n):其功能为把字符串表达式 CE 转化为 n 个指定的输入变量的内联函数。本语句对输入变量的字符是有限制的,其字符只能是 $x, P_1, \cdots, P_n$ 等,其中 P 一定为大写字母。

说明:

(1) 字符串 CE 中不能包含赋值符号"="。

(2) 内联函数是沟通 eval 和 feval 两个函数的桥梁,只要是 eval 可以操作的表达式,都可以通过 inline 指令转化为内联函数,这样,内联函数总是可以被 feval 调用。MATLAB 中的许多内置函数就是通过被转换为内联函数,从而具备了根据被处理的方式不同而变换不同函数形式的能力。

MATLAB 中关于内联函数的属性的相关指令如表 4-1 所示,读者可以根据需要使用。

表 4-1　内联函数属性指令集

指 令 句 法	功　　能
class(inline_fun)	提供内联函数的类型
char(inline_fun)	提供内联函数的计算公式
argnames(inline_fun)	提供内联函数的输入变量
vectorize(inline_fun)	使内联函数适用于数组运算的规则

【例 4-4】　内联函数的简单运用示例。

(1) 示例说明:内联函数的第一种创建格式是使内联函数适用于"数组运算"。

在命令行窗口输入:

```
Fun1 = inline('mod(12,5)')
```

输出结果如下:

```
Fun1 =    内联函数:    Fun1(x) = mod(12,5)
```

在命令行窗口输入：

```
Fun2 = vectorize(Fun1)
```

输出结果如下：

```
Fun2 =    内联函数:    Fun2(x) = mod(12,5)
```

在命令行窗口输入：

```
Fun3 = char(Fun2)
```

输出结果如下：

```
Fun3 = mod(12,5)
```

（2）示例说明：第一种内联函数创建格式的缺陷在于不能使用多标量构成的向量进行赋值，而使用第二种内联函数创建格式则可以。

在命令行窗口输入：

```
Fun4 = inline('m * exp(n(1)) * cos(n(2))'), Fun4(1,[ - 1,pi/2])
```

输出结果如下：

```
Fun4 =

      内联函数:
      Fun4(m) = m * exp(n(1)) * cos(n(2))

错误使用 inline/subsref (line 14)
内联函数的输入数目太多
```

在命令行窗口输入：

```
Fun5 = inline('m * exp(n(1)) * cos(n(2))','m','n'), Fun5(1,[ - 1,pi/2])
```

输出结果如下：

```
Fun5 =
      内联函数:
      Fun5(m,n) = m * exp(n(1)) * cos(n(2))
ans =
2.2526e - 017
```

（3）示例说明：产生向量输入、向量输出的内联函数。

在命令行窗口输入：

```
y = inline('[3 * x(1) * x(2)^3;sin(x(2))]')
```

输出结果如下：

```
y =
    内联函数：
    y(x) = [3 * x(1) * x(2)^3;sin(x(2))]
```

在命令行窗口输入：

```
Y = inline('[3 * x(1) * x(2)^3;sin(x(2))]')
```

输出结果如下：

```
Y =
    内联函数：
    Y(x) = [3 * x(1) * x(2)^3;sin(x(2))]
```

在命令行窗口输入：

```
argnames(Y)
```

输出结果如下：

```
ans =        'x'
```

在命令行窗口输入：

```
x = [10,pi * 5/6];y = Y(x)
```

输出结果如下：

```
y =
538.3034
0.5000
```

（4）示例说明：最简练的格式创建内联函数；内联函数可被 feval 指令调用。
在命令行窗口输入：

```
Z = inline('floor(x) * sin(P1) * exp(P2 ^2)',2)
```

输出结果如下：

```
Z =    内联函数：    Z(x,P1,P2) = floor(x) * sin(P1) * exp(P2 ^2)
```

在命令行窗口输入：

```
z = Z(2.3,pi/8,1.2), fz = feval(Z,2.3,pi/8,1.2)
```

输出结果如下：

```
z =    3.2304
fz =    3.2304
```

4.3.6　向量化和预分配

1. 向量化

要想让 MATLAB 最高速地工作，重要的是在 M 文件中把算法向量化。其他程序语言可能用 for 或 do 循环，MATLAB 则可用向量或矩阵运算。下面的代码用于创立一个算法表：

```
x = 0.01;
for k = 1:1001
    y(k) = log10(x);
    x = x + 0.01;
end
```

同样代码的向量化翻译如下：

```
x = 0 .01:0.01:10;
y = log10(x);
```

对于更复杂的代码，矩阵化选项不总是那么明显。当速度重要时，应该想办法把算法向量化。

2. 预分配

若一条代码不能向量化，则可以通过预分配任何输出结果已保存其中的向量或数组以加快 for 循环。例如，下面的代码用 zeros 函数把 for 循环产生的向量预分配，这使得 for 循环的执行速度显著加快。

```
r = zeros(32,1);
for n = 1:32
    r(n) = rank(magic(n));
end
```

上例中若没有使用预分配，MATLAB 的注释器利用每次循环扩大 *r* 向量。向量预分配排除了该步骤以使执行加快。

一种以标量为变量的非线性函数称为"函数的函数"，即以函数名为自变量的函数。这类函数包括求零点、最优化、求积分和常微分方程等。

MATLAB 通过 M 文件的函数表示该非线性函数。

例如,下例为一个简化的 humps 函数(humps 函数可在路径 MATLAB\demos 下获得)。

【例 4-5】 函数的函数简单运用示例。

创建 M 文件,利用 M 文件编辑器,在 M 文件中写入:

```
a = 0:0.002:1;
b = humps(a);
plot(a,b)                                        % 作出图像
function b = humps
b = 1./((x - .3).^2 + .01) + 1./((x - .9).^2 + .04) - 6;   % 在区间[0,1]求此函数的值
```

运行文件,输出图像如图 4-5 所示。

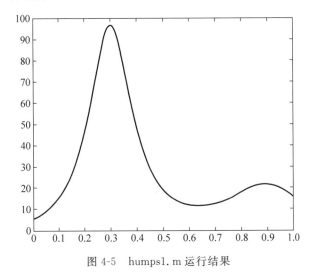

图 4-5　humps1.m 运行结果

图像表明函数在 $x=0.6$ 附近有局部最小值。接下来用函数 fminsearch 可以求出局部最小值及此时 x 的值。函数 fminsearch 第一个参数是函数句柄,第二个参数是此时 x 的近似值。

在命令行窗口输入:

```
p = fminsearch(@humps,.5)
```

输出结果如下:

```
p =
    0.6370
```

在命令行窗口输入:

```
humps(p)                % 求出此局部最小值
```

输出结果如下：

```
ans =
    11.2528
```

4.4　MATLAB 程序控制语句运用

与一般的 C、C++等语言相似,具有相应的很多函数程序编写句柄,用户可以轻松地采用这些判别语句进行程序书写,具体的判别语句：程序分支控制语句(if 结构和 switch 结构)、程序循环控制语句(for 循环、while 循环、continue 语句和 break 语句)和程序终止控制语句(return 语句)。下面分别进行介绍。

1. 程序分支控制语句

程序分支控制语句包括 if 结构和 switch 结构语句。if 与 else 或 elseif 连用,偏向于是非选择,当某个逻辑条件满足时执行 if 后的语句,否则执行 else 语句。switch 和 case、otherwise 连用,偏向于各种情况的列举,当表达式结果为某个或某些值时,执行特定 case 指定的语句段,否则执行 otherwise 语句。其中,if 语句在实际编程中运用较多,具体的 if 语句句法形式如下：

```
clc,
clear,
close all
a = 1;
if a == 1
    b = 0
end
```

运行程序,输出结果如下：

```
b =
    0
```

如果 $a=2$,继续运行程序,即

```
clear,
a = 2;
if a == 1
    b = 0
end
```

则命令行 Windows 界面没有任何输出。从上面的两个案例可看出,if 用于判别该等式或者不等式是否成立,若成立,则输出响应的结果；若不成立,则不作判别程序内部的执行操作。

if 与 else 搭配编程如下：

```
clc,
clear,
close all
a = 2;
if a == 1
    b = 0
else
    b = 1
end
```

运行程序，输出结果如下：

```
b =
    1
```

程序中 $a=2$，if 语句判别不成立，其 else 表示 a 不等于 1 成立，则输出 $b=1$，得结果，因此 if 和 else 结构适合全集结构判别，非 0 即 1 的判别方式，较多地应用在工程各领域。

switch 语句则采用枚举法进行变量的判定，执行每一个 case 时，有相关的独立的变量处理形式，枚举的个数可以很多个，当然也有对应的 otherwise 判别语句提供用户进行判别其补集下的执行功能。

具体的 switch 语句书写如下：

```
clc,
clear,
close all
a = [1];
switch a
    case a(1) == 1
        b = 0
    case a(2) == 2
        b = 1
    otherwise
        b = 2
end
```

运行程序，输出结果如下：

```
b =
    0
```

改变 a 的取值，令 $a=2$ 时，同样执行该语句有：

```
a = [2];
switch a
```

```
        case a == 1
            b = 0
        case a == 2
            b = 1
        otherwise
            b = 2
    end
```

运行程序,输出结果如下:

```
b =
    1
```

当 $a=3$ 时,程序如下:

```
a = [3];
switch a
    case a == 1
        b = 0
    case a == 2
        b = 1
    otherwise
        b = 2
end
```

运行程序,输出结果如下:

```
b =
    2
```

从上面的运行结果可知,switch 语句对变量的值进行判别,判别等式成立则输出相应的结果,otherwise 是在所有的 case 不成立下的一种输出,有时编程只需要 case 的情况,有时则需要覆盖整个时域,因此 switch 与 case 和 otherwise 搭配视具体情况而定。

从以上判别语句可知,switch-case 语句实际上可以被 if-elseif-else 语句等效替换,在编程中 if 语句使用更为广泛,switch 语句对于类别的分类比较使用较多,MATLAB 中的 switch-case 结构,只执行表达式结果匹配的第一个 case 分支,然后就跳出 switch-case 结构。具体的使用方法在后续读者将会更加直观地感受到其应用。

2. 程序循环控制语句

循环控制语句能够处理大规模的数据,能够循环进行数据处理,特别是矩阵的运算,一个矩阵包括 M 行 N 列,通常需要对 M 行 N 列均进行处理,因此循环语句显得尤为重要。MATLAB 中提供了两类循环语句,分别是 for 循环和 while 循环:

(1) for 循环指定了循环的次数,如 M 行数据处理,则循环 M 次。

(2) while 循环则判别等式是否成立,若成立,则继续在循环体中运行;若不成立,则跳出循环体,如果设置参数不合理,则可能导致死循环,因此在使用 while 时,应该注意判别语句的使用。

与 for 和 while 搭配的循环的语句有 end、break、continue 等，end 表示循环结束，break 表示内嵌判别语句下的结束循环，continue 语句使得当前次循环不向下执行，直接进入下一次循环。

1) for 循环

for 循环直接指定循环的次数。具体的语法格式如下：

```
clc,
clear,
close all
b = 0
for i = 1:3
    b = b + 1
end
```

运行程序，输出结果如下：

```
b =
     0
b =
     1
b =
     2
b =
     3
```

执行完程序可直观地知道循环操作下的 b 变化的值，每经过一次循环，b 的值就加 1，逐步地显示在命令行 Windows 窗口，for 循环体结束以 end 结束，如果内部嵌入 if 等判别语句，可采用 break 等语句结束循环。具体如下：

```
for i = 1:3
    if b == 2
        break;
    end
    b = b + 1
end
```

运行程序，输出结果如下：

```
b =
     0
b =
     1
b =
     2
```

在循环体中，b 如果等于 2，则退出循环体，输出结果正好吻合循环体对应的输出，同样对于 continue,也是如此。具体如下：

```
for i = 1:3
    if b == 2
        continue;
    end
    b = b + 1
end
```

运行程序,输出结果如下：

```
b =
    0
b =
    1
b =
    2
```

因此 MATLAB 中程序执行人机交互很直观,用户可以很轻松地实现相关的程序操作,for 循环最大次数迭代不超过指定的次数,采用 break 和 continue 语句可以实现循环的提早退出,具体视具体的工程背景而定。

2) while 循环

while 循环的句柄作为循环结构的先验判别退出条件,如果不满足 while 退出条件,则不执行相应的操作。其具体的 while 循环体使用如下：

```
clc,
clear,
close all
b = 0
i = 0
while i < 3
    i = i + 1
    b = b + 1
end
```

运行程序,输出结果如下：

```
b =
    0
i =
    0
i =
    1
b =
    1
i =
    2
```

```
b =
      2
i =
      3
b =
      3
```

　　从运行结果可看出,while 结构首先是 $i<3$,初值 $i=0$,满足 while 判别条件,执行循环体,进行循环迭代,迭代结果如上述输出结果,当 $i=3$ 时,i 不满足 $i<3$,因此退出 while 循环体,结果最终显示在命令行 Windows 窗口。while 也可能进行死循环,具体的代码如下:

```
clc,
clear,
close all
b = 0
i = 0
while i > - 1
    i = i + 1
    b = b + 1
end
```

　　如果 i 大于 -1,则表示程序一直是成立的,循环体不会结束,MATLAB 软件将一直显示为处于 busy 状态,由于 while 循环体退出的条件是不满足循环体条件,因此导致循环一直执行该操作,i 越来越大,b 也越来越大,用于一般只有关闭 MATLAB 重启 MATLAB 进行其他操作。

　　3. 程序终止控制语句

　　return 语句能够使程序立即退出循环,节约程序执行时间,特别是内嵌循环中,应该使用 return 语句跳出循环。例如,用于查找某一个元素,如果找到了立即跳出。具体的 return 语句使用如下:

```
clc,
clear,
close all
b = 0
i = 0
if i < 2
    i = i + 1
    b = b + 1
else
    return;
end
```

运行程序,输出结果如下:

```
b =
    0
i =
    0
i =
    1
b =
    1
```

顺序执行 return 语句时,立即跳出循环结构体,return 语句更多地用在 MATLAB 函数 M 文件中。

4.5 MATLAB 中的函数及调用

4.5.1 函数类型

MATLAB 中的函数类型较多,常用的有匿名函数、M 文件主函数、嵌套函数、子函数、私有函数和重载函数。

1. 匿名函数

匿名函数通常是用于常用的函数的求解,如正弦函数、余弦函数、线性函数、高次方程等。匿名函数直观可见,求解较方便。具体的创建匿名函数的标准格式如下:

```
y = @(x) f(x)
```

其中:

(1) 符号"@"是 MATLAB 中创建函数句柄的操作符,表示这是对一个函数进行操作,得到相应的函数表达式,上述即是 y 关于 x 的函数表达式。

(2) x 是自变量,表示这个方程($x+2$、$\sin(x)$、$\cos(x)$)中的自变量 x,如果自变量是 t,则方程为 $t+2$、$\sin(t)$、$\cos(t)$ 等,MATLAB 系统默认为 x 变量。

(3) $f(x)$ 即是函数表达式,通常为一个显式表达式,如 $t+2$、$\sin(t)$、$\cos(t)$、$\sin(t)*\cos(t)$ 等。

匿名函数的创建具体如下:

```
clc,
clear
close all
y = @(x)(x + 2)
y(2)
```

运行程序,输出结果如下:

```
y =
```

```
@(x)(x+2)
ans =
    4
```

该方程表示 $y = x + 2$，当 $x = 2$ 时，$y = 4$，和 MATLAB 输出结果是一致的。同样对于下列函数表达式求解有同样的效果。编程如下：

```
clear
y = @(x)(x*sin(x))
y(pi/2)
y(1)
y(2)
```

运行程序，输出结果如下：

```
y =
    @(x)(x*sin(x))
ans =
    1.5708
ans =
    0.8415
ans =
    1.8186
```

匿名函数操作简单且方便，用户可以更加直观地知道程序计算流程，匿名函数在求解方程中广泛应用，一方面是使用简便，另一方面是节约代码行数。

2. M 文件主函数

主函数可以写为脚本文件也可以写为主函数文件，主要是由于格式上的差异，如：

```
function
…
end
```

主函数是 MATLAB 编程中的关键环节，几乎所有的程序都在 main 文件中操作完成。

3. 子函数

子函数对应于主函数，隶属于主函数，用户可以通过自己编写的子函数供主函数调用，这样的函数文件表示为子函数文件，子函数里面的变量独立存在，与主函数不冲突，所有的子函数在同一个文件夹下供该路径下的主函数文件调用。

子函数书写有利于优化程序，精简程序代码，子函数通常供客户自己根据自己的项目需要进行编写。具体的求解数组的均值和方差的程序示例如下：

```
function ysw4_3
    x = 1:4;
```

```
    x1 = mean(x)              % 均值
    x2 = std(x)               % 方差
end

function y = mean(x,dim)
if nargin == 1,
  % Determine which dimension SUM will use
  dim = find(size(x)~ = 1, 1 );
  if isempty(dim), dim = 1; end

  y = sum(x)/size(x,dim);
else
  y = sum(x,dim)/size(x,dim);
end
end

function y = std(varargin)
y = sqrt(var(varargin{:}));
end
```

运行程序,输出结果如下:

```
x =
    1    2    3    4
x1 =
   2.5000
x2 =
   1.2910
```

4. 私有函数

私有函数文件是独立存在的文件夹下的程序,将其复制到其他计算机下的 MATLAB 也能运行,也就是程序文件只供自身文件夹下的脚本文件调用。例如, MATLAB 当前路径为 H:\MATLAB Edit 2013a\ysw,在这个路径下的主函数文件可调用用户编写的私有函数。

私有函数中的每个函数用户可以注释得很详细,以至于下次调用时,能够理解这个代码完成的功能及输入和输出参数的含义。

5. 重载函数

"重载"是计算机编程中较少见到的函数命令,基本的数值计算通常为 long 型和 short 型,或者分数类型 rat。基本的格式如下:

```
>> format long
>> format short
>> format rat
```

对于数据类型的确定,重载函数能够单独地设置变量的类型,如单精度浮点类型、双精度浮点类型等。对于一些高精度的工程计算以及快速计算等数据精度都不同,因此 MATLAB 重载函数能够较好地提高计算效率。

在 MATLAB 中,@double 表示双精度浮点类型,@int32 表示 32 位整型,@int8 表示 8 位整型,等等。

4.5.2 函数参数传递

MATLAB 编写函数,在函数文件头需要写明输入和输出变量,方能构成一个完整的可调用函数,在主函数中调用时,通过满足输入关系,选择输出的变量,也就是相应的函数参数传递,MATLAB 将这些实际值传回给相应的形式参数变量,每一个函数调用时变量之间互不冲突,均有自己独立的函数空间。

1. 函数的直接调用

对于求解变量的均值程序,编写函数如下:

```
function y = mean(x,dim)
```

其中,x 为输入的变量;dim 为数据的维数,默认为 1。直接调用该函数即可得到相应的均值解。MATLAB 在输入变量和输出变量的对应上,优选第一变量值作为输出变量。当然,也可以不指定输出变量,MATLAB 默认用 ans 表示输出变量对应的值。

在 MATLAB 中可以通过 nargin 和 nargout 函数来确定输入和输出变量的个数,有些参数可以避免输入,从而提高程序的可执行性。

求解矩阵均值的函数如下:

```
function y = mean(x,dim)
    if nargin == 1,
        % Determine which dimension SUM will use
        dim = find(size(x) ~ = 1, 1 );
        if isempty(dim), dim = 1; end

        y = sum(x)/size(x,dim);
    else
        y = sum(x,dim)/size(x,dim);
    end
end
```

nargin=1 时,系统默认 dim=1,则根据 $y = \text{sum}(x)/\text{size}(x,\text{dim})$ 进行求解;若 dim 为指定的一个值,则根据 $y = \text{sum}(x,\text{dim})/\text{size}(x,\text{dim})$ 进行求解。具体调用如下:

```
clc,
clear
```

```
close all
format short
x = 1:4;
mean(x)
```

运行程序,输出结果如下:

```
ans =
    2.5000
```

输入如下程序:

```
mean(x,1)
```

运行程序,输出结果如下:

```
ans =
    1    2    3    4
```

输入如下程序:

```
mean(x,2)
```

运行程序,输出结果如下:

```
ans =
    2.5000
```

输入如下程序:

```
mean(x,3)
mean(x,4)
```

运行程序,输出结果如下:

```
ans =
    1    2    3    4
ans =
    1    2    3    4
```

输入如下程序:

```
>> a = mean(x)
```

运行程序,输出结果如下:

```
a =
    2.5000
```

由上述分析可知,对于该均值函数,dim 的赋值需要匹配矩阵的维数,对于 dim 为 1 时求解的为列平均,当 dim = 2 时求解的为行平均。如果没有指定输出的变量,MATLAB 系统默认为由 ans 变量替代,如果指定了输出变量,则显示输出对应的字母变量对应的值。

2. 全局变量

全局变量在大型的编程中较常用到,特别是在 GUI 设计中,对于每个按钮功能模块下的运行程序,则需要调用前面对应的输出和输入的变量,这时需要对应的全局变量。全局变量在 MATLAB 中用 global 表示,指定全局变量后,该变量能够分开在私有函数、子函数、主函数中使用,全局变量在整个程序设计阶段基本保持一致。

对于全局变量的使用如下:

```
% 全局变量
function ysw4_4
    clc,
    clear
    close all
    global a
    a = 2;
    x = 3;
    y = ysw(x)
end
function y = ysw(x)
    global a
    y = a * (x ^ 2)
end
```

运行程序,输出结果如下:

```
y =
    18
```

从程序运行结果可知,全局变量只需要在主函数中进行声明,然后使用 global 在主函数和子函数中分别进行定义即可,最后调用对应的函数,即可完成函数的计算求解。

4.6 MATLAB 程序调试

MATLAB 程序出错主要为格式错误和算法错误。

格式错误简单可见,可以轻松地进行查找。MATLAB 提供了用于格式错误查找的显示功能,特别是中文字符输入下,MATLAB 显示为红色字体,因此用户的错误多体现在算法错误上。

算法错误较难,一方面用户可能不知道算法程序的深层次原理,导致编程结果求解错误,代码程序格式没有任何错误而产生的求解错误,另一类是算法求解时执行效率低,耗用资源太大,系统出现 debug 错误或者是算法中出现奇异点,导致程序的终止。对于算法错误,较多的做法是输出每一步对应的结果,对每个结果进行核查,直到找出相应的错误。

下面将简单地阐述 MATLAB 程序调试方法和调试所用到的工具,这能够提高编程的效率,达到优化程序的目的。

4.6.1 调试方法

MATLAB 程序有直接调试法和工具调试法两种。

1. 直接调试法

直接调试法直接单步运行程序,逐步地显示每一步的结果,可以设置断点运行程序,以至于快速查找错误所在的地方。具体的做法是让每句代码后面的分号去掉,让其输出结果,用户根据自己的理解,知道该地方应该输出什么结果,从而可以很好地判断错误所在的地方。具体的代码如下:

```
clc,
clear
close all
x = 1
y1 = x * sin(x) * cos(x)/log(x)
y = @(x)(x + 2)
y(2)
```

运行程序,输出结果如下:

```
x =
     1
y1 =
    Inf
y =
    @(x)(y1)
ans =
    Inf
```

从结果可看出,$y1$ 出现 Inf 极大值,说明该结果无解或者程序有误,对于 $y1 = x * \sin(x) * \cos(x)/\log(x)$,由于 $x=1$,由此可得到 $\log(x)=0$,由于 0 不能作分母,因此使得结果输出为无穷大。修改程序如下:

```
close all
x = 1
```

```
y1 = x * sin(x) * cos(x)/log(2 * x)
y = @(x)(y1)
y(2)
```

运行程序,输出结果如下:

```
x =
    1
y1 =
    0.6559
y =
    @(x)(y1)
ans =
    0.6559
```

上述查找方法采用了直接调试法,能够很快地定位程序的错误,用户只需要知道最基本的函数用法即可修改程序问题从而求得问题解。

2. 工具调试法

MATLAB有一些工具按钮,供用户使用。例如,可以在程序里面设置一些断点,利用编辑器菜单中的一些选项进行调试。

编辑器菜单用于程序调试,菜单上有编辑器下拉菜单,用户可以直接对程序进行修改和设置。具体如图 4-6 所示。

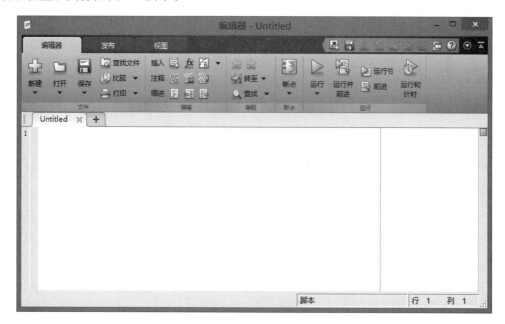

图 4-6　M 文件工具条

(1) 编辑打开:用于调试时打开 M 文件。

(2) 单步调试:用于单步调试程序。

（3）调试进入：用于单步调试进入子函数。

（4）调试退出：用于单步调试从子函数跳出。

（5）继续：程序执行到下一断点。

（6）清除断点：清除所有打开文件中的断点。

（7）错误停止：在程序出错或报警处停止往下执行。

（8）退出：退出调试模式。

对于 MATLAB 调试，MATLAB 提供了 F9 快捷键进行选中的程序运行，也可以按住 Ctrl＋Enter 键对程序进行运行。当然，对于工具调试也有一些快捷键。

（1）快捷键 F10：实现单步调试。

（2）快捷键 F11：用于单步调试进入子函数。

（3）快捷键 Shift＋F11：用于单步调试从子函数跳出。

（4）快捷键 F5：实现程序执行到下一断点。

MATLAB 因其调试的简便性以及可操作性应用越来越广，人性化的交互使得用户可以更加轻松地调试代码。

4.6.2　M 文件分析工具

M 文件分析工具主要借助于分析代码分析工具，通过分析代码分析器，用户可以知道代码的执行效率，可以适当对程序进行修改。分析代码分析工具带有图形操作界面，使用方便简捷，只需要单击即可对打开的 M 文件进行分析，得到相应的结果。分析代码工具条在 MATLAB 主窗口上，如图 4-7 所示。

图 4-7　分析代码工具条

对于多项式拟合问题，编写 MATLAB 程序如下：

```
function [y, delta] = polyval(p,x,S,mu)
% Check input is a vector
if ~(isvector(p) || isempty(p))
    error(message('MATLAB:polyval:InvalidP'));
end

nc = length(p);
if isscalar(x) && (nargin < 3) && nc > 0 && isfinite(x) && all(isfinite(p(:)))
    % Make it scream for scalar x. Polynomial evaluation can be
    % implemented as a recursive digital filter.
    y = filter(1,[1 - x],p);
    y = y(nc);
```

```
      return
end

siz_x = size(x);
if nargin == 4
   x = (x - mu(1))/mu(2);
end


% Use Horner's method for general case where X is an array.
y = zeros(siz_x, superiorfloat(x,p));
if nc > 0, y(:) = p(1); end
for i = 2:nc
   y = x .* y + p(i);
end


if nargout > 1
    if nargin < 3 || isempty(S)
        error(message('MATLAB:polyval:RequiresS'));
    end

    % Extract parameters from S
    if isstruct(S),  % Use output structure from polyfit.
      R = S.R;
      df = S.df;
      normr = S.normr;
    else % Use output matrix from previous versions of polyfit.
      [ms,ns] = size(S);
      if (ms ~= ns + 2) || (nc ~= ns)
          error(message('MATLAB:polyval:SizeS'));
      end
      R = S(1:nc,1:nc);
      df = S(nc + 1,1);
      normr = S(nc + 2,1);
    end
    % Construct Vandermonde matrix for the new X.
    x = x(:);
    V(:,nc) = ones(length(x),1,class(x));
    for j = nc - 1: - 1:1
        V(:,j) = x .* V(:,j + 1);
    end.
    E = V/R;
    e = sqrt(1 + sum(E .* E,2));
    if df == 0
        warning(message('MATLAB:polyval:ZeroDOF'));
        delta = Inf(size(e));
    else
        delta = normr/sqrt(df) * e;
    end
    delta = reshape(delta,siz_x);
end
```

运行分析代码工具后,结果如图 4-8 所示。

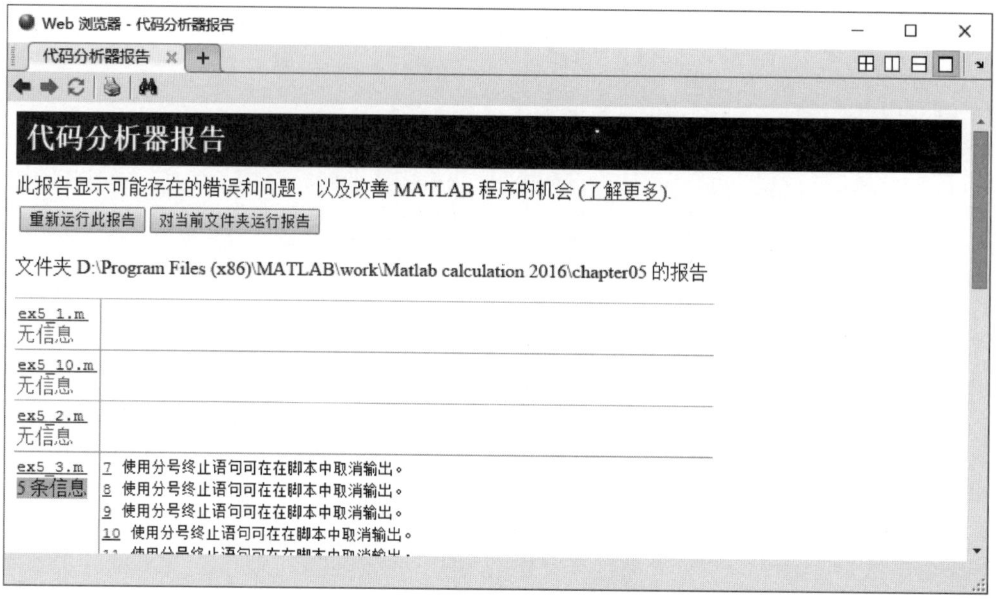

图 4-8　代码分析器分析结果

从图 4-8 中可以看出,分析代码器分析完成后,会返回一个浏览器界面下的代码分析器报告,报告中列出了每个打开文件的信息,用户可以根据语意对每个信息进行调整,也可以达到优化程序的目的。

4.7　MATLAB 常用编程技巧

MATLAB 作为一款人机交互和谐的科学计算软件,有着很多其他语言的语言特征,编程形式和 C、C++、Fortran 等高级语言相类似,用户能够很方便地编写程序实现相应的功能。MATLAB 编程需要很多技巧,当然这些技巧需要用户长期地积累,方能很好地掌握 MATLAB 应用。下面将对常用的 MATLAB 编程技巧进行分析,让读者有一个直观的理解。

4.7.1　循环计算

循环计算可大大地节约编程计算的时间,对于大数据处理很实用,而且一般的矩阵也较多的为 M 行 N 列,对于单一点的处理越来越少。其中 MATLAB 中使用较多的循环语句有 for 和 while 语句。

对于循环的使用需要注意以下几点:

(1) 为了提高执行速度和编程计算处理效率,一般应该尽量避免使用循环求解的方式,可采用矩阵的直接求解计算。

(2) 为了节约处理代码行数,达到大数据处理的目的,合理地选用循环语句对该数据进行处理。

（3）尽量使用 MATLAB 内置函数，达到求解的目的，以提高求解精度和速度。for 和 while 循环每执行一次指令将降低系统执行效率。

4.7.2 使用例外处理机制

一般程序为了提高使用率，提高程序的可实用性，可采用标准化编程，尽量使程序能够适应从初学者到高手的使用。MATLAB 中提供了用于检测程序执行时间的函数与函数输入和输出个数的判断函数。对于执行时间，具体如下：

```
clc,
clear
close all
tic % 启动
a = [1,0;0,1];
b = [1,0;0,1];
blkdiag(a,b)
toc % 停止
```

运行程序，输出结果如下：

```
ans =
    1    0    0    0
    0    1    0    0
    0    0    1    0
    0    0    0    1
Elapsed time is 0.000901 seconds.
```

从结果可知，MATLAB 运行速度很快。对于错误的代码，MATLAB 可以通过用户自己设置的程序进行判别。对于上例，如果输入有错误，则给出提示有误等信息。具体的代码如下：

```
clc,
clear
close all
tic % 启动
a = -1;
if a < 0
    error('请输入一个正数');
else
    y = sqrt(a);
end
toc              % 停止
```

运行程序，输出结果如下：

```
请输入一个正数
```

修改 a 的值,具体如下:

```
a = 2;
if a < 0
    error('请输入一个正数');
else
    y = sqrt(a)
end
toc            %停止
```

运行程序,输出结果如下:

```
y =
    1.4142
Elapsed time is 0.000092 seconds.
>>
```

显然,这个 a 取值为负值,不满足条件,系统提示有问题,当 $a=2$ 时,求解结果正确。程序员在编程时,可以根据系统提示修改相应的错误信息。

此外,MATLAB 也提供了相应的变量输入/输出的判断,即 nargin 和 nargout 的用法,nargin 用于函数输入个数的判断,nargout 用于输出个数的判断。具体的使用如下:

```
function y = mean(x,dim)
    if nargin == 1,
        % Determine which dimension SUM will use
        dim = find(size(x) ~ = 1, 1 );
        if isempty(dim), dim = 1; end

        y = sum(x)/size(x,dim);
    else
        y = sum(x,dim)/size(x,dim);
    end
end
function y = std(varargin)
y = sqrt(var(varargin{:}));
end
```

nargin 用于判断输入变量的个数,系统默认为 1 个变量,如果指定 dim 的值也可以。采用 nargin 和 nargout 可以适应不同的输入法,使得程序适用性更广。

4.7.3 通过 varargin 传递参数

varargin 可以作为输入的函数的参量,主要做子函数的可选项参数,MATLAB 中能够实现程序的自动校正,从而产生代码。具体的例如对一个图像进行处理,编写显示图像程序如下:

```matlab
function createfigure(cdata1, cdata2, cdata3, cdata4)
% CREATEFIGURE(CDATA1, CDATA2, CDATA3, CDATA4)
%  CDATA1: image cdata
%  CDATA2: image cdata
%  CDATA3: image cdata
%  CDATA4: image cdata
figure1 = figure;
colormap('gray');

% 创建 subplot
subplot1 = subplot(2,2,1,'Visible','off','Parent',figure1,'YDir','reverse', …
    'TickDir','out', …
    'Layer','top', …
    'DataAspectRatio',[1 1 1], …
    'CLim',[0 255]);
box(subplot1,'on');
hold(subplot1,'all');

% 创建 image
image(cdata1,'Parent',subplot1,'CDataMapping','scaled');

% 创建 title
title('red');

% 创建 subplot
subplot2 = subplot(2,2,2,'Visible','off','Parent',figure1,'YDir','reverse', …
    'TickDir','out', …
    'Layer','top', …
    'DataAspectRatio',[1 1 1], …
    'CLim',[0 255]);
box(subplot2,'on');
hold(subplot2,'all');

% 创建 image
image(cdata2,'Parent',subplot2,'CDataMapping','scaled');

% 创建 title
title('green');

% 创建 subplot
subplot3 = subplot(2,2,3,'Visible','off','Parent',figure1,'YDir','reverse', …
    'TickDir','out', …
    'Layer','top', …
    'DataAspectRatio',[1 1 1], …
    'CLim',[0 255]);
box(subplot3,'on');
hold(subplot3,'all');

% 创建 image
image(cdata3,'Parent',subplot3,'CDataMapping','scaled');
```

```
% 创建 title
title('blue');

% 创建 subplot
subplot4 = subplot(2,2,4,'Visible','off','Parent',figure1,'YDir','reverse', …
    'TickDir','out', …
    'Layer','top', …
    'DataAspectRatio',[1 1 1], …
    'CLim',[0 255]);
box(subplot4,'on');
hold(subplot4,'all');

% 创建 image
image(cdata4,'Parent',subplot4,'CDataMapping','scaled');

% 创建 title
title('justGreen');
```

相应的主程序如下：

```
clc,
clear
close all
im = imread('1.bmp');
red = im(:,:,1);
green = im(:,:,2);
blue = im(:,:,3);
justGreen = green - red/2 - blue/2;
% colorsrgbPlot(red, green, blue, justGreen)
createfigure(red, green, blue, justGreen)
```

运行程序，输出结果如图 4-9 所示。

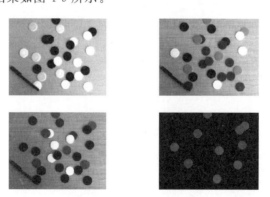

图 4-9　图像显示

由于 MATLAB 自动生成的代码能够自动修改属性，自动加载生成即可得到相应的
程序代码，且适应性较广，因此可以大大简化程序编写难度。

本章小结

本章围绕如何进行 MATLAB 编程为出发点,全面地展开论述 MATLAB 编程的注意事项。MATLAB 内置函数很多,工具箱也很丰富,用户可以根据自身需要,有选择性地加以学习。多积累,运行程序解决实际问题方能快速高效,如何编程将成为后续编程的基础。

第5章 插值拟合

在科技工程中,除了要进行一定的理论分析外,通过实验对所得数据进行分析、处理也是必不可少的一种方法。由于实验测定实际系统的数据具有一定的代表性,因此在处理时必须充分利用这些信息,又由于测定过程中不可避免会产生误差,故在分析经验公式时又必须考虑这些误差的影响,两者相互制约。因此,合理建立实际系统数学模型的方法称为数值逼近法。MATLAB 提供了丰富的函数指令实现数据的数值逼近,本章具体讲解数据的插值与分析等内容。

学习目标:

- 学习和掌握插值拟合原理;
- 熟练掌握运用 MATLAB(工具箱)进行数据插值拟合;
- 掌握和运用插值拟合思想解决具体工程实际问题。

5.1 插值问题

工程实践和科学实验中,常常需要从一组实验观测数据$(x_i, y_i)$$(i=1,2,3,\cdots,n)$中,求自变量 x 与因变量 y 的一个近似的函数关系式 $y=f(x)$。

例如观测行星的运动,只能得到某时刻 t 所对应的行星位置 s_i(用经纬度表示),想知道行星在任何时刻 t 的位置。又如,大气压测定问题、导弹发射问题、程序控制铣床加工精密工件问题、飞机船舶制造问题等都属于此类问题。

因为考虑到代数多项式既简单又便于计算,所以就用代数多项式近似地表示满足 n 个点 $y_i=f(x_i)(i=1,2,3,\cdots,n)$ 的函数关系式 $y=f(x_i)$,此即为插值法。

5.1.1 拉格朗日插值

已知 $n+1$ 个数据点:$(x_i, y_i)(i=1,2,3,\cdots,n)$,$n$ 次拉格朗日插值公式为

$$L_n = \sum_{i=0}^{n} y_i \prod_{\substack{j=0, \\ j \neq i}}^{n} \frac{x - x_j}{x_i - x_j}$$

特别地：当 $n=1$ 时，有

$$L_1 = y_0 \frac{x-x_1}{x_0-x_1} + y_1 \frac{x-x_0}{x_1-x_0}$$

当 $n=2$ 时，有

$$L_2 = y_0 \frac{(x-x_1)(x-x_2)}{(x_0-x_1)(x_0-x_2)} + y_1 \frac{(x-x_0)(x-x_2)}{(x_1-x_0)(x_1-x_2)} + y_2 \frac{(x-x_0)(x-x_1)}{(x_2-x_0)(x_2-x_1)}$$

称为抛物线插值或二次插值。

在 MATLAB 中编程实现的拉格朗日插值法函数为 lagrange()。

调用格式：

```
f = lagrange(x,y)
```

或

```
f = lagrange(x,y,x0)
```

其中，x 为已知数据点的 x 坐标向量；y 为已知数据点的 y 坐标向量；x_0 为插值点的 x 坐标；f 为求得的拉格朗日插值多项式或在 x_0 处的插值。

编写拉格朗日插值函数如下：

```
function y = lagrange(x0,y0,x)
n = length(x0);
m = length(x);
for i = 1:m
    z = x(i);
    s = 0;
    for k = 1:n
        p = 1;
        for j = 1:n
            if j~ = k
                p = p * (z - x0(j))/(x0(k) - x0(j));
            end
        end
        s = s + p * y0(k);
    end
    y(i) = s;
end
end
```

【例 5-1】 如 $f(x) = \dfrac{1}{1+x^2}$ 在 $[-5,5]$ 上各阶导数存在，但在此区间取 n 个节点构造的拉格朗日插值多项式在区间并非都收敛，而是发散得很厉害。

```
clc,clear,close all
x = - 5:1:5;
```

```
y = 1./(1+x.*x);
%精确解曲线
xj = -5:0.01:5;
yj = 1./(1+xj.*xj);
plot(xj,yj,'linewidth',2)
hold on
%高次多项式插值
yh = lagrange(x,y,xj);
plot(xj,yh,'r--','linewidth',2)
grid on;xlabel('x'),ylabel('y')
legend('原数据曲线','插值曲线')
```

运行程序,输出结果如图 5-1 所示。

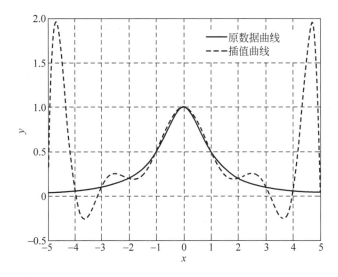

图 5-1　拉格朗日插值

由图 5-1 可知,一般避免多项式次方超过四次方。为避免龙格(Runge)现象提出分段插值。所谓分段插值,就是首先把插值点分开,在每一段上用低次插值,再连接起来,如分段线性插值、分段二次插值、分段三次插值等。

5.1.2　牛顿均差插值

牛顿均差插值公式为

$$N_n = f(x_0) + \sum_{k=1}^{n} f(x_0, x_1, x_2, x_3, \cdots, x_k) \prod_{j=0}^{k-1}(x - x_j)$$

式中,$f(x_0, x_1, x_2, x_3, \cdots, x_k)$ 是 k 阶均差,可由均差表 5-1 方便计算得到。

拉格朗日插值和牛顿均差插值本质上一样的,只是形式不同而已,因为插值多项式是唯一的。

系数的计算过程如表 5-1 所示。

表 5-1　均差计算表

	一阶均差	二阶均差	三阶均差	⋯	n 阶均差
$f(x_0)$					
$f(x_1)$	$f[x_0,x_1]$				
$f(x_2)$	$f[x_0,x_2]$	$f[x_0,x_1,x_2]$			
$f(x_3)$	$f[x_0,x_3]$	$f[x_0,x_1,x_3]$	$f[x_0,x_1,x_2,x_3]$		
⋯	⋯	⋯	⋯		
$f(x_n)$	$f[x_0,x_n]$	$f[x_0,x_1,x_n]$	$f[x_0,x_1,x_2,x_n]$	⋯	$f[x_0,x_1,\cdots,x_n]$

在 MATLAB 中编程实现的均差形式的牛顿插值法函数为 Newton()。

功能：求已知数据点的均差形式的牛顿插值多项式。

调用格式：

xr = Newton(fun, x0, D)

其中，x_r 为所求非线性方程的解；fun 为所定义的函数；x_0 为初始值；D 为计算的精确度。

在 MATLAB 中实现利用均差的牛顿插值的代码如下：

```
function xr = Newton(fun, x0, D)
% xr 为所求非线性方程的解
% fun 为所定义的函数
% x0 为初始值
% D 为计算的精确度
[f0, df] = feval(fun, x0);
if df == 0;
    error('d[f(x)/dx] = 0 at x0');
end
if nargin < 3;
    D = 1e - 6;
end
d = f0/df;
while abs(d) > D;
    x1 = x0 - d;
    x0 = x1;
    [f0, df] = feval(fun, x0);
    if df == 0;
        error('d[f(x)]/dx = 0 at x0');
    end
    d = f0/df;
end
xr = x1;
```

【例 5-2】　如 $f(x) = \dfrac{1}{1+x^2}$ 在 $[-5,5]$ 上各阶导数存在，但在此区间取 n 个节点构造的牛顿插值多项式在区间并非都收敛，而是发散得很厉害。

主函数编程如下：

```
clc,clear,close all
x = -5:1:5;
y = 1./(1+x.*x);
%精确解曲线
xj = -5:0.01:5;
yj = 1./(1+xj.*xj);
plot(xj,yj,'linewidth',2)
hold on
%高次多项式插值
yh = Newton(x,y,xj);
plot(xj,yh,'r--','linewidth',2)
grid on;xlabel('x'),ylabel('y')
legend('原数据曲线','插值曲线')
```

运行程序,输出结果如图 5-2 所示。

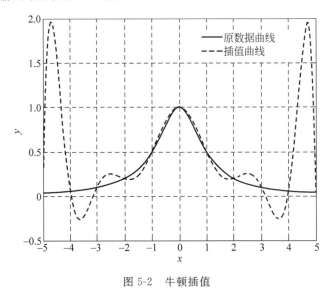

图 5-2　牛顿插值

对比图 5-1 和图 5-2 可知,拉格朗日插值和牛顿均差插值本质上是一样的。

5.2　一维数据插值

MATLAB 提供的函数 interp1( )可以根据已知数据表$[x,y]$,用各种不同的算法计算 x_i 各点上的函数近似值。该函数有三种调用形式。

（1）yi＝interp1(x,y,xi)：根据数据表$[x,y]$,用分段线性插值算法 x_i 各点上的函数近似值 y_i,y_i 为尽可能逼近的最小误差对应的因变量值。当 y 是向量时,则对 y 向量插值,得到结果 y_i 是与 x_i 同样大小的向量;当 y 是矩阵时,则对 y 的逐列向量插值,得到结果 y_i 是一矩阵,它的列数与 y 的列数相同,行数与 x_i 的大小相同。

（2）yi＝interp1(y,yi)：格式调用方法与 yi＝interp1(x,y,xi)相同,只是插值节点不

同,此时用节点序号 $x=1:n, n=\mathrm{size}(y)$。

（3）yi=interp1(x,y,xi,method)：函数调用与 yi=interp1(x,y,xi)、yi=interp1(y,yi)相同,只是需要指定输入参数 method 的具体算法。在 MATLAB 中,method 有四种形式,如下：

```
>> help interp1
    Vq = interp1(X,V,Xq,METHOD) specifies alternate methods.
    The default is linear interpolation. Use an empty matrix [] to specify
    the default. Available methods are:

    'nearest'  - nearest neighbor interpolation
    'linear'   - linear interpolation
    'spline'   - piecewise cubic spline interpolation (SPLINE)
    'pchip'    - shape-preserving piecewise cubic interpolation
    'cubic'    - same as 'pchip'
    'v5cubic'  - the cubic interpolation from MATLAB 5, which does not
                 extrapolate and uses 'spline' if X is not equally
                 spaced.
```

1. linear：分段线性插值,默认值

分段线性插值是在每个小区间$[x_i, x_{i+1}]$上采用简单的线性插值。在区间$[x_i, x_{i+1}]$上的子插值多项式为

$$F_i = \frac{x - x_{i+1}}{x_i - x_{i+1}} f(x_i) + \frac{x - x_i}{x_{i+1} - x_i} f(x_{i+1})$$

由此整个区间$[x_1, x_n]$上的插值函数为

$$F(x) = \sum_{i=1}^{n} F_i l_i(x)$$

式中,$l_i(x)$的定义为

$$l_i(x) = \begin{cases} \dfrac{x - x_{i-1}}{x_i - x_{i-1}}, & x \in [x_{i-1}, x_i](i \neq 0) \\ \dfrac{x - x_{i+1}}{x_i - x_{i+1}}, & x \in [x_i, x_{i+1}](i \neq n) \\ 0, & x \notin [x_{i-1}, x_{i+1}] \end{cases}$$

分段线性插值方法较为常用,在实际计算中,处理速度较快,但是海量数据本身而言,以及非线性问题,处理误差较大,线性插值方法获得的曲线不是平滑的,因此,根据实际情况要求进行选用。具体的线性插值程序如下：

```
clc,clear,close all
format short
hold off
xx = 1:1:17;
yx = [3.5,4,4.3,4.6,5,5.3,5.3,5,4.6,4,3.9,3.3,2.8,2.5,2.2,2.0,1.8];
xxi = 1:0.3:17;
```

```
f0 = interp1(xx,yx,xxi)
f1 = interp1(xx,yx,xxi,'linear')
plot(xx,yx,'r * ','linewidth',2)
hold on
grid on
% plot(xxi,f0,'r. - ','linewidth',2)
plot(xxi,f1,'b -- ','linewidth',2)
legend('原始数据','线性插值')
```

运行程序,输出图形如图 5-3 所示。

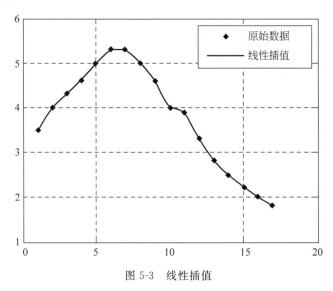

图 5-3　线性插值

2. cubic：分段三次多项式插值

cubic 三次多项式插值法插值精度较高,插值曲线较平滑,对于插值精度要求较高的计算中,可以采用,然而就是计算所需要的内存较多,计算的时间也较长,实际应用中可适当权衡。

具体的分段三次多项式插值程序如下：

```
clc,clear,close all
format short
hold off
xx = 1:1:17;
yx = [3.5,4,4.3,4.6,5,5.3,5.3,5,4.6,4,3.9,3.3,2.8,2.5,2.2,2.0,1.8];
xxi = 1:0.3:17;
f0 = interp1(xx,yx,xxi)
f2 = interp1(xx,yx,xxi,'cubic')
plot(xx,yx,'r -- ','linewidth',2)
hold on
plot(xxi,f2,'ro - ','linewidth',2)
legend('原始数据','三次插值')
grid on
```

运行程序得到如图 5-4 所示图形。

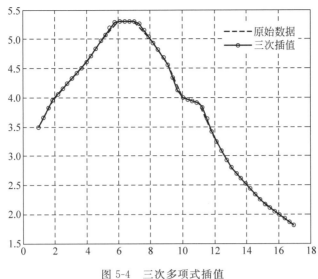

图 5-4　三次多项式插值

3. spline：三次样条插值

即在每个分段(子区间)内构造一个三次多项式,除使其插值函数满足差值条件外,还要求在各个节点处具有光滑的条件(导数存在)。

三次样条函数 $s(x)$ 在每个子区间 $[x_{i-1},x_i]$ 上可由 4 个系数唯一确定。因此,$s(x)$ 在 $[a,b]$ 上有 $4n$ 个待定系数。由于 $s(x) \in C^2[a,b]$,则有

$$\begin{cases} s(x_i-0) = s(x_i+0) \\ s'(x_i-0) = s'(x_i+0), \quad i=1,2,3,\cdots,n-1 \\ s''(x_i-0) = s''(x_i+0) \end{cases}$$

为了确定 $s(x)$,通常还需要补充边界条件。常用的边界条件分为三类:

(1) 给定两边界节点处的一阶导数 $y'_0(x_0) = f'(x_0)$,$y'_0(x_n) = f'(x_n)$,并要求 $s(x)$ 满足 $s'(x_0) = y'_0$,$s'(x_n) = y'_n$。

(2) 给定两边界节点处的二阶导数 $y''_0(x_0) = f''(x_0)$,$y'_0(x_n) = f'(x_n)$,并要求 $s(x)$ 满足 $s''(x_0) = y''_0$,$s''(x_n) = y''_n$。

特别地,若 $y''_0 = y''_n = 0$,则所得的样条称为自然样条。

(3) 被插函数 $f(x)$ 是以 $x_n - x_0$ 为周期的周期函数,要求 $s(x)$ 满足 $s(x_0) = s(x_n)$,$s'(x_0+0) = s'(x_n-0)$,$s''(x_0+0) = s''(x_n-0)$。

具体的三次样条插值程序如下:

```
clc,clear,close all
format short
hold off
xx = 1:1:17;
yx = [3.5,4,4.3,4.6,5,5.3,5.3,5,4.6,4,3.9,3.3,2.8,2.5,2.2,2.0,1.8];
```

```
xxi = 1:0.3:17;
f0 = interp1(xx,yx,xxi)
f3 = interp1(xx,yx,xxi,'spline')
plot(xx,yx,'r--','linewidth',2)
hold on
plot(xxi,f3,'k--','linewidth',2)
legend('原始数据','样条插值')
grid on
```

运行程序,输出图形如图 5-5 所示。

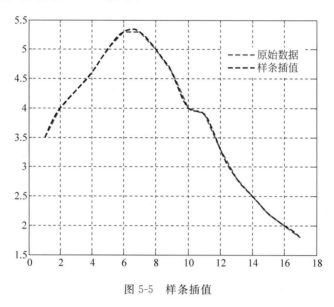

图 5-5　样条插值

4. nearest：最邻近区域插值

即在就近插值节点的区域上的函数取值为该点函数值,该插值函数为一个阶梯函数,即

$$
y = \begin{cases}
y & y_i < x_{i+\frac{1}{2}} \\
y_i & x_{i-\frac{1}{2}} \leqslant x \leqslant x_{i+\frac{1}{2}} \quad i = 2,3,\cdots,n \\
y_{n+1} & x \geqslant x_{n+\frac{1}{2}}
\end{cases}
$$

具体的最邻近区域插值程序如下：

```
clc,clear,close all
format short
hold off
xx = 1:1:17;
yx = [3.5,4,4.3,4.6,5,5.3,5.3,5,4.6,4,3.9,3.3,2.8,2.5,2.2,2.0,1.8];
xxi = 1:0.3:17;
f0 = interp1(xx,yx,xxi)
f4 = interp1(xx,yx,xxi,'nearest')
plot(xx,yx,'r--','linewidth',2)
```

```
hold on
plot(xxi,f4,'b','linewidth',2)
legend('原始数据','最近区域插值')
grid on
```

运行程序,输出结果如图 5-6 所示。

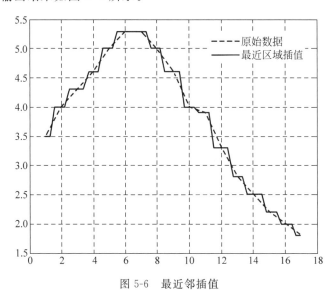

图 5-6　最近邻插值

【例 5-3】 已知 x, y 的初始矩阵值,利用 interp1 的不同插值算法求 $x_i[1:0.3:17]$ 时各点的函数近似值。编程如下:

```
clc,clear,close all
format short
hold off
xx = 1:1:17;
yx = [3.5,4,4.3,4.6,5,5.3,5.3,5,4.6,4,3.9,3.3,2.8,2.5,2.2,2.0,1.8];
xxi = 1:0.3:17;
f0 = interp1(xx,yx,xxi)
f1 = interp1(xx,yx,xxi,'linear')
f2 = interp1(xx,yx,xxi,'cubic')
f3 = interp1(xx,yx,xxi,'spline')
f4 = interp1(xx,yx,xxi,'nearest')
plot(xx,yx,'r--','linewidth',2)
hold on
% plot(xxi,f0,'r.-','linewidth',2)
plot(xxi,f1,'b--','linewidth',2)
plot(xxi,f2,'ro-','linewidth',2)
plot(xxi,f3,'k--','linewidth',2)
plot(xxi,f4,'b','linewidth',2)
legend('原始数据','线性插值','三次插值','样条插值','最近区域插值')
grid on
```

运行程序,输出图形如图 5-7 所示。

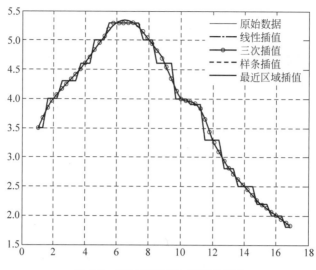

图 5-7　不同插值方法得到的图形

【例 5-4】　对于已知坐标点,采用鼠标描点形式,以近邻插值、线性插值、三次样条插值、多项式拟合形式对坐标点集进行拟合。编程如下:

```
clc,clear,close all
clf,a = - 1;b = 1;n = 100;
%用内联函数 inline 命令定义函数
%在后面可直接用于函数 g 的计算,要改变函数做实验,可按此格式重新定义 g
g = inline('x^2 - x^4');
xx = linspace(a,b,n);
for i = 1:n
    gx(i) = g(xx(i));              %前面已经用 inline 命令定义了 g,可以这样用 g 计算函数值
end
ymin = min(gx) * 0.8;
ymax = max(gx) * 1.2;                    %分四个界面画图 g 的图形,以便于结果比较
subplot(2,2,1),
plot(xx,gx,'-- '),grid,hold on,axis([a b ymin ymax]),title('近邻插值')
subplot(2,2,2),
plot(xx,gx,'-- '),grid,hold on,axis([a b ymin ymax]),title('线性插值')
subplot(2,2,3),
plot(xx,gx,'-- '),grid,hold on,axis([a b ymin ymax]),title('样条插值')
subplot(2,2,4),plot(xx,gx,'-- '),
grid,hold on,axis([a b ymin ymax]),title('多项式拟合')
%用鼠标在屏幕上选点[x,y,button] = ginput(n),可套用下面程序的格式
button = 1;
x1 = [a];
y1 = [gx(1)];
while button == 1
    [xi,yi,button] = ginput(1);
    subplot(2,2,1),h = plot(xi,yi,'ro')      %在 4 个图形窗口画点
    subplot(2,2,2),h = plot(xi,yi,'ro')
```

```
    subplot(2,2,3),h = plot(xi,yi,'ro')
    subplot(2,2,4),h = plot(xi,yi,'ro')
    x1 = [xi,x1];y1 = [yi,y1];                    %将选的点存于向量 x1,y1
end
x1 = [b,x1];
y1 = [gx(n),y1];
xx = linspace(a,b,n);                            %定义自变量 xx
%计算不同的插值函数: x1,y1 为节点,xx 为输入自变量
ynearest = interp1(x1,y1,xx,'nearest');
ylinear = interp1(x1,y1,xx,'linear');
yspline = interp1(x1,y1,xx,'spline');
%多项式拟合指令[p,s] = polyfit(x,y,n),n 为拟合多项式次数,x,y 为被拟合数据
%p 为拟合多项式的系数,s 是用来做误差估计和预测的数据结构
[p,c] = polyfit(x1,y1,4);
ypolyfit = polyval(p,xx);           %用 polyval(p,x)计算系数为 p 的多项式在标量或向量 x 处的值
subplot(2,2,1),h = plot(xx,ynearest,'r - ');set(h,'linewidth',2)             %画图
subplot(2,2,2),h = plot(xx,ylinear,'r - ');set(h,'linewidth',2);
subplot(2,2,3),h = plot(xx,yspline,'r - ');set(h,'linewidth',2)
subplot(2,2,4),h = plot(xx,ypolyfit,'r - ');set(h,'linewidth',2)
```

运行程序,输出图形如图 5-8 所示。

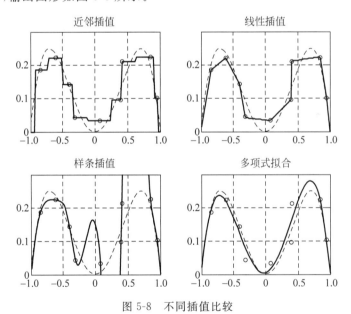

图 5-8   不同插值比较

【例 5-5】   编制分段二次插值程序,即在每一个插值子区间(x_{i-1},x_i)上用抛物线插值。编程如下:

```
clc,clear,close all
xx = 1:5;
yx = [3.5,4.6,5.5,3.2,2];
xxi = 1:0.5:5;
f0 = interp1(xx,yx,xxi)
```

```
f1 = interp1(xx,yx,xxi,'linear')
f2 = interp1(xx,yx,xxi,'cubic')
f3 = interp1(xx,yx,xxi,'spline')
f4 = interp1(xx,yx,xxi,'nearest')
f5 = lagrange(xx,yx,xxi)
plot(xxi,f1,xxi,f2,xxi,f3,xxi,f4,xxi,f5,'r--','linewidth',2)
```

运行程序,输出图形如图 5-9 所示。

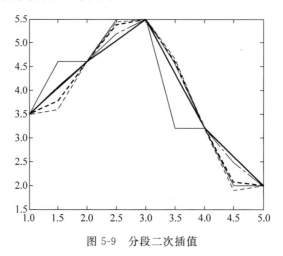

图 5-9 分段二次插值

其中,三次样条插值算法的插值精度较高,所构造的曲线比较光滑。因此,在许多工程设计或制造业中,例如飞机、导弹等外形设计常利用该插值算法进行计算。

【例 5-6】 某观测站测得某日 6:00~18:00 之间每隔 2h 的室内外温度如表 5-2 所示,用样条插值分别求得该室内外 6:30~17:30 之间每隔 2h 各点的近似温度值。

表 5-2 温度值

时间 h	6	8	10	12	14	16	18
室内温度 t_1	18.0	20.2	22.0	25.0	30.0	29.3	21.2
室外温度 t_2	15.6	18.3	22.1	26.4	33.6	31.6	20.0

设时间变量 h 为一行向量,温度 t 为一个 2 列矩阵,第一列存储室内温度,第二列存储室外温度。编程如下:

```
clc,clear,close all
h = 6:2:18;                            %时间
t = [18.0,20.2,22.0,25.0,30.0,29.3,21.2;    %室内温度
    15.6,18.3,22.1,26.4,33.6,31.6,20.0;]';  %室外温度
xi = 6.5:2:17.5;
yi = interp1(h,t,xi,'spline')
plot(h,t,xi,yi)
```

运行程序,输出图形如图 5-10 所示。

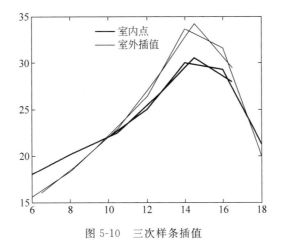

图 5-10　三次样条插值

5.3　埃尔米特插值

在许多实际插值问题中，为使插值函数能更好地和原来的函数重合，不但要求二者在节点上函数值相等，而且还要求相切，对应的导数值也相等，甚至要求高阶导数也相等。这类插值称作切触插值，或埃尔米特（Hermite）插值。满足这种要求的插值多项式就是埃尔米特插值多项式。

埃尔米特插值多项式 $H(x)$ 的表达式为

$$H(x) = \sum_{i=1}^{n} h_i \big[(x_i - x)(2a_i y_i - y_i') + y_i \big]$$

式中

$$y_i = y(x_i), \quad y_i' = y'(x_i)$$

步长以及系数表达式为

$$h_i = \prod_{\substack{j=1 \\ j \neq i}}^{n} \left(\frac{x - x_j}{x_i - x_j} \right)^2, \quad a_i = \sum_{\substack{j=1 \\ j \neq i}}^{n} \frac{1}{x_i - x_j}$$

在 MATLAB 中编程实现的埃尔米特插值法函数为 Hermite()。

功能：求已知数据点的埃尔米特插值多项式。

调用格式：

herm = Hermite(x, y, dy, x0)。

其中，herm 为求得的埃尔米特插值多项式或在 x_0 处的插值；x 为数据 x 坐标向量；y 为数据 y 坐标向量；$\mathrm{d}y$ 为已知数据点的导数向量；x_0 为插值点的 x 坐标。

在 MATLAB 中实现埃尔米特插值的代码如下：

```
function herm = Hermite(x, y, dy, x0)
% 求已知数据点的埃尔米特插值多项式
% x 坐标向量: x
% y 坐标向量: y
```

```
%导数向量：dy
%插值点的 x 坐标：x0
%求得的埃尔米特插值多项式或在 x0 处的插值：herm
format long                        %指定数据类型
syms t;                            %变量 t
fun1 = 0;                          %初值
if(length(x) == length(y))
    if(length(y) == length(dy))
        nn = length(x);
    else
        return;
    end
else
    return;
end

for i = 1:nn
    h = 1;
    a = 0;
    for j = 1:nn
        if( j ~ = i)
            h = h * (t - x(j))^2/((x(i) - x(j))^2);
            a = a + 1/(x(i) - x(j));
        end
    end
    fun1 = fun1 + h * ((x(i) - t) * (2 * a * y(i) - dy(i)) + y(i));
    if(i == nn)
        if(nargin == 4)
            fun1 = subs(fun1,'t',x0);
        else
            fun1 = vpa(fun1,6);
        end
    end
end
herm = fun1;
```

【例 5-7】 埃尔米特插值法应用实例。根据表 5-3 所列的数据点求出其埃尔米特插值多项式，并计算当 $x = 1.44$ 时的 y 值。

表 5-3　数据点

x	0.5	1.0	1.5	2.0	2.5
y	1	1.1	1.2	1.3	1.4
y'	0.5000	0.4	0.3	0.25	0.2

在 MATLAB 命令窗口中输入以下命令：

```
clc,clear,close all
format short
```

```
hold off
x = 0.5:0.5:2.5;
y = [1,1.1,1.2,1.3,1.4];                    %数据
y_1 = [0.5,0.4,0.3,0.25,0.2];               %导数
f = Hermite(x,y,y_1)
f2 = Hermite(x,y,y_1,1.44)                  %计算当 x = 1.44 的 y 值
format short
subs(f,'t',1.44)
t = 1:0.1:1.8;
nt = size(t);
for i = 1:nt(1,2)
    fy(1,i) = double(subs(f,'t',t(1,i)));
end
plot(x,y,'linewidth',2)
hold on
grid on
plot(t,fy,'r','linewidth',2)
legend('原始数据','插值')
```

运行程序,输出结果如下:

```
f =
0.444444 * (8.83333 * t − 3.41667) * (t − 1.5)^2 * (t − 2.5)^2 * (t − 1.0)^2 * (t − 2.0)^
2 + 7.11111 * (4.06667 * t − 2.96667) * (t − 1.5)^2 * (t − 2.5)^2 * (t − 0.5)^2 * (t − 2.0)^2 −
0.444444 * (11.4667 * t − 30.0667) * (t − 1.5)^2 * (t − 0.5)^2 * (t − 1.0)^2 * (t − 2.0)^
2 − 7.11111 * (4.08333 * t − 9.46667) * (t − 1.5)^2 * (t − 2.5)^2 * (t − 0.5)^2 * (t −
1.0)^2 + 16.0 * (t − 2.5)^2 * (t − 0.5)^2 * (t − 1.0)^2 * (t − 2.0)^2 * (0.3 * t + 0.75)
f2 =
90241077432693/76293945312500
ans =
1.1828078501257903437405853401997
```

输出插值图形如图 5-11 所示。

由图 5-11 可知,采用埃尔米特插值,插值精度高。

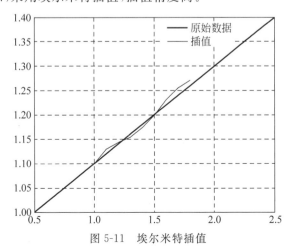

图 5-11　埃尔米特插值

5.4 二维数据插值

二维数据插值是构造一个二元插值函数 $z = g(x, y)$ 去近似 $z = f(x, y)$，即曲面插值。如测山高水深，画出更为精确的等高线图，就需要先插入更多的插值点。与 interp1 类似，指令 interp2 可以根据数据表 $[x, y, z]$，用各种不同的算法计算 $[x_i, y_i]$ 各点上的函数近似值 z_i。

（1）$zi = interp2(x, y, z, xi, yi)$：本指令格式根据数据表 $[x, y, z]$，用双线性差值算法计算坐标平面 x-y 上 $[x_i, y_i]$ 各点的二元函数近似值 z_i，这里 x 可以是一行向量，它与矩阵 z 的各列向量相对应；y 可以为一个列向量，它与 z 的各行向量相对应。对于 $[x_i, y_i]$ 与 z_i 间的对应关系，则和 $[x, y]$ 与 z 的关系相同。

（2）$zi = interp2(z, xi, yi)$：本指令格式的使用方法与 $zi = interp2(x, y, z, xi, yi)$ 格式相同，只是插值节点不同，此时用节点序号 $x = 1:n, y = 1:m, [m, n] = size(z)$。

（3）$zi = interp2(z, xi, yi, method)$：本指令格式的调用方法与上述指令格式相同，只是规定在格式中指定具体的算法。在 MATLAB 中，method 有如下四种形式：

```
Vq = interp2(…,METHOD) specifies alternate methods. The default
is linear interpolation. Available methods are:

   'nearest'  - nearest neighbor interpolation
   'linear'   - bilinear interpolation
   'spline'   - spline interpolation
   'cubic'    - bicubic interpolation as long as the data is
                uniformly spaced, otherwise the same as 'spline'
```

常用的几种 method 方法如下：linear（双线性插值，默认）、cubic（双三次插值）、nearest（最近邻区域插值）。

【例 5-8】 某实验对一根长 10m 的钢轨进行热源的温度传播测试。用 x 表示测试点 $0:2.5:10$(m)，用 h 表示测试时间 $0:30:60$(s)，用 T 表示测试所得各点的温度。

用双线性插值表示在 1min 内每隔 20s、钢轨每隔 1m 处的温度 T_i。编程如下：

```
clc,clear,close all
x = 0:2.5:10;
h = [0:30:60]';
T = [95,14,0,0,0;
     88,48,32,12,6;
     67,64,54,48,41];
subplot(121),
mesh(x,h,T);
xlabel('x');ylabel('h'),zlabel('z')
xi = [0:10];
hi = [0:2:60]';
Ti = interp2(x,h,T,xi,hi);
subplot(122),
mesh(xi,hi,Ti)
xlabel('x');ylabel('h'),zlabel('z')
```

运行程序,输出图形如图 5-12 所示。

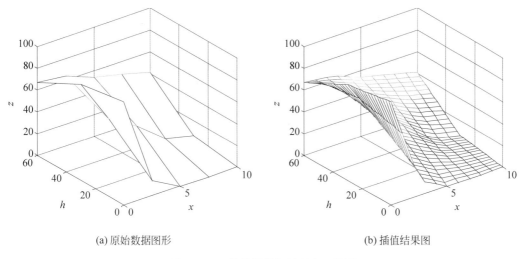

(a) 原始数据图形 (b) 插值结果图

图 5-12 双线性插值钢轨温度三维图

对于插值极点为散乱节点而言,已知 n 个节点 $(x_i, y_i, z_i)(i=1,2,3,\cdots,n)$,求点 (x'_i, y'_i)(不是节点 (x_i, y_i))处的插值 z'_i。

指令:

```
cz = griddata(x,y,z,cx,cy,'method')
```

这里 x,y,z 都是 n 维向量,表明数据点的横坐标、纵坐标和竖坐标;向量 c_x, c_y 是给定的网格点的横坐标和纵坐标。指令 cz = griddata(x,y,z,cx,cy,'method') 返回在网格 (c_x, c_y) 处的函数值。c_x 和 c_y 应是方向不同的向量,即一个是行向量,一个是列向量。

在 MATLAB 中,method 有如下五种形式:

```
griddata(…, METHOD) where METHOD is one of
    'nearest'  - Nearest neighbor interpolation
    'linear'   - Linear interpolation (default)
    'natural'  - Natural neighbor interpolation
    'cubic'    - Cubic interpolation (2D only)
    'v4'       - MATLAB 4 griddata method (2D only)
```

常用的几种 method 方法如下:linear(双线性插值,默认)、cubic(双三次插值)、nearest(最近邻区域插值)。

【例 5-9】 在某海域测得一些点 (x, y) 处的水深 z,在矩形区域 $(75, 200) \times (-50, 150)$ 内画出海底曲面图形。数据如表 5-4 所示。

表 5-4 海域地形

X	129	140	103.5	88	185.5	195	105
Y	7.5	142	23	147	23	138	86
Z	-4	-8	-6	-8	-6	-8	-8

续表

x	158	108	77	81	162	162	118
y	-6.5	-81	3	57	-66	84	-34
z	-9	-9	-8	-8	-9	-4	-9

根据数据调用 griddata() 对该海域地形进行差值分析。编程如下：

```
clc,clear,close all
x = [129,140,103.5,88,185.5,195,105,158,108,77,81,162,162,118];
y = [7.5,142,23,147,23,138,86, - 6.5, - 81,3,57, - 66,84, - 34];
z = [ - 4, - 8, - 6, - 8, - 6, - 8, - 8, - 9, - 9, - 8, - 8, - 9, - 4, - 9];
cx = 75:5:200;
cy = - 70:(150 + 70)/25:150;
[CX,CY] = meshgrid(cx,cy);
cz = griddata(x,y,z,cx,cy,'cubic');
CZ = griddata(x,y,z,CX,CY,'cubic');
figure(1),
mesh(CX,CY,CZ);
figure(2),
contour3(CX,CY,CZ,16)
```

运行程序，输出图形如图 5-13 和图 5-14 所示。

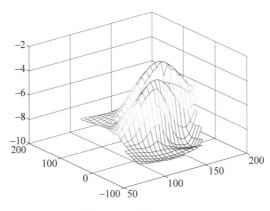

图 5-13 空间曲面图

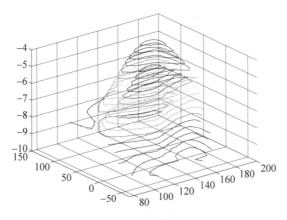

图 5-14 空间等高线图

在 500m 间距正方形网格系统上测得海底深度(m),绘制其海底深度图。编程如下:

```
%%
clc,clear,close all
x = 0:0.5:4;
y = 0:0.5:6;
z = [100,99,100,99,100,99,99,99,100;
100,99,99,99,100,99,100,99,99;
99,99,98,98,100,99,100,100,100;
100,98,97,97,99,100,100,100,99;
101,100,98,98,100,102,103,100,100;
102,103,101,100,102,106,104,101,100;
99,102,100,100,102,106,104,101,100;
97,99,100,100,102,105,103,101,100;
100,102,103,101,102,103,102,100,99;
100,102,103,102,101,101,100,99,99;
100,100,101,101,100,100,100,99,99;
100,100,100,100,100,99,99,99,99;
100,100,100,99,99,100,99,100,99];
mesh(x,y,z)
xlabel('X(km)')
ylabel('Y(km)')
zlabel('海底深度(m)')
title('海底深度图')
```

运行程序,输出图形如图 5-15 所示。

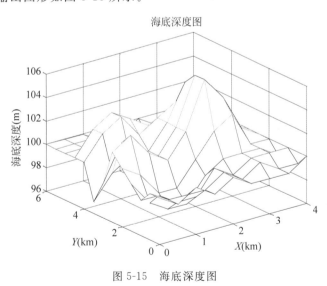

图 5-15　海底深度图

如图 5-15 所示,对其进行双线性插值。编程如下:

```
xi = linspace(0,4,30);
yi = linspace(0,6,40);
[xxi,yyi] = meshgrid(xi,yi);
```

```
zzi = interp2(x, y, z, xxi, yyi, 'linear');
mesh(xxi, yyi, zzi)
title('线性插值')
hold on
[xx, yy] = meshgrid(x, y);
plot3(xx, yy, z + 0.1, 'ro');
hold off
```

运行程序,输出图形如图 5-16 所示。

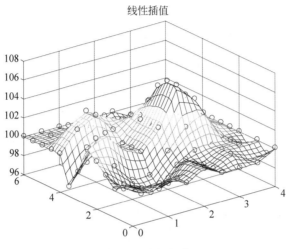

图 5-16　线性插值

采用双线性插值,编程如下:

```
zzi = interp2(x, y, z, xxi, yyi, 'bilinear');
mesh(xxi, yyi, zzi)
title('双线性插值')
hold on
[xx, yy] = meshgrid(x, y);
plot3(xx, yy, z + 0.1, 'ro');
hold off
```

运行程序,输出图形如图 5-17 所示。

采用立方插值,编程如下:

```
zzi = interp2(x, y, z, xxi, yyi, 'cubic');
mesh(xxi, yyi, zzi)
title('立方插值')
hold on
[xx, yy] = meshgrid(x, y);
plot3(xx, yy, z + 0.1, 'ro');
hold off
```

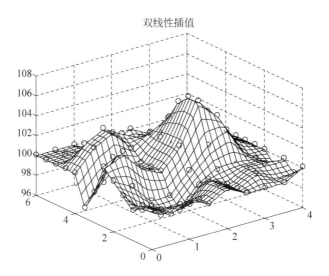

图 5-17　双线性插值

运行程序,输出图形如图 5-18 所示。

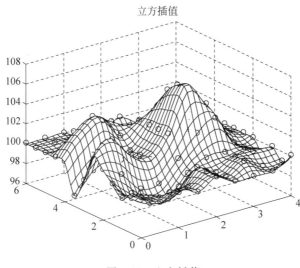

图 5-18　立方插值

采用双立方插值,编程如下:

```
zzi = interp2(x, y, z, xxi, yyi, 'bicubic');
mesh(xxi, yyi, zzi)
title('双立方插值')
hold on
[xx, yy] = meshgrid(x, y);
plot3(xx, yy, z + 0.1, 'ro');
hold off
```

运行程序,输出图形如图 5-19 所示。

采用最近邻插值方法,编程如下:

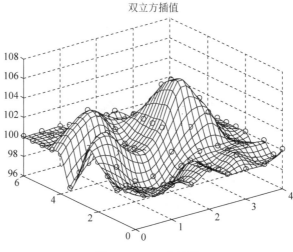

图 5-19　双立方插值

```
zzi = interp2(x, y, z, xxi, yyi, 'nearest');
mesh(xxi, yyi, zzi)
title('最近邻插值')
hold on
[xx, yy] = meshgrid(x, y);
plot3(xx, yy, z + 0.1, 'ro');
hold off
```

运行程序,输出图形如图 5-20 所示。

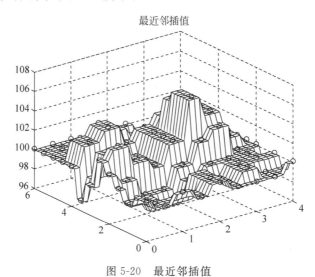

图 5-20　最近邻插值

绘制该区域的伪彩色图,编程如下:

```
close all
zzi = interp2(x, y, z, xxi, yyi, 'bicubic');
pcolor(xxi, yyi, zzi)
shading interp
```

```
hold on
contour(xxi,yyi,zzi,15,'k')
colormap(cool) %着色系
colorbar('vert') %产生竖直颜色条
hold off
title('海底深度等值线图')
```

运行程序,输出图形如图 5-21 所示。

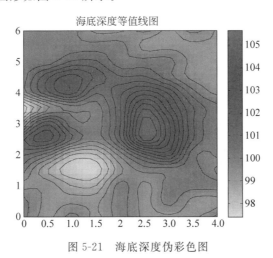

图 5-21　海底深度伪彩色图

5.5　回归分析

回归分析是确定两种或两种以上变数间相互依赖的定量关系的一种统计分析方法。运用十分广泛,回归分析按照涉及的自变量的多少,可分为一元回归分析和多元回归分析;按照自变量和因变量之间的关系类型,可分为线性回归分析和非线性回归分析。

如果在回归分析中,只包括一个自变量和一个因变量,且二者的关系可用一条直线近似表示,这种回归分析称为一元线性回归分析。

如果回归分析中包括两个或两个以上的自变量,且因变量和自变量之间是线性关系,则称为多元线性回归分析。

常用的回归模型统计量:

（1）总偏差平方和

$$\text{SST} = \sum_{i=1}^{n}(y_i - \bar{y})^2$$

其自由度为 $f_T = n-1$。

（2）回归平方和

$$\text{SSR} = \sum_{i=1}^{n}(\hat{y} - \bar{y})^2$$

其自由度为 $f_R = 1$。

（3）残差平方和

$$\mathrm{SSE} = \sum_{i=1}^{n} (y_i - \hat{y}_i)^2$$

其自由度为 $f_E = n - 2$。

它们之间有关系：SST＝SSR＋SSE。

对于回归方程分析，下面结合实例进行相关分析。

MATLAB拟合工具箱提供了regress()函数供用户使用，具体调用如下：

（1）B = regress(Y,X)。X 是一个 n-by-p 矩阵，Y 是一个 n-by-1 状态响应矩阵；返回回归系数 B，线性模型 $Y = X * B$。

（2）[B,BINT] = regress(Y,X)。X 是一个 n-by-p 矩阵，Y 是一个 n-by-1 状态响应矩阵；返回 BINT 为 B 的 95％ 的置信区间。

（3）[B,BINT,R] = regress(Y,X)。X 是一个 n-by-p 矩阵，Y 是一个 n-by-1 状态响应矩阵；返回的 R 为相应的留数。

（4）[B,BINT,R,RINT] = regress(Y,X)。X 是一个 n-by-p 矩阵，Y 是一个 n-by-1 状态响应矩阵；返回的 RINT 矩阵用来诊断异常值，一般包含 0 表示不异常。

（5）[B,BINT,R,RINT,STATS] = regress(Y,X)。X 是一个 n-by-p 矩阵，Y 是一个 n-by-1 状态响应矩阵；返回的 STATS 包含 R 方统计量、F 统计量等。

（6）[…] = regress(Y,X,ALPHA)。X 是一个 n-by-p 矩阵，Y 是一个 n-by-1 状态响应矩阵；使用 $100 * (1 - \mathrm{alpha})$％定义置信区间。

【例5-10】　为了了解百货商店销售额 x 与流通费率 y 之间的关系，收集了 9 个商店的有关数据，如表 5-5 所示。试建立流通费率 y 与销售额 x 的回归方程。

表 5-5　销售额与流通费率数据

样本点	销售额 x/万元	流通费率 y
1	1.5	7.0
2	4.5	4.8
3	7.5	3.6
4	10.5	3.1
5	13.5	2.7
6	16.5	2.5
7	19.5	2.4
8	22.5	2.3
9	25.5	2.2

首先绘制散点图以直观地选择拟合曲线。编程如下：

```
clc,clear,close all
x = [1.5,4.5,7.5,10.5,13.5,16.5,19.5,22.5,25.5];
y = [7.0,4.8,3.6,3.1,2.7,2.5,2.4,2.3,2.2];
plot(x,y,'-o')
axis tight
grid on
```

输出拟合图形如图 5-22 所示。

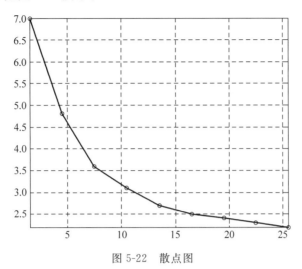

图 5-22　散点图

由图 5-22 初步判断应以幂函数曲线为拟合目标,即选择非线性回归模型。目标函数为

$$y = ax^b \quad (b < 0)$$

其线性化变换公式为

$$v = \ln y, \quad u = \ln x$$

线性函数为

$$v = \ln a + bu$$

线性化变换即线性回归建模,编程如下:

```
%线性化变换
u = log(x)';
v = log(y)';
%构造资本论观测值矩阵
mu = [ones(length(u),1) u];
alpha = 0.05;
%线性回归计算
[b,bint,r,rint,states] = regress(v,mu,alpha)
```

运行程序,输出结果如下:

```
b =
    2.1421
   - 0.4259
bint =
    2.0614    2.2228
   - 0.4583   - 0.3934
r =
   - 0.0235
    0.0671
```

```
      − 0.0030
      − 0.0093
      − 0.0404
      − 0.0319
      − 0.0016
        0.0168
        0.0257
rint =
      − 0.0700      0.0230
        0.0202      0.1140
      − 0.0873      0.0813
      − 0.0939      0.0754
      − 0.1154      0.0347
      − 0.1095      0.0457
      − 0.0837      0.0805
      − 0.0621      0.0958
      − 0.0493      0.1007
states =
        0.9928   963.5572      0.0000      0.0012
```

$b = [2.1421; -0.4259]$ 表示线性回归模型 $v = \ln a + bu$ 中：$\ln a = 2.1421, b = -0.4259$，即拟合的线性回归模型为

$$y = 2.1421 - 0.4259x$$

bint $= [2.0614, 2.2228; -0.4583, -0.3934]$ 表示拟合系数 $\ln a$ 和 b 的 $100(1-\text{alpha})\%$ 的置信区间分别为 $[2.0614, 2.2228]$ 和 $[-0.4583, -0.3934]$；r $= [-0.0235$ 0.0671 -0.0030 -0.0093 -0.0404 -0.0319 -0.0016 0.0168 $0.0257]$ 表示模型拟合残差向量；rint 表示模型拟合残差的 $100(1-\text{alpha})\%$ 的置信区间。

states $= [0.9928$ 963.5572 0.0000 $0.0012]$ 表示：

$$R^2 = \frac{\text{SSR}}{\text{SST}} = 0.9928$$

方差分析的 F 统计量

$$F = \frac{\text{SSR}/f_R}{\text{SST}/f_E} = \frac{\text{SSR}}{\text{SSE}/(n-2)} = 963.5572$$

方差分析的显著性概率

$$p = P(F(1, n-2) > F) \approx 0$$

模型方差的估计值

$$\hat{\sigma}^2 = \frac{\text{SSE}}{n-2} = 0.0012$$

逆线性化变换求非线性回归方程，编程如下：

```
%逆线性化变换
A = exp(b(1))
B = b(2)
```

运行程序,输出结果如下:

```
A =
    8.5173
B =
  - 0.4259
```

即非线性回归方程为

$$y = 8.5173x^{-0.4259}$$

本章小结

基于 MATLAB 的插值拟合操作,主要针对一维、二维、三维数据点进行插值拟合,使得插值拟合结果更加逼近于原始数据。常用的插值方法有最近邻插值、样条插值、立方插值等。一般情况下,常采用立方插值对原始数据进行插值拟合。

第 **6** 章 数据拟合

解决数据拟合问题最重要的方法便是最小二乘法和回归分析。在科学实验、统计研究以及一切日常应用中,人们常常需要从一组测定的数据去求得自变量 x 和因变量 y 的一个近似解表达式 $y = \varphi(x)$,这就是由给定的 N 个点 $(x_i, y_i)(i = 0, 1, \cdots, m)$ 求数据拟合的问题。本章基于最小二乘法基本原理,讲解了多项式拟合、非线性拟合等拟合问题。

学习目标:

- 掌握最小二乘基本原理和数据拟合基本方法;
- 掌握 MATLAB 解决数据拟合问题;
- 运用数据拟合解决具体工程问题。

6.1 函数逼近

在区间 $[a, b]$ 上已知一连续函数 $f(x)$,如果 $f(x)$ 的表达式太过复杂不利于用计算机来进行计算,自然而然地想到用一简单函数去近似 $f(x)$,这就是函数逼近问题。

如果 $f(x)$ 的表达式未知,只知道描述 $f(x)$ 的一条曲线,这就是曲线拟合问题。

与插值问题不同的是,逼近与拟合并不要求逼近函数在已知点上的值一定得等于原函数的函数值,而是按照某种标准使得两者的差值达到最小。

6.1.1 切比雪夫逼近

当一个连续函数定义在区间 $[-1, 1]$ 上时,它可以展开成切比雪夫(Chebyshev)级数,即

$$f(x) = \sum_{n=0}^{\infty} f_n T_n(x)$$

式中

$$\int_{-1}^{1} \frac{T_n(x) T_m(x) \mathrm{d}x}{\sqrt{1 - x^2}} = \begin{cases} 0, & n \neq m \\ \dfrac{\pi}{2}, & n = m \neq 0 \\ \pi, & n = m = 0 \end{cases}$$

在实际应用中,可根据所需的精度来截取有限项数。切比雪夫级数中的系数由下式决定:

$$\begin{cases} f_0 = \dfrac{1}{\pi}\displaystyle\int_{-1}^{1}\dfrac{f(x)}{\sqrt{1-x^2}}\mathrm{d}x \\[3mm] f_n = \dfrac{2}{\pi}\displaystyle\int_{-1}^{1}\dfrac{T_n(x)f(x)}{\sqrt{1-x^2}}\mathrm{d}x \end{cases}$$

在 MATLAB 中编程实现的切比雪夫逼近法函数为 Chebyshev()。

功能:用切比雪夫多项式逼近已知函数。

调用格式:

```
fun = Chebyshev(y, m, x0)
```

其中,fun 为切比雪夫逼近多项式在 x_0 处逼近值;y 为已知函数;m 为逼近已知函数所需项数;x_0 为逼近点的 x 坐标。

在 MATLAB 中实现切比雪夫逼近的代码如下:

```
function fun = Chebyshev(y, m, x0)
% fun: 切比雪夫逼近多项式在 x0 处逼近值
% 用切比雪夫多项式逼近已知函数 y
% 逼近已知函数所需项数: m
% 逼近点的 x 坐标: x0
format short
syms t;
Tb(1:m+1) = t;
Tb(1) = 1;
Tb(2) = t;
Che(1:m+1) = 0.0;
Che(1) = int(subs(y, findsym(sym(y)), sym('t')) * Tb(1)/sqrt(1-t^2), t, -1, 1)/pi;
Che(2) = 2 * int(subs(y, findsym(sym(y)), sym('t')) * Tb(2)/sqrt(1-t^2), t, -1, 1)/pi;
fun = Che(1) + Che(2) * t;
for i = 3:m+1
    Tb(i) = 2 * t * Tb(i-1) - Tb(i-2);
    Che(i) = 2 * int(subs(y, findsym(sym(y)), sym('t')) * Tb(i)/sqrt(1-t^2), t, -1, 1)/2;
    fun = fun + Che(i) * Tb(i);
    fun = vpa(fun, 6);
    if(i == m+1)
        if(nargin == 3)
            fun = subs(fun, 't', x0);
        else
            fun = vpa(fun, 6);
        end
    end
end
end
```

【例 6-1】 切比雪夫逼近应用实例。用切比雪夫公式(5 项多项式)逼近函数 $\dfrac{1}{2-x}$,并求当 $x=2$ 时的函数值。

在 MATLAB 命令窗口中输入以下命令：

```
clc,clear,close all
format short
hold off
f1 = Chebyshev('1/(2 − x)',5)                    %7阶多项式
f2 = Chebyshev('1/(2 − x)',5,2)
t = 0:0.1:1;
nt = size(t);
for i = 1:nt(1,2)
    f3(1,i) = double(subs(f1,'t',t(1,i)));  %输出结果
end
x = 0:0.1:1;
f4 = 1./(2 − x);
plot(t,f4,'linewidth',2)
hold on
plot(t,f3,'ro −− ','linewidth',2)
grid on
axis tight
legend('原始数据','拟合')
```

运行程序,输出结果如下：

```
f1 =
0.277013 ∗ t + 0.0647768 ∗ t ∗ (2.0 ∗ t^2 − 1.0) − 0.00501051 ∗ t ∗ (2.0 ∗ t ∗ (t − 2.0 ∗ t
∗ (2.0 ∗ t^2 − 1.0)) + 2.0 ∗ t^2 − 1.0) − 0.0186995 ∗ t ∗ (t − 2.0 ∗ t ∗ (2.0 ∗ t^2 − 1.
0)) + 0.24175 ∗ t^2 + 0.456475


f2 =
4.8287874842470433420227315934881
```

运行程序,输出图形如图 6-1 所示。

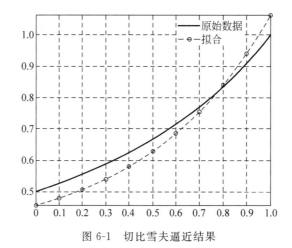

图 6-1   切比雪夫逼近结果

采用切比雪夫逼近结果比较接近准确值。

6.1.2 傅里叶逼近

在数学的理论研究和实际应用中经常遇到下列问题：在选定的一类函数中寻找某个函数 g，使它是已知函数 f 在一定意义下的近似表示，并求出用 g 近似表示 f 而产生的误差。这就是函数逼近问题。

当被逼近函数为周期函数时，用代数多项式来逼近效率不高，而且误差也较大，这时用三角多项式来逼近是较好的选择。

三角多项式逼近即傅里叶逼近，任一周期函数都可以展开为傅里叶级数，通过选取有限的展开项数，就可以达到所需精度的逼近效果。

下面介绍连续周期函数和离散周期函数的傅里叶逼近的具体做法。

1. 连续周期函数的傅里叶逼近

对于连续周期函数，只要计算出其傅里叶展开系数即可。

在 MATLAB 中编程实现的连续周期函数的傅里叶逼近法函数为 FZZT()。

功能：用傅里叶级数逼近已知的连续周期函数。

调用格式：

```
[A0,A,B] = FZZT(func,T,n)
```

其中，func 为已知函数；T 为已知函数的周期；n 为展开的次数；A0 为展开后的常数项；A 为展开后的余弦项系数；B 为展开后的正弦项系数。

在 MATLAB 中实现连续周期函数的傅里叶逼近的代码如下：

```
function [A0,A,B] = FZZT(func,T, n)
% 用傅里叶级数逼近连续周期函数
% func: 已知函数
% T: 已知函数的周期
% n: 展开的次数
% A0: 展开后的常数项
% A: 展开后的余弦项系数
% B: 展开后的正弦项系数
syms t;
func = subs(sym(func), findsym(sym(func)),sym('t'));
A0 = int(sym(func),t, - T/2,T/2)/T;
for(k = 1:n)
    A(k) = int(func * cos(2 * pi * k * t/T), t,  - T/2,T/2) * 2/T;
    A(k) = vpa(A(k),4);
    B(k) = int(func * sin(2 * pi * k * t/T), t,  - T/2,T/2) * 2/T;
    B(k) = vpa(B(k),4);
End
```

【例 6-2】 连续周期函数傅里叶逼近应用实例。用傅里叶级数（取 5 项）逼近函数 $y=x$，输出系数值。

在 MATLAB 命令窗口中输入以下命令：

```
clc,clear,close all
format short
hold off
[a,b,c] = FZZT('x',pi,4)
c = double(c);
x = 0:0.1:1;
y = x;
y1 = c(1) * sin(x) + c(2) * sin(2 * x) + c(3) * sin(3 * x) + c(4) * sin(4 * x);
plot(x,y,'b','linewidth',2)
hold on
plot(x,y1,'ro -- ','linewidth',2)
grid on
axis tight
legend('原始数据','逼近')
```

结果表明,如果取 5 项逼近函数 $y=x$,有下面的式子:

```
a =
    0
b =
    [ 0, 0, 0, 0]
c =
    [ 1.0, - 0.5, 0.33333333333303016843274235725403, - 0.25]
```

输出图形如图 6-2 所示。

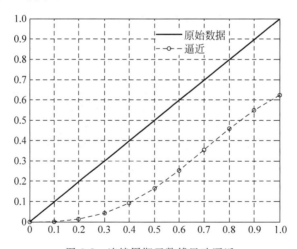

图 6-2　连续周期函数傅里叶逼近

由于函数 $y=x$ 是奇函数,因此展开后的余弦项系数都为 0。

2. 离散周期数据的傅里叶逼近

对于离散周期的数据拟合,只要计算出其离散傅里叶展开系数即可。其展开公式为

$$y = \sum_{k=0}^{n-1} c_i \mathrm{e}^{ikx}$$

式中

$$c_k = \frac{1}{N} \sum_{n=0}^{N-1} f_n \mathrm{e}^{-ikn\frac{2\pi}{N}} \quad (k = 0, 1, \cdots, n-1)$$

在 MATLAB 中编程实现的离散周期数据点傅里叶逼近法函数为 DFF。

功能：离散周期数据点的傅里叶逼近。

调用格式：

```
c = DFF (f,N)
```

其中，f 为已知离散数据点；N 为离散数据点的个数；c 为离散傅里叶逼近系数。

在 MATLAB 中实现离散周期函数的傅里叶逼近的代码如下：

```
function c = DFF(f,N)
% 离散周期数据点的傅里叶逼近
% 已知离散数据点: f
% 离散数据点的个数: N
% 逼近系数: c
c(1:N) = 0;
for(m = 1:N)
    for(n = 1:N)
        c(m) = c(m) + f(n) * exp( - i * m * n * 2 * pi/N);
    end
    c(m) = c(m)/N;
end
```

【例 6-3】 离散傅里叶逼近应用实例。对下列数据点进行离散傅里叶变换。其数据如表 6-1 所示。

表 6-1　数据表

N	1	2	3	4	5	6
y	0.85	0.10	0.15	−0.8	−0.10	−0.40

在 MATLAB 命令窗口中输入以下命令：

```
clc,clear,close all
format short
warning off
hold off
x = 1:6;
y = [0.85,0.1,0.15, - 0.8, - 0.1, - 0.4];
c = - DFF(y,6)
y1 = c(1). * exp( - i * x) + c(2). * exp( - i * 2 * x) + c(3). * exp( - i * 3 * x) + c(4). *
exp( - i * 4 * x) + c(5). * exp( - i * 5 * x) + c(6). * exp( - i * 6 * x);
plot(x,y, 'b', 'linewidth',2)
```

```
hold on
plot(x,y1,'ro-- ','linewidth',2)
grid on
axis tight
legend('原始数据','逼近')
```

运行程序,输出结果如下:

```
c =
   Columns 1 through 3
   -0.0292 + 0.2670i   0.0458 + 0.0072i   0.3333 + 0.0000i
   Columns 4 through 6
    0.0458 - 0.0072i  -0.0292 - 0.2670i   0.0333 + 0.0000i
```

运行程序,输出图形如图 6-3 所示。

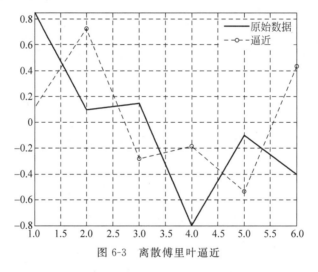

图 6-3　离散傅里叶逼近

对于实数序列来说,其离散傅里叶变换的结果一般是复数序列。经过离散傅里叶变换,函数逼近效果较好。

6.2　最小二乘拟合

由于测量数据往往不可避免地带有测试误差,而插值多项式又通过所有的点(x_i, y_i),这样就使插值多项式保留了这些误差,从而影响逼近精度,使得插值效果不理想。

因此,寻求已知函数的一个逼近函数 $y = \varphi(x)$,使得逼近函数从总体与已知函数的偏差按某种方法度量能达到最小,而又不一定过全部的点(x_i, y_i),则需要最小二乘法曲线拟合法。

数据拟合的具体做法是:对给定的数据$(x_i, y_i)(i = 0, 1, \cdots, m)$,在取定的函数类 ϕ 中,求 $p(x) \in \phi$,使误差 $r_i = p(x_i) - y_i (i = 0, 1, \cdots, m)$ 的平方和最小,即

$$\left[\sum_{i=0}^{m} r_i^2 = \sum_{i=0}^{m} \left[p(x_i) - y_i \right]^2 \right]_{\min}$$

从几何意义上讲,即寻求与给定点 $(x_i, y_i)(i=0,1,\cdots,m)$ 的距离平方和为最小的曲线 $y=p(x)$。函数 $p(x)$ 称为拟合函数或最小二乘解,求拟合函数 $p(x)$ 的方法称为曲线拟合的最小二乘法。

在曲线拟合中,函数类 ϕ 可有不同的选取方法。

【**例 6-4**】 某观测站测得某日 $6{:}00\sim18{:}00$ 之间每隔 2h 的室内外温度如表 6-2 所示,用样条插值分别求得该室内外 $6{:}30\sim17{:}30$ 之间每隔 2h 各点的近似温度值。

表 6-2　温度值

时间 h	6	8	10	12	14	16	18
室内温度 t_1	18.0	20.2	22.0	25.0	30.0	29.3	21.2
室外温度 t_2	15.6	18.3	22.1	26.4	33.6	31.6	20.0

设时间变量 h 为一行向量,温度 t 为一个 2 列矩阵,第一列存储室内温度,第二列存储室外温度。编程如下:

```
clc,clear,close all
h = 6:2:18;                              %时间
t = [18.0,20.2,22.0,25.0,30.0,29.3,21.2;    %室内温度
    15.6,18.3,22.1,26.4,33.6,31.6,20.0;]';   %室外温度
plot(h,t,'ro-- ')
grid on
xlabel('h')
ylabel('t')
```

运行程序,输出结果如图 6-4 所示。

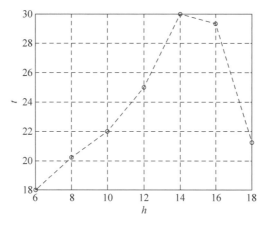

图 6-4　散点图

采用 MATLAB 图形拟合工具箱进行曲线最小二乘拟合,如图 6-5 和图 6-6 所示。

MATLAB 工具箱自动生成拟合曲线,如图 6-7 所示。

一般地,为了较好地分析数据服从哪种分布以及用什么拟合方法较合适,MATLAB 拟合工具箱能够较好地提供拟合方法。

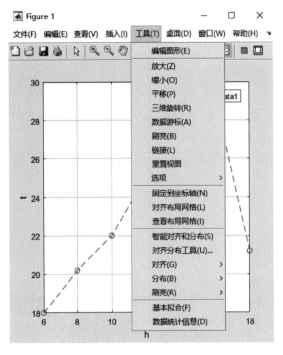

图 6-5　激活拟合工具箱　　　　　　　　　图 6-6　cubic 插值拟合

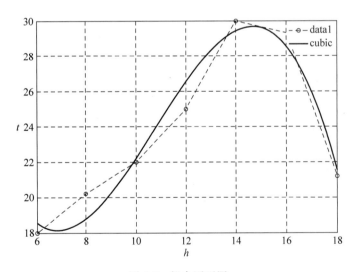

图 6-7　拟合原型图

6.3　多项式拟合

假设给定数据点$(x_i,y_i)(i=0,1,\cdots,m)$，$\phi$ 为所有次数不超过 $n(n\leqslant m)$ 的多项式构成的函数类，现求 $p_n(x)=\sum_{k=0}^{n}a_kx^k\in\phi$，使得

$$\left[I = \sum_{i=0}^{m} [p_n(x_i) - y_i]^2 = \sum_{i=0}^{m} \left(\sum_{k=0}^{n} a_k x_i^k - y_i \right)^2 \right]_{\min}$$

上式称为多项式拟合,满足上式的 $p_n(x)$ 称为最小二乘拟合多项式。特别地,当 $n = 1$ 时,上式称为线性拟合或直线拟合。

显然有

$$I = \sum_{i=0}^{m} \left(\sum_{k=0}^{n} a_k x_i^k - y_i \right)^2$$

关于 $a_0, a_1, \cdots, a_n$ 的线性方程组,用矩阵表示为

$$\begin{bmatrix} m+1 & \sum_{i=0}^{m} x_i & \cdots & \sum_{i=0}^{m} x_i^n \\ \sum_{i=0}^{m} x_i & \sum_{i=0}^{m} x_i^2 & \cdots & \sum_{i=0}^{m} x_i^{n+1} \\ \vdots & \vdots & \vdots & \vdots \\ \sum_{i=0}^{m} x_i^n & \sum_{i=0}^{m} x_i^{n+1} & \cdots & \sum_{i=0}^{m} x_i^{2n} \end{bmatrix} \begin{bmatrix} a_0 \\ a_1 \\ \vdots \\ a_n \end{bmatrix} = \begin{bmatrix} \sum_{i=0}^{m} y_i \\ \sum_{i=0}^{m} x_i y_i \\ \vdots \\ \sum_{i=0}^{m} x_i^n y_i \end{bmatrix}$$

上式称为正规方程组或法方程组。

MATLAB 工具箱中提供了最小二乘拟合函数 polyfit(),具体调用格式如下:

(1) P = polyfit(X,Y,N)。其中,$\boldsymbol{X}$ 为输入的向量 $\boldsymbol{x}$,Y 为得到的函数值,N 表示拟合的最高次数,返回的 P 值为拟合的多项式 P(1) * X^N + P(2) * X^(N−1) + ⋯ + P(N) * X + P(N+1)。

(2) [P,S] = polyfit(X,Y,N)。其中,$\boldsymbol{X}$ 为输入的向量 $\boldsymbol{x}$,Y 为得到的函数值,N 表示拟合的最高次数,返回的 P 值为拟合的多项式 P(1) * X^N + P(2) * X^(N−1) + ⋯ + P(N) * X + P(N+1),S 为由范德蒙矩阵的 QR 分解的 R 分量。

(3) [P,S,MU] = polyfit(X,Y,N)。其中,$\boldsymbol{X}$ 为输入的向量 $\boldsymbol{x}$,Y 为得到的函数值,N 表示拟合的最高次数,返回的 P 值为拟合的多项式 P(1) * X^N + P(2) * X^(N−1) + ⋯ + P(N) * X + P(N+1),S 为由范德蒙矩阵的 QR 分解的 R 分量,MU 包含输入变量 $\boldsymbol{x}$ 的均值和方差,具体有 XHAT = (X−MU(1))/MU(2),其中 MU(1) = MEAN(X)、MU(2) = STD(X)。

多项式拟合的一般方法可归纳为以下几步:

(1) 由已知数据画出函数粗略的图形——散点图,确定拟合多项式的次数 n。

(2) 列表计算 $\sum_{i=0}^{m} x_i^j (j = 0, 1, \cdots, 2n)$ 和 $\sum_{i=0}^{m} x_i^j y_i (j = 0, 1, \cdots, 2n)$。

(3) 写出正规方程组,求出 $a_0, a_1, \cdots, a_n$。

(4) 写出拟合多项式 $p_n(x) = \sum_{k=0}^{n} a_k x^k$。

调用格式:

```
[p,S,mu] = polyfit(x,y,n)
```

其中,x 为已知离散数据点 x 坐标点;y 为已知离散数据点 y 坐标点;n 为拟合阶

次；S 为由范德蒙矩阵的 QR 分解的 R 分量；mu 包含输入变量 x 的均值和方差。

polyfit 程序编写如下：

```
function [p,S,mu] = polyfit(x,y,n)
if ~isequal(size(x),size(y))
    error(message('MATLAB 拟合数据维数不一致'))
end
x = x(:);
y = y(:);

if nargout > 2
    mu = [mean(x); std(x)];
    x = (x - mu(1))/mu(2);
end

% 构造范德蒙矩阵
V(:,n+1) = ones(length(x),1,class(x));
for j = n:-1:1
    V(:,j) = x.*V(:,j+1);
end

% 求解最小二乘问题
[Q,R] = qr(V,0);
ws = warning('off','all');
p = R\(Q'*y);                  % 同 p = V\y;
warning(ws);
if size(R,2) > size(R,1)
    warning(message('MATLAB 拟合不唯一'))
elseif warnIfLargeConditionNumber(R)
    if nargout > 2
        warning(message('MATLAB 拟合了重复的点'));
    else
        warning(message('MATLAB 需要扩展拟合点'));
    end
end
if nargout > 1
    r = y - V*p;
    S.R = R;
    S.df = max(0,length(y) - (n+1));
    S.normr = norm(r);
end
p = p.';                       % 多项式系数行向量公约
```

【例 6-5】 对如表 6-3 所示数据进行多项式拟合。

表 6-3　数据表

x	129	140	103.5	88	185.5	195	105
y	7.5	142	23	147	23	138	86

对该数据进行散点图绘制，如图 6-8 所示。

```
clc,clear,close all
x = [129,140,103.5,88,185.5,195,105];
x = sort(x);
y = [7.5,142,23,147,23,138,86];
y = sort(y);
plot(x,y,'ro -- ')
grid on
xlabel('x')
ylabel('y')
```

运行程序，输出结果如图 6-8 所示。

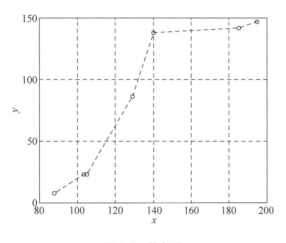

图 6-8 散点图

对该数据进行散点图 4 次多项式拟合操作如下：

```
p = polyfit(x,y,4)
```

运行程序，输出结果如下：

```
p =
  1.0e + 03 *
    0.0000     - 0.0000     0.0013     - 0.1173     3.7839
```

比较拟合的结果图，编程如下：

```
p = polyfit(x,y,4)
y1 = p(1,1) * x.^4 + p(1,2) * x.^3 + p(1,3) * x.^2 + p(1,4) * x + p(1,5) * 1;
hold on
plot(x,y1,'b > -- ')
legend('原数据','拟合')
```

运行程序,输出图形如图 6-9 所示。

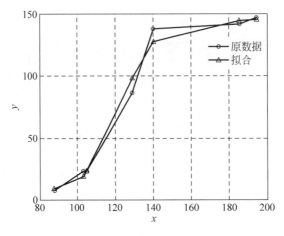

图 6-9　多项式拟合

自编 MATLAB 多项式曲线拟合函数为 multifit()。

功能：离散试验数据点的多项式曲线拟合。

调用格式

```
A = multifit (X,Y,m)
```

其中，X 为试验数据点的 x 坐标向量；Y 为试验数据点的 y 坐标向量；m 为拟合多项式的次数；A 为拟合多项式的系数向量。

【例 6-6】　在 MATLAB 中实现多项式曲线拟合的代码如下：

```
function A = multifit(X,Y,m)
% 离散试验数据点的多项式曲线拟合
% 试验数据点的 x 坐标向量: X
% 试验数据点的 y 坐标向量: Y
% 拟合多项式的次数: m
% 拟合多项式的系数向量: A
N = length(X);
M = length(Y);
if(N ~ = M)
    return;
end
c(1:(2 * m + 1)) = 0;
b(1:(m + 1)) = 0;

for j = 1:(2 * m + 1)                        % 求出 c 和 b
    for k = 1:N
        c(j) = c(j) + X(k)^(j - 1);
        if(j < (m + 2))
            b(j) = b(j) + Y(k) * X(k)^(j - 1);
        end
    end
```

```
end
C(1,:) = c(1:(m + 1));
for s = 2:(m + 1)
    C(s,:) = c(s:(m + s));
end
A = b'\C; % 直接求解法求出拟合系数
```

在 MATLAB 命令窗口中输入以下命令：

```
clc,clear,close all
x = 0:3;
y = [2,5,9,15];
y = sort(y);
plot(x,y,'ro -- ')
grid on
xlabel('x')
ylabel('y')
p = multifit(x,y,4)
y1 = p(1,1) * x.^4 + p(1,2) * x.^3 + p(1,3) * x.^2 + p(1,4) * x + p(1,5) * 1;
hold on
plot(x,y1,'b> -- ')
legend('原数据','拟合')
```

输出结果如下：

```
p =
  1.0e + 06  *
    0.0000    0.0000    0.0002    0.0437    8.0890
```

输出图形如图 6-10 所示。

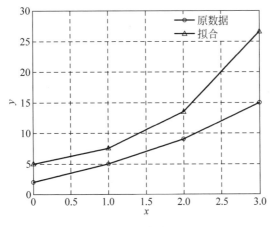

图 6-10　拟合效果图

6.4　曲线拟合的最小二乘法

在数据处理中,往往要根据一组给定的实验数据$(x_i,y_i)(i=0,1,\cdots,m)$,求出自变量$x$与因变量$y$的函数关系$y=s(x,a_0,a_1,\cdots,a_n)$,$n<m$,这时$a_i$为待定参数。由于观测数据总有误差,且待定参数$a_i$的数量比给定数据点的数量少(即$n<m$),因此它不同于插值问题。

这类问题只要求在给定点x_i上的误差$\delta_i=s(x_i)-y_i(i=0,1,2,\cdots,m)$的平方和$\sum\limits_{i=0}^{m}\delta_i^2$最小。当$s(x)\in\mathrm{span}\{\varphi_0,\varphi_1,\varphi_2,\cdots,\varphi_n\}$时,即

$$s(x)=a_0\varphi_0(x)+a_1\varphi_1(x)+\cdots+a_n\varphi_n(x)$$

式中,$\varphi_0(x),\varphi_1(x),\varphi_2(x),\cdots,\varphi_n(x)\in C[a,b]$是线性无关的函数族。

参数$a_0,a_1,\cdots,a_n$的线性方程组用矩阵表示为

$$\begin{bmatrix}(\varphi_0,\varphi_0) & (\varphi_0,\varphi_1) & (\varphi_0,\varphi_2) & \cdots & (\varphi_0,\varphi_n)\\(\varphi_1,\varphi_0) & (\varphi_1,\varphi_1) & (\varphi_1,\varphi_2) & \cdots & (\varphi_1,\varphi_n)\\ & & \cdots & & \\(\varphi_n,\varphi_0) & (\varphi_n,\varphi_1) & (\varphi_n,\varphi_2) & \cdots & (\varphi_n,\varphi_n)\end{bmatrix}\cdot\begin{bmatrix}a_0\\a_1\\\vdots\\a_n\end{bmatrix}=\begin{bmatrix}(y,\varphi_0)\\(y,\varphi_1)\\\vdots\\(y,\varphi_n)\end{bmatrix}$$

上式称为法方程。

从而得到最小二乘拟合曲线

$$y=s^*(x)=a_0^*\varphi_0(x)+a_1^*\varphi_1(x)+a_2^*\varphi_2(x)+\cdots+a_n^*\varphi_n(x)$$

均方误差为

$$\|\delta\|_2=\sqrt{\sum_{i=0}^{m}\rho_i[s^*(x_i)-y_i]^2}$$

在最小二乘逼近中,若取$\varphi_k(x)=x^k(k=0,1,2,\cdots,n)$,则$s(x)\in\mathrm{span}\{1,x,x^2,\cdots,x^n\}$,表示为

$$s(x)=a_0+a_1x+a_2x^2+\cdots+a_nx^n$$

此时关于系数$a_0,a_1,a_2,\cdots,a_n$的法方程是病态方程。

【例6-7】　某观测站测得某日$6:00\sim18:00$之间每隔2h的室外温度如表6-4所示,用样条插值分别求得该室内外$6:30\sim17:30$之间每隔2h各点的近似温度值。

表6-4　温度值

时间 h	6	8	10	12	14	16	18
室外温度 t_2	15.6	18.3	22.1	26.4	33.6	31.6	20.0

根据表6-4中数据,采用立方拟合,编程如下:

```
function y3
    clc,clear,close all
    clc,clear,close all
    h = 1:0.5:4;                                              % 时间
```

```
    t = [15.6,18.3,22.1,26.4,33.6,31.6,20.0;]';                    %室外温度
    y = multifit(h,t,3)
end

function A = multifit(X,Y,m)
%A-- 输出的拟合多项式的系数
N = length(X);
M = length(Y);
if(N ~ = M)
    disp('数据点坐标不匹配!');
    return;
end
c(1:(2 * m + 1)) = 0;
b(1:(m + 1)) = 0;

for j = 1:(2 * m + 1)                                             %求出 c 和 b
    for k = 1:N
        c(j) = c(j) + X(k)^(j - 1);
        if(j <(m + 2))
            b(j) = b(j) + Y(k) * X(k)^(j - 1);
        end
    end
end

C(1,:) = c(1:(m + 1));
for s = 2:(m + 1)
    C(s,:) = c(s:(m + s));
end
A = b'\C;                                                          %用直接求解法求出拟合系数
end
```

运行程序,输出结果如下:

```
y =
0.0385    0.1294    0.4537    1.6367
```

绘制相应的拟合图形,编程如下:

```
y1 = y(1,4) * h.^3 + y(1,3) * h.^2 + y(1,2) * h + y(1,1);
plot(h,t,'s -- ');
hold on
plot(h,y1,'ro -- ')
grid on
xlabel('h')
ylabel('t')
```

运行程序,输出图形如图 6-11 所示。

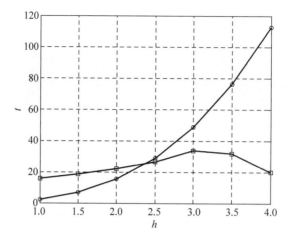

图 6-11　曲线拟合

6.5　用正交多项式作最小二乘拟合

设给定拟合数据 (x_i,y_i) 及权 $w_i(i=0,1,2,\cdots,m)$ 可构造多项式 $\{P_k(x)\}_0^n$，其中 $P_k(x)\in H_k$，利用正交性：

$$(P_k,P_j)=\sum_{i=0}^m w_i P_k(x_i)P_j(x_i)=\begin{cases}0, & j\neq k\\ A_k, & j=k\end{cases}, \quad A_k>0, \quad j,k=0,1,2,\cdots,n$$

令 $\varphi_k=P_k(k=0,1,2,\cdots,n)$，由法方程可求得解

$$a_k=a_k^*=\frac{(y,P_k)}{(P_k,P_k)}=\frac{\sum\limits_{i=0}^m w_i y_i P_k(x_i)}{\sum\limits_{i=0}^m w_i P_k^2(x_i)}$$

从而得到最小二乘拟合曲线：

$$y=s_n^*(x)=a_0^* P_0(x)+a_1^* P_1(x)+\cdots+a_n^* P_n(x)$$

用正交多项式作最小二乘拟合，应根据给定数据 x_i 及权 $w_i(i=0,1,2,\cdots,m)$ 定义关于离散点集 $\{x_i\}_0^m$ 带权 $\{w_i\}_0^m$ 的正交多项式 $\{p_k(x)\}_0^n$。它本质上与在区间 $[-1,1]$ 上定义的正交多项式相似，只是把积分变成求和，再以所得到的关于点集正交的多项式作基，求最小二乘的拟合曲线，这就避免了用一般多项式拟合出现解法方程的病态问题。

在 MATLAB 中编程实现的函数为 zjdxsfit

功能：正交多项式拟合。

调用格式：

```
a = zjdxsfit(x,y,m)
```

其中，x 为输入自变量；y 为输入因变量；m 为求解拟合最高阶数；a 为返回的多项式系数。

MATLAB 中函数如下：

```
function a = zjdxsfit(x, y, m)
%  x: 输入自变量
%  y: 输入因变量
%  m: 求解维数
if(length(x) == length(y))
    n = length(x);
else
    return;
end                                    % 维数检查
syms v;
d = zeros(1, m + 1);
q = zeros(1, m + 1);
alpha = zeros(1, m + 1);
for k = 0:m
    px(k + 1) = power(v, k);
end                                    % x 的幂多项式
B2 = [1];
d(1) = n;
for l = 1:n
    q(1) = q(1) + y(l);
    alpha(1) = alpha(1) + x(l);
end
q(1) = q(1)/d(1);
alpha(1) = alpha(1)/d(1);
a(1) = q(1);                           % 算法的第一步, 求出拟合多项式的常数项
B1 = [ - alpha(1) 1];
for l = 1:n
    d(2) = d(2) + (x(l) - alpha(1))^2;
    q(2) = q(2) + y(l) * (x(l) - alpha(1));
    alpha(2) = alpha(2) + x(l) * (x(l) - alpha(1))^2;
end
q(2) = q(2)/d(2);
alpha(2) = alpha(2)/d(2);
a(1) = a(1) + q(2) * ( - alpha(1));    % 更新拟合多项式的常数项
a(2) = q(2);                           % 算法的第二步, 求出拟合多项式的一次项系数
beta = d(2)/d(1);
for i = 3:(m + 1)
    B = zeros(1, i);
    B(i) = B1(i - 1);
    B(i - 1) = - alpha(i - 1) * B1(i - 1) + B1(i - 2);
    for j = 2:i - 2
        B(j) = - alpha(i - 1) * B1(j) + B1(j - 1) - beta * B2(j);
    end
    B(1) = - alpha(i - 1) * B1(1) - beta * B2(1);
    BF = B * transpose(px(1:i));
    for l = 1:n
        Qx = subs(BF, 'v', x(l));
        d(i) = d(i) + (Qx)^2;
        q(i) = q(i) + y(l) * Qx;
        alpha(i) = alpha(i) + x(l) * (Qx)^2;
```

```
        end
    alpha(i) = alpha(i)/d(i);
    q(i) = q(i)/d(i);
    beta = d(i)/d(i-1);
    for k = 1:i-1
        a(k) = a(k) + q(i) * B(k);          % 更新拟合多项式的系数
    end
    a(i) = q(i) * B(i);
    B2 = B1;
    B1 = B;
    end
end
```

【例 6-8】 对如表 6-5 所示数据进行正交多项式最小二乘拟合。

表 6-5　数据表

x	1	2	3	4	5
y	0.4	0.7	1.0	1.5	2.0

由以上分析编程如下：

```
function y4
    clc,clear,close all
    clc,clear,close all
    h = 1:1:5;                          % 时间
    t = [1.5,1.8,3.1,4.1,5.7];          % 室外温度
    y = zjfit(h,t,3)
    y1 = y(1,4) * h.^3 + y(1,3) * h.^2 + y(1,2) * h + y(1,1);
    plot(h,t,'s-- ');
    hold on
    plot(h,y1,'ro-- ')
    grid on
    xlabel('h')
    ylabel('t')
end

function a = zjfit(x,y,m)

if(length(x) == length(y))
    n = length(x);
else
    disp('x 和 y 的维数不相等!');
    return;
end                                     % 维数检查
syms v;
d = zeros(1,m+1);
q = zeros(1,m+1);
alpha = zeros(1,m+1);
```

```
for k = 0:m
    px(k + 1) = power(v,k);
end                                %x 的幂多项式
B2 = [1];
d(1) = n;
for l = 1:n
    q(1) = q(1) + y(l);
    alpha(1) = alpha(1) + x(l);
end
q(1) = q(1)/d(1);
alpha(1) = alpha(1)/d(1);
a(1) = q(1);                       %算法的第一步,求出拟合多项式的常数项
B1 = [ − alpha(1) 1];
for l = 1:n
    d(2) = d(2) + (x(l) − alpha(1))^2;
    q(2) = q(2) + y(l) * (x(l) − alpha(1));
    alpha(2) = alpha(2) + x(l) * (x(l) − alpha(1))^2;
end
q(2) = q(2)/d(2);
alpha(2) = alpha(2)/d(2);
a(1) = a(1) + q(2) * ( − alpha(1));%更新拟合多项式的常数项
a(2) = q(2);                       %算法的第二步,求出拟合多项式的一次项系数
beta = d(2)/d(1);
for i = 3:(m + 1)
    B = zeros(1,i);
    B(i) = B1(i − 1);
    B(i − 1) = − alpha(i − 1) * B1(i − 1) + B1(i − 2);
    for j = 2:i − 2
        B(j) = − alpha(i − 1) * B1(j) + B1(j − 1) − beta * B2(j);
    end
    B(1) = − alpha(i − 1) * B1(1) − beta * B2(1);
    BF = B * transpose(px(1:i));
    for l = 1:n
        Qx = subs(BF,'v',x(l));
        d(i) = d(i) + (Qx)^2;
        q(i) = q(i) + y(l) * Qx;
        alpha(i) = alpha(i) + x(l) * (Qx)^2;
    end
    alpha(i) = alpha(i)/d(i);
    q(i) = q(i)/d(i);
    beta = d(i)/d(i − 1);
    for k = 1:i − 1
        a(k) = a(k) + q(i) * B(k);%更新拟合多项式的系数
    end
    a(i) = q(i) * B(i);
    B2 = B1;
    B1 = B;
end
end
```

运行程序,输出结果如下:

```
y =
    0.2200    0.1429    0.0429         0
```

绘制相应的拟合图形,编程如下:

```
y1 = y(1,4) * h.^3 + y(1,3) * h.^2 + y(1,2) * h + y(1,1);
plot(h, t, 's -- ');
hold on
plot(h, y1, 'ro -- ')
grid on
xlabel('h')
ylabel('t')
```

运行程序,输出图形如图 6-12 所示。

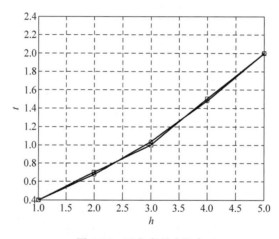

图 6-12　正交多项式拟合

6.6　超定方程组的最小二乘解

设线性方程组 $Ax = b$ 中,$A = (a_{ij})_{m \times n}$,$b$ 是 m 维已知向量,x 是 n 维解向量,当 $m > n$ 即方程组中方程的个数多于未知数的个数时,称此方程组为超定方程组。一般来说,超定方程组无解(此时为矛盾方程组),这时需要寻求方程组的一个"最近似"的解。

记 $r = b - Ax$,称使 $\| r \|_2$ 即 $\| r \|_2^2$ 最小的解 x^* 为方程组 $Ax = b$ 的最小二乘解。

x^* 是 $Ax = b$ 的最小二乘解的充分必要条件为 x^* 是 $A^\mathrm{T}Ax = A^\mathrm{T}b$ 的解。

写成矩阵形式为

$$A^\mathrm{T}Ax = A^\mathrm{T}b$$

它是关于 $x_1, x_2, \cdots, x_n$ 的线性方程组,称为正规方程组或法方程组。

由于 $A^\mathrm{T}A$ 是 n 阶对称阵。当 $R(A) = n$ 时,对任意 $y \neq 0$,有 $Ay \neq 0$,所以,$y^\mathrm{T}(A^\mathrm{T}A)y = (Ay, Ay) = \| Ay \|_2^2 > 0$,可见 $A^\mathrm{T}A$ 是正定矩阵,必有 $\det(A^\mathrm{T}A) > 0$。故式 $A^\mathrm{T}Ax = A^\mathrm{T}b$ 的

解存在且唯一。

【例 6-9】 求超定方程组

$$\begin{cases} 2x_1 + 4x_2 = 11 \\ 3x_1 - 5x_2 = 3 \\ x_1 + 2x_2 = 6 \\ 2x_1 + x_2 = 7 \end{cases}$$

的最小二乘解,并求误差平方和。

将方程组写成矩阵形式为

$$\begin{bmatrix} 2 & 4 \\ 3 & -5 \\ 1 & 2 \\ 2 & 1 \end{bmatrix} \begin{bmatrix} x_1 \\ x_2 \end{bmatrix} = \begin{bmatrix} 11 \\ 3 \\ 6 \\ 7 \end{bmatrix}$$

编写程序求解矩阵如下:

```
clc,clear,close all
A = [2,4;3, - 5;1,2;2,1];
B = [11;3;6;7];
A1 = A' * A
B1 = A' * B
x = A1\B1
```

运行程序,输出结果如下:

```
A1 =
    18    - 3
  - 3      46
B1 =
    51
    48
x =
    3.0403
    1.2418
```

整理结果得

$$x_1 = 3.0403, \quad x_2 = 1.2418$$

将实际结果代入原方程组得:

```
B2 = A * x
```

输出结果如下:

```
B2 =
    11.0476
     2.9121
```

```
    5.5238
    7.3223
```

整理结果为

$$\begin{cases} 2x_1 + 4x_2 = 11.0476 \\ 3x_1 - 5x_2 = 2.9121 \\ x_1 + 2x_2 = 5.5238 \\ 2x_1 + x_2 = 7.3223 \end{cases}$$

则误差平方和为

$$I = (11 - 11.0478)^2 + (3 - 2.9119)^2 + (6 - 5.5239)^2 + (7 - 7.3224)^2 = 0.340\,659\,42$$

程序如下：

```
B2 = A * x
B3 = B2 - B
sum(B3.^2)
```

运行程序,输出结果如下：

```
B3 =
    0.0476
  - 0.0879
  - 0.4762
    0.3223
ans =
    0.3407
```

6.7 非线性曲线拟合

非线性曲线拟合是已知输入向量 $x$data、输出向量 $y$data,并知道输入与输出的函数关系为 $y$data＝$F(x,x$data),但不清楚系数向量 x。进行曲线拟合即求 x 使得下式成立：

$$\min_x \frac{1}{2} \| F(x,x\text{data}) - y\text{data} \|_2^2 = \frac{1}{2} \sum_i (F(x,x\text{data}_i) - y\text{data}_i)^2$$

在 MATLAB 中,可以使用函数 lsqcurvefit()解决此类问题。其调用格式如下：

（1）x = lsqcurvefit(fun,x0,xdata,ydata)。x_0 为初始解向量；$x$data、$y$data 为满足关系 $y$data＝$F(x,x$data)的数据。

（2）x = lsqcurvefit(fun,x0,xdata,ydata,lb,ub)。lb、ub 为解向量的下界和上界 $lb < x \leqslant ub$,若没有指定界,则 lb＝[],ub＝[]。

（3）x = lsqcurvefit(fun,x0,xdata,ydata,lb,ub,options)。options 为指定的优化参数。

（4）[x,resnorm] = lsqcurvefit(…)。resnorm 是在 x 处残差的平方和。

（5）[x,resnorm,residual] = lsqcurvefit(…)。residual 为在 x 处的残差。

(6) $[x, resnorm, residual, exitflag] = lsqcurvefit(\cdots)$。exitflag 为终止迭代的条件。

(7) $[x, resnorm, residual, exitflag, output] = lsqcurvefit(\cdots)$。output 为输出的优化信息。

【例 6-10】 已知输入向量 $\boldsymbol{x}data$ 和输出向量 $\boldsymbol{y}data$，且长度都是 n，使用最小二乘非线性拟合函数：

$$\boldsymbol{y}data(i) = x(1) \cdot \boldsymbol{x}data(i)^2 + x(2) \cdot \sin(\boldsymbol{x}data(i)) + x(3) \cdot \boldsymbol{x}data(i)^3$$

根据题意可知，目标函数为

$$\min_x \frac{1}{2} \sum_{i=1}^{n} (F(\boldsymbol{x}, \boldsymbol{x}data_i) - \boldsymbol{y}data_i)^2$$

其中

$$F(\boldsymbol{x}, \boldsymbol{x}data) = x(1) \cdot \boldsymbol{x}data^2 + x(2) \cdot \sin(\boldsymbol{x}data) + x(3) \cdot \boldsymbol{x}data^3$$

初始解向量定位 $x_0 = [0.3, 0.4, 0.1]$。

首先建立拟合函数文件 ex1024.m。

```
function F = ex1024 (x,xdata)
F = x(1) * xdata.^2 + x(2) * sin(xdata) + x(3) * xdata.^3;
```

再编写函数拟合代码如下：

```
clear all
clc
xdata = [3.6,7.7,9.3,4.1,8.6,2.8,1.3,7.9,10.0,5.4];
ydata = [16.5,150.6,263.1,24.7,208.5,9.9,2.7,163.9,325.0,54.3];
x0 = [10, 10, 10];
[x,resnorm] = lsqcurvefit(@ex1024,x0,xdata,ydata)
```

结果如下：

```
x =

    0.2269    0.3385    0.3022


resnorm =

    6.2950
```

即函数在 $x = 0.2269$、$x = 0.3385$、$x = 0.3022$ 处残差的平方和均为 6.295。

6.8 非线性拟合转线性拟合

有些非线性拟合曲线可以通过适当的变量替换转化为线性曲线，从而用线性拟合进行处理。对于一个实际的曲线拟合问题，一般先按观测值在直角坐标平面上描出散点图,观察散点同哪类曲线图形接近,然后选用相接近的曲线拟合方程。再通过适当的变量替换转化为线性拟合问题,按线性拟合解出后再还原为原变量所表示的曲线拟合方程。

表 6-6 列举了几类经适当变换化为线性拟合求解的曲线拟合方程及变换关系。

表 6-6　线性变换

曲线拟合方程	变 换 关 系	变换后线性拟合方程
$y = ax^b$	$\bar{y} = \ln y,\ \bar{x} = \ln x$	$\bar{y} = \bar{a} + b\,\bar{x}\ (\bar{a} = \ln a)$
$y = ax^\mu + c$	$\bar{x} = x^\mu$	$y = a\,\bar{x} + c$
$y = \dfrac{x}{ax + b}$	$\bar{y} = \dfrac{1}{y},\ \bar{x} = \dfrac{1}{x}$	$\bar{y} = a + b\,\bar{x}$
$y = \dfrac{1}{ax + b}$	$\bar{y} = \dfrac{1}{y}$	$\bar{y} = b + ax$
$y = \dfrac{1}{ax^2 + bx + c}$	$\bar{y} = \dfrac{1}{y}$	$\bar{y} = ax^2 + bx + c$
$y = \dfrac{x}{ax^2 + bx + c}$	$\bar{y} = \dfrac{x}{y}$	$\bar{y} = ax^2 + bx + c$

图 6-13 所示是几种常见的数据拟合情况。

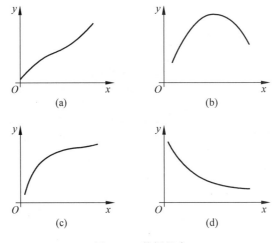

图 6-13　数据拟合

图 6-13(a)中,数据接近于直线,故宜采用线性函数 $y = a + bx$ 拟合;图 6-13(b)中,数据分布接近于抛物线,可采用二次多项式 $y = a_0 + a_1 x + a_2 x^2$ 拟合;图 6-13(c)中的数据分布特点是开始曲线上升较快,随后逐渐变慢,宜采用双曲线型函数 $y = \dfrac{x}{a + bx}$ 或指数型函数 $y = ae^{-\frac{b}{x}}$;图 6-13(d)中的数据分布特点是曲线开始下降快,随后逐渐变慢,宜采用 $y = \dfrac{1}{a + bx}$ 或 $y = \dfrac{1}{a + bx^2}$ 或 $y = ae^{-bx}$ 等函数拟合。

【例 6-11】　给药方案。

一种新药用于临床之前,必须设计给药方案。药物进入机体后通过血液输送到全身,在这个过程中不断地被吸收、分布、代谢,最终被排出体外,药物在血液中的浓度,即单位体积血液中的药物含量,称为血药浓度。

一室模型:将整个机体看作一个房室,称中心室,室内血药浓度是均匀的。快速静脉注射后,浓度立即上升,然后迅速下降。当浓度太低时,达不到预期的治疗效果;当浓度太高,又可能导致药物中毒或副作用太强。临床上,每种药物有一个最小有效浓度 c_1 和一个最大有效浓度 c_2。设计给药方案时,要使血药浓度保持在 $c_1 \sim c_2$ 之间。本题设 $c_1 = 10, c_2 = 25$(单位为 $\mu g/ml$)。

要设计给药方案,必须知道给药后血药浓度随时间变化的规律。实验对某人用快速静脉注射方式一次注入该药物 300mg 后,在一定时间 t(h)采集血药,测得血药浓度 c($\mu g/ml$)如表 6-7 所示。

表 6-7　血药浓度

t/h	0.25	0.5	1	1.5	2	3	4	6	8
c/($\mu g/ml$)	19.21	18.15	15.36	14.10	12.89	9.32	7.45	5.24	3.01

由表 6-7 中数据,研究在快速静脉注射的给药方式下血药浓度(单位体积血液中的药物含量)的变化规律。给定药物的最小有效浓度和最大治疗浓度,设计给药方案:每次注射计量多大? 间隔时间多长?

由表 6-7 数据得到其散点图,编程如下:

```
clc,clear,close all
t = [0.25,0.5,1,1.5,2,3,4,6,8];
c = [19.21,18.15,15.36,14.10,12.89,9.32,7.45,5.24,3.01];
plot(t,c,'ro -- ','linewidth',2)
grid on
axis tight
xlabel('t(h)')
ylabel('c(ug/ml)')
```

运行程序,输出图形如图 6-14 所示。

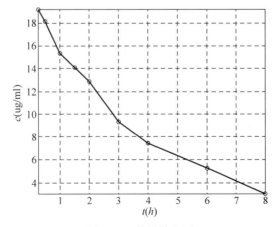

图 6-14　数据散点图

对血药浓度数据作拟合,由图 6-14 知符合负指数变化规律。

由问题背景分析,设药物排除速率与血药浓度成正比,比例系数为 $k(>0)$,则有

$$\frac{\mathrm{d}c}{\mathrm{d}t} = -kc$$

血液容积为 v,$t=0$ 时注射计量为 d,血药浓度立即为 d/v。则有

$$c(0) = d/v$$

联立上面两式可得

$$\left.\begin{array}{l} \dfrac{\mathrm{d}c}{\mathrm{d}t} = -kc \\[2mm] c(0) = d/v \end{array}\right\} c(t) = \frac{d}{v}\mathrm{e}^{-kt}$$

在此,$d=300\mathrm{mg}$,t 及 $c(t)$ 在某些点处的值如表 6-6 所示,需经拟合求出参数 k、v。用线性最小二乘拟合 $c(t)$ 有

$$c(t) = \frac{d}{v}\mathrm{e}^{-kt} \Rightarrow \ln c = \ln(d/v) - kt$$

$$y = \ln c, \quad a_1 = -k, \quad a_2 = \ln(d/v)$$

得到 $y = a_1 t + a$,其中 $k = -a_1$,$v = d/\mathrm{e}^{a_2}$。

编程求解如下:

```
clc,clear,close all
t = [0.25,0.5,1,1.5,2,3,4,6,8];
c = [19.21,18.15,15.36,14.10,12.89,9.32,7.45,5.24,3.01];
d = 300;
t = [0.25,0.5,1,1.5,2,3,4,6,8]
c = [19.21,18.15,15.36,14.10,12.89,9.32,7.45,5.24,3.01]
y = log(c)
a = polyfit(t,y,1)
k = -a(1)
v = d/exp(a(2))
```

运行程序,输出结果如下:

```
k =
    0.2347
v =
    15.0219
```

整理计算结果得

$$k = 0.2347(1/\mathrm{h}), \quad v = 15.02(\mathrm{l})。$$

给药方案设计:设每次注射计量为 D,间隔时间为 T,血药浓度为 $c(t)$,则应有 $c_1 \leqslant c(t) \leqslant c_2$,初次剂量 D_0 应加大。

给药方案记为 $\{D_0, D, T\}$,有

(1) $D_0 = vc_2$,$D = v(c_2 - c_1)$

(2) $c_1 = c_2 \mathrm{e}^{-kT} \Rightarrow T = \dfrac{1}{k}\ln\dfrac{c_2}{c_1}$

计算结果：$D_0 = 375.5, D = 225.3, T = 3.9$。

故可制定给药方案：

$$D_0 = 375 (\text{mg}), \quad D = 225 (\text{mg}), \quad T = 4 (\text{h})$$

即首次注射 375mg，其余每次注射 225mg，注射的间隔时间为 4h。

6.9 用 MATLAB 解决拟合问题

1. 用 MATLAB 作线性最小二乘拟合

(1) 作多项式 $f(x) = a_1 x_1 + a_2 x_2 + \cdots + a_n x_n + a_{n+1}$ 拟合，可利用已有程序 a＝polyfit (x,y,m)。

(2) 对超定方程组 $R_{n \times m} a_{m \times 1} = y_{n \times 1} (m < n)$ 而言，用 $a = R \backslash y$ 可得最小二乘意义下的解。

(3) 多项式在 x 处的值 y 的计算命令为 y＝polyval(a,x)。

2. 用 MATLAB 作非线性最小二乘拟合

两个求非线性最小二乘拟合的函数为 lsqcurvefit、lsqnonlin。它们之间相同点和不同点在于：两个命令都要先建立 M-文件 fun.m，定义函数 $f(x)$，但定义 $f(x)$ 的方式不同。

1) lsqcurvefit

已知数据点：$x\text{data} = (x\text{data}1, x\text{data}2, \cdots, x\text{data}n)$

$\qquad\qquad\qquad y\text{data} = (y\text{data}1, y\text{data}2, \cdots, y\text{data}n)$

lsqcurvefit 用以求含参量 x（向量）的向量值函数

F(x,xdata) = (F(x,xdata1), …, F(x,xdatan))

中的参变量 x（向量），使得

$$\left[\frac{1}{2} \sum_{i=1}^{m} (F(x, x\text{data}_i) - y\text{data}_i)^2 \right]_{\min}$$

说明：x = lsqcurvefit ('fun',x0,xdata,ydata,options);中，fun 是一个事先建立的定义函数 F(x,xdata) 的 M-文件，自变量 x 是迭代初值，xdata 是已知数据点。

2) lsqnonlin

已知数据点：$x\text{data} = (x\text{data}1, x\text{data}2, \cdots, x\text{data}n)$

$\qquad\qquad\qquad y\text{data} = (y\text{data}1, y\text{data}2, \cdots, y\text{data}n)$

lsqnonlin 用以求含参量 x（向量）的向量值函数

f(x) = (f1(x),f2(x),…,fn(x))

中的参量 x，使得

$$\left[f^{\mathrm{T}}(x) f(x) + L = f_1(x)^2 + f_2(x)^2 + \cdots + f_n(x)^2 + L \right]_{\min}$$

其中

fi(x) = f(x,xdatai,ydatai) = F(x,xdatai) − ydatai

输入格式：

(1) x＝lsqnonlin('fun',x0);

(2) x＝ lsqnonlin('fun',x0,lb,ub);

(3) x＝ lsqnonlin('fun',x0, lb,ub,options);

(4) [x,options]＝ lsqnonlin('fun',x0,…);

(5) [x,options,funval]＝ lsqnonlin('fun',x0,…);

说明：x＝ lsqnonlin('fun',x0,options);中,fun 是一个事先建立的定义函数 $f(x)$ 的 M-文件,自变量为 x,x_0 是迭代初值,options 是选项,见无约束优化。

【例 6-12】 水塔流量。

某居民区有一供居民用水的圆柱形水塔,一般可以通过测量其水位来估计水的流量,但面临的困难是,当水塔水位下降到设定的最低水位时,水泵自动启动向水塔供水,到设定的最高水位时停止供水,这段时间无法测量水塔的水位和水泵的供水量。通常水泵每天供水一两次,每次约两小时。

水塔是一个高 12.2m,直径 17.4m 的正圆柱。按照设计,水塔水位降至约 8.2m 时,水泵自动启动,水位升到约 10.8m 时水泵停止工作。

表 6-8 所示是某一天的水位测量记录,试估计任何时刻(包括水泵正供水时)从水塔流出的水流量及一天的总用水量。

表 6-8　水位测量记录(符号//为水泵启动)

时刻/h	0	0.92	1.84	2.95	3.87	4.98	5.90	7.01	7.93	8.97
水位/cm	968	948	931	913	898	881	869	852	839	822
时刻/h	9.98	10.92	10.95	12.03	12.95	13.88	14.98	15.90	16.83	17.93
水位/cm	//	//	1082	1050	1021	994	965	941	918	892
时刻/h	19.04	19.96	20.84	22.01	22.96	23.88	24.99	25.91	—	—
水位/cm	866	843	822	//	//	1059	1035	1018	—	—

由题可知,流量估计的步骤如下：

(1) 拟合水位—时间函数。从测量记录看,一天有 2 个供水时段(简称第 1 供水时段和第 2 供水时段)和 3 个水泵不工作时段(简称第 1 时段 $t=0$ 到 $t=8.97$,第 2 时段 $t=10.95$ 到 $t=20.84$ 和第 3 时段 $t=23$ 以后)。对第 1、2 时段的测量数据直接分别作多项式拟合,得到水位函数。为使拟合曲线比较光滑,多项式次数不要太高,一般为 3～6。由于第 3 时段只有 3 个测量记录,无法对这一时段的水位作出较好的拟合。

(2) 确定流量—时间函数。对于第 1、2 时段只需将水位函数求导数即可,对于两个供水时段的流量,则用供水时段前后(水泵不工作时段)的流量拟合得到,并且将拟合得到的第 2 供水时段流量外推,将第 3 时段流量包含在第 2 供水时段内。

(3) 一天总用水量的估计。总用水量等于两个水泵不工作时段和两个供水时段用水量之和,它们都可以由流量对时间的积分得到。

算法设计与编程：

（1）拟合第1、2时段的水位，并导出流量。

（2）拟合供水时段的流量。

（3）估计一天总用水量。

（4）流量及总用水量的检验。

下面分别进行介绍。

1）拟合第1时段的水位，并导出流量函数公式

设 t、h 为已输入的时刻和水位测量记录（水泵启动的4个时刻不输入），第1时段各时刻的流量散点图绘制编程如下：

```
clc,clear,close all
%%第1个时段
t1 = [0,0.92,1.84,2.95,3.87,4.98,5.90,7.01,7.93,8.97];
h1 = [968,948,931,913,898,881,869,852,839,822];
plot(t1,h1,'ro--','linewidth',2)
grid on
axis tight
xlabel('时刻(h)')
ylabel('水位(cm)')
```

运行程序，输出图形如图6-15所示。

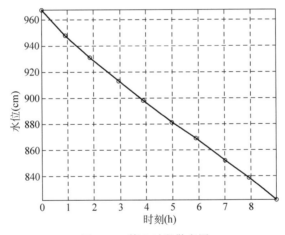

图 6-15　第1时段散点图

（1）多项式拟合编程如下：

```
clc,clear,close all
t1 = [0,0.92,1.84,2.95,3.87,4.98,5.90,7.01,7.93,8.97];
h1 = [968,948,931,913,898,881,869,852,839,822];
t2 = [10.95,12.03,12.95,13.88,14.98,15.90,16.83,17.93,19.04,19.96,20.84];
h2 = [1082,1050,1021,994,965,941,918,892,866,843,822];
cl = polyfit(t1,h1,3) %用3次多项式拟合第1时段水位,cl输出3次多项式的系数
```

运行程序，输出结果如下：

```
cl =
  - 0.0785    1.3586    - 22.1079    967.7356
```

（2）输出多项式（系数为 cl）导数的系数。编程如下：

```
al = polyder(cl)
```

运行程序，输出结果如下：

```
al =
  - 0.2356    2.7173    - 22.1079
```

整理结果得流量函数为

$$f(t) = -0.2356t^2 + 2.7173t - 22.1079$$

（3）输出多项式（系数为 al）在第 1 时段内点的函数值（取负值），即第 1 时段的流量。
编程如下：

```
x1 = polyval(al,t1)
```

运行程序，输出结果如下：

```
x1 =
  Columns 1 through 5
   - 22.1079    - 19.8074    - 17.9058    - 16.1424    - 15.1209
  Columns 6 through 10
   - 14.4194    - 14.2780    - 14.6384    - 15.3771    - 16.6925
```

2）拟合第 2 时段的水位，并导出流量

设 t、h 为已输入的时刻和水位测量记录（水泵启动的 4 个时刻不输入），第 2 时段各
时刻的流量散点图如图 6-16 所示。

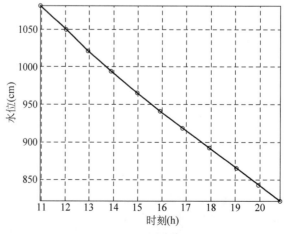

图 6-16　第 2 时段散点图

（1）多项式拟合编程如下：

```
clc,clear,close all
t2 = [10.95,12.03,12.95,13.88,14.98,15.90,16.83,17.93,19.04,19.96,20.84];
h2 = [1082,1050,1021,994,965,941,918,892,866,843,822];
c2 = polyfit(t2,h2,3)          % 用 3 次多项式拟合第 2 时段水位,c2 输出 3 次多项式的系数
```

运行程序,输出结果如下：

```
c2 =
   1.0e + 03 *
 − 0.0000    0.0026    − 0.0741    1.6394
```

（2）输出多项式（系数为 c2）导数的系数。编程如下：

```
a2 = polyder(c2)
```

运行程序,输出结果如下：

```
a2 =
   − 0.1370    5.2517    − 74.1016
```

整理结果得流量函数为

$$f(t) = -0.137t^2 + 5.2517t - 74.1016$$

（3）输出多项式（系数为 a2）在第 1 时段内点的函数值（取负值）,即第 1 时段的流量。编程如下：

```
x2 = polyval(a2,t2)
```

运行程序,输出结果如下：

```
x2 =
   Columns 1 through 5
   − 33.0220    − 30.7503    − 29.0672    − 27.6015    − 26.1738
   Columns 6 through 11
   − 25.2343    − 24.5204    − 23.9818    − 23.7745    − 23.8585    − 24.1558
```

3）拟合供水时段的流量

在第 1 供水时段（$t = 9 \sim 11$）之前（即第 1 时段）和之后（即第 2 时段）各取几点,其流量已经得到,用它们拟合第 1 供水时段的流量。为使流量函数在 $t = 9$ 和 $t = 11$ 连续,简单地只取 4 个点,拟合 3 次多项式（即曲线必过这 4 个点）。实现如下：

```
clc,clear,close all
% 第 1 个时段
t1 = [0,0.92,1.84,2.95,3.87,4.98,5.90,7.01,7.93,8.97];
h1 = [968,948,931,913,898,881,869,852,839,822];
```

```
% 第 2 个时段
t2 = [10.95,12.03,12.95,13.88,14.98,15.90,16.83,17.93,19.04,19.96,20.84];
h2 = [1082,1050,1021,994,965,941,918,892,866,843,822];
cl = polyfit(t1,h1,3)              % 用 3 次多项式拟合第 1 时段水位,cl 输出 3 次多项式的系数
a1 = polyder(cl)
c2 = polyfit(t2,h2,3)              % 用 3 次多项式拟合第 2 时段水位,c2 输出 3 次多项式的系数
a2 = polyder(c2)
xx1 = polyval(a1,[8 9]);           % 取第 1 时段在 t = 8,9 的流量
xx2 = polyval(a2,[11 12]);         % 取第 2 时段在 t = 11,12 的流量
xx12 = [xx1 xx2];
c12 = polyfit([8 9 11 12],xx12,3);       % 拟合 3 次多项式
a12 = polyder(c12)
t12 = 9:0.3:11;
x12 = polyval(c12,t12)             % x12 输出第 1 供水时段各时刻的流量
```

运行程序,输出结果如下:

```
x12 =
    -6.3849    -8.2114    -9.2737    -9.5717    -9.1054    -7.8748    -5.8800
```

在第 2 供水时段之前取 $t = 20$、20.8 两点的流水量,在该时刻之后(第 2 时段)仅有 3 个水位记录,用差分得到流量,然后用这 4 个数值拟合第 2 供水时段的流量如下:

```
% 第 3 时段
t3 = [23.88,24.99,25.91];
h3 = [1059,1035,1018];
dt3 = diff(t3);                    % 最后 3 个时刻的两两之差
dh3 = diff(h3);                    % 最后 3 个水位的两两之差
dht3 = dh3./dt3;                   % t3(1)和 t3(2)的流量
t23 = [19.96 20.84 t3(1,1) t3(1,2)];
xx3 = [-polyval(a2,t23(1:2)),dht3];    % 取 t3 各时刻的流量
c3 = polyfit(t23,xx3,3)            % 拟合 3 次多项式
a3 = polyder(c3)
t33 = 20.8:0.4:24;
x3 = polyval(a3,t33)               % x3 输出第 2 供水时段(外推至 t = 24)各时刻的流量
```

运行程序,输出结果如下:

```
c3 =
    1.0e + 04 *
    0.0002    -0.0110    0.2438    -1.7886
a3 =
    1.0e + 03 *
    0.0049    -0.2197    2.4377
x3 =
    -6.8950    -12.2384    -16.0094    -18.2081    -18.8344    -17.8883    -15.3699
   -11.2792    -5.6161
```

拟合的流量函数为

$$f(t) = -0.1405t^2 + 7.3077t - 91.8283$$

4）一天总用水量的估计

第 1、2 时段和第 1、2 供水时段流量的积分之和，就是一天的总用水量。虽然各时段的流量已表示为多项式函数，用数值积分计算一天总用水量如下：

```
y1 = 0.1 * trapz(x1)        %第 1 时段用水量(仍按高度计),0.1 为积分步长
y2 = 0.1 * trapz(x2)        %第 2 时段用水量
y12 = 0.1 * trapz(x12)      %第 1 供水时段用水量
y3 = 0.1 * trapz(x3)        %第 2 供水时段用水量
y = (y1 + y2 + y12 + y3) * 237.8 * 0.01   %一天总用水量
```

运行程序，输出结果如下：

```
y1 =
   146.1815
y2 =
   260.8114
y12 =
   16.1576
y3 =
   46.8264
y =
   1.1176e + 03
```

整理计算结果有

$$y_1 = 146.1815, \quad y_2 = 260.8114, \quad y_{12} = 16.1576, \quad y_3 = 46.8264, \quad y = 1117.6$$

5）流量及总用水量的检验

计算出的各时刻的流量可用水位记录的数值微分来检验。用水量 y_1 可用第 1 时段水位测量记录中下降高度 $968 - 822 = 146$ 来检验，类似地，y_2 用 $1082 - 822 = 260$ 检验。

供水时段流量的一种检验方法如下：供水时段的用水量加上水位上升值 260 是该时段泵入的水量，除以时段长度得到水泵的功率（单位时间泵入的水量），而两个供水时段水泵的功率应大致相等。第 1、2 时段水泵的功率可计算如下：

```
p1 = (y12 + 260)/2;            %第 1 供水时段水泵的功率(水量仍以高度计)
tp4 = 20.8: 0.1: 23;
xp2 = polyval(c3,tp4);         %xp2 输出第 2 供水时段各时刻的流量
p2 = (0.1 * trapz(xp2) + 260)/2.2;   %第 2 供水时段水泵的功率(水量仍以高度计)
```

整理计算结果有

$$p_1 = 154.5, \quad p_2 = 140.1$$

6.10 数据拟合方法

由已知数据，寻求一个函数 $y = f(x)$，使得 $f(x)$ 在某种准则下与所有数据点最为接近，即曲线拟合。其中线性最小二乘法是三曲线拟合中最常用的方法。

若已知离散数据向量 x, y，则 polyfit(x, y, N) 采用最小二乘法构造一个 N 次多项式。

在 MATLAB 中实现最小二乘拟合通常采用两种途径：

（1）利用 polyfit()函数进行多项式拟合。

P＝polyfit(x, y, n)：用 n 阶多项式拟合 x, y 向量给定的数据。

PA＝polyval$(p. xi)$：用 x_i 点拟合函数的近似值。

（2）利用常用的矩阵除法解决复杂型函数的近似值。

【例 6-13】 以一次、二次、三次多项式拟合表 6-9 所示数据。

表 6-9　数据表

x	0.5	1.0	1.5	2.0	2.5	3.0
y	1.75	2.45	3.81	4.80	7.00	8.60

编程如下：

```
clc,clear,close all
x = [0.5,1.0,1.5,2.0,2.5,3.0];
y = [1.75,2.45,3.81,4.80,7.00,8.60];
a1 = polyfit(x,y,1);
a2 = polyfit(x,y,2);
a3 = polyfit(x,y,3);
x1 = [0.5:0.05:3.0];
y1 = a1(2) + a1(1) * x1;
y2 = a2(3) + a2(2) * x1 + a2(1). * x1. * x1;
y3 = a3(1). * x1. * x1. * x1 + a3(2). * x1. * x1 + a3(3) * x1 + a3(4);
plot(x,y,' * ');
hold on
plot(x1,y1,'b-- ',x1,y2,'k',x1,y3,'ro - ');
legend('原始数据','一次拟合','二次拟合','三次拟合')
p1 = polyval(a1,x)
p2 = polyval(a2,x)
p3 = polyval(a3,x)
v1 = y - p1;
v2 = y - p2;
v3 = y - p3;
s1 = norm(v1,'fro')          % 计算F-范数
s2 = norm(v2,'fro')          % 计算F-范数
s3 = norm(v3,'fro')          % 计算F-范数
```

运行程序，输出结果如下：

```
p1 =
    1.2429    2.6397    4.0366    5.4334    6.8303    8.2271
p2 =
    1.7107    2.5461    3.6623    5.0591    6.7367    8.6950
p3 =
```

```
        1.7540      2.4855      3.6276      5.0938      6.7974      8.6517
s1 =
        0.9558
s2 =
        0.4220
s3 =
        0.4057
```

输出拟合图形如图 6-17 所示。

利用 MATLAB 拟合工具箱进行该数据拟合。MATLAB 拟合工具箱如图 6-18 所示。

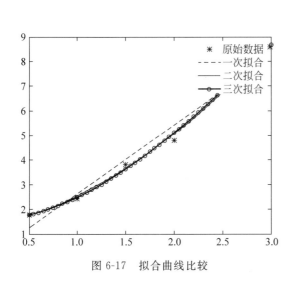

图 6-17 拟合曲线比较

图 6-18 工具箱

一次拟合如图 6-19~图 6-21 所示。

另外，MATLAB 还提供了 lsqcurvefit() 函数和 lsqnonlin() 函数来求解一般非线性最小二乘曲线拟合问题。

lsqcurvefit() 函数的命令格式：

$$[x, resnorm] = lsqcurvefit(fun, x0, xdata, ydata)$$

其中，fun 为需要拟合的函数；x_0 为对函数中各参数的初始值；xdata 为已知 x 轴的数据；ydata 为已知 y 轴的数据；x 为最优解；resnorm 为误差的平方和。

用 lsqcurvefit() 函数实现最小二乘拟合，例如一组实测数据如下：

$$x = [0.1, 0.2, 0.3, 0.4, 0.5, 0.6, 0.7, 0.8, 0.9];$$
$$y = [2.32, 2.64, 2.97, 3.28, 3.60, 3.91, 4.21, 4.52, 4.82, 5.12];$$

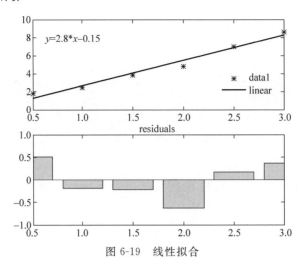

图 6-19　线性拟合

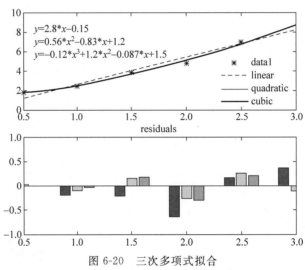

图 6-20　三次多项式拟合

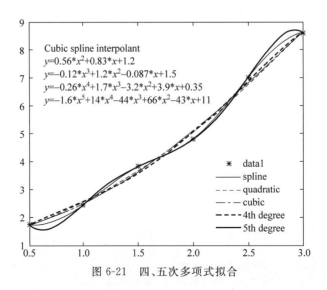

图 6-21　四、五次多项式拟合

若该数据可能满足的原型函数为 $y = ax + bx^2 e^{-cx} + d$，试求满足该数据的最小二乘解 a, b, c, d 的值。编程如下：

```
clc, clear, close all
x = [0.1, 0.2, 0.3, 0.4, 0.5, 0.6, 0.7, 0.8, 0.9, 1];
y = [2.32, 2.64, 2.97, 3.28, 3.60, 3.91, 4.21, 4.52, 4.82, 5.12];
f = inline('a(1) * x + a(2) * x.^2. * exp( - a(3) * x) + a(4)', 'a', 'x');
[xx, res] = lsqcurvefit(f, ones(1, 4), x, y)
```

运行程序，输出结果如下：

```
xx =
    3.3358    - 0.2645    0.2625    1.9873
res =
  8.7072e - 05
```

本章小结

本章基于常见的最小二乘法基本原理，通过多项式拟合、非线性方程拟合并结合给药方案和水塔流量问题，阐述了数据拟合应用方法，让读者能够真正掌握数据拟合方法。

第7章 微分方程求解

大多数实际工程问题常常简化为微分方程,特别是在热力学、进化、物理方程等问题中,微分方程的求解显得至关重要。本章讲述了微分方程的边值数值方法、差分方法、符号微分方程的求解以及MATLAB使用等。

学习目标:
- 熟练掌握 MATLAB 编程表示方法;
- 熟练运用 MATLAB 求解微分方程模型;
- 熟练掌握使用 MATLAB 工具解决简单工程问题等。

7.1 符号微积分

符号变量在解决工程问题中应用较多,对于一个工程问题而言,一般首先从变量出发,把问题用符号变量表示出来(得到符号矩阵),然后通过符号变量求解得到一般表达式,根据该表达式,代入相应的初始条件,即可得到问题具体的解。

7.1.1 极限

1. syms()函数

函数 sym() 一次只能定义一个符号变量,使用不方便。MATLAB 提供了另一个函数 syms(),一次可以定义多个符号变量。

syms()函数的一般调用格式为

syms 符号变量名 1 符号变量名 2 … 符号变量名 n

用这种格式定义符号变量时不要在变量名上加字符串分界符('),变量间用空格而不要用逗号分隔。

2. limit()函数求极限

MATLAB 提供了求极限函数 limit()。函数调用格式为

```
y = limit(fun,x,x0)
```

其中，y 为返回的函数极限值；fun 为要求解的函数；x 为函数自变量；x_0 为函数自变量的取值，x 趋近于 x_0。

【例 7-1】 MATLAB 求解极限问题有专门的函数。编程如下：

```
clc,clear,close all
syms x a
I1 = limit('(sin(x) - sin(3 * x))/sin(x)',x,0)
I2 = limit('(tan(x) - tan(a))/(x - a)',x,a)
I3 = limit('(3 * x - 5)/(x^3 * sin(1/x^2))',x,inf)
```

运行程序，输出结果如下：

```
I1 =
 - 2

I2 =
tan(a)^2 + 1

I3 =
3
```

7.1.2 导数

diff( )是求微分最常用的函数，其输入参数既可以是函数表达式，也可以是符号矩阵。

MATLAB 常用的格式是 diff(f,x,n)，表示 f 关于 x 求 n 阶导数。

【例 7-2】 导数应用示例。

命令如下：

```
clc,clear,close all
syms x
y = sin(x);
diff(y)
```

运行程序，输出结果如下：

```
ans =
cos(x)
```

命令如下：

```
y1 = atan(x);
diff(y)
```

运行程序,输出结果如下:

```
>> diff(y1)
ans =
1/(x^2 + 1)
```

符号求导指令 diff,程序如下:

```
clc,clear,close all
syms x y
f = sym('exp( - 2 * x) * cos(3 * x ^(1/2))')
diff(f,x)
g = sym('g(x,y)')                %建立抽象函数
f = sym('f(x,y,g(x,y))')         %建立复合抽象函数
diff(f,x)
diff(f,x,2)
```

运行程序,输出结果如下:

```
f =
exp( - 2 * x) * cos(3 * x ^(1/2))

ans =
 - 2 * exp( - 2 * x) * cos(3 * x ^(1/2)) - (3 * exp( - 2 * x) * sin(3 * x ^(1/2)))/(2 * x ^(1/2))

g =
g(x, y)

f =
f(x, y, g(x, y))

ans =
D([3], f)(x, y, g(x, y)) * diff(g(x, y), x) + D([1], f)(x, y, g(x, y))

ans =
(D([3, 3], f)(x, y, g(x, y)) * diff(g(x, y), x) + D([1, 3], f)(x, y, g(x, y))) * diff(g(x,
y), x) + D([1, 3], f)(x, y, g(x, y)) * diff(g(x, y), x) + D([3], f)(x, y, g(x, y)) * diff(g
(x, y), x, x) + D([1, 1], f)(x, y, g(x, y))
```

数值求导指令 diff,程序如下:

```
clc,clear,close all
x = linspace(0,2 * pi,50);
y = sin(x);
dydx = diff(y) ./diff(x);
plot(x(1:49),dydx),grid
```

运行程序,输出图形如图 7-1 所示。

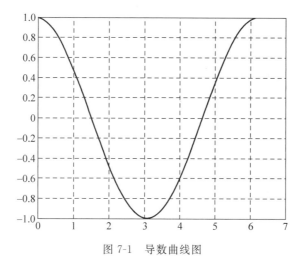

图 7-1　导数曲线图

7.1.3　积分

int()是求积分最常用的函数,其输入参数可以是函数表达式。
常用的格式是

```
int(f,r,x0,x1)
```

其中,f 为所要积分的表达式;r 为积分变量,若为定积分,则 x_0 与 x_1 为积分上下限。

【例 7-3】　求解积分函数 int。编写程序如下:

```
clc,clear,close all
syms x y z
I1 = int(sin(x * y + z),z)
I2 = int(1/(3 + 2 * x + x^2),x,0,1)
I3 = int(1/(3 + 2 * x + x^2),x, - inf,inf)
```

运行程序,输出结果如下:

```
I1 =
    - cos(z + x * y)
I2 =
    - (2^(1/2) * (atan(8^(1/2)/4) - atan(2^(1/2))))/2
I3 =
    (pi * 2^(1/2))/2
```

7.1.4　化简、提取和代入

MATLAB 中符号表达式的四则运算比较简单,常用的函数介绍如下。

(1) factor(S)：对 S 分解因式，S 是符号表达式或符号矩阵。

(2) expand(S)：对 S 进行展开，S 是符号表达式或符号矩阵。

(3) collect(S)：对 S 合并同类项，S 是符号表达式或符号矩阵。

(4) collect(S,v)：对 S 按变量 v 合并同类项，S 是符号表达式或符号矩阵。

(5) simplify(S)：应用函数规则对 S 进行化简。

(6) simple(S)：调用 MATLAB 的其他函数对表达式进行综合化简，并显示化简过程。

【例 7-4】 简单的化简、提取和代入。MATLAB 程序如下：

```
clc,clear,close all
syms x a
t = (a + x)^6 - (a - x)^6
t_expand = expand(t)
t_factor = factor(t_expand)
t_simplify = simplify(t)
```

运行程序，输出结果如下：

```
t =
    (a + x)^6 - (a - x)^6
t_expand =
    12*a^5*x + 40*a^3*x^3 + 12*a*x^5
t_factor =
    4*a*x*(a^2 + 3*x^2)*(3*a^2 + x^2)
t_simplify =
    (a + x)^6 - (a - x)^6
```

【例 7-5】 将 $a=a_0, b=1, c=4, x=x_0$ 代入表达式 $f=ab+\dfrac{c}{x}y$ 中求值。编写程序如下：

```
%第 1 种
clc,clear,close all
syms a b c x y a0 y0
f = a*b+c/x*y;
a = 'a0';b = 1;c = 4;x = 'x0';y = 5;
t = subs(f)
%第 2 种
syms a b c x y a0 y0
f = a*b+c/x*y;
subs(f,{a,b,c,x,y},{'a0',1,4,'x0',5})
```

运行程序，输出结果如下：

```
t =
a0 + 20/x0
```

7.1.5　傅里叶变换及其逆变换

在 MATLAB 中可由函数 fourier() 来实现傅里叶变换，可由 ifourier() 函数来实现傅里叶逆变换。

1. fourier() 函数

fourier() 函数常见的调用格式如下：

（1）F＝fourier(f)。返回以默认独立变量 x 为数量符号 f 的傅里叶变换，默认返回为 w 的函数。如果 $f=f(w)$，则 fourier 函数返回 t 的函数 $F=F(t)$。定义 F(w)＝int(f(x) * exp(-i * w * x),x,-inf,inf) 为对 x 的积分。

（2）F＝fourier(f,v)。以 v 代替默认变量 w 的傅里叶变换，且 fourier(f,v) 等价于 F(v)＝int(f(x) * exp(-i * v * x),x,-inf,inf)。

（3）F＝fourier(f,u,v)。以 v 代替 x 且对 u 积分，且有 fourier(f,u,v) 等价于 F(v)＝int(f(u) * exp (-i * v * u),u ,-inf,inf)。

2. ifourier() 函数

ifourier() 函数常见的调用格式如下：

（1）f＝ifourier(F)。返回默认独立变量 w 的符号表达式 F 的傅里叶逆变换，默认返回 x 的函数。如果 $F=F(x)$，则 ifourier 函数返回 t 的函数 $f=f(t)$。一般来说，f(x)＝1/(2 * pi) * int(F(w) * exp(i * w * x),w,-inf,inf)，对 w 积分。

（2）f＝ifourier(F,u)。以变量 u 代替 x，且 ifourier(F,u) 等价于 f(u)＝1/(2 * pi) * int(F(w) * exp(i * w * u),w,-inf,inf)。对 w 积分。

（3）f＝ifourier(F,v,u)。以 v 代替 w 的傅里叶逆变换，且有 ifourier(F,v,u) 等价于 f(u) ＝ 1/(2 * pi) * int(F(v) * exp(i * v * u,v,-inf,inf)，积分针对 v。

【例 7-6】　求下列函数的傅里叶变换：$F_1(t)=1/t$、$F_2(t)=\dfrac{\mathrm{d}f(t)}{\mathrm{d}t}$ 和 $F_3(t)=\dfrac{\sin(bt)}{\pi t}$。

在 MATLAB 命令窗口中输入：

```
clc
clear
close all
clear all ;
syms t b w
F1 = fourier(1/t)
simple(F1)
F2 = fourier(diff(sym('f(t)')),t,w)
F3 = fourier(sin(b * t)/(pi * t));
F3 = simple(F3)
```

运行程序，输出结果如下：

```
F1 =
pi * (2 * heaviside( - w) - 1) * i
simplify:
pi * (2 * heaviside( - w) - 1) * i
radsimp:
pi * (2 * heaviside( - w) - 1) * i
simplify(Steps = 100):
pi * (2 * heaviside( - w) - 1) * i
combine(sincos):
pi * (2 * heaviside( - w) - 1) * i
combine(sinhcosh):
pi * (2 * heaviside( - w) - 1) * i
combine(ln):
pi * (2 * heaviside( - w) - 1) * i
factor:
(2 * i) * pi * (heaviside( - w) - 1/2)
expand:
 - pi * i + pi * heaviside( - w) * 2 * i
combine:
pi * (2 * heaviside( - w) - 1) * i
rewrite(exp):
pi * (2 * heaviside( - w) - 1) * i
rewrite(sincos):
pi * (2 * heaviside( - w) - 1) * i
rewrite(sinhcosh):
pi * (2 * heaviside( - w) - 1) * i
rewrite(tan):
pi * (2 * heaviside( - w) - 1) * i
mwcos2sin:
pi * (2 * heaviside( - w) - 1) * i
collect(w):
pi * (2 * heaviside( - w) - 1) * i
ans =
pi * (2 * heaviside( - w) - 1) * i
F2 =
w * fourier(f(t), t, w) * i
F3 =
heaviside(b + w) - heaviside(w - b)
```

从结果可知,上述函数的傅里叶变换分别为

$$F_1(w) = f\left[\frac{1}{t}\right] = \begin{cases} jw, & 0_- \leqslant w \leqslant 0_+ \\ 0, & \text{其他} \end{cases}$$

$$F_2(w) = F[f''(t)] = (jw)^2 F(f(t))$$

$$F_3(w) = F\left(\frac{\sin(bt)}{\pi t}\right) = \begin{cases} 1, & |w| \leqslant b \\ 0, & \text{其他} \end{cases}$$

【例 7-7】 求下列函数的傅里叶逆变换:

$$\begin{cases} F_1(w) = \dfrac{\sin(w)}{w} \\[3mm] F_2(w) = \dfrac{1}{b+\mathrm{j}w} \end{cases}$$

在 MATLAB 命令窗口中输入：

```
clc
clear
close all
clear all ;
syms t b w
F1 = sin(w)/w;
f1 = ifourier(F1,t)
f1 = simple(f1)
F2 = 1/(b + j * w);
f2 = collect(ifourier(F2,t))
```

运行程序,输出结果如下：

```
f1 =
-(pi * heaviside(t - 1) - pi * heaviside(t + 1))/(2 * pi)
f1 =
heaviside(t + 1)/2 - heaviside(t - 1)/2
f2 =
(2 * pi * exp( - b * t) * heaviside(t) - pi * exp( - b * t) + pi * sign(real(b)) * exp( - b *
t))/(2 * pi)
>>
```

从结果可知,上述函数的傅里叶逆变换分别为

$$f_1(t) = \frac{1}{2} \times 1(t-(-1)) - \frac{1}{2} \times 1(t-1)$$

$$f_2(t) = \begin{cases} 0, & t < 0 \\ \mathrm{e}^{-bt}, & t \geqslant 0 \end{cases}$$

7.1.6　拉普拉斯变换及其逆变换

在 MATLAB 中可由函数 laplace()来实现拉普拉斯变换,可由 ilaplace()函数来实现拉普拉斯逆变换。

1. laplace()函数

拉普拉斯变换函数 laplace()的常用格式为：

(1) L＝laplace(F)。返回默认独立变量 T 的符号表达式 F 的拉普拉斯变换。函数返回默认为 S 的函数。如果 $F=F(s)$,则拉普拉斯函数返回 t 的函数 $L=L(t)$。其中,定义 L 为对 t 的积分 $L(s)= \text{int}(F(t) * \exp(\text{-s} * t), 0, \inf)$。

（2）L＝laplace(F,t)。以 t 代替 s 为变量的拉普拉斯变换。laplace(F,t)等价于 $L(t)＝int(F(x)*exp(-t*x),0,inf)$。

（3）L＝laplace(F,w,z)。以 z 代替 s 的拉普拉斯变换（相对于 w 的积分）。laplace(F,w,z)等价于 $L(z)＝int(F(w)*exp(-z*w),0,inf)$。

其中，F 是时域函数表达式，约定的自变量是 t，得到的拉普拉斯变换函数是 $L(s)$。

2. ilaplace 函数

拉普拉斯逆变换函数 ilaplace() 的常用格式为：

（1）F＝ilaplace(L)。返回以默认独立变量 s 的符号表达式 L 的拉普拉斯逆变换，默认返回 t 的函数。如果 $L＝L(t)$，则 ilaplace 返回 x 的函数 $F＝F(x)$。$F(x)$ 定义为对 s 的积分 $F(t)＝int(L(s)*exp(s*t),s,c-i*inf,c+i*inf)$，其中 c 为选定的实数，使得 $L(s)$ 的所有奇点都在直线 $s＝c$ 的左侧。

（2）F＝ilaplace(L,y)。以 y 代替默认的 t 的函数，且有 ilaplace(L,y) 等价于 $F(y)＝int(L(y)*exp(s*y),s,c-i*inf,c+i*inf)$。这里 y 是一个数量符号。

（3）F＝ilaplace(L,y,x)。以 x 代替 t 的函数，有 ilaplace(L,y,x) 等价于 $F(y)＝int(L(y)*exp(x*y),y,c-i*inf,c+i*inf)$，对 y 取积分。

它将拉普拉斯函数 L 变换为时域函数 F。

【例7-8】 拉普拉斯变换实例。求函数 $f_1(t)＝e^{at}$（a 为实数）、$f_2(t)＝t-\sin t$ 的拉普拉斯变换。

在 MATLAB 命令窗口中输入：

```
clc
clear
close all
syms t s a              % 创建符号变量
f1 = exp(a * t);
f2 = t - sin(t);        % 定义函数
L1 = laplace(f1);
L2 = laplace(f2)        % 进行拉普拉斯变换
```

程序运行后，输出的结果如下：

```
f2 =
t - sin(t)
L2 =
1/s^2 - 1/(s^2 + 1)
```

由运行结果可知

$$L[f_1(t)]＝\frac{1}{s-a}, \quad L[f_2(t)]＝\frac{1}{s^2}-\frac{1}{s^2+1}$$

【例7-9】 拉普拉斯逆变换实例。求函数 $F_1(s)＝\dfrac{1}{s(1+s^2)}$、$F_2(s)＝\dfrac{s+3}{(s+1)(s+2)}$ 的拉普拉斯逆变换。

在 MATLAB 命令窗口中输入：

```
clc
clear
close all
syms t s                    %创建符号变量
F1 = 1/( s * (1 + s^2) );
F2 = (s + 3)/((s + 1) * (s + 2) )    %定义函数
f1 = ilaplace(F1);
f2 = ilaplace(F2)           %进行拉普拉斯逆变换
```

程序运行后,输出的结果如下:

```
F2 =
    (s + 3)/((s + 1) * (s + 2))
f2 =
    2 * exp( - t) -  exp( - 2 * t)
```

由运行结果可知

$$L^{-1}\big[F_1(s)\big] = 1 - \cos(t), \quad L^{-1}\big[F_2(s)\big] = 2\mathrm{e}^{-t} - \mathrm{e}^{-2t}, \quad t \geqslant 0$$

7.1.7 Z 变换及其逆变换

MATLAB 提供了符号运算工具箱,可方便地进行 Z 变换和 Z 逆变换。进行 Z 变换的函数是 ztrans( ),进行 Z 逆变换的函数是 iztrans( )。

1. ztrans( )函数

函数 ztrans( )常用的调用格式如下:

(1) F＝ztrans(f)。函数返回独立变量 n 关于符号向量 **f** 的 Z 变换函数:ztrans(f)⇔F(z)＝symsum(f(n)/z^n,n,0,inf),这是默认的调用格式。

(2) F＝ztrans(f,w)。函数返回独立变量 n 关于符号向量 **f** 的 Z 变换函数,只是用 w 代替了默认的 z:ztrans(f,w)⇔F(w)＝symsum(f(n)/w^n,n,0,inf)。

(3) F＝ztrans(f,k,w)。函数返回独立变量 n 关于符号向量 **k** 的 Z 变换函数:ztrans(f,k,w)⇔F(w)＝symsum(f(k)/w^k,k,0,inf)。

2. iztrans( )函数

函数 iztrans( )常用的调用格式如下:

(1) f＝iztrans(F)。函数返回独立变量 z 关于符号向量 **F** 的 Z 逆变换函数,这是默认的调用格式。

(2) f＝iztrans(F,k)。函数返回独立变量 k 关于符号向量 **F** 的 Z 逆变换函数,只是用 k 代替了默认的 z。

(3) f＝iztrans(F,w,k)。函数返回独立变量 w 关于符号向量 **F** 的 Z 逆变换函数。

【例7-10】 Z 变换实例 1。试求函数 $f_1(t) = t$、$f_2(t) = \mathrm{e}^{-at}$、$f_3(t) = \sin(at)$ 的 Z 变换。

在 MATLAB 命令窗口中输入:

```
clc
clear
close all
syms n a w k z T                    %创建符号变量,T为采样周期
x1 = ztrans(n * T);
x1 = simplify(x1)                   %进行 Z 变换并化简结果
x2 = ztrans(exp( - a * n * T));
x2 = simplify(x2)                   %进行 Z 变换并化简结果
x3 = ztrans(sin(w * a * T), w, z) ;
x3 = simplify(x3)                   %进行 Z 变换并化简结果
```

运行结果如下:

```
x1 =
(T * z)/(z - 1)^2
x2 =
z/(z - exp( - T * a))
x3 =
(z * sin(T * a))/(z^2 - 2 * cos(T * a) * z + 1)
```

可见,变换结果为

$$F_1(z) = \frac{Tz^{-1}}{(1 - z^{-1})^2}$$

$$F_2(z) = \frac{1}{1 - \mathrm{e}^{-aT} z^{-1}}$$

$$F_3(z) = \frac{\sin(aT) z^{-1}}{1 - 2\cos(aT) z^{-1} + z^{-2}}$$

【例7-11】 Z 变换实例 2。试求函数 $F_1(s) = \dfrac{1}{s(s+1)}$、$F_2(s) = \dfrac{s}{s^2+a^2}$、$F_3(s) = \dfrac{a-b}{(s+a)(s+b)}$ 的 Z 变换。

在 MATLAB 命令窗口中输入:

```
clc
clear
close all
syms s n t1 t2 t3 a b k z T                  %创建符号变量,T为采样周期
x1 = ilaplace(1/s/(s + 1), t1);
x1 = simplify(x1)                            %进行拉普拉斯逆变换并化简结果
x2 = ilaplace( s/(s^2 + a^2), t2) ;
x2 = simplify(x2)                            %进行拉普拉斯逆变换并化简结果
x3 = ilaplace( (a - b)/(s + a)/(s + b), t3) ;
x3 = simplify(x3)                            %进行拉普拉斯逆变换并化简结果
```

运行结果如下：

```
x1 =
1 - exp(-t1)
x2 =
cos(a * t2)
x3 =
exp(-b * t3) - exp(-a * t3)
```

对拉普拉斯逆变换结果进行 Z 变换,注意把时间参数 t_1, t_2, t_3 都替换成 $n * T$。在命令窗口中输入：

```
clc
clear
close all
syms s n t1 t2 t3 a b k z T                      %创建符号变量,T为采样周期
x1 = ztrans(1 - exp(-n * T));
x1 = simplify(x1)
x2 = ztrans(cos((a^2)^(1/2) * n * T));
x2 = simplify(x2)
x3 = ztrans(-exp(-a * n * T) + exp(-b * n * T));
x3 = simplify(x3)
```

运行结果如下：

```
x1 =
z/(z - 1) - z/(z - exp(-T))
x2 =
(z * (z - cos(T * (a^2)^(1/2))))/(z^2 - 2 * cos(T * (a^2)^(1/2)) * z + 1)
x3 =
z/(z - exp(-T * b)) - z/(z - exp(-T * a))
```

可见,变换结果为

$$F_1(z) = \frac{z}{z-1} - \frac{z}{z-\mathrm{e}^{-T}} = \frac{z(1-\mathrm{e}^{-T})}{(z-1)(z-\mathrm{e}^{-T})}$$

$$F_2(z) = \frac{1-\cos(aT)z^{-1}}{1-2\cos(aT)z^{-1}+z^{-2}}$$

$$F_3(z) = \frac{(\mathrm{e}^{-bT}-\mathrm{e}^{-aT})z^{-1}}{(1-\mathrm{e}^{-aT}z^{-1})(1-\mathrm{e}^{-bT}z^{-1})}$$

【例 7-12】　试求函数 $F_1(z) = \dfrac{2z^2-0.5z}{z^2-0.5z-0.5}$ 和 $F_2(z) = \dfrac{z+0.5}{z^2+3z+2}$ 的 Z 逆变换。

在 MATLAB 命令窗口中输入：

```
clc
clear
close all
```

```
syms z a k T                           %创建符号变量,T为采样周期
x1 = iztrans( (2 * z^2 - 0.5 * z)/(z^2 - 0.5 * z - 0.5));
x1 = simplify(x1)                      %进行Z逆变换并化简结果
x2 = iztrans( (z + 0.5)/(z^2 + 3 * z + 2) );
x2 = simplify(x2)                      %进行Z逆变换并化简结果
```

运行程序,输出 Z 变换结果如下:

```
x1 =
(-1/2)^n + 1
x2 =
(-1)^n/2 - (3 * (-2)^n)/4 + kroneckerDelta(n, 0)/4
```

可见,变换结果为

$$f_1(kT) = \sum_{k=0}^{\infty} f(kT)\delta(t - kT), \quad f_2(kT) = 0.5(-1)^k - 0.75(-2)^k$$

7.2 数值积分

求函数数值积分 MATLAB 函数调用如下:

(1) S=quad('fname',a,b,tol,trace)。自适应 Simpson 数值积分法。

(2) S=quadl('fname',a,b,tol,trace)。自适应 Newton-Cotes 数值积分法。

说明:

(1) 输入参数 fname 是被积分函数表达式字符串或函数文件名。

(2) 输入参数 a,b 分别表示积分上下限。

(3) 输入参数 tol 用来控制积分精度。默认时取 tol=0.001。

(4) 输入参数 trace,若取 1 则用图形展开积分过程,取 0 则无图形。默认时,不显示图形。

(5) quadl()比 quad()有更高的积分精度。但无论 quadl()还是 quad(),都不能处理可积的"软奇异点"。

【例 7-13】 设 $f(x) = \mathrm{e}^{-x}\sin(x + 0.4\pi)$,求 $S = \int_0^{2\pi} f(x)\mathrm{d}x$。

(1) 建立被积函数文件,程序如下:

```
function y = beij(x)
y = exp( - x) * sin(x + 0.4 * pi);
end
```

(2) 把函数文件存入当前路径下,在 MATLAB 命令窗口调用该函数文件如下:

```
clc, clear, close all
S = quad( 'beij', 0, 1 * pi)
```

运行程序,输出结果如下:

```
S =
    0.6573
```

【例 7-14】 分别用 quad() 和 quadl() 函数求 $S = \int_0^3 e^{3x} \mathrm{d}x$ 的近似值,并在同一积分精度下,比较被积函数被调用的次数。

为了统计被积函数被调用的次数,可在被积函数文件中定义一个全局变量,每调用一次,全局变量加 1。编程如下:

1) quad()

```
clc,clear ,close all
global num;
num = 0;
format short
y1 = quad('yt',0,3,1e - 6,1)
num
```

运行程序,输出结果如下:

```
y1 =
    2.7007e + 03
num =
    110
```

2) quadl()

```
clc,clear ,close all
global num;
num = 0;
format short
y1 = quadl('yt',0,3,1e - 6,1)
num
```

运行程序,输出结果如下:

```
y1 =
    2.7007e + 03
num =
    20
```

可见,quadl() 函数调用被积函数的次数为 20,而 quad() 函数调用次数为 110 次,因此 quadl() 函数一定程度上优于 quad()。

7.3 微分方程的数值解

求解微分方程的数值解常用的 MATLAB 函数调用如下：

```
[t,x] = ode23('xprime',t0,tf,x0,tol,trace)
[t,x] = ode45('xprime',t0,tf,x0,tol,trace)
```

或

```
[t,x] = ode23('xprime',[t0,tf],x0,tol,trace)
[t,x] = ode45('xprime',[t0,tf],x0,tol,trace)
```

说明：

(1) 两个指令的调用格式相同，均为 Runge-Kutta 法。

(2) 该指令是针对一阶常微分设计的。因此，假如待解的是高阶微分方程，那么它必先演化为形如 $\dot{x}=f(x,t)$ 的一阶微分方程组，即"状态方程"。

(3) xprime 是定义 $f(x,t)$ 的函数名。该函数文件必须以 $\dot{x}$ 为一个列向量输出，以 t，x 为输入参量(注意输入变量之间的关系，先"时间变量"后"状态变量")。

(4) 输入参量 t_0 和 t_f 分别是积分的起始值和终止值。

(5) 输入参量 x_0 为初始状态列向量。

(6) 输出参量 t 和 x 分别给出"时间"向量和相应的状态向量。

(7) tol 控制解的精度，可默认。默认时，ode23 默认 tol＝1.e—3；ode45 默认 tol＝1.e—6。

(8) 输入参量 trace 控制求解的中间结果是否显示，可默认。默认时，默认为 tol＝0，不显示中间结果。

(9) 一般地，两者分别采用自适应变步长(即当解的变化较慢时采用较大的步长，从而使得计算速度快；当解的变化速度较快时步长会自动地变小，从而使得计算精度更高)的二、三阶 Runge-Kutta 算法和四、五阶 Runge-Kutta 算法，ode45 比 ode23 的积分分段少，而运算速度快。

【例 7-15】 求初值问题 $\begin{cases} y'=\dfrac{y^2-t-2}{4(t+1)},0\leqslant t\leqslant 10 \\ y(0)=2 \end{cases}$ 的数值解，并与解析解 $y(t)=$

$\sqrt{t+1}+1$ 相比较。编程如下：

```
clc,clear,close all
t0 = 0;                    %初始值
tf = 10;                   %终止值
y0 = 2;                    %初始值
[t,y] = ode23('f',[t0 tf],y0)
y1 = sqrt(t + 1) + 1;
close all
plot(t,y,'- r','linewidth',2)
hold on
```

```
plot(t,y1,'b-- ','linewidth',2)
legend('数值解','解析解')
```

运行程序,输出结果如下:

```
y =              y1 =
    2.0000           2.0000
    2.1490           2.1489
    2.3929           2.3921
    2.6786           2.6765
    2.9558           2.9521
    3.1988           3.1933
    3.4181           3.4105
    3.6198           3.6097
    3.8079           3.7947
    3.9849           3.9683
    4.1529           4.1322
    4.3133           4.2879
    4.3430           4.3166
```

输出图形如图 7-2 所示。

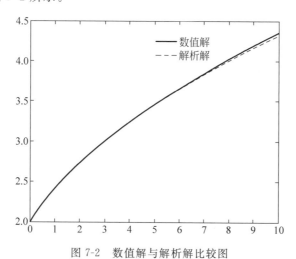

图 7-2　数值解与解析解比较图

【**例 7-16**】　如求解著名的 Van Der Pol 方程 $\ddot{x}+(x^2-1)\dot{x}+x=0$ 的数值解并绘制其时间相应曲线和状态轨迹图。

首先令 $x_1=\dot{x}$,$x_2=x$,把 $\ddot{x}+(x^2-1)\dot{x}+x=0$ 写成状态方程如下:

$$\begin{cases} \dot{x}_1 = (1-x_2^2)x_1 - x_2 \\ \dot{x}_2 = x_1 \end{cases}$$

编写函数文件如下:

```
% 第 1 种方式
function xdot = vpa(t,x)
```

```
xdot = zeros(2,1);                      %初始化,二元零向量
xdot(1) = (1 - x(2)^2) * x(1) - x(2);
xdot(2) = x(1);
% 第 2 种方式
function xdot = vpa(t,x)
xdot(1) = (1 - x(2)^2) * x(1) - x(2);
xdot(2) = x(1);
xdot = xdot';
% 第 3 种方式
function xdot = vpa(t,x)
xdot = [(1 - x(2)^2) * x(1) - x(2);x(1)];
```

求解微分方程,编程主程序如下:

```
clc,clear,close all
t0 = 0;                          % 初始值
tf = 20;                         % 终止值
x0 = [0,0.25];                   % 初始值
[t,x] = ode23('vpa',[t0 tf],x0);
figure(1),
plot(t,x(:,1),':b',t,x(:,2),'-r')
legend('速度','位移')
figure(2),
plot(x(:,1),x(:,2),'linewidth',2);
```

运行程序,输出结果如图 7-3 和图 7-4 所示。

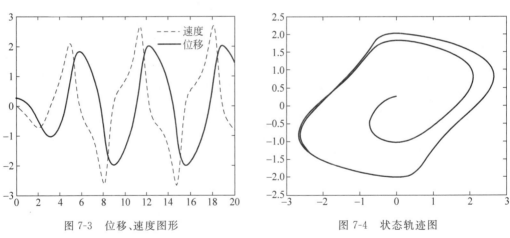

图 7-3　位移、速度图形　　　　　　图 7-4　状态轨迹图

对于二阶常微分方程为

$$y'' = f(x,y,y'), \quad a \leqslant x \leqslant b$$

当 $f(x,y,y')$ 关于 y,y' 为线性时,即 $f(x,y,y') = p(x)y' + q(x)y + r(x)$,此时 (6.1)变成线性微分方程:

$$y'' - p(x)y' - q(x)y = r(x), \quad a \leqslant x \leqslant b$$

对于上述方程,其边界条件有以下三类:

(1) 第一类边界条件为

$$y(a) = \alpha, \quad y(b) = \beta$$

当 $\alpha=0$ 或者 $\beta=0$ 时称为齐次的,否则称为非齐次的。

（2）第二类边界条件为

$$y'(a) = \alpha, \quad y'(b) = \beta$$

当 $\alpha=0$ 或者 $\beta=0$ 时称为齐次的,否则称为非齐次的。

（3）第三类边界条件为

$$y(a) - \alpha_0 y'(a) = \alpha_1, \quad y(b) + \beta_0 y'(b) = \beta_1$$

其中, $\alpha_0 \geqslant 0$, $\beta_0 \geqslant 0$, $\alpha_0 + \beta_0 > 0$,当 $\alpha_1 = 0$ 或者 $\beta_1 = 0$ 时称为齐次的,否则称为非齐次的。上述微分方程附加上第一类、第二类、第三类边界条件,分别称为第一、第二、第三边值问题。

【**例 7-17**】　求解微分方程组（Lorenz 模型）:

$$\begin{cases} \dot{x}_1(t) = -\beta x_1(t) + x_2(t)x_3(t) \\ \dot{x}_2(t) = -\rho x_2(t) + \rho x_3(t) \\ \dot{x}_3(t) = -x_1(t)x_2(t) + o x_2(t) - x_3(t) \end{cases}$$

该方程是非线性微分方程,所以不存在解析解,只能用数值解法求解。设其中参数的值分别是 $\beta=8/3$, $\rho=10$, $o=28$,初值设为 $x_1(0) = x_2(0) = x_3(0) = e$。

编写函数文件 lorenzeq.m 如下:

```
function xdot = lorenzeq(t,x)
xdot = [-8/3 * x(1) + x(2) * x(3); -10 * x(2) + 10 * x(3); -x(1) * x(2) + 28 * x(2) - x(3)];
```

主程序如下:

```
clc,clear,close all
t_final = 100;x0 = [0;0;1e-10];
[t,x] = ode45('lorenzeq',[0,t_final],x0);
plot(t,x);figure;
plot3(x(:,1),x(:,2),x(:,3));axis([10,42,-20,20,-20,25]);
```

运行该程序,输出该方程的数值解的图形如图 7-5 和图 7-6 所示。

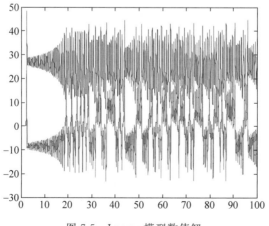

图 7-5　Lorenz 模型数值解

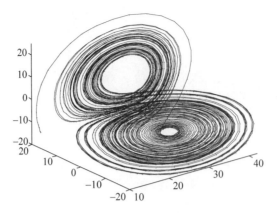

图 7-6　Lorenz 模型三维图形

改动其中参数和初值设定,经过 MATLAB 数值计算,可以发现 Lorenz 方程解的变化规律。

首先,建立函数文件如下:

```
function xdot = lorenzeq(t, x)
xdot = [ - 8/3 * x(1) + x(2) * x(3); - 10 * x(2) + 10 * x(3); - x(1) * x(2) + 28 * x(2) - x(3)];
```

编写主程序如下:

```
clc, clear, close all
global SIGMA R B
SIGMA = 10.; R = 28.;      B = 8./3.;
x0 = [10 10 10];
t0 = 0; tf = 40;
tic
[tout, xout] = ode45('lorenzeq', [t0, tf], x0);
toc
figure(1);
hp = plot3(xout(:,1), xout(:,2), xout(:,3));
set(hp, 'LineWidth', 0.1);
box on;
xlabel('x', 'FontSize', 14);
ylabel('y', 'FontSize', 14);
zlabel('z', 'FontSize', 14);
set(gca, 'CameraPosition', [200 - 200 200], 'FontSize', 14);
```

运行结果如下:

```
Elapsed time is 0.173607 seconds
```

运行得到的图形如图 7-7 所示。

绘制微分方程 $\dfrac{\mathrm{d}y}{\mathrm{d}t} = xy, y(0) = 0.4$ 的斜率场,并将解曲线画在图中,观察斜率场和解曲线的关系。

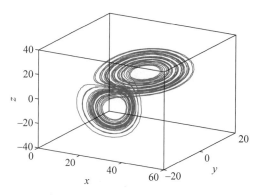

图 7-7　Lorenz 方程解变化规律

编写微分方程函数文件如下：

```
function dy = zxy(x, y)
dy = x. * y;
end
```

编写主程序如下：

```
clc, clear, close all
clf, clear                                      % 清除变量
a = 0; b = 4; c = 0; d = 4; n = 15;
[X, Y] = meshgrid(linspace(a, b, n), linspace(c, d, n));   % 生成区域中的网格
z = X. * Y;                                     % 计算斜率函数
Fx = cos(atan(X. * Y)); Fy = sqrt(1 - Fx.^2);   % 计算切线斜率矢量
quiver(X, Y, Fx, Fy, 0.5), hold on, axis([a, b, c, d])  % 在每一网格点画出相应的斜率矢量
[x, y] = ode45('zxy', [0, 4], 0.4);             % 求解微分方程
plot(x, y, 'r. - ')                             % 画解轨线
```

运行程序得一阶微分方程的斜率场和解曲线如图 7-8 所示。

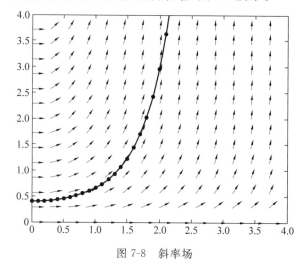

图 7-8　斜率场

7.4 微积分运算

数值积分是一种十分基础而且重要的运算。数值积分可用于计算解析定义的函数的积分,也可以计算以列表形式给出的函数的积分,其基本原理是采用多项式近似原函数,然后用该多项式的积分近似原函数的积分。

7.4.1 龙贝格积分法

龙贝格积分法是用里查森外推算法来加快复合梯形求积公式的收敛速度,它的算法如下,其中 $T_m^{(i)}$ 是一系列逼近原定积分的龙贝格积分值。

(1) 计算

$$T_1^{(0)} = \frac{b-a}{2}\big[f(a)+f(b)\big]$$

(2) 对 $k=1,2,3,\cdots$,计算下列各步:

$$T_1^{(k)} = \frac{1}{2}\big[T_1^{(k-1)} + \frac{b-a}{2^{k-1}}\sum_{j=1}^{2k-1} f(a + \frac{(2j-1)(b-a)}{2^k})\big]$$

对 $m=1,2,\cdots,k$ 和 $i=k,k-1,k-2,\cdots,1$,计算

$$T_{m+1}^{i-1} = \frac{4^m T_m^i - T_m^{i-1}}{4^m - 1}$$

(3) 精度控制。

上面的计算过程如表 7-1 所示。

表 7-1　龙贝格积分计算

$T_1^{(0)}$			
$T_1^{(1)}$	$T_2^{(0)}$		
$T_1^{(2)}$	$T_2^{(1)}$	$T_3^{(0)}$	
$T_1^{(3)}$	$T_2^{(2)}$	$T_3^{(1)}$	
$T_1^{(4)}$	$T_2^{(3)}$	$T_3^{(2)}$	
...	...	...	...

随着计算步骤的增加, $T_m^{(i)}$ 越来越逼近积分 $\int_a^b f(x)\mathrm{d}x$。下面是用 $T_m^{(m)}$ 来逼近 $\int_a^b f(x)\mathrm{d}x$ 的 MATLAB 代码。

在 MATLAB 中编程实现的龙贝格积分法的函数为 Roberg()。

功能:龙贝格积分法求函数的数值积分。

调用格式:

[I, step] = Roberg(f, a, b, eps)

其中,I 为积分值;step 为积分划分的子区间次数;f 为函数名;a 为积分下限;b 为积分上限;eps 为积分精度。

龙贝格积分的 MATLAB 代码如下：

```
function [I, step] = Roberg(f, a, b, eps)
% 龙贝格积分法
%  I: 积分值
%  step: 积分划分的子区间次数
%  f: 函数名
%  a: 积分下限
%  b: 积分上限
%  eps: 积分精度
if(nargin == 3)
    eps = 1.0e - 4;
end;
M = 1;
tol = 10;
k = 0;
T = zeros(1, 1);
h = b - a;
T(1, 1) = (h/2) * (subs(sym(f), findsym(sym(f)), a) + subs(sym(f), findsym(sym(f)), b));
                                                                    % 初始值

while tol > eps
    k = k + 1;
    h = h/2;
    Q = 0;
    for i = 1:M
        x = a + h * (2 * i - 1);
        Q = Q + subs(sym(f), findsym(sym(f)), x);
    end
    T(k + 1, 1) = T(k, 1)/2 + h * Q;
    M = 2 * M;
    for j = 1:k
        T(k + 1, j + 1) = T(k + 1, j) + (T(k + 1, j) - T(k, j))/(4 ^ j - 1);
    end
    tol = abs(T(k + 1, j + 1) - T(k, j));
end
I = T(k + 1, k + 1);
step = k;
```

【**例 7-18**】 利用龙贝格积分法求解积分 $\int_{-1}^{1} x^2 \, dx$。

在 MATLAB 命令窗口中输入下列命令：

```
>> [q, s] = Roberg('x ^ 2', - 1, 1)
q =
    0.6667
s =
    2
```

由龙贝格积分法可得到

$$\int_{-1}^{1} x^2 \,\mathrm{d}x \approx 0.6667$$

【例 7-19】 利用龙贝格积分法求解积分 $\int_{0}^{1} \dfrac{\sin x}{\sin x + \cos x} \mathrm{d}x$。

在 MATLAB 命令窗口中输入下列命令：

```
>> [q,s] = Roberg('sin(x)/(sin(x) + cos(x))',0,1)
q =
    0.3383
s =
    3
```

由龙贝格积分法可得到

$$\int_{0}^{1} \frac{\sin x}{\sin x + \cos x} \mathrm{d}x \approx 0.3383$$

7.4.2 自适应积分法

自适应积分法是一种比较经济而且快速的求积分的方法。它能自动地在被积函数变化剧烈的地方增多节点，而在被积函数变化平缓的地方减少节点。因此它是一种不均匀区间的积分方法。

按照子区间上的积分方式它可以分为自适应辛普森积分法和自适应梯形积分法。通常采用前者作为子区间的积分方式。

自适应积分法的基本步骤如下：

(1) 将积分区间 $[a,b]$ 分成两个相等的 1 级子区间 $\left[a,a+\dfrac{h}{2}\right]$ 和 $\left[a+\dfrac{h}{2},a+h\right]$，且 $h=b-a$。

(2) 在上述两个 1 级子区间上用辛普森积分得到积分 $I_{a,a+\frac{h}{2}}^{(1)}$ 和 $I_{a+\frac{h}{2},a+h}^{(1)}$。

(3) 将子区间 $\left[a,a+\dfrac{h}{2}\right]$ 分成两个相等的 2 级子区间 $\left[a,a+\dfrac{h}{2^2}\right]$ 和 $\left[a+\dfrac{h}{2^2},a+\dfrac{h}{2}\right]$。

(4) 采用辛普森积分计算得到

$$I_{a,a+\frac{h}{2}}^{(2)} = I_{a,a+\frac{h}{2^2}}^{(1)} + I_{a+\frac{h}{2^2},a+\frac{h}{2}}^{(1)}$$

(5) 比较 $I_{a,a+\frac{h}{2}}^{(2)}$ 和 $I_{a,a+\frac{h}{2}}^{(1)}$，如果 $\left| I_{a,a+\frac{h}{2}}^{(1)} - I_{a,a+\frac{h}{2}}^{(2)} \right| < 10 \times \dfrac{\varepsilon}{2}$，其中 ε 为整体积分所需精度，则认为子区间 $\left[a,a+\dfrac{h}{2}\right]$ 上的积分 $I_{a,a+\frac{h}{2}}^{(1)}$ 已达到所需精度，不需要再细分；否则就需要再细分，对每个 2 级子区间做同样的判断。

1 级子区间 $\left[a+\dfrac{h}{2},a+h\right]$ 的操作过程完全与上面相同。

在 MATLAB 中编程实现的自适应辛普森积分法的函数为 Simpson()。

功能：自适应辛普森积分法求函数的数值积分。

调用格式：

$$I = Simpson(f, a, b, eps)$$

其中，f 为函数名；a 为积分下限；b 为积分上限；eps 为积分精度；I 为积分值。
自适应辛普森积分的 MATLAB 代码如下：

```
function I = Simpson(f,a,b,eps)
% 自适应辛普森积分法
% f : 函数名
% a : 积分下限
% b: 积分上限
% eps: 积分精度
% I: 积分值
if(nargin == 3)
    eps = 1.0e - 4;
end;
e = 5 * eps;
I = SubSimpson(f,a,b,e);
end


function q = SubSimpson(f,a,b,eps)
QA = IntSimpson(f,a,b,1,eps);
QLeft = IntSimpson(f,a,(a + b)/2,1,eps);
QRight = IntSimpson(f,(a + b)/2,b,1,eps);
if(abs(QLeft + QRight - QA)<= eps)
    q = QA;
else
    q = SubSimpson(f,a,(a + b)/2,eps) + SubSimpson(f,(a + b)/2,b,eps);      % 递归公式
end
end


function [I,step] = IntSimpson(f,a,b,type,eps)
if(type == 3 && nargin == 4)
    disp('缺少参数!');
end
I = 0;
I = ((b - a)/6) * (subs(sym(f),findsym(sym(f)),a) + …
4 * subs(sym(f),findsym(sym(f)),(a + b)/2) + …
subs(sym(f),findsym(sym(f)),b));
step = 1;
end
```

【例 7-20】 计算积分 $\displaystyle\int_0^1 x\sin x\,\mathrm{d}x$。

在 MATLAB 命令窗口中输入下列命令：

```
>> [qs] = Simpson('x * sin(x)',0,1)
qs =
sin(1)/12 + sin(1/2)/12 + sin(1/4)/12 + sin(3/4)/4
```

```
>> vpa(qs)
ans =
0.30110139689471874472686373500291
```

所以由自适应辛普森积分公式可得到

$$\int_0^1 x\sin x\mathrm{d}x \approx 0.3011$$

【例 7-21】 利用自适应辛普森积分公式数值积分法求解积分 $\int_1^2 \dfrac{1}{\sin x + \sqrt{x}}\mathrm{d}x$。

在 MATLAB 命令窗口中输入下列命令：

```
>> q = Simpson('1/(sqrt(x) + sin(x))',1,2)
q =
1/(6 * (sin(1) + 1)) + 2/(3 * (sin(3/2) + (2 ^ (1/2) * 3 ^ (1/2))/2)) + 1/(6 * (sin(2) + 2
^ (1/2)))
>> vpa(q)
ans =
0.46223549992279227348696449398806
```

由自适应辛普森积分公式可得到

$$\int_1^2 \dfrac{1}{\sin x + \sqrt{x}}\mathrm{d}x \approx 0.4622$$

自适应辛普森积分应用十分广泛，不管被积函数多复杂，它都能快速地得到高精度的结果。MATLAB 中的积分函数 quad 就是采用的自适应辛普森积分方法。

7.4.3 样条函数求积分

MATLAB 的样条工具箱中提供了求样条函数的积分函数 fnint()。函数 fnint()的常见用法如下：

```
q = fnint(Y)
```

它表示求取样条函数 Y 的积分。

在用函数 fnint 求积分之前，必须用样条工具箱中的函数 csape()对被积分函数进行样条插值拟合。

【例 7-22】 利用样条函数求解积分 $\int_0^3 \sin x\mathrm{d}x$。

在 MATLAB 命令窗口中输入下列命令：

```
x = 0:0.1:3;
y = sin(x);
Y = csape(x,y,'second', [0, 0])        % 对被积函数进行样条插值拟合
q = fnval(fnint(Y),3)                  % 样条操作函数 fnval 计算在给定点处的样条函数值
q = 1.9900
```

所以由样条积分可得到

$$\int_0^3 \sin x \mathrm{d}x \approx 1.9900$$

7.5 动态微分方程模型

动态微分模型典型的如种群竞争模型,种群生存期间有着出生、死亡、迁入/迁出等问题,因此种群数量较难确定,其种群竞争的数学模型只能通过反复的修正,不断地完善,从而更加接近实际。

设有甲、乙两种群,当它们独自生存时数量演变服从 Logistic 规律,如下式所示。

$$\frac{\mathrm{d}x}{\mathrm{d}t} = r_1 x \left(1 - \frac{x}{n_1}\right), \quad \frac{\mathrm{d}y}{\mathrm{d}t} = r_2 y \left(1 - \frac{y}{n_2}\right)$$

式中,$x(t)$、$y(t)$ 分别为甲、乙两种群的数量;r_1、r_2 为它们的固有增长率;n_1、n_2 为它们的最大容量。

当两种群在同一环境中生存时,它们之间的一种关系是为了争夺同一资源而进行竞争。考察由于乙消耗有限的资源对甲的增长产生的影响,可以合理地将种群甲的方程修改为

$$\frac{\mathrm{d}x}{\mathrm{d}t} = r_1 x \left(1 - \frac{x}{n_1} - s_1 \frac{y}{n_2}\right)$$

式中,s_1 的含义是:对于供养甲的资源而言,单位数量乙(相对于 n_2)的消耗为单位数量甲(相对 n_1)消耗的 s_1 倍。

类似地,如果甲的存在也影响了乙的增长,乙的方程应改为

$$\frac{\mathrm{d}y}{\mathrm{d}t} = r_2 y \left(1 - s_2 \frac{x}{n_1} - \frac{y}{n_2}\right)$$

式中,s_2 的含义是:对于供养乙的资源而言,单位数量甲(相对于 n_1)的消耗为单位数量乙(相对 n_2)消耗的 s_2 倍。

当给定种群的初始值

$$x(0) = x_0, \quad y(0) = y_0$$

及参数 r_1、r_2、s_1、s_2、n_1、n_2 后,可确定两种群数量的变化规律。

(1) 设 $r_1 = r_2 = 1, n_1 = n_2 = 100, s_1 = 0.5, s_2 = 2, x_0 = y_0 = 10$,计算 $x(t)$、$y(t)$,画出它们的图形及相图 $x(t)$、$y(t)$,说明时间 t 充分大以后 $x(t)$、$y(t)$ 的变化趋势。

对于微分方程的求解,首先建立微分方程函数,多数情况下,用数值解代替代数解进行方程的模拟。自定义种群函数程序 zhongqun() 如下:

```
%自定义种群函数
function dy = zhongqun(t,y)
syms r1 r2 s1 s2 n1
%r、n 赋予不同的参数时,有不同的解
r1 = 1;r2 = 1;
n1 = 100;n2 = 100;
```

```
s1 = 0.5;s2 = 2;
dy = zeros(2,1);
dy(1) = r1 * y(1) * (1 − y(1)/n1 − s1 * y(2)/n2);
dy(2) = r2 * y(2) * (1 − s2 * y(1)/n1 − y(2)/n2);
% 注解：在此函数中，改变 r1、r2、n1、n2、s1、s2 的值，达到相关要求
```

针对题目中已知的初始条件，编写相应的 MATLAB 脚本文件程序，运行结果如图 7-9 和图 7-10 所示。

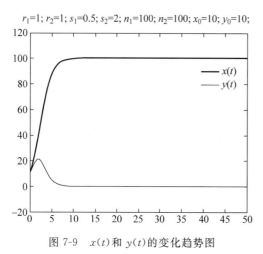

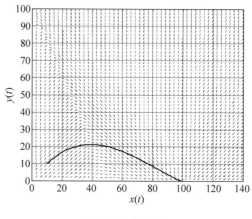

图 7-9 $x(t)$ 和 $y(t)$ 的变化趋势图   图 7-10   解曲线

由图 7-9 和图 7-10 可知在 $t=10$ 时，x 达到稳定值 100，y 达到稳定值 0。

结论：时间 t 充分大以后 $x(t)$、$y(t)$ 的值稳定在 $x=100,y=0$。

$x(t)$、$y(t)$ 的变化趋势图程序如下：

```
% 绘制当 r1 = 1;r2 = 1;n1 = 100;n2 = 100;s1 = 0.5;s2 = 2 时的函数图像
>> x0 = 10;y0 = 10;
options = odeset('RelTol',1e − 4,'AbsTol',[1e − 4 1e − 5]);
[T,Y] = ode45('zhongqun',[0 50],[x0 y0],options);
grid on
axis equal
plot(T,Y(:,1),'b − ',T,Y(:,2),'r − ')
title('r1 = 1;r2 = 1;s1 = 0.5;s2 = 2;n1 = 100;n2 = 100;x0 = 10;y0 = 10;')
h = legend('x(t)','y(t)',2);
```

解曲线程序如下：

```
% 绘制曲线向量解曲线
>> syms r1 r2 s1 s2 n1
r1 = 1;r2 = 1;s1 = 0.5;s2 = 2;n1 = 100;n2 = 100;
Xmin = 0;
Xmax = 140;
Ymin = 0;
Ymax = 100;
```

```
n = 50;
%计算切线矢量
>> [X,Y] = meshgrid(linspace(Xmin,Xmax,n),linspace(Ymin,Ymax,n));
>> Fx = r1. * X. * (1 - X./n1 - s1. * Y./n2);
Fy = r2. * Y. * (1 - s2. * X./n1 - Y./n2);
Fx = Fx./(sqrt(Fx.^2 + Fy.^2 + 1));
Fy = Fy./(sqrt(Fx.^2 + Fy.^2 + 1));
%求解微分方程
>> options = odeset('RelTol',1e - 4,'AbsTol',[1e - 4 1e - 5]);
>> [T1,Y1] = ode45(@zhongqun,[0 50],[10 10],options);
>> %绘制斜率场
hold on
grid on
box on
axis([Xmin,Xmax,Ymin,Ymax])
quiver(X,Y,Fx,Fy,0.5);
>> %绘制解曲线
plot(Y1(:,1),Y1(:,2),'g','LineWidth',2)
```

（2）改变 r_1、r_2、n_1、n_2、x_0、y_0，维持 s_1、s_2 不变，在此，绘出 $r_1=1.2$，$r_2=1.1$，$n_1=200$，$n_2=120$，$x_0=y_0=10$ 的函数图像及 $r_1=0.9$，$r_2=1.5$，$n_1=500$，$n_2=800$，$x_0=y_0=10$ 的函数图像。

同（1）中，改变初始值，运行程序，结果如图 7-11 和图 7-12 所示。其中，图 7-11 所示为 $r_1=1.2$，$r_2=1.1$，$n_1=200$，$n_2=120$，$x_0=y_0=10$ 的函数图像；图 7-12 所示为 $r_1=0.9$，$r_2=1.5$，$n_1=500$，$n_2=800$，$x_0=y_0=10$ 的函数图像。

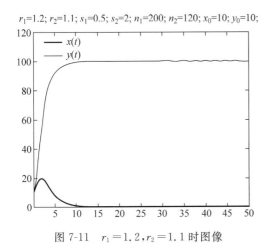

图 7-11　$r_1=1.2$，$r_2=1.1$ 时图像

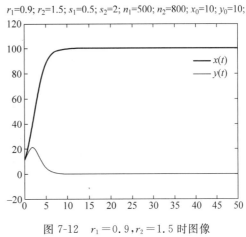

图 7-12　$r_1=0.9$，$r_2=1.5$ 时图像

当 $r_1=1.2$，$r_2=1.1$ 时，程序如下：

```
%自定义种群函数
function dy = zhongqun(t,y)
syms r1 r2 s1 s2 n1
```

```
% r、n 赋予不同的参数时,有不同的解
r1 = 1.2;r2 = 1.1;
n1 = 200;n2 = 120;
s1 = 0.5;s2 = 2;
dy = zeros(2,1);
dy(1) = r1 * y(1) * (1 - y(1)/n1 - s1 * y(2)/n2);
dy(2) = r2 * y(2) * (1 - s2 * y(1)/n1 - y(2)/n2);
```

运行的脚本文件程序如下:

```
% 保持 s1、s2 不变,改变其他变量
>> x0 = 10;y0 = 10;
options = odeset('RelTol',1e - 4,'AbsTol',[1e - 4 1e - 5]);
[T,Y] = ode45('zhongqun',[0 50],[x0 y0],options);
grid on
axis equal
plot(T,Y(:,1),'b - ',T,Y(:,2),'r - ')
title('r1 = 1.2;r2 = 1.1;s1 = 0.5;s2 = 2;n1 = 200;n2 = 120;x0 = 10;y0 = 10;')
h = legend('x(t)','y(t)',2);
```

当 $r_1 = 0.9, r_2 = 1.5$ 时,程序如下:

```
% 自定义种群函数
function dy = zhongqun(t,y)
syms r1 r2 s1 s2 n1
% r、n 赋予不同的参数时,有不同的解
r1 = 0.9;r2 = 1.5
n1 = 500;n2 = 800;
s1 = 0.5;s2 = 2;
dy = zeros(2,1);
dy(1) = r1 * y(1) * (1 - y(1)/n1 - s1 * y(2)/n2);
dy(2) = r2 * y(2) * (1 - s2 * y(1)/n1 - y(2)/n2);
```

运行的脚本文件程序如下:

```
>> x0 = 10;y0 = 10;
options = odeset('RelTol',1e - 4,'AbsTol',[1e - 4 1e - 5]);
[T,Y] = ode45('zhongqun',[0 50],[x0 y0],options);
grid on
axis equal
plot(T,Y(:,1),'b - ',T,Y(:,2),'r - ')
title('r1 = 0.9;r2 = 1.5;s1 = 0.5;s2 = 2;n1 = 500;n2 = 800;x0 = 10;y0 = 10;')
h = legend('x(t)','y(t)',2);
```

当改变 r_1、r_2、n_1、n_2、x_0、y_0,维持 s_1、s_2 不变,种群 x 将占优势地位,而种群 y 变为 0。

综合结论:改变 r、n 和初始值,甲、乙种群的最终稳定状态不会改变,都是种群 x 达到环境最大承载值,而种群 y 变为 0。参数 r、n 和初始值的改变仅会影响达到稳定的速度,不会改变优势种群 x 的优势地位,即最终的稳定状态情况。

若 $s_1 = 1.5, s_2 = 0.7$,绘出函数图像如图 7-13 所示。

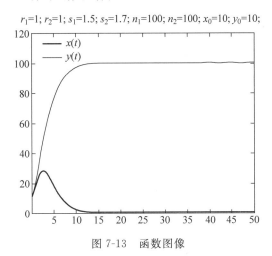

图 7-13 函数图像

在图 7-13 中,在 $t = 20$ 时,y 达到最大容量稳定值 100,种群 x 达到在竞争中变为零。当 s_1 小而 s_2 大时(s_1 与 s_2 相差较大时,$s_1 < 1, s_2 > 1$),乙消耗甲的资源少,乙对甲影响小,同时甲消耗乙的资源多,所以甲对乙影响大,此时乙处于不利地位,甲处于有利地位,所以最后结果甲达到最大环境承载量,而乙种群数变为 0。

相反的,当 s_1 大而 s_2 小时(s_1 与 s_2 相差较大时,$s_1 > 1, s_2 < 1$),乙消耗甲的资源多,乙对甲影响大,同时甲消耗乙的资源少,所以甲对乙影响小,此时乙处于有利地位,甲处于不利地位,所以最后结果乙达到最大环境承载量,而甲种群数变为 0。

当 $s_1 = 1.5, s_2 = 0.7$ 时,程序如下:

```
% 自定义种群函数
function dy = zhongqun(t,y)
syms r1 r2 s1 s2 n1
% r、n 赋予不同的参数时,有不同的解
r1 = 1.5;r2 = 0.7
n1 = 100;n2 = 100;
s1 = 0.5;s2 = 2;
dy = zeros(2,1);
dy(1) = r1 * y(1) * (1 - y(1)/n1 - s1 * y(2)/n2);
dy(2) = r2 * y(2) * (1 - s2 * y(1)/n1 - y(2)/n2);
```

运行的脚本文件程序如下:

```
>> x0 = 10;y0 = 10;
options = odeset('RelTol',1e - 4,'AbsTol',[1e - 4 1e - 5]);
[T,Y] = ode45('zhongqun',[0 50],[x0 y0],options);
grid on
axis equal
plot(T,Y(:,1),'b - ',T,Y(:,2),'r - ')
title('r1 = 1;r2 = 1;s1 = 1.5;s2 = 0.7;n1 = 100;n2 = 100;x0 = 10;y0 = 10;')
h = legend('x(t)','y(t)',2);
```

7.6　打靶法

下面以非线性方程的第一类边值问题为例讨论打靶法,其基本原理是将边值问题转化为相应的初值问题求解。

假定 $y'(a)=t$,这里 t 为解 $y(x)$ 在 $x=a$ 处的斜率,于是初值问题为

$$\begin{cases} y'' = f(x,y,y') \\ y(a) = \alpha \\ y'(a) = t \end{cases}$$

令 $z=y'$,上述二阶方程转化为一阶方程组:

$$\begin{cases} y' = z \\ z' = f(x,y,z) \\ y(a) = \alpha \\ z(a) = t \end{cases}$$

原问题转化为求合适的 t,使上述初值问题的解 $y(x,t)$ 在 $x=b$ 的值满足右端边界条件:

$$y(b,t) = \beta$$

打靶法的计算过程(ε 为允许误差,t 的修改使用线性插值方法):

(1) 先设 $t=t_0$,求解初值问题,得到 $y(b,t_0)=\beta_0$;若 $|\beta-\beta_0| \leqslant \varepsilon$,则 $y(x_j,t_0)(j=0,1,\cdots,n)$ 为问题的满意的离散解,结束。

(2) 若 $|\beta-\beta_0| > \varepsilon$,令 $t=t_1$,求解初值问题,得到 $y(b,t_1)=\beta_1$;若 $|\beta-\beta_1| \leqslant \varepsilon$,则 $y(x_j,t_1)(j=0,1,\cdots,n)$ 为问题满意的离散解,结束;否则转下一步。

(3) 由线性插值得到一般计算公式

$$t_{k+1} = t_k - \frac{y(b,t_k)-\beta}{y(b,t_k)-y(b,t_{k-1})}(t_k - t_{k-1}), \quad k=1,2,\cdots$$

(4) 令 $t=t_{k+1}$,求解初值问题,得到 $y(b,t_{k+1})=\beta_{k+1}$;若 $|\beta-\beta_{k+1}| \leqslant \varepsilon$,则 $y(x_j,t_{k+1})$ $(j=0,1,\cdots,n)$ 为满意的离散解,结束;否则转上一步。

这个过程好比打靶,t_k 为子弹发射率,$y(b)=\beta$ 为靶心,当 $|\beta-\beta_k| \leqslant \varepsilon$ 时则得到解,故称打靶法。

【例 7-23】　用打靶法求线性边值问题:

$$y''(x) = \frac{c_1 x}{1+x^2} y'(x) - \frac{c_2}{1+x^2} y(x) + c_3, \quad x \in [0,6]$$

在 $y(0)=1.25, y(6)=-1.25, c_1=2, c_2=2, c_3=0.8$ 的数值解,$h=0.5$,并与精确解比较,画出它们的图形。

由目标方程得 $q_1(x)=\dfrac{c_1 x}{1+x^2}, q_2(x)=-\dfrac{c_2}{1+x^2}, q_3(x)=0.8, \alpha=1.25, \beta=-1.25$。

由此建立相应的函数文件如下:

```
function dY1 = dydx1(X,Y)
c1 = 2;c2 = 2;c3 = 0.8;
```

```
dY1(1) = Y(2);
dY1(2) = (c1 * X/(1 + X^2)) * Y(2) - (c2/(1 + X^2)) * Y(1) + c3;
dY1 = [dY1(1);dY1(2)];
end
```

当 $c_3 = 0$，编写对应的函数文件如下：

```
function dY2 = dydx2(X,Y)
c1 = 2;c2 = 2;
dY2(1) = Y(2);
dY2(2) = (c1 * X/(1 + X^2)) * Y(2) - (c2/(1 + X^2)) * Y(1);
dY2 = [dY2(1);dY2(2)];
end
```

求其精确解，程序如下：

```
clc,clear,close all
%精确解
y = dsolve('D2y = (2 * X/(1 + X^2)) * Dy - (2/(1 + X^2)) * y + 0.8', 'X')
syms C1 C2,
X = [0,6];
y = X * C2 + (1 - X.^2) * C1 - 4/5 * X.^2 + 8/5 * X. * atan(X) - 2/5 * log(1 + X.^2) + 2/5 * log(1
  + X.^2). * X. * 2
[C1,C2] = solve('C1 = 1.25', '6 * C2 - 35 * C1 + 99211677038297587/2814749767106560 = - 1.25');
syms X
y = X * C2 + (1 - X.^2) * C1 - 4/5 * X.^2 + 8/5 * X. * atan(X) - 2/5 * log(1 + X.^2) + 2/5 * log(1
  + X.^2). * X. * 2
```

运行程序，输出结果如下：

```
y =
C12 * X - X * ((4 * X)/5 - (8 * atan(X))/5) + (2 * X * log(X^2 + 1) * (X - 1/X))/5 + C13 *
X * (X - 1/X)
y =
[ C1, 6 * C2 - 35 * C1 + 1638905643197707/2814749767106560]
y =
1.2088219648217098859769672950885 * X - (2 * log(X^2 + 1))/5 + (4 * X * log(X^2 + 1))/5
 + (8 * X * atan(X))/5 - 2.05 * X^2 + 1.25
```

编写相应的线性打靶法程序如下：

```
function [k,X,Y,wucha,P] = xxdb(dydx1,dydx2,a,b,alpha,beta,h)
n = fix((b - a)/h);
X = zeros(n + 1,1);
CT1 = [alpha,0];
Y = zeros(n + 1,length(CT1));
Y1 = zeros(n + 1,length(CT1));
```

```
Y2 = zeros(n + 1, length(CT1));
X = a:h:b;
Y1(1, :) =  CT1;
CT2 = [0, 1];
Y2(1, :) =  CT2;
for k = 1:n
    k1 = feval(dydx1, X(k), Y1(k, :))
    x2 = X(k) + h/2; y2 = Y1(k, :)' + k1 * h/2;
    k2 = feval(dydx1, x2, y2);
    k3 = feval(dydx1, x2, Y1(k, :)' + k2 * h/2);
    k4 = feval(dydx1,  X(k) + h, Y1(k, :)' + k3 * h);
    Y1(k + 1, :) = Y1(k, :) + h * (k1' + 2 * k2' + 2 * k3' + k4')/6, k = k + 1;
end
u = Y1(:, 1)
for k = 1:n
    k1 = feval(dydx2, X(k), Y2(k, :))
    x2 = X(k) + h/2; y2 = Y2(k, :)' + k1 * h/2;
    k2 = feval(dydx2, x2, y2);
    k3 = feval(dydx2, x2, Y2(k, :)' + k2 * h/2);
    k4 = feval(dydx2,  X(k) + h, Y2(k, :)' + k3 * h);
    Y2(k + 1, :) = Y2(k, :) + h * (k1' + 2 * k2' + 2 * k3' + k4')/6, k = k + 1;
end
v = Y2(:, 1)
Y = u + (beta - u(n + 1)) * v/v(n + 1)
for k = 2:n + 1
    wucha(k) = norm(Y(k) - Y(k - 1)); k = k + 1;
end
X = X(1:n + 1);
Y = Y(1:n + 1, :);
k = 1:n + 1;
wucha = wucha(1:k, :);
P = [k', X', Y, wucha'];
plot(X, Y(:, 1), 'ro -- ', X, Y1(:, 1), 'g * -- ', X, Y2(:, 1), 'mp -- ')
xlabel('轴\it x');
ylabel('轴\it y')
legend('边值问题的数值解 y(x) 的曲线', '初值问题 1 的数值解 u(x) 的曲线', '初值问题 2 的数值
解 v(x) 的曲线')
title('用线性打靶法求线性边值问题的数值解的图形')
```

主程序如下：

```
clc, clear, close all
a = 0;
b = 6;
h = 0.5;
alpha = 1.25;
beta = - 1.25;
c1 = 2; c2 = 2; c3 = 0.8;
[k, X, Y, wucha, P] = xxdb(@dydx1, @dydx2, a, b, alpha, beta, h),
```

```
hold on
y = 1.2088219648217098859769672950885 * X + 1.25 - 2.05 * X.^2 + 8/5 * X. * atan(X) - 2/5 *
log(1 + X.^2) + 2/5 * log(1 + X.^2). * X.^2;
plot(X, y, 'b - '), hold off
legend('边值问题的数值解 Y(x) 的图形','初值问题 1 的数值解 u(x) 的图形', '初值问题 2 的数值
解 v(x) 的图形','边值问题的精确解 y(x) 的曲线')
title('用线性打靶法求线性边值问题的数值解和精确解的图形')
n = fix((b - a)/h);
for k = 1:n + 1
    wuchay(k) = norm(y(k) - Y(k)); k = k + 1;
end
wuchay;
k = 1:n + 1;
wuchay = wuchay(1:k, :);
P1 = [k', X', y', Y, wuchay', wucha']
```

运行程序，输出图形如图 7-14 所示。

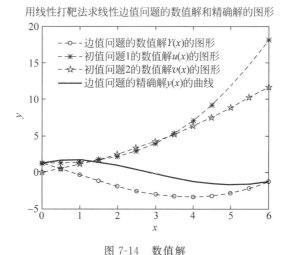

图 7-14　数值解

本章小结

本章基于微分方程求解，讲解了常见的、较简单的 MATLAB 微分方程计算，包括打靶法、微分方程斜率场曲线绘制，以及符号微分方程的求解，让读者初步掌握微分方程常见问题求解。

第8章 微分方程及级数

级数理论是分析学的一个分支,它与另一个分支——微积分学一起作为基础知识和工具出现在其余各分支中。本章主要从微分方程求解、级数展开(函数的泰勒展开和傅里叶展开)和简单应用问题出发,深入浅出地阐述微分方程、级数、符号变量的使用。

学习目标:

* 掌握常微分方程基本运算;
* 掌握级数展开以及微分方程工程应用分析;
* 掌握 MATLAB 求解具体工程案例技巧。

8.1 微分方程基本运算

当常微分方程式能够解析求解时,可用 MATLAB 符号工具箱中的功能找到精确解;在常微分方程难以获得解析解的情况下,使用 MATLAB 的常微分方程求解器 solver,可以方便地在数值上求解。

8.1.1 常微分方程符号解

MATLAB 常微分方程符号解的语法是:

```
dsolve('equation','condition')
```

其中,equation 为常微分方程式,即 $y' = g(x, y)$,且需以 Dy 代表一阶微分项 y',D2y 代表二阶微分项 y'';condition 则为初始条件。

函数 dsolve()用来解符号常微分方程、方程组,如果没有初始条件,则求出通解;如果有初始条件,则求出特解。

函数 dsolve()的调用格式如下:

(1) dsolve('equation')。给出微分方程的解析解,表示为 t 的函数。

(2) dsolve('equation', 'condition')。给出微分方程初值问题的解,表示为 t 的函数。

(3) dsolve('equation', 'v')。给出微分方程的解析解,表示为 v 的函数。

（4）dsolve('equation', 'condition', 'v')。给出微分方程初值问题的解，表示为 v 的函数。

【例 8-1】 求方程 $y'(t)=2at$ 的通解，其中 a 为常数。

编写程序如下：

```
clc,clear,close all
y1 = dsolve('Dy = 2 * a * t', 't')
```

运行程序，输出结果如下：

```
y1 =
a * t^2 + C2
```

【例 8-2】 求方程 $y'(t)=\dfrac{t}{y(t)}+\dfrac{y(t)}{t}$，$y(1)=2$ 的通解。

编写程序如下：

```
clc,clear,close all
y2 = dsolve('Dy = t/y + y/t', 'y(1) = 2', 't')
```

运行程序，输出结果如下：

```
y2 =
2^(1/2) * t * (log(t) + 2)^(1/2)
```

【例 8-3】 求方程组 $\begin{cases} x'(t)=y(t)+1,\quad y'(t)=x(t)+1 \\ x(0)=-2,y(0)=0 \end{cases}$ 的特解。

编写程序如下：

```
clc,clear,close all
s = dsolve('Dx = y + 1', 'Dy = x + 1', 'x(0) = -2', 'y(0) = 0', 't'),
y = s. y,
x = s. x
```

运行程序，输出结果如下：

```
s =
    y: [1x1 sym]
    x: [1x1 sym]
y =
    - exp( - t) * (exp(t) - 1)
x =
    - exp( - t) * (exp(t) + 1)
```

8.1.2　常微分方程数值解

求解微分方程的数值解常用的 MATLAB 函数调用如下：

```
[t, x] = ode23('xprime', t0, tf, x0, tol, trace)
[t, x] = ode45('xprime', t0, tf, x0, tol, trace)
```

或

```
[t, x] = ode23('xprime', [t0, tf], x0, tol, trace)
[t, x] = ode45('xprime', [t0, tf], x0, tol, trace)
```

说明：

（1）xprime 是定义 $f(x,t)$ 的函数名。该函数文件必须以 $\dot{x}$ 为一个列向量输出，以 t，x 为输入参量（注意输入变量之间的关系，先"时间变量"后"状态变量"）。

（2）输入参量 t_0 和 t_f 分别是积分的起始值和终止值。

（3）输入参量 x_0 为初始状态列向量。

（4）tol 控制解的精度，可默认。默认时，ode23 默认 tol＝1. e-3；ode45 默认 tol＝1. e-6。

（5）输入参量 trace 控制求解的中间结果是否显示，可默认。默认时，默认为 tol＝0，不显示中间结果。

【例 8-4】　绘制微分方程 $y'=\cos x+\sin y$ 的方向场，在区间 $[0，20]$ 上求解满足初值条件 $y(0)=1$ 的数值解，并在向量场中绘制数值解的图形。

由 $y'=\cos x+\sin y$ 编写函数文件如下：

```
function dy = Dfun1(t,y)
dy = cos(t) + sin(y);
end
```

求解该函数的数值解，编程如下：

```
clear
clc
options = odeset('RelTol',1e-4,'AbsTol',1e-5);
[T,Y] = ode45(@Dfun1,[0 20],1,options);
box on
grid on
axis equal
plot(T,Y,'linewidth',2)
grid on
```

运行程序，输出图形如图 8-1 所示。

编写该函数向量场中的数值解的图形，程序如下：

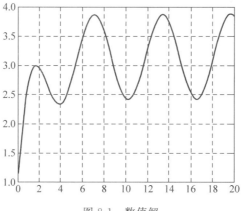

图 8-1 数值解

```
clear
clc
clf
% 确定绘制区域并划分网格
Xmin = 0;
Xmax = 20;
Ymin =- 20;
Ymax = 20;
n = 15;
% 计算切线矢量
[X,Y] = meshgrid(linspace(Xmin,Xmax,n),linspace(Ymin,Ymax,n));
%
Fx = cos(atan(cos(X) + sin(Y)));
[m1,n1] = size(Fx);
for i = 1:m1
    for j = 1:n1
        if(cos(X) + sin(Y)> 0)              % 夹角为锐角
            Fy(i,j) = sqrt(1 - Fx(i,j).^2);
        else                                % 夹角为钝角
            Fy(i,j) =- sqrt(1 - Fx(i,j).^2);
        end
    end
end
% 求解微分方程
[x,y] = ode45(@Dfun1,[0,20],0.1);
[x1,y1] = ode45(@Dfun1,[0,20],4.0)
[x2,y2] = ode45(@Dfun1,[0,20], - 2.0)
[x3,y3] = ode45(@Dfun1,[0,20], - 4.0)
% 绘制斜率场
hold on
grid on
box on
axis([Xmin,Xmax,Ymin,Ymax])
quiver(X,Y,Fx,Fy,0.3);
```

```
% 绘制解曲线
plot(x,y,'r-',x1,y1,'g--',x2,y2,'k',x3,y3,'y--','LineWidth',2);
hold off
```

运行程序,输出图形如图 8-2 所示。

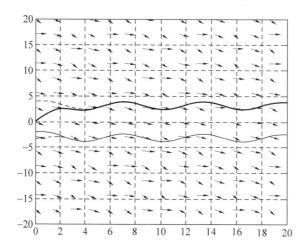

图 8-2　向量解中的数值解

【例 8-5】　已知阿波罗飞船的运动轨迹(x,y)满足下面的方程:

$$\begin{cases} \dfrac{\mathrm{d}^2 x}{\mathrm{d}t^2} = 2\dfrac{\mathrm{d}y}{\mathrm{d}t} + x - \dfrac{\lambda(x+\mu)}{r_1^3} - \dfrac{\mu(x-\lambda)}{r_2^3} \\ \dfrac{\mathrm{d}^2 y}{\mathrm{d}t^2} = -2\dfrac{\mathrm{d}x}{\mathrm{d}y} + y - \dfrac{\lambda y}{r_1^3} - \dfrac{\mu y}{r_2^3} \end{cases}$$

式中

$$\mu = \frac{1}{82.45}, \quad \lambda = 1-\mu, \quad r_1 = \sqrt{(x+\mu)^2 + y^2}, \quad r_2 = \sqrt{(x+\lambda)^2 + y^2}$$

试在初值 $x(0)=1.2, x'(0)=0, y(0)=-1, y'(0)=-1.049\,353\,71$ 下求解,并绘制飞船轨迹图。

编写该函数程序文件如下:

```
function dy = Dfun3(t,y)
dy = zeros(4,1);
% a = 1/82.45
% b = 1 - a;
dy(1) = y(2);
dy(3) = y(4);
dy(2) = 2 * y(4) + y(1) - 0.9879 * (y(1) + 0.0121)/(sqrt((y(1) + 0.0121)^2 + y(3)^2))^3 -
0.0121 * (y(1) - 0.9879)/sqrt((y(1) + 0.9879)^2 + y(3)^2)^3;
dy(4) = -2 * y(2) + y(3) - 0.9879 * y(3)/(sqrt((y(1) + 0.0121)^2 + y(3)^2))^3 - 0.0121 * y
(3)/(sqrt((y(1) + 0.9879)^2 + y(3)^2))^3;
end
```

编写主函数文件如下：

```
clear;
clf;
[t,y] = ode15s('Dfun3',[0 70],[1 0 0 -1]);
plot(y(:,1),y(:,3))
grid on
```

运行程序,输出图形如图 8-3 所示。

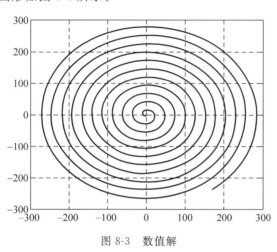

图 8-3　数值解

8.1.3　泰勒级数

若函数 $f(x)$ 在 $x = x_0$ 点的某一邻域内,具有从 1(阶)直到 $n+1$ 阶的导数,则在该邻域内,函数 $f(x)$ 在点 $x = x_0$ 时,项数趋向无穷的幂级数为

$$f(x) = f(x_0) + f'(x_0)(x - x_0) + \frac{f''(x_0)(x - x_0)^2}{2!} + \cdots + \frac{f^{(n)}(x_0)(x - x_0)^n}{n!} + \cdots$$

这个幂级数叫作函数 $f(x)$ 的泰勒(Taylor)级数,在 MATLAB 中可由函数 taylor 来实现。其常见的调用格式如下：

(1) taylor(f)。返回 f 函数的五次幂多项式近似,函数 f 的自变量由函数 findsym()确定。

(2) taylor(f,n)。返回 $n-1$ 次幂多项式,函数 f 的自变量由函数 findsym()确定。

(3) taylor(f,a)。返回 a 点附近的五次幂多项式近似。

(4) taylor(f,x)。返回 f 函数的五次幂多项式近似,函数 f 的自变量指定为 x,不是由函数 findsym()确定。

【例 8-6】　研究对象：$f(x) = \dfrac{1}{x(x+3)}$,$x_0 = 1$。求函数在指定点处的幂级数展开式。

编写程序如下：

```
clear;
```

```
close all,clc
syms x
fun = 1./(x. * (x + 3));
Tayfun = taylor(fun, x, 1)
```

运行程序,输出结果如下:

```
Tayfun =
(21 * (x - 1)^2)/64 - (5 * x)/16 - (85 * (x - 1)^3)/256 + (341 * (x - 1)^4)/1024 -
(1365 * (x - 1)^5)/4096 + 9/16
```

【例 8-7】 研究对象:$f(x) = \int_0^x t\cos t dt$,$x_0 = 0$;$f'(x) = x\cos x$。求函数的幂级数展开式。

编写程序如下:

```
clear;
syms x;
dfun = x * cos(x);
Taydfun = taylor(dfun, x, 0)
IntTaydfun = int(Taydfun, x, 0)
```

运行程序,输出结果如下:

```
Taydfun =
x^5/24 - x^3/2 + x
IntTaydfun =
 - x^4 * (x^2/144 - 1/8) - x^2/2
```

【例 8-8】 设 $f(x)$ 是以 2π 为周期的函数,它在 $[-\pi, \pi]$ 上的表达式为

$$f(x) = \begin{cases} \pi + x, & -\pi \leqslant x \leqslant 0 \\ \pi - x, & 0 < x \leqslant \pi \end{cases}$$

试将 $f(x)$ 展开成傅里叶级数,并绘图观察部分和逼近 $f(x)$ 的过程。

根据题意化成傅里叶级数展开式,编程如下:

```
clear;
syms n x
an = 2 * int(pi * cos(n * x) - x * cos(n * x), x, 0, pi)/pi
a0 = (int(pi + x, x, - pi, 0) + int(pi - x, x, 0, pi))/pi
```

运行程序,输出结果如下:

```
an =
    (4 * sin((pi * n)/2)^2)/(pi * n^2)
a0 =
    pi
```

整理输出结果有

$$f(x) = \frac{\pi}{2} + \frac{4}{\pi}\cos x + \frac{4}{9\pi}\cos 3x + \frac{4}{25\pi}\cos 5x + \cdots + \frac{4}{n^2\pi}\cos nx$$

绘制 $f(x)$ 的数值求解图,编程如下:

```
clear;
clf;
syms x;
x = - pi:0.01:pi;
k = find( - pi < = x&x < = 0); fun(k) = pi + x(k);
k1 = find(pi > = x&x > 0); fun(k1) = pi - x(k1);
plot(x,fun,'r - ');
hold on
f = pi/2 + 4/pi * cos(x);
plot(x,f,'b - ');
for i = 3:2:9
    f = f + (4/pi * cos(i * x))./i.^2;
    plot(x,f,'b - ','linewidth',2)
end
hold off
grid on
xlabel('x')
ylabel('f(x)')
```

运行程序,输出结果如图 8-4 所示。

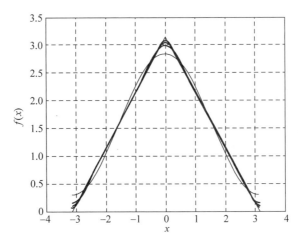

图 8-4　函数逼近结果

8.2　微分方程在实际物理模型中的应用

微分方程建模是解决实际问题的一个非常有效的方法,下面通过实例分析微分方程建模与实验在实际生活中的应用。

8.2.1 肿瘤大小应用分析

例如,肿瘤大小 V 生长的速率与 V 的 a 次方成正比,其中 a 为形状参数,$0 \leqslant a \leqslant 1$; 而比例系数 K 随时间减小,减小速率又与当时的 K 值成正比,比例系数为环境参数 b。 设某肿瘤参数 $a=1,b=0.1,K$ 的初始值为 $2,V$ 的初始值为 1。

试分析此肿瘤生长不会超过多大? 多长时间肿瘤大小翻一倍? 何时肿瘤生长速率由递增转为递减? 若参数 $a=2/3$ 呢?

对于肿瘤生长问题,建立相应的微分方程为

$$\begin{cases} \dfrac{\mathrm{d}v}{\mathrm{d}t} = kv^a \\ \dfrac{\mathrm{d}k}{\mathrm{d}t} = -bk \end{cases}$$

求解肿瘤大小 V 和比例系数 K 的方程,编程如下:

```
clc,clear
close all
clear;
% 求解 v k 方程
syms t
s = dsolve('Dv = k * v^1','Dk = - 0.1 * k','v(0) = 1','k(0) = 2','t'),
v = s.v,
k = s.k
```

运行程序,输出结果如下:

```
s =
    k: [1x1 sym]
    v: [1x1 sym]
v =
exp(20) * exp( - 20 * exp( - t/10))
k =
2 * exp( - t/10)
```

求肿瘤生长的极限,程序如下:

```
limv = limit(v,t,inf)
```

运行程序,输出结果如下:

```
limv =
exp(20)
```

因此此肿瘤生长不会超过 e^{20}。做出肿瘤大小 V 和比例系数 K 关于时间 t 图像,编程如下:

```
clear;
t = 0:0.1:70;
v1 = exp(2)^10 * exp( - 20 * exp( - 1/10 * t));
k1 = 2 * exp( - 1/10 * t);
subplot(1,2,1)
plot(t,v1,'r',t,k1,'b','linewidth',2)
legend('V','K')
grid on
subplot(1,2,2)
plot(t,k1,'b','linewidth',2)
grid on
xlabel('t')
ylabel('V')
```

运行程序，输出图形如图 8-5 所示。

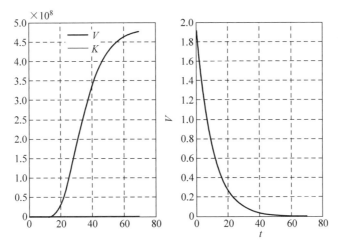

图 8-5　变化曲线图

对于多长时间肿瘤大小增长一倍，即肿瘤体积变为原来的 2 倍时的时间，编程如下：

```
clc,clear,close all
t0 = vpa(solve('exp(2)^10 * exp( - 20 * exp( - 1/10 * t)) = 2','t'),5)
```

运行程序，输出结果如下：

```
t0 =
0.35272
```

肿瘤生长速率由递增转为递减的时间，即需要知道对 V 求 2 阶导数求出生长速率的导数方程 V_t。编程如下：

```
clear;
syms t
format short
vt = diff(exp(2)^10 * exp( - 20 * exp( - 1/10 * t)),t,2)
```

运行程序,输出结果如下:

```
vt =
(4069860639536131 * exp( - t/5) * exp( - 20 * exp( - t/10)))/2097152 - (4069860639536131 *
exp( - t/10) * exp( - 20 * exp( - t/10)))/41943040
```

做出肿瘤生长速率变化图,编程如下:

```
clf;
t = 0:0.1:1000;
vt1 = - 4069860639536131/41943040 * exp( - 1/10 * t). * exp( - 20 * exp( - 1/10 * t)) +
4069860639536131/2097152 * exp( - 1/10 * t).^2. * exp( - 20 * exp( - 1/10 * t));
plot(t, vt1, 'linewidth', 2)
grid on
xlabel('t')
ylabel('肿瘤生长速率')
```

运行程序,输出结果如图 8-6 所示。

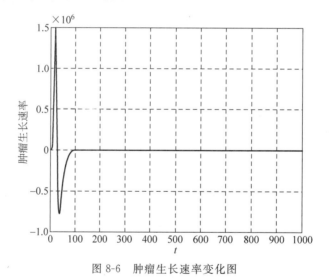

图 8-6　肿瘤生长速率变化图

由图 8-6 所示,找出 2 阶导数为 0,编程如下:

```
clear;
syms t
t1 = vpa(solve( - 4069860639536131/41943040 * exp( - 1/10 * t) * exp( - 20 * exp( - 1/10 * t))
+ 4069860639536131/2097152 * exp( - 1/10 * t)^2 * exp( - 20 * exp( - 1/10 * t)), t), 5)
```

运行程序,输出结果如下:

```
t1 =
29.957
```

则肿瘤生长速率由递增转为递减的时间为 29.957。

当 $a = \dfrac{2}{3}$ 时,编写微分方程函数文件如下:

```
function dy = Dfun4(t,y)
dy = zeros(1,1);
dy(1) = 2 * exp( - 1/10 * t) * (y(1)^(2/3));
end
```

编写肿瘤生长速率程序如下:

```
clear
clc
options = odeset('RelTol',1e - 4,'AbsTol',1e - 5);
[T,Y] = ode45(@Dfun4,[0 1000],1,options);
box on
grid on
axis equal
plot(T,Y,'linewidth',2)
grid on
xlabel('T')
ylabel('Y')
```

运行程序,输出结果如图 8-7 所示。

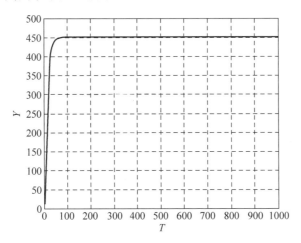

图 8-7　肿瘤生长速率变化曲线

8.2.2　放射性废料的处理问题

美国原子能委员会处理浓缩的放射性废料曾经使用的方法是把它们装入密封的圆桶里,然后扔到水深为 90 多米的海底。生态学家和科学家们表示担心,怕圆桶下沉到海底时与海底碰撞而发生破裂,从而造成核污染。原子能委员会分辩说,这是不可能的。为此工程师们进行了碰撞试验,发现当圆桶下沉速度超过 12.2m/s 与海底相撞时,圆桶就可能发生碰裂。这样为避免圆桶碰裂,需要计算一下圆桶沉到海底时速度是多少。已

知圆桶重量为 $239.46\mathrm{kg}$,体积为 $0.2058\mathrm{m}^3$,海水密度为 $1035.71\mathrm{kg/m}^3$ 。如果圆桶速度小于 $12.2\mathrm{m/s}$,就说明这种方法是安全可靠的,否则就要禁止用这种方法来处理放射性废料。假设水的阻力与速度大小成正比例,其中比例常数 $k=0.6$ 。试判断这种废料处理的方法是否合理。

一般情况下,速度 v 大 k 也大;速度 v 小 k 也小。当 v 很大时,速度与时间的关系如何?并求出当速度不超过 $12.2\mathrm{m/s}$,圆桶的运动时间和位移应不超过多少(k 的值仍设为 0.6)?

由 $mg-p_lgv_l-f_l=ma$ 可知

$$g-\frac{p_lg}{m}v_l-\frac{f_l}{m}=a$$

由此建立相应的微分方程为

$$\begin{cases} 9.8-\dfrac{1035.71\times9.8}{239.46}\times0.2058-\dfrac{0.6v}{239.46}=\dfrac{\mathrm{d}v}{\mathrm{d}t} \\ 9.8-\dfrac{1035.71\times9.8}{239.46}\times0.2058-\dfrac{0.6}{239.46}\dfrac{\mathrm{d}x}{\mathrm{d}t}=\dfrac{\mathrm{d}^2x}{\mathrm{d}t^2} \end{cases}$$

编程求解该微分方程。编程如下:

```
% 求出速度 v 方程
clear;
format short
v = dsolve('Dv = 1.0768 - 0.6 * v/239.46','v(0) = 0','Dv(0) = 1.0768','t')
```

运行程序,输出结果如下:

```
v =
5384000000000000000000000000000000/12528188423953896266599849661 7389 -
(5384000000000000000000000000000000 * exp( - (12528188423953896266599849661 7389 * t)/
50000000000000000000000000000000000))/1252818842395389626659984966 17389
```

求速度 v 的极限,程序如下:

```
syms t;
% 求出极限
Vmax = vpa(limit(v,t,inf),5)
```

运行程序,输出结果如下:

```
Vmax =
429.75
```

求解位移方程,程序如下:

```
% 求出位移 x 方程
clear;
syms t;
x = dsolve('Dx = 2685943/6250 - 2685943/6250 * exp( - 10/3991 * t)','x(0) = 0','t')
```

运行程序,输出结果如下:

```
x =
    (2685943 * t)/6250 + (10719598513 * exp( − (10 * t)/3991))/62500 − 10719598513/62500
```

当位移 $x=90$ 时,求其运行时间(舍去小于 0 的值),程序如下:

```
t0 = vpa(solve('10719598513/62500 * exp( − 10/3991 * t) + 2685943/6250 * t − 10719598513/
62500 = 90','t'),5)
```

运行程序,输出结果如下:

```
t0 =
    12.999
```

代入速度方程,求解此时速度,编程如下:

```
v0 = subs('2685943/6250 − 2685943/6250 * exp( − 10/3991 * t)',t,12.999)
v = 2685943/6250 − (2685943 * exp( − 12999/399100))/6250;
```

运行程序,输出结果如下:

```
v =
    13.7718
```

从求解可知,v_0 大于 $12.2\mathrm{m/s}$,所以该方案不合理。

一般情况下,速度 v 大 k 也大;速度 v 小 k 也小。假设速度达到 $10\mathrm{m/s}$ 时,表示速度较大,那么这时速度与时间的关系怎么样? 编程如下:

```
clc,clear,close all
syms t
t1 = vpa(solve('2685943/6250 − 2685943/6250 * exp( − 10/3991 * t) = 10','t'),5)
x1 = vpa(subs('10719598513/62500 * exp( − 10/3991 * t) + 2685943/6250 * t − 10719598513/
62500',t,t1),5)
Dv1 = 1.0768 − 0.6 * 10/239.46
```

运行程序,输出结果如下:

```
t1 =
    9.3965
x1 =
    47.167
Dv1 =
    1.0517
```

此时速度的偏微分方程为

$$1.0517 − \frac{0.6v^2}{239.46} = \frac{\mathrm{d}v}{\mathrm{d}t}$$

求解该微分方程,编程如下:

```
clc,clear,close all
clear;
v = dsolve('Dv = 1.0517 - 0.6 * v^2/239.46','v(0) = 10','t')
syms t;
x = dsolve('Dx = 13/1000 * 2483630 ^(1/2) * tanh(1/30700 * 2483630 ^(1/2) * t + 1/2 * log((13
   * 2483630 ^(1/2) + 10000)/(13 * 2483630 ^(1/2) - 10000))) ','x(0) = 47.170','t')
clear;syms v1 t
t = 0 + eps:1:500;
v1 = 13/1000 * 2483630 ^(1/2) * tanh(1/30700 * 2483630 ^(1/2) * t + 1/2 * log((13 * 2483630 ^
(1/2) + 10000)/(13 * 2483630 ^(1/2) - 10000)));
plot(t,v1,'linewidth',2)
grid on
xlabel('t')
ylabel('v')
```

运行程序,输出结果如下:

```
v =
(1000000000000000 * 3898194013453346953722799375517 9885 ^(1/2) * tanh(1000000000000000
  *   3898194013453346953722799375517 9885   ^   ( 1/2 )   *   (( 13   *   t )/
500000000000000000000000000000000000000 + (3898194013453346953722799375517 9885 ^(1/2) *
atanh   ( 3898194013453346953722799375517 9885   ^   ( 1/2 )/404500000000000000 ))/
3898194013453346953722799375517 98850000000000000000                         )))/
9637068018426074051230653585953
x =
(3991 * log(cosh(log((13 * 2483630 ^(1/2) + 10000)/(13 * 2483630 ^(1/2) - 10000))/2 +
(2483630 ^(1/2) * t)/30700)))/10 - (3991 * log(cosh(log((13 * 2483630 ^(1/2) + 10000)/
(13 * 2483630 ^(1/2) - 10000))/2)))/10 + 4717/100
```

输出图形如图 8-8 所示。

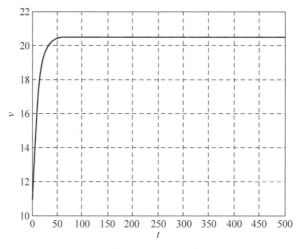

图 8-8　速度曲线图

当速度不超过 12.2m/s,编程求解圆桶的运动时间和位移如下:

```
clear;
syms t
t0 = vpa(solve('13/1000 * 2483630 ^(1/2) * tanh(1/30700 * 2483630 ^(1/2) * t + 1/2 * log((13
* 2483630 ^(1/2) + 10000)/(13 * 2483630 ^(1/2) − 10000))) = 12.2','t'),5)
x0 = vpa(subs(' − 3991/20 * log(tanh(1/30700 * 2483630 ^(1/2) * t − 1/2 * log(7) − 1/2 * log
(4567621) + 1/2 * log(51973347 + 26000 * 2483630 ^(1/2))) − 1) − 3991/20 * log(tanh(1/30700
* 2483630 ^(1/2) * t − 1/2 * log(7) − 1/2 * log(4567621) + 1/2 * log(51973347 + 26000 *
2483630 ^(1/2))) + 1) + 3991/20 * log(7) + 3991/20 * log(4567621) − 3991/10 * log(13) −
3991/10 * log(3228719 + 1000 * 248363 ^(1/2) * 10 ^(1/2)) + 3991/20 * i * pi + 3991/20 * log
(51973347 + 26000 * 248363 ^(1/2) * 10 ^(1/2)) + 4717/100',t,t0),5)
```

运行程序,输出结果如下:

```
t0 =
2.9719
x0 =
80.248
```

当速度不超过 12.2m/s,圆桶的运动时间和位移为 2.9719s 和 80.248m。

8.2.3 质点系转动惯量求解

已知在平面上的 n 个质点 $P_1(x_1,y_1),P_2(x_2,y_2),\cdots,P_n(x_n,y_n)$,其质量分别为 m_1,$m_2,\cdots,m_n$,确定一个点 $P(x,y)$,使得质点系关于此点的转动惯量为最小。

设质点系关于此点的转动惯量为 J。由转动惯量 J 定义可知

$$J = \sum_{i=1}^{n}\left[(x-x_i)^2 + (y-y_i)^2\right] \times m_i$$

要满足质点系的转动惯量为最小,即 $\sum_{i=1}^{n}\left[(x-x_i)^2 + (y-y_i)^2\right] \times m_i$ 和最小,这是一个二元一次极值问题。

由上式可知

$$J = \sum_{i=1}^{n}\left[x^2 - 2x_i + x_i^2 + y^2 - 2y_i + y_i^2\right] \times m_i$$

$$= x^2 \sum_{i=1}^{n} m_i + y^2 \sum_{i=1}^{n} m_i - 2x \sum_{i=1}^{n} x_i m_i - 2y \sum_{i=1}^{n} y_i m_i + \sum_{i=1}^{n}(x_i^2 + y_i^2)m_i$$

由上式满足最小值条件时,其 $\dfrac{\partial J}{\partial x}=0$,$\dfrac{\partial J}{\partial y}=0$,可得

$$\frac{\partial_J}{\partial_x} = 2x \sum_{i=1}^{n} m_i - 2 \sum_{i=1}^{n} x_i m_i = 0$$

$$\frac{\partial_J}{\partial_y} = 2y \sum_{i=1}^{n} m_i - 2 \sum_{i=1}^{n} y_i m_i = 0$$

由上式可得

$$x = \frac{\sum\limits_{i=1}^{n} x_i m_i}{\sum\limits_{i=1}^{n} m_i}, y = \frac{\sum\limits_{i=1}^{n} y_i m_i}{\sum\limits_{i=1}^{n} m_i}$$

则 P 点在 $x = \dfrac{\sum\limits_{i=1}^{n} x_i m_i}{\sum\limits_{i=1}^{n} m_i}, y = \dfrac{\sum\limits_{i=1}^{n} y_i m_i}{\sum\limits_{i=1}^{n} m_i}$ 处有极小值,此时使得质点系关于 P 的转动惯

量为最小。

综上分析,有

$$P = \left(\frac{\sum\limits_{i=1}^{n} x_i m_i}{\sum\limits_{i=1}^{n} m_i}, \frac{\sum\limits_{i=1}^{n} y_i m_i}{\sum\limits_{i=1}^{n} m_i} \right)$$

具体的 MATLAB 代码如下:

```
clc,clear,close all
syms x xi y yi mi n
J = mi*((x-xi)^2+(y+yi)^2)        %i=1到n
a1 = simplify(J)                   %化简
a2 = expand(a1)                    %展开
a3 = diff(a2,x)                    %对x的导数
a4 = diff(a2,y)                    %对y的导数
```

运行程序,输出结果如下:

```
J =
mi*((x - xi)^2 + (y + yi)^2)
a1 =
mi*((x - xi)^2 + (y + yi)^2)
a2 =
mi*x^2 - 2*mi*x*xi + mi*xi^2 + mi*y^2 + 2*mi*y*yi + mi*yi^2
a3 =
2*mi*x - 2*mi*xi
a4 =
2*mi*y + 2*mi*yi
```

8.2.4 储油罐的油量计算

一平放的椭圆柱体形状的油罐,长度为 L,椭圆的长半轴为 a,短半轴为 b,油的密度为 ρ,油罐中油的高度为 h。油罐的横断面如图 8-9 所示。

得到横断面的方程表达式为

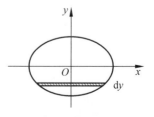

图 8-9 油罐端面

$$\frac{x^2}{a^2} + \frac{y^2}{b^2} = 1$$

将椭圆对 y 进行微分，则图 8-9 中小矩形的面积为

$$2a\sqrt{1 - \frac{y^2}{b^2}}\,\mathrm{d}y$$

油罐中油横断面中高度为 h 时的面积为

$$\int_{-b}^{-b+h} 2a\sqrt{1 - \frac{y^2}{b^2}}\,\mathrm{d}y$$

当油罐中油的高度为 h 时油量为

$$\int_{-b}^{-b+h} 2\rho aL\sqrt{1 - \frac{y^2}{b^2}}\,\mathrm{d}y$$

对 $\int_{-b}^{-b+h} 2\rho La\sqrt{1 - \frac{y^2}{b^2}}\,\mathrm{d}y$ 进行积分为

$$\int_{-b}^{-b+h} 2\rho La\sqrt{1 - \frac{y^2}{b^2}}\,\mathrm{d}y \overset{\substack{\text{令} y=b\sin t \\ -\frac{\pi}{2}\leqslant t\leqslant\frac{\pi}{2}}}{=\!=\!=} \int_{-\frac{\pi}{4}}^{\arcsin\left(-1+\frac{h}{b}\right)} 2\rho Lab\cot^2 t\,\mathrm{d}t$$

$$= \int_{-\frac{\pi}{4}}^{\arcsin\left(-1+\frac{h}{b}\right)} 2\rho Lab\,\frac{1+\cos 2t}{2}\,\mathrm{d}t$$

$$= \left[\frac{\rho Lab\,(2t+\sin 2t)}{2}\right]_{-\frac{\pi}{4}}^{\arcsin\left(-1+\frac{h}{b}\right)}$$

$$= \rho Lab\left[\arcsin\left(-1+\frac{h}{b}\right) + \left(\frac{h}{b}-1\right)\sqrt{1-\left(\frac{h}{b}-1\right)^2} + \frac{\pi}{4}\right]$$

具体的 MATLAB 代码如下：

```
clc,clear,close all
syms a b h y L
m = sqrt(b^2 - y^2);
m1 = int(m);                    %积分
m2 = int(m,'-b','n')            %积分
m3 = subs(m2,'n','y');          %替换变量
S = 2 * a/b * m3;
simplify(S)                     %化简
V = S * L
V = 2 * a/b * (1/2 * y * (b^2 - y^2)^(1/2) + 1/2 * b^2 * atan(y/(b^2 - y^2)^(1/2))) * L;
y = h - b;
V1 = subs(V,'y','h-b')
simplify(V1)
```

运行程序，输出结果如下：

```
m2 =
(b^2 * asin(b/(b^2)^(1/2)))/2 + (b^2 * asin(n/(b^2)^(1/2)))/2 + (n * (b^2 - n^2)^(1/
2))/2
```

```
ans =
(a * (b^2 * asin(b/(b^2)^(1/2)) + b^2 * asin(y/(b^2)^(1/2)) + y * (b^2 - y^2)^(1/2)))/
b
V =
(2 * L * a * ((b^2 * asin(b/(b^2)^(1/2)))/2 + (b^2 * asin(y/(b^2)^(1/2)))/2 + (y * (b^2
- y^2)^(1/2))/2))/b
V1 =
- (2 * L * a * ((b^2 * atan((b - h)/(b^2 - (b - h)^2)^(1/2)))/2 + ((b^2 - (b - h)^2)^
(1/2) * (b - h))/2))/b
ans =
- (2 * L * a * ((b^2 * atan((b - h)/(h * (2 * b - h))^(1/2)))/2 + ((b - h) * (h * (2 * b -
h))^(1/2))/2))/b
>>
```

8.2.5 香烟毒物摄入问题

人在吸烟时,烟草内所含的毒物在点燃处随烟雾释放,释放出来的烟雾一部分直接进入空气中,另外一部分沿未点燃的香烟和过滤嘴穿行。烟雾在穿行过程中,烟雾中的毒物不断被未点燃的烟草及过滤嘴吸收,最后剩余的毒物全部进入人体。这种吸收过程使未点燃烟草中毒物密度随时间的变化而变化。

考虑抽烟进入人体的毒物数量(不考虑从空气烟雾中吸入的)与香烟中所含毒物总量、香烟长度、过滤嘴长度等因素间的关系,对于香烟毒物摄入作如下假设:

(1) 一支香烟的毒物总含量 $M=800$mg,毒物均匀分布在长度为 $l_1=80$mm 的香烟中,过滤嘴长度为 $l_2=20$mm。

(2) 烟草点燃后毒物全部随烟雾释放,且均匀分布在烟雾中。

(3) 直接进入空气的烟雾比例为 $a=30\%$,其余的部分沿未点燃的烟草穿行,穿行速度是 $v=50$mm/s。

(4) 单位长度未点燃烟草和过滤嘴在单位时间内对随烟雾穿行的毒物的吸收率分别是 $b=0.02$ 和 $\beta=0.08$。例如,带有毒物量 ΔM 的烟雾经过 l_2 长度的过滤嘴时,被过滤嘴吸收的毒物量是 $\Delta M \cdot \beta \cdot (l_2 v^{-1})$。

(5) 把一支香烟均匀分成 N 段,每次吸烟都燃烧一段;在点燃后的任意时刻,每一段未燃烧烟草中的毒物都在该段均匀分布,不同段的毒物密度不相同。

香烟分为 N 段,说明下一段香烟的毒物量叠加上一段香烟的毒物量。由上述分析可知,当 $N=4$ 时,编写 MATLAB 程序如下:

```
clc                          %清屏
clear all;                   %删除 workplace 变量
close all;                   %关掉显示图形窗口
format short
%初始化
M = 800;                     %香烟的毒物总含量
N = 4;                       %香烟均匀分成N段
```

```
L1 = 80;                    % 香烟长度
L2 = 20;                    % 过滤嘴长度
a = 0.3;                    % 空气的烟雾比例
c = 0.7;
v = 50;                     % 穿行速度
b = 0.02;                   % 吸收率
beta = 0.08;                % 吸收率
m = [];
j = 1;
t = zeros(1000,1000);
for i = 1:N
        m(i,1) = (M/N + t(i,j));
        m(i,2) = (M/N + t(i,j)) * c;
        m(i,3) = (M/N + t(i,j)) * c * b * (L1/N)/v;
        m(i,4) = ((M/N + t(i,j)) * c - m(i,3)) * b * (L1/N)/v + t(i,2);
        m(i,5) = ((M/N + t(i,j)) * c - m(i,3) - m(i,4)) * b * (L1/N)/v + t(i,3);
        m(i,6) = ((M/N + t(i,j)) * c - m(i,3) - m(i,4) - m(i,5)) * beta * L2/v + t(i,4);
        m(i,7) = (M/N + t(i,j)) * c - m(i,3) - m(i,4) - m(i,5) - m(i,6) + t(i,2) + t(i,3) +
t(i,4) + t(i,5);
        t(i + 1,2) = m(i,3);
        t(i + 1,3) = m(i,4);
        t(i + 1,4) = m(i,5);
        t(i + 1,5) = m(i,6);
        j = j + 1;
end
m
```

运行程序,输出结果如下:

```
m =
200.0000   140.0000     1.1200     1.1110     1.1022     4.3733   132.2935
201.1200   140.7840     1.1263     2.2373     2.2104     5.4289   137.4877
202.2373   141.5661     1.1325     2.2497     3.3427     6.5253   139.3186
203.3427   142.3399     1.1387     2.2621     3.3613     7.6812   141.1469
```

整理相应的结果如表 8-1 所示。

表 8-1 N 段香烟摄入毒物量(mg)

时　　间	燃烧后释放毒物量	进入烟草的毒物量	每段香烟的累积毒物量	过滤嘴累积毒物量	吸完该段进入人体的毒物量
开始时	0.000 00	0.0000	0.0000、0.0000、0.0000	0.0000	0.0000
第 1 段	200.0000	140.0000	1.1200、1.1110、1.1022	4.3733	132.2935
第 2 段	201.1200	140.7840	1.1263、2.2373、2.2104	5.4289	137.4877
第 3 段	202.2373	141.5661	1.1325、2.2497、3.3427	6.5253	139.3186
第 4 段	203.3427	142.3399	1.1387、2.2621、3.3613	7.6812	141.1469

8.2.6 冰雹的下落速度

当冰雹由高空落下时,它受到地球引力和空气阻力的作用,阻力的大小与冰雹的形状和速度有关。一般可以对阻力作两种假设:

(1) 阻力大小与下落的速度成正比。

(2) 阻力大小与速度的平方成正比。

已知初速度 $v(0)=0$、冰雹质量 m、重力加速度 g、正比例系数 $k>0$。

(1) 由物理学可知,建立速度满足的微分方程,冰雹受到地球引力和空气阻力的影响,其加速度应该为

$$\begin{cases} mg - kv = ma \\ a = \dfrac{\mathrm{d}v(t)}{\mathrm{d}t} \end{cases}$$

联立上述两式得

$$m\frac{\mathrm{d}v(t)}{\mathrm{d}t} + kv(t) = mg$$

在上式两边做拉普拉斯变换并且代入 $v(0)=0$,得

$$msV(s) + kV(s) = mg \cdot \frac{1}{s}$$

解代数方程得

$$V(s) = g\left(\frac{m}{k} \cdot \frac{1}{s} - \frac{m}{k} \cdot \frac{1}{s+k/m}\right)$$

最后对 $V(s)$ 做拉普拉斯反变换,有

$$v(t) = \frac{gm}{k}(1 - \mathrm{e}^{-\frac{k}{m}t})$$

从上式知,当 $t\to\infty$ 时,$v(t)$ 的值为 $\frac{gm}{k}$。

(2) 由阻力大小与速度的平方成正比,有 $mg - kv^2 = ma$,则上式所要求解的模型变为

$$m\frac{\mathrm{d}v(t)}{\mathrm{d}t} + kv^2(t) = mg$$

冰雹下落时,在一开始速度比较小时(阻力小于重力),冰雹的速度总是增加的。当速度达到一定时(阻力等于重力),速度不再增加,显然这个时候就是冰雹速度的最大值。所以,若要冰雹的速度达到最大,有

$$kf = mg$$

即

$$kv^2 = mg, \quad v = \sqrt{\frac{mg}{k}}$$

采用数值计算的办法来求解该非线性微分方程。此时,取 $m=1.1, k=0.1, g=9.8$。编写 MATLAB 程序如下:

```
function y15_11
    t0 = 0;
    tf = 6;
    a = 9.8;                                  % 初始加速度
    options = odeset('RelTol',1e - 4,'AbsTol',[1e - 4]);
    [T,V] = ode45(@diffv,[t0 tf],a,options);   % 用低阶法求微分方程 2 的数值解
    plot(T,V)
    axis tight
    grid on
    xlabel('t');
    ylabel('v');
end
function dv = diffv(t,v)                       % 第 2 个微分方程
    m = 1.1;
    k = 0.1;
    g = 9.8;
    dv = zeros(1,1);
    dv(1) = (m * g - k * v(1) * v(1))/m;
end
```

运行程序得数值解如图 8-10 所示。

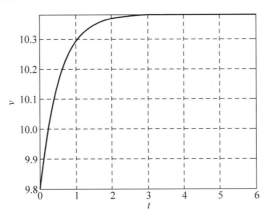

图 8-10　速度曲线

（3）综合考虑下落阻力和速度一次和二次方相关。对于阻力，不妨先将阻力设成速度的函数，即令 $f = f(v)$。

利用泰勒级数将其理论上展开成为如下的形式：

$$f(v) = k_1 v + k_2 v^2 + \cdots + k_n v^n + \cdots$$

v 的次方取决于速度的大小，对这个冰雹的模型，讨论速度的平方项，故不妨将阻力设为

$$f(v) = k_1 v + k_2 v^2$$

则微分方程变为

$$m \frac{\mathrm{d}v(t)}{\mathrm{d}t} + k_1 v^2(t) + k_2 v(t) = mg$$

用数值计算的方法求出数值解，取 $m = 1.1, k_1 = 0.1, k_2 = 0.2, g = 9.8$。编写

MATLAB 程序如下：

```
function y15_12
    t0 = 0;
    tf = 6;
    a = 9.8;                                    % 初始加速度
    options = odeset('RelTol',1e - 4,'AbsTol',[1e - 4]);
    [T,V] = ode45(@diffv,[t0 tf],a,options);    % 用低阶法求微分方程2的数值解
    plot(T,V)
    axis tight
    grid on
    xlabel('t');
    ylabel('v');
end

function dv = diffv(t,v)                         % 第2个微分方程
    m = 1.1;
    k1 = 0.1;k2 = 0.2;
    g = 9.8;
    dv = zeros(1,1);
    dv(1) = (m * g - k1 * v(1) * v(1) - k2 * v(1))/m;
end
```

运行程序得其数值解的结果如图 8-11 所示。

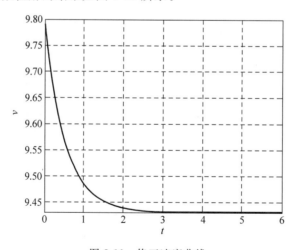

图 8-11　修正速度曲线

本章小结

　　本章深入浅出地讲解了微分方程及级数应用，从基本运算出发，结合具体的案例分析，使得理论分析和 MATLAB 编程操作相结合，更加容易接受，特别在放射性废料处理和冰雹下落速度等问题中，采用 MATLAB 求解，需要掌握符号向量解和数值向量解之间的处理。

MATLAB 在数学类科技应用软件中在数值计算方面首屈一指。MATLAB 可以进行矩阵运算、绘制函数和数据、实现算法、创建用户界面、连接其他编程语言的程序等，MATLAB 高效的数值计算及符号计算功能，能使用户从繁杂的数学运算分析中解脱出来。本章讲解常见的数值计算算法，包括高斯消元法、高斯塞德尔迭代法、雅可比迭代法等。

学习目标：
- 熟练掌握 MATLAB 编程表示方法；
- 熟练运用 MATLAB 解决常见数值计算问题；
- 熟练掌握 MATLAB 对递推、迭代、消元等算法的求解。

9.1 递推算法

递推算法是解决实际问题中使用相当普遍的一种算法，它的数学描述是带初值的递推关系式。

9.1.1 循环迭代

迭代法是将求曲线 $y=f(x)$ 的零点问题化为求曲线 $y=\varphi(x)$ 与直线 $y=x$ 的交点，迭代过程如图 9-1 和图 9-2 所示。从初始点 x_0 出发，沿直线 $x=x_0$ 走到曲线 $y=\varphi(x)$，得点 $(x_0,\varphi(x_0))$，再沿直线 $y=\varphi(x_0)$ 走到直线 $y=x$，交点为 $(x_1,\varphi(x_1))$，如此继续下去，越来越接近点 (x^*,y^*)。

【例 9-1】 基于迭代原理证明 $\sqrt{1+\sqrt{1+\sqrt{1+\sqrt{1+\cdots}}}}=\dfrac{1+\sqrt{5}}{2}$。

令 $x_0=0$，则有
$$x_{n+1}=\sqrt{1+x_n}, \quad n=0,1,2,\cdots,n$$
当 n 无穷大时，有
$$x_{n+1}\approx x_n$$
则 $x_n=\sqrt{1+x_n}$，整理得
$$x_n^2-x_n-1=0$$

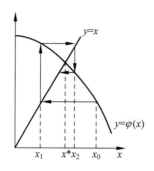

图 9-1　迭代格式 1

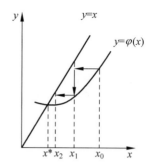

图 9-2　迭代格式 2

编写程序求解该方程如下：

```
clc,clear,close all
roots([1, -1, -1])
```

运行程序，输出结果如下：

```
ans =
   - 0.6180
    1.6180
```

考虑到 $x_n > 0$，因此 $x_n = 1.618 = \dfrac{1+\sqrt{5}}{2}$。

【例 9-2】　用迭代法求极限 $A = \lim \dfrac{a}{a + \dfrac{a}{a + \dfrac{a}{a + \cdots}}}, a > 1$。

令 $A_0 = 1$，则有

$$A_{n+1} = \frac{a}{a + A_n}, \quad n = 0, 1, 2, \cdots, n$$

当 n 无穷大时，有

$$A_{n+1} \approx A_n$$

则

$$A_n = \frac{a}{a + A_n}$$

整理得

$$A_n^2 + aA_n - a = 0$$

编写程序求解该方程如下：

```
clc,clear,close all
syms a
solve('1 * An^2 + a * An - a', 'An')
pretty(ans)
```

运行程序，输出结果如下：

```
ans =
    (a * (a + 4))^(1/2)/2 - a/2
  - a/2 - (a * (a + 4))^(1/2)/2
```

由于 $a>1$，因此 $A_n>0$，则整理结果有

$$A_n = \frac{\sqrt{a(a+4)}}{2} - \frac{a}{2}$$

9.1.2 迭代收敛性

设函数 $\varphi(x)$ 在区间 $[a,b]$ 上满足条件：

(1) 对任意的 $x\in[a,b]$，都有 $a\leqslant\varphi(x)\leqslant b$。

(2) 存在常数 $0<L<1$，使得对一切 $x,y\in[a,b]$，都有 $|\varphi(x)-\varphi(y)|\leqslant L|x-y|$，即 $\left|\dfrac{\varphi(x)-\varphi(y)}{x-y}\right|\leqslant L$，进一步化简得 $|\varphi'(x)|\leqslant L$。

【例 9-3】 已知方程 $x^3-x^2-1=0$ 在 $x_0=1.5$ 附近有根，试判断收敛性。

由题意可得 $x^3-x^2-1=0$，$x\approx1.5$，绘制该函数图像。编程如下：

```
clc,clear,close all
x = 1:0.1:2;
y = x.^3 - x.^2 - 1;
plot(x,y,'ro--','linewidth',2)
hold on
x1 = [1;2];y1 = [0;0];
plot(x1,y1,'-','linewidth',2)
x2 = [1.4;1.4];y2 = [-1;3];
plot(x2,y2,'k--','linewidth',2)
x3 = [1.6;1.6];y3 = [-1;3];
plot(x3,y3,'k--','linewidth',2)
x4 = [1.5;1.5];y4 = [-1;y(6)];
plot(x4,y4,'r--','linewidth',2)
x5 = [1;1.5];y5 = [y(6);y(6)];
plot(x5,y5,'r--','linewidth',2)
```

运行程序，输出结果如图 9-3 所示。

取区间 $x\in[1.4,1.5]$ 进行分析：

令 $f(x)=x^3-x^2-1$，在区间 $x\in[1.4,1.5]$ 连续，且 $f(1.4)=-0.216<0$，$f(1.5)=0.125>0$，因此方程在 $x\in[1.4,1.5]$ 有根。

若把方程写成下列等价格式，便于迭代：

(1) $x_{n+1}=1+\dfrac{1}{x_n^2}$

(2) $x_{n+1}=\dfrac{1}{\sqrt{x_n-1}}$

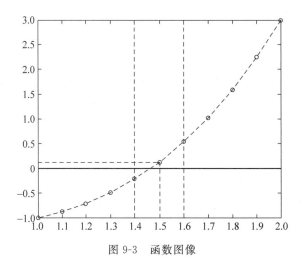

图 9-3　函数图像

（3）$x_{n+1}=\sqrt[3]{1+x_n^2}$

若取相同的初值进行迭代，编程计算有：

```
clc,clear,close all
x = 1.4:0.01:1.5;
y1 = 1 + 1./x./x
y2 = 1./sqrt(x - 1)
y3 = (1 + x.^2).^(2/3)
```

运行程序，输出结果如下：

```
y1 =
1.5102    1.5030    1.4959    1.4890    1.4823    1.4756    1.4691    1.4628
    1.4565    1.4504    1.4444
y2 =
1.5811    1.5617    1.5430    1.5250    1.5076    1.4907    1.4744    1.4586
    1.4434    1.4286    1.4142
y3 =
2.0616    2.0746    2.0877    2.1008    2.1140    2.1272    2.1405    2.1538
    2.1672    2.1806    2.1941
```

为了清晰地看见 y_1、y_2、y_3 的变化趋势，绘制曲线图。编程如下：

```
subplot(311),plot(x,y1,'linewidth',2)
legend('y1');axis tight
subplot(312),plot(x,y2,'linewidth',2)
legend('y2');axis tight
subplot(313),plot(x,y3,'linewidth',2)
legend('y3');axis tight
```

运行程序，输出结果如图 9-4 所示。

从图 9-4 中数据的变化趋势看，迭代格式 1 和 2 得到的序列可能是收敛的，迭代 3 则

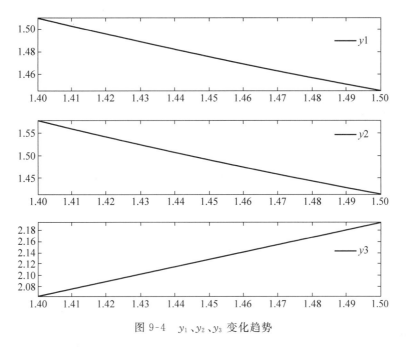

图 9-4 y_1、y_2、y_3 变化趋势

可能是发散的。

事实上，由迭代法收敛的充分条件可知：

（1）对于迭代格式 1，其迭代函数为

$$\varphi_1(x) = 1 + \frac{1}{x^2}$$

则 $\varphi_1(x)$ 在 $x \in [1.4, 1.5]$ 上具有连续的一阶导数：

```
clc,clear,close all
syms x
% fai1 = 1 + 1/x/x;
diff('1 + 1/x^2',x)
```

运行程序，输出结果如下：

```
ans =
 - 2/x^3
```

整理得 $\varphi_1'(x) = \dfrac{-2}{x^3}$，又 $\varphi_1'(x) < 0$，且单调递减，故有

$$\max_{1.4 \leqslant x \leqslant 1.5} |\varphi_1'(x)| = |\varphi_1'(1.4)| = \frac{2}{1.4^3} = 0.7289 < 1$$

因此可知，该迭代公式是收敛的。

（2）对于迭代格式 2，其迭代函数为

$$\varphi_2(x) = \frac{1}{\sqrt{x-1}}$$

则 $\varphi_2(x)$ 在 $x \in [1.4, 1.5]$ 上具有连续的一阶导数：

```
clc,clear,close all
syms x
% fai2 = 1/sqrt(x - 1);
diff('1/sqrt(x - 1)',x)
pretty(ans)
```

运行程序,输出结果如下:

```
ans =
 -1/(2 * (x - 1)^(3/2))


           1
    - -------
             3/2
      2 (x - 1)
```

整理得 $\varphi_2'(x)=\dfrac{-1}{2\ (x-1)^{\frac{3}{2}}}$,又 $\varphi_2'(x)<0$,且单调递减,故有

$$\max_{1.4\leqslant x\leqslant 1.5}\ |\ \varphi_2'(x)\ |=|\ \varphi_2'(1.4)\ |=\left|\frac{-1}{2\times(1.4-1)^{\frac{3}{2}}}\right|=1.9764>1$$

因此可知,该迭代公式是发散的。

(3) 对于迭代格式 3,其迭代函数为

$$\varphi_3(x)=\sqrt[3]{1+x^2}$$

则 $\varphi_3(x)$ 在 $x\in[1.4,1.5]$ 上具有连续的一阶导数:

```
clc,clear,close all
syms x
% fai3 = (x^2 + 1)^(3/2);
diff('(x^2 + 1)^(3/2)',x)
pretty(ans)
```

运行程序,输出结果如下:

```
ans =
3 * x * (x^2 + 1)^(1/2)

           2   1/2
    3 x (x   + 1)
```

整理得 $\varphi_3'(x)=3x\ \sqrt{x^2+1}$,又 $\varphi_3'(x)>0$,且单调递增,故有

$$\max_{1.4\leqslant x\leqslant 1.5}\ |\ \varphi_3'(x)\ |=|\ \varphi_3'(1.5)\ |=3\times 1.5\times\sqrt{1.5^2+1}=8.1125>1$$

因此可知,该迭代公式是发散的。

9.1.3 牛顿迭代

将非线性方程线性化,以线性方程的解逐步逼近非线性方程的解,这就是牛顿迭代

法的基本思想。牛顿迭代法的几何意义如图 9-5 所示。

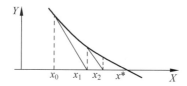

图 9-5　牛顿迭代法的几何意义

设已知方程 $f(x)=0$ 的近似根为 x_0，$f(x)$ 在其零点 x^* 邻近一阶连续可微，且 $f'(x)\neq 0$，当 x_0 充分接近 x^* 时，$f(x)$ 可用泰勒公式近似表示为

$$f(x) \approx f(x_0) + f'(x_0)(x - x_0)$$

取此 x 作为原方程的新近似值 x_1，重复以上步骤，于是得迭代公式为

$$x_{n+1} = x_n - \frac{f(x_n)}{f'(x_n)}, \quad n = 0,1,2,\cdots$$

在 MATLAB 中编程实现的牛顿法的函数为 Newton()。

功能：用牛顿法求函数在某个区间上的一个零点。

调用格式：

```
function xr = Newton(fun,x0,D)
```

其中，x_r 为所求非线性方程的解；fun 为所定义的函数；x_0 为初始值；D 为计算的精确度。

牛顿法的 MATLAB 程序代码如下：

```
function xr = Newton(fun,x0,D)
% 牛顿法求解非线性方程的解
% xr 为所求非线性方程的解
% fun 为所定义的函数
% x0 为初始值
% D 为计算的精确度
[f0,df] = feval(fun,x0);
if df == 0;
    error('d[f(x)/dx] = 0 at x0');
end
if nargin < 3;
    D = 1e - 6;
end
d = f0/df;
while abs(d) > D;
    x1 = x0 - d;
    x0 = x1;
    [f0,df] = feval(fun,x0);
    if df == 0;
        error('d[f(x)]/dx = 0 at x0');
    end
    d = f0/df;
```

```
end
xr = x1;
```

【例 9-4】 利用牛顿法求方程 $x - \ln x = 2$ 在区间 $[2, 4]$ 的根,考虑不同初值下牛顿法的收敛情况。

首先定义计算函数的函数文件 w. m 如下:

```
function [y,dy,d2y] = w(x)
y = x - log(x) - 2;                    % 计算函数值
if nargout > 1;
    ff = sym('x - log(x) - 2');        % 定义符号函数
    dy = diff(ff);                     % 求一阶导数
    dy = subs(dy,x);                   % 赋值
end
if nargout == 3;
    d2y = diff(ff,2);                  % 求 2 阶导数
    d2y = subs(d2y,x);                 % 赋值
end
```

由此编写牛顿迭代算法,编程如下:

```
clc,clear,close all
format short
clear all;
xx = linspace(2,4,200);               % 对自变量取样
y = w(xx);                            % 计算各点的函数值
plot(xx,y);                           % 绘制函数 y(x)曲线
hold on;
plot(xlim,[0,0],'k:');                % 绘制零刻度线
xr1 = newton('w',1.5)                 % 牛顿求根,初始点是 1.5
plot(xr1,w(xr1),'rs');                % 绘制解对应的点
plot(1.5,w(1.5),'rs');
xr2 = newton('w',3.5)                 % 牛顿法求根,初始点是 3.5
plot(xr2,w(xr2),'rp');
plot(3.5,w(3.5),'rp');
xr3 = newton('w',5.5)                 % 牛顿法求根,初始点是 5.5
plot(xr3,w(xr3),'ro');
plot(5.5,w(5.5),'ro');
```

运行程序,输出结果如下:

```
xr1 =
    3.1462
xr2 =
    3.1462
xr3 =
    3.1462
```

输出图形如图 9-6 所示。

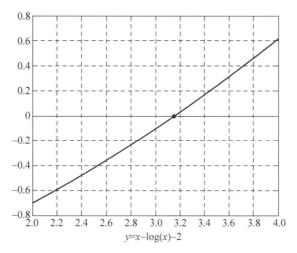

$$y=x-\log(x)-2$$

图 9-6　牛顿迭代法求解结果

【**例 9-5**】　设 $f(x)=(x^3-a)^2$，写出 $f(x)=0$ 的牛顿迭代格式，并证明该迭代格式是线性收敛的。

由牛顿迭代公式，首先求得

$$f'(x)=2\times 3\times x^2(x^3-a)=6x^5-6ax^2$$

牛顿迭代格式：

$$x_{n+1}=x_n-\frac{f(x_n)}{f'(x_n)}=x_n-\frac{(x_n^3-a)^2}{6x_n^2(x_n^3-a)}=\frac{5x_n^3+a}{6x_n^2}=\frac{5}{6}x_n+\frac{a}{6x_n^2}$$

由 $f(x)=0$ 得，$x=\sqrt[3]{a}$。由 $x_{n+1}=\frac{5}{6}x_n+\frac{a}{6x_n^2}$，可得

$$\varphi(x)=\frac{5}{6}x+\frac{a}{6x^2}$$

求 $\varphi(x)$ 导数，编程如下：

```
clc,clear,close all
syms a x
% fai = 5/6 * x + a/6 * x * x;
diff('5/6 * x + a/6/x/x',x)
pretty(ans)
```

运行程序，输出结果如下：

```
ans =
5/6 - a/(3 * x^3)

              a
   5/6  -  ----
                3
          3 x
```

则可知

$$\varphi'(x) = \frac{5}{6} - \frac{a}{3x^3}$$

由

$$|\varphi'(\sqrt[3]{a})| = \left|\frac{5}{6} - \frac{a}{3a}\right| = 0.5 < 1$$

因此牛顿迭代是局部收敛的,又因为 $x = \sqrt[3]{a}$ 是 $f(x) = 0$ 的三重根,因此牛顿迭代不是平方收敛,故为线性收敛。

【例 9-6】 用牛顿迭代法求下列方程组在 $(1, 1)$ 处的解。

$$\begin{cases} f_1(x_1, x_2) = x_1^2 + x_2^2 - 5 = 0 \\ f_2(x_1, x_2) = (x_1 + 1)x_2 - (3x_1 + 1) = 0 \end{cases}$$

由上式,设

$$f(x) = \begin{bmatrix} x_1^2 + x_2^2 - 5 \\ (x_1 + 1)x_2 - (3x_1 + 1) \end{bmatrix}$$

则牛顿迭代矩阵为

$$f'(x) = \begin{bmatrix} 2x_1 & 2x_2 \\ x_2 - 3 & x_1 + 1 \end{bmatrix}$$

由初始值 $x^0 = \begin{bmatrix} 1 \\ 1 \end{bmatrix}$,故牛顿迭代方程组为

$$f'(x)|_{(1,1)} \begin{bmatrix} \Delta x_1 \\ \Delta x_2 \end{bmatrix} = f(x)|_{(1,1)}$$

由此求解上述方程,编程如下:

```
clc,clear,close all
format rat
A = [2,2; -2,2];
B = [ -3; -2];
x = A\B
```

运行程序,输出结果如下:

```
x =
      -1/4
      -5/4
```

整理得

$$\Delta x_1 = \frac{-1}{4}, \quad \Delta x_2 = \frac{-5}{4}$$

则相应的初始值进入下一轮迭代,编程如下:

```
clc,clear,close all
format rat
```

```
x1 = 3/4;x2 = -1/4;
A = [2 * x1,2 * x2;x2 - 3,x1 + 1];
B = [ -35/8; -59/16];
x = A\B
```

运行程序,输出结果如下:

```
x =
    -19/2
    -79/4
```

整理得

$$\Delta x_1 = \frac{-19}{2}, \quad \Delta x_2 = \frac{-79}{4}$$

由此迭代算法编程如下:

```
clc,clear,close all
format rat
syms x1 x2
x0 = [1;1];
fx0 = [x0(1,:).^2 + x0(2,:).^2 - 5; (x0(1,:) + 1). * x0(2,:) - (3 * x0(1,:) + 1)]; % f(x)的值
fx = [x1.^2 + x2.^2 - 5; (x1 + 1) * x2 - (3 * x1 + 1)];
dfx = [2 * x1, 2 * x2; x2 - 3, x1 + 1];
for i = 1:5
    x1 = x0(1,i);
    x2 = x0(2,i);
    A = [2 * x1, 2 * x2; x2 - 3, x1 + 1];
    B = [x1.^2 + x2.^2 - 5; (x1 + 1) * x2 - (3 * x1 + 1)];
    dx0 = A\B;
    x0(:,i + 1) = x0(:,i) + dx0;
fx0(:,i + 1) = [x0(1,i + 1).^2 + x0(2,i + 1).^2 - 5; (x0(1,i + 1) + 1). * x0(2,i + 1) - (3 * x0
(1,i + 1) + 1)];                                                          % f(x)的值
end
format short
x0                                                                        % 根
fx0;                                                                      % f(x)的值
fx0 = [x0(1,:).^2 + x0(2,:).^2 - 5; (x0(1,:) + 1). * x0(2,:) - (3 * x0(1,:) + 1)]   % f(x)的值
```

运行程序,输出结果如下:

```
x0 =
1        3/4        -35/4        -1926/145        -3137/156        -4950/163
1        -1/4        -20        -1997/67        -10423/234        -20333/305

fx0 =
   1.0e + 03 *
   -0.0030    -0.0044    0.4716    1.0598    2.3834    5.3615
   -0.0020    -0.0037    0.1802    0.4049    0.9105    2.0479
```

可知,牛顿算法在此并不合适,求得解发散。

9.2 高斯消元法

高斯(Gauss)消元法的基本思想是:先逐次消去变量,将方程组化成同解的上三角形方程组,此过程称为消元过程。然后按方程相反顺序求解上三角形方程组,得到原方程组的解,此过程称为回代过程。

对于高斯消元法,总结一般的求解步骤,如以下四阶方程组。

$$\begin{cases} a_{11}^{(1)} x_1 + a_{12}^{(1)} x_2 + a_{13}^{(1)} x_3 + a_{14}^{(1)} x_4 = b_1^{(1)} \\ a_{21}^{(1)} x_1 + a_{22}^{(1)} x_2 + a_{23}^{(1)} x_3 + a_{24}^{(1)} x_4 = b_2^{(2)} \\ a_{31}^{(1)} x_1 + a_{32}^{(1)} x_2 + a_{33}^{(1)} x_3 + a_{34}^{(1)} x_4 = b_3^{(3)} \\ a_{41}^{(1)} x_1 + a_{42}^{(1)} x_2 + a_{43}^{(1)} x_3 + a_{44}^{(1)} x_4 = b_4^{(4)} \end{cases}$$

则有高斯消元法最终结果如下:

$$\begin{cases} a_{11}^{(1)} x_1 + a_{12}^{(1)} x_2 + \cdots + a_{1k}^{(1)} x_k + a_{1(k+1)}^{(1)} x_{k+1} + \cdots + a_{1n}^{(1)} x_n = b_1^{(1)} \\ a_{22}^{(2)} x_2 + \cdots + a_{2k}^{(2)} x_k + a_{2(k+1)}^{(2)} x_{k+1} + \cdots + a_{2n}^{(2)} x_n = b_2^{(2)} \\ \cdots \\ a_{kk}^{(k)} x_k + a_{k(k+1)}^{(k)} x_{k+1} + \cdots + a_{kn}^{(k)} x_n = b_k^{(k)} \\ a_{k+1,k+1}^{(k+1)} x_{k+1} + \cdots + a_{(k+1)n}^{(k+1)} x_n = b_{k+1}^{(k+1)} \\ \cdots \\ a_{mn}^{n} x_n + \cdots + a_{mn}^{n} x_n = b_n^{(k+1)} \end{cases}$$

使得矩阵左下角值全为 0,然后依次求解每个值。

在 MATLAB 中编程实现的高斯消元法的函数为 gauss_x()。

功能:用高斯消元法求未知量值。

调用格式:

```
x = gauss_x(A,B)
```

其中,A 为函数系数矩阵;B 为函数值矩阵;x 为求得的未知量值。

编写高斯消元法一般化程序如下:

```
function x = gauss_x(A,B)
% A 为函数系数矩阵
% B 为函数值矩阵
% x 为求得的未知量值
format rat
C = [A,B];
nc = size(C);                               % 求 C 的行列数
for j = 1 : nc(1,2) - 2                      % 列数
    for i = j + 1 : nc(1,1)                  % 行数
        C(i,:) = - C(j,j)./C(i,j) .* C(i,:) + C(j,:);   % 每行元素进行消元法
    end
end
```

```
switch nc(1,1)
    case 1              %1个未知数求解,1阶方程
        x(1) = C(1,end)/C(1,end-1);
    case 2              %2个未知数求解,2阶方程
        x(2) = C(2,end)/C(2,end-1);
        x(1) = ( C(1,end) - C(1,end-1) * x(2) )/ C(1,end-2);
        x = [x(1);x(2)];
    case 3              %3个未知数求解,3阶方程
        x(3) = C(3,end)/C(3,end-1);
        x(2) = ( C(2,end) - C(2,end-1) * x(3) )/ C(2,end-2);
        x(1) = ( C(1,end) - C(1,end-1) * x(3) - C(1,end-2) * x(2))/ C(1,end-3);
        x = [x(1);x(2);x(3)];
    case 4              %4个未知数求解,4阶方程
        x(4) = C(4,end)/C(4,end-1);
        x(3) = ( C(3,end) - C(3,end-1) * x(4) )/ C(3,end-2);
        x(2) = ( C(2,end) - C(2,end-1) * x(4) - C(2,end-2) * x(3))/ C(2,end-3);
        x(1) = ( C(1,end) - C(1,end-1) * x(4) - C(1,end-2) * x(3) - C(1,end-3) * x(2))/
C(1,end-4);
        x = [x(1);x(2);x(3);x(4)];
    case 5              %5个未知数求解,5阶方程
        x(5) = C(5,end)/C(5,end-1);
        x(4) = ( C(4,end) - C(4,end-1) * x(5) )/ C(4,end-2);
        x(3) = ( C(3,end) - C(3,end-1) * x(5) - C(3,end-2) * x(4))/ C(3,end-3);
        x(2) = ( C(2,end) - C(2,end-1) * x(5) - C(2,end-2) * x(4) - C(2,end-3) * x(3))/
C(2,end-4);
        x(1) = ( C(1,end) - C(1,end-1) * x(5) - C(1,end-2) * x(4) - C(1,end-3) * x(3) -
C(1,end-4) * x(2))/ C(1,end-5);
        x = [x(1);x(2);x(3);x(4);x(5)];
end
end
```

【例 9-7】 用高斯消元法求解下列方程组：

$$\begin{pmatrix} 6 & 2 & -1 \\ 1 & 4 & -2 \\ -3 & 1 & 4 \end{pmatrix} x = \begin{pmatrix} -3 \\ 2 \\ 4 \end{pmatrix}$$

由方程组写成矩阵得

$$\begin{pmatrix} 6 & 2 & -1 & -3 \\ 1 & 4 & -2 & 2 \\ -3 & 1 & 4 & 4 \end{pmatrix}$$

采用 gauss_x( )函数进行求解,程序如下：

```
clc,clear,close all
format rat;
A = [6 2 -1;                          %方程系数矩阵
    1 4 -2;
    -3 1 4];
```

```
B1 = [ - 3,2,4]';              %方程右边 B 矩阵
x1 = gauss_x(A,B1)
```

运行程序,输出结果如下:

```
x1 =
     - 8/11
      80/99
      25/99
```

【例 9-8】 用列主元高斯消元法求解下列方程组:

$$\begin{cases} -3x_1 + 2x_2 + 6x_3 = 4 \\ 10x_1 - 7x_2 + 0x_3 = 7 \\ 5x_1 - x_2 + 5x_3 = 6 \end{cases}$$

由方程组写成矩阵得

$$\begin{bmatrix} -3 & 2 & 6 & 4 \\ 10 & -7 & 0 & 7 \\ 5 & -1 & 5 & 6 \end{bmatrix}$$

对该方程组进行求解,编程如下:

```
clc,clear,close all
format short
A = [ - 3,2,6;10, - 7,0;5, - 1,5];
B = [4;7;6];
x = gauss_x(A,B)
```

运行程序,输出结果如下:

```
x =
     0
    - 1
     1
```

9.3 追赶法

在很多问题中,需要解如下形式的三对角方程组:

$$\begin{cases} b_1x_1 + c_1x_2 = d_1 \\ a_2x_1 + b_2x_2 + c_2x_3 = d_2 \\ a_3x_2 + b_3x_3 + c_3x_4 = d_3 \\ \cdots \\ a_{n-1}x_{n-2} + b_{n-1}x_{n-1} + c_{n-1}x_n = d_{n-1} \\ a_nx_{n-1} + b_nx_n = d_n \end{cases}$$

三对角方程组的系数矩阵为三对角阵，对于这种特殊而又简单的方程组，充分注意到三对角方程组的特点，根据顺序消元的思想导出一个简便的算法——追赶法。

首先进行顺序消元，且每步将主元系数化为1，将方程组化为

$$\begin{cases} x_1 + q_1 x_2 = p_1 \\ x_2 + q_2 x_3 = p_2 \\ \cdots \\ x_{n-1} + q_{n-1} x_n = p_{n-1} \\ x_n = p_n \end{cases}$$

式中

$$p_1 = \frac{d_1}{b_1}, \quad q_1 = \frac{c_1}{b_1}, \quad p_k = \frac{d_k - a_k p_{k-1}}{t_k}, \quad q_k = \frac{c_k}{t_k}, \quad t_k = b_k - a_k q_{k-1}, \quad k = 2,3,4,\cdots$$

然后回代，求得

$$\begin{cases} x_n = p_n \\ x_k = p_k - q_k x_{k+1} \end{cases}$$

追赶法和高斯消元法本质一样。

在 MATLAB 中编程实现的追赶法的函数为 zgf_x()。

功能：用追赶法求未知量值。

调用格式：

```
x = zgf_x(A,B)
```

其中，**A** 为函数系数矩阵；**B** 为函数值矩阵；x 为求得的未知量值。

编写追赶法一般化程序如下：

```
function x = zgf_x(A,B)
% A 为函数系数矩阵
% B 为函数值矩阵
% x 为求得的未知量值
format rat
C = [A,B];
nc = size(C);                                    % 求 C 的行列数
for j = 1 : nc(1,2) - 2                          % 列数
    for i = j + 1 : nc(1,1)                      % 行数
        if C(i,j) ~= 0
            C(i,:) = - C(j,j)./C(i,j) .* C(i,:) + C(j,:);  % 每行元素进行消元法
        else
        end
    end
end
switch nc(1,1)
    case 1                                       % 1 个未知数求解，1 阶方程
        x(1) = C(1,end)/C(1,end - 1);
    case 2                                       % 2 个未知数求解，2 阶方程
        x(2) = C(2,end)/C(2,end - 1);
        x(1) = ( C(1,end) - C(1,end - 1) * x(2) )/ C(1,end - 2);
```

```
        x = [x(1);x(2)];
    case 3              %3个未知数求解,3阶方程
        x(3) = C(3,end)/C(3,end-1);
        x(2) = ( C(2,end)-C(2,end-1) * x(3) )/ C(2,end-2);
        x(1) = ( C(1,end)-C(1,end-1) * x(3) - C(1,end-2) * x(2))/ C(1,end-3);
        x = [x(1);x(2);x(3)];
    case 4              %4个未知数求解,4阶方程
        x(4) = C(4,end)/C(4,end-1);
        x(3) = ( C(3,end)-C(3,end-1) * x(4) )/ C(3,end-2);
        x(2) = ( C(2,end)-C(2,end-1) * x(4) - C(2,end-2) * x(3))/ C(2,end-3);
        x(1) = ( C(1,end)-C(1,end-1) * x(4) - C(1,end-2) * x(3) - C(1,end-3) * x(2))/
C(1,end-4);
        x = [x(1);x(2);x(3);x(4)];
    case 5              %5个未知数求解,5阶方程
        x(5) = C(5,end)/C(5,end-1);
        x(4) = ( C(4,end)-C(4,end-1) * x(5) )/ C(4,end-2);
        x(3) = ( C(3,end)-C(3,end-1) * x(5) - C(3,end-2) * x(4))/ C(3,end-3);
        x(2) = ( C(2,end)-C(2,end-1) * x(5) - C(2,end-2) * x(4) - C(2,end-3) * x(3))/
C(2,end-4);
        x(1) = ( C(1,end)-C(1,end-1) * x(5) - C(1,end-2) * x(4) - C(1,end-3) * x(3) -
C(1,end-4) * x(2))/ C(1,end-5);
        x = [x(1);x(2);x(3);x(4);x(5)];
    end
end
```

【例 9-9】 用追赶法解下列方程组:

$$\begin{cases} 2x_1 + x_2 = 3 \\ x_1 + 2x_2 - 3x_3 = -3 \\ 3x_2 - 7x_3 + 4x_4 = -10 \\ 2x_3 + 5x_4 = 2 \end{cases}$$

整理成矩阵形式得

$$\begin{bmatrix} 2 & 1 & 0 & 0 & 3 \\ 1 & 2 & -3 & 0 & -3 \\ 0 & 3 & -7 & 4 & -10 \\ 0 & 0 & 2 & 5 & 2 \end{bmatrix}$$

对该方程组进行求解,编程如下:

```
clc,clear,close all
format short
A = [2,1,0,0; 1 2 -3,0; 0 3 -7 4; 0,0,2,5];
B = [3; -3; -10;2];
x = A\B
x = zgf_x(A,B)
```

运行程序,输出结果如下:

```
x =
     2
    -1
     1
     0
```

9.4　范数

方程组的解为一组数，称为解向量，近似解向量与准确解向量之差称为误差向量。为了估计误差向量的大小，则需引入衡量向量与矩阵大小的度量——范数。

设 $x = (x_1, x_2, x_3, \cdots, x_n)^{\mathrm{T}}$，常用的向量范数有

$$\| x \|_2 = \sqrt{x_1^2 + x_2^2 + x_3^2 + \cdots + x_n^2}, \quad \| x \|_1 = | x_1 | + | x_2 | + \cdots + | x_n |,$$

$$\| x \|_\infty = \max_{1 \leqslant i \leqslant n} | x_i |$$

分别称为向量 x 的 2 范数、1 范数、无穷范数。

常用的矩阵范数有

$$\| A \|_\infty = \max_{1 \leqslant i \leqslant n} \sum_{j=1}^n | a_{ij} | \text{ 为最大行和}; \quad \| A \|_1 = \max_{1 \leqslant j \leqslant n} \sum_{i=1}^n | a_{ij} | \text{ 为最大列和}; \quad \| A \|_2 =$$

$\sqrt{\lambda_1}$，λ_1 为 $A^{\mathrm{T}}A$ 的最大特征值。

在 MATLAB 中编程实现的范数求解的函数为 fanshu( )。

功能：求矩阵范数值（1 范数、2 范数、无穷范数）。

调用格式：

```
[f1,f2,fwq] = fanshu(A)
```

其中，A 为输入矩阵；f_1 为 1 范数；f_2 为 2 范数；fwq 为无穷范数。

编写求矩阵范数值一般化程序如下：

```
function [f1,f2,fwq] = fanshu(A)
% A 为输入矩阵
% f1 为 1 范数
% f2 为 2 范数
% fwq 为无穷范数
n = size(A);
for i = 1:n(1,1)
Ah(1,i) = (sum(A(i,:)));
end
fwq = max(Ah);                    %最大行和
for i = 1:n(1,2)
Al(1,i) = (sum(A(:,i)));
end
f1 = max(Al);                     %最大列和
```

```
B = A' * A;
lamda = eig(B);          % 特征值
lamda1 = abs(max(lamda));
f2 = sqrt(lamda1);        % 2 范数
```

【例 9-10】 设 $A = \begin{bmatrix} 1 & 1 \\ 2 & 5 \end{bmatrix}$，$x = \begin{bmatrix} 2 \\ 3 \end{bmatrix}$，求 $\| A \|_p$ 和 $\| Ax \|_p$，其中 $p = 1, 2, \infty$。

由范数性质易知

$$\| A \|_1 = 6, \quad \| x \|_1 = 5; \quad \| A \|_\infty = 7, \quad \| x \|_\infty = 3$$

对于 2 范数而言，有

$$A^{\mathrm{T}} A = \begin{bmatrix} 1 & 2 \\ 1 & 5 \end{bmatrix} \begin{bmatrix} 1 & 1 \\ 2 & 5 \end{bmatrix} = \begin{bmatrix} 5 & 11 \\ 11 & 26 \end{bmatrix}$$

编写程序如下：

```
clc,clear,close all
% A、Ax 为输入矩阵
% fA1、fAx1 为 1 范数
% fA2、fAx2 为 2 范数
% fAwq、fAxwq 为无穷范数
A = [1,1;2,5];
x = [2,3]';
Ax = A * x;
n = size(A);
[fA1,fA2,fAwq] = fanshu(A)
[fAx1,fAx2,fAxwq] = fanshu(Ax)
```

运行程序，输出结果如下：

```
fA1 =
      6
fA2 =
    1607/290
fAwq =
      7
fAx1 =
      6
fAx2 =
    1607/290
fAxwq =
      7
```

计算结果和理论计算是一致的。

【例 9-11】 设 $x = \begin{bmatrix} 3 \\ -5 \end{bmatrix}$，$A = \begin{bmatrix} 1 & 2 \\ 3 & 4 \end{bmatrix}$，则 $Ax = \begin{bmatrix} -7 \\ -11 \end{bmatrix}$，求相应的各范数。

由范数性质可知

$$\| x \|_1 = 8, \quad \| A \|_1 = 6, \quad \| x \|_\infty = 5, \quad \| A \|_\infty = 7$$

$$A^{\mathrm{T}}A = \begin{bmatrix} 1 & 3 \\ 2 & 4 \end{bmatrix}\begin{bmatrix} 1 & 2 \\ 3 & 4 \end{bmatrix} = \begin{bmatrix} 10 & 14 \\ 14 & 20 \end{bmatrix}$$

由此编写程序如下：

```
clc,clear,close all
% A 为输入矩阵,x 为输入向量
% fA1、fx1、fAx1 为 1 范数
% fA2、fx2、fAx2 为 2 范数
% fAwq、fxwq、fAxwq 为无穷范数
A = [1,2;3,4];
x = [3, -5]';
Ax = A * x;
n = size(A);
[fA1,fA2,fAwq] = fanshu(A)
[fx1,fx2,fxwq] = fanshu(x)
[fAx1,fAx2,fAxwq] = fanshu(Ax)
```

运行程序,输出结果如下:

```
fA1 =
      6
fA2 =
    1951/357
fAwq =
      7
fx1 =
     -2
fx2 =
    2449/420
fxwq =
      3
fAx1 =
    -18
fAx2 =
    8827/677
fAxwq =
      7
```

计算结果和理论计算是一致的。

【例 9-12】 设 $A = \begin{bmatrix} 1 & 0 & 0 \\ 0 & 2 & 4 \\ 0 & -2 & 4 \end{bmatrix}$，求相应的各范数。

由范数性质可知

$$\|A\|_1 = 8, \quad \|A\|_\infty = 6, \quad A^{\mathrm{T}}A = \begin{bmatrix} 1 & 0 & 0 \\ 0 & 2 & 4 \\ 0 & -2 & 4 \end{bmatrix}^{\mathrm{T}}\begin{bmatrix} 1 & 0 & 0 \\ 0 & 2 & 4 \\ 0 & -2 & 4 \end{bmatrix} = \begin{bmatrix} 1 & 0 & 0 \\ 0 & 8 & 0 \\ 0 & 0 & 32 \end{bmatrix}$$

编写程序如下：

```
clc,clear,close all
% A 为输入矩阵
% fA1 为 1 范数
% fA2 为 2 范数
% fAwq 为无穷范数
A = [1,0,0;0,2,4;0,-2,4];
n = size(A);
[fA1,fA2,fAwq] = fanshu(A)
```

运行程序,输出结果如下:

```
fA1 =
      8
fA2 =
    6726/1189
fAwq =
      6
```

计算结果和理论计算是一致的。

9.5 方程组的性态

当方程组 $Ax=b$ 的系数矩阵与右端向量 b 的微小变动(小扰动)而引起解严重失真时,称此方程组为病态方程组,其系数矩阵 A 称为病态矩阵,否则称为良态方程组,A 称为良态矩阵。

(1)设 b 有扰动 δb,A 为准确,x 的扰动为 δx,即

$$A(x+\delta x) = b + \delta b$$

由 $Ax=b$ 可得下式:

$$\begin{cases} Ax = b \\ A\delta x = \delta b \end{cases} \Rightarrow \begin{cases} \|b\| = \|Ax\| \leqslant \|A\|\|x\| \\ \|\delta x\| = \|A^{-1}\delta b\| \leqslant \|A^{-1}\|\|\delta b\| \end{cases} \Rightarrow \frac{\|\delta x\|}{\|x\|} \leqslant \|A\|\|A^{-1}\|\frac{\|\delta b\|}{\|b\|}$$

此不等式表明,当右端项有扰动时,解的相对误差不超过 b 的相对误差的 $\|A\|\|A^{-1}\|$ 倍。

(2)当 b 为精确的而 A 有微小扰动 δA 时,在 δA 充分小时也同样可推得

$$\frac{\|\delta x\|}{\|x\|} \leqslant \|A\|\|A^{-1}\|\frac{\|\delta A\|}{\|A\|}$$

(3)当 A,b 同时有微小扰动 $\delta A,\delta b$ 时,则可进一步导出更一般的误差估计式:

$$\frac{\|\delta x\|}{\|x\|} \leqslant \|A\|\|A^{-1}\|\left(\frac{\|\delta A\|}{\|A\|} + \frac{\|\delta b\|}{\|b\|}\right)$$

在三种情况下得到的这三个不等式反映了解的相对误差与 A 及 b 的相对误差的关系;数 $\|A\|\|A^{-1}\|$ 越小,解的相对误差也越小;反之,数 $\|A\|\|A^{-1}\|$ 越大,解的相对误差也越大,实际上这个数反映了解对方程组原始数据的敏感程度,揭示了矩阵 A 和方程组本身的性态,称之为方程组或矩阵 A 的条件数,记作

$$\text{cond}(\boldsymbol{A}) = \parallel \boldsymbol{A} \parallel \ \parallel \boldsymbol{A}^{-1} \parallel$$

cond($\boldsymbol{A}$)越大，$\boldsymbol{A}$ 的病态程度越严重。至于 cond($\boldsymbol{A}$)多大才算病态，这是一个相对概念，没有一个严格的数量界限。

在 MATLAB 中编程实现的矩阵条件数求解的函数为 bt()。

功能：求矩阵条件数值。

调用格式：

cond = bt(A)

其中，$\boldsymbol{A}$ 为输入矩阵；cond 为返回条件数。

编写求矩阵条件数一般化程序如下：

```
function cond = bt(A)
% A 为输入矩阵
% cond 为返回条件数
global a
syms a
n = size(A);
for i = 1:n(1,1)
    Ah(1,i) = (sum(A(i,:)));
end
fwqA = max(Ah);                    %最大行和,无穷范数
B = inv(A);
n = size(B);
for i = 1:n(1,1)
  Bh(1,i) = (sum(B(i,:)));
end
fwqB = max(Bh);                    %最大行和,无穷范数
cond = fwqA * fwqB;
```

【例 9-13】 设 $\boldsymbol{A}=\begin{bmatrix} 2a & a & 0 \\ 0 & a & 0 \\ 0 & 0 & a \end{bmatrix}$，试说明对任意实数 $a \neq 0$，线性方程组 $\boldsymbol{Ax}=\boldsymbol{b}$ 都是非病态的。

当 $a \geqslant 0$ 时，取 $a=3$，由范数性质可知 $\parallel \boldsymbol{A} \parallel_{\infty}=3a$。

求矩阵的逆，编程如下：

```
clc,clear,close all
syms a
A = [2 * a,a,0;0,a,0;0,0,a];
B = inv(A)
```

运行程序，输出结果如下：

```
B =
[ 1/(2 * a),  -1/(2 * a),   0]
[     0,       1/a,   0]
[     0,          0, 1/a]
```

整理结果得

$$
\boldsymbol{A}^{-1} = \begin{bmatrix} \dfrac{1}{2a} & \dfrac{-1}{2a} & 0 \\ 0 & \dfrac{1}{a} & 0 \\ 0 & 0 & \dfrac{1}{a} \end{bmatrix}
$$

由范数性质可知

$$
\| \boldsymbol{A}^{-1} \|_{\infty} = \frac{1}{a}
$$

则

$$
\mathrm{cond}(\boldsymbol{A})_{\infty} = \| \boldsymbol{A} \|_{\infty} \| \boldsymbol{A}^{-1} \|_{\infty} = 3a \cdot \frac{1}{a} = 3
$$

因此该方程是良态的。

当 $a<0$ 时,取 $a=-3$,由范数性质可知 $\| \boldsymbol{A} \|_{\infty}=a$,$\| \boldsymbol{A}^{-1} \|_{\infty}=0$,则 $\boldsymbol{A}$ 的条件数为

$$
\mathrm{cond}(\boldsymbol{A})_{\infty} = \| \boldsymbol{A} \|_{\infty} \| \boldsymbol{A}^{-1} \|_{\infty} = a \cdot 0 = 0
$$

条件数均相对较小,故该矩阵是良态的。

编写调用可执行程序如下:

```
clc,clear,close all
% A 为输入矩阵
% cond,cond2 为返回条件数
global a
a = 3;
A = [2 * a,a,0;0,a,0;0,0,a];
cond = bt(A)
a =- 3;
A = [2 * a,a,0;0,a,0;0,0,a];
cond2 = bt(A)
```

运行程序,输出结果如下:

```
cond =
        3
cond2 =
        0
```

【例 9-14】 给定线性方程组:

$$
\begin{bmatrix} 2 & 1 \\ 1 & 1 \end{bmatrix} \begin{bmatrix} x_1 \\ x_2 \end{bmatrix} = \begin{bmatrix} 6 \\ 9 \end{bmatrix}
$$

将上式的第一个式子同乘以 $\lambda(\lambda \neq 0)$,得到

$$
\begin{bmatrix} 2\lambda & \lambda \\ 1 & 1 \end{bmatrix} \begin{bmatrix} x_1 \\ x_2 \end{bmatrix} = \begin{bmatrix} 6\lambda \\ 9 \end{bmatrix}
$$

则上式称为系数矩阵 $\boldsymbol{A}(\lambda)$。

分别求其 $\mathrm{cond}(\boldsymbol{A}(\lambda))_\infty$，求 λ 使得 $\mathrm{cond}(\boldsymbol{A}(\lambda))_\infty$ 最小值。

由目标方程可知

$$\boldsymbol{A}(\lambda) = \begin{bmatrix} 2\lambda & \lambda \\ 1 & 1 \end{bmatrix}$$

求矩阵的逆，编程如下：

```
clc,clear,close all
syms a
A = [2 * a,a;1,1];
B = inv(A)
```

运行程序，输出结果如下：

```
B =
 [  1/a, -1]
 [ -1/a,  2]
```

整理结果有

$$\boldsymbol{A}(\lambda)^{-1} = \begin{bmatrix} \dfrac{1}{\lambda} & -1 \\ -\dfrac{1}{\lambda} & 2 \end{bmatrix}$$

由范数性质可得相应的条件数为

$$\mathrm{cond}(\boldsymbol{A}(\lambda))_\infty = \| \boldsymbol{A}(\lambda) \|_\infty \cdot \| \boldsymbol{A}^{-1}(\lambda) \|_\infty = \begin{cases} 6\lambda - 3, & \lambda > \dfrac{2}{3} \\ \dfrac{2}{\lambda} - 2, & 0 < \lambda \leqslant \dfrac{2}{3} \\ 4 - \dfrac{2}{\lambda}, & \lambda < 0 \end{cases}$$

因此

$$(\mathrm{cond}(\boldsymbol{A}(\lambda))_\infty)_{\min} = \begin{cases} 1, & \lambda > 0 \\ 4, & \lambda < 0 \end{cases}$$

编写调用可执行程序如下：

```
clc,clear,close all
% A 为输入矩阵
% cond1、cond2、cond3 为返回条件数
global a
a = 3;
A = [2 * a,a;1,1];
cond1 = bt(A)
a = 1/3;
A = [2 * a,a;1,1];
cond2 = bt(A)
```

```
a = - 3;
A = [2 * a,a;1,1];
cond3 = bt(A)
```

运行程序,输出结果如下:

```
cond1 =
       15
cond2 =
        4
cond3 =
       14/3
```

9.6 高斯-塞德尔迭代法

高斯-塞德尔(Gauss-Seidel)迭代格式为

$$x_1^{(k+1)} = \frac{1}{a_{11}}(- a_{12}x_2^{(k)} - a_{13}x_3^{(k)} - \cdots - a_{1n}x_n^{(k)} + b_1)$$

$$x_2^{(k+1)} = \frac{1}{a_{22}}(- a_{21}x_1^{(k+1)} - a_{23}x_3^{(k)} - \cdots - a_{2n}x_n^{(k)} + b_2)$$

$$\cdots$$

$$x_n^{(k+1)} = \frac{1}{a_{nn}}(- a_{n1}x_1^{(k+1)} - a_{n2}x_2^{(k+1)} - \cdots - a_{n(n-1)}x_{n-1}^{(k+1)} + b_n)$$

其中,分量形式为

$$x_i^{(k+1)} = \frac{1}{a_{ii}}\left(- \sum_{j=1}^{i-1} a_{ij}x_j^{(k+1)} - \sum_{j=i+1}^{n} a_{ij}x_j^{(k)} + b_i\right), \quad i = 1,2,3,\cdots,n$$

采用高斯塞德尔迭代法进行求解,将系数矩阵 $\boldsymbol{A}$ 分解为 $\boldsymbol{A} = \boldsymbol{D} - \boldsymbol{L} - \boldsymbol{U}$,其中:

$$\boldsymbol{D} = \text{diag}(a_{11},a_{22},\cdots,a_{nn}) = \begin{bmatrix} a_{11} & & \\ & \ddots & \\ & & a_{nn} \end{bmatrix}$$

$$\boldsymbol{D}^{-1} = \text{diag}\left(\frac{1}{a_{11}},\frac{1}{a_{22}},\cdots,\frac{1}{a_{nn}}\right) = \begin{bmatrix} \dfrac{1}{a_{11}} & & \\ & \ddots & \\ & & \dfrac{1}{a_{nn}} \end{bmatrix}$$

$$-\boldsymbol{L} = \begin{bmatrix} 0 & & & & \\ a_{21} & 0 & & & \\ a_{31} & a_{32} & 0 & & \\ \vdots & & & \ddots & \\ a_{n1} & a_{n2} & \cdots & a_{n(n-1)} & 0 \end{bmatrix}, \quad -\boldsymbol{U} = \begin{bmatrix} 0 & a_{12} & a_{13} & \cdots & a_{1n} \\ & 0 & a_{23} & \cdots & a_{2n} \\ & & 0 & \ddots & \vdots \\ & & & \ddots & a_{(n-1)n} \\ & & & & 0 \end{bmatrix}$$

其矩阵形式如下:

$$x^{(k+1)} = D^{-1}(Lx^{(k+1)} + Ux^{(k)}) + D^{-1}b$$
$$\Rightarrow Dx^{(k+1)} = Lx^{(k+1)} + Ux^{(k)} + b$$
$$\Rightarrow (D - L)x^{(k+1)} = Ux^{(k)} + b$$

在 MATLAB 中编程实现的高斯-塞德尔迭代法求解的函数为 gauss_seidel_x()。

功能：采用高斯-塞德尔迭代法求矩阵未知数数值。

调用格式：

```
x = gauss_seidel_x(A,B,x0,Err)
```

其中，A 为方程组系数矩阵；B 为方程组值；x_0 为方程组系数迭代初始值；Err 为返回精度；x 为求解结果。

编写高斯-塞德尔迭代法一般化程序如下：

```
function x = gauss_seidel_x(A,B,x0,Err)
% A 为方程组系数矩阵
% B 为方程组值
% x0 为初值
% Err 为求解精度
D = diag(diag(A));                    % 提取 A 中
L = - tril(A) + D;                    % 求下三角矩阵
U = - triu(A) + D;                    % 求上三角矩阵
DL = D - L;
A_DL = inv(DL);                       % 求逆
x0;                                   % x 初值
x = A_DL * U * x0 + A_DL * B;
while norm(x - x0) > Err              % d 当两次计算结果 2 范数小于 Err 退出循环体
    x = x0;
    x0 = A_DL * U * x + A_DL * B;
end
```

【例 9-15】 用高斯-塞德尔迭代法求解下列方程组：

$$\begin{bmatrix} 6 & 2 & -1 \\ 1 & 4 & -2 \\ -3 & 1 & 4 \end{bmatrix} x = \begin{bmatrix} -3 \\ 2 \\ 4 \end{bmatrix}$$

由上述方程组可得

$$D - L = \begin{bmatrix} 6 & 0 & 0 \\ 1 & 4 & 0 \\ 2 & 2 & 4 \end{bmatrix}$$

赋初值

$$x^{(0)} = [-0.5, 0.5, 0.25]^{\mathrm{T}}$$

采用 gauss_seidel_x() 函数进行求解，程序如下：

```
clc,clear,close all
format short;
A = [6,2, -1;
    1,4, -2;
```

```
    - 3,1,4];          % 方程组系数矩阵
b = [ - 3,2,4]';
x0 = [ - 0.5,0.5,0.25]';
% 高斯 - 塞德尔求解
x2 = gauss_seidel_x(A,b,x0,eps)
```

运行程序,输出结果如下:

```
x2 =
    - 0.7273
     0.8081
     0.2525
```

【例 9-16】 用高斯-塞德尔迭代法求解下列方程组:

$$\begin{pmatrix} 1 & 3 \\ -7 & 1 \end{pmatrix} x = \begin{pmatrix} 4 \\ 6 \end{pmatrix}$$

由上述方程组可得

$$D - L = \begin{bmatrix} 1 & 0 \\ -7 & 1 \end{bmatrix}$$

赋初值

$$x^{(0)} = [-0.5, 1.1]^T$$

采用 gauss_seidel_x() 函数进行求解,程序如下:

```
clc,clear,close all
format short;
A = [1 3;                % 方程组系数矩阵
    - 7,1;];
B = [4,6]';              % 方程组右边 B 矩阵
x0 = [ - 0.5,1.1]';
% 高斯-塞德尔求解
x2 = gauss_seidel_x(A,B,x0,eps)
```

运行程序,输出结果如下:

```
x2 =

    Inf
    Inf
```

由计算结果可知,该方程采用高斯-塞德尔迭代法求解发散。

9.7 迭代法的收敛性

设 A 为 n 阶方阵,$\lambda_i (i=1,2,3,\cdots,n)$ 为 A 的特征值,称特征值模的最大值为矩阵 A 的谱半径,记为

$$\rho(\boldsymbol{A}) = \max_{1 \leqslant i \leqslant n}\{\mid \lambda_i \mid\}$$

式中，$(\lambda_1, \lambda_2, \cdots, \lambda_n)$ 称为矩阵 $\boldsymbol{A}$ 的谱。

矩阵 $\boldsymbol{A}$ 的谱半径与 $\boldsymbol{A}$ 的范数之间的一个重要关系：$\boldsymbol{A}$ 的谱半径不超过 $\boldsymbol{A}$ 的任一种范数，即

$$\rho(\boldsymbol{A}) \leqslant \parallel \boldsymbol{A} \parallel$$

设 $\boldsymbol{A}$ 为 n 阶方阵，当采用高斯-塞德尔迭代法的收敛条件为

$$\lim_{x \to \infty}\boldsymbol{A}^x = 0 \xrightarrow{\text{充要条件}} \rho(\boldsymbol{A}) < 1$$

对于任意初始向量 $\boldsymbol{x}^{(0)}$ 和右端项 g，由迭代格式：

$$\boldsymbol{x}^{k+1} = \boldsymbol{M}\boldsymbol{x}^k + g, \quad k = 0, 1, 2, 3, \cdots$$

则 $\{\boldsymbol{x}^k\}$ 收敛的充分必要条件为 $\rho(\boldsymbol{M}) < 1$。

在 MATLAB 中编程实现的矩阵收敛性判断求解的函数为 slx()。

功能：采用高斯-塞德尔迭代法求矩阵未知数数值的收敛性判断。

调用格式：

rouM = slx(A)

其中，$\boldsymbol{A}$ 为输入矩阵；rouM 为求解结果 $\rho(\boldsymbol{M})$。

编写高斯-塞德尔迭代法一般化程序如下：

```
function rouM = slx(A)
% A 为输入矩阵
D = diag(diag(A));                %提取 A 中
L = - tril(A) + D;                %求下三角矩阵
U = - triu(A) + D;                %求上三角矩阵
DL = D - L;
A_DL = inv(DL);                   %求逆
M = A_DL * U;
lamda = eig(M);
rouM = max(lamda);
if rouM > = 1
    disp('高斯－塞德尔迭代法发散')
else
    disp('高斯－塞德尔迭代法收敛')
end
```

【例 9-17】 设线性方程组：
$$\begin{cases} x_1 + 2x_2 - 2x_3 = 1 \\ x_1 + x_2 + x_3 = 2 \\ 2x_1 + 2x_2 + x_3 = 3 \end{cases}$$，采用高斯-塞德尔迭代法进行求解。

将系数矩阵 $\boldsymbol{A}$ 分解为 $\boldsymbol{A} = \boldsymbol{D} - \boldsymbol{L} - \boldsymbol{U}$，则可知 $(\boldsymbol{D} - \boldsymbol{L}) = \begin{bmatrix} 1 & 0 & 0 \\ 1 & 1 & 0 \\ 2 & 2 & 1 \end{bmatrix}$，$\boldsymbol{U} = \begin{bmatrix} 0 & -2 & 2 \\ 0 & 0 & -1 \\ 0 & 0 & 0 \end{bmatrix}$，求解 $(\boldsymbol{D} - \boldsymbol{L})^{-1}$，

编程如下：

```
clc,clear,close all
DL = [1,0,0;1,1,0;2,2,1];
inv(DL)
```

运行程序,输出结果如下：

```
ans =
    1     0     0
  - 1     1     0
    0   - 2     1
```

整理结果得相应的特征方程为

$$\det(\lambda \boldsymbol{I} - \boldsymbol{M}) = \begin{vmatrix} \lambda & 2 & -2 \\ 0 & \lambda-2 & 3 \\ 0 & 0 & \lambda-2 \end{vmatrix} = \lambda(\lambda-2)^2 = 0$$

调用 slx() 函数计算其特征根如下：

```
clc,clear,close all
A = [1,2, - 2;
     1,1,1;
     2,2,1];
rouM = slx(A)
```

运行程序,输出结果如下：

```
lamda =
        0
        2
        2
高斯 - 塞德尔迭代法发散
rouM =
        2
```

可得 $\lambda_1 = 0, \lambda_2 = 2, \lambda_3 = 2$,故 $\rho(\boldsymbol{M}) = 2 > 1$,可推得高斯-塞德尔迭代法发散。

【例 9-18】 设线性方程组：

$$\begin{cases} 9x_1 - x_2 - x_3 = 7 \\ -x_1 + 8x_2 + 0x_3 = 7 \\ -x_1 + 0x_2 + 9x_3 = 8 \end{cases}$$

此时该方程的系数为

$$\boldsymbol{A} = \begin{bmatrix} 9 & -1 & -1 \\ -1 & 8 & 0 \\ -1 & 0 & 9 \end{bmatrix}$$

求该系数矩阵的特征值,编程如下：

```
clc,clear,close all
A = [9, -1, -1; -1,8,0; -1,0,9];
eig(A)
```

运行程序,输出结果如下:

```
ans =
    7.1981
    8.5550
   10.2470
```

调用 slx() 函数计算如下:

```
clc,clear,close all
A = [9, -1, -1; -1,8,0; -1,0,9];
rouM = slx(A)
```

运行程序,输出结果如下:

```
lamda =
       0
      17/648
       1/576460752303423490
高斯 - 塞德尔迭代法收敛
rouM =
      17/648
```

由此可知,该系数矩阵为正定且对称,则高斯-塞德尔迭代法收敛。

【**例 9-19**】 讨论当参数 a 取什么值时,用高斯-塞德尔迭代法计算 $Ax = b$ 时收敛。

(1) $A = \begin{bmatrix} 1 & a \\ a & 1 \end{bmatrix}$; (2) $A = \begin{bmatrix} 1 & a & 0 \\ a & 1 & a \\ 0 & a & 1 \end{bmatrix}$

当采用迭代法时,要使得系数矩阵收敛,则矩阵为正定时,矩阵迭代必定收敛,即相应的特征只满足收敛即可。

调用 slx() 函数计算如下:

```
clc,clear,close all
a = 1/2;
A1 = [1,a;a,1];
A2 = [1,a,0;a,1,a;0,a,1];
rouM1 = slx(A1)
rouM2 = slx(A2)
```

运行程序,输出结果如下:

```
lamda =
       0
       1/4
高斯－塞德尔迭代法收敛
rouM1 =
       1/4
lamda =
       0
       1/2
       0
高斯－塞德尔迭代法收敛
rouM2 =
       1/2
```

9.8 雅可比迭代法

设有 n 阶线性方程组：

$$\begin{cases} a_{11}x_1 + a_{12}x_2 + \cdots + a_{1n}x_n = b_1 \\ a_{21}x_1 + a_{22}x_2 + \cdots + a_{2n}x_n = b_2 \\ \cdots \\ a_{n1}x_1 + a_{n2}x_2 + \cdots + a_{nn}x_n = b_n \end{cases}$$

由此可建立迭代格式：

$$\begin{cases} x_1^{(k+1)} = (\quad - a_{12}x_2^{(k)} - a_{13}x_3^{(k)} - \cdots - a_{1n}x_n^{(k)} + b_1)/a_{11} \\ x_2^{(k+1)} = (-a_{21}x_1^{(k)} \quad - a_{23}x_3^{(k)} - \cdots - a_{2n}x_n^{(k)} + b_2)/a_{22} \\ \cdots \\ x_n^{(k+1)} = (-a_{n1}x_1^{(k)} - a_{n2}x_2^{(k)} - \cdots - a_{n(n-1)}x_{n-1}^{(k)} + b_n)/a_{nn} \end{cases}$$

简记为

$$x_i^{(k+1)} = \frac{1}{a_{ii}}\left(-\sum_{j=1}^{i-1} a_{ij}a_j^{(k)} - \sum_{j=i+1}^{n} a_{ij}x_j^{(k)} + b_i\right), \quad i = 1,2,3,\cdots,n$$

在 MATLAB 中编程实现的雅可比（Jacobi）迭代法函数为 jacobi()。

功能：用雅可比迭代法求线性方程组 $Ax = b$ 的解。

调用格式：

```
[x,n] = jacobi (A, b, x0, eps, varargin)
```

其中，A 为线性方程组的系数矩阵；b 为线性方程组中的常数向量；x_0 为迭代初始向量；eps 为解的精度控制（此参数可选）；varargin 为迭代步数控制（此参数可选）；x 为线性方程组的解；n 为求出所需精度的解实际的迭代步数。

雅可比迭代法的 MATLAB 程序代码如下：

```
function [x,n] = jacobi(A,b,x0,eps,varargin)
% 采用雅可比迭代法求线性方程组 Ax = b 的解
```

```
%线性方程组的系数矩阵: A
%线性方程组中的常数向量: b
%迭代初始向量: x0
%解的精度控制: eps
%迭代步数控制: varargin
%线性方程组的解: x
% 求出所需精度的解实际的迭代步数: n
if nargin == 3
    eps = 1.0e - 6;
    M   = 200;
elseif nargin < 3
    error
    return
elseif nargin == 5
    M   = varargin{1};
end

D = diag(diag(A));              % 求 A 的对角矩阵
L = - tril(A, - 1);            % 求 A 的下三角矩阵
U = - triu(A,1);               % 求 A 的上三角矩阵
B = D\(L + U);
f = D\b;
x = B * x0 + f;
n = 1;                          % 迭代次数
 %迭代过程
while norm(x - x0)> = eps
    x0 = x;
    x  = B * x0 + f;
    n = n + 1;
    if(n > = M)
        disp('Warning:迭代次数太多,可能不收敛!');
        return;
    end
end
```

【例 9-20】 对于

$$\begin{cases} 9x_1 - x_2 - x_3 = 7 \\ - x_1 + 8x_2 + 0x_3 = 7 \\ - x_1 + 0x_2 + 9x_3 = 8 \end{cases}$$

采用雅可比矩阵迭代法求解,编程如下:

```
clc,clear,close all
A = [9, - 1, - 1; - 1,8,0; - 1,0,9];
b = [7,7,8]';
x0 = [0,0.1,0.1]';
 [x,n] = jacobi(A,b,x0,eps)
```

运行程序,输出结果如下:

```
x =
       1
       1
       1
n =
       9
```

【例 9-21】 试证 $A=\begin{bmatrix} 1 & a & a \\ a & 1 & a \\ a & a & 1 \end{bmatrix}$ 对于 $-0.5<a<1$ 时是正定的,当 $0<a<0.5$ 时,采用雅可比迭代法求解 $Ax=b$ 是收敛的。

由系数矩阵 A 对于 $-0.5<a<1$ 时是正定的,可得 $|\lambda E-A|$ 的特征根大于 0。具体编写程序如下:

```
clc,clear,close all
syms lamda a
A = [1 a a;
    a, 1,a;
    a,a,1];
eig(A)
```

运行程序,输出结果如下:

```
ans =
   1 - a
  2 * a + 1
```

整理结果有

$$\lambda_1 = 1-a, \quad \lambda_2 = 1-a, \quad \lambda_3 = 2a+1$$

由 $\lambda \geqslant 0$ 可得其特征方程为

$$|\lambda E-B| = \det\begin{bmatrix} \lambda & a & a \\ a-1 & \lambda & a-1 \\ a-1 & a-1 & \lambda \end{bmatrix} = \lambda^3 - (3a^2-4a+1)\lambda + 2a^3-4a^2+2a = 0$$

编程求解如下:

```
B = [lamda a a;a - 1,lamda,a - 1;a - 1,a - 1,lamda];
C = det(B)
solve(C,'lamda')
```

输出结果如下:

```
C =
2 * a^3 - 3 * a^2 * lamda - 4 * a^2 + 4 * a * lamda + 2 * a + lamda^3 - lamda
```

```
ans =
                                           a - 1
((9 * a - 1) * (a - 1))^(1/2)/2 - a/2 + 1/2
1/2 - ((9 * a - 1) * (a - 1))^(1/2)/2 - a/2
```

整理结果有

$$\lambda_1 = a - 1, \quad \lambda_2 = \frac{1}{2} + \frac{\sqrt{(9a-1)(a-1)}}{2} - \frac{a}{2}, \quad \lambda_3 = \frac{1}{2} - \frac{\sqrt{(9a-1)(a-1)}}{2} - \frac{a}{2}$$

由 $0 < a < 0.5$, $\rho(\boldsymbol{B}) < 1$, 因此采用雅可比迭代法求解 $\boldsymbol{Ax} = \boldsymbol{b}$ 是收敛的。

【例 9-22】 对方程组 $\boldsymbol{Ax} = \boldsymbol{b}$, $\boldsymbol{A} = \begin{bmatrix} 1 & 2 \\ 0.3 & 1 \end{bmatrix}$, $\boldsymbol{b} = \begin{bmatrix} 1 \\ 2 \end{bmatrix}$, 当 w 取何值时, 使得采用如下迭代法求解收敛。

$$\boldsymbol{x}^{(k+1)} = \boldsymbol{x}^{(k)} + w(\boldsymbol{Ax}^{(k)} + \boldsymbol{b}), \quad k = 0, 1, 2, 3, \cdots$$

迭代矩阵为

$$\boldsymbol{B} = \boldsymbol{E} + w\boldsymbol{A} = \begin{bmatrix} 1 + w & 2w \\ 0.3w & 1 + w \end{bmatrix}$$

求其特征值, 编程如下:

```
clc,clear,close all
syms w
B = [1 + w,2 * w;0.3 * w,1 + w];
eig(B)
```

运行程序, 输出结果如下:

```
ans =
w - (15^(1/2) * w)/5 + 1
 w + (15^(1/2) * w)/5 + 1
```

整理结果有

$$\lambda_1 = w - \frac{\sqrt{15}\,w}{5} + 1, \quad \lambda_2 = w + \frac{\sqrt{15}\,w}{5} + 1$$

由 $\rho(\boldsymbol{B}) < 1$ 可得

$$-1.127 < w < 0$$

本章小结

本章基于常见的数值分析方法, 分析了递推算法, 包括循环迭代、迭代收敛性和牛顿迭代等, 并介绍了高斯消元法以及追赶法、范数的性质、方程组的性态、高斯-塞德尔和雅可比迭代法等。针对数值计算方法, 以实例讲解, 更加具有实用性和针对性。

第10章 非线性方程（组）求解

MATLAB 的基本数据单位是矩阵，它的指令表达式与数学、工程中常用的形式十分相似。本章侧重于最优化算法的 MATLAB 实现，同时精选了大量的最优化问题实例，通过实例的求解，生动地教会读者掌握 MATLAB 在最优化问题方面的应用。最优化理论和方法日益受到重视，已经渗透到生产、管理、商业、军事、决策等各个领域，应用 MATLAB 来解决最优化问题，通过将"最优化问题""MATLAB 优化工具箱"和"MATLAB 编程"这三方面有机结合进行讲述，来快速解决最优化问题。

学习目标：
- 熟练掌握 MATLAB 优化问题求解；
- 熟练掌握 MATLAB 优化工具箱函数的使用；
- 熟练掌握线性规划、非线性规划和最小二乘最优等问题的求解。

10.1 线性规划问题

线性规划问题是目标函数和约束条件均为线性函数的问题，在 MATLAB R2016a 版中，线性规划问题（linear programming）已用函数 linprog() 取代了 MATLAB 7.0 版中的 lp() 函数。当然，由于版本的向下兼容性，一般来说，低版本中的函数在高版本中仍可使用。

函数：linprog

```
>> help linprog
 linprog Linear programming.
    X = linprog(f, A, b) attempts to solve the linear programming
problem:

            min f'*x      subject to:   A*x <= b
            x
```

格式如下：

(1) x = linprog(f,A,b)。求 $\min f'x, x \in \mathbf{R}^n$。

（2）x ＝ linprog(f,A,b,Aeq,beq)。等式约束 **Aeq · x ＝ beq**，若没有不等式约束 **A · x≤b**，则 **A＝[ ]，b＝[ ]**。

（3）x ＝ linprog(f,A,b,Aeq,beq,lb,ub)。指定 **x** 的范围 **lb≤x≤ub**，若没有等式约束 **Aeq · x＝beq**，则 **Aeq＝[ ]，beq＝[ ]**。

（4）x ＝ linprog(f,A,b,Aeq,beq,lb,ub,x0)。设置初值 x_0。

（5）x ＝ linprog(f,A,b,Aeq,beq,lb,ub,x0,options)。options 为指定的优化参数。

（6）[x,fval] ＝ linprog(…)。返回目标函数最优值，即 fval＝$f'x$。

（7）[x,lambda,exitflag] ＝ linprog(…)。lambda 为解 **x** 的拉格朗日乘子。

（8）[x, lambda,fval,exitflag] ＝ linprog(…)。exitflag 为终止迭代的错误条件。

（9）[x,fval, lambda,exitflag,output] ＝ linprog(…)。output 为关于优化的一些信息。

说明：exitflag＞0 表示函数收敛于解 **x**；exitflag＝0 表示超过函数估值或迭代的最大数字；exitflag＜0 表示函数不收敛于解 **x**；lambda ＝ lower 表示下界 **lb**，lambda ＝ upper 表示上界 **ub**，lambda ＝ ineqlin 表示不等式约束，lambda ＝ eqlin 表示等式约束，lambda 中的非 0 元素表示对应的约束是有效约束；output ＝ iterations 表示迭代次数，output ＝ algorithm 表示使用的运算规则，output ＝ cgiterations 表示 PCG 迭代次数。

【例 10-1】 下面的优化问题：$(-25x_1-40x_2-61x_3)_{\min}$。其中

$$\begin{cases} x_1 - x_2 + x_3 \leqslant 20 \\ 3x_1 + 2x_2 + 4x_3 \leqslant 42 \\ 3x_1 + 2x_2 \leqslant 30 \\ x_1, x_2, x_3 \geqslant 0 \end{cases}$$

编写 MATLAB 程序如下：

```
clc,clear,close all
f = [-25,-40,-61];
A = [1 -1 1;3 2 4;3 2 0];
b = [20; 42; 30];
lb = zeros(3,1);
[x,fval,exitflag,output,lambda] = linprog(f,A,b,[],[],lb)
lambda.ineqlin
lambda.lower
```

运行程序，输出结果如下：

```
Optimization terminated
x =
    0.0000
   15.0000
    3.0000
fval =
 -783.0000
exitflag =
    1
```

```
output =
          iterations: 6
           algorithm: 'interior - point'
         cgiterations: 0
             message: 'Optimization terminated.'
      constrviolation: 0
       firstorderopt: 5.9236e - 09

lambda =
     ineqlin: [3x1 double]
       eqlin: [0x1 double]
       upper: [3x1 double]
       lower: [3x1 double]
ans =
     0.0000
    15.2500
     4.7500
ans =
    35.0000
     0.0000
     0.0000
>>
```

结果表明：不等约束条件 2 和 3 以及第 1 个下界是有效的。

10.2　非线性规划问题

非线性规划是具有非线性约束条件或目标函数的数学规划，是运筹学的一个重要分支。非线性规划研究一个 n 元实函数在一组等式或不等式的约束条件下的极值问题，且目标函数和约束条件至少有一个是未知量的非线性函数。目标函数和约束条件都是线性函数的情形则属于线性规划。

10.2.1　有约束的一元函数最小值

在 MATLAB 中使用 fminbnd() 函数求单变量函数最小值。通过 MATLAB 中的帮助文档，可以知道函数的功能。

```
>> help fminbnd
 fminbnd Single - variable bounded nonlinear function minimization.
    X = fminbnd(FUN,x1,x2) attempts to find  a local minimizer X of the function
    FUN in the interval x1 < X < x2.   FUN is a function handle.   FUN accepts
    scalar input X and returns a scalar function value F evaluated at X.
```

格式如下：

（1）x = fminbnd(fun,x1,x2)。返回自变量 x 在区间 $x_1 < x < x_2$ 上函数 fun 取最小

值时 x 值，fun 为目标函数的表达式字符串或 MATLAB 自定义函数的函数柄。

（2）x = fminbnd(fun,x1,x2,options)。options 为指定优化参数选项。

（3）[x,fval] = fminbnd(⋯)。fval 为目标函数的最小值。

（4）[x,fval,exitflag] = fminbnd(⋯)。exitflag 为终止迭代的条件。

（5）[x,fval,exitflag,output] = fminbnd(⋯)。output 为优化信息。

说明：参数 exitflag＞0 表示函数收敛于 x，exitflag＝0 表示超过函数估计值或迭代的最大数字，exitflag＜0 表示函数不收敛于 x；参数 output＝iterations 表示迭代次数，output＝funccount 表示函数赋值次数，output＝algorithm 表示所使用的算法。

【例 10-2】　计算下面函数在区间（0,1）内的最小值：

$$f(x) = \frac{x^3 + \cos x + x \log x}{e^x}$$

编写 MATLAB 程序如下：

```
>> [x,fval,exitflag,output] = fminbnd('(x^3 + cos(x) + x * log(x))/exp(x)',0,1)
x =
    0.5223
fval =
    0.3974
exitflag =
    1
output =
    iterations: 9
    funcCount: 9
    algorithm: 'golden section search, parabolic interpolation'
```

【例 10-3】　在[0,5]上求下面函数的最小值：
$$f(x) = (x-3)^3 - 1, \quad x \in [0,5]$$
先自定义函数，在 MATLAB 编辑器中建立 M 文件如下：

```
function f = myfun(x)
f = (x-3).^2 - 1;
```

保存为 myfun. m，然后在命令窗口中输入命令如下：

```
>> x = fminbnd(@myfun,0,5)
```

运行程序，输出结果如下：

```
x =
    3
```

10.2.2　无约束的多元函数最小值

MATLAB 中利用函数 fminsearch()求无约束多元函数最小值。通过 MATLAB 中的帮助文档,可以知道函数的功能。

```
>> help fminsearch
 fminsearch Multidimensional unconstrained nonlinear minimization (Nelder – Mead)
    X = fminsearch(FUN,X0) starts at X0 and attempts to find a local minimizer
    X of the function FUN.   FUN is a function handle.   FUN accepts input X and
    returns a scalar function value F evaluated at X. X0 can be a scalar, vector
    or matrix.
```

格式如下:

(1) $x = \mathrm{fminsearch}(\mathrm{fun},\mathrm{x0})$。$x_0$ 为初始点,fun 为目标函数的表达式字符串或 MATLAB 自定义函数的函数柄。

(2) $[x,\mathrm{fval}] = \mathrm{fminsearch}(\cdots)$。最优点的函数值。

(3) $[x,\mathrm{fval},\mathrm{exitflag}] = \mathrm{fminsearch}(\cdots)$。exitflag 与单变量情形一致。

(4) $[x,\mathrm{fval},\mathrm{exitflag},\mathrm{output}] = \mathrm{fminsearch}(\cdots)$。output 与单变量情形一致。

注意:fminsearch()采用了 Nelder-Mead 型简单搜寻法。

【例 10-4】 求下列函数的最小值点:

$$y = 2x_1^3 + 4x_1 x_2^3 - 10x_1 x_2 + x_2^2$$

编写 MATLAB 程序如下:

```
>> X = fminsearch('2 * x(1)^3 + 4 * x(1) * x(2)^3 - 10 * x(1) * x(2) + x(2)^2',  [0,0])
```

运行程序,结果如下:

```
X =
    1.0016    0.8335
```

或在 MATLAB 编辑器中建立函数文件:

```
function   f = myfun(x)
f = 2 * x(1)^3 + 4 * x(1) * x(2)^3 - 10 * x(1) * x(2) + x(2)^2;
```

保存为 myfun. m,在命令窗口中输入命令如下:

```
>> X = fminsearch ('myfun',  [0,0])
```

或

```
>> X = fminsearch(@myfun,  [0,0])
```

运行程序,结果如下:

```
X =
    1.0016    0.8335
```

利用函数 fminunc()求多变量无约束函数最小值。通过 MATLAB 中的帮助文档，可以知道函数的功能。

```
>> help fminunc
 fminunc finds a local minimum of a function of several variables.
    X = fminunc(FUN,X0) starts at X0 and attempts to find a local minimizer
    X of the function FUN. FUN accepts input X and returns a scalar
    function value F evaluated at X. X0 can be a scalar, vector or matrix
```

格式如下：

（1）x = fminunc(fun,x0)。返回给定初始点 x_0 的最小函数值点。

（2）x = fminunc(fun,x0,options)。options 为指定优化参数。

（3）[x,fval] = fminunc(⋯)。fval 为最优点 x 处的函数值。

（4）[x,fval,exitflag] = fminunc(⋯)。exitflag 为终止迭代的条件。

（5）[x,fval,exitflag,output] = fminunc(⋯)。output 为输出优化信息。

（6）[x,fval,exitflag,output,grad] = fminunc(⋯)。grad 为函数在解 x 处的梯度值。

（7）[x,fval,exitflag,output,grad,hessian] = fminunc(⋯)。Hessian 为目标函数在解 x 处的海赛（Hessian）值。

注意：当函数的阶数大于 2 时，使用 fminunc 比 fminsearch 更有效，但当所选函数高度不连续时，使用 fminsearch 效果较好。

【例 10-5】 求下列函数的最小值：

$$f(x) = 3x_1^2 + 2x_1x_2 + x_2^2$$

编写 MATLAB 程序如下：

```
>> fun = '3 * x(1)^2 + 2 * x(1) * x(2) + x(2)^2';
>> x0 = [1 1];
>> [x,fval,exitflag,output,grad,hessian] = fminunc(fun,x0)
```

运行程序，输出结果如下：

```
x =
  1.0e - 008 *
   - 0.7591    0.2665
fval =
  1.3953e - 016
exitflag =
    1
output =
      iterations: 3
       funcCount: 16
        stepsize: 1.2353
   firstorderopt: 1.6772e - 007
       algorithm: 'medium - scale: Quasi - Newton line search'
```

```
grad =
  1.0e - 006 *
   - 0.1677
     0.0114
hessian =
     6.0000     2.0000
     2.0000     2.0000
```

或用下面方法：

```
>> fun = inline('3 * x(1)^2 + 2 * x(1) * x(2) + x(2)^2')
fun =
     Inline function:
     fun(x) = 3 * x(1)^2 + 2 * x(1) * x(2) + x(2)^2
>> x0 = [1 1];
>> x = fminunc(fun, x0)
x =
  1.0e - 008 *
   - 0.7591     0.2665
```

10.2.3　有约束的多元函数最小值

MATLAB 提供了求解非线性有约束的多元函数的最小值函数 fmincon( )。通过 MATLAB 中的帮助文档，可以知道函数的功能。

```
>> help fmincon
 fmincon finds a constrained minimum of a function of several variables.
    fmincon attempts to solve problems of the form:
      min F(X)    subject to:  A * X  <= B, Aeq * X  = Beq (linear constraints)
       X                       C(X) <= 0, Ceq(X) = 0   (nonlinear constraints)
                               LB <= X <= UB        (bounds)
```

格式如下：

(1) $x = fmincon(fun, x0, A, b)$

(2) $x = fmincon(fun, x0, A, b, Aeq, beq)$

(3) $x = fmincon(fun, x0, A, b, Aeq, beq, lb, ub)$

(4) $x = fmincon(fun, x0, A, b, Aeq, beq, lb, ub, nonlcon)$

(5) $x = fmincon(fun, x0, A, b, Aeq, beq, lb, ub, nonlcon, options)$

(6) $[x, fval] = fmincon(\cdots)$

(7) $[x, fval, exitflag] = fmincon(\cdots)$

(8) $[x, fval, exitflag, output] = fmincon(\cdots)$

(9) $[x, fval, exitflag, output, lambda] = fmincon(\cdots)$

(10) $[x, fval, exitflag, output, lambda, grad] = fmincon(\cdots)$

(11) $[x, fval, exitflag, output, lambda, grad, hessian] = fmincon(\cdots)$

说明：fun 为目标函数，它可用前面的方法定义；x_0 为初始值；A、b 满足线性不等式约束 $A \cdot x \leqslant b$，若没有不等式约束，则取 $A=[\ ]$，$b=[\ ]$；$\mathbf{Aeq}$、$\mathbf{beq}$ 满足等式约束 $\mathbf{Aeq} \cdot x = \mathbf{beq}$，若没有，则取 $\mathbf{Aeq}=[\ ]$，$\mathbf{beq}=[\ ]$；$\mathbf{lb}$、$\mathbf{ub}$ 满足 $\mathbf{lb} \leqslant x \leqslant \mathbf{ub}$，若没有界，可设 $\mathbf{lb}=[\ ]$，$\mathbf{ub}=[\ ]$；nonlcon 的作用是通过接受的向量 x 来计算非线性不等约束 $C(x) \leqslant 0$ 和等式约束 $\mathbf{Ceq}(x)=0$ 分别在 x 处的估计 C 和 $\mathbf{Ceq}$，通过指定函数柄来使用，如 $>>x = $ fmincon $(@$ myfun, x0, A, b, Aeq, beq, lb, ub, $@$ mycon$)$，先建立非线性约束函数，并保存为 mycon. m：function $[C,Ceq] = $ mycon(x)。$C = \cdots$ 计算 x 处的非线性不等式约束 $C(x) \leqslant 0$ 的函数值；$Ceq = \cdots$ 计算 x 处的非线性等式约束 $\mathbf{Ceq}(x)=0$ 的函数值；lambda 是拉格朗日乘子，它体现哪一个约束有效；output 为输出优化信息；grad 表示目标函数在 x 处的梯度；hessian 表示目标函数在 x 处的 Hessian 值。

【例 10-6】 求下面问题在初始点 $(0,1)$ 处的最优解

$$(x_1^2 + x_2^2 - x_1 x_2 - 2x_1 - 5x_2)_{\min}$$

其中

$$\begin{cases} -(x_1-1)^2 + x_2 \geqslant 0 \\ -2x_1 + 3x_2 \leqslant 6 \end{cases}$$

约束条件的标准形式为

$$\begin{cases} (x_1-1)^2 - x_2 \leqslant 0 \\ -2x_1 + 3x_2 \leqslant 6 \end{cases}$$

先在 MATLAB 编辑器中建立非线性约束函数文件：

```
function  [c, ceq] = mycon (x)
c = (x(1) - 1)^2 - x(2);
ceq = [ ];        % 无等式约束
```

然后，在命令窗口输入如下命令或建立 M 文件：

```
>> fun = 'x(1)^2 + x(2)^2 - x(1) * x(2) - 2 * x(1) - 5 * x(2)';      % 目标函数
>> x0 = [0 1];
>> A = [ - 2 3];                                                      % 线性不等式约束
>> b = 6;
>> Aeq = [ ];                                                        % 无线性等式约束
>> beq = [ ];
>> lb = [ ];                                                         % x 没有下、上界
>> ub = [ ];
>>[x, fval, exitflag, output, lambda, grad, hessian]
 = fmincon(fun, x0, A, b, Aeq, beq, lb, ub, @mycon)
```

运行程序，结果如下：

```
x =
     3    4
fval =
    - 13
```

```
exitflag =                                   % 解收敛
      1
output =
        iterations: 2
         funcCount: 9
          stepsize: 1
         algorithm: 'medium - scale: SQP, Quasi - Newton, line - search'
      firstorderopt: [ ]
       cgiterations: [ ]
lambda =
            lower: [2x1 double]              % x 下界有效情况,通过 lambda.lower 可查看
            upper: [2x1 double]              % x 上界有效情况,为 0 表示约束无效
            eqlin: [0x1 double]              % 线性等式约束有效情况,不为 0 表示约束有效
         eqnonlin: [0x1 double]              % 非线性等式约束有效情况
           ineqlin: 2.5081e - 008            % 线性不等式约束有效情况
        ineqnonlin: 6.1938e - 008            % 非线性不等式约束有效情况
grad =                                       % 目标函数在最小值点的梯度
  1.0e - 006 *
   - 0.1776
          0
hessian =                                    % 目标函数在最小值点的 Hessian 值
    1.0000    - 0.0000
   - 0.0000     1.0000
```

【例 10-7】 求下面问题在初始点 $x-(10,10,10)$ 处的最优解。

$$(- x_1 x_2 x_3)_{\min}$$

其中

$$0 \leqslant x_1 + 2x_2 + 2x_3 \leqslant 72$$

约束条件的标准形式为

$$\begin{cases} - x_1 - 2x_2 - 2x_3 \leqslant 0 \\ x_1 + 2x_2 + 2x_3 \leqslant 72 \end{cases}$$

编程如下:

```
>> fun = ' - x(1) * x(2) * x(3)';
>> x0 = [10,10,10];
>> A = [ - 1 - 2 - 2;1 2 2];
>> b = [0;72];
>> [x, fval] = fmincon(fun, x0, A, b)
```

运行程序,结果如下:

```
x =
   24.0000   12.0000   12.0000
fval =
      - 3456
```

10.2.4　二次规划问题

MATLAB R2016a 版中的函数 quadprog（）用来解决二次规划问题（quadratic programming），且已经取代了低版本 MATLAB qp（）函数。通过 MATLAB 中的帮助文档，可以知道函数的功能。

```
>> help quadprog
 quadprog Quadratic programming.
    X = quadprog(H,f,A,b) attempts to solve the quadratic programming
    problem:
            min 0.5 * x' * H * x + f' * x    subject to:   A * x <= b
             x
```

格式如下：

（1）x = quadprog(H,f,A,b)。H、A、f、b 为标准形中的参数，x 为目标函数的最小值。

（2）x = quadprog(H,f,A,b,Aeq,beq)。**Aeq**、**beq** 满足等约束条件 **Aeq** · x = **beq**。

（3）x = quadprog(H,f,A,b,Aeq,beq,lb,ub)。**lb**、**ub** 分别为解 x 的下界与上界。

（4）x = quadprog(H,f,A,b,Aeq,beq,lb,ub,x0)。x_0 为设置的初值。

（5）x = quadprog(H,f,A,b,Aeq,beq,lb,ub,x0,options)。options 为指定的优化参数。

（6）[x,fval] = quadprog(…)。fval 为目标函数最优值。

（7）[x,fval,exitflag] = quadprog(…)。exitflag 与线性规划中参数意义相同。

（8）[x,fval,exitflag,output] = quadprog(…)。output 与线性规划中参数意义相同。

（9）[x,fval,exitflag,output,lambda] = quadprog(…)。lambda 与线性规划中参数意义相同。

【例 10-8】　求解下面二次规划问题

$$\left(\frac{1}{2} x_1^2 + x_2^2 - x_1 x_2 - 2x_1 - 6x_2 \right)_{\min}$$

其中

$$\begin{cases} x_1 + x_2 \leqslant 2 \\ -x_1 + 2x_2 \leqslant 2 \\ 2x_1 + x_2 \leqslant 3 \\ x_1 \geqslant 0, x_2 \geqslant 0 \end{cases}$$

由 $f(x) = \dfrac{1}{2} x' H x + f' x$，则 $H = \begin{bmatrix} 1, -1 \\ -1, 2 \end{bmatrix}$，$f = \begin{bmatrix} -2 \\ -6 \end{bmatrix}$，$x = \begin{bmatrix} x_1 \\ x_2 \end{bmatrix}$。

由 MATLAB 中编程如下：

```
>>H = [1 -1; -1 2];
>>f = [-2; -6];
```

```
>> A = [1 1; -1 2; 2 1];
>> b = [2; 2; 3];
>> lb = zeros(2,1);
>> [x,fval,exitflag,output,lambda] = quadprog(H,f,A,b,[ ],[ ],lb)
```

运行程序,输出结果如下:

```
x =                              % 最优解
    0.6667
    1.3333
fval =                           % 最优值
    - 8.2222
exitflag =                       % 收敛
     1
output =
      iterations: 3
       algorithm: 'medium - scale: active - set'
    firstorderopt: [ ]
     cgiterations: [ ]
lambda =
        lower: [2x1 double]
        upper: [2x1 double]
        eqlin: [0x1 double]
      ineqlin: [3x1 double]
>> lambda.ineqlin
ans =
    3.1111
    0.4444
         0
>> lambda.lower
ans =
     0
     0
```

说明:第1、2个约束条件有效,其余无效。

【例 10-9】 求二次规划的最优解:$(x_1 x_2 + 3)_{\min}$,其中 $x_1 + x_2 = 2$。

化成标准形式:

$$\begin{cases} f(x_1 x_2) = -x_1 x_2 - 3 = \dfrac{1}{2}(x_1 x_2)\begin{pmatrix} 0 & -1 \\ -1 & 0 \end{pmatrix}\begin{pmatrix} x_1 \\ x_2 \end{pmatrix} + (0,0)\begin{pmatrix} x_1 \\ x_2 \end{pmatrix} - 3 \\ x_1 + x_2 = 3 \end{cases}$$

在 MATLAB 中编程如下:

```
% %
clc,clear,close all
H = [0, -1; -1, 0];
f = [0;0];
Aeq = [1 1];
```

```
b = 2;
[x,fval,exitflag,output,lambda] = quadprog(H,f,[ ],[ ],Aeq,b)
```

运行程序，输出结果如下：

```
> In quadprog at 412
Optimization terminated: local minimum found; the solution is singular
x =
    1.0000
    1.0000
fval =
   - 1.0000
exitflag =
     4
output =
          algorithm: 'trust - region - reflective'
         iterations: 1
     constrviolation: 2.2204e - 16
       firstorderopt: 0
        cgiterations: 1
             message: [1x71 char]
lambda =
     ineqlin: [0x1 double]
       lower: [2x1 double]
       upper: [2x1 double]
       eqlin: 1.0000
```

10.3 "半无限"有约束的多元函数最优解

MATLAB 提供了函数 fseminf() 来求解"半无限"有约束多元函数最优解问题。通过 MATLAB 中的帮助文档，可以知道函数的功能。

```
>> help fseminf
 fseminf solves semi - infinite constrained optimization problems
    fseminf attempts to solve problems of the form:
        min { F(x) | C(x) <= 0 , Ceq(x) = 0 , PHI(x,w) <= 0 }
         x
    for all w in an interval
```

格式如下：

(1) x = fseminf(fun,x0,ntheta,seminfcon)

(2) x = fseminf(fun,x0,ntheta,seminfcon,A,b)

(3) x = fseminf(fun,x0,ntheta,seminfcon,A,b,Aeq,beq)

(4) x = fseminf(fun,x0,ntheta,seminfcon,A,b,Aeq,beq,lb,ub)

(5) x = fseminf(fun,x0,ntheta,seminfcon,A,b,Aeq,beq,lb,ub,options)

(6) $[x,fval] = fseminf(\cdots)$

(7) $[x,fval,exitflag] = fseminf(\cdots)$

(8) $[x,fval,exitflag,output] = fseminf(\cdots)$

(9) $[x,fval,exitflag,output,lambda] = fseminf(\cdots)$

其中，x_0 为初始估计值；fun 为目标函数，其定义方式与前面相同；**A**、**b** 由线性不等式约束 **A** · **x**≤**b** 确定，若没有，则 **A**＝[ ]，**b**＝[ ]；**Aeq**、**beq** 由线性等式约束 **Aeq** · **x**＝**beq** 确定，若没有，则 **Aeq**＝[ ]，**beq**＝[ ]；**lb**、**ub** 由变量 **x** 的范围 **lb**≤**x**≤**ub** 确定；options 为优化参数；ntheta 为半无限约束的个数；seminfcon 用来确定非线性约束向量 **C** 和 **Ceq** 以及半无限约束的向量 $K_1,K_2,\cdots,K_n$，通过指定函数柄来使用，如 x ＝ fseminf(@myfun,x0,ntheta,@myinfcon)，先建立非线性约束和半无限约束函数文件，并保存为 myinfcon. m：

```
function [C,Ceq,K1,K2,…,Kntheta,S] = myinfcon(x,S)
% S 为向量 w 的采样值
% 初始化样本间距
if  isnan(S(1,1)),
    S = …                       % S 有 ntheta 行 2 列
end
w1 = …                          % 计算样本集
w2 = …                          % 计算样本集
…
wntheta = …                     % 计算样本集
K1 = …                          % 在 x 和 w 处的第 1 个半无限约束值
K2 = …                          % 在 x 和 w 处的第 2 个半无限约束值
…
Kntheta = …                     % 在 x 和 w 处的第 ntheta 个半无限约束值
C = …                           % 在 x 处计算非线性不等式约束值
Ceq = …                         % 在 x 处计算非线性等式约束值
```

如果没有约束，则相应的值取为"[ ]"，如 **Ceq**＝[ ]；

fval 为在 x 处的目标函数最小值；exitflag 为终止迭代的条件；output 为输出的优化信息；lambda 为解 x 的拉格朗日乘子。

【例 10-10】　求下面一维情形的最优化问题

$$f(x) = (x_1 - 0.5)^2 + (x_2 - 0.5)^2 + (x_3 - 0.5)^2$$

其中

$$\begin{cases} K_1(x,w_1) = \sin(w_1 x_1)\cos(w_1 x_2) - \dfrac{1}{1000}(w_1 - 50)^2 - \sin(w_1 x_3) - x_3 \leqslant 1 \\[2mm] K_2(x,w_2) = \sin(w_2 x_2)\cos(w_2 x_1) - \dfrac{1}{1000}(w_2 - 50)^2 - \sin(w_2 x_3) - x_3 \leqslant 1 \\[2mm] 1 \leqslant w_1 \leqslant 100 \\[1mm] 1 \leqslant w_2 \leqslant 100 \end{cases}$$

将约束方程化为标准形式

$$\begin{cases} K_2(x,w_2) = \sin(w_2 x_2)\cos(w_2 x_1) - \dfrac{1}{1000}(w_2 - 50)^2 - \sin(w_2 x_3) - x_3 - 1 \leqslant 0 \\ K_1(x,w_1) = \sin(w_1 x_1)\cos(w_1 x_2) - \dfrac{1}{1000}(w_1 - 50)^2 - \sin(w_1 x_3) - x_3 - 1 \leqslant 0 \end{cases}$$

先建立非线性约束和半无限约束函数文件,并保存为 mycon.m:

```
function [C,Ceq,K1,K2,S] = mycon(X,S)
% 初始化样本间距
if  isnan(S(1,1)),
    S = [0.2  0; 0.2  0];
end
% 产生样本集
w1 = 1:S(1,1):100;
w2 = 1:S(2,1):100;
% 计算半无限约束
K1 = sin(w1 * X(1)). * cos(w1 * X(2)) - 1/1000 * (w1 - 50).^2 - sin(w1 * X(3)) - X(3) - 1;
K2 = sin(w2 * X(2)). * cos(w2 * X(1)) - 1/1000 * (w2 - 50).^2 - sin(w2 * X(3)) - X(3) - 1;
% 无非线性约束
C = [ ]; Ceq = [ ];
% 绘制半无限约束图形
plot(w1,K1,' - ',w2,K2,':'),title('Semi - infinite constraints')
```

然后在 MATLAB 命令窗口或编辑器中建立 M 文件:

```
fun = 'sum((x - 0.5).^2)';
x0 = [0.5; 0.2; 0.3];        % 初值
[x,fval] = fseminf(fun,x0,2,@mycon)
```

运行程序,输出结果如下:

```
x =
    0.6673
    0.3013
    0.4023
fval =
    0.0770
>>[C,Ceq,K1,K2] = mycon (x,NaN);        % 利用初始样本间距
>> max(K1)
ans =
      - 0.0017
>> max(K2)
ans =
      - 0.0845
```

绘制半无限约束图形如图 10-1 所示。

【例 10-11】 求下面二维情形的最优化问题:

$$f(x) = (x_1 - 0.2)^2 + (x_2 - 0.2)^2 + (x_3 - 0.2)^2$$

其中

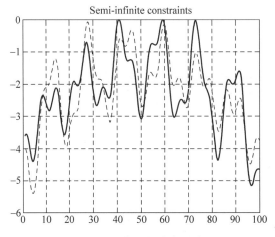

图 10-1 半无限约束图形

$$
\begin{cases}
K_1(x,w) = \sin(w_1 x_1)\cos(w_2 x_2) - \dfrac{1}{1000}(w_1 - 50)^2 - \sin(w_1 x_3) - x_3 + \cdots \\[2mm]
\sin(w_2 x_2)\cos(w_1 x_1) - \dfrac{1}{1000}(w_2 - 50)^2 - \sin(w_2 x_3) - x_3 \leqslant 1.5 \\[2mm]
1 \leqslant w_1 \leqslant 100 \\[2mm]
1 \leqslant w_2 \leqslant 100
\end{cases}
$$

初始点为 $x_0 = [0.25, 0.25, 0.25]$。

先建立非线性和半无限约束函数文件：

```
function [C,Ceq,K1,S] = myysw(X,s)
%初始化样本间距:
if  isnan(s(1,1)),
    s = [2 2];
end
%设置样本集
w1x = 1:s(1,1):100;
w1y = 1:s(1,2):100;
[wx, wy] = meshgrid(w1x,w1y);
%计算半无限约束函数值
K1 = sin(wx * X(1)). * cos(wx * X(2)) - 1/1000 * (wx - 50).^2 - sin(wx * X(3)) - X(3) + sin(wy
 * X(2)). * cos(wx * X(1)) - 1/1000 * (wy - 50).^2 - sin(wy * X(3)) - X(3) - 1.5;
%无非线性约束
C = [ ]; Ceq = [ ];
%作约束曲面图形
m = surf(wx,wy,K1,'edgecolor','none','facecolor','interp');
camlight headlight
title('Semi - infinite constraint')
drawnow
```

然后在 MATLAB 命令窗口中输入命令：

```
clc,clear,close all
fun = 'sum((x - 0.2).^2)';
x0 = [0.25, 0.25, 0.25];
[x,fval] = fseminf(fun,x0,1,@myysw)
```

运行程序,输出结果如下:

```
Local minimum possible. Constraints satisfied.
fseminf stopped because the predicted change in the objective function
is less than the default value of the function tolerance and constraints
are satisfied to within the default value of the constraint tolerance

< stopping criteria details >
x =
    0.2522    0.1714    0.1936
fval =
    0.0036
ans =
    - 0.0332
>>[c,ceq,K1] = mycon(x,[0.5,0.5]);        % 样本间距为 0.5
>> max(max(K1))
ans =
    - 0.0332
```

得到约束曲面图形如图 10-2 所示。

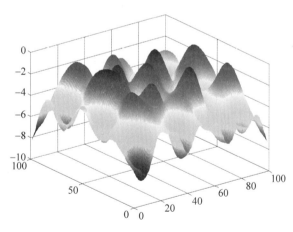

图 10-2 半无限三维约束曲面

10.4 极小化极大问题

MATLAB 提供了函数 fminimax( )来求解极小化极大问题。通过 MATLAB 中的帮助文档,可以知道函数的功能。

```
>> help fminimax
fminimax finds a minimax solution of a function of several variables
    fminimax attempts to solve the following problem:
    min (max {FUN(X) )   where FUN and X can be vectors or matrices
     X
```

格式如下：

(1) x = fminimax(fun,x0)

(2) x = fminimax(fun,x0,A,b)

(3) x = fminimax(fun,x0,A,b,Aeq,beq)

(4) x = fminimax(fun,x0,A,b,Aeq,beq,lb,ub)

(5) x = fminimax(fun,x0,A,b,Aeq,beq,lb,ub,nonlcon)

(6) x = fminimax(fun,x0,A,b,Aeq,beq,lb,ub,nonlcon,options)

(7) [x,fval,maxfval] = fminimax(…)

(8) [x,fval,maxfval,exitflag] = fminimax(…)

(9) [x,fval,maxfval,exitflag,output] = fminimax(…)

(10) [x,fval,maxfval,exitflag,output,lambda] = fminimax(…)

说明：fun 为目标函数；x_0 为初始值；A、b 满足线性不等约束 $A \cdot x \leqslant b$，若没有不等约束，则取 $A=[\ ]$，$b=[\ ]$；Aeq、beq 满足等式约束 $Aeq \cdot x = beq$，若没有，则取 $Aeq=[\ ]$，$beq=[\ ]$；lb、ub 满足 $lb \leqslant x \leqslant ub$，若没有界，可设 $lb=[\ ]$，$ub=[\ ]$；nonlcon 的作用是通过接受的向量 x 来计算非线性不等约束 $C(x) \leqslant 0$ 和等式约束 $Ceq(x)=0$ 分别在 x 处的值 C 和 Ceq，通过指定函数柄来使用，如 >> x = fminimax(@myfun,x0,A,b,Aeq,beq,lb,ub,@mycon)，先建立非线性约束函数，并保存为 mycon.m：

```
function [C,Ceq] = mycon(x)
C = …            %计算 x 处的非线性不等约束 C(x)≤0 的函数值
Ceq = …          %计算 x 处的非线性等式约束 Ceq(x)=0 的函数值
```

options 为指定的优化参数；fval 为最优点处的目标函数值；maxfval 为目标函数在 x 处的最大值；exitflag 为终止迭代的条件；lambda 是拉格朗日乘子，它体现哪一个约束有效；output 为输出优化信息。

【例 10-12】 求下列函数最大值的最小化问题：

$$[f_1(x), f_2(x), f_3(x), f_4(x), f_5(x)]$$

其中

$$\begin{cases} f_1(x) = 2x_1^2 + x_2^2 - 48x_1 - 40x_2 + 304 \\ f_2(x) = -x_2^2 - 3x_2^2 \\ f_3(x) = x_1 + 3x_2 - 18 \\ f_4(x) = -x_1 - x_2 \\ f_5(x) = x_1 + x_2 - 8 \end{cases}$$

先建立目标函数文件：

```
function f = myfun(x)
f(1) = 2 * x(1)^2 + x(2)^2 - 48 * x(1) - 40 * x(2) + 304;
f(2) = - x(1)^2 - 3 * x(2)^2;
f(3) = x(1) + 3 * x(2) - 18;
f(4) = - x(1) - x(2);
f(5) = x(1) + x(2) - 8;
```

然后，在命令窗口中输入命令：

```
x0 = [0.1; 0.1];              % 初始值
[x,fval] = fminimax(@myfun,x0)
```

运行程序，输出结果如下：

```
x =
    4.0000
    4.0000
fval =
    0.0000   - 64.0000   - 2.0000   - 8.0000   - 0.0000
```

【例 10-13】 求上述问题的绝对值的最大值最小化问题。

目标函数为 $\left[\,|f_1(x)|,|f_2(x)|,|f_3(x)|,|f_4(x)|,|f_5(x)|\,\right]$。

先建立目标函数文件：

```
>> x0 = [0.1; 0.1];                    % 初始点
>> options = optimset('MinAbsMax',5);  % 指定绝对值的最小化
>>[x,fval] = fminimax(@myfun,x0,[ ],[ ],[ ],[ ],[ ],[ ],options)
```

运行程序，输出结果如下：

```
x =
    4.9256
    2.0796
fval =
   37.2356   - 37.2356   - 6.8357   - 7.0052   - 0.9948
```

10.5 多目标规划问题

多目标规划是指在一组约束下，对多个不同目标函数进行优化。它的一般形式为

$$\left[\,f_1(x),f_2(x),f_3(x),\cdots,f_n(x)\,\right]_{\min}$$
$$g_j(x) \leqslant 0, \quad j = 1,2,3,\cdots,p$$

其中

$$x = (x_1,x_2,\cdots,x_n)$$

在同一约束下，当目标函数处于冲突状态时，不存在最优解 x 使所有目标函数同时

达到最优。此时,使用有效解,即如果不存在 $x \in S$,使得 $f_i(x) \geqslant f_i(x^*)$,$i=1,2,3,\cdots,$ m,则称 x^* 为有效解。

在 MATLAB 中提供了函数 fgoalattain() 来求解多目标问题。通过 MATLAB 中的帮助文档,可以知道函数的功能。

```
>> help fgoalattain
 fgoalattain solves the multi-objective goal attainment optimization
    problem.
```

格式如下:

(1) x = fgoalattain(fun,x0,goal,weight)

(2) x = fgoalattain(fun,x0,goal,weight,A,b)

(3) x = fgoalattain(fun,x0,goal,weight,A,b,Aeq,beq)

(4) x = fgoalattain(fun,x0,goal,weight,A,b,Aeq,beq,lb,ub)

(5) x = fgoalattain(fun,x0,goal,weight,A,b,Aeq,beq,lb,ub,nonlcon)

(6) x = fgoalattain(fun,x0,goal,weight,A,b,Aeq,beq,lb,ub,nonlcon,options)

(7) [x,fval] = fgoalattain(…)

(8) [x,fval,attainfactor] = fgoalattain(…)

(9) [x,fval,attainfactor,exitflag] = fgoalattain(…)

(10) [x,fval,attainfactor,exitflag,output] = fgoalattain(…)

(11) [x,fval,attainfactor,exitflag,output,lambda] = fgoalattain(…)

说明: x_0 为初始解向量;fun 为多目标函数的文件名字符串,其定义方式与前面 fun 的定义方式相同;goal 为用户设计的目标函数值向量;weight 为权值系数向量,用于控制目标函数与用户自定义目标值的接近程度;A、b 满足线性不等式约束 $A \cdot x \leqslant b$,没有时取 $A=[\ ]$,$b=[\ ]$;Aeq、beq 满足线性等式约束 $Aeq \cdot x = beq$,没有时取 $Aeq=[\ ]$,beq$=[\ ]$;lb、ub 为变量的下界和上界,lb$\leqslant x \leqslant$ub;nonlcon 的作用是通过接受的向量 x 来计算非线性不等式约束 $C(x) \leqslant 0$ 和等式约束 $Ceq(x) = 0$ 分别在 x 处的值 C 和 Ceq,通过指定函数柄来使用。如>>x = fgoalattain(@myfun,x0,goal,weight,A,b,Aeq,beq, lb, ub,@mycon),先建立非线性约束函数,并保存为 mycon.m:

```
function  [C,Ceq] = mycon(x)
C = …              %计算 x 处的非线性不等式约束 C(x)≤0 的函数值
Ceq = …            %计算 x 处的非线性等式约束 Ceq(x) = 0 的函数值
```

options 为指定的优化参数;fval 为多目标函数在 x 处的值;attainfactor 为解 x 处的目标规划因子;exitflag 为终止迭代的条件;output 为输出的优化信息;lambda 为解 x 处的拉格朗日乘子。

【例 10-14】 设如下线性系统:

$$\begin{cases} \dot{x} = Ax + Bu \\ y = Cx \end{cases}$$

其中

$$\boldsymbol{A} = \begin{bmatrix} -0.5 & 0 & 0 \\ 0 & -2 & 10 \\ 0 & 1 & -2 \end{bmatrix}, \quad \boldsymbol{B} = \begin{bmatrix} 1 & 0 \\ -2 & 2 \\ 0 & 1 \end{bmatrix}, \quad \boldsymbol{C} = \begin{bmatrix} 1 & 0 & 0 \\ 0 & 0 & 1 \end{bmatrix}$$

要求设计输出反馈控制器 $\boldsymbol{K}$，使闭环系统：

$$\begin{cases} \dot{x} = (\boldsymbol{A} + \boldsymbol{BKC})x + \boldsymbol{B}u \\ y = \boldsymbol{C}x \end{cases}$$

在复平面实轴上点 $[-5, -3, -1]$ 的左侧有极点，并要求 $-4 \leqslant K_{ij} \leqslant 4$ （$i, j = 1, 2$）。

上述问题就是要求解矩阵 $\boldsymbol{K}$，使矩阵 $(\boldsymbol{A} + \boldsymbol{BKC})$ 的极点为 $[-5, -3, -1]$，这是一个多目标规划问题。

先建立目标函数文件：

```
function F = eigfun(K, A, B, C)
F = sort(eig(A + B * K * C));        % 估计目标函数值
```

然后，输入参数并调用优化程序：

```
A = [-0.5 0 0; 0 -2 10; 0 1 -2];
B = [1 0; -2 2; 0 1];
C = [1 0 0; 0 0 1];
K0 = [-1 -1; -1 -1];                     % 初始化控制器矩阵
goal = [-5 -3 -1];                       % 为闭合环路的特征值(极点)设置目标值向量
weight = abs(goal)                       % 设置权值向量
lb = -4 * ones(size(K0));                % 设置控制器的下界
ub = 4 * ones(size(K0));                 % 设置控制器的上界
options = optimset('Display', 'iter');   % 设置显示参数：显示每次迭代的输出
[K, fval, attainfactor] = fgoalattain(@ eigfun, K0, goal, weight, [ ], [ ], [ ], [ ], lb, ub, [ ],
options, A, B, C)
```

运行程序，输出结果如下。

```
weight =
     5     3     1
                    Attainment             Directional
  Iter   F - count    factor    Step - size   derivative      Procedure
     1       6        1.885       1           1.03
     2      13        1.061       1          - 0.679
     3      20        0.4211      1          - 0.523        Hessian modified
     4      27       - 0.06352    1          - 0.053        Hessian modified twice
     5      34       - 0.1571     1          - 0.133
     6      41       - 0.3489     1          - 0.00768      Hessian modified
     7      48       - 0.3643     1          - 4.25e - 005  Hessian modified
     8      55       - 0.3645     1          - 0.00303      Hessian modified twice
     9      62       - 0.3674     1          - 0.0213       Hessian modified
    10      69       - 0.3806     1            0.00266
    11      76       - 0.3862     1          - 2.73e - 005  Hessian modified twice
    12      83       - 0.3863     1          - 1.22e - 013  Hessian modified twice
```

```
Optimization terminated successfully:
    Search direction less than 2 * options. TolX and maximum constraint violation is less
than options.TolCon
Active Constraints:
    1
    2
    4
    9
    10
K =
    - 4.0000    - 0.2564
    - 4.0000    - 4.0000
fval =
    - 6.9313
    - 4.1588
    - 1.4099
attainfactor =
    - 0.3863
```

10.6　最小二乘最优问题

最小二乘理论采用拟合的方式,去逼近目标函数,达到最优。最小二乘最优问题求解阐述将包括约束线性最小二乘、非线性曲线拟合、非线性最小二乘、非负线性最小二乘等,利用最小二乘法理论,可以简便地求得未知的数据,并使得这些求得的数据与实际数据之间误差的平方和为最小。

10.6.1　约束线性最小二乘

MATLAB 提供函数 lsqlin()求解有约束线性最小二乘问题。通过 MATLAB 中的帮助文档,可以知道函数的功能。

```
>> help lsqlin
  lsqlin Constrained linear least squares.
    X = lsqlin(C,d,A,b) attempts to solve the least - squares problem
          min  0.5 * (NORM(C * x - d)).^2       subject to    A * x <= b
           x
    where C is m - by - n.
```

格式如下:

(1) x = lsqlin(C,d,A,b)。求在约束条件 $A \cdot x \leqslant b$ 下,方程 $Cx = d$ 的最小二乘解 x。

(2) x = lsqlin(C,d,A,b,Aeq,beq)。**Aeq**、**beq** 满足等式约束 **Aeq** $\cdot x =$ **beq**,若没有不等式约束,则设 $A =[\ ]$,$b =[\ ]$。

(3) x = lsqlin(C,d,A,b,Aeq,beq,lb,ub)。**lb**、**ub** 满足 $lb \leqslant x \leqslant ub$,若没有等式约

束,则 **Aeq**＝[ ],**beq**＝[ ]。

（4）x ＝ lsqlin(C,d,A,b,Aeq,beq,lb,ub,x0)。x_0 为初始解向量,若 **x** 没有界,则 **lb**＝[ ],**ub**＝[ ]。

（5）x ＝ lsqlin(C,d,A,b,Aeq,beq,lb,ub,x0,options)。options 为指定优化参数。

（6）[x,resnorm] ＝ lsqlin(…)。resnorm＝norm(C∗x－d)^2,即 2 范数。

（7）[x,resnorm,residual] ＝ lsqlin(…)。residual＝C∗x－d,即残差。

（8）[x,resnorm,residual,exitflag] ＝ lsqlin(…)。exitflag 为终止迭代的条件。

（9）[x,resnorm,residual,exitflag,output] ＝ lsqlin(…)。output 表示输出优化信息。

（10）[x,resnorm,residual,exitflag,output,lambda] ＝ lsqlin(…)。lambda 为解 **x** 的拉格朗日乘子。

【例 10-15】 求下面系统的最小二乘解:

$$(\boldsymbol{Cx} = \boldsymbol{d})_{\min}$$

其中

$$\begin{cases} \boldsymbol{A} \cdot \boldsymbol{x} \leqslant \boldsymbol{b} \\ \boldsymbol{lb} \leqslant \boldsymbol{x} \leqslant \boldsymbol{ub} \end{cases}$$

先输入系统系数和 **x** 的上下界,编程如下:

```
C = [0.9501    0.7620    0.6153    0.4057;…
     0.2311    0.4564    0.7919    0.9354;…
     0.6068    0.0185    0.9218    0.9169;…
     0.4859    0.8214    0.7382    0.4102;…
     0.8912    0.4447    0.1762    0.8936];
d = [ 0.0578; 0.3528; 0.8131; 0.0098; 0.1388];
A = [ 0.2027    0.2721    0.7467    0.4659;…
      0.1987    0.1988    0.4450    0.4186;…
      0.6037    0.0152    0.9318    0.8462];
b = [ 0.5251; 0.2026; 0.6721];
lb = -0.1 * ones(4,1);
ub = 2 * ones(4,1);
```

然后调用最小二乘命令:

```
[x,resnorm,residual,exitflag,output,lambda] = lsqlin(C,d,A,b,[ ],[ ],lb,ub);
```

运行程序,输出结果如下:

```
x =
    -0.1000
    -0.1000
     0.2152
     0.3502
resnorm =
     0.1672
```

```
residual =
      0.0455
      0.0764
    − 0.3562
      0.1620
      0.0784
exitflag =
      1              % 说明解 x 是收敛的
output =
        iterations: 4
         algorithm: 'medium − scale: active − set'
     firstorderopt: []
      cgiterations: []
lambda =
       lower: [4x1 double]
       upper: [4x1 double]
       eqlin: [0x1 double]
     ineqlin: [3x1 double]
```

通过 lambda. ineqlin 可查看非线性不等式约束是否有效。

10.6.2　非线性曲线拟合

在 MATLAB 中提供了非曲线拟合函数 lsqcurvefit()来求解问题。通过 MATLAB 中的帮助文档，可以知道函数的功能。

```
>> help lsqcurvefit
 lsqcurvefit solves non − linear least squares problems.
    lsqcurvefit attempts to solve problems of the form:
    min   sum {(FUN(X,XDATA) − YDATA).^2}   where X, XDATA, YDATA and the
     X                                      values returned by FUN can be
                                            vectors or matrices.
```

格式如下：

(1) x = lsqcurvefit(fun,x0,xdata,ydata)

(2) x = lsqcurvefit(fun,x0,xdata,ydata,lb,ub)

(3) x = lsqcurvefit(fun,x0,xdata,ydata,lb,ub,options)

(4) [x,resnorm] = lsqcurvefit(…)

(5) [x,resnorm,residual] = lsqcurvefit(…)

(6) [x,resnorm,residual,exitflag] = lsqcurvefit(…)

(7) [x,resnorm,residual,exitflag,output] = lsqcurvefit(…)

(8) [x,resnorm,residual,exitflag,output,lambda] = lsqcurvefit(…)

(9) [x,resnorm,residual,exitflag,output,lambda,jacobian] =lsqcurvefit(…)

说明：x_0 为初始解向量；$x$data、$y$data 为满足关系 $y$data＝F(x, $x$data)的数据；**lb**、**ub** 为解向量的下界和上界 **lb**≤x≤**ub**,若没有指定界,则 **lb**＝[ ],**ub**＝[ ]；options 为指

定的优化参数；fun 为拟合函数，其定义方式为 x ＝ lsqcurvefit（＠myfun，x0，xdata，ydata），其中 myfun 已定义为 function F ＝ myfun（x，xdata），计算 x 处拟合函数值 fun 的用法与前面相同；resnorm＝sum（（fun（x，xdata）－ydata）.^2），即在 x 处残差的平方和；residual＝fun（x，xdata）－ydata，即在 x 处的残差；exitflag 为终止迭代的条件；output 为输出的优化信息；lambda 为解 x 处的拉格朗日乘子；jacobian 为解 x 处拟合函数 fun 的 Jacobian 矩阵。

【**例 10-16**】 求解如下最小二乘非线性拟合问题

已知输入向量 $x$data 和输出向量 $y$data，且长度都是 n，拟合函数为

$$y\text{data}(i) = x(1) \cdot x\text{data}(i)^2 + x(2) \cdot \sin(x\text{data}(i)) + x(3) \cdot x\text{data}(i)^3$$

即目标函数为

$$\min \frac{1}{2} \sum_{i=1}^{n} (F(\pmb{x}, \pmb{x}\text{data}_i) - \pmb{y}\text{data}_i)^2$$

其中

$$F(\pmb{x}, \pmb{x}\text{data}) = x(1) \cdot \pmb{x}\text{data}^2 + x(2) \cdot \sin(\pmb{x}\text{data}) + x(3) \cdot \pmb{x}\text{data}^3$$

初始解向量为 x0＝[0.3，0.4，0.1]。

先建立拟合函数文件：

```
function F = myfun(x,xdata)
F = x(1) * xdata.^2 + x(2) * sin(xdata) + x(3) * xdata.^3;
```

然后给出数据 $x$data 和 $y$data：

```
>> xdata = [3.6,7.7,9.3,4.1,8.6,2.8,1.3,7.9,10.0,5.4];
>> ydata = [16.5,150.6,263.1,24.7,208.5,9.9,2.7,163.9,325.0,54.3];
>> x0 = [10, 10, 10];        % 初始估计值
>>[x,resnorm] = lsqcurvefit(@myfun,x0,xdata,ydata)
```

运行程序，输出结果如下：

```
Optimization terminated successfully:
Relative function value changing by less than OPTIONS.TolFun
x =
0.2269    0.3385    0.3021
resnorm =
    6.2950
```

10.6.3 非线性最小二乘

非线性最小二乘（非线性数据拟合）的标准形式为

$$\min f(\pmb{x}) = f_1(x)^2 + f_2(x)^2 + \cdots + f_m(x)^2 + L$$

式中，L 为常数。

$$\text{设 } \boldsymbol{F}(\boldsymbol{x}) = \begin{bmatrix} f_1(x) \\ f_2(x) \\ \vdots \\ f_m(x) \end{bmatrix}, \text{则目标函数可表达为}$$

$$\min \frac{1}{2} \parallel \boldsymbol{F}(\boldsymbol{x}) \parallel_2^2 = \frac{1}{2} \sum_i f_i(\boldsymbol{x})^2$$

式中，x 为向量；$\boldsymbol{F}(\boldsymbol{x})$ 为函数向量。

在 MATLAB 中提供了非线性最小二乘函数 lsqnonlin() 来求解问题。通过 MATLAB 中的帮助文档，可以知道函数的功能。

```
>> help lsqnonlin
  lsqnonlin solves non-linear least squares problems.
    lsqnonlin attempts to solve problems of the form:
   min   sum {FUN(X).^2}    where X and the values returned by FUN can be
    X                          vectors or matrices.
```

格式如下：

(1) x = lsqnonlin(fun,x0)。x_0 为初始解向量；fun 为 $f_i(x), i=1,2,\cdots,m$，fun 返回向量值 $\boldsymbol{F}$，而不是平方和值，平方和隐含在算法中，fun 的定义与前面相同。

(2) x = lsqnonlin(fun,x0,lb,ub)。$\boldsymbol{lb}$、$\boldsymbol{ub}$ 定义 $\boldsymbol{x}$ 的下界和上界，$\boldsymbol{lb} \leqslant \boldsymbol{x} \leqslant \boldsymbol{ub}$。

(3) x = lsqnonlin(fun,x0,lb,ub,options)。options 为指定优化参数，若 $\boldsymbol{x}$ 没有界，则 $\boldsymbol{lb} = [\ ]$，$\boldsymbol{ub} = [\ ]$。

(4) [x,resnorm] = lsqnonlin(…)。resnorm = sum(fun(x).^2)，即解 $\boldsymbol{x}$ 处目标函数值。

(5) [x,resnorm,residual] = lsqnonlin(…)。residual = fun(x)，即解 $\boldsymbol{x}$ 处 fun 的值。

(6) [x,resnorm,residual,exitflag] = lsqnonlin(…)。exitflag 为终止迭代条件。

(7) [x,resnorm,residual,exitflag,output] = lsqnonlin(…)。output 为输出优化信息。

(8) [x,resnorm,residual,exitflag,output,lambda] = lsqnonlin(…)。lambda 为拉格朗日乘子。

(9) [x, resnorm, residual, exitflag, output, lambda, jacobian] = lsqnonlin(…)。jacobian 为 fun 在解 $\boldsymbol{x}$ 处的 Jacobian 矩阵。

【例 10-17】 求下面非线性最小二乘问题：

$$\sum_{k=1}^{10} (2 + 2k - e^{kx_1} - e^{kx_2})^2$$

初始解向量为 $x_0 = [0.3, 0.4]$。

先建立函数文件，由于 lsqnonlin 中的 fun 为向量形式而不是平方和形式，因此，myfun 函数应由 $f_i(x)$ 建立：

$$f_k(x) = 2 + 2k - e^{kx_1} - e^{kx_2}, \quad k = 1,2,3,\cdots,10$$

编程如下：

```
function  F = myfun(x)
k = 1:10;
F = 2 + 2 * k − exp(k * x(1)) − exp(k * x(2));
```

然后调用优化程序：

```
x0 = [0.3 0.4];
[x,resnorm] = lsqnonlin(@myfun,x0)
```

运行程序，输出结果如下：

```
Optimization terminated successfully:
Norm of the current step is less than OPTIONS.TolX
x =
    0.2578    0.2578
resnorm =              % 求目标函数值
  124.3622
```

10.6.4 非负线性最小二乘

非负线性最小二乘的标准形式为

$$\left(\frac{1}{2} \parallel \boldsymbol{Cx} - \boldsymbol{d} \parallel_2^2 \right)_{\min} \quad \boldsymbol{x} \geqslant 0$$

式中，矩阵 $\boldsymbol{C}$ 和向量 $\boldsymbol{d}$ 为目标函数的系数；向量 $\boldsymbol{x}$ 为非负独立变量。

在 MATLAB 中提供了非负线性最小二乘函数 lsqnonneg() 来求解问题。通过 MATLAB 中的帮助文档，可以知道函数的功能。

```
>> help lsqnonneg
 lsqnonneg Linear least squares with nonnegativity constraints.
    X = lsqnonneg(C,d) returns the vector X that minimizes NORM(d − C * X)
    subject to X >= 0. C and d must be real.
```

格式如下：

（1）x = lsqnonneg(C,d)

（2）x = lsqnonneg(C,d,x0)

（3）x = lsqnonneg(C,d,x0,options)

（4）[x,resnorm] = lsqnonneg(…)

（5）[x,resnorm,residual] = lsqnonneg(…)

（6）[x,resnorm,residual,exitflag] = lsqnonneg(…)

（7）[x,resnorm,residual,exitflag,output] = lsqnonneg(…)

（8）[x,resnorm,residual,exitflag,output,lambda] = lsqnonneg(…)

说明：$\boldsymbol{C}$ 为实矩阵；$\boldsymbol{d}$ 为实向量；x_0 为初始值且大于 0；options 为指定优化参数；resnorm＝norm（C * x−d)^2；residual＝C * x−d。

【例 10-18】 一个最小二乘问题的无约束与非负约束解法的比较。

先输入数据：

```
>> C = [ 0.0372  0.2869; 0.6861  0.7071; 0.6233  0.6245; 0.6344  0.6170];
>> d = [0.8587; 0.1781; 0.0747; 0.8405];
>> [C\d, lsqnonneg(C,d)]
ans =
    - 2.5627        0
      3.1108      0.6929
```

注意：（1）当问题为无约束线性最小二乘问题时，使用 MATLAB 下的"\"运算即可以解决。

（2）对于非负最小二乘问题，调用 lsqnonneg(C,d)求解。

10.7 非线性方程（组）的解

非线性方程，就是因变量与自变量之间的关系不是线性的关系，这类方程很多，如平方关系、对数关系、指数关系、三角函数关系等。求解此类方程往往很难得到精确解，经常需要求近似解问题。基于 MATLAB 优化工具箱，下面着重介绍如何求解非线性方程和非线性方程组等。

10.7.1 非线性方程的解

非线性方程的标准形式为

$$f(x) = 0$$

在 MATLAB 中提供了求解非线性方程的函数 fzero()。通过 MATLAB 中的帮助文档，可以知道函数的功能。

```
>> help fzero
 fzero  Single – variable nonlinear zero finding.
   X = fzero(FUN,X0) tries to find a zero of the function FUN near X0,
   if X0 is a scalar.   It first finds an interval containing X0 where the
   function values of the interval endpoints differ in sign, then searches
   that interval for a zero.   FUN is a function handle.   FUN accepts real
   scalar input X and returns a real scalar function value F, evaluated
   at X. The value X returned by fzero is near a point where FUN changes
   sign (if FUN is continuous), or NaN if the search fails.
```

格式：

（1）x = fzero (fun, x0)

（2）x = fzero (fun, x0, options)

（3）[x, fval] = fzero(…)

（4）[x, fval, exitflag] = fzero(…)

（5）$[\mathrm{x},\mathrm{fval},\mathrm{exitflag},\mathrm{output}] = \mathrm{fzero}(\cdots)$

说明：该函数采用数值解求方程 $f(x)=0$ 的根。其中，用 fun 定义表达式 $f(x)$，x_0 为初始解，$\mathrm{fval}=f(x)$。

【例 10-19】 求 $x^3-2x-5=0$ 的根。

编写 MATLAB 程序如下：

```
>> fun = 'x^3 - 2 * x - 5';
>> z = fzero(fun,2)      % 初始估计值为 2
```

运行程序，输出结果如下：

```
z =
      2.0946
```

10.7.2 非线性方程组的解

非线性方程组的标准形式为

$$F(x) = 0$$

式中，x 为向量；$F(x)$ 为函数向量。

在 MATLAB 中提供了非曲线拟合函数 fsolve() 来求解问题。通过 MATLAB 中的帮助文档，可以知道函数的功能。

```
>> help fsolve
  fsolve solves systems of nonlinear equations of several variables.
```

格式如下：

（1）$\mathrm{x} = \mathrm{fsolve}(\mathrm{fun},\mathrm{x0})$

（2）$\mathrm{x} = \mathrm{fsolve}(\mathrm{fun},\mathrm{x0},\mathrm{options})$

（3）$[\mathrm{x},\mathrm{fval}] = \mathrm{fsolve}(\cdots)$

（4）$[\mathrm{x},\mathrm{fval},\mathrm{exitflag}] = \mathrm{fsolve}(\cdots)$

（5）$[\mathrm{x},\mathrm{fval},\mathrm{exitflag},\mathrm{output}] = \mathrm{fsolve}(\cdots)$

（6）$[\mathrm{x},\mathrm{fval},\mathrm{exitflag},\mathrm{output},\mathrm{jacobian}] = \mathrm{fsolve}(\cdots)$

说明：用 fun 定义向量函数，其定义方式为先定义方程函数 function F = myfun (x)。F =[表达式 1；表达式 2；…；表达式 m]，保存为 myfun.m，并用下面方式调用：x = fsolve(@myfun,x0)，x_0 为初始估计值。$\mathrm{fval}=F(x)$，即函数值向量。jacobian 为解 x 处的 Jacobian 阵。其余参数与前面参数相似。

【例 10-20】 求下列系统的根：

$$\begin{cases} 2x_1 - x_2 = \mathrm{e}^{-x_1} \\ -x_1 + 2x_2 = \mathrm{e}^{-x_2} \end{cases}$$

化为标准形式：

$$\begin{cases} 2x_1 - x_2 - e^{-x_1} = 0 \\ -x_1 + 2x_2 - e^{-x_2} = 0 \end{cases}$$

设初值点为 $x_0 = [-5, -5]$。

先建立方程函数文件：

```
function F = myfun(x)
F = [2 * x(1) - x(2) - exp(-x(1));
     -x(1) + 2 * x(2) - exp(-x(2))];
```

然后调用优化程序：

```
x0 = [-5; -5];                            %初始点
options = optimset('Display','iter');     %显示输出信息
[x,fval] = fsolve(@myfun,x0,options)
```

运行程序,输出结果如下：

Iteration	Func-count	f(x)	Norm of step	First-order optimality	CG-iterations
1	4	47071.2	1	2.29e+004	0
2	7	6527.47	1.45207	3.09e+003	1
3	10	918.372	1.49186	418	1
4	13	127.74	1.55326	57.3	1
5	16	14.9153	1.57591	8.26	1
6	19	0.779051	1.27662	1.14	1
7	22	0.00372453	0.484658	0.0683	1
8	25	9.21617e-008	0.0385552	0.000336	1
9	28	5.66133e-017	0.000193707	8.34e-009	1

```
Optimization terminated successfully:
 Relative function value changing by less than OPTIONS.TolFun
x =
    0.5671
    0.5671
fval =
  1.0e-008 *
  -0.5320
  -0.5320
```

【例 10-21】 求矩阵 x 使其满足方程 $x \times x \times x = \begin{bmatrix} 1 & 2 \\ 3 & 4 \end{bmatrix}$，并设初始解向量为 $x = [1, 1; 1, 1]$。

先编写 M 文件：

```
function F = myfun(x)
F = x * x * x - [1,2;3,4];
```

然后调用优化程序求解:

```
>> x0 = ones(2,2);                        % 初始解向量
>> options = optimset('Display','off');    % 不显示优化信息
>>[x,Fval,exitflag] = fsolve(@myfun,x0,options)
```

运行程序,输出结果如下:

```
x =
    - 0.1291    0.8602
     1.2903    1.1612
Fval =
  1.0e - 003 *
    0.1541    - 0.1163
    0.0109    - 0.0243
exitflag =
     1
```

非线性方程的求根方法很多,常用的有牛顿迭代法、弦截法等。MATLAB 提供了有关指令(函数)用于非线性方程求根。

对于多项式非线性方程求根,编程如下:

```
clc,clear,close all
p = [1:4];
r = roots(p)
```

运行程序,输出结果如下:

```
r =
   - 1.6506 + 0.0000i
   - 0.1747 + 1.5469i
   - 0.1747 - 1.5469i
```

对于单变量非线性方程求解问题,调用函数为:

```
z = fzero('fname',x0,tol,trace)
```

其中,fname 是待求根的函数名;x_0 为搜索的起点,一个函数可能有多个根,但 fzero 函数只给出离 x_0 最近的那个根;tol 控制结果的相对精度,默认时取 tol=eps;trace 指定迭代信息是否在运算中显示,trace=1,显示;trace=0,不显示;默认时,trace=0。

【例 10-22】 求函数 $y=0.23t-e^{-t}\sin t$ 在 $t=2$ 附近的零点,编程如下:

编写函数文件如下:

```
function y = y2(t)
y = 0.23 * t - exp( - t). * sin(t);
```

主函数如下:

```
clc,clear,close all
z = fzero('y2',2)
```

运行程序,输出结果如下:

```
z =
    1.2117
```

对于一般非线性方程组的求解,则需要用到较多的是 MATLAB 工具箱。但由于非线性方程组是常用的一类数学问题,因此在此简单介绍。

【例 10-23】 对于一般非线性方程组 $F(x)=0$,其数值解 X 的求解指令如下:

```
X = fsolve('fname',x0)
```

求

$$\begin{cases} \sin(x) + y^2 + \ln z = 7 \\ 3x + 2y - z^3 + 1 = 0 \\ x + y + z = 5 \end{cases}$$

的数值解,编程如下:

```
function y1_10
clc,clear,close all
x = fsolve(@xyz,[1 1 1])          %调用函数
end

%函数文件
function q = xyz(p)
x = p(1);
y = p(2);
z = p(3);
q = zeros(3,1);                   %初始化
q(1) = sin(x) + y^2 + log(z) - 7;
q(2) = 3 * x + 2 * y - z^3 + 1;
q(3) = x + y + z - 5;
end
```

运行程序,输出结果如下:

```
x =
    0.6331    2.3934    1.9735
```

说明:从原理上讲,非线性方程组可用符号工具包中的 solve 和 vpa 指令求解数值解,但计算时间比较长。

本章小结

基于 MATLAB 优化工具箱的使用，从 MATLAB 工具箱出发，列举了大量的求解优化方程的函数，涉及线性规划、非线性方程、无约束的一元函数最小值求解、有约束的多元函数最小值求解、二次规划、极小化极大问题、多目标规划等。MATLAB 优化工具箱提供了丰富的函数可供用户调用，用户根据问题背景选用合适的优化函数进行求解，求解过程简便快捷。

第11章 常微分方程（组）求解

一个关于自变量、未知函数及其导数的方称称为微分方程。只有一个自变量的微分方程称为常微分方程。有两个以上自变量的微分方程称为偏微分方程。在自然科学的许多领域中，都会遇到常微分方程的求解问题，只有少数特殊类型的微分方程能够求解精确解，然而大多数情况下，得到其精确解是很困难的，或者是不可能的，因此常用近似的方法求得近似解。本章主要介绍常微分方程的求解问题。

学习目标：
- 学习和掌握常微分方程组求解；
- 学习和掌握欧拉方法、亚当斯方法以及改进方法等；
- 熟练运用 MATLAB 对一阶、高阶微分方程组进行求解分析等。

11.1 常微分方程解

对于用 MATLAB 求常微分方程（组）的通解，其调用格式如下：

（1）S＝dsolve（'eqn','var'）

（2）S＝dsolve（'eqn1','eqn2', … ,'eqnm','var'）

对于用 MATLAB 求常微分方程（组）的特解，其调用格式如下：

（1）S＝dsolve（'eqn','condition1',…,'conditionn','var'）

（2）S＝dsolve（'eqn1','eqn2', … ,'eqnm','condition1','condition2',…,'var'）

【例 11-1】 计算微分方程 $xy'+2y-\mathrm{e}^x=0$ 在初始条件 $y|_{x=1}=2\mathrm{e}$ 下的特解。

```
dsolve('x * Dy + 2 * y - exp(x) = 0','y(1) = 2 * exp(1)','x')
```

输出如下：

```
ans = (exp(x) * x - exp(x) + 2 * exp(1))/x ^ 2
```

可知特解为

$$y = \frac{x\mathrm{e}^x - \mathrm{e}^x + 2\mathrm{e}}{x^2}$$

11.2 欧拉方法

欧拉方法包括向前欧拉方法和向后欧拉方法。

11.2.1 向前欧拉方法

向前欧拉方法又称为显式欧拉公式，即通常所谓的欧拉公式，用欧拉公式求解微分方程的初值问题就称为欧拉方法。向前欧拉公式为

$$y_{n+1} = y_n + hf(x_n, y_n), \quad n = 0, 1, 2, \cdots$$

式中，h 为步长。

如果数值方法的局部截断误差为 $O(h^{p+1})$，那么称这种数值方法的阶数为 p。其中，p 为非负实数值。通常情况下，步长 h 越小，p 越高，则局部截断误差越小，计算精度越高。欧拉方法的截断误差如下：

$$y(x_{n+1}) - y_{n+1} = O(h^2)$$

在 MATLAB 中编程实现的向前欧拉方法求数值解的函数为 Eulerli1()。

功能：用向前欧拉方法求数值解。

调用格式：

P = Eulerli1(x0, y0, b, h)

其中，x_0 初值；y_0 为初值；b 为 x_0 取值区间的右端点；h 为步长。

编写向前欧拉方法函数文件如下：

```
function P = Eulerli1(x0, y0, b, h)
    % x0 为初值
    % y0 为初值
    % b 为 x0 取值区间的右端点
    % h 为步长
    n = (b - x0)/h;
    X = zeros(n, 1);
    Y = zeros(n, 1);
    k = 1;
    X(k) = x0;
    Y(k) = y0;
    for k = 1:n
        X(k + 1) = X(k) + h;
        Y(k + 1) = Y(k) + h * (X(k) - Y(k));
        k = k + 1;
    end
    y = X - 1 + 2 * exp( - X);
    plot(X, Y, 'mp', X, y, 'b - ')
    grid
    xlabel('自变量 X'), ylabel('因变量 Y')
```

```
legend('h = 0.075 数值解', '精确解')jwY = y - Y;
xwY = jwY./y;
k1 = 1:n;
k = [0,k1];
P = [k',X,Y,y,jwY,xwY];
```

【例 11-2】 用欧拉方法求初值问题：

$$\begin{cases} \dfrac{\mathrm{d}y}{\mathrm{d}x} = x - y, & 0 \leqslant x \leqslant 1 \\ y\mid_{x=0} = 1 \end{cases}$$

的数值解，分别取 $h = 0.0750, 0.0075$，并计算误差，画出精确解和数值解的图形。

根据该微分方程，在 MATLAB 工作窗口输入程序如下：

```
clc, clear , close all
x0 = 0;                % 初值
y0 = 1;
b = 1;
h = 0.0750;
P = Eulerli1(x0,y0,b,h)
```

运行程序，输出结果如下：

```
P =
         0         0    1.0000    1.0000         0         0
    1.0000    0.0750    0.9250    0.9305    0.0055    0.0059
    2.0000    0.1500    0.8613    0.8714    0.0102    0.0117
    3.0000    0.2250    0.8079    0.8220    0.0141    0.0172
    4.0000    0.3000    0.7642    0.7816    0.0174    0.0223
    5.0000    0.3750    0.7294    0.7496    0.0202    0.0270
    6.0000    0.4500    0.7028    0.7253    0.0225    0.0310
    7.0000    0.5250    0.6838    0.7081    0.0243    0.0343
    8.0000    0.6000    0.6719    0.6976    0.0257    0.0368
    9.0000    0.6750    0.6665    0.6933    0.0268    0.0386
   10.0000    0.7500    0.6672    0.6947    0.0276    0.0397
   11.0000    0.8250    0.6734    0.7015    0.0281    0.0400
   12.0000    0.9000    0.6847    0.7131    0.0284    0.0398
   13.0000    0.9750    0.7009    0.7294    0.0285    0.0391
```

输出图形如图 11-1 所示。

当 $h = 0.0075$ 时，程序如下：

```
clc, clear , close all
x0 = 0;                      % 初值
y0 = 1;
b = 1;
h = 0.00750;
P = Eulerli1(x0,y0,b,h)
```

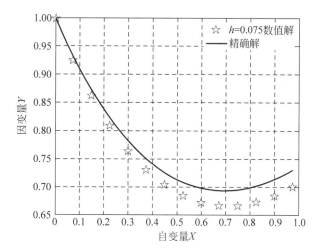

图 11-1　数值计算结果

运行程序，输出图形如图 11-2 所示。

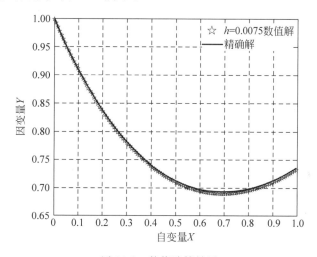

图 11-2　数值计算结果

对照图 11-1 和图 11-2 可知，步长的选取对于结果精度有很大影响。

【**例 11-3**】　采用自适应向前欧拉公式对例 11-2 问题进行求解。

自适应向前欧拉公式程序如下：

```
function [H, X, Y, k, h, P] = QEuler(funfcn, x0, b, y0, tol)
% 初始化
pow = 1/3;
if nargin < 5 | isempty(tol),
    tol = 1.e-6;
end;
x = x0;
h = 0.0078125 * (b - x);
y = y0(:);
```

```
p = 128;
H = zeros(p,1);
X = zeros(p,1);
Y = zeros(p,length(y));
k = 1;
X(k) = x;
Y(k,:) = y';
% 绘图
clc,x,h,y
% end
% 主循环
while (x < b)&(x + h > x)
    if x + h > b
        h = b - x;
    end
    % 计算斜率
    fxy = feval(funfcn,x,y);
    fxy = fxy(:);
    % 计算误差,设定可接受误差
    delta = norm(h * fxy, 'inf');
    wucha = tol * max(norm(y,'inf'),1.0);
    % 当误差可接受时重写解
    if delta <= wucha
        x = x + h; y = y + h * fxy; k = k + 1;
        if k > length(X)
            X = [X;zeros(p,1)];
            Y = [Y;zeros(p,length(y))];
            H = [H;zeros(p,1)];
        end
        H(k) = h;
        X(k) = x;
        Y(k,:) = y';
        plot(X,Y,'rp'),
        grid
        xlabel('自变量 X'),
        ylabel('因变量 Y')
    end
    % 更新步长
    if delta~ = 0.0
        h = min(h * 8,0.9 * h * (wucha/delta)^pow);
    end
end
if (x < b)
    disp('Singularity likely.'), x
end
H = H(1:k);
X = X(1:k);
```

```
Y = Y(1:k, :);
n = 1:k;
P = [n', H, X, Y]
```

编写该初值问题函数程序如下：

```
function y = funfcn(x, y)
    y(1) = -3 * y + 8 * x - 7;
end
```

相应的主程序如下：

```
clc, clear , close all
subplot(2, 1, 1)
x0 = 0;
y0 = 1;
b = 2;
n = 10;
h = 2/10;
[k, X, Y, P, REn] = QEuler(@funfcn, x0, y0, b, h)
hold on
S1 = 1 + 1/6 * (6 + 12 * X + 30 * exp(2 * X)).^(1/2)
plot(X, S1, 'b - ')
title('用向前欧拉公式计算 dy/dx = y - x/(3y), y(0) = 1 在[0,2]上的数值解')
legend('n = 10 数值解', '精确解')
hold off
jdwucY = S1 - Y;
jwY = S1 - Y;
xwY = jwY./Y;
k1 = 1:n;
k = [0, k1];
% P1 = [k', X, Y, S1, jwY, xwY]

subplot(2, 1, 2)
n1 = 100;
h1 = 2/100;
[k, X1, Y1, P1, Ren1] = QEuler(@funfcn, x0, y0, b, h1)
hold on
S2 = 1 + 1/6 * (6 + 12 * X1 + 30 * exp(2 * X1)).^(1/2)
plot(X1, S2, 'b - ')
legend('n = 100 数值解', '精确解')
hold off
jwY1 = S2 - Y1;
xwY1 = jwY1./Y1;
k1 = 1:n1; k = [0, k1];
% P2 = [k', X1, Y1, S2, jwY1, xwY1]
```

运行程序,输出图形如图 11-3 所示。

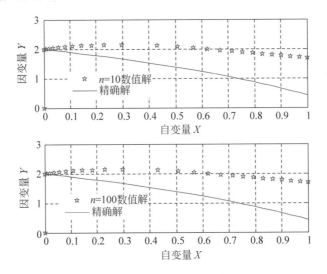

图 11-3　自适应向前欧拉求解

11.2.2　向后欧拉方法

向后欧拉公式又称为隐式欧拉公式,向后欧拉方法称为隐式欧拉方法。向后欧拉公式为

$$y_{n+1} = y_n + hf(x_{n+1}, y_{n+1}), \quad n = 0, 1, 2, \cdots$$

在 MATLAB 中编程实现的向后欧拉方法求数值解的函数为 Heuler1()。

功能：用向后欧拉方法求数值解。

调用格式：

[X, Y, n, P] = Heuler1(funfcn, x0, b, y0, h, tol)

其中,funfcn 为待求解函数；x_0 为初值；b 为 x 右端点；y_0 为初值；h 为迭代步长；tol 为求解精度。

编写向后欧拉方法函数文件如下：

```
function [X, Y, n, P] = Heuler1(funfcn, x0, b, y0, h, tol)
% funfcn 为待求解函数
% x0 为初值
% b 为 x 右端点
% y0 为初值
% h 为迭代步长
% tol 为求解精度
n = fix((b - x0)/h);
X = zeros(n + 1, 1);
Y = zeros(n + 1, 1);
k = 1;
X(k) = x0;
Y(k, :) = y0;
```

```
Y1(k,:) = y0;
%绘图
clc,x0,h,y0
%产生初值
for i = 2:n + 1
    X(i) = x0 + h;
    Y(i,:) = y0 + h * feval(funfcn,x0,y0);
    Y1(i,:) = y0 + h * feval(funfcn,X(i),Y(i,:));
    %主循环
    Wu = abs(Y1(i,:) - Y(i,:));
    while Wu > tol
        p = Y1(i,:);
        Y1(i,:) = y0 + h * feval(funfcn,X(i),p);
        Y(i,:) = p;
    end
    x0 = x0 + h;
    y0 = Y1(i,:);
    Y(i,:) = y0;
    plot(X,Y,'ro')
    grid on
    xlabel('自变量 X'), ylabel('因变量 Y')
    title('用向后欧拉公式计算 dy/dx = f(x,y),y(x0) = y0 在[x0,b]上的数值解')
end
X = X(1:n + 1);
Y = Y(1:n + 1,:);
n = 1:n + 1;
P = [n',X,Y]
```

【**例 11-4**】　用向后欧拉公式求解区间 $[0,2]$ 上的初值问题

$$\frac{\mathrm{d}y}{\mathrm{d}x} = -3y + 8x - 7, \quad y(0) = 1$$

的数值解，取步长 $h = 0.05$，并与精确解作比较，在同一个坐标系中作出图形。然后再取 $h = 0.01$，观察数值解与精确解误差的变化，说明 h 与误差的关系。

编写该初值问题函数程序如下：

```
function y = funfcn(x,y)
    y(1) = -3 * y + 8 * x - 7;
end
```

相应的主程序如下：

```
clc,clear ,close all
S1 = dsolve('Dy = 8 * x - 3 * y - 7','y(0) = 1','x')
x0 = 0;
y0 = 1;
b = 2;
tol = 1.e - 1;
subplot(2,1,1)
h1 = 0.01;
[X1,Y1,n,P1] = Heuler1(@funfcn,x0,b,y0,h1,tol)
```

```
hold on
S2 = 8/3 * X1 - 29/9 + 38/9 * exp( - 3 * X1),
plot(X1,S2,'b - ')
hold off
juwY1 = S2 - Y1;
xiwY1 = juwY1./Y1;
L = [P1,S2,juwY1,xiwY1]

subplot(2,1,2)
h = 0.05;
[X,Y,n,P] = Heuler1(@funfcn,x0,b,y0,h,tol)
hold on
S1 = 8/3 * X - 29/9 + 38/9 * exp( - 3 * X),
plot(X,S1,'b - ')
legend('h = 0.05 用向后欧拉公式计算 dy/dx = 8x - 3y - 7,y(0) = 1 在[0,2]上的数值解','dy/dx =
8x - 3y - 7,y(0) = 1 在[0,2]上的精确解')
hold off
juwY = S1 - Y;
xiwY = juwY./Y;
L = [P,S1,juwY,xiwY]
```

运行程序,输出图形如图 11-4 所示。

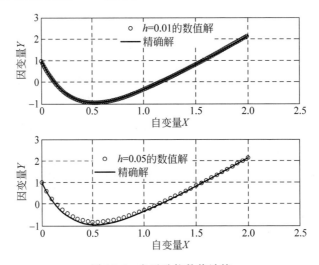

图 11-4　向后欧拉数值计算

运行后屏幕显示用向后欧拉公式计算此初值问题在[0,2]上的自变量 X 处数值解 Y 和精确解 S_1 及其图形,步长 h 及 Y 的相对误差 xiwY 和绝对误差 juwY。

11.2.3　梯形公式

欧拉公式的一般形式为

$$y(x_{n+1}) - y(x_n) = \int_{x_n}^{x_{n+1}} f(x,y(x))\mathrm{d}x$$

改写成梯形求积公式得

$$y_{n+1} = y_n + \frac{h}{2}[f(x_n, y_n) + f(x_{n+1}, y_{n+1})], \quad n = 0, 1, 2, \cdots$$

该公式称为梯形公式，为隐式公式。

在 MATLAB 中编程实现的梯形公式求数值解的函数为 odtixing1()。

功能：用梯形公式求数值解。

调用格式：

$[X, Y, n, P] =$ odtixing1 $(funfcn, x0, b, y0, h, tol)$

其中，funfcn 为待求解函数；x_0 为初值；b 为 x 右端点；y_0 为初值；h 为迭代步长；tol 为求解精度。

用梯形公式求解程序如下：

```
function [X, Y, n, P] = odtixing1(funfcn, x0, b, y0, h, tol)
% funfcn 为待求解函数
% x0 为初值
% b 为 x 右端点
% y0 为初值
% h 为迭代步长
% tol 为求解精度
n = fix((b - x0)/h);
X = zeros(n + 1, 1);
Y = zeros(n + 1, 1);
k = 1;
X(k) = x0;
Y(k, :) = y0;
Y1(k, :) = y0;
% 绘图
clc, x0, h, y0
% 产生初值
for i = 2:n + 1
    X(i) = x0 + h;
    fx0y0 = feval(funfcn, x0, y0);
    Y(i, :) = y0 + h * fx0y0;
    fxiyi = feval(funfcn, X(i), Y(i, :));
    Y1(i, :) = y0 + h * (fxiyi + fx0y0)/2;
    % 主循环
    Wu = abs(Y1(i, :) - Y(i, :));
    while Wu > tol
        p = Y1(i, :),
        fxip = feval(funfcn, X(i), p);
        Y1(i, :) = y0 + h * (fx0y0 + fxip)/2,
        P1 = Y1(i, :),
        Y(i, :) = p1;
    end
    x0 = x0 + h;
    y0 = Y1(i, :);
    Y(i, :) = y0;
    plot(X, Y, 'ro')
```

```
    grid on
    xlabel('自变量 X'), ylabel('因变量 Y')
    title('用梯形公式计算 dy/dx = f(x,y),y(x0) = y0 在[x0,b]上的数值解')
end
X = X(1:n + 1);
Y = Y(1:n + 1,:);
n = 1:n + 1;
P = [n',X,Y]
```

【例 11-5】 用梯形公式求解区间$[0,2]$上的初值问题

$$\frac{\mathrm{d}y}{\mathrm{d}x} = -3y + 8x - 7, \quad y(0) = 1$$

取步长$h = 0.05$,精度为10^{-1},并与精确解作比较,在同一个坐标系中画出图形。
编写该初值问题函数程序如下:

```
function y = funfcn(x,y)
    y(1) = -3 * y + 8 * x - 7;
end
```

主程序如下:

```
clc,clear,close all
x0 = 0;
y0 = 1;
b = 2;
tol = 0.1;
h = 0.05;
[X,Yt,n,Pt] = odtixing1(@funfcn,x0,b,y0,h,tol)
hold on
S1 = 8/3 * X - 29/9 + 38/9 * exp( - 3 * X);
plot(X,S1,'b - '),
hold off
legend('h = 0.05,用梯形公式计算 dy/dx = 8x - 3y - 7,y(0) = 1 在[0,2]上的数值解','dy/dx = 8x - 3y - 7,y(0) = 1 在[0,2]上的精确解')
juwYt = S1 - Yt;
xiwYt = juwYt./Yt;
Lt = [Pt,S1,juwYt,xiwYt]
```

运行程序,输出图形如图 11-5 所示。

运行后屏幕显示取精度为10^{-1},分别用梯形公式和向前欧拉公式求解此初值问题在区间$[0,2]$上的自变量 X 处数值解 $Y_i (i = t,q)$ 和精确解 S_1、步长 h、Y_i 的相对误差 $\mathrm{xiw}Y_i$ 和绝对误差 $\mathrm{juw}Y_i$ 及其数值解和精确解的图形。

【例 11-6】 用自适应梯形公式和向前欧拉公式分别求解区间$[0,2]$上的初值问题

$$\frac{\mathrm{d}y}{\mathrm{d}x} = -3y + 8x - 7, \quad y(0) = 1$$

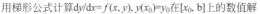

用梯形公式计算dy/dx=$f(x, y)$, $y(x_0)$=y_0在$[x_0, b]$上的数值解

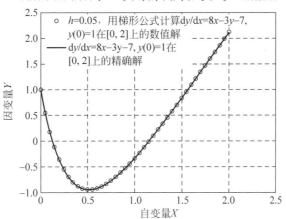

图 11-5　梯形公式数值计算

取精度为10^{-1}，并与精确解作比较，在同一个坐标系中作出图形。

编写该初值问题函数程序如下：

```
function y = funfcn(x, y)
    y(1) = - 3 * y + 8 * x - 7;
end
```

向自适应梯形公式求解程序如下：

```
function [H, X, Y, k, h, P] = odtixing2(funfcn, x0, b, y0, tol)
% 初始化
pow = 1/3;
if nargin < 5 | isempty(tol),
    tol = 1.e - 6;
end;
% if nargin < 6 | isempty(trace),
% trace = 0;
% end;
x = x0;
h = 0.0078125 * (b - x);
y = y0(:);
p = 128;
n = fix((b - x0)/h);
H = zeros(p, 1);
X = zeros(p, 1);
Y = zeros(p, length(y));
k = 1;
X(k) = x;
Y(k, :) = y';
% 绘图
clc, x, h, y
% 主循环
```

```
while (x < b)&(x + h > x)
    if x + h > b
        h = b - x;
    end
    % 计算斜率
    fxy = feval(funfcn, x, y); fxy = fxy(:);
    % 计算误差,设定可接受误差
    delta = norm(h * fxy, 'inf'); wucha = tol * max(norm(y, 'inf'), 1.0);
    % 当误差可接受时重写解
    if delta <= wucha
        x = x + h; y1 = y + h * fxy; fxy1 = feval(funfcn, x, y1); fxy = fxy(:);
        y2 = y + h * fxy1; y = (y1 + y2)/2; k = k + 1;
        if k > length(X)
            X = [X; zeros(p, 1)]; Y = [Y; zeros(p, length(y))];
            H = [H; zeros(p, 1)];
        end
        H(k) = h; X(k) = x; Y(k, :) = y'; plot(X, Y, 'go'), grid
        xlabel('自变量 X'), ylabel('因变量 Y')
        title('用自适应梯形公式计算 dy/dx = f(x, y), y(x0) = y0 在[x0, b]上的数值解')
    end
    % 更新步长
    if delta~ = 0.0
        h = min(h * 8, 0.9 * h * (wucha/delta)^pow);
    end
end
if (x < b)
disp('Singularity likely.'), x
end
H = H(1:k);
X = X(1:k);
Y = Y(1:k, :);
n = 1:k; P = [n', H, X, Y]
```

主程序如下:

```
clc, clear, close all
x0 = 0;
y0 = 1;
b = 2;
tol = 1.e - 1;
[Ht, X, Yt, k, h, Pt] = odtixing2(@funfcn, x0, b, y0, tol),
hold on
S1 = 8/3 * X - 29/9 + 38/9 * exp(- 3 * X),
plot(X, S1, 'b - '),
hold off
hold on,
[Hq, X, Yq, k, h, Pq] = QEuler(@funfcn, x0, b, y0, tol),
hold off
grid
```

```
legend('用自适应梯形公式计算 dy/dx = 8x-3y-7,y(0) = 1 在[0,2]上的数值解','dy/dx = 8x-
3y-7, y(0) = 1 在[0,2]上的精确解','用向前欧拉公式计算 dy/dx = 8x-3y-7,y(0) = 1 在[0,2]
上的数值解')
title('自适应梯形公式计算')
```

运行程序，输出图形如图 11-6 所示。

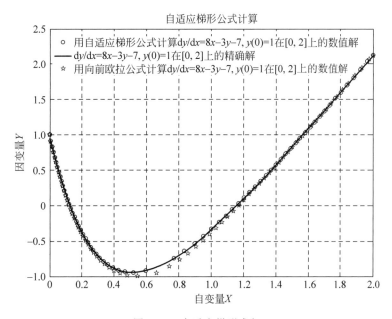

图 11-6　自适应梯形求解

运行后屏幕显示取精度为 10^{-1}，分别用自适应梯形公式和向前欧拉公式求解此初值问题在区间 $[0,2]$ 上的自变量 X 处数值解 $Y_i (i=t,q)$ 和精确解 S_1 及其图形、步长 h 等。

11.2.4　改进欧拉公式

用梯形公式求解常微分方程的初值问题，需要解含有 y_{n+1} 的函数方程，工作量常常很大，因此，在实际问题求解时，可将欧拉方法和梯形方法结合来进行计算，采用以下迭代格式：

$$\begin{cases} y_{n+1}^{(0)} = y_n + hf(x_n,y_n) \\ y_{n+1}^{(k+1)} = y_n + \dfrac{h}{2}\big[f(x_n,y_n) + f(x_{n+1},y_{n+1}^{(k)})\big] \end{cases}, \quad k = 0,1,2,\cdots$$

迭代直到 $|y_{n+1}^{(k+1)} - y_{n+1}^{(k)}| \leqslant \varepsilon$ 时，取 $y_{n+1} \approx y_{n+1}^{(k+1)}$。

改进的欧拉公式常写为

$$\begin{cases} y_p = y_n + hf(x_n,y_n) \\ y_c = y_n + hf(x_{n+1},y_p) \\ y_{n+1} = \dfrac{1}{2}(y_p + y_c) \end{cases}$$

改进的欧拉公式写成泰勒级数形式为

$$y(x_{n+1}) = y(x_n) + \frac{y'(x_n)}{1!}h + \frac{y''(x_n)}{2!}h^2 + \frac{y'''(x_n)}{3!}h^3 + O(h^4)$$

则有改进的欧拉公式误差表达式为

$$y(x_{n+1}) - y_{n+1} = O(h^3)$$

由此可知改进的欧拉方法是二阶方法。

在 MATLAB 中编程实现的改进的欧拉公式求数值解的函数为 gaiEuler()。

功能：用改进的欧拉公式求数值解。

调用格式：

[H, X, Y, k, h, P] = gaiEuler(funfcn, x0, b, y0, tol)

其中，funfcn 为待求解函数；x_0 为初值；b 为 x 右端点；y_0 为初值；h 为迭代步长；tol 为求解精度。

改进的欧拉公式求解程序如下：

```
function [H, X, Y, k, h, P] = gaiEuler(funfcn, x0, b, y0, tol)
% funfcn 为待求解函数
% x0 为初值
% b 为 x 右端点
% y0 为初值
% h 为迭代步长
% tol 为求解精度
% 初始化
pow = 1/3;
if nargin < 5 | isempty(tol),
    tol = 1.e-6;
end;
% if nargin < 6 | isempty(trace),
% trace = 0;
% end;
x = x0;
h = 0.0078125 * (b - x);
y = y0(:);
p = 128;
n = fix((b - x0)/h);
H = zeros(p, 1);
X = zeros(p, 1);
Y = zeros(p, length(y));
k = 1;
X(k) = x;
Y(k, :) = y';
% 绘图
clc, x, h, y
% end
% 主循环
while (x < b)&(x + h > x)
    if x + h > b
        h = b - x;
```

```
    end
        %计算斜率
        fxy = feval(funfcn, x, y);
        fxy = fxy(:);
        %计算误差,设定可接受误差
        delta = norm(h * fxy, 'inf');
        wucha = tol * max(norm(y, 'inf'), 1.0);
        %当误差可接受时重写解
        if delta <= wucha
        x = x + h; y1 = y + h * fxy; fxy1 = feval(funfcn, x, y1);
        fxy = fxy(:); y2 = (fxy + fxy1)/2; y = y + h * y2; k = k + 1;
            if k > length(X)
                X = [X; zeros(p, 1)]; Y = [Y; zeros(p, length(y))];
                H = [H; zeros(p, 1)];
            end
        H(k) = h; X(k) = x; Y(k, :) = y'; plot(X, Y, 'mh'), grid
        xlabel('自变量 X'), ylabel('因变量 Y')
        title('用改进的欧拉公式计算 dy/dx = f(x, y), y(x0) = y0 在[x0, b]上的数值解')
        end
        %更新步长
        if delta~ = 0.0
            h = min(h * 8, 0.9 * h * (wucha/delta)^pow);
        end
    end
    if (x < b)
        disp('Singularity likely. '), x
    end
    H = H(1:k);
    X = X(1:k);
    Y = Y(1:k, :);
    n = 1:k;
    P = [n', H, X, Y]
```

【例 11-7】 用改进的欧拉公式求解区间[0,2]上的初值问题：

$$\frac{\mathrm{d}y}{\mathrm{d}x} = -3y + 8x - 7, \quad y(0) = 1$$

取精度为10^{-1}。编写该初值问题函数程序如下：

```
function y = funfcn(x, y)
    y(1) = -3 * y + 8 * x - 7;
end
```

主程序如下：

```
clc, clear, close all
x0 = 0;
```

```
y0 = 1;
b = 2;
tol = 1.e - 1;
[Ht, X, Yt, k, h, Pt] = odtixing2(@funfcn, x0, b, y0, tol)
hold on
S1 = 8/3 * X - 29/9 + 38/9 * exp( - 3 * X),
plot(X, S1, 'b - ')
hold off
hold on
[H, X, Y, k, h, P] = gaiEuler(@funfcn, x0, b, y0, tol)
hold off
```

运行程序,输出图形如图 11-7 所示。

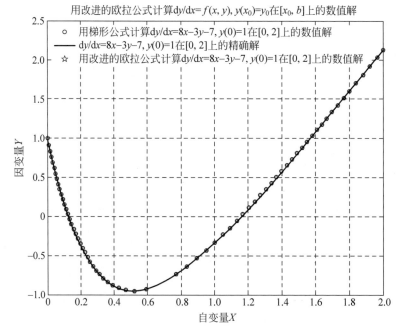

图 11-7　改进欧拉公式求解

运行后屏幕显示取精度为 10^{-1},分别用梯形公式和改进的欧拉公式求此解初值问题在区间 $[0,2]$ 上的自变量 X 处数值解 Yt、Y 和精确解 S_1 及其图形、步长 h、Y 的相对误差 $xiwY$ 和绝对误差 $juwY$。

11.3　龙格-库塔方法

龙格—库塔公式可以写为

$$\begin{cases} y_{n+1} = y_n + hK_t \\ K_t = f(x_n, y_n) \end{cases}$$

改进的龙格—库塔公式可以写为

$$
\begin{cases}
y_{n+1} = y_n + \dfrac{h}{2}(K_1 + K_2) \\
K_1 = f(x_n, y_n) \\
K_2 = f(x_{n+1}, y_n + hK_1)
\end{cases}
$$

由此推出一般推广式，如下：

$$
\begin{cases}
y_{n+1} = y_n + h(C_1 K_1 + C_2 K_2 + \cdots + C_p K_p) \\
K_1 = f(x_n, y_n) \\
K_2 = f(x_n + a_2 h, y_n + h b_{21} K_1) \\
\vdots \\
K_p = f\left(x_n + a_p h, y_n + h \sum_{i=1}^{p-1} b_{pi} K_i\right)
\end{cases}
$$

11.3.1　二阶龙格-库塔法

对于二阶龙格-库塔法，即 $p=2$，则得到相应的式子为

$$
\begin{cases}
y_{n+1} = y_n + h(C_1 K_1 + C_2 K_2) \\
K_1 = f(x_n, y_n) \\
K_2 = f(x_n + a_2 h, y_n + h b_{21} K_1)
\end{cases}
$$

式中，C_1, C_2, a_2, b_{21} 为待定系数。由泰勒级数展开，取其中一个解，即

$$
\begin{cases}
C_1 = \dfrac{1}{2} \\
C_2 = \dfrac{1}{2} \\
a_2 = 1 \\
b_{21} = 1
\end{cases}
$$

将上式变形为

$$
\begin{cases}
y_{n+1} = y_n + \dfrac{h}{2}(K_1 + K_2) \\
K_1 = f(x_n, y_n) \\
K_2 = f(x_n + h, y_n + hK_1)
\end{cases}
$$

在 MATLAB 中编程实现的二阶龙格-库塔法的函数为 Runge_Kutta_2()。

功能：用二阶龙格-库塔法函数求解微分方程值。

调用格式：

```
y1 = Runge_Kutta_2(funfcn,xmin,xmax,y0,h)
```

其中，funfcn 为求解的常微分方程；x_{min} 为 x 的取值最小值；x_{max} 为 x 的取值最大值；x_0 为初始值；h 为迭代步长。

二阶龙格-库塔法函数如下：

```
function y1 = Runge_Kutta_2(funfcn,xmin,xmax,y0,h)
  % funfcn 为求解的常微分方程
  % xmin 为 x 的取值最小值
  % xmax 为 x 的取值最大值
  % y0 为初始值
  % h 为迭代步长
  x = xmin:h:xmax;
  y(1) = y0;
  n = size(x)
  for i = 1:n(1,2)
      k1 = funfcn(x(1,i),y(1,i));
      k2 = funfcn(x(1,i) + h,y(1,i) + h * K1);
      y(i + 1) = y(i) + h/2 * (k1 + k2);
  end
  y1 = y(1,1:n(1,2));
```

【例 11-8】 用二阶龙格-库塔方法求初值问题:

$$\begin{cases} \dfrac{\mathrm{d}y}{\mathrm{d}x} = 1 - \dfrac{2xy}{1+x^2}, & 0 \leqslant x \leqslant 2 \\ y \mid_{x=0} = 0 \end{cases}$$

的数值解,取 $C_1 = 1/4, C_2 = 3/4, a_2 = b_{21} = 2/3, h = 1/4$,并计算与精确解的误差,画出精确解和数值解的图形。

计算该初值问题的精确解,编程如下:

```
clc,clear,close all
y = dsolve('(Dy) + (2 * x * y)/(1 + x^2) - 1 = 0','y(0) = 0','x')
```

运行程序,输出结果如下:

```
y =
(x * (x^2 + 3))/(3 * (x^2 + 1))
```

编写该初值问题函数程序如下:

```
function y = funfcn(x,y)
    y(1) = 1 - 2 * x * y./(1 + x. * x);
end
```

编写积分函数程序如下:

```
function y = fun(x)
y = (x + 1/3 * x^3)/(1 + x^2);
end
```

调用该龙格-库塔函数文件，编程如下：

```
clc, clear, close all
y = dsolve('(Dy) + (2 * x * y)/(1 + x^2) − 1 = 0', 'y(0) = 0', 'x')
x0 = 0;
b = 2;
C = [1/4, 3/4, 2/3, 2/3];
y0 = 0;
h = 1/4;
P = Runge_Kutta_2(funfcn, xmin, xmax, y0, h)
```

运行程序，输出结果如下：

```
P =
    1.0000         0         0         0         0         0
    2.0000    0.2500    0.2278    0.2402    0.0124    0.2278
    3.0000    0.5000    0.4034    0.4333    0.0299    0.1756
    4.0000    0.7500    0.5348    0.5700    0.0352    0.1314
    5.0000    1.0000    0.6379    0.6667    0.0288    0.1031
    6.0000    1.2500    0.7252    0.7419    0.0167    0.0873
    7.0000    1.5000    0.8042    0.8077    0.0034    0.0791
    8.0000    1.7500    0.8794    0.8705    0.0089    0.0751
    9.0000    2.0000    0.9529    0.9333    0.0196    0.0735
```

输出图形如图 11-8 所示。

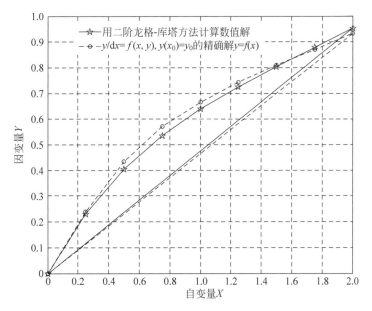

图 11-8　二阶龙格-库塔法求解

11.3.2　三阶龙格-库塔法

对于三阶龙格-库塔法,同样有

$$\begin{cases} y_{n+1} = y_n + h(C_1 K_1 + C_2 K_2 + C_3 K_3) \\ K_1 = f(x_n, y_n) \\ K_2 = f(x_n + a_2 h, y_n + h b_{21} K_1) \\ K_3 = f(x_n + a_3 h, y_n + h b_{31} K_1 + h b_{32} K_2) \end{cases}$$

同样对于三阶龙格-库塔法其变形式为

$$\begin{cases} y_{n+1} = y_n + \dfrac{h}{6}(K_1 + 4K_2 + K_3) \\ K_1 = f(x_n, y_n) \\ K_2 = f\left(x_n + \dfrac{h}{2}, y_n + \dfrac{h}{2} K_1\right) \\ K_3 = f(x_n + h, y_n - h K_1 + 2h K_2) \end{cases}$$

在 MATLAB 中编程实现的三阶龙格-库塔法的函数为 Runge_Kutta_3()。

功能：用三阶龙格-库塔法函数求解微分方程值。

调用格式：

y1 = Runge_Kutta_3(funfcn, xmin, xmax, y0, h)

其中,funfcn 为求解的常微分方程；x_{min} 为 x 的取值最小值；x_{max} 为 x 的取值最大值；y_0 为初始值；h 为迭代步长。

三阶龙格-库塔法函数如下：

```
function y1 = Runge_Kutta_3(funfcn, xmin, xmax, y0, h)
% funfcn 为求解的常微分方程
% xmin 为 x 的取值最小值
% xmax 为 x 的取值最大值
% y0 为初始值
% h 为迭代步长
x = xmin:h:xmax;
y(1) = y0;
n = size(x)
for i = 1:n(1,2)
    k1 = funfcn(x(1,i), y(1,i));
    k2 = funfcn(x(1,i) + h/2, y(1,i) + h/2 * k1);
    k3 = funfcn(x(1,i) + h, y(1,i) - h * K1 + 2 * h * k2);
    y(i + 1) = y(i) + h/6 * (k1 + 4 * k2 + k3);
end
y1 = y(1, 1:n(1,2));
```

【例 11-9】　用常用的三阶龙格-库塔公式求初值问题：

$$\begin{cases} \dfrac{\mathrm{d}y}{\mathrm{d}x} = 1 - \dfrac{2xy}{1+x^2}, & 0 \leqslant x \leqslant 2 \\ y \mid_{x=0} = 0 \end{cases}$$

的数值解,取 $C_1 = 1/6, C_2 = 4/6, C_3 = 1/6$, $a_2 = b_{21} = 1/2, a_3 = 1, b_{31} = -1, b_{32} = 2, h = 1/4$,并计算与精确解的误差,画出精确解和数值解的图形。

计算该初值问题的精确解,编程如下:

```
clc,clear,close all
y = dsolve('(Dy) + (2 * x * y)/(1 + x^2) - 1 = 0', 'y(0) = 0', 'x')
```

运行程序,输出结果如下:

```
y =
(x * (x^2 + 3))/(3 * (x^2 + 1))
```

编写该初值问题函数程序如下:

```
function y = funfcn(x, y)
    y(1) = 1 - 2 * x * y. /(1 + x. * x);
end
```

编写积分函数程序如下:

```
function y = fun(x)
y = (x + 1/3 * x^3)/(1 + x^2);
end
```

调用该龙格-库塔函数文件,编程如下:

```
clc,clear,close all
y = dsolve('(Dy) + (2 * x * y)/(1 + x^2) - 1 = 0', 'y(0) = 0', 'x')
x0 = 0;
b = 2;
c1 = 1/6;
c2 = 4/6;
c3 = 1/6;
a2 = 1/2;
a3 = 1;
b21 = 1/2;
b31 = -1;
b32 = 2;
C = [c1,c2,c3,a2, a3,b21,b31,b32];
y0 = 0;
h = 1/4;
P = Runge_Kutta_3(funfcn, xmin, xmax, y0, h)
```

运行程序,输出结果如下:

```
P =
    1.0000         0         0         0         0         0
    2.0000    0.2500    0.2293    0.2402    0.0109    0.2293
    3.0000    0.5000    0.4070    0.4333    0.0263    0.1777
    4.0000    0.7500    0.5394    0.5700    0.0306    0.1324
    5.0000    1.0000    0.6426    0.6667    0.0240    0.1032
    6.0000    1.2500    0.7295    0.7419    0.0124    0.0868
    7.0000    1.5000    0.8079    0.8077    0.0002    0.0785
    8.0000    1.7500    0.8825    0.8705    0.0120    0.0746
    9.0000    2.0000    0.9555    0.9333    0.0222    0.0730
```

输出图形如图 11-9 所示。

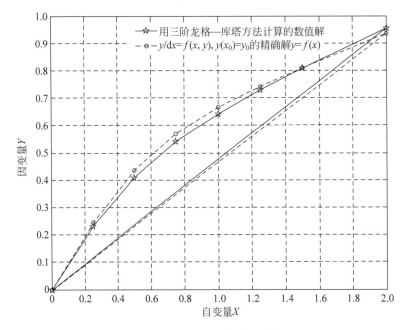

图 11-9　三阶龙格-库塔法求解

11.3.3　四阶龙格-库塔法

对于四阶龙格-库塔法,有

$$
\begin{cases}
y_{n+1} = y_n + h(C_1 K_1 + C_2 K_2 + C_3 K_3 + C_4 K_4) \\
K_1 = f(x_n, y_n) \\
K_2 = f(x_n + a_2 h, y_n + h b_{21} K_1) \\
K_3 = f(x_n + a_3 h, y_n + h b_{31} K_1 + h b_{32} K_2) \\
K_4 = f(x_n + a_4 h, y_n + h b_{41} K_1 + h b_{42} K_2 + h b_{43} K_3)
\end{cases}
$$

同样对于四阶龙格-库塔法其变形式为

$$\begin{cases} y_{n+1} = y_n + \dfrac{h}{6}(K_1 + 2K_2 + 2K_3 + K_4) \\ K_1 = f(x_n, y_n) \\ K_2 = f\left(x_n + \dfrac{h}{2}, y_n + \dfrac{h}{2}K_1\right) \\ K_3 = f\left(x_n + \dfrac{h}{2}, y_n + \dfrac{h}{2}K_2\right) \\ K_4 = f(x_n + h, y_n + hK_3) \end{cases}$$

在 MATLAB 中编程实现的四阶龙格-库塔法的函数为 Runge_Kutta_4()。

功能：用四阶龙格-库塔法函数求解微分方程值。

调用格式：

```
y1 = Runge_Kutta_4(funfcn,xmin,xmax,y0,h)
```

其中，funfcn 为求解的常微分方程；x_{min} 为 x 的取值最小值；x_{max} 为 x 的取值最大值；y_0 为初始值；h 为迭代步长。

四阶龙格-库塔法函数如下：

```
function y1 = Runge_Kutta_4(funfcn,xmin,xmax,y0,h)
% funfcn 为求解的常微分方程
% xmin 为 x 的取值最小值
% xmax 为 x 的取值最大值
% y0 为初始值
% h 为迭代步长
x = xmin:h:xmax;
y(1) = y0;
n = size(x)
for i = 1:n(1,2)
    k1 = funfcn(x(1,i),y(1,i));
    k2 = funfcn(x(1,i) + h/2,y(1,i) + h/2 * k1);
    k3 = funfcn(x(1,i) + h/2,y(1,i) + h/2 * k2);
    k4 = funfcn(x(1,i) + h,y(1,i) + h * k3);
    y(i + 1) = y(i) + h/6 * (k1 + 2 * k2 + 2 * k3 + k4);
end
y1 = y(1,1:n(1,2));
```

【例 11-10】 用常用的四阶龙格-库塔公式求初值问题：

$$\begin{cases} \dfrac{dy}{dx} = 1 - \dfrac{2xy}{1+x^2}, & 0 \leqslant x \leqslant 2 \\ y\big|_{x=0} = 0 \end{cases}$$

的数值解，$h=1/4$，并计算与精确解的误差，在同一图形窗口画出二阶龙格-库塔法、三阶龙格-库塔法、四阶龙格-库塔法的精确解和数值解的图形。

计算该初值问题的精确解，编程如下：

```
clc,clear,close all
y = dsolve('(Dy) + (2 * x * y)/(1 + x^2) - 1 = 0','y(0) = 0','x')
```

运行程序,输出结果如下:

```
y =
(x * (x^2 + 3))/(3 * (x^2 + 1))
```

编写该初值问题函数程序如下:

```
function y = funfcn(x, y)
      y(1) = 1 - 2 * x * y. /(1 + x. * x);
end
```

编写积分函数程序如下:

```
function y = fun(x)
y = (x + 1/3 * x^3)/(1 + x^2);
end
```

在 MATLAB 命令行 Windows 窗口输入程序如下:

```
clc, clear, close all
x0 = 0;
b = 2;
y0 = 0;
h = 1/4;
[x, y] = RKc4(x0, b, y0, h)
```

运行程序,输出结果如下:

```
x =
    2.2500
y =
    0.9974
```

编写相应的主程序,调用二阶、三阶、四阶龙格-库塔法进行对比。程序如下:

```
clc, clear, close all
y = dsolve('(Dy) + (2 * x * y)/(1 + x^2) - 1 = 0', 'y(0) = 0', 'x')
x0 = 0;
b = 2;
y0 = 0;
h = 1/4;
subplot(3, 1, 1)
C = [1/4, 3/4, 2/3, 2/3];
[k, X, Y, fxy, wch, wucha, P] = Runge_Kutta_2(@funfcn, @fun, x0, b, C, y0, h)

subplot(3, 1, 2)
c1 = 1/6;
c2 = 4/6;
```

```
c3 = 1/6;
a2 = 1/2;
a3 = 1;
b21 = 1/2;
b31 = - 1;
b32 = 2;
C = [c1,c2,c3,a2, a3,b21,b31,b32];
[k,X,Y,fxy,wch,wucha,P] = Runge_Kutta_3(@funfcn,@fun,x0,b,C,y0,h)

subplot(3,1,3)
c1 = 1/6;
c2 = 2/6;
c3 = 2/6;
c4 = 1/6;
a2 = 1/2;
a3 = 1/2;
a4 = 1;
b21 = 1/2;
b31 = 0;
b32 = 1/2;
b41 = 0;
b42 = 0;
b43 = 1;
C = [c1,c2,c3, c4,a2, a3, a4,b21,b31,b32,b41,b42,b43];
[k,X,Y,fxy,wch,wucha,P] = Runge_Kutta_4(@funfcn,@fun,x0,b,C,y0,h)
```

运行程序，输出结果如图 11-10 所示。

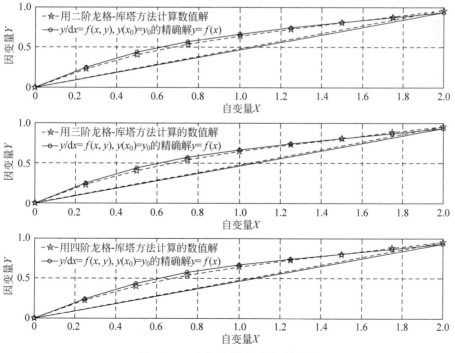

图 11-10　龙格-库塔法对比求解图

【例 11-11】 分别用二阶数值方法求初值问题：

$$\begin{cases} \dfrac{\mathrm{d}y}{\mathrm{d}x} = \dfrac{2x}{3y^2}, & 0 \leqslant x \leqslant 1.2 \\ y \mid_{x=0} = 1 \end{cases}$$

的数值解，精确到10^{-4}，计算它与精确值的绝对误差和相对误差，并画出精确解和数值解的图形。

计算该初值问题的精确解，编程如下：

```
clc,clear,close all
y = dsolve('(Dy) − 2 * x/(3 * y^2) = 0', 'y(0) = 1', 'x')
```

运行程序，输出结果如下：

```
y =
3^(1/3) * (x^2/3 + 1/3)^(1/3)
```

编写该初值问题函数程序如下：

```
function y = funfcn(x, y)
    y(1) = 2 * x/(3 * y^2);
end
```

编写函数主程序如下：

```
clc,clear,close all
y = dsolve('(Dy) − 2 * x/(3 * y^2) = 0', 'y(0) = 1', 'x')
options = odeset('RelTol', 1e − 4, 'AbsTol', 1e − 4);
[t, y] = ode23(@funfcn, [0 1.2], 1, options) ,
yf = (t.^2 + 1).^(1/3)
plot(t, y(:,1), 'rp − − ', t, yf, 'bo − − ');
grid
xlabel('自变量 X'),
ylabel('因变量 Y')
legend('数值解', '精确解 y = f(x)')
juew = yf(:,1) − y(:,1),
xiangw = juew./yf(:,1),
[t, y, yf, juew, xiangw]
```

运行程序，输出图形如图 11-11 所示。

【例 11-12】 求下列方程组：

$$\begin{cases} \dfrac{\mathrm{d}y}{\mathrm{d}x} = -2y + z + 2\sin x \\ \dfrac{\mathrm{d}z}{\mathrm{d}x} = 998y - 999z + 999(\cos x - \sin x) \\ y \mid_{x=0} = 2 \\ z \mid_{x=0} = 3 \end{cases}$$

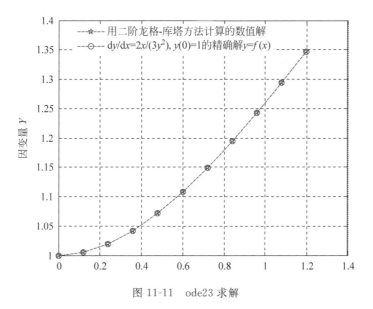

图 11-11 ode23 求解

在 $[0,1.2]$ 上的数值解，精确到 10^{-1}，将计算结果与精确值比较，并画出精确解和数值解的图形。

计算该初值问题的精确解，编程如下：

```
clc,clear,close all
syms x y z
f = '(Dy) − 2 * sin(x) − z + 2 * y = 0,(Dz) + 999 * sin(x) − 999 * cos(x) + 999 * z − 998 * y = 0';
[y, z] = dsolve(f, 'y(0) = 2,z(0) = 3', 'x')
```

运行程序，输出结果如下：

```
y =
2 * exp( − x) + sin(x)
z =
2 * exp( − x) + cos(x)
```

编写该初值问题函数程序如下：

```
function y = funfcn(x, y)
    y = [ − 2 1;998 − 999] * u + [2 * sin(x); − 999sin(x) + 999 * cos(x)];
end
```

编写相应的主程序如下：

```
clc,clear,close all
syms x y z
f = '(Dy) − 2 * sin(x) − z + 2 * y = 0,(Dz) + 999 * sin(x) − 999 * cos(x) + 999 * z − 998 * y = 0';
[y, z] = dsolve(f, 'y(0) = 2,z(0) = 3', 'x')
options = odeset('RelTol', 1e − 1,'AbsTol',[1e − 1,1e − 1]);
```

```
[t,y1] = ode15s(@funfcn,[0 10],[2 3],options)
yf = 2 * exp( - t) + sin(t);
zf = 2 * exp( - t) + cos(t);
plot(t,y1(:,1),'mo -- ',t,y1(:,2),'rp -- ');
hold on
plot(t,yf,'b - ',t,zf,'g - .')
hold off
grid
xlabel('自变量 X'), ylabel('因变量 Y')
```

运行程序,输出结果如下:

```
y1  =
      2.0000      3.0000
      1.7917      2.3781
      1.6784      1.7771
      1.5900      1.1885
      1.0223     - 0.3352
      0.7510     - 0.6606
      0.4262     - 0.8755
      0.0769     - 0.9640
    - 0.5406     - 0.7630
    - 0.9122     - 0.2198
    - 0.8932      0.4149
    - 0.4920      0.8672
      0.2270      0.9353
      0.8432      0.5047
      0.9993     - 0.1969
      0.5965     - 0.7886
    - 0.1427     - 0.9424
    - 0.5248     - 0.8198
```

得到相应的图形如图 11-12 所示。

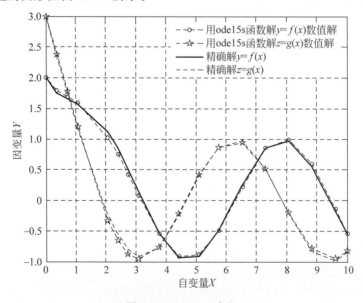

图 11-12   ode15s 求解

【例 11-13】 下面比较 ode45 和 ode15s 的计算时间,编写程序如下:

```
clc,clear,close all
tic;
p1 = tic;
options = odeset('RelTol', 1e-1,'AbsTol',[1e-1,1e-1]);
[t,y1] = ode45(@funfcn,[0 10],[2 3],options);
p2 = toc;
tode45 = toc,
pode45 = p2 - p1,
tic;
p3 = tic;
options = odeset('RelTol', 1e-1,'AbsTol',[1e-1,1e-1]);
[t,y2] = ode15s(@funfcn,[0 10],[2 3],options);
p4 = toc;
tode15s = toc,
pode15s = p4 - p3
```

运行程序,输出结果如下:

```
tode45 =
    0.9226
pode45 =
                    0
tode15s =
    0.0101
pode15s =
                    0
```

由此可以看出,对于刚性方程组,用 ode15s 求数值解比用 ode45 速度快许多。

【例 11-14】 给定初值问题 $y' = -20y, 0 \leqslant x \leqslant 2, y(0) = 1$（精确解为 $y = e^{-20x}$）,用龙格-库塔四阶算法按步长 $h = 0.05, 0.1, 0.2$ 求解,分析其中遇到的现象及问题。

编写 $y' = -20y, 0 \leqslant x \leqslant 2, y(0) = 1$ 函数文件如下:

```
function dy = diff_fun(x,y)
    dy = zeros(1);
    dy = -20 * y;
end
```

编写相应的精确解 $y = e^{-20x}$ 函数文件如下:

```
function y = fun(x)
    y = exp(-20 * x);
end
```

当步长 $h = 0.05$ 时,编程调用四阶龙格-库塔法程序求解如下:

```
clc,clear,close all
```

```
y0 = 1;                         % 初值
h1 = 0.05;                      % 步长
h2 = 0.1;                       % 步长
h3 = 0.2;                       % 步长
xmin = 0;
xmax = 1;
x1 = xmin:h1:xmax;
% 精确解
yz = fun(x1);
% 四阶龙格-库塔法
y = Runge_Kutta_4(@diff_fun,xmin,xmax,y0,h1);
plot(x1,y,'ro -- ','linewidth',2),
hold on
plot(x1,yz,'bs -- ','linewidth',2)
grid on,xlabel('自变量 X'), ylabel('因变量 Y')
legend('四阶龙格 - 库塔公式计算的数值解','精确解 y = exp( - 20x)')
```

运行程序,输出图形如图 11-13 所示。

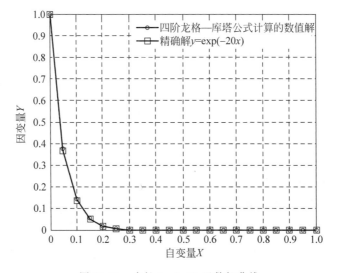

图 11-13　步长 $h=0.05$ 函数解曲线

当步长 $h=0.1$ 时,编程调用四阶龙格-库塔法程序求解如下:

```
clc,clear,close all
y0 = 1;                         % 初值
h1 = 0.05;                      % 步长
h2 = 0.1;                       % 步长
h3 = 0.2;                       % 步长
xmin = 0;
xmax = 1;
x1 = xmin:h2:xmax;
% 精确解
yz = fun(x1);
```

```
% 四阶龙格-库塔法
y = Runge_Kutta_4(@diff_fun,xmin,xmax,y0,h2);
plot(x1,y,'ro--','linewidth',2),
hold on
plot(x1,yz,'bs--','linewidth',2)
grid on,xlabel('自变量 X'), ylabel('因变量 Y')
legend('四阶龙格-库塔公式计算的数值解','精确解 y = exp(-20x)')
```

运行程序,输出图形如图 11-14 所示。

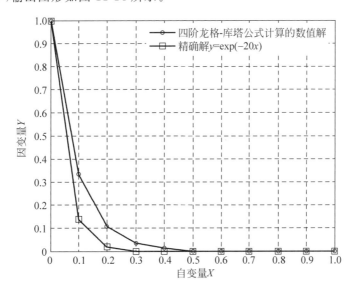

图 11-14   步长 $h=0.1$ 函数解曲线

当步长 $h=0.2$ 时,编程调用四阶龙格-库塔法程序求解如下:

```
clc,clear,close all
y0 = 1;                         % 初值
h1 = 0.05;                      % 步长
h2 = 0.1;                       % 步长
h3 = 0.2;                       % 步长
xmin = 0;
xmax = 1;
x1 = xmin:h3:xmax;
% 精确解
yz = fun(x1);
% 四阶龙格-库塔法
y = Runge_Kutta_4(@diff_fun,xmin,xmax,y0,h3);
plot(x1,y,'ro--','linewidth',2),
hold on
plot(x1,yz,'bs--','linewidth',2)
grid on,xlabel('自变量 X'), ylabel('因变量 Y')
legend('四阶龙格-库塔公式计算的数值解','精确解 y = exp(-20x)')
```

运行程序,输出图形如图 11-15 所示。

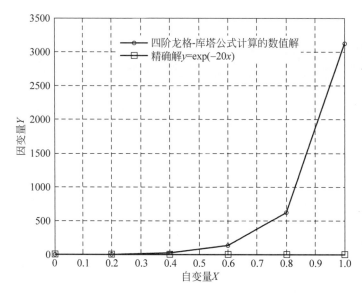

图 11-15　步长 $h=0.2$ 函数解曲线

对比图 11-13～图 11-15 可知,采用四阶龙格-库塔法进行常微分方程的求解,其步长的取值较为关键。当步长过大时,如图 11-15 所示,解曲线误差很大,且发散。当步长合适,较小时,如图 11-13 所示,解曲线和精确解曲线基本吻合。综合上述分析,因此对于一般微分方程的求解,应注意步长的选取。

11.4　亚当斯方法

亚当斯方法利用已经算出来的若干个 $y_n,y_{n-1},y_{n-2},\cdots,y_{n-k},\cdots$ 来求得 y_{n+1} 的方法,由于这种方法在计算 y_{n+1} 时,用到了前面多步的值,因此称这样的方法为线性多步法。

对常见的一阶常微分方程 $\dfrac{\mathrm{d}y}{\mathrm{d}x}=f(x,y)$ 而言,将 $\dfrac{\mathrm{d}y}{\mathrm{d}x}=f(x,y)$ 两边同时对 x 在区间 $[x_n,x_{n+1}]$ 上积分有

$$y(x_{n+1})-y(x_n)=\int_{x_n}^{x_{n+1}}f(x,y(x))\mathrm{d}x$$

对于被积函数 $f(x,y)$,如果用插值多项式 $\phi_n(x)$ 代替,那么上式变为

$$y_{n+1}=y_n+\int_{x_n}^{x_{n+1}}\left[\phi_n(x)+R_n(x)\right]\mathrm{d}x$$

当选择不同的插值点作插值多项式时,则得到不同的数值分析结果。

11.4.1　亚当斯外推公式

设 $f(x_n,y(x_n))=f_n$,选择四个插值节点 (x_n,f_n)、(x_{n-1},f_{n-1})、(x_{n-2},f_{n-2})、(x_{n-3},f_{n-3}) 作三次插值多项式 $\phi_3(x)$,误差为 $R_3(x)$。

略去相应的误差有

$$y_{n+1} = y_n + \frac{h}{24}(55f_n - 59f_{n-1} + 37f_{n-2} - 9f_{n-3})$$

局部截断误差为

$$R_{n+1} = \frac{251}{720}h^5 y^{(5)}(\xi)$$

在 MATLAB 中编程实现的亚当斯法求数值解的函数为 Adams4x()。

功能：用亚当斯法求数值解。

调用格式：

[k, X, Y, wucha, P] = Adams4x(funfcn, x0, b, y0, h)

其中，funfcn 为待求解函数；x_0 为初值；b 为 x 右端点；y_0 为初值；h 为迭代步长；P 包括 k, X, Y, wucha 数值。

用亚当斯法求解程序如下：

```
function [k, X, Y, wucha, P] = Adams4x(funfcn, x0, b, y0, h)
% funfcn 为待求解函数
% x0 为初值
% b 为 x 右端点
% y0 为初值
% h 为迭代步长
% P 包括 k, X, Y, wucha 数值.
x = x0;
y = y0;
p = 128;
n = fix((b - x0)/h);
if n < 5,
    return,
end;
X = zeros(p, 1);
Y = zeros(p, length(y));
f = zeros(p, 1);
k = 1;
X(k) = x;
Y(k, :) = y';
for k = 2:4
    c1 = 1/6; c2 = 2/6; c3 = 2/6;
    c4 = 1/6; a2 = 1/2; a3 = 1/2;
    a4 = 1; b21 = 1/2; b31 = 0;
    b32 = 1/2; b41 = 0;
    b42 = 0; b43 = 1;
    x1 = x + a2 * h;
    x2 = x + a3 * h;
    x3 = x + a4 * h;
    k1 = feval(funfcn, x, y);
    y1 = y + b21 * h * k1;
    x = x + h;
    k2 = feval(funfcn, x1, y1);
    y2 = y + b31 * h * k1 + b32 * h * k2;
    k3 = feval(funfcn, x2, y2);
```

```
        y3 = y + b41 * h * k1 + b42 * h * k2 + b43 * h * k3;
        k4 = feval(funfcn, x3, y3);
        y = y + h * (c1 * k1 + c2 * k2 + c3 * k3 + c4 * k4);
        X(k) = x;
        Y(k, :) = y;
    end
    X; Y;
    f(1:4) = feval(funfcn, X(1:4), Y(1:4));
    for k = 4:n
        f(k) = feval(funfcn, X(k), Y(k));
        X(k + 1) = X(1) + h * k;
        Y(k + 1) = Y(k) + (h/24) * ((f(k - 3:k))' * [ - 9 37 - 59 55]');
        f(k + 1) =  feval(funfcn, X(k + 1), Y(k + 1));
        f(k) = f(k + 1);
        k = k + 1;
    end
    for k = 2:n + 1
        wucha(k) = norm(Y(k) - Y(k - 1)); k = k + 1;
    end
    X = X(1:n + 1);
    Y = Y(1:n + 1, :);
    n = 1:n + 1,
    wucha = wucha(1:n, :);
    P = [n', X, Y, wucha'];
```

【例 11-15】 利用四阶亚当斯显式公式求初值问题：

$$\begin{cases} \dfrac{\mathrm{d}y}{\mathrm{d}x} = 1 - \dfrac{2xy}{1 + x^2}, & 0 \leqslant x \leqslant 2 \\ y\mid_{x=0} = 0 \end{cases}$$

的几个点的数值解，$h = 1/15$，并计算它与精确解 $y = \left(x + \dfrac{1}{3}x^3\right)/(1 + x^2)$ 的误差，在同一图形窗口画出精确解和数值解的图形。

编写该初值问题函数程序如下：

```
function y = funfcn(x, y)
    y =  x - y;
end
```

编写积分函数程序如下：

```
function y = fun(x)
    y = x - 1 + exp( - x);
end
```

编写主调用程序如下：

```
clc, clear, close all
y = dsolve('Dy = 1 - (2 * x * y)/(1 + x^2)', 'x')
x0 = 0;
```

```
b = 2;
y0 = 0;
h = 1/15;
[k, X, Y, wucha, P] = Adams4x(@funfcn, x0, b, y0, h),
y = (X + 1/3 * X.^3)./(1 + X.^2);
b31 = 0;
b41 = 0;
b42 = 0;
b43 = 1;
c1 = 1/6;
c2 = 2/6;
c3 = 2/6;
c4 = 1/6;
a2 = 1/2;
a3 = 1/2; a4 = 1;
b21 = 1/2; b32 = 1/2;
C = [c1, c2, c3, c4, a2, a3, a4, b21, b31, b32, b41, b42, b43];
[k, X, Y1, fxy, wch, wucha, P] = RK4(@funfcn, @fun, x0, b, C, y0, h)
plot(X, Y, 'gh--', X, Y1, 'mp--', X, y, 'bo--'),
grid,
xlabel('自变量 X'),
ylabel('因变量 Y')
legend('用四阶亚当斯显式公式计算的数值解', '用四阶龙格 - 库塔公式计算的数值解', '精确解 y
= (x + 1/3x^3)/(1 + x^2)')
wchY = abs(y - Y),
wchY1 = abs(y - Y1),
m = zeros(1, k),
for n = 1:k,
    m(1, n) = n - 1,
end,
[m', X, y, Y, Y1, wchY, wchY1],
```

运行程序,输出图形如图 11-16 所示。

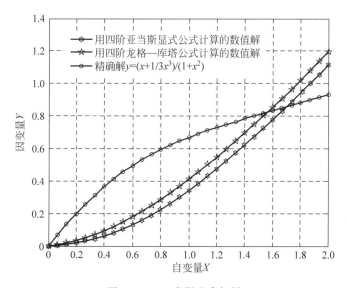

图 11-16 亚当斯法求解图

11.4.2 亚当斯内推公式

选择四个插值节点 (x_n, f_n)、(x_{n-1}, f_{n-1})、(x_{n-2}, f_{n-2})、(x_{n-3}, f_{n-3}) 作三次插值多项式 $\phi_3(x)$，误差为 $R_3(x)$。

略去相应的误差有

$$y_{n+1} = y_n + \frac{h}{24}(9f_n + 19f_{n-1} - 5f_{n-2} + f_{n-3})$$

局部截断误差为

$$R_{n+1} = -\frac{19}{720}h^5 y^{(5)}(\xi)$$

该公式即为常用的四阶亚当斯内推公式，显然，该公式为隐式公式。

在 MATLAB 中编程实现的四阶亚当斯隐式公式求数值解的函数为 Adams4y()。

功能：用四阶亚当斯隐式公式求数值解。

调用格式：

[k, X, Y, wucha, P] = Adams4y(x0, b, y0, h)

其中，x_0 为初值；b 为 x 右端点；y_0 为初值；h 为迭代步长；P 包括 $k, X, Y, wucha$ 数值。

用亚当斯法隐式算法求解程序如下：

```
function [k, X, Y, wucha, P] = Adams4y(x0, b, y0, h)
%x0 为初值
%b 为 x 右端点
%y0 为初值
%h 为迭代步长
%P 包括 k, X, Y, wucha 数值
x = x0;
y = y0;
p = 128;
n = fix((b - x0)/h);
if n < 5,
    return,
end;
X = zeros(p, 1);
Y = zeros(p, length(y));
f = zeros(p, 1);
k = 1;
X(k) = x;
Y(k, :) = y';
for k = 2:3
    x1 = x + h/2;
    x2 = x + h/2;
    x3 = x + h; k1 = x - y;
    y1 = y + h * k1/2;
    x = x + h;
    k2 = x1 - y1;
```

```
        y2 = y + h * k2/2;
        k3 = x2 - y2;
        y3 = y + h * k3;
        k4 = x3 - y3;
        y = y + h * (k1 + 2 * k2 + 2 * k3 + k4)/6;
        X(k) = x;
        Y(k,:) = y;
        k = k + 1;
    end
    X, Y,
    for k = 3:n
        X(k + 1) = X(1) + h * k;
        Y(k + 1) = (1/24.9) * (0.24 * k + 0.12 + (Y(k - 2:k))' * [ - 0.1 0.5 22.1]'),
        k = k + 1,
    end
    for k = 2:n + 1
        wucha(k) = norm(Y(k) - Y(k - 1));
    end
    X = X(1:n + 1);
    Y = Y(1:n + 1,:);
    n = 1:n + 1,
    wucha = wucha(1:n,:);
    P = [n', X, Y, wucha'];
```

【例 11-16】　利用常用的四阶龙格-库塔公式求初值问题：

$$\begin{cases} \dfrac{\mathrm{d}y}{\mathrm{d}x} = x - y, & 0 \leqslant x \leqslant 1 \\ y\mid_{x=0} = 0 \end{cases}$$

的几个点的数值解，再利用四阶亚当斯隐式公式求解常微分方程初值问题，$h = 1/10$，并计算它与精确解 $y = x - 1 + \mathrm{e}^{-x}$ 的误差，在同一图形窗口画出精确解和数值解的图形。

编写该初值问题函数程序如下：

```
function y = funfcn(x, y)
    y = x - y;
end
```

编写积分函数程序如下：

```
function y = fun(x)
    y = x - 1 + exp( - x);
end
```

编写主调用程序如下：

```
clc, clear, close all
x0 = 0;
b = 1;
y0 = 0;
h = 1/10;
```

```
[k,X,Y,wucha,P] = Adams4y (x0,b,y0,h)
y = X - 1 + exp( - X);
b31 = 0;
b41 = 0;
b42 = 0;
b43 = 1;
c1 = 1/6;
c2 = 2/6;
c3 = 2/6;
c4 = 1/6;
a2 = 1/2;
a3 = 1/2;
a4 = 1;
b21 = 1/2;
b32 = 1/2;
C = [c1,c2,c3, c4,a2, a3, a4,b21,b31,b32,b41,b42,b43];
[k,X,Y1,fxy,wch,wucha,P] = RK4(@funfcn,@fun,x0,b,C,y0,h)
plot(X,Y,'gh -- ',X,Y1,'mp -- ',X,y,'bo -- '),
grid
xlabel('自变量 X'),
ylabel('因变量 Y')
legend('用四阶亚当斯隐式公式计算的数值解','用常用的四阶龙格 - 库塔公式计算的数值解','
精确解 y = x - 1 + exp( - x)')
wchY = abs(y - Y),
wchY1 = abs(y - Y1),
m = zeros(1,k),
for n = 1:k
     m(1,n) = n - 1
end
[m',X,y,Y,Y1,wchY,wchY1],
```

运行程序,输出图形如图 11-17 所示。

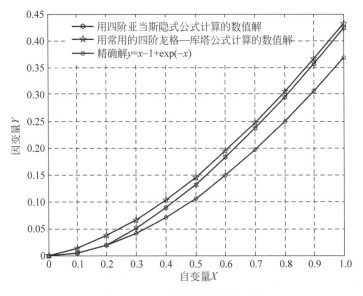

图 11-17　亚当斯隐式法求解图

11.4.3 亚当斯校正公式

亚当斯内推公式为隐式公式，计算时常常需要进行迭代法求解，实际应用时，先用亚当斯外推公式进行预报操作，再用亚当斯内推公式进行校正操作，即

$$\begin{cases} y_{n+1}^{(0)} = y_n + \dfrac{h}{24}(55f_n - 59f_{n-1} + 37f_{n-2} - 9f_{n-3}) \\ y_{n+1}^{(k+1)} = y_n + \dfrac{h}{24}(9f(x_{n+1}, y_{n+1}^{(k)}) + 19f_n - 5f_{n-1} + f_{n-2}) \end{cases}$$

其中，$k = 0,1,2,\cdots$。上式称为四阶亚当斯预报校正公式。

在 MATLAB 中编程实现的改进的亚当斯法求数值解的函数为 Adams4y1()。

功能：用改进的亚当斯法求数值解。

调用格式：

[k, X, Y, wucha, P] = Adams4y1(funfcn, x0, b, y0, h)

其中，funfcn 为待求解函数；x_0 为初值；b 为 x 右端点；y_0 为初值；h 为迭代步长；P 包括 k, X, Y, wucha 数值。

用改进的亚当斯法算法求解程序如下：

```
function [k, X, Y, wucha, P] = Adams4y1(funfcn, x0, b, y0, h)
% funfcn 为待求解函数
% x0 为初值
% b 为 x 右端点
% y0 为初值
% h 为迭代步长
% P 包括 k, X, Y, wucha 数值
x = x0; y = y0;
p = 128;
n = fix((b - x0)/h);
if n < 5,
    return,
end;
X = zeros(p, 1);
Y = zeros(p, length(y));
f = zeros(p, 1);
k = 1;
X(k) = x; Y(k, :) = y';
for k = 2:4
    c1 = 1/6; c2 = 2/6;
    c3 = 2/6; c4 = 1/6;
    a2 = 1/2;
    a3 = 1/2; a4 = 1;
    b21 = 1/2; b31 = 0;
    b32 = 1/2;
    b41 = 0; b42 = 0;
    b43 = 1;
```

```
        x1 = x + a2 * h;
        x2 = x + a3 * h;
        x3 = x + a4 * h;
        k1 = feval(funfcn, x, y);
        x = x + h;
        y1 = y + b21 * h * k1;
        k2 = feval(funfcn, x1, y1);
        y2 = y + b31 * h * k1 + b32 * h * k2;
        k3 = feval(funfcn, x2, y2);
        y3 = y + b41 * h * k1 + b42 * h * k2 + b43 * h * k3;
        k4 = feval(funfcn, x3, y3);
        y = y + h * (c1 * k1 + c2 * k2 + c3 * k3 + c4 * k4);
        X(k) = x;
        Y(k, :) = y;
        k = k + 1;
end
X; Y;
% f(1:4) = feval(funfcn, X(1:4), Y(1:4));
for k = 4:n
        X(k + 1) = X(1) + h * k;
        f(k + 1) = feval(funfcn, X(k), Y(k));
        Y(k + 1) = Y(k) + (h/24) * ((f(k - 2:k + 1))' * [1 - 5 19 9]');
        f(k + 1) =  feval(funfcn, X(k + 1), Y(k + 1));
        f(k) = f(k + 1); k = k + 1;
end
for k = 2:n + 1
        wucha(k) = norm(Y(k) - Y(k - 1));
end
X = X(1:n + 1);
Y = Y(1:n + 1, :);
n = 1:n + 1,
wucha = wucha(1:n, :);
P = [n', X, Y, wucha'];
```

【例 11-17】 用改进的亚当斯方法和常用的四阶龙格—库塔公式求下列函数：

$$\begin{cases} \dfrac{\mathrm{d}y}{\mathrm{d}x} = x - y, & 0 \leqslant x \leqslant 1 \\ y \mid_{x=0} = 0 \end{cases}$$

中初值问题的数值解及其与精确解 $y = x + 1 - \mathrm{e}^{-x}$ 的误差，在同一图形窗口画出精确解和数值解的图形。

编写该初值问题函数程序如下：

```
function y = funfcn(x, y)
        y =  x - y;
end
```

编写积分函数程序如下：

```
function y = fun(x)
        y = x - 1 + exp( - x);
end
```

编写主调用程序如下：

```
clc,clear,close all
x0 = 0;
b = 1;
y0 = 0;
h = 1/10;
[k,X,Y,wucha,P] = Adams4y1(@funfcn,x0,b,y0,h),
y = X - 1 + exp( - X);
b31 = 0;
b41 = 0;
b42 = 0;
b43 = 1;
c1 = 1/6;
c2 = 2/6;
c3 = 2/6;
c4 = 1/6;
a2 = 1/2;
a3 = 1/2;
a4 = 1;
b21 = 1/2;
b32 = 1/2;
C = [c1,c2,c3, c4,a2, a3, a4,b21,b31,b32,b41,b42,b43];
[k,X,Y1,fxy,wch,wucha,P] = RK4(@funfcn,@fun,x0,b,C,y0,h)
plot(X,Y,'gh--',X,Y1,'mp--',X,y,'ro--'),
grid,xlabel('自变量 X'), ylabel('因变量 Y')
legend('用改进的亚当斯方法计算的数值解','四阶龙格-库塔公式计算的数值解','精确解 y = x
-1 + exp( - x)')
wchY = abs(y - Y),
wchY1 = abs(y - Y1),
m = zeros(1,k),
for n = 1:k,
    m(1,n) = n,
end,
[m',X,y,Y,Y1,wchY,wchY1],
```

运行程序，输出图形如图 11-18 所示。

【例 11-18】 利用单环节的亚当斯预测—校正公式、四阶亚当斯显式公式、四阶亚当斯隐式公式求解常微分方程初值问题，$\dfrac{\mathrm{d}y}{\mathrm{d}x} = 1 - \dfrac{2xy}{1+x^2}$，$y|_{x=0} = 0, 0 \leqslant x \leqslant 20, h = 1/5$，计算它与精确解 $y = \left(x + \dfrac{1}{3}x^3\right) / (1 + x^2)$ 的误差，在同一图形窗口画出精确解和数值解的图形。

编写该初值问题函数程序如下：

```
function y = funfcn(x,y)
    y = 1 - (2. * x. * y)./(1 + x.^2);
end
```

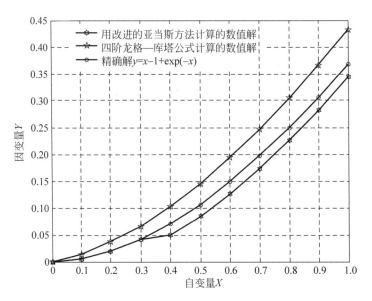

图 11-18 改进的亚当斯法

编写积分函数程序如下：

```
function y = fun(x)
    y = (x + 1/3. * x.^3)./(1 + x.^2);
end
```

亚当斯预测—校正公式编程如下：

```
function [k, X, Y, wucha, P] = Adams4y1(funfcn, x0, b, y0, h)
x = x0; y = y0;
p = 128;
n = fix((b - x0)/h);
if n < 5,
    return,
end;
X = zeros(p, 1);
Y = zeros(p, length(y));
f = zeros(p, 1);
k = 1;
X(k) = x;
Y(k, :) = y';
for k = 2:4
    c1 = 1/6; c2 = 2/6; c3 = 2/6;
    c4 = 1/6; a2 = 1/2; a3 = 1/2;
    a4 = 1; b21 = 1/2; b31 = 0; b32 = 1/2;
    b41 = 0; b42 = 0; b43 = 1;
    x1 = x + a2 * h; x2 = x + a3 * h;
    x3 = x + a4 * h;
    k1 = feval(funfcn, x, y);
    y1 = y + b21 * h * k1;
```

```
        x = x + h;
        k2 = feval(funfcn, x1, y1);
        y2 = y + b31 * h * k1 + b32 * h * k2;
        k3 = feval(funfcn, x2, y2);
        y3 = y + b41 * h * k1 + b42 * h * k2 + b43 * h * k3;
        k4 = feval(funfcn, x3, y3);
        y = y + h * (c1 * k1 + c2 * k2 + c3 * k3 + c4 * k4);
        X(k) = x;
        Y(k, :) = y;
    end
    X; Y;
    f = feval(funfcn, X(1:4), Y(1:4));
    f = f',
    for k = 4:n
        X(k + 1) = X(1) + h * k; f(k) = feval(funfcn, X(k), Y(k));
        P = Y(k) + (h/24) * ((f(k - 3:k)) * [-9 37 -59 55]');
        f = [f(2) f(3) f(4) feval(funfcn, X(k + 1), P)],
        Y(k + 1) = Y(k) + (h/24) * (f * [1 -5 19 9]');
        f(4) = feval(funfcn, X(k + 1), Y(k + 1)); k = k + 1;
    end
    for k = 1:n
        wucha(k + 1) = norm(Y(k + 1) - Y(k));
    end
    X = X(1:n + 1);
    Y = Y(1:n + 1, :);
    n = 1:n + 1,
    wucha = wucha(1:n, :);
    P = [n', X, Y, wucha'];
```

主程序如下：

```
clc, clear, close all
x0 = 0;
b = 2;
y0 = 0;
h = 1/5;
subplot(3, 1, 1)
[k, X, Y1, wucha1, P1] = Adams4y1(@funfcn, x0, b, y0, h)
y = (X + 1/3 * X.^3). / (1 + X.^2);
plot(X, Y1, 'mh--', X, y, 'bo--'),
grid
legend('用单环节的亚当斯预测-校正公式计算的数值解', '精确解 y = (x + 1/3x^3)/(1 + x^2)')
wch1 = abs(y - Y1),
[P1, y, wch1]
title('dy/dx = 1 - (2xy)/(1 + x^2), y(0) = 0 在[0, 2]上的数值解和精确解的图形')

subplot(3, 1, 2)
[k, X, Y2, wucha2, P2] = Adams4x(@funfcn, x0, b, y0, h)
y = (X + 1/3 * X.^3). / (1 + X.^2);
```

```
plot(X, Y2, 'mh--', X, y, 'bo--'),
grid
legend('用四阶亚当斯显式公式计算的数值解', '精确解 y = (x + 1/3x^3)/(1 + x^2)')
wch2 = abs(y - Y2),
[P2, y, wch2]

subplot(3, 1, 3)
[k, X, Y, wucha, P] = Adams41(@funfcn, x0, b, y0, h), y = (X + 1/3 * X.^3)./(1 + X.^2);
plot(X, Y, 'mh--', X, y, 'bo--'),
grid,
xlabel('自变量 X'), ylabel('因变量 Y')
legend('用四阶亚当斯隐式公式计算的数值解', '精确解 y = (x + 1/3x^3)/(1 + x^2)')
wch = abs(y - Y), [P, y, wch], A = [X, y, Y1, Y2, Y, wch1, wch2, wch]
```

运行程序，输出结果如图 11-19 所示。

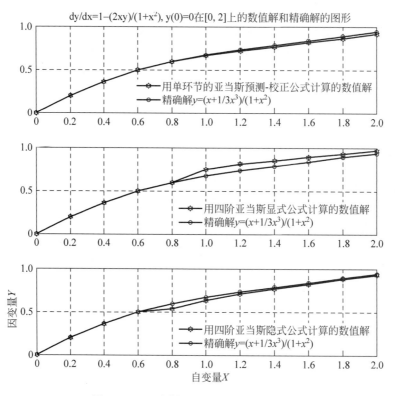

图 11-19　亚当斯预测—校正求解对照图

11.4.4　汉明法

汉明（Hamming）法是另一种形式的多步预估—校正法，其截断误差也是 $o(h^5)$。下面对其进行具体介绍。

1. 基本原理

汉明预估—校正公式为

$$p_{n+1} = y_{n-3} + \frac{4h}{3}(2f_{n-2} - f_{n-1} + 2f_n)$$

$$m_{n+1} = p_{n+1} + \frac{112}{121}(c_n - p_n)$$

$$c_{n+1} = \frac{1}{8}\big[9y_n - y_{n-2} + 3h(-f_{n-1} + 2f_n + f(x_{n+1}, m_{n+1}))\big]$$

$$y_{n+1} = c_{n+1} - \frac{9}{121}(c_{n+1} - p_{n+1})$$

2. 算法程序实现

在 MATLAB 中编程实现的汉明公式求数值解的函数为 Hamming()。
功能：用汉明公式求数值解。
调用格式：

[k, X, Y, wucha, P] = Hamming(funfcn, x0, b, y0, h)

其中，funfcn 为待求解函数；x_0 为初值；b 为 x 右端点；y_0 为初值；h 为迭代步长；P 包括 k, X, Y, wucha 数值。

汉明公式编程如下：

```
function [k, X, Y, wucha, P] = Hamming(funfcn, x0, b, y0, h)
% funfcn 为待求解函数
% x0 为初值
% b 为 x 右端点
% y0 为初值
% h 为迭代步长
% P 包括 k, X, Y, wucha 数值
x = x0; y = y0;
p = 128;
n = fix((b - x0)/h);
if n < 5,
    return;
end;
X = zeros(p, 1);
Y = zeros(p, length(y));
f = zeros(p, 1);
k = 1; X(k) = x; Y(k, :) = y';
for k = 2:4
    x = x + h; c1 = 1/6; c2 = 2/6;
    c3 = 2/6; c4 = 1/6;
    a2 = 1/2; a3 = 1/2;
    a4 = 1; b21 = 1/2; b31 = 0;
    b32 = 1/2; b41 = 0;
    b42 = 0; b43 = 1;
    x1 = x + a2 * h;
```

```
        x2 = x + a3 * h;
        x3 = x + a4 * h;
        k1 = feval(funfcn, x, y);
        y1 = y + b21 * h * k1;
        k2 = feval(funfcn, x1, y1);
        y2 = y + b31 * h * k1 + b32 * h * k2;
        k3 = feval(funfcn, x2, y2);
        y3 = y + b41 * h * k1 + b42 * h * k2 + b43 * h * k3;
        k4 = feval(funfcn, x3, y3);
        y = y + h * (c1 * k1 + c2 * k2 + c3 * k3 + c4 * k4);
        X(k) = x;
        Y(k, :) = y;
        k = k + 1;
    end
    X; Y;
    f(1:4) = feval(funfcn, X(1:4), Y(1:4));
    for k = 4:n
        f(k) = feval(funfcn, X(k), Y(k));
        X(k + 1) = X(1) + h * k;
        Y(k + 1) = (1/8) * (9 * Y(k) - Y(k - 2)) + (3 * h/8) * ((f(k - 2:k))' * [-1 2 1]');
        f(k + 1) = feval(funfcn, X(k + 1), Y(k + 1));
        f(k) = f(k + 1);
        k = k + 1;
    end
    for k = 2:n + 1
        wucha(k) = norm(Y(k) - Y(k - 1));
    end
    X = X(1:n + 1);
    Y = Y(1:n + 1, :);
    n = 1:n + 1,
    wucha = wucha(1:n, :);
    P = [n', X, Y, wucha'];
```

【例 11-19】 利用汉明公式求初值问题

$$\frac{\mathrm{d}y}{\mathrm{d}x} = 1 - \frac{2xy}{1 + x^2}, \quad y\mid_{x=0} = 0, \quad 0 \leqslant x \leqslant 20$$

的几个点的数值解，$h = 1/2$，并计算它与精确解 $y = \left(x + \frac{1}{3}x^3\right) / (1 + x^2)$ 的误差，在同一图形窗口画出精确解和数值解的图形。

编写该初值问题函数程序如下：

```
function y = funfcn(x, y)
    y = 1 - (2. * x. * y)./(1 + x.^2);
end
```

编写积分函数程序如下：

```
function y = fun(x)
    y = (x + 1/3. * x.^3)./(1 + x.^2);
end
```

相应的主程序如下：

```
clc,clear,close all
x0 = 0;b = 20;
y0 = 0;
h = 1/2;
[k,X,Yh,wucha,P] = Hamming(@funfcn,x0,b,y0,h)
y = (X + 1/3 * X.^3)./(1 + X.^2);
[k,X,Y,wucha,P] = Milne(@funfcn,x0,b,y0,h)
[k,X,Y1,wucha,P] = Adams4y1(@funfcn,x0,b,y0,h),
c1 = 1/6;c2 = 2/6;
b31 = 0; b41 = 0;b42 = 0;b43 = 1;
c3 = 2/6;c4 = 1/6;
a2 = 1/2; a3 = 1/2;a4 = 1;
b21 = 1/2; b32 = 1/2;
C = [c1,c2,c3, c4,a2, a3, a4,b21,b31,b32,b41,b42,b43];
[k,X,Y2,fxy,wch,wucha,P] = RK4(@funfcn,@fun,x0,b,C,y0,h)
plot(X,Yh,'bh--',X,Y,'m*--',X,Y1,'gp--',X,Y2,'ro--',X,y,'k--'),
grid
xlabel('自变量 X'), ylabel('因变量 Y')
wchY = abs(y-Y),
wchYh = abs(y-Yh),
wchY1 = abs(y-Y1),
wchY2 = abs(y-Y2),
m = zeros(1,k),
for n = 1:k,
m(1,n) = n-1,
end,
[m',X,y,Yh,Y,Y1,Y2,wchYh,wchY,wchY1,wchY2],
```

运行程序，输出图形如图 11-20 所示。

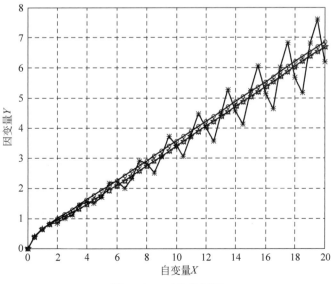

图 11-20　对比求解图

11.5 一阶微分方程(组)的数值解计算

一阶常微分方程组的初值问题：

$$\begin{cases} \dfrac{\mathrm{d}y_k}{\mathrm{d}x} = f_k(x, y_1(x), y_2(x), \cdots, y_m(x)), \\ y_k(x_0) = y_{k0} \end{cases} \quad (k = 1, 2, \cdots, m)$$

具体形式为

$$\begin{cases} \dfrac{\mathrm{d}y_1}{\mathrm{d}x} = f_1(x, y_1, y_2), y_1(x_0) = y_{10} \\ \dfrac{\mathrm{d}y_2}{\mathrm{d}x} = f_2(x, y_1, y_2), y_2(x_0) = y_{20} \end{cases}$$

MATLAB 工具箱提供 ode15s 函数供调用,其格式如下：

[TOUT, YOUT] = ode15s(ODEFUN, TSPAN, Y0)

其中,ODEFUN 为相应的函数；TSPAN 为相应的积分时间区间；Y0 为积分初始条件。

【例 11-20】 求微分方程组：

$$\begin{cases} z_1' = z_2 \\ z_2' = z_3 \\ z_3' = x^{-1}z_3 - 3x^{-2}z_2 + 2x^{-3}z_1 + 9x^3\sin x \end{cases}$$

在区间 $H = [0.1, 60]$ 上满足条件 $x = 0.1$ 时,$z_1 = 1$,$z_2 = 1$,$z_3 = 1$ 的特解。

建立方程组的函数文件如下：

```
function dz = dzdx1(x,z)
dz(1) = z(2);
dz(2) = z(3);
dz(3) = z(3)*x^(-1) - 3*x^(-2)*z(2) + 2*x^(-3)*z(1) + 9*x^3*sin(x);
dz = [dz(1);dz(2);dz(3)];
end
```

编写主程序如下：

```
clc,clear,close all
H = [0.1,60];
z0 = [1;1;1];
[x,z] = ode15s('dzdx1',H,z0);
plot(x,z(:,1),'g--',x,z(:,2),'b*--',x,z(:,3),'mp--')
xlabel('轴\it x');
ylabel('轴\it y')
grid on
legend('方程解 z1 的曲线','方程解 z2 的曲线', '方程解 z3 的曲线')
```

运行程序,输出结果如图 11-21 所示。

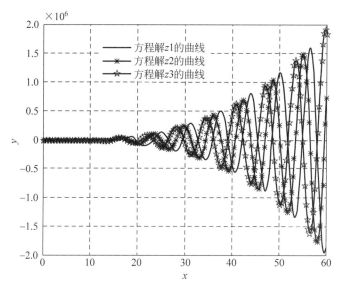

图 11-21　数值结果图

【例 11-21】　用常用的四阶龙格—库塔公式求解下列常微分方程组的初值问题的数值解：

$$\begin{cases} z_1' = z_2 \\ z_2' = z_3 \\ z_3' = x^{-1}z_3 - 3x^{-2}z_2 + 2x^{-3}z_1 + 9x^3\sin x \end{cases}$$

其中，$h = 0.25$，画出数值解的图形。

建立方程组的函数文件如下：

```
function  dY = dydx(X,Y)
dY(1) = Y(2);
dY(2) = Y(3);
dY(3) = Y(3) * X^(-1) - 3 * X^(-2) * Y(2) + 2 * X^(-3) * Y(1) + 9 * X^3 * sin(X);
dY = [dY(1);dY(2);dY(3)];
end
```

编写四阶龙格—库塔公式程序如下：

```
function [k,X,Y,wucha,P] = RK4z(dydx,a,b,CT,h)
n = fix((b - a)/h);
X = zeros(n + 1,1);
Y = zeros(n + 1,length(CT));
X = a:h:b;
Y(1,:) = CT';
for k = 1:n
    k1 = feval(dydx,X(k),Y(k,:))
    x2 = X(k) + h/2;y2 = Y(k,:)' + k1 * h/2;
    k2 = feval(dydx,x2,y2);
```

```
    k3 = feval(dydx, x2, Y(k, :)' + k2 * h/2);
    k4 = feval(dydx, X(k) + h, Y(k, :)' + k3 * h);
    Y(k + 1, :) = Y(k, :) + h * (k1' + 2 * k2' + 2 * k3' + k4')/6;
    k = k + 1;
end
for k = 2:n + 1
    wucha(k) = norm(Y(k) − Y(k − 1));
    k = k + 1;
end
X = X(1:n + 1); Y = Y(1:n + 1, :);
k = 1:n + 1;
wucha = wucha(1:k, :);
P = [k', X', Y, wucha'];
```

相应的主程序如下：

```
clc, clear, close all
CT = [1;1;1];
h = 0.25;
[k, X, Y, wucha, P] = RK4z(@dydx, 0.1, 60, CT, h),
plot(X, Y(:, 1), 'g−−', X, Y(:, 2), 'b * −−', X, Y(:, 3), 'mp−−')
xlabel('轴\it x');
ylabel('轴\it y')
grid on
legend('方程解 z1 的曲线', '方程解 z2 的曲线', '方程解 z3 的曲线')
```

运行程序,输出结果如图 11-22 所示。

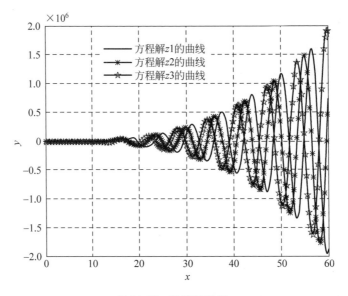

图 11-22　数值结果图

11.6　高阶微分方程(组)的数值解计算

高阶微分方程(组)的初值问题可以通过变量代换化为一阶常微分方程组初值问题进行计算。

设有 m 阶常微分方程初值问题:

$$\begin{cases} \dfrac{\mathrm{d}^m y}{\mathrm{d}x^m} = f(x,y,y',\cdots,y^{(m-1)}), x_0 \leqslant x \leqslant b \\ y(x_0) = y_0, y'(x_0) = y_{10}, \cdots, y^{(m-1)}(x_0) = y_{(m-1),0} \end{cases} \quad (m=2,3,\cdots,n)$$

令 $z_1 = y, z_2 = y', \cdots, z_m = y^{(m-1)}$,则初值问题就化为一阶常微分方程组:

$$\begin{cases} z_1 = y \\ z_1' = z_2 \\ \cdots \\ z_{m-1}' = z_m \\ z_m' = f(x, z_1, z_2, \cdots, z_m) \end{cases}$$

MATLAB 提供 ode45 函数供调用,其格式如下:

```
[t, x] = ode45('xprime', [t0, tf], x0, tol, trace)
```

说明:

(1) xprime 是定义 $f(x,t)$ 的函数名。该函数文件必须以 $\dot{x}$ 为一个列向量输出,以 t,x 为输入参量(注意输入变量之间的关系,先"时间变量"后"状态变量")。

(2) 输入参量 t_0 和 t_f 分别是积分的起始值和终止值。

(3) 输入参量 x_0 为初始状态列向量。

(4) tol 控制解的精度,可默认。默认时,默认 tol$=1.\mathrm{e}\text{-}6$。

(5) 输入参量 trace 控制求解的中间结果是否显示,可默认。默认时,默认为 tol$=0$,不显示中间结果。

【例 11-22】　求微分方程 $y'' - 5(1-2y^4)y' + 7y = 0$ 在区间 $H = [0, 20]$ 上满足条件 $x=0$ 时,$y=0, y'=1$ 的特解。

首先转化方程,令 $y = z_1, y' = z_2$,则原方程化为

$$\begin{cases} z_1' = z_2 \\ z_2' = 5(1 - 2z_1^4)z_2 - 7z_1 \end{cases}$$

根据该方程建立相应的函数文件如下:

```
function  dz = dzdx3(x,z)
dz(1) = z(2);
dz(2) = 5 * (1 - 2 * z(1)^4) * z(2) - 7 * z(1);
dz = [dz(1);dz(2)];
end
```

编写主程序如下：

```
clc,clear,close all
H = [0,20];
z0 = [0; 1];
[x,z] = ode45('dzdx3',H,z0);
plot(x,z(:,1),'b--',x,z(:,2),'r--')
xlabel('轴\it x'); ylabel('轴\it y')
legend('是方程解y的曲线','是解y的一阶导数')
```

运行后求得解函数 $y=z_1(t)$ 和它的导数 $y'=z_2(t)$ 的图形如图 11-23 所示。

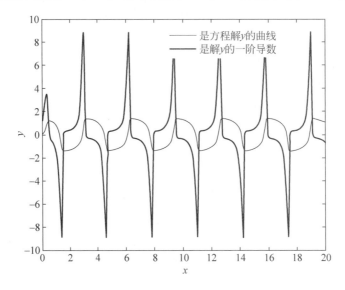

图 11-23　数值结果

【例 11-23】　求微分方程组：$x'=-ax+yz, y'=-b(y-2z), z'=cy-z-3xy$ 在区间 $[0,75]$ 上满足条件 $t=0$ 时，$x=0, y=0, z=10^{-16}$ 的特解，其中 $a=3, b=11, c=29$。

首先转化方程，令 $x=z_1, y=z_2, z=z_3$，可得

$$\begin{cases} z_1' = -az_1 + z_2 z_3 \\ z_2' = -b(z_2 - 2z_3) \\ z_3' = cz_2 - z_3 - 3z_1 z_2 \end{cases}$$

根据该方程建立相应的函数文件如下：

```
function  dz = dzdt5(t,z)
a = 3; b = 11; c = 29;
dz(1) = -a * z(1) + z(2) * z(3);
dz(2) = -b * (z(2) - 2 * z(3));
dz(3) = c * z(2) - z(3) - 3 * z(2) * z(1);
dz = [dz(1);dz(2);dz(3)];
end
```

编写主程序如下：

```
clc,clear,close all
H = [0,75];
z0 = [0; 0;10 ^ ( - 16)];
[t,z] = ode45('dzdt5',H,z0)
plot3(z(:,1), z(:,2), z(:,3),'r - ')
xlabel('轴\it x');
ylabel('轴\it y'); zlabel('轴\it z')
title('空间曲线是方程组的解: z 是 x 和 y 的函数')
```

运行后求得解函数 $x = z_1(t), y = z_2(t), z = z_3(t)$ 的图形如图 11-24 所示。

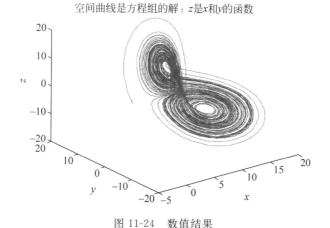

图 11-24　数值结果

【例 11-24】 对于单摆运动求解过程,利用牛顿第二定律即得微分方程有

$$ml\theta'' = - mg\sin\theta$$

设小球初始偏离角度为 θ_0,且无初速度,则方程的初始条件为

$$\theta(0) = \theta_0, \quad \theta'(0) = 0$$

求解上式时,在 θ_0 不大的条件下,可将方程中的 $\sin\theta$ 近似为 θ,于是得到线性常系数微分方程:

$$\theta' + \frac{g}{l}\theta = 0$$

容易算出方程在初始条件下的解为

$$\theta(t) = \theta_0\cos\omega t, \quad \omega = \sqrt{\frac{g}{l}}$$

由解可知,简谐运动的周期为

$$T = 2\pi\sqrt{\frac{l}{g}}$$

值得注意的是,当 θ_0 较大时,仍用 θ 近似 $\sin\theta$,误差太大了,因此单摆方程没有解析解。试用数值方法在 θ_0 等于 $10°$ 和 $30°$ 两种情况下求解(设 $l = 25$cm),画出 $\theta(t)$ 的图形,并与近似解作比较。

描述单摆运动规律的方程是 2 阶微分方程,无解析解,为了求其数值解,需先将它化

为方程组。令 $x_1 = \theta, x_2 = \theta'$，则有

$$x_1' = x_2, \quad x_2' = -\frac{g}{l}\sin x_1$$

相应的初始条件为

$$x_1(0) = x_{10}, \quad x_2(0) = 0$$

式中，$g = 9.8, l = 25, x_{10}$ 为 $10° = 0.1745$ 弧度及 $30° = 0.5236$ 弧度两种情况。周期 $T = 2\pi \sqrt{\dfrac{25}{9.8}} \approx 10(\text{s})$。

MATLAB 提供 ode23 函数供调用，其格式如下：

```
[t, x] = ode23('xprime', [t0, tf], x0, tol, trace)
```

说明：

（1）xprime 是定义 $f(x,t)$ 的函数名。该函数文件必须以 $\dot{x}$ 为一个列向量输出，以 t，x 为输入参量（注意输入变量之间的关系，先"时间变量"后"状态变量"）。

（2）输入参量 t_0 和 t_f 分别是积分的起始值和终止值。

（3）输入参量 x_0 为初始状态列向量。

（4）tol 控制解的精度，可默认。默认时，默认 tol=1.e-3。

（5）输入参量 trace 控制求解的中间结果是否显示，可默认，默认时，默认为 tol=0，不显示中间结果。

建立相应的函数文件如下：

```
function xdot = danbai(t,x)
g = 9.8;
l = 25;
xdot(1) = x(2);
xdot(2) = -g/l * sin(x(1));
xdot = [xdot(1);xdot(2)];
end
```

编写相应的主程序如下：

```
clc,clear,close all
H = [0,10];
a1 = 0.1745;
x10 = [a1,0];
[t,x1] = ode23(@danbai,H,x10);
a2 = 0.5236;
x20 = [a2,0];
[t,x2] = ode23(@danbai,H,x20);
g = 9.8;
l = 25;
w = sqrt(g/l);
y1 = a1 * cos(w * t);
y2 = a2 * cos(w * t);
wu1 = y1(1:153,1) - x1(1:153,1);
```

```
wu2 = y2(1:153,1) - x2(1:153,1);
n = 1:34;
% [n',t,x1(1:34,1),y1,wu1,x2(:,1),y2,wu2]
plot(t,x1(1:153,1),'ro-- ',t,y1,'g-- ',t,x2(1:153,1),'mh-- ',t,y2,'b- .')
xlabel('轴\it t');
ylabel('轴\it y')
legend('方程数值解曲线,x10 = 10 度','方程近似解曲线, x10 = 10 度','方程数值解曲线, x10 = 30
度','方程近似解曲线, x10 = 10 度')
```

运行程序,输出图形如图 11-25 所示。

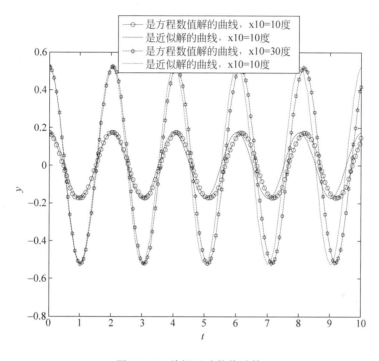

图 11-25　单摆运动数值计算

如图 11-25 所示,初始角度为 $10°$ 时近似解与数值解绝对误差不大,而初始角度为 $30°$ 时,随着时间的增加二者绝对误差逐渐增大。

11.7　边值问题的数值解计算

微分方程和定解条件组成定解问题通常有两种:一种是给出积分曲线在初始时刻的性态,这类条件称为初始条件,对应的定解问题称为初值问题;另一种是给出积分曲线在首末两端的性态,这类条件称为边界条件,对应的定解问题称为边值问题。如二阶微分方程:

$$y'' = f(x,y,y'), \quad x \in [a,b], y \in (-\infty, +\infty)$$

(1) 第一种边界条件为

$$y(a) = \alpha, \quad y(b) = \beta$$

（2）第二种边界条件为

$$y'(a) = \alpha, \quad y'(b) = \beta$$

（3）第三种边界条件为

$$y'(a) - \alpha_0 y(a) = \alpha_1, \quad y'(b) - \beta_0 y(b) = \beta_1$$

其中，$\alpha_0 \geqslant 0, \beta_0 \geqslant 0, \alpha_0 + \beta_0 > 0$。

更一般的边界条件是

$$\begin{cases} c_1 y(a) + d_1 y'(a) = p_1 \\ c_2 y(a) + d_2 y'(a) = p_2 \end{cases}$$

式中，$c_i, d_i, p_i (i=1,2)$ 为常数。

在 MATLAB 中编程实现的线性打靶法求数值解的函数为 xxdb（）。

功能：用线性打靶法求数值解。

调用格式：

[k, X, Y, wucha, P] = xxdb(dydx1, dydx2, a, b, alpha, beta, h)

其中，dydx1 为目标方程 1；dydx2 为目标方程 2；a 为 x 左端点；b 为 x 右端点；alpha 为 y 左端点；beta 为 y 右端点；h 为迭代步长；P 包括 $k, X, Y,$ wucha 数值。

编写相应的线性打靶法程序如下：

```
function [k, X, Y, wucha, P] = xxdb(dydx1, dydx2, a, b, alpha, beta, h)
% dydx1 为目标方程 1
% dydx2 为目标方程 2
%a 为 x 左端点
%b 为 x 右端点
%alpha 为 y 左端点
%beta 为 y 右端点
%h 为迭代步长
%P 包括 k, X, Y, wucha 数值
n = fix((b - a)/h);
X = zeros(n + 1, 1);
CT1 = [alpha, 0];
Y = zeros(n + 1, length(CT1));
Y1 = zeros(n + 1, length(CT1));
Y2 = zeros(n + 1, length(CT1));
X = a:h:b;
Y1(1, :) = CT1;
CT2 = [0, 1];
Y2(1, :) = CT2;
for k = 1:n
    k1 = feval(dydx1, X(k), Y1(k, :))
    x2 = X(k) + h/2; y2 = Y1(k, :)' + k1 * h/2;
    k2 = feval(dydx1, x2, y2);
    k3 = feval(dydx1, x2, Y1(k, :)' + k2 * h/2);
    k4 = feval(dydx1, X(k) + h, Y1(k, :)' + k3 * h);
    Y1(k + 1, :) = Y1(k, :) + h * (k1' + 2 * k2' + 2 * k3' + k4')/6, k = k + 1;
end
```

```
u = Y1(:,1)
for k = 1:n
    k1 = feval(dydx2,X(k),Y2(k,:))
    x2 = X(k) + h/2;y2 = Y2(k,:)' + k1 * h/2;
    k2 = feval(dydx2,x2,y2);
    k3 = feval(dydx2,x2,Y2(k,:)' + k2 * h/2);
    k4 = feval(dydx2, X(k) + h,Y2(k,:)' + k3 * h);
    Y2(k + 1,:) = Y2(k,:) + h * (k1' + 2 * k2' + 2 * k3' + k4')/6,k = k + 1;
end
v = Y2(:,1)
Y = u + (beta - u(n + 1)) * v/v(n + 1)
for k = 2:n + 1
    wucha(k) = norm(Y(k) - Y(k - 1)); k = k + 1;
end
X = X(1:n + 1);
Y = Y(1:n + 1,:);
k = 1:n + 1;
wucha = wucha(1:k,:);
P = [k',X',Y,wucha'];
plot(X,Y(:,1),'ro -- ',X,Y1(:,1),'g * -- ',X,Y2(:,1),'mp -- ')
xlabel('轴\it x');
ylabel('轴\it y')
legend('边值问题的数值解 y(x) 的曲线','初值问题 1 的数值解 u(x) 的曲线', '初值问题 2 的数值解 v(x) 的曲线')
title('用线性打靶法求线性边值问题的数值解的图形')
```

【例 11-25】 用线性打靶法求线性边值问题：

$$y''(x) = \frac{c_1 x}{1 + x^2} y'(x) - \frac{c_2}{1 + x^2} y(x) + c_3, \quad x \in [0,6]$$

在 $y(0) = 1.25, y(6) = -1.25, c_1 = c_2 = 2, c_3 = 0.8$ 的数值解，$h = 0.5$，并与精确解比较，画出它们的图形。

由目标方程得 $q_1(x) = \frac{c_1 x}{1 + x^2}, q_2(x) = -\frac{c_2}{1 + x^2}, q_3(x) = 0.8, \alpha = 1.25, \beta = -1.25$。由此建立相应的函数文件：

```
function dY1 = dydx1(X,Y)
c1 = 2;c2 = 2;c3 = 0.8;
dY1(1) = Y(2);
dY1(2) = (c1 * X/(1 + X^2)) * Y(2) - (c2/(1 + X^2)) * Y(1) + c3;
dY1 = [dY1(1);dY1(2)];
end
```

当 $c_3 = 0$，编写对应的函数文件如下：

```
function dY2 = dydx2(X,Y)
c1 = 2;c2 = 2;
dY2(1) = Y(2);
```

```
dY2(2) = (c1 * X/(1 + X^2)) * Y(2) - (c2/(1 + X^2)) * Y(1);
dY2 = [dY2(1);dY2(2)];
end
```

求其精确解,程序如下:

```
clc,clear,close all
% 精确解
y = dsolve('D2y = (2 * X/(1 + X^2)) * Dy - (2/(1 + X^2)) * y + 0.8','X')
syms C1 C2,
X = [0,6];
y = X * C2 + (1 - X.^2) * C1 - 4/5 * X.^2 + 8/5 * X. * atan(X) - 2/5 * log(1 + X.^2) + 2/5 * log(1 + X.^2). * X. * 2
[C1,C2] = solve('C1 = 1.25','6 * C2 - 35 * C1 + 99211677038297587/2814749767106560 = - 1.25');
syms X
y = X * C2 + (1 - X.^2) * C1 - 4/5 * X.^2 + 8/5 * X. * atan(X) - 2/5 * log(1 + X.^2) + 2/5 * log(1 + X.^2). * X. * 2
```

运行程序,输出结果如下:

```
y =
C12 * X - X * ((4 * X)/5 - (8 * atan(X))/5) + (2 * X * log(X^2 + 1) * (X - 1/X))/5 + C13 * X * (X - 1/X)
y =
[ C1, 6 * C2 - 35 * C1 + 1638905643197707/2814749767106560]
y =
1.2088219648217098859769672950885 * X - (2 * log(X^2 + 1))/5 + (4 * X * log(X^2 + 1))/5
+ (8 * X * atan(X))/5 - 2.05 * X^2 + 1.25
```

主程序如下:

```
clc,clear,close all
a = 0;
b = 6;
h = 0.5;
alpha = 1.25;
beta = - 1.25;
c1 = 2;c2 = 2;c3 = 0.8;
[k,X,Y,wucha,P] = xxdb(@dydx1,@dydx2,a,b,alpha,beta,h),
hold on
y = 1.2088219648217098859769672950885 * X + 1.25 - 2.05 * X.^2 + 8/5 * X. * atan(X) - 2/5 *
log(1 + X.^2) + 2/5 * log(1 + X.^2). * X.^2;
plot(X,y,'b - '), hold off
title('用线性打靶法求线性边值问题的数值解和精确解的图形')
n = fix((b - a)/h);
for k = 1:n + 1
    wuchay(k) = norm(y(k) - Y(k)); k = k + 1;
end
wuchay;
```

```
k = 1:n + 1;
wuchay = wuchay(1:k,:);
P1 = [k',X',y',Y, wuchay',wucha']
```

运行程序,输出图形如图 11-26 所示。

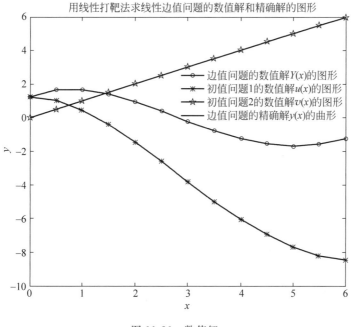

图 11-26　数值解

11.8　有限差分方法

有限差分方法是求微分方程数值解最常用的方法。有限差分方法的基本思想是:首先将求解区域剖分成很多有限个小区域,得到内节点的集合;在内节点上,或用差商代替微商,或用数值积分的方法将微分方程离散化,并得到截断误差,舍去截断误差,建立差分方程组;然后结合定解条件,解差分方程,得到数值解。有限差分方法适用于求常微分方程边值问题的数值解,用以解常微分方程初值问题的数值解时,有时较困难。

考虑线性边值问题 $y'' = q_1(x)y' + q_2(x)y + q_3(x), x \in [a,b], y(a) = \alpha, y(b) = \beta$ 的有限差分方法。

对于 $\boldsymbol{AY} = \boldsymbol{B}$,其中,

$$\boldsymbol{A} = \begin{bmatrix} -(2 + h^2 q_2(x_1)) & 1 - \dfrac{q_1(x_1)}{2}h & & & & \\ 1 + \dfrac{q_1(x_2)}{2}h & -(2 + h^2 q_2(x_2)) & 1 - \dfrac{q_1(x_2)}{2}h & & & \\ \ddots & \ddots & \ddots & \ddots & & \\ & & 1 + \dfrac{q_1(x_{n-2})}{2}h & -(2 + h^2 q_2(x_{n-2})) & 1 - \dfrac{q_1(x_{n-2})}{2}h \\ & & & 1 + \dfrac{q_1(x_{n-1})}{2}h & -(2 + h^2 q_2(x_{n-1})) \end{bmatrix}$$

$$Y = \begin{bmatrix} y(x_1) \\ y(x_2) \\ \vdots \\ y(x_{n-2}) \\ y(x_{n-1}) \end{bmatrix}, \quad B = \begin{bmatrix} h^2 q_3(x_1) - \left[1 + \dfrac{q_1(x_1)}{2}h\right]\alpha \\ h^2 q_3(x_2) \\ \vdots \\ h^2 q_3(x_{n-2}) \\ h^2 q_3(x_{n-1}) - \left[1 - \dfrac{q_1(x_{n-1})}{2}h\right]\beta \end{bmatrix}$$

在 MATLAB 中编程实现的有限元差分方法求数值解的函数为 yxcf()。

功能：用有限元差分方法求数值解。

调用格式：

$[k, A, B1, X, Y, y, wucha, p] = yxcf(q1, q2, q3, a, b, alpha, beta, h)$

其中,q1 为目标方程 1；q2 为目标方程 2；q3 为目标方程 3；a 为 x 左端点；b 为 x 右端点；alpha 为 y 左端点；beta 为 y 右端点；h 为迭代步长；p 包括 $k, X, Y, wucha$ 数值。

建立相应的有限元差分方法程序如下：

```
function [k, A, B1, X, Y, y, wucha, p] = yxcf(q1, q2, q3, a, b, alpha, beta, h)
% q1 为目标方程 1
% q2 为目标方程 2
% q3 为目标方程 3
% a 为 x 左端点
% b 为 x 右端点
% alpha 为 y 左端点
% beta 为 y 右端点
% h 为迭代步长
% p 包括 k, X, Y, wucha 数值
n = fix((b - a)/h);
X = zeros(n + 1, 1);
Y = zeros(n + 1, 1);
A1 = zeros(n, n);
A2 = zeros(n, n);
A3 = zeros(n, n);
A = zeros(n, n);
B = zeros(n, 1);
for k = 1:n
    X = a:h:b;
    k1(k) = feval(q1, X(k));
    A1(k + 1, k) = 1 + h * k1(k)/2;
    k2(k) = feval(q2, X(k));
    A2(k, k) = -2 - (h.^2) * k2(k);
    A3(k, k + 1) = 1 - h * k1(k)/2;
    k3(k) = feval(q3, X(k));
end
for k = 2:n
    B(k, 1) = (h.^2) * k3(k);
end
B(1, 1) = (h.^2) * k3(1) - (1 + h * k1(1)/2) * alpha;
B(n - 1, 1) = (h.^2) * k3(n - 1) - (1 + h * k1(n - 1)/2) * beta;
A = A1(1:n - 1, 1:n - 1) + A2(1:n - 1, 1:n - 1) + A3(1:n - 1, 1:n - 1);
```

```
B1 = B(1:n - 1, 1);
Y = A\B1; Y1 = Y';
y = [alpha; Y; beta];
for k = 2:n + 1
    wucha(k) = norm(y(k) - y(k - 1)); k = k + 1;
end
X = X(1:n + 1);
y = y(1:n + 1, 1);
k = 1:n + 1;
wucha = wucha(1:k, :);
plot(X, y(:, 1), 'mp -- ')
xlabel('轴\it x');
ylabel('轴\it y'),
legend('是边值问题的数值解 y(x) 的曲线')
title('用有限差分法求线性边值问题的数值解的图形'),
p = [k', X', y, wucha'];
```

【例 11-26】 用有限差分方法求边值问题：

$$y''(x) = \frac{x}{1+x^2} y'(x) + \frac{3}{1+x^2} y(x) + \frac{6x-3}{1+x^2}, \quad x \in [0,1], \quad y(0) = 1, \quad y(1) = 2,$$

的数值解，将 $[0,1]$ 分别平均分成 $n=6$ 等份，说明 n 对数值解的误差的影响，并与精确解比较。

根据 $q_1(x) = \dfrac{x}{1+x^2}, q_2(x) = \dfrac{3}{1+x^2}, q_3(x) = \dfrac{6x-3}{1+x^2}$，建立对应的 M 函数文件如下：

```
function y = q1(x)
y = x/(1 + x^2);
end

function y = q2(x)
y = 3/(1 + x^2);
end

function y = q3(x)
y = (6 * x - 3)/(1 + x^2);
end
```

主函数程序如下：

```
clc, clear, close all
n = 6;
a = 0;
b = 1;
alpha = 1;
beta = 2;
h = (b - a)/n;
[k, A, B, X, Y, y, wucha, p] = yxcf(@q1, @q2, @q3, a, b, alpha, beta, h),
x = 0:h:1;
y1 = 1 + x.^3,
```

```
wu = y1' - y;
[k',X',y,y1',wucha',wu],
hold on
plot(x,y1,'bo--')
legend('边值问题的数值解 y(x)的曲线','边值问题的精确解 y(x)的曲线')
title('n = 6,用有限差分法求线性边值问题的数值解及其精确解的图形')
hold off
```

运行程序得到 $n=6$ 时的计算结果和图形如图 11-27 所示。

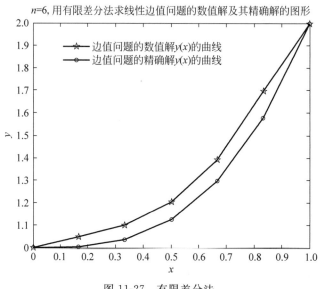

图 11-27　有限差分法

11.9　常微分方程(组)边值问题数值解

MATLAB 软件提供了一套求解一阶常微分方程(组)边值问题数值解的程序
bvp4c.m,称其为库函数 bvp4c()。

函数 bvp4c()可以求解一阶常微分方程(组)一般的两点边值问题:

$$\begin{cases} y' = f(x,y), x \in [a,b] \\ \varphi(y(a),y(b)) = 0 \end{cases}$$

bvp4c()产生的数值解 $s(x)$ 在 $[a,b]$ 上具有连续一阶导数。bvp4c()利用配置函数
bvpinit()和 deval()等求解,即先用网格点将整个区间 $[a,b]$ 分成若干个子区间,将配置
条件施加到所有子区间上,通过求解代数方程组解出数值解,然后在每个子区间上估计
数值解的误差。

如果此解不满足误差要求,则解函数调整网格。这样用户首先需要用配置函数
bvpinit()提供初始网格点及在相应网格点上精确解的初始逼近,然后用函数 bvp4c()和
配置函数 deval()输出数值解。

函数 bvp4c()还可以求解包含未知参数向量 P 的一阶常微分方程(组)一般的两点边
值问题:

$$\begin{cases} y'(x) = f(x, y(x), \boldsymbol{P}), x \in [a, b] \\ \varphi(y(a), y(b), \boldsymbol{P}) = 0 \end{cases}$$

【例 11-27】　求微分方程 $y'' + |y| = 0$ 在区间 $[0, 4]$ 上满足边界条件 $y(0) = 0$ 和 $y(4) = -2$ 的数值解，并画出 y 和 y' 数值解的图形。

编写程序如下：

```
function y13_27
clc,clear,close all
solinit = bvpinit([0 1 2 3 4],[1 0]);
sol = bvp4c(@odefun1,@bcfun1,solinit);
xint = linspace(0,4,35)
yint = deval(sol,xint)
plot(xint, yint (1,:),'bo--',xint, yint (2,:) ,'rp--')
xlabel('轴\it x');
ylabel('轴\it y')
legend('边值问题的数值解 y(x)的曲线','边值问题中 y(x)的导数数值解的曲线')
title('用一阶常微分方程组的两点边值问题求二阶常微分方程数值解的图形')
end
function dydx = odefun1(x,y)
dydx = [y(2); - abs(y(1))];
end
function res = bcfun1(ya,yb)
res = [ya(1);yb(1) + 2];
end
```

运行程序，输出图形如图 11-28 所示。

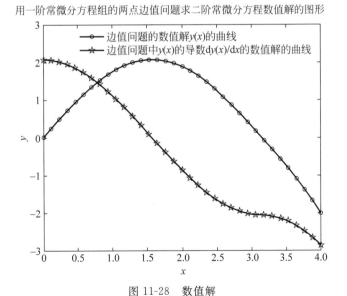

图 11-28　数值解

【例 11-28】　求微分方程组

$$\begin{cases} y' = z \\ z' = -(\lambda - 2q\cos 2x)y \end{cases}$$

在区间 $[0,\pi]$ 上满足边界条件 $y(0)=1$，$z(0)=0$ 和 $z(\pi)=0$ 的数值解，取 $q=5$，并画出 y 和 z 数值解的图形。

编写程序如下：

```
function y13_28
clc,clear,close all
lamda = 2;
solinit = bvpinit(0:pi/32:pi,@init2,lamda)
sol = bvp4c(@odefun2,@bcfun2,solinit)
xint = 0:pi/32: pi;
YINT = deval(sol,xint)
plot(xint,YINT(1,:),'bo--',xint,YINT(2,:),'rp--')
xlabel('轴\it x');
ylabel('轴\it y');
legend('是方程组解 y 的曲线','是方程组解 z 的曲线')
title('用含未知参数的一阶常微分方程组的两点边值问题求二阶常微分方程组数值解的图形')
end
function dydx = odefun2(x,y,lamda)
q = 5;dy(1) = y(2);dy(2) = -(lamda-q*2*cos(2*x))*y(1);
dydx = [dy(1);dy(2)];
end
function res = bcfun2(ya,yb,lamda)
res = [ya(1)-1;ya(2);yb(2)];
end
function yinit = init2(x)
yinit = [cos(4*x);-4*sin(4*x)];
end
```

运行程序，输出图形如图 11-29 所示。

用含未知参数的一阶常微分方程组的两点边值问题求二阶常微分方程组数值解的图形

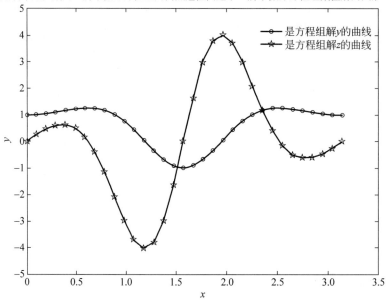

图 11-29　方程解曲线

本章小结

本章基于常微分方程(组)求解,引入欧拉方程(二阶龙格-库塔法、三阶龙格-库塔法、四阶龙格-库塔法)、亚当斯方法以及一阶和高阶微分方程的求解等。通过理论和实例相结合的形式进行仿真,使得对微分方程的求解更具有针对性。

第12章 概率统计分布计算

MATLAB 中的统计工具箱是一套建立在 MATLAB 数值计算环境下的统计分析工具，能够支持范围广泛的统计计算任务。概率统计方法在金融工程学、宏观经济学、生物医学、计算物理学（如粒子输运计算、量子热力学计算、空气动力学计算、核工程）等领域应用广泛。

学习目标：

- 学习和了解概率统计方法基本理论；
- 学习和掌握使用 MATLAB 进行概率统计的方法；
- 熟练运用蒙特卡罗算法解决工程问题。

12.1 概率密度函数

MATLAB 中的统计工具箱是一套建立在 MATLAB 数值计算环境下的统计分析工具，能够支持范围广泛的统计计算任务。表 12-1 给出了 MATLAB 支持的 20 多种分布以及它们名称的字母缩写。MATLAB 可以识别这些字母所代表的分布，并进行相应的计算和操作。

表 12-1　MATLAB 支持的分布类型

分 布 名 称	字 母 缩 写	分 布 名 称	字 母 缩 写
Beta 分布	beta	负二项分布	nbin
二项分布	bino	非中心 F 分布	ncf
χ^2 分布	chi2	非中心 t 分布	nct
指数分布	exp	非中心 χ^2 分布	ncx2
极值分布	ev	正态分布	norm
F 分布	f 或 F	泊松分布	poiss
γ 分布	gam	瑞利分布	rayl
几何分布	geo	t 分布	t
广义极值分布	gev	连续均匀分布	unif
广义帕累托分布	gp	离散均匀分布	unid
超几何分布	hyge	韦伯分布	wbl
对数正态分布	logn		

MATLAB 中求概率密度有一个通用的函数 pdf( )，通过此函数可

以求表 12-1 中所示的 23 种输入分布的概率密度函数。此函数的调用格式如下：
$$Y = pdf('name', X, A1, A2, A3)$$

其中，name 为表 12-1 中分布的字母缩写；X 为样本矩阵；A_1、A_2 和 A_3 是分布参数矩阵；Y 为概率密度矩阵。

对于某些分布，有些参数矩阵可以不必输入。X、A_1、A_2 和 A_3 必须是具有同样大小的矩阵，当其中输入之一为标量时，程序会将其调整为与其他输入同维的矩阵。

另外，MATLAB 对于每一种分布还有一个专用的求其概率密度的函数。它们的基本用法和含义如表 12-2 所示。

表 12-2　概率密度函数

分 布 名 称	概率密度函数	常用调用格式
Beta 分布	betapdf	$Y = betapdf(X, A, B)$
二项分布	binopdf	$Y = binopdf(X, N, P)$
χ^2 分布	chi2pdf	$Y = chi2pdf(X, V)$
混合分布	copulapdf	$Y = copulapdf('Gaussian', U, rho)$ $Y = copulapdf('t', U, rho, Nu)$ $Y = copulapdf(family, U, alpha)$
极值分布	evpdf	$Y = evpdf(X, mu, sigma)$
指数分布	exppdf	$Y = exppdf(X, mu)$
F 分布	fpdf	$Y = fpdf(X, V1, V2)$
γ 分布	gampdf	$Y = gampdf(X, A, B)$
几何分布	geopdf	$Y = geopdf(X, P)$
广义极值分布	gevpdf	$Y = gevpdf(X, K, sigma, mu)$
广义帕累托分布	gppdf	$P = gppdf(X, K, sigma, theta)$
超几何分布	hygepdf	$Y = hygepdf(X, M, K, N)$
对数正态分布	lognpdf	$Y = lognpdf(X, mu, sigma)$
多项式分布	mnpdf	$Y = mnpdf(X, PROB)$
多元正态分布	mvnpdf	$Y = mvnpdf(X)$ $Y = mvnpdf(X, mu)$ $Y = mvnpdf(X, mu, sigma)$
多元 t 分布	mvtpdf	$Y = mvtpdf(X, C, df)$
负二项分布	nbinpdf	$Y = nbinpdf(X, R, P)$
非中心 F 分布	ncfpdf	$Y = ncfpdf(X, NU1, NU2, DELTA)$
非中心 t 分布	nctpdf	$Y = nctpdf(X, V, DELTA)$
非中心 χ^2 分布	ncx2pdf	$Y = ncx2pdf(X, V, DELTA)$
正态分布	normpdf	$Y = normpdf(X, mu, sigma)$
泊松分布	poisspdf	$Y = poisspdf(X, LAMBDA)$
瑞利分布	raylpdf	$Y = raylpdf(X, B)$
离散均匀分布	unidpdf	$Y = unidpdf(X, N)$
连续均匀分布	unifpdf	$Y = unifpdf(X, A, B)$
韦伯分布	wblpdf	$Y = wblpdf(X, A, B)$

上述函数的输出均为对应分布在 X 处的概率密度。后面的几个输入参数是描述分布的参数矩阵。需要注意的是，输入参数的维数必须相等，否则会导致错误结果。

12.2　随机变量的一般特征

在概率统计中,随机变量特征不一,然而随机变量的某些数值能够反映该概率统计的一般性特征,能够为用户提供一定的参考依据。随机变量的一般性特征有均值、方差、矩、相关系数等,MATLAB统计工具箱自带这些函数,能够为用户快捷地计算这些共有特征。

12.2.1　期望

设离散性随机变量的分布律为

$$P\{X = x_k\} = p_k, \quad k = 1, 2, \cdots$$

则相应 X 的期望为

$$E(X) = \sum_{k=1}^{\infty} x_k p_k$$

而对于来自总体 X 的一个样本,设其样本值为 $x = (x_1, x_2, \cdots, x_n)$,则定义样本均值为

$$\bar{x} = \frac{1}{n} \sum_{i=1}^{n} x_i$$

则 $\bar{x}$ 依概率收敛于 X 的均值。

在 MATLAB 统计工具箱中,提供了求解随机变量均值的函数。具体的调用格式如下:

(1) Y＝mean(X)。如果 **X** 为一个向量,则表示求解该向量的均值。向量通常为一维向量,多维向量有具体的调用格式。如果 **X** 为一个矩阵,则求解出 **Y** 为矩阵 **X** 中每一列的均值,并保存在 **Y** 数组中。

(2) Y＝mean(X, Dim)。如果 Dim＝1,则表示求解 **X** 中第 Dim 列的数值均值;如果 Dim＝2,则表示求解 **X** 中第 Dim 行的数值均值;如果 Dim＝3,则表示 **Y**＝**X**。

【例 12-1】　对于下列随机变量 **X**,求解其相应的均值。

$$X = [1\ 2\ 3; 3\ 3\ 6; 4\ 6\ 8; 4\ 7\ 7];$$

提取该随机变量的一行数据,分析其均值。编程如下:

```
clc                          % 清屏
clear all;                   % 删除 workplace 变量
close all;                   % 关掉显示图形窗口
warning off                  % 不显示警告
X = [1 2 3; 3 3 6; 4 6 8; 4 7 7];   % 数据
X1 = X(1,:)                  % 一行数据
Y1 = mean(X1)
```

运行程序,输出结果如下:

```
X1 =
     1      2      3
Y1 =
     2
```

提取该随机变量的一列数据,分析其均值。编程如下:

```
X2 = X(:,1)                    % 一列数据
Y2 = mean(X2)
```

运行程序,输出结果如下:

```
X2 =
     1
     3
     4
     4
Y2 =
     3
```

对整个矩阵求均值,具体如下:

```
Y3 = mean(X)        % 矩阵求解均值
```

运行程序,输出结果如下:

```
Y3 =
    3.0000    4.5000    6.0000
```

对矩阵的某一列直接求均值,具体如下:

```
Y4 = mean(X,1)         % 矩阵列求均值
Y5 = mean(X,2)         % 矩阵行求均值
Y6 = mean(X,3)         % 矩阵本身
```

运行程序,输出结果如下:

```
Y4 =
    3.0000    4.5000    6.0000
Y5 =
     2
     4
     6
     6
Y6 =
     1     2     3
     3     3     6
     4     6     8
     4     7     7
```

12.2.2 方差、标准差、矩

方差是用来刻画随机变量 X 取值分散程度的一个量。其一般用下式表达：

$$D(X) = E\{[x - E(x)]^2\}$$

在应用上还引入与随机变量 X 具有相同量纲的量 $\sqrt{D(X)}$，记为 $\sigma(X)$，称为标准差或均方差。

X 的 k 阶中心矩应为

$$E\{[X - E(X)]^k\}, \quad k = 2, 3, \cdots$$

可知方差即为二阶中心矩。

对于一个样本来说，样本方差通常分为无偏估计和有偏估计，具体如下。

无偏估计式：

$$S^2 = \frac{1}{n-1} \sum_{i=1}^{n} (x_i - \overline{x})^2$$

有偏估计式：

$$S^2 = \frac{1}{n} \sum_{i=1}^{n} (x_i - \overline{x})^2$$

样本标准差也对应有如下两种形式：

$$S = \sqrt{S^2} = \sqrt{\frac{1}{n-1} \sum_{i=1}^{n} (x_i - \overline{x})^2}$$

或

$$S = \sqrt{S^2} = \sqrt{\frac{1}{n} \sum_{i=1}^{n} (x_i - \overline{x})^2}$$

样本的 k 阶中心矩为

$$B_k = \frac{1}{n} \sum_{i=1}^{n} (x_i - \overline{x})^k, \quad k = 2, 3 \cdots$$

MATLAB 工具箱中提供了可供用户求解方差、标准差、矩的函数，具体调用格式如下。

1) var()方差函数

（1）V =var(X)。若 X 为向量，则返回向量的样本方差值；若 X 为矩阵，则返回矩阵各列向量方差组成的行向量。其采用无偏式计算方差。

（2）V =var(X,1)。函数采用有偏估计式计算 X 的方差，即前置因子为 $1/n$。var (X,0)等同于 var(X)，其采用无偏式计算方差，前置因子为 $1/(n-1)$。

（3）V =var(X,w)。函数返回 X 以 w 为权的方差。对于矩阵 X，w 的元素个数必须等于 X 的行数；对于向量 X，w 的元素个数与 X 的元素个数相同。

（4）V =var(X, flag, dim)。函数返回 X 在特定维上的方差，dim 指定维数，flag 指定选择的计算式。flag =0，选择无偏式计算；flag =1，选择有偏式计算。

【例 12-2】 对于下列随机变量 X，求解其相应的方差。

$$\boldsymbol{X} = [3\ 3\ 6]$$

$$w = \begin{bmatrix} 1 & 2 & 3 \end{bmatrix}$$

由 MATLAB 自带工具箱函数进行方差计算,具体编程如下:

```
clc                    % 清屏
clear all;             % 删除 workplace 变量
close all;             % 关掉显示图形窗口
warning off            % 不显示警告
X = [3 3 6;];          % 数据
w = [1 2 3;];          % 权值
y1 = var(X)            % 方差
y2 = var(X,0)          % 无偏估计
y3 = var(X,1)          % 有偏估计
y4 = var(X,w)          % 权值 w 的方差
y5 = var(X,0,2)        % 无偏估计
```

运行程序,输出结果如下:

```
y1 =
     3
y2 =
     3
y3 =
     2
y4 =
     2.2500
y5 =
     3
```

2) std()标准差函数

(1) s =std(X)。函数返回向量(矩阵)X 的标准差(前置因子 $1/(n-1)$)。

(2) s =std(X, flag)。flag =0,前置因子为 $1/(n-1)$;flag =1,前置因子为 $1/n$。

(3) s =std(X, flag, dim)。函数返回 X 在特定维上的标准差,dim 指定维数,flag 指定选择的计算式。

【例 12-3】 对于下列随机变量 X,求解其相应的标准差。

$$X = \begin{bmatrix} 3 & 3 & 6 \end{bmatrix}$$
$$w = \begin{bmatrix} 1 & 2 & 3 \end{bmatrix}$$

由 MATLAB 自带工具箱函数进行标准差计算,具体编程如下:

```
% 标准差
clc                    % 清屏
clear all;             % 删除 workplace 变量
close all;             % 关掉显示图形窗口
warning off            % 不显示警告
X = [3 3 6;];          % 数据
w = [1 2 3;];          % 权值
y1 = std(X)            % 标准差
```

```
y2 = std(X,0)               % 前置因子值等于 1/(n-1)
y3 = std(X,1)               % 前置因子值等于 1/n
y4 = std(X,w)               % 权值 w 的标准差
```

运行程序输出结果如下：

```
y1 =
    3
y2 =
    3
y3 =
    2
y4 =
    2.2500
```

3）moment（）矩函数

（1）m =moment(X, order)。函数返回向量（矩阵）X 的 k 阶中心矩。order 规定中心矩的阶数。

（2）m =moment(X, order, dim)。函数返回 dim 维上的 X 的中心矩。

【例 12-4】 对于下列随机变量 X，求解其相应的矩。

$$X = \begin{bmatrix} 1\ 2\ 3;\ 3\ 3\ 6;\ 4\ 6\ 8;\ 4\ 7\ 7 \end{bmatrix};$$

由 MATLAB 自带工具箱函数进行矩计算，具体编程如下：

```
% 矩
clc                         % 清屏
clear all;                  % 删除 workplace 变量
close all;                  % 关掉显示图形窗口
warning off                 % 不显示警告
X = [1 2 3; 3 3 6; 4 6 8; 4 7 7];    % 数据
y1 = moment(X,3)            % 计算矩阵 X 各列的 3 阶矩
y2 = moment(X,3,2)          % 计算矩阵 X 各行的 3 阶矩,并返回 2 维上的中心矩
```

运行程序,输出结果如下：

```
y1 =
    - 1.5000        0    - 4.5000
y2 =
     0
     2
     0
    - 2
```

12.2.3 协方差、相关系数

随机变量 x、y 的协方差和相关系数的定义式为

$$\mathrm{cov}(x,y) = E\{[x - E(x)][y - E(y)]\}$$

$$\mathrm{cof}(x,y) = \frac{\mathrm{cov}(x,y)}{\sqrt{D(x)}\ \sqrt{D(y)}}$$

对于 n 维随机变量,通常用协方差矩阵描述它的 2 阶中心矩。如对于二维随机变量 (x,y),定义协方差矩阵形式为

$$\begin{bmatrix} c_{11} & c_{12} \\ c_{21} & c_{22} \end{bmatrix}$$

其中

$$c_{11} = E\{[x - E(x)]^2\}$$

$$c_{12} = E\{[x - E(x)][y - E(y)]\}$$

$$c_{21} = E\{[y - E(y)][x - E(x)]\}$$

$$c_{22} = E\{[y - E(y)]^2\}$$

其相应的样本协方差形式与样本方差形式类似,在此不再赘述。

MATLAB 自带工具箱中提供了求解协方差和相关系数的函数 cov() 和 corrcoef(),用户可以根据帮助提示很容易地进行协方差和相关系数的求解。

1) cov() 计算协方差

(1) C =cov(X)。X 为向量时,函数返回此向量的方差。X 为矩阵时,矩阵的每一行表示一组观察值,每一列代表一个变量。函数返回此矩阵的协方差矩阵,其中协方差矩阵的对角元素是 X 矩阵的列向量的方差值。

(2) C =cov(X,Y)。返回 X、Y 的协方差矩阵,其中 X、Y 行数和列数相同。

(3) C =cov(X,1),C =cov(X,Y,1)。计算协方差矩阵时前置系数取 $1/n$。cov(X,0) 与 cov(X) 相同,都是取前置系数为 $1/(n-1)$,此用法可参考 var 函数。

【例 12-5】　对于下列随机变量 X 和 Y,求解其相应的协方差。

$$X = [0.0654; 0.0656; 0.06566; 0.065; 0.065; 0.066; 0.0666]$$

$$Y = [0.00167; 0.001; 0.00279; 0.00200; 0.003879; 0.0050; 0.006]$$

由 MATLAB 自带工具箱函数进行协方差计算,具体编程如下:

```
clc                     %清屏
clear all;              %删除 workplace 变量
close all;              %关掉显示图形窗口
warning off             %不显示警告
x = [0.0654;0.0656;0.06566;0.065;0.065;0.066;0.0666];
y = [0.00167;0.001;0.00279;0.00200;0.003879;0.0050;0.006];
cx = cov(x)             %x 的协方差
vx = var(x)             %x 的方差
cxy = cov(x,y)          %x、y 的协方差
```

运行程序,输出结果如下:

```
cx =
   3.2051e - 07
```

```
vx =
    3.2051e − 07
cxy =
    1.0e − 05 ∗
      0.0321    0.0686
      0.0686    0.3388
```

2）corrcoef()计算相关系数

（1）R =corrcoef(X)。返回矩阵 **X** 的相关系数矩阵,其各点值对应于相关矩阵的各点值除以相应的标准差。

（2）R =corrcoef(x,y)。返回 **x**、**y** 的相关系数矩阵。若 **x**、**y** 分别为列向量,则该命令等同于 R =corrcoef([x y])。

（3）[R,P] =corrcoef(…)。返回的 **P** 矩阵是不相关假设检验的 p 值。

（4）[R, P, RLO, RUP] =corrcoef(…)。对于每一个 R 值,返回的 95% 置信区间为 [RLO,RUP]。

【例 12-6】 对于下列随机变量 **X** 和 **Y**,求解其相应的相关系数。

$$\bm{X} = [0.0654;0.0656;0.06566;0.065;0.065;0.066;0.0666]$$
$$\bm{Y} = [0.00167;0.001;0.00279;0.00200;0.003879;0.0050;0.006]$$

由 MATLAB 自带工具箱函数进行相关系数计算,具体编程如下:

```
% 相关系数
clc                        % 清屏
clear all;                 % 删除 workplace 变量
close all;                 % 关掉显示图形窗口
warning off                % 不显示警告
x = [0.0654;0.0656;0.06566;0.065;0.065;0.066;0.0666];
y = [0.00167;0.001;0.00279;0.00200;0.003879;0.0050;0.006];
cor = corrcoef(x,y)        % x、y 相关系数
```

运行程序,输出结果如下:

```
cor =
    1.0000    0.6580
    0.6580    1.0000
```

12.3 一维随机数生成

生成随机数有两种选择,可以每次只生成一个随机数,直接用此数计算 $f(x)$,然后循环重复此过程,最后求平均值;另一种方法是每次生成全部循环所需的随机数,利用 MATLAB 矩阵运算语法计算 $f(x)$,不需要写循环,直接即可求平均值。前一种方法代码简单,但速度慢;后一种方法代码相对更难写。

生成了一维的随机数后,可以用 hist() 函数查看这些数服从的大致分布情况。

1. rand()

生成(0,1)区间上均匀分布的随机变量。MATLAB 函数调用如下:

rand([M,N,P …])

生成排列成 $M \times N \times P \cdots$ 多维向量的随机数。如果只写 M,则生成 $M \times M$ 矩阵;如果参数为 $[M,N]$,则可以省略掉方括号。MATLAB 编程如下:

```
rand(5,1)          % 生成 5 个随机数排列的列向量,一般用这种格式
rand(5)            % 生成 5 行 5 列的随机数矩阵
rand([5,4])        % 生成一个 5 行 4 列的随机数矩阵
```

【例 12-7】 生成随机数大致的分布。编程如下:

```
clc,clear,close all
x = rand(100000,1);
hist(x,30);
```

运行程序可生成的随机数很符合均匀分布,如图 12-1 所示。

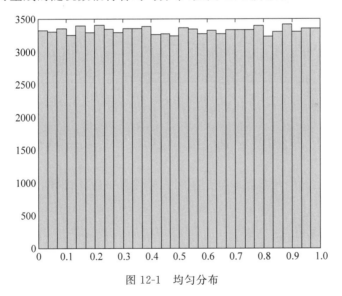

图 12-1 均匀分布

2. randn()

生成服从标准正态分布(均值为 0,方差为 1)的随机数。MATLAB 函数调用如下:

randn([M,N,P …])

生成排列成 $M \times N \times P \cdots$ 多维向量的随机数。如果只写 M,则生成 $M \times M$ 矩阵;如果参数为 $[M,N]$,则可以省略掉方括号。MATLAB 编程如下:

```
randn(5,1)                    % 生成5个随机数排列的列向量,一般用这种格式
randn(5)                      % 生成5行5列的随机数矩阵
randn([5,4])                  % 生成一个5行4列的随机数矩阵
```

【例12-8】 生成随机数大致的分布。编程如下:

```
clc,clear,close all
x = randn(100000,1);
hist(x,50);
```

运行程序可看到生成的随机数很符合标准正态分布,如图12-2所示。

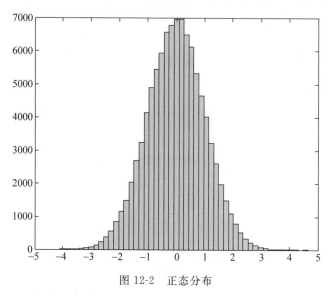

图12-2 正态分布

3. unifrnd()

与 rand()类似,这个函数生成某个区间内均匀分布的随机数。MATLAB 函数调用如下:

unifrnd(a,b,[M,N,P, …])

生成的随机数区间在(a,b)内,排列成 $M \times N \times P \cdots$ 多维向量。如果只写 M,则生成 $M \times M$ 矩阵;如果参数为$[M, N]$,则可以省略方括号。MATLAB 编程如下:

```
% 生成的随机数都在(-2,3)区间内
unifrnd(-2,3,5,1)             % 生成5个随机数排列的列向量,一般用这种格式
unifrnd(-2,3,5)              % 生成5行5列的随机数矩阵
unifrnd(-2,3,[5,4])         % 生成一个5行4列的随机数矩阵
```

【例12-9】 生成随机数大致的分布。编程如下:

```
clc,clear,close all
x = unifrnd( − 2,3,100000,1);
hist(x,50);
```

运行程序可看到生成的随机数很符合区间(−2,3)上的均匀分布,如图 12-3 所示。

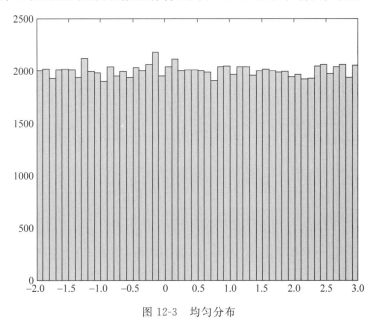

图 12-3　均匀分布

4. normrnd()

与 randn()类似,此函数生成指定均值、标准差的正态分布的随机数。MATLAB 函数调用如下:

```
normrnd(mu,sigma,[M,N,P,⋯])
```

生成的随机数服从均值为 mu,标准差为 sigma(注意标准差是正数)正态分布,这些随机数排列成 $M×N×P⋯$ 多维向量。如果只写 M,则生成 $M×M$ 矩阵;如果参数为 $[M,N]$,则可以省略方括号。MATLAB 编程如下:

```
%生成的随机数所服从的正态分布都是均值为 2,标准差为 3
normrnd(2,3,5,1)          % 生成 5 个随机数排列的列向量,一般用这种格式
normrnd(2,3,5)           % 生成 5 行 5 列的随机数矩阵
normrnd(2,3,[5,4])        % 生成一个 5 行 4 列的随机数矩阵
```

【例 12-10】　生成随机数大致的分布。编程如下:

```
clc,clear,close all
x = normrnd(0,1,100000,1);
subplot(211),hist(x,50);
x = normrnd(3,3,100000,1);
subplot(212),hist(x,50);
```

运行程序可看到生成的随机数的正态分布,如图 12-4 所示。

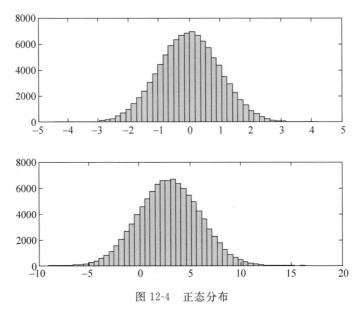

图 12-4　正态分布

如图 12-4 所示,上半部分是由均值为 0,标准差为 1 的 10 万个随机数的大致分布,下半部分是由均值为 2,标准差为 1 的 10 万个随机数的大致分布。

注意到下半个图像的对称轴向正方向偏移(准确说移动到 $x=2$ 处),这是由于均值为 2 的结果。

5. chi2rnd()

此函数生成服从卡方(Chi-square)分布的随机数。卡方分布只有一个参数:自由度 v。MATLAB 函数调用如下:

```
chi2rnd(v,[M,N,P, … ])
```

生成的随机数服从自由度为 v 的卡方分布,这些随机数排列成 $M×N×P…$多维向量。如果只写 M,则生成 $M×M$ 矩阵;如果参数为$[M，N]$,则可以省略方括号。
MATLAB 编程如下:

```
% 生成的随机数所服从的卡方分布的自由度都是 5
chi2rnd(5,5,1)          % 生成 5 个随机数排列的列向量,一般用这种格式
chi2rnd(5,5)           % 生成 5 行 5 列的随机数矩阵
chi2rnd(5,[5,4])        % 生成一个 5 行 4 列的随机数矩阵
```

【例 12-11】　生成随机数大致的分布。编程如下:

```
clc,clear,close all
x = chi2rnd(5,100000,1);
hist(x,50);
```

运行程序可看到生成的随机数的卡方分布,如图 12-5 所示。

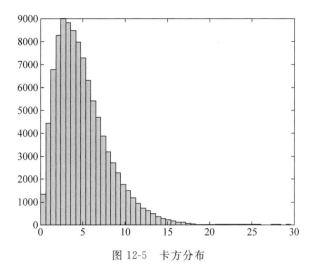

图 12-5　卡方分布

6. frnd()

此函数生成服从 F 分布的随机数。F 分布有两个参数：v1 和 v2。

MATLAB 函数调用如下：

```
frnd(v1,v2,[M,N,P, … ])
```

生成的随机数服从参数为 $(v1, v2)$ 的卡方分布，这些随机数排列成 $M \times N \times P \cdots$ 多维向量。如果只写 M，则生成 $M \times M$ 矩阵；如果参数为 $[M, N]$，则可以省略方括号。

MATLAB 编程如下：

```
% 生成的随机数所服从的参数为(v1 = 3,v2 = 5)的 F 分布
frnd(3,5,5,1)              % 生成 5 个随机数排列的列向量,一般用这种格式
frnd(3,5,5)               % 生成 5 行 5 列的随机数矩阵
frnd(3,5,[5,4])           % 生成一个 5 行 4 列的随机数矩阵
```

【**例 12-12**】　生成随机数大致的分布。编程如下：

```
clc,clear,close all
x = frnd(3,5,1000,1);
hist(x,50);
```

运行程序可看到生成的随机数的 F 分布，如图 12-6 所示。

从图 12-6 可以看出来，F 分布集中在 x 正半轴的左侧，但是它在极端值处也很可能有一些取值。

7. trnd()

此函数生成服从 t(Student's t Distribution)分布的随机数。t 分布有一个参数：自由度 v。MATLAB 函数调用如下：

```
trnd(v,[M,N,P, … ])
```

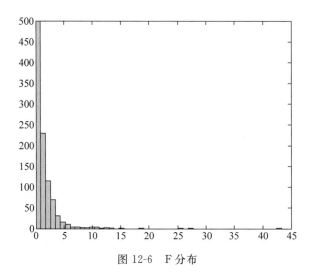

图 12-6　F 分布

生成的随机数服从参数为 v 的 t 分布,这些随机数排列成 $M \times N \times P \cdots$ 多维向量。如果只写 M,则生成 $M \times M$ 矩阵;如果参数为 $[M,N]$,则可以省略方括号。MATLAB 编程如下:

```
% 生成的随机数所服从的参数为(v=7)的 t 分布
trnd(7,5,1)            % 生成 5 个随机数排列的列向量,一般用这种格式
trnd(7,5)             % 生成 5 行 5 列的随机数矩阵
trnd(7,[5,4])          % 生成一个 5 行 4 列的随机数矩阵
```

【例 12-13】　生成随机数大致的分布。编程如下:

```
clc,clear,close all
x = trnd(7,100000,1);
hist(x,50);
```

运行程序可看到生成的随机数的 t 分布,如图 12-7 所示。

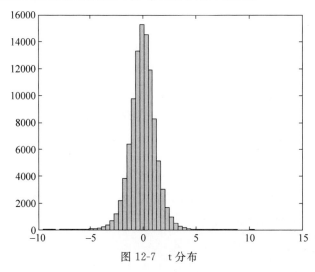

图 12-7　t 分布

由图 12-7 可知,t 分布比标准正态分布要"瘦",不过随着自由度 v 的增大,t 分布会逐渐变胖,当自由度为正无穷时,它就变成标准正态分布了。

8. betarnd()

此函数生成服从 beta 分布的随机数。beta 分布有两个参数,分别是 A 和 B。
生成 beta 分布随机数的 MATLAB 函数调用如下:

betarnd(A,B,[M,N,P,…])

产生 $A=2,B=5$ 的 beta 分布的 PDF 图形编程如下:

```
clc,clear,close all
x = betarnd(2,5,100000,1);
hist(x,50);
```

运行程序可看到生成的随机数的 beta 分布,如图 12-8 所示。

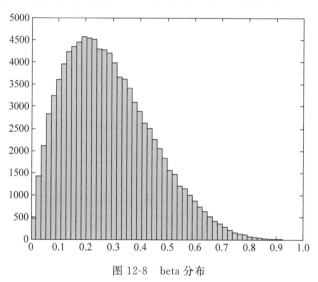

图 12-8　beta 分布

9. exprnd()

此函数生成服从指数分布的随机数。指数分布只有一个参数:mu。生成指数分布随机数的 MATLAB 函数调用如下:

exprnd (mu,[M,N,P,…])

产生 mu=3 的指数分布的 PDF 图形编程如下:

```
clc,clear,close all
x = exprnd(3,100000,1);
hist(x,50);
```

运行程序可看到生成的随机数的指数分布,如图 12-9 所示。

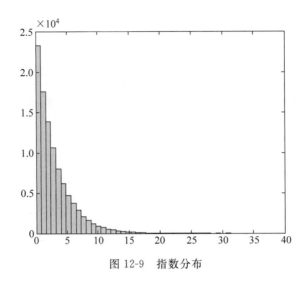

图 12-9　指数分布

10. gamrnd()

生成服从 Gamma 分布的随机数。Gamma 分布有两个参数：A 和 B。生成 Gamma 分布随机数的 MATLAB 函数调用如下：

gamrnd(A, B, [M, N, P, …])

产生 $A = 2, B = 5$ 的 Gamma 分布的 PDF 图形编程如下：

```
clc,clear,close all
x = gamrnd(2,5,100000,1);
hist(x,50);
```

运行程序可看到生成的随机数的 Gamma 分布，如图 12-10 所示。

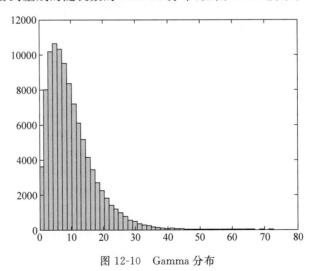

图 12-10　Gamma 分布

11. lognrnd()

生成服从对数正态分布的随机数。其有两个参数：mu 和 sigma，这样的随机数取对数后就服从均值为 mu，标准差为 sigma 的正态分布。生成对数正态分布随机数的 MATLAB 函数调用如下：

```
lognrnd(mu,sigma,[M,N,P,…])
```

产生 mu=−1，sigma=0.5 的对数正态分布的 PDF 图形编程如下：

```
clc,clear,close all
x = lognrnd( − 1,0.5,1000,1);
hist(x,50);
```

运行程序可看到生成的随机数的对数正态分布，如图 12-11 所示。

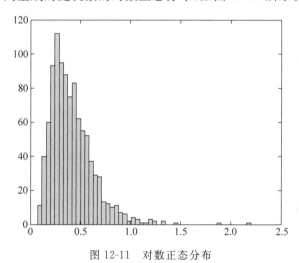

图 12-11 对数正态分布

12. raylrnd()

生成服从瑞利(Rayleigh)分布的随机数。其分布有一个参数：B。生成瑞利分布随机数的 MATLAB 函数调用如下：

```
raylrnd(B,[M,N,P,…])
```

产生 $B=2$ 的瑞利分布的 PDF 图形编程如下：

```
clc,clear,close all
x = lognrnd( − 1,0.5,1000,1);
hist(x,50);
```

运行程序可看到生成的随机数的瑞利分布，如图 12-12 所示。

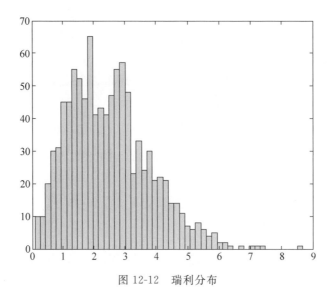

图 12-12　瑞利分布

13. wblrnd()

生成服从威布尔(Weibull)分布的随机数。其分布有两个参数：scale 参数 A 和 shape 参数 B。生成威布尔分布随机数的 MATLAB 函数调用如下：

```
wblrnd(A,B,[M,N,P,…])
```

产生 $A=3,B=2$ 的威布尔分布的 PDF 图形编程如下：

```
clc,clear,close all
x = wblrnd( - 1,0.5,1000,1);
hist(x,50);
```

运行程序可看到生成的随机数的威布尔分布图，如图 12-13 所示。

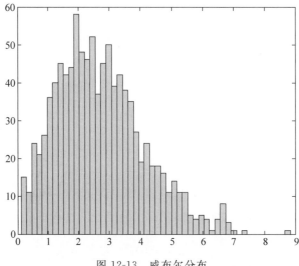

图 12-13　威布尔分布

除了上述的分布方法,还有非中心卡方分布(ncx2rnd)、非中心 F 分布(ncfrnd)、非中心 t 分布(nctrnd),括号中是生成服从这些分布的函数,具体用法可参看 MATLAB 帮助文件。

14. unidrnd()

此函数生成服从离散均匀分布的随机数。unifrnd 是在某个区间内均匀选取实数(可为小数或整数),unidrnd 是均匀选取整数随机数。离散均匀分布随机数有一个参数:n 表示从 $\{1, 2, 3, \cdots, N\}$ 这 n 个整数中以相同的概率抽样。MATLAB 函数调用如下:

```
unidrnd(n,[M,N,P,…])
```

这些随机数排列成 $M \times N \times P \cdots$ 多维向量。如果只写 M,则生成 $M \times M$ 矩阵;如果参数为 $[M, N]$,则可以省略掉方括号。MATLAB 编程如下:

```
%生成的随机数所服从的参数为(10,0.3)的二项分布
unidrnd(5,5,1)            % 生成 5 个随机数排列的列向量,一般用这种格式
unidrnd(5,5)             % 生成 5 行 5 列的随机数矩阵
unidrnd(5,[5,4])          % 生成一个 5 行 4 列的随机数矩阵
```

【**例 12-14**】 生成随机数大致的分布。编程如下:

```
clc,clear,close all
x = unidrnd(9,100000,1);
hist(x,9);
```

运行程序可看到生成的随机数的离散均匀分布,如图 12-14 所示。

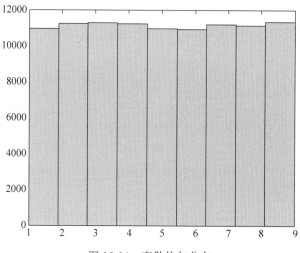

图 12-14　离散均匀分布

15. binornd()

此函数生成服从二项分布的随机数。二项分布有两个参数:n 和 p。考虑一个打靶

的例子,每枪命中率为 p,共射击 N 枪,那么一共击中的次数就服从参数为 (N,p) 的二项分布。注意,p 要小于等于 1 且非负,N 要为整数。MATLAB 函数调用如下:

```
binornd(n, p, [M, N, P, ⋯])
```

生成的随机数服从参数为 (n, p) 的二项分布,这些随机数排列成 $M \times N \times P \cdots$ 多维向量。如果只写 M,则生成 $M \times M$ 矩阵;如果参数为 $[M, N]$,则可以省略掉方括号。

MATLAB 编程如下:

```
%生成的随机数所服从的参数为(10,0.3)的二项分布
binornd(10,0.3,5,1)             %生成5个随机数排列的列向量,一般用这种格式
binornd(10,0.3,5)              %生成5行5列的随机数矩阵
binornd(10,0.3,[5,4])          %生成一个5行4列的随机数矩阵
```

【例 12-15】 生成随机数大致的分布。编程如下:

```
clc,clear,close all
x = binornd(10,0.45,100000,1);
hist(x,11);
```

运行程序可看到生成的随机数的二项分布,如图 12-15 所示。

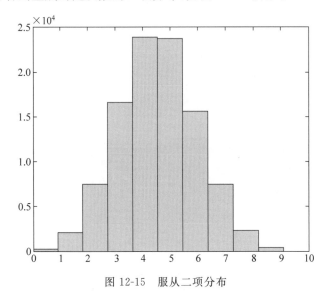

图 12-15　服从二项分布

如图 12-15 所示,可将此直方图解释为,假设每枪射击命中率为 0.45,每轮射击 10 次,共进行 10 万轮,这个图就表示这 10 万轮每轮命中成绩可能的一种情况。

16. geornd()

此函数生成服从几何分布的随机数。几何分布的参数只有一个:p。几何分布的现实意义可以解释为,打靶命中率为 p,不断地打靶,直到第一次命中目标时没有击中次数之和。注意,p 是概率,所以要小于等于 1 且非负。MATLAB 函数调用如下:

```
geornd(p,[M,N,P,…])
```

这些随机数排列成 $M \times N \times P \cdots$ 多维向量。如果只写 M，则生成 $M \times M$ 矩阵；如果参数为 $[M,N]$，则可以省略方括号。MATLAB 编程如下：

```
% 生成的随机数所服从的参数为(0.4)的二项分布
geornd(0.4,5,1)          % 生成5个随机数排列的列向量,一般用这种格式
geornd(0.4,5)            % 生成5行5列的随机数矩阵
geornd(0.4,[5,4])        % 生成一个5行4列的随机数矩阵
```

【例 12-16】　生成随机数大致的分布。编程如下：

```
clc,clear,close all
x = geornd(0.4,100000,1);
hist(x,50);
```

运行程序可看到生成的随机数的几何分布，如图 12-16 所示。

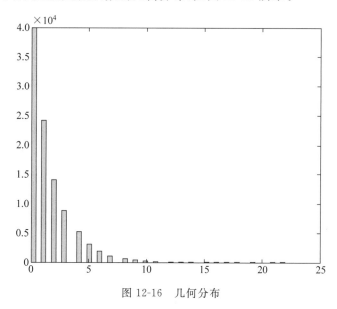

图 12-16　几何分布

17. poissrnd()

此函数生成服从泊松(Poisson)分布的随机数。泊松分布的参数只有一个：lambda。此参数要大于零。MATLAB 函数调用如下：

```
poissrnd(p,[M,N,P,…])
```

这些随机数排列成 $M \times N \times P \cdots$ 多维向量。如果只写 M，则生成 $M \times M$ 矩阵；如果参数为 $[M,N]$，则可以省略掉方括号。MATLAB 编程如下：

```
% 生成的随机数所服从的参数为2的泊松分布
poissrnd(2,5,1)          % 生成5个随机数排列的列向量,一般用这种格式
```

```
poissrnd(2,5)              %生成5行5列的随机数矩阵
poissrnd(2,[5,4])          %生成一个5行4列的随机数矩阵
```

【例 12-17】 生成随机数大致的分布。编程如下:

```
clc,clear,close all
x = poissrnd(2,100000,1);
hist(x,50);
```

运行程序可看到生成的随机数的泊松分布,如图 12-17 所示。

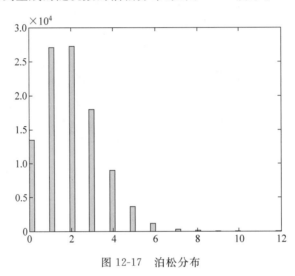

图 12-17　泊松分布

其他离散分布还有超几何分布(hyper-geometric,函数是 hygernd( ))等,详见
MATLAB 帮助文档。

12.4　特殊连续分布

将 MATLAB 中没有对应函数的分布称为特殊分布。有多种方法可以用于生产服
从这些分布的随机数。这里主要介绍两种最常见的。

1. 逆 CDF 函数法

如果已知某特定一维分布的 CDF 函数,经过如下几个步骤即可生成符合该分布的
随机数。

(1) 计算 CDF 函数的反函数: $F^{-1}(x)$。

(2) 生成服从[0,1]区间上均匀分布的初始随机数 a。

(3) 令 $x = F^{-1}(a)$,则 x 即服从需要的特定分布的随机数。

为了更形象解说这种方法,这里选取柯西(Cauchy)分布作为例子。有时也称其为洛
伦兹分布或者 Breit-Wigner 分布。柯西分布有一大特点就是,它是肥尾(fat-tail,又译作
胖尾)分布。在金融市场中,肥尾分布越来越受到重视,因为在传统的正态分布基本不考

虑像当前次贷危机等极端情况,而肥尾分布则能很好地将很极端的情形考虑进去。

柯西分布概率密度函数编程如下:

```
clc                      % 清屏
clear all;               % 删除 workplace 变量
close all;               % 关掉显示图形窗口
warning off              % 不显示警告
x = -15:0.01:15;
subplot(211),
plot(x, cauchypdf(x),'linewidth',2);
title('Cauchy 分布')
x2 = 1./sqrt(2 * pi) * exp( - x.^2/2);
subplot(212),
plot(x,x2,'linewidth',2);
title('正态分布')
```

相应的柯西分布概率密度函数如下:

```
function p = cauchypdf(x, varargin)

    % 默认值
    a =   0.0;
    b =   1.0;



    % 检查参数
    if(nargin >= 2)
        a =   varargin{1};
        if(nargin == 3)
            b =       varargin{2};
            b(b <= 0) =   NaN;
        end
    end
    if((nargin < 1) || (nargin > 3))
        error('At least one argument, at most three!');
    end



    % Calculate
    p =   b./(pi * (b.^2 + (x - a).^2));
end
```

运行程序,输出图形如图 12-18 所示。

图 12-18 所示是柯西分布和标准正态分布 PDF 对比图,可清楚地看出柯西分布的尾巴(x 轴两端)更"胖"一点。

柯西分布的 PDF 函数是

$$f(x) = \frac{\gamma}{\pi\left[\gamma^2 + (x - x_0)^2\right]}$$

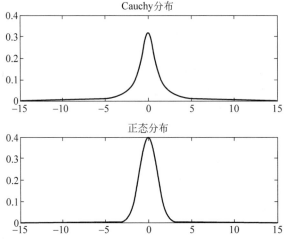

图 12-18　柯西分布和标准正态分布

简化起见,只考虑 $x_0=0, \gamma=1$ 的情形。此时 PDF 函数是

$$f(x) = \frac{1}{\pi(1+x^2)}$$

PDF 函数对 x 作积分,就得到 CDF 函数:

$$F(x) = \frac{1}{2} + \frac{\arctan(x)}{\pi}$$

现在采用以下三个步骤来生成服从柯西分布的随机数:

(1) 计算得到柯西分布 CDF 函数的反函数为

$$F^{-1}(x) = \tan\left[\left(x - \frac{1}{2}\right)\pi\right]$$

(2) 使用 rand()函数生成(0,1)区间上均匀分布的初始随机数。程序如下:

```
original_x = rand(1,100000);
```

(3) 将初始随机数代入 CDF 反函数即可得到需要的柯西随机数。编程如下:

```
cauchy_x = tan((original_x - 1/2) * pi);
```

由以上三步可得 10 万个服从参数为($x_0=0, \gamma=1$)柯西分布的随机数。

产生柯西分布程序如下:

```
clc                              % 清屏
clear all;                       % 删除 workplace 变量
close all;                       % 关掉显示图形窗口
warning off                      % 不显示警告
x = -15:0.001:15;
p = cauchypdf(x);
x2 = cauchyrnd(0,1,10);
```

```
hist(x2,20)

function r = cauchyrnd(varargin)
    % Default values
    a =   0.0;
    b =   1.0;
    n =   1;
    %检查参数
    if(nargin >= 1)
        a =   varargin{1};
        if(nargin >= 2)
            b =         varargin{2};
            b(b <= 0) =   NaN;
            if(nargin >= 3),  n =   [varargin{3:end}];    end
        end
    end
    % Generate
    r =   cauchyinv(rand(n), a, b);
end
```

这种方法生成随机数与柯西分布图形如图 12-19 所示。

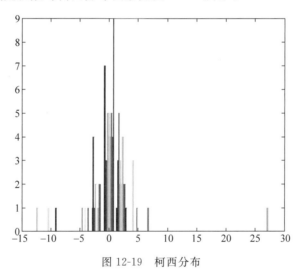

图 12-19　柯西分布

由此可看出生成的随机数符合柯西分布。

注意：图 12-19 中略去了 x 轴小于 -12.5 和大于 12.5 部分的图形，因为柯西分布是胖尾分布，可能会生成出不少取值很大的随机数。

这种方法本身虽然很简单，效率也很高，但有如下受限之处：

（1）有的 CDF 函数的反函数在 0 或者 1 处的值是正/负无穷，例如此处的柯西分布就是这样，倘若用 $(0,1)$ 均匀分布产生的初始随机数中包含 0 或者 1，那么这个程序会出错。不同版本的 MATLAB 的这种情况也许会改变。

（2）CDF 函数必须严格单调递增，这也就意味着，PDF 函数在 x 定义域内必须处处严格大于零，否则 CDF 的反函数不存在。

（3）即使 CDF 函数存在，如果它太复杂，也可能导致计算速度太慢，甚至无法计算。

2. 接受/拒绝法

接受/拒绝法（accelptence-rejection）方法的精髓在于"形似"，可以形象地将其比喻为制作冰雕——二者相同之处在于都要首先堆砌出雏形，然后再将多出的部分削去。用此法生成服从 $f(x)$ 分布的随机数，分为如下几大步骤：

（1）选用某个分布，如 PDF 为 $g(x)$ 的分布，此时要计算一个常数 c，使得 $f(x) \leqslant cg(x)$，对 x 定义域内任意的 x 都成立——这相当于使 $cg(x)$ 图形完全"覆盖"住 $f(x)$ 图形。

（2）生成服从 PDF 为 $g(x)$ 分布的随机数，假设生成的随机数为 x_0。

（3）生成一个服从 $(0,1)$ 间的均匀分布的随机数 y。

（4）如果 $y > \dfrac{f(x)}{cg(x)}$，丢弃生成的 x_0；反之，生成的 x_0 就是需要的、服从 $f(x)$ 分布的随机数。

【例 12-18】 下面用一个例子结合图形解释这种方法，假设生成的分布是

$$f(x) = \frac{(x-0.5)^2}{2.4}$$

此 PDF 图形如图 12-20 所示的蓝色曲线。编程如下：

```
clc,clear,close all
x0 = unifrnd(0,2,1,10000);
fx = (x0-0.5).*(x0-0.5)/2.4;
plot(x0,fx,'.')
x1 = [0,2];
y1 = [0.5,0.5];
hold on
plot(x1,y1,'g','linewidth',2)
x2 = [0,2];
y2 = [max(fx),max(fx)];
plot(x2,y2,'r','linewidth',2)
```

运行程序，输出图形如图 12-20 所示。

（1）选用 $(0,2)$ 之间的均匀分布作为原始分布，即 $g(x)=0.5$，此分布的 PDF 图见图 12-20。由条件：无论哪个 x，$f(x) \leqslant cg(x)$ 都要成立，由此计算得到 c 要大于等于 10.8。这种情况下，一般选择 $c=1.875$。因为 c 选得越大，意味着堆砌的原始雏形越大，需要削去的部分越多，效率越低，所以应使得 c 尽量地小。

（2）生成服从 $(0,2)$ 之间的均匀分布的随机数，设它为 x_0，程序如下：

```
X0 = unifrnd(0,2);
```

（3）生成一个服从 $(0,1)$ 间的均匀分布的随机数 y，程序如下：

```
Y = rand;
```

（4）如果 $y > \dfrac{f(x)}{cg(x)}$，丢弃生成的 x_0，重新生成；反之，生成的 x_0 就是问题本身需要

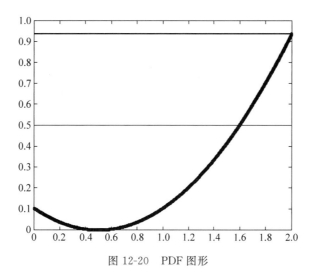

图 12-20　PDF 图形

的、服从 $f(x)$ 分布的随机数，用于做后续计算。

以上步骤每次只能处理一个随机数，效率较低。下面这段代码可以一次性生成一堆随机数，编程如下：

```
N = 400000;c = 1.875;gx = 0.5
x0 = unifrnd(0,2,1,N);
y = rand(1,N);
fx0 = (x0 - 0.5). * (x0 - 0.5)/2.4;
final_x = x0(y < = fx0./c/gx);
```

运行程序得到变量 final_x 即为服从 $f(x)$ 分布的随机数组成的一个行向量。用 hist() 查看这些随机数大致的分布。

```
hist(final_x,50);title('f(x) = (x - 0.5)^2/2.4');
```

运行程序，输出图像如图 12-21 所示。

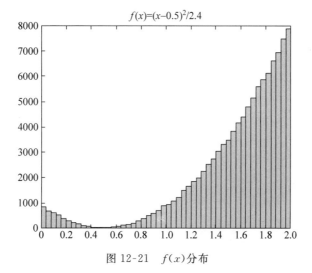

图 12-21　$f(x)$ 分布

如图 12-21 所示,生成的随机数符合 $f(x)$ 分布。

这种方法很简单,也不需要计算 CDF 函数的反函数,但它也有如下受限之处:

(1) 由于用随机数 y 来控制是否削去某个随机数 x_0,所以无法准确预知最终得到的随机数数量多少。

(2) 选择合适的 $g(x)$ 分布是此方法最关键的技巧所在。$g(x)$ 的选择原则是在完全覆盖 $f(x)$ 的前提下尽可能与 $f(x)$ 形似,二者形状越相似,需要削去的部分就越少,这种方法的效率就越高。很多时候,这种方法的效率过低。

12.5 特殊离散分布

离散分布关键在于获得它的分布律,有了分布律可以很快地计算小于等于某个数字的累积概率分布。假设有一个不均匀的骰子,获得 6 个点数的概率如表 12-3 所示。

表 12-3 骰子分布概率

点　　数	1	2	3	4	5	6
概率	0.1	0.2	0.1	0.2	0.2	0.2
累积点数	$\leqslant 1$	$\leqslant 2$	$\leqslant 3$	$\leqslant 4$	$\leqslant 5$	$\leqslant 6$
累积概率	0.1	0.3	0.4	0.6	0.8	1

生成符合该分布随机数的步骤如下:

(1) 生成一个 $(0,1)$ 间均匀分布的随机数 x_0。

(2) 依据 x_0 介于累积概率哪个区间来决定掷出骰子的点数 x。如 $0 < x_0 \leqslant 0.1$,则点数 x 为 $1,\cdots,0.8 < x_0 \leqslant 1$,点数 x 为 6。

编程如下:

```
x0 = rand;
if x0 < 0.1
    x1 = 1;
elseif x0 < 0.3
    x2 = 2;
elseif x0 < 0.4
    x3 = 3;
elseif x0 < 0.6
    x4 = 4;
elseif x0 < 0.8
    x5 = 5;
else
    x6 = 6;
end
```

这段语句能生成一个服从表 12-3 中离散分布的随机数 x,如果生成多个 x,采用用循环语句。生成 10 万个随机数并画出其分布直方图,编程如下:

```
clc,clear,close all
```

```
x1 = 1;x2 = 1;x3 = 1;
x4 = 1;x5 = 1;x6 = 1;
for i = 1:100000
    x0 = rand;
    if x0 < 0.1
        x1 = x1 + 1;
    elseif x0 < 0.3
        x2 = x2 + 1;
    elseif x0 < 0.4
        x3 = x3 + 1;
    elseif x0 < 0.6
        x4 = x4 + 1;
    elseif x0 < 0.8
        x5 = x5 + 1;
    else
        x6 = x6 + 1;
    end
end
x = [x1,x2,x3,x4,x5,x6];
bar(x)
```

运行程序,输出图形如图 12-22 所示。

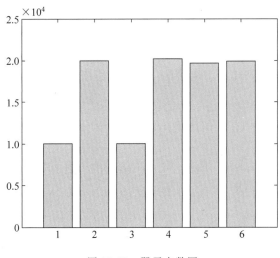

图 12-22 骰子点数图

12.6 生成多维联合分布随机数

一维随机变量是标量(也就是指单独的一个数字),而多维随机变量是一个向量。一个 n 维随机变量 x 是有 n 个分量的向量 $(X_0,X_1,\cdots,X_n)$,用 $f(x_0,x_1,\cdots,x_n)$ 表示联合分布,用 $f_k(x_k)$ 表示第 k 维的边缘分布,用 $f_k(x_k \mid X_1 = x_1,X_2 = x_2,\cdots,X_{k-1} = x_{k-1},\cdots,$

$X_n = x_n$)表示当分量$X_1 = x_1, X_2 = x_2, \cdots, X_{k-1} = x_{k-1}, \cdots, X_n = x_n$时,第$k$个分量$x_k$的分布。这里大写$X$表示随机变量某个维度上的分量,小写$x$表示具体的数值。

各种生成多维分布随机数的方法一般步骤都是,逐个维度生成随机数分量,最后将这些分量依次组合起来。例如,先生成X_0,再生成$X_1, \cdots$,最后生成X_n,最终写成$(X_0, X_1, \cdots, X_n)$。

如果一次生成一个n维的随机数向量,可以用n变量来储存这个随机数的n个分量,也可以将这n个分量按照次序存于一个$1 \times n$的行向量中。

如果一次生成随机数的数量很多,如N个随机数,前面两种办法都可以用,即可用n个变量来储存这些随机数的每个分量,此时每个变量是$N \times 1$的列向量;也可以只用一个$N \times n$矩阵储存随机数所有分量,这个矩阵每一行是一个服从规定的联合分布的随机数,共有N行即表示共储存N个这样的随机数,矩阵的每一列表示这N个随机数的一个维度上的分量,共有n个维度。

12.6.1　各维度独立

各维度独立的联合分布随机数的生成最为方便。由于联合分布函数就是每个维度边缘分布函数的直接乘积,所以只要分别生成每个维度的随机数分量,然后组合成随机数向量即可得到服从该联合分布的随机数。

【例 12-19】　生成一个在$0 \leqslant x \leqslant 2, 0 \leqslant y \leqslant 2$正方形区域上的二维均匀分布。二维均匀分布在每个维度上都是均匀分布(即两个维度的边缘分布都是$(0, 2)$上的均匀分布),且两个维度互相独立。

用第一种存储方法,产生单个向量的均匀分布程序如下:

```
x = unifrnd(0,2);
y = unifrnd(0,2);
```

则每个维度上分别生成一个服从$(0, 2)$均匀分布并分别储存在x, y这两个变量中。如果一次生成多个随机数,如N个,程序如下:

```
N = 400;
x = unifrnd(0,2,N,1);
y = unifrnd(0,2,N,1);
```

这里x, y都是$N \times 1$大小的列向量,分布存储着这N个随机数的第一维和第二维两个分量。查看这些随机数是否很好地符合二维均匀分布特性,程序如下:

```
scatter(x,y);
```

运行程序,输出图像如图 12-23 所示。

当然,对于产生的变量也可以采用二维数据来进行存储,MATLAB程序如下:

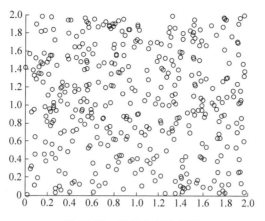

图 12-23　均匀分布散点图

```
X = [x,y];
```

由于两个维度的边缘分布都相同且独立,因此只需用 unifrnd 函数一次性生成一个 $N \times n$ 大小的矩阵就可以了。

```
X = unifrnd(0,2,N,2);
```

【例 12-20】　生成的随机数服从一个三维联合分布,其第一维边缘分布服从标准正态,第二维边缘分布是自由度为 4 的 t 分布,第三维边缘分布是自由度为$(7,8)$的 F 分布,各个维度边际的边缘分布之间相互独立。编程如下:

```
x1 = rand;
x2 = trnd(4);
x3 = frnd(7,8);
x = [x1,x2,x3];
```

其中,x_1,x_2,x_3 分布储存三个维度的分量,然后将这些分量组合起来存入 x 中。如果要一次就能生成一堆这样的随机数,编程如下:

```
N = 1000;
x = [rand(N,1),trnd(4,[N,1]),frnd(7,8,[N,1])];
```

观察该联合分布在每个区域内的概率密度的大小,编程如下:

```
scatter3(x(:,1),x(:,2),x(:,3),'marker','o','sizedata',10);
```

运行程序,输出图形如图 12-24 所示。

如图 12-24 所示,点越密集的地方,该联合分布概率密度函数的值越大。特别的,分别从 x,y,z 三个轴的角度看此图形的横截面图可以分别看到此三维图边缘分布的大致分布图形。

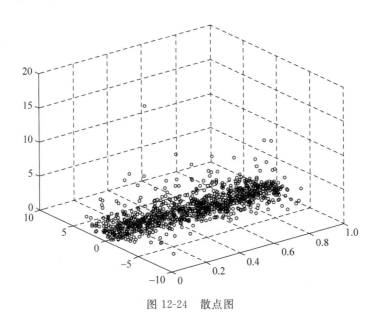

图 12-24　散点图

12.6.2　协方差阵生成多元正态分布

一个 n 维的随机变量,其协方差矩阵为一个 $n \times n$ 大小的矩阵,该矩阵对角线上的元素是随机变量各个分量的方差,矩阵其他位置的元素是各维分量两两之间的协方差;此随机变量的相关系数矩阵也是一个 $n \times n$ 大小的矩阵,该矩阵对角线上的元素都是1,其他位置的元素是各维分量两两之间的相关系数。这两个矩阵关系非常密切。

协方差矩阵及相关系数矩阵揭示了不同纬度之间的线性相关关系,它只是高维随机变量的部分性质。一般而言,仅仅依据协方差矩阵或相关系数矩阵再加上各维度的边缘分布信息,还不能确定此随机变量的联合分布。

如表 12-4 所示是一个两维的离散型随机变量。两个维度的边缘分布都是(1/4,1/2,1/4),两维间相关系数是 0。

表 12-4　边缘分布

维度 1\维度 2	−1	0	1	此维边缘分布
−1	0	1/4	0	1/4
0	1/4	0	1/4	1/2
1	0	1/4	0	1/4
此维边缘分布	1/4	1/2	1/4	

表 12-5 所示也是一个两维的离散型随机变量。两个维度的边缘分布都是(1/4,1/2，1/4),两维间相关系数是 0。但是这两个表的联合分布是不同的,即二者是两个不同的随机变量。这个例子说明边缘分布加相关系数并不能完全代表多维分布的所有信息。

表 12-5　边缘分布

维度 1\维度 2	−1	0	1	此维边缘分布
−1	1/8	0	1/8	1/4
0	0	1/2	0	1/2
1	1/8	0	1/8	1/4
此维边缘分布	1/4	1/2	1/4	

但是有一类特殊的分布：多元正态分布，它的全部信息可以浓缩成边缘分布加相关系数。多元正态分布的边缘分布都是正态分布，只要知道每个维度上的边际正态分布的均值和标准差，再加上相关系数矩阵，就可以得到整个联合分布。

假定要生成一个三维的多元正态分布。各个维度均值和标准差如表 12-6 所示。

表 12-6　各维度均值和标准差

维　　度	均　　值	标　准　差
1	2	3
2	−1	2
3	0	1

相关系数矩阵如表 12-7 所示。

表 12-7　相关系数矩阵

1	0.3	0.4
0.3	1	0.2
0.4	0.2	1

针对表 12-6 和表 12-7 所示数据，举例说明如下。

【例 12-21】　生成各维度上的独立的正态分布随机数。注：此处代码一次性生成 10 万个三维正态分布随机数，这些数组成了一个 $100\,000 \times 3$ 大小的矩阵。编程如下：

```
N = 100000;
x0 = [normrnd(2,3,N,1),normrnd( - 1,2,N,1),normrnd(0,1,N,1)];
```

【例 12-22】　将系数矩阵 R 做 Cholesky 分解得到矩阵 L，编程如下：

```
R = [1,0.3,0.4;0.3,1,0.2;0.4,0.2,1];
L = chol(R);
```

【例 12-23】　计算 $x_0 \times L$，即可得到 10 万个符合上述两表中条件要求的多元正态分布随机数，这些随机数被存储在一个 $100\,000 \times 3$ 大小矩阵中。编程如下：

```
x = x0 * L;
```

将这 10 万个随机数画在二维平面上,编程如下:

```
scatter(x(:,1),x(:,2),'marker','.','sizedata',1)
```

运行程序,输出图形如图 12-25 所示。

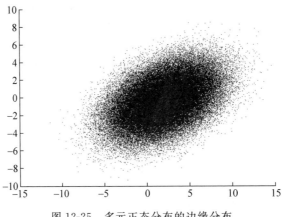

图 12-25　多元正态分布的边缘分布

12.7　统计图绘制

MATLAB 统计工具箱在 MATLAB 丰富的绘图功能上又增添了一些特殊的图形表现函数。例如,box 图用以描述数据样本,也用于通过图形来比较多个样本的均值;正态概率图可以从图形上检验样本是否为正态分布;分位数—分位数图用于比较两样本的分布;拟合曲线图给出当前数据点的拟合曲线等。

表 12-8 给出了常用的几种统计绘图函数。

表 12-8　常用的统计绘图函数

函数名	常用调用格式	函 数 用 法	功　能
boxplot	boxplot (X , ' param1 ', val1, 'param2',val2,…)	为 X 的每一列绘制一个 box 图。param1、param2 等设置图形参数,val1、val2 等为对应参数的取值	在矩形框内画样本数据
errorbar	errorbar (X, Y, L, U, symbol) errorbar(X,Y,L) errorbar(Y,L)	给出 X-Y 图以及由 L 和 U 规定误差界限的误差条。误差条与点 (X,Y) 上面的距离为 $U(i)$,下面的距离为 $L(i)$。X、Y、L、U 长度需相同。symbol 为一字符串,规定线型颜色等	在曲线上画误差条
fsurfht	fsurfht (' fun ', xlims, ylims)	fun 为用户指定函数,xlims、ylims 分别给出 x 轴与 y 轴上的范围限制	画函数的交互轮廓线
gline	gline gline(fig) h = gline(fig)	通过鼠标确定两端点在当前图上绘制线段;在图 fig 上画线段;返回线段的句柄 h	在图中交互式画线

函数名	常用调用格式	函 数 用 法	功 能
gname	gname(cases) gname h = gname (cases , line _ handle)	cases 为一个字符串矩阵。当移动鼠标确定需做标记点后,按 Enter 键或 Escape 键,就会在该点处输出 cases 包含的字符串	用指定的标志画点
lsline	lsline h = lsline	为当前坐标系的每一线性数据组绘制出其最小二乘拟合线。h 为线条句柄	画最小二乘拟合线
normplot	normplot(X) h = normplot(X)	显示数据 X 的正态概率图。若 **X** 为矩阵,则其每一列显示一条线。若数据服从正态分布,则图形为线性,其他分布对应曲线	画正态检验的正态概率图
pareto	pareto(y,names)	将矢量 y 中的每个元素,按元素数值递减顺序绘成直方条,并以 names 中的名称对直方条进行标记	画统计过程控制的 Pareto 图
qqplot	qqplot(X,Y) qqplot(X,Y,pvec)	如果两样本来自同一分布,则绘出的线为直线。默认值时将位于第一分位数和第三分位数间的数据拟合绘制成一条线,矢量 pvec 可规定分位数	画两样本的分位数—分位数图
refcurve	h = refcurve(p)	**p** 表示多项式系数矩阵,在当前图中绘出 **p** 代表的多项式曲线。h 为返回曲线句柄	在当前图中加一多项式曲线
rcoplot	rcoplot(r,rint)	r、rint 来自函数 regress 的输出,该函数最后按数据顺序给出各数据点的误差条	根据样本回归后的残差和置信区间作出误差条图
refline	refline(slope,intercept) refline(slope) refline	在图中给出斜率为 slope、截距为 intercept 的直线;后一个式中的 slope 为一个二元矢量,第一个元素为斜率,第二个元素为截距;无参数时,给出最小二乘拟合线	在当前坐标中画参考线
surfht	surfht(z) surfht(x,y,z)	根据给出的 x、y、z 数据,提供任意的 x、y 坐标值上的 z 的内插值	画交互轮廓线
weibplot	wblplot(x)	将 x 中的数据显示为概率曲线。如果数据服从威布尔分布,则绘出的线为直线	画威布尔概率图

下面分别举例进行说明。

1. box 图绘制

在 MATLAB 命令窗口中输入:

```
clc,clear,close all
x1 = normrnd(5,1,100,1);
x2 = normrnd(6,1,100,1);
boxplot([x1,x2],'notch','on')        %画出带切口的 box 图
```

输出如图 12-26 所示的 box 图。

如图 12-26 所示,图形说明盒子的上下两条线分别为样本的 25% 和 75% 分位数,中

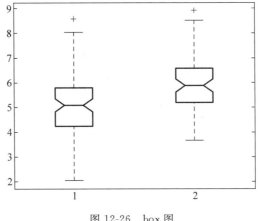

图 12-26　box 图

间的线表示样本中位数。从图中可知,中位数在盒子中间,因而两组数据都大致关于它们的均值对称。

虚线表示样本的其余部分,位于盒子的上下侧。

切口表示样本中位数的置信区间,默认情况下没有切口。此外,还可以用命令 boxplot([x1,x2],'notch','on','whisker',1)标出超出 1.0 倍的四分位数距离的样本奇异点。

2. 正态概率图绘制

在 MATLAB 命令窗口中输入:

```
clc,clear,close all
x = normrnd(0,1,50,1);              %产生正态随机数
h = normplot(x);
```

输出如图 12-27 所示的正态概率图。

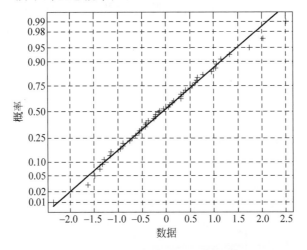

图 12-27　正态随机数的正态概率图

图形说明：由于样本是由正态随机数发生器产生的，因此其服从正态分布，故所得的概率图呈线性。叠加在数据上的实线为 x 中数据的第一和第三分位间的连线，有助于评估数据线性程度。

若样本不服从正态分布，则所得的概率图有所弯曲，如在 MATLAB 命令窗口中输入：

```
clc,clear,close all
x = unifrnd(0,1,[30,1]);    % 产生[0,1]上的均匀分布随机数
normplot(x)
```

输出如图 12-28 所示的正态概率图。

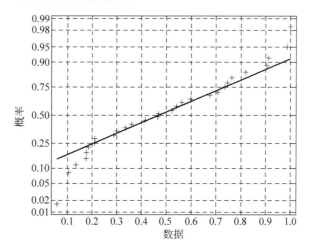

图 12-28　均匀分布的正态概率图

3. 分位数—分位数图的绘制

在 MATLAB 命令窗口中输入：

```
clc,clear,close all
x = normrnd(0,1,100,1);        % 产生均值为 0,方差为 1 的 100 个正态随机数
y = normrnd(0.5,2,50,1);       % 产生均值为 0.5,方差为 2 的 50 个正态随机数
qqplot(x,y);                   % 作出分位数—分位数图
```

输出如图 12-29 所示的分位数—分位数图。

图形说明：由于 x、y 均值和方差均不同，即 x、y 数据不是来自同一分布，故所得的分位数—分位数图表现出一定的弯曲。

中间的直线是将位于第一分位数和第二分位数之间的数据拟合绘制而成的。

4. 最小二乘拟合线的绘制

在 MATLAB 命令窗口中输入：

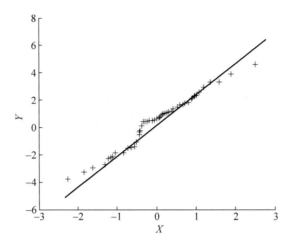

图 12-29　均值方差不同的两正态分布的分位数—分位数图

```
clc,clear,close all
y = [2 3.4 5.6 8 12 12.3 13.8 16 18.8 19.9]';          % 输入一些数据点
plot(y,'+','linewidth',2);                              % 绘出这些数据点
lsline;                                                 % 对这些数据进行最小二乘拟合
grid on
```

输出如图 12-30 所示的最小二乘拟合线图。

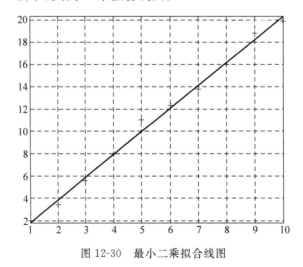

图 12-30　最小二乘拟合线图

12.8　方差分析

　　方差分析(analysis of variance,ANOVA)是数理统计中常用的数据处理方法之一,是工、农业生产和科学研究中分析试验数据的一种有效的工具,也是开展试验设计、参数设计和容差设计的数学基础。

　　一个复杂的事物,其中往往有许多因素相互制约又相互依存。方差分析的目的是通过数据分析找出对该事物有显著影响的因素、各因素之间的交互作用,以及显著影响因素的最佳水平等。

方差分析是在可比较的数组中,把数据间的总的"变差"按各指定的变差来源进行分解的一种技术。对变差的度量,采用离差平方和。方差分析方法就是从总离差平方和分解出可追溯到指定来源的部分离差平方和。下面介绍几种简单情况的方差分析。

12.8.1 单因素试验的方差分析

单因素试验的方差分析是指试验中只有一个因素发生改变。在 MATLAB 中,单因素试验的方差分析可用函数 anoval()实现。

anoval()执行单因素试验的方差分析来比较两组或多组数据的均值,它返回原假设样本来自相同的总体或来自具有相同的均值的不同总体的 p 值。具体调用格式如下:

(1) p =anoval(X)。将矩阵 X 中的每一列作为一个独立样本,用函数判断这些样本的均值是否相同,并返回 p 值、ANOVA 表格和矩阵 X 各列的箱线图。

(2) p =anoval(X,group)。用 group 中的值标记 X 样本的箱线图。group 的每一行包含 X 相应列的标记值。因此 group 的长度须等于 X 的列数。

(3) p =anoval(X,group,'displayopt')。用 displayopt 确定是否要作出 ANOVA 的表格和样本的箱线图。当 displayopt ='on'(默认值)时,给出表格和箱线图;当 displayopt ='off'时,则不给出表格和箱线图。ANOVA 表格共包含 5 列,每列的意义如下。

① 第 1 列为 source 项,即方差来源;

② 第 2 列给出每一项来源的平方和 SS;

③ 第 3 列给出每一项来源的自由度 df,即包含的数据总数;

④ 第 4 列给出每一项来源的均方 MS =SS/df;

⑤ 第 5 列给出 F 比,也就是 MS 的比率。

该函数显示的第二幅图为矩阵 X 每一列的箱线图。

【例 12-24】 将抗生素注入人体会产生抗生素与血浆蛋白结合的现象,以致减少了药效。表 12-9 列出了 5 种常用的抗生素注入到牛的体内时,抗生素与血浆蛋白结合的百分比。试检验这些百分比的均值有无显著的差异。

表 12-9 各抗生素与血浆蛋白结合的百分比

青 霉 素	四 环 素	链 霉 素	红 霉 素	氯 霉 素
29.6	27.3	5.8	21.6	29.2
24.3	32.6	6.2	17.4	32.8
28.5	30.8	11.0	18.3	25.0
32.0	34.8	8.3	19.0	24.2

在 MATLAB 命令窗口中输入:

```
clc,clear,close all
x = [29.6,27.3,5.8,21.6,29.2;24.3,32.6,6.2,17.4,32.8;28.5,30.8,11.0,18.3,25.0;32.0,
34.8,8.3,19.0,24.2];
group = ['青霉素';'四环素';'链霉素';'红霉素';'氯霉素'];
p = anoval(x,group)
```

输出结果如下：

```
p =
   6.7398e - 08
```

由于 6.7398e-08，远小于 0.01，故可以判断这些抗生素的均值具有显著差异。
ANOVA 表格和 X 箱线图如图 12-31 和图 12-32 所示。

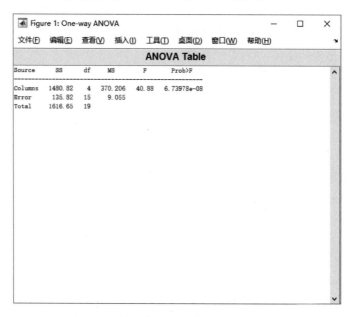

图 12-31　单因素方差分析的 ANOVA 表格

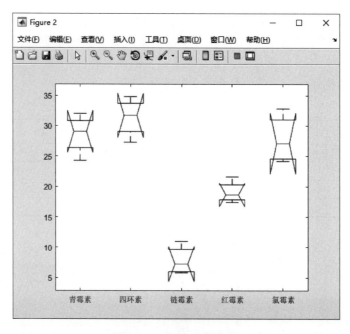

图 12-32　矩阵 X 箱线图

12.8.2 双因素试验的方差分析

MATLAB 中双因素试验的方差分析用函数 anova2()实现。其调用格式如下：

p =anova2(X, reps)

它执行平衡的双因素试验的方差分析，来比较 **X** 中两个或多个列或行的均值。不同列的数据代表某一因素的差异，不同行的数据代表另一因素的差异。如果每行、列对有多于一个的观察点，则变量 reps 指出每一单元观察点的数目，每一单元包含 reps 行。

（1）reps 默认值为 1，此时 anova2 返回的 **p** 值向量包含两个值，分别为原假设因素 A 作用的列向量来自一个总体的 p 值和因素 B 作用的行向量来自一个总体的 p 值。

（2）若 reps 大于 1 时，返回的 **p** 向量包含 3 个值。第 3 个值为原假设因素 A 和 B 共同作用的所有元素来自一个总体的 p 值。

（3）函数还给出 ANOVA 表格。

【例 12-25】 在某种金属材料的生产过程中，对热处理温度（因素 B）与时间（因素 A）各取两个水平，产品强度的测定结果（相对值）如表 12-10 所示。

表 12-10 不同温度（B）、时间（A）下产品强度

时间 ＼ 温度	B1	B2
A1	38.0	47.0
	38.6	44.8
A2	45.0	42.4
	43.8	40.8

在同一条件下每个试验重复两次。设各水平搭配下强度的总体服从正态分布且方差相同，各样本独立。问热处理温度、时间以及这两者的交互作用对产品强度是否有显著的影响（取 $\alpha =0.05$）？

用 anova2()函数求解，在 MATLAB 命令窗口中输入：

```
clc,clear,close all
x = [38.0,47.0;38.6,44.8;45.0,42.4;43.8,40.8];
p = anova2(x,2)
```

输出结果如下：

```
p =
    0.0340    0.3009    0.0024
```

同时输出如图 12-33 所示的 ANOVA 表格。

由结果知第一个 p 值代表列样本均值相同假设的 p 值，即反映了 B 因素（温度因素）的影响。由于 $p(1)$ 很小，故可得 B 因素对产品强度影响显著。

同理可得 A 因素（时间因素）对产品强度影响不显著（因 $p(2)>0.05$），A、B 因素的

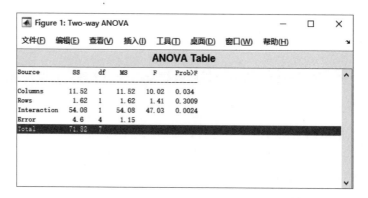

图 12-33　双因素方差分析的 ANOVA 表格

交互作用影响更为显著（$p(3) < 0.01$）。

12.9　蒙特卡罗方法

蒙特卡罗（Monte Carlo）方法计算的结果收敛的理论依据来自于大数定律，且结果渐进地（asymptotically）服从正态分布的理论依据是中心极限定理。

蒙特卡罗方法计算要进行很多次抽样，才会比较好地显示出来，如果蒙特卡罗计算结果的某些高阶距存在，即使抽样数量不太多，这些渐进属性也可以很快达到。

1. 蒙特卡罗数值积分

计算一个定积分，如 $\int_{x_0}^{x_1} f(x) \mathrm{d}x$，如果能够得到 $f(x)$ 的原函数 $F(x)$，那么直接由表达式 $F(x_1) - F(x_0)$ 可以得到该定积分的值。但是在很多情况下，由于 $f(x)$ 太复杂，导致无法计算得到原函数 $F(x)$ 的显示解，这时就只能用数值积分的办法。

常规的数值积分方法是在分段之后，将所有的微元面积全部加起来，用这个面积来近似函数 $f(x)$ 与 x 轴围成的面积。该做法当然是不精确的，但是随着分段数量增加，误差将减小，近似面积将逐渐逼近真实的面积。

蒙特卡罗数值积分方法和上述类似。差别在于，蒙特卡罗方法中，不需要将所有方柱的面积相加，而只需要随机地抽取一些函数值，将它们的面积累加后计算平均值即可。通过相关数学知识可以证明，随着抽取点增加，近似面积也将逼近真实面积。

在金融产品定价中，大多数问题求基于某个随机变量的函数的期望值。考虑一个欧式期权，假定已知在期权行权日的股票服从某种分布（理论模型中一般是正态分布），那么用期权收益在这种分布上做积分求期望即可。

2. 蒙特卡罗随机最优化

蒙特卡罗在随机最优化中的应用包括模拟退火（simulated annealing）、进化策略（evolution strategy）等。例如已知某函数，求此函数的最大值，那么可以不断地在该函数定义域上随机取点，然后用得到的最大的点作为此函数的最大值。这个例子实质也是随机数值积分,它等价于求此函数的无穷阶范数(∞-Norm)在定义域上的积分。

3. 大规模蒙特卡罗实验

从理论来说,当蒙特卡罗模拟次数达到无穷大时,所得的结果将变成没有误差的确定值。但是,由于计算机内存容量的限制,程序一次性能做的蒙特卡罗模拟的次数是有限的。这个问题在内存消耗巨大的向量化代码中体现更为明显。

【例 12-26】 给定曲线 $y=2-x^2$ 和曲线 $y^3=x^2$,曲线的交点为 $P_1(-1,1)$、$P_2(1,1)$。曲线围成平面有限区域,用蒙特卡罗方法计算区域面积。编程如下:

```
clc,clear,close all
P = rand(10000,2);
x = 2 * P(:,1) - 1;
y = 2 * P(:,2);
II = find(y <= 2 - x.^2&y.^3 > = x.^2);
M = length(II);
S = 4 * M/10000
plot(x(II),y(II),'g. ')
```

运行程序,输出结果如下:

```
S =
    2.1376
```

得到相应的图形如图 12-34 所示。

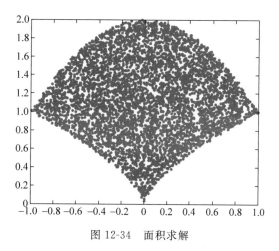

图 12-34　面积求解

【例 12-27】 计算 $\iint\limits_{D} xy^2 \mathrm{d}x\mathrm{d}y$,其中 D 为所围区域的边界,具体为 $(-1,1)$,$(4,2)$,被积函数在积分区域内的最大值为 16。积分值是三维体积,该三维图形位于立方体区域:

$$0 \leqslant x \leqslant 4, \quad -1 \leqslant y \leqslant 2, \quad 0 \leqslant z \leqslant 16$$

内,立方体区域的体积为 192。

编程如下：

```
clc,clear,close all
data = rand(100000,3);
x = 4 * data(:,1);
y = -1 + 3 * data(:,2);
z = 16 * data(:,3);
II = find(x > = y.^2&x < = y + 2&z < = x. * (y.^2));
M = length(II);
V = 192 * M/10000
plot(x(II),y(II),'go')
```

运行程序，输出结果如下：

```
V =
   76.7808
```

得到相应的图形如图 12-35 所示。

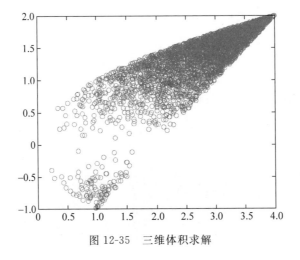

图 12-35   三维体积求解

【例 12-28】   用蒙特卡罗方法计算 $\iiint (x^2 + y^2 + z^2) \mathrm{d}x\mathrm{d}y\mathrm{d}z$，其中，积分区域是由 $z = \sqrt{x^2 + y^2}$ 和 $z = 1$ 所围成。被积函数在积分区域上的最大值为 2。所以有四维超立方体：
$$-1 \leqslant x \leqslant 1, \quad -1 \leqslant y \leqslant 1, \quad 0 \leqslant z \leqslant 1, \quad 0 \leqslant u \leqslant 2$$

编程如下：

```
clc,clear,close all
P = rand(10000,4);
x = -1 + 2 * P(:,1);
y = -1 + 2 * P(:,2);
z = P(:,3);
u = 2 * P(:,4);
```

```
II = find(z > sqrt(x.^2 + y.^2)&z <= 1&u <= x.^2 + y.^2 + z.^2);
M = length(II);
V = 8 * M/10000
x1 = -1:0.1:1;
y1 = x1;
[X1 Y1] = meshgrid(x1,y1);
z1 = sqrt(X1.^2 + Y1.^2);
n = size(x1);
z2 = ones(n(1,2),n(1,2));
surf(x1,y1,z1)
hold on
surf(x1,y1,z2)
figure,plot(x(II),y(II),'go')
```

运行程序,输出结果如下:

```
V =
    0.9088
```

得到相应的图形如图 12-36 和图 12-37 所示。

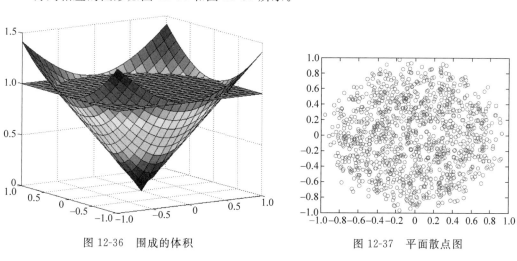

图 12-36　围成的体积　　　　　图 12-37　平面散点图

【例 12-29】　用蒙特卡罗方法计算 $z \geqslant \sqrt{x^2+y^2}$ 且 $z \leqslant 1+\sqrt{1-x^2-y^2}$ 的冰激凌锥体,它内含体积为 8 的六面体 $\Omega = \{(x,y,z) \mid -1 \leqslant x \leqslant 1, -1 \leqslant y \leqslant 1, 0 \leqslant z \leqslant 2\}$。由于 rand 产生 0 到 1 之间的随机数,所以 x,y,z 随机数产生程序如下:

```
x = 2 * rand - 1;产生 -1 到 1 之间的随机数
y = 2 * rand - 1;产生 -1 到 1 之间的随机数
z = 2 * rand;产生 0 到 2 之间的随机数
```

N 个点均匀分布于六面体中,锥体中占有 m 个,则锥体与六面体体积之比近似为 $m : N$,即 $\dfrac{V}{8} \approx \dfrac{m}{N}$。

绘制该冰激凌锥,编程如下:

```
clc,clear,close all
% function icecream(m,n)
%  if nargin == 0,
      m = 20;
      n = 100;
%  end
t = linspace(0,2 * pi,n);
r = linspace(0,1,m);
x = r' * cos(t);
y = r' * sin(t);
z1 = sqrt(x.^2 + y.^2);
z2 = 1 + sqrt(1 + eps - x.^2 - y.^2);
X = [x;x];Y = [y;y];
Z = [z1;z2];
mesh(X,Y,Z)
view(0, - 18)
colormap([0 0 1]),axis off
```

运行程序,输出结果如图 12-38 所示。

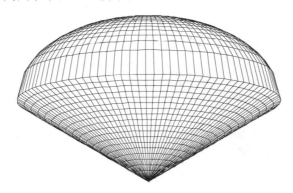

图 12-38　冰激凌模型

如图 12-38 所示,该冰激凌模型体积求解如下:

$$V = \iint\limits_{D}(1 + \sqrt{1 - x^2 - y^2} - \sqrt{x^2 + y^2})\,\mathrm{d}x\mathrm{d}y, \quad D: \{(x,y) \mid x^2 + y^2 \leqslant 1\}$$

设 $x = r\sin\theta\cos\varphi, y = r\sin\theta\sin\varphi, z = r\cos\theta$,则该体积转化为一定积分如下:

$$V = \int_0^{2\pi}\mathrm{d}\varphi\int_0^{\frac{1}{4}\pi}\sin\theta\int_0^{2\cos\theta}r^2\,\mathrm{d}r$$

编程如下:

```
clc,clear,close all
% function [q,error] = MonteC(L)
%  if nargin == 0,
      L = 7;
%  end
```

```
N = 10000;
for k = 1:L
    P = rand(N,3);
    x = 2 * P(:,1) - 1;
    y = 2 * P(:,2) - 1;
    z = 2 * P(:,3);
    R2 = x.^2 + y.^2;
    R = sqrt(R2);
    II = find(z >= R&z <= 1 + sqrt(1 - R2));
    m = length(II);
    q(k) = 8 * m/N;
end
error = q - pi
figure,plot(x(II),y(II),'go')
```

运行程序,输出结果如下:

```
error =
  - 0.0120    - 0.0296    0.0096    - 0.0544    - 0.0400    0.0288    0.0096
```

输出图形如图 12-39 所示。

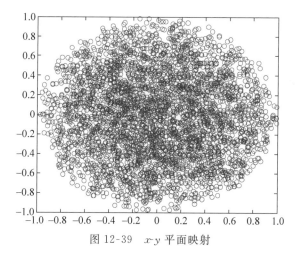

图 12-39 x-y 平面映射

本章小结

概率分布是概率论的基本概念之一,用以表述随机变量取值的概率规律。为了使用的方便,根据随机变量所属类型的不同,概率分布取不同的表现形式。研究随机试验,仅知道可能发生哪些随机事件是不够的,还需了解各种随机事件发生的可能性大小,以揭示这些事件内在的统计规律性,从而指导实践。这就要求有一个能够刻画事件发生可能性大小的数量指标,该指标应该是事件本身所固有的,且不随人的主观意志而改变,人们称之为概率(probability)。

　　蒙特卡罗方法的实质是通过大量随机试验,利用概率论解决问题的一种数值方法。蒙特卡罗算法常常应用于大多工程近似计算中,对于面积、体积、期权等问题计算,蒙特卡罗算法因其计算方便,近似逼近精度可由用户自己设定,因此,蒙特卡罗算法适应性广。

在实际问题中,经常需要研究两组多重相关变量间的相互依赖关系,并研究用一组变量去预测另一组变量,除了最小二乘准则下的经典多元线性回归分析,提取自变量组主成分的主成分回归分析等方法外,还有近年发展起来的偏最小二乘回归方法。本章基于偏最小二乘方法,结合理论联系实际案例,利用 MATLAB 应用偏最小二乘方法。

学习目标:

- 熟练掌握 MATLAB 编程表示方法;
- 熟练运用 MATLAB 求解偏最小二乘模型;
- 熟练掌握使用 MATLAB 工具解决简单工程问题等。

13.1　偏最小二乘回归

考虑 p 个变量 $y_1, y_2, y_3, \cdots, y_p$ 与 m 个自变量 $x_1, x_2, x_3, \cdots, x_m$ 的建模问题。偏最小二乘回归的基本做法是首先在自变量集中提出第一成分 t_1(t_1 是 $x_1, x_2, x_3, \cdots, x_m$ 的线性组合,且尽可能多地提取原自变量集中的变异信息);同时在因变量集中也提取第一成分 u_1,并要求 t_1 与 u_1 相关程度达到最大。然后建立因变量 $y_1, y_2, y_3, \cdots, y_p$ 与 t_1 的回归,如果回归方程已达到满意的精度,则算法中止。否则继续第二对成分的提取,直到能达到满意的精度为止。若最终对自变量集提取 r 个成分 $t_1, t_2, t_3, \cdots, t_r$,偏最小二乘回归将通过建立 $y_1, y_2, y_3, \cdots, y_p$ 与 $t_1, t_2, t_3, \cdots, t_r$ 的回归式,然后再表示为 $y_1, y_2, y_3, \cdots, y_p$ 与原自变量的回归方程式,即偏最小二乘回归方程式。

为了方便起见,不妨假定 p 个因变量 $y_1, y_2, y_3, \cdots, y_p$ 与 m 个自变量 $x_1, x_2, x_3, \cdots, x_m$ 均为标准化变量。因变量组和自变量组的 n 次标准化观测数据阵分别记为

$$\boldsymbol{F}_0 = \begin{bmatrix} y_{11} & \cdots & y_{1p} \\ \vdots & \ddots & \vdots \\ y_{n1} & \cdots & y_{np} \end{bmatrix}, \quad \boldsymbol{E}_0 = \begin{bmatrix} x_{11} & \cdots & x_{1m} \\ \vdots & \ddots & \vdots \\ x_{n1} & \cdots & x_{nm} \end{bmatrix}$$

偏最小二乘回归分析建模的具体步骤如下:

(1) 分别提取两变量组的第一对成分,并使之相关性达最大。假

设从两组变量分别提出第一对成分为 t_1 与 u_1，t_1 是自变量集 $X = (x_1, x_2, x_3, \cdots, x_m)^{\mathrm{T}}$ 的线性组合，$t_1 = w_{11} x_1 + w_{12} x_2 + \cdots + w_{1m} x_m = w_1^{\mathrm{T}} X$；$u_1$ 是因变量集 $Y = (y_1, y_2, \cdots, y_p)^{\mathrm{T}}$ 的线性组合，$u_1 = v_{11} y_1 + v_{12} y_2 + \cdots + v_{1p} y_p = v_1^{\mathrm{T}} Y$。为了回归分析的需要，要求：

① t_1 与 u_1 各自尽可能多地提取所在变量组的变异信息；

② t_1 与 u_1 的相关程度达到最大。

由两组变量集的标准化观测数据阵 E_0 和 F_0，可以计算第一对成分的得分向量，记为 $\hat{t}_1$ 与 $\hat{u}_1$：

$$\hat{t}_1 = E_0 w_1 = \begin{bmatrix} x_{11} & \cdots & x_{1m} \\ \vdots & \ddots & \vdots \\ x_{n1} & \cdots & x_{nm} \end{bmatrix} \begin{bmatrix} w_{11} \\ \vdots \\ w_{1m} \end{bmatrix} = \begin{bmatrix} t_{11} \\ \vdots \\ t_{n1} \end{bmatrix}$$

$$\hat{u}_1 = F_0 v_1 = \begin{bmatrix} y_{11} & \cdots & y_{1p} \\ \vdots & \ddots & \vdots \\ y_{n1} & \cdots & y_{np} \end{bmatrix} \begin{bmatrix} v_{11} \\ \vdots \\ v_{1p} \end{bmatrix} = \begin{bmatrix} u_{11} \\ \vdots \\ u_{n1} \end{bmatrix}$$

第一对成分 t_1 与 u_1 的协方差 $\mathrm{Cov}(t_1, u_1)$ 可用第一对成分的得分向量 $\hat{t}_1$ 与 $\hat{u}_1$ 的内积来计算。故而，以上两个要求可化为数学上的条件极值问题：

$$\begin{cases} (\hat{t}_1, \hat{u}_1) = (E_0 w_1, F_0 v_1) = w_1^{\mathrm{T}} E_0^{\mathrm{T}} F_0 v_1 \rightarrow \max \\ w_1^{\mathrm{T}} w_1 = \| w \|^2 = 1 \\ v_1^{\mathrm{T}} v_1 = \| v \|^2 = 1 \end{cases}$$

利用拉格朗日乘数法，问题化为求单位向量 w_1 和 v_1，使 $\theta_1 = w_1^{\mathrm{T}} E_0^{\mathrm{T}} F_0 v_1 \rightarrow$ 最大。问题的求解只需通过计算 $m \times m$ 矩阵 $M = E_0^{\mathrm{T}} F_0 F_0^{\mathrm{T}} E_0$ 的特征值和特征向量，且 M 的最大特征值为 θ_1^2，相应的单位特征向量就是所求的解 w_1，而 v_1 可由 w_1 计算得到

$$v_1 = \frac{1}{\theta_1} F_0^{\mathrm{T}} E_0 w_1$$

（2）建立 $y_1, y_2, y_3, \cdots, y_p$ 对 t_1 及 $x_1, x_2, x_3, \cdots, x_m$ 对 t_1 的回归。假定回归模型为

$$\begin{cases} E_0 = \hat{t}_1 \alpha_1^{\mathrm{T}} + E_1 \\ F_0 = \hat{u}_1 \beta_1^{\mathrm{T}} + F_1 \end{cases}$$

式中，$\alpha_1 = (\alpha_{11}, \alpha_{12}, \cdots, \alpha_{1m})^{\mathrm{T}}$，$\beta_1 = (\beta_{11}, \beta_{12}, \cdots, \beta_{1p})^{\mathrm{T}}$ 分别是多对一的回归模型中的参数向量；E_1 和 F_1 是残差阵。

回归系数向量 α_1, β_1 的最小二乘估计为

$$\begin{cases} \alpha_1 = \dfrac{E_0^{\mathrm{T}} \hat{t}_1}{\| \hat{t}_1 \|^2} \\ \beta_1 = \dfrac{F_0^{\mathrm{T}} \hat{t}_1}{\| \hat{t}_1 \|^2} \end{cases}$$

称 α_1, β_1 为模型效应负荷量。

（3）用残差阵 E_1 和 F_1 代替 E_0 和 F_0 重复以上步骤。

记 $\hat{E} = \hat{t}_1 \alpha_1^{\mathrm{T}}$，$\hat{F} = \hat{t}_1 \beta_1^{\mathrm{T}}$，则残差阵 $E_1 = E_0 - \hat{E}_0$，$F_1 = F_0 - \hat{F}_0$。如果残差阵 F_1 中元素的绝对值近似为 0，则认为用第一个成分建立的回归式精度已满足需要了，可以停止抽取

成分。否则用残差阵 E_1 和 F_1 代替 E_0 和 F_0 重复以上步骤即得

$$w_2 = (w_{21}, w_{22}, \cdots, w_{2m})^T; \qquad v_2 = (v_{21}, v_{22}, \cdots, v_{2p})^T$$

分别为第二对成分的权数。而 $\hat{t}_2 = E_1 w_2$，$\hat{u}_2 = F_1 v_2$ 为第二对成分的得分向量。

$\alpha_2 = \dfrac{E_1^T \hat{t}_2}{\parallel \hat{t}_2 \parallel^2}$，$\beta_2 = \dfrac{F_1^T \hat{t}_2}{\parallel \hat{t}_2 \parallel^2}$ 分别为 X, Y 的第二对成分的负荷量。这时有

$$\begin{cases} E_0 = \hat{t}_1 \alpha_1^T + \hat{t}_2 \alpha_2^T + E_2 \\ F_0 = \hat{t}_1 \beta_1^T + \hat{t}_2 \beta_2^T + F_2 \end{cases}$$

（4）设 $n \times m$ 数据阵 E_0 的秩为 $r \leqslant (n-1, m)_{\min}$，则存在 r 个成分 $t_1, t_2, t_3, \cdots, t_r$，使得

$$\begin{cases} E_0 = \hat{t}_1 \alpha_1^T + \hat{t}_2 \alpha_2^T + \cdots + \hat{t}_r \alpha_r^T + E_r \\ F_0 = \hat{t}_1 \beta_1^T + \hat{t}_2 \beta_2^T + \cdots + \hat{t}_r \beta_r^T + F_r \end{cases}$$

把 $t_k = w_{k1} x_1 + w_{k2} x_2 + \cdots + w_{km} x_m (k=1,2,3,\cdots,r)$，代入 $Y = t_1 \beta_1 + t_2 \beta_2 + \cdots + t_r \beta_r$，即得 p 个因变量的偏最小二乘回归方程

$$y_j = a_{j1} x_1 + a_{j2} x_2 + \cdots + a_{jm} x_m, \quad j = 1,2,3,\cdots,m$$

（5）交叉有效性检验。一般情况下，偏最小二乘法并不需要选用存在的 r 个成分 t_1，$t_2, t_3, \cdots, t_r$ 来建立回归式，而像主成分分析一样，只选用前 l 个成分（$l \leqslant r$），即可得到预测能力较好的回归模型。对于建模所需提取的主成分个数 l，可以通过交叉有效性检验来确定。

每次舍去第 i 个观测（$i=1,2,3,\cdots,n$），用余下的 $n-1$ 个观测值按偏最小二乘回归方法建模，并考虑抽取 h 个成分后拟合的回归式，然后把舍去的第 i 个观测点代入所拟合的回归方程，得到 $y_j(j=1,2,3,\cdots,p)$ 在第 i 个观测点上的预测值 $\hat{y}_{(i)j}(h)$。

对 $i=1,2,3,\cdots,n$ 重复以上的验证，即得抽取 h 个成分时第 j 个因变量 $y_j(j=1,2,3,\cdots,p)$ 的预测误差平方和为

$$p_j(h) = \sum_{i=1}^{n} (y_{ij} - \hat{y}_{(i)j}(h))^2, \quad (j = 1,2,3,\cdots,p)$$

$Y = (y_1, y_2, \cdots, y_p)^T$ 的预测误差平方和为

$$p(h) = \sum_{i=1}^{p} p_j(h)$$

另外，再采用所有的样本点，拟合含 h 个成分的回归方程。这时，记第 i 个样本点的预测值为 $\hat{y}_{ij}(h)$，则可以定义 y_j 的误差平方和为

$$SS_j(h) = \sum_{i=1}^{n} (y_{ij} - \hat{y}_{ij}(h))^2$$

定义 Y 的误差平方和为

$$SS(h) = \sum_{i=1}^{p} SS_j(h)$$

当 $p(h)$ 达到最小值时，对应的 h 即为所求的成分个数。通常，总有 $p(h)$ 大于 $SS(h)$，而 $SS(h)$ 则小于 $SS(h-1)$。因此，在提取成分时，总希望比值 $\dfrac{p(h)}{SS(h-1)}$ 越小越好。一般可设定限制值为 0.05，即当

$$\frac{p(h)}{SS(h-1)} \leqslant (1-0.05)^2 = 0.95^2$$

增加成分 t_h 有利于模型精度的提高。或者反过来说,当 $\frac{p(h)}{SS(h-1)} < 0.95^2$ 时,就认为增加新的成分 t_h,对减少方程的预测误差无明显的改善作用。

为此,定义交叉有效性为 $Q_h^2 = 1 - \frac{p(h)}{SS(h-1)}$,这样,在建模的每一步计算结束前,均进行交叉有效性检验。如果在第 h 步有 $Q_h^2 < 1 - 0.95^2 = 0.0975$,则模型达到精度要求,可停止提取成分;若 $Q_h^2 \geqslant 0.0975$,表示第 h 步提取的 h_t 成分的边际贡献显著,应继续第 $h+1$ 步计算。

13.2　偏最小二乘案例分析

【例 13-1】　采用如表 13-1 所示的体能训练的数据进行偏最小二乘回归建模。在这个数据系统中被测的样本点,是某健身俱乐部的 20 位中年男子。被测变量分为两组。第一组是身体特征指标 X,包括体重、腰围、脉搏。第二组变量是训练结果指标 Y,包括单杠、弯曲、跳高。

表 13-1　体能训练数据

序号	体重(x_1)	腰围(x_2)	脉搏(x_3)	单杠(y_1)	弯曲(y_2)	跳高(y_3)
1	191	36	50	5	162	60
2	189	37	52	2	110	60
3	193	38	58	12	101	101
4	162	35	62	12	105	37
5	189	35	46	13	155	58
6	182	36	56	4	101	42
7	211	38	56	8	101	38
8	167	34	60	6	125	40
9	176	31	74	15	200	40
10	154	33	56	17	251	250
11	169	34	50	17	120	38
12	166	33	52	13	210	115
13	154	34	64	14	215	105
14	247	46	50	1	50	50
15	193	36	46	6	70	31
16	202	37	62	12	210	120
17	176	37	54	4	60	25
18	157	32	52	11	230	80
19	156	33	54	15	225	73
20	138	33	68	2	110	43
均值	178.6	35.4	56.1	9.45	145.55	70.3
标准差	24.6905	3.202	7.2104	5.2863	62.5666	51.2775

表 13-2 给出了这 6 个变量的简单相关系数矩阵。从相关系数矩阵可以看出,体重与腰围是正相关的;体重、腰围与脉搏负相关;而在单杠、弯曲与跳高之间是正相关的。从两组变量间的关系看,单杠、弯曲和跳高的训练成绩与体重、腰围负相关,与脉搏正相关。

表 13-2　相关系数矩阵

		体重	腰围	脉搏	单杠	弯曲	跳高
皮尔森相关	体重	1.000	0.870	−0.366	−0.390	−0.493	−0.226
	腰围	0.870	1.000	−0.353	−0.552	−0.646	−0.191
	脉搏	−0.366	−0.353	1.000	0.151	0.225	0.035
	单杠	−0.390	−0.552	0.151	1.000	0.696	0.496
	弯曲	−0.493	−0.646	0.225	0.696	1.000	0.669
	跳高	−0.226	−0.191	0.035	0.496	0.669	1.000
Sig. (1-tailed)	体重	0	0	0.056	0.045	0.014	0.169
	腰围	0	0	0.063	0.006	0.001	0.209
	脉搏	0.056	0.063	0	0.263	0.170	0.442
	单杠	0.045	0.006	0.263	0	0	0.013
	弯曲	0.014	0.001	0.170	0	0	0.001
	跳高	0.169	0.209	0.442	0.013	0.001	0

MATLAB 程序如下:

```
clc                              %清屏
clear all;                       %删除 workplace 变量
close all;                       %关掉显示图形窗口
format long
pz = [191  36  50  5    162   60
189  37  52  2   110   60
193  38  58  12  101   101
162  35  62  12  105   37
189  35  46  13  155   58
182  36  56  4   101   42
211  38  56  8   101   38
167  34  60  6   125   40
176  31  74  15  200   40
154  33  56  17  251   250
169  34  50  17  120   38
166  33  52  13  210   115
154  34  64  14  215   105
247  46  50  1   50    50
193  36  46  6   70    31
202  37  62  12  210   120
176  37  54  4   60    25
157  32  52  11  230   80
156  33  54  15  225   73
138  33  68  2   110   43];

mu = mean(pz);                   %求均值
```

```matlab
sig = std(pz);                              % 求标准差
rr = corrcoef(pz);                          % 求相关系数矩阵
data = zscore(pz);                          % 数据标准化
n = 3;                                      % n 是自变量的个数
m = 3;                                      % m 是因变量的个数
x0 = pz(:,1:n);y0 = pz(:,n + 1:end);
e0 = data(:,1:n);f0 = data(:,n + 1:end);
num = size(e0,1);                           % 求样本点的个数
chg = eye(n);                               % w 到 w* 变换矩阵的初始化
for i = 1:n
    % 计算 w,w* 和 t 的得分向量
    matrix = e0' * f0 * f0' * e0;
    [vec,val] = eig(matrix);                % 求特征值和特征向量
    val = diag(val);                        % 提出对角线元素
    [val,ind] = sort(val,'descend');        % 降序排列
    w(:,i) = vec(:,ind(1));                 % 提出最大特征值对应的特征向量
    w_star(:,i) = chg * w(:,i);             % 计算 w* 的取值
    t(:,i) = e0 * w(:,i);                   % 计算成分 ti 的得分
    alpha = e0' * t(:,i)/(t(:,i)' * t(:,i)); % 计算 alpha_i
    chg = chg * (eye(n) - w(:,i) * alpha'); % 计算 w 到 w* 的变换矩阵
    e = e0 - t(:,i) * alpha';               % 计算残差矩阵
    e0 = e;
    % 计算 ss(i) 的值
    beta = [t(:,1:i),ones(num,1)]\f0;       % 求回归方程的系数
    beta(end,:) = [];                       % 删除回归分析的常数项
    cancha = f0 - t(:,1:i) * beta;          % 求残差矩阵
    ss(i) = sum(sum(cancha.^2));            % 求误差平方和
    % 计算 p(i)
    for j = 1:num
        t1 = t(:,1:i);f1 = f0;
        she_t = t1(j,:);she_f = f1(j,:);    % 把舍去的第 j 个样本点保存起来
        t1(j,:) = [];f1(j,:) = [];          % 删除第 j 个观测值
        beta1 = [t1,ones(num - 1,1)]\f1;    % 求回归分析的系数
        beta1(end,:) = [];                  % 删除回归分析的常数项
        cancha = she_f - she_t * beta1;     % 求残差向量
        p_i(j) = sum(cancha.^2);
    end
    p(i) = sum(p_i);
    if i > 1
        Q_h2(i) = 1 - p(i)/ss(i - 1);
    else
        Q_h2(1) = 1;
    end
    if Q_h2(i) < 0.0975
        fprintf('提出的成分个数 r = %d',i);
        r = i;
        break
    end
end
```

```
beta_z = [t(:,1:r),ones(num,1)]\f0;          % 求 Y 关于 t 的回归系数
beta_z(end, :) = [];                         % 删除常数项
xishu = w_star(:,1:r) * beta_z;       % 求 Y 关于 X 的回归系数,且是针对标准数据的回归系数
% 每一列是一个回归方程
mu_x = mu(1:n);mu_y = mu(n + 1:end);
sig_x = sig(1:n);sig_y = sig(n + 1:end);
for i = 1:m
    ch0(i) = mu_y(i) − mu_x./sig_x * sig_y(i) * xishu(:,i);   % 计算原始数据的回归方程的
常数项
end

for i = 1:m
    xish(:,i) = xishu(:,i)./sig_x' * sig_y(i);   % 计算原始数据的回归方程的系数,每一列
是一个回归方程
end
sol = [ch0;xish]          % 显示回归方程的系数,每一列是一个方程,每一列的第一个数是常项
w1 = w(:,1)
w2 = w(:,2)
wx1 = w_star(:,1)
wx2 = w_star(:,2)
tx1 = t(:,1)'
tx2 = t(:,2)'
beta_z                                        % 回归系数
```

运行程序,得到相应计算结果。计算结果只要提出两个成分 t_1 和 t_2 即可,交叉有效性 $Q_2^2 = -0.1969$。w_h 与 w_h^* 的取值见表 13-3,成分 t_h 的得分 $\hat{t}_h$ 见表 13-4。

表 13-3 w_h 与 w_h^* 的取值

自 变 量	w_1	w_2	w_1^*	w_2^*
x_1	-0.5899	-0.4688	-0.5899	-0.3679
x_2	-0.7713	0.5680	-0.7713	0.6999
x_3	0.2389	0.6765	0.2389	0.6356

表 13-4 t_h 的得分 $\hat{t}_h$

序号	1	2	3	4	5	6	7	8	9	10
$\hat{t}_1$	0.6429	0.7697	0.9074	0.6884	0.4867	0.2291	1.4037	0.7436	1.7151	1.1626
$\hat{t}_2$	-0.5914	-0.1667	0.5212	0.6800	-1.1328	0.0717	0.0767	0.2106	0.6549	-0.1668

序号	11	12	13	14	15	16	17	18	19	20
$\hat{t}_1$	0.3645	0.7433	1.1867	-4.3898	-0.8232	-0.7490	-0.3929	1.1993	1.0485	1.9424
$\hat{t}_2$	-0.7007	-0.6983	0.7570	0.7600	-0.9738	0.5211	0.2034	-0.7827	-0.3729	1.1294

标准化变量 $\tilde{y}_k$ 关于成分 t_1 的回归模型为

$$\tilde{y}_k = r_{1k}t_1 + r_{2k}t_2, \quad k = 1,2,3$$

由于成分 t_h 可以写成原变量的标准化变量 $\tilde{x}_j$ 的函数,即有

$$t_h = w_{1h}^* \tilde{x}_1 + w_{2h}^* \tilde{x}_2 + w_{3h}^* \tilde{x}_3$$

由此可得由成分 t_1 所建立的偏最小二乘回归模型为

$$\tilde{y}_k = r_{1k}(w_1^* \tilde{x}_1 + w_{21}^* \tilde{x}_2 + w_{31}^* \tilde{x}_3) + r_{2k}(w_{12}^* \tilde{x}_1 + w_{22}^* \tilde{x}_2 + w_{32}^* \tilde{x}_3)$$

$$= (r_{1k}w_{11}^* + r_{2k}w_{12}^*)\tilde{x}_1 + (r_{1k}w_{21}^* + r_{2k}w_{22}^*)\tilde{x}_2 + (r_{1k}w_{31}^* + r_{2k}\tilde{x}_{32}^*)\tilde{x}_3$$

有关 $r_h = (r_{h1}, r_{h2}, r_{h3})$ 的计算结果如表 13-5 所示。

表 13-5　回归系数 r_h

k	1	2	3
r_1	0.3416	0.4161	0.1430
r_2	−0.3364	−0.2908	−0.0652

因此,有

$$\tilde{y}_1 = -0.0778\,\tilde{x}_1 - 0.4989\,\tilde{x}_2 - 0.1322\,\tilde{x}_3$$

$$\tilde{y}_2 = -0.138\,\tilde{x}_1 - 0.5244\,\tilde{x}_2 - 0.0854\,\tilde{x}_3$$

$$\tilde{y}_3 = -0.0604\,\tilde{x}_1 - 0.1559\,\tilde{x}_2 - 0.0073\,\tilde{x}_3$$

将标准化变量 $\tilde{y}_k, \tilde{x}_k (k=1,2,3)$ 分别还原成原始变量 $y_k, x_k(k=1,2,3)$,则回归方程为

$$\tilde{y}_1 = -0.0167\,\tilde{x}_1 - 0.8237\,\tilde{x}_2 - 0.0969\,\tilde{x}_3 + 47.0197$$

$$\tilde{y}_2 = -0.3509\,\tilde{x}_1 - 10.2477\,\tilde{x}_2 - 0.7412\,\tilde{x}_3 + 612.5671$$

$$\tilde{y}_3 = -0.1253\,\tilde{x}_1 - 2.4969\,\tilde{x}_2 - 0.0518\,\tilde{x}_3 + 183.9849$$

为了更直观、迅速地观察各个自变量在解释 $y_k(k=1,2,3)$ 时的边际作用,可以绘制回归系数图,如图 13-1 所示。

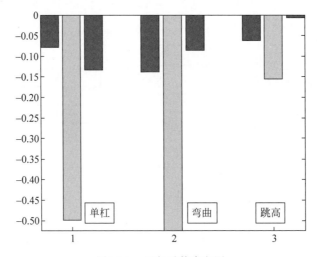

图 13-1　回归系数直方图

从图 13-1 中可以立刻观察到,腰围变量在解释三个回归方程时起到了极为重要的作用。然而,与单杠及弯曲相比,跳高成绩的回归方程显然不够理想,三个自变量对它的解释能力均很低。

为了考察这三个回归方程的模型精度,以 $(\hat{y}_{ik}, y_{ik})$ 为坐标值,对所有的样本点绘制预测图。$\hat{y}_{ik}$ 是第 k 个变量,第 i 个样本点 (y_{ik}) 的预测值。

体能训练的预测图如图 13-2 所示。

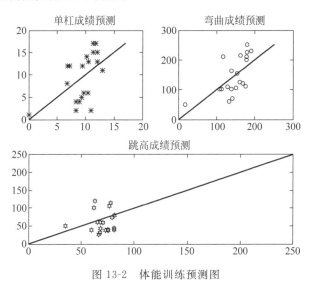

图 13-2　体能训练预测图

如图 13-2 所示,如果所有点都能在图的对角线附近均匀分布,则方程的拟合值与原值差异很小,这个方程的拟合效果就是满意的。

MATLAB 程序如下:

```
clc                          % 清屏
clear all;                   % 删除 workplace 变量
close all;                   % 关掉显示图形窗口
format short
load('mydata.mat')

figure,
bar(xishu')
axis tight
hold on
annotation('textbox',[0.26 0.14 0.086 0.07],'String',{'单杠'},'FitBoxToText','off');
annotation('textbox',[0.56 0.14 0.086 0.07],'String',{'弯曲'},'FitBoxToText','off');
annotation('textbox',[0.76 0.14 0.086 0.07],'String',{'跳高'},'FitBoxToText','off');

ch0 = repmat(ch0,num,1);
yhat = ch0 + x0 * xish;      % 计算 y 的预测值
y1max = max(yhat);
y2max = max(y0);
ymax = max([y1max;y2max])
cancha = yhat − y0;          % 计算残差
% 画图
figure,
subplot(2,2,1)
plot(0:ymax(1),0:ymax(1),yhat(:,1),y0(:,1),'*')
title('单杠成绩预测')
subplot(2,2,2)
```

```
plot(0:ymax(2),0:ymax(2),yhat(:,2),y0(:,2),'O')
title('弯曲成绩预测')

subplot(2,1,2)
plot(0:ymax(3),0:ymax(3),yhat(:,3),y0(:,3),'H')
title('跳高成绩预测')
```

本章小结

偏最小二乘回归提供了一种多对多线性回归建模的方法,特别当两组变量的个数很多,且都存在多重相关性,而样本量又较少时,用偏最小二乘回归建立的模型具有传统的经典回归分析等方法所没有的优点。偏最小二乘回归分析在建模过程中集中了主成分分析、典型相关分析和线性回归分析方法的特点。

第14章 人工智能算法

人工智能学科诞生于 20 世纪 50 年代中期,当时由于计算机的产生与发展,人们开始了具有真正意义的人工智能的研究。它在自动推理、认知建模、机器学习、神经元网络、自然语言处理、专家系统、智能机器人等方面的理论和应用上都取得了称得上具有"智能"的成果。

本章主要介绍三种经典智能算法及其 MATLAB 实现方法。

学习目标:

- 了解人工智能基本概念;
- 掌握粒子群算法原理及其使用方法;
- 掌握遗传算法原理及其使用方法;
- 掌握蚁群算法原理及其使用方法。

14.1 人工智能基本概念

人工智能就是认识智能机理,建造智能实体,用人工的方法去模拟和实现人类智能。从这个意义上来说,人工智能的定义应该依赖于对智能的定义。本节从智能的概念入手,讨论人工智能的一些基本概念。

14.1.1 智能的概念

智能及智能的本质是古今中外许多哲学家、脑科学家一直在努力探索和研究的问题,但至今仍然没有完全了解,以致智能的发生与物质的本质、宇宙的起源、生命的本质一起被列为自然界四大奥秘。

近些年来,随着脑科学、神经心理学等研究的进展,人们对人脑的结构和功能有了初步认识,但对整个神经系统的内部结构和作用机制,特别是脑的功能原理还没有认识清楚,有待进一步的探索。因此,很难对智能给出确切的定义。而在仿生和模拟、超级计算机方面也有其特定含义。

1. 智能的分类

根据霍华德·加德纳的多元智能理论,人类的智能可以分成 8 个范畴：

（1）语言智能（linguistic intelligence）。语言智能是指有效地运用口头语言或文字表达自己的思想并理解他人，灵活掌握语音、语义、语法，具备用言语思维、用言语表达和欣赏语言深层内涵的能力结合在一起并运用自如的能力。它们适合的职业是政治活动家、主持人、律师、演说家、编辑、作家、记者、教师等。

（2）数学逻辑智能（logical-mathematical intelligence）。数学逻辑智能是指有效地计算、测量、推理、归纳、分类，并进行复杂数学运算的能力。这项智能包括对逻辑的方式和关系、陈述和主张、功能及其他相关的抽象概念的敏感性。它们适合的职业是科学家、会计师、统计学家、工程师、电脑软体研发人员等。

（3）空间智能（spatial intelligence）。空间智能是指准确感知视觉空间及周围一切事物，并且能把所感觉到的形象以图画的形式表现出来的能力。这项智能包括对色彩、线条、形状、形式、空间关系很敏感。它们适合的职业是室内设计师、建筑师、摄影师、画家、飞行员等。

（4）身体运动智能（bodily-kinesthetic intelligence）。身体运动智能是指善于运用整个身体来表达思想和情感、灵巧地运用双手制作或操作物体的能力。这项智能包括特殊的身体技巧，如平衡、协调、敏捷、力量、弹性和速度以及由触觉所引起的能力。它们适合的职业是运动员、演员、舞蹈家、外科医生、宝石匠、机械师等。

（5）音乐智能（musical intelligence）。音乐智能是指人能够敏锐地感知音调、旋律、节奏、音色等能力。这项智能对节奏、音调、旋律或音色的敏感性强，与生俱来就拥有音乐的天赋，具有较高的表演、创作及思考音乐的能力。它们适合的职业是歌唱家、作曲家、指挥家、音乐评论家、调琴师等。

（6）人际智能（interpersonal intelligence）。人际智能是指能很好地理解别人和与人交往的能力。这项智能善于察觉他人的情绪、情感，体会他人的感觉感受，辨别不同人际关系的暗示以及对这些暗示做出适当反应的能力。它们适合的职业是政治家、外交家、领导者、心理咨询师、公关人员、推销等。

（7）自我认知智能（intrapersonal intelligence）。自我认知智能是指自我认识和善于自知之明并据此做出适当行为的能力。这项智能能够认识自己的长处和短处，意识到自己的内在爱好、情绪、意向、脾气和自尊，喜欢独立思考的能力。它们适合的职业是哲学家、政治家、思想家、心理学家等。

（8）自然认知智能（naturalist intelligence）。自然认知智能是指善于观察自然界中的各种事物，对物体进行辨别和分类的能力。这项智能有着强烈的好奇心和求知欲，有着敏锐的观察能力，能了解各种事物的细微差别。它们适合的职业是天文学家、生物学家、地质学家、考古学家、环境设计师等。

2. 认识智能的不同观点

根据对人脑已有的认识，结合智能的外在表现，从不同的角度、不同的侧面、用不同的方法对智能进行研究，学者们提出了几种不同的观点，其中影响较大的观点有思维理论、知识阈值理论及进化理论等。

（1）思维理论。认为智能的核心是思维，人的一切智能都来自大脑的思维活动，人类的一切知识都是人类思维的产物,因而通过对思维规律与方法的研究可望揭示智能的本质。

(2)知识阈值理论。认为智能行为取决于知识的数量及其一般化的程度,一个系统之所以有智能是因为它具有可运用的知识。因此,知识阈值理论把智能定义为:智能就是在巨大的搜索空间中迅速找到一个满意解的能力。这一理论在人工智能的发展史中有着重要的影响,知识工程、专家系统等都是在这一理论的影响下发展起来的。

(3)进化理论。认为人的本质能力是在动态环境中的行走能力、对外界事物的感知能力、维持生命和繁衍生息的能力。核心是用控制取代表示,从而取消概念,模型及显示表示的知识,否定抽象对智能及智能模型的必要性,强调分层结构对智能进化的可能性与必要性。该智能一般是后天形成的,其原因为对外界刺激做出反应。例如将一婴儿置于黑屋子中,则一段时间以后,他的智力仍接近0,这说明智能的产生与自己本身无关,而取决于自身对外界刺激的反应。再例如报道的"猪孩",因其接受的刺激远少于正常儿童而无法发展到正常智力。思维的产生是基于对复杂刺激所生成的复杂反应。智能的体现为感知自身的存在。

综上,可以认为智能是知识与智力的总和。其中,知识是一切智能行为的基础,而智力是获取知识并运用知识求解问题的能力,是头脑中思维活动的具体体现。

3. 智能的层次结构

根据脑科学研究,人类智能总体上可以分为高、中、低三个层次。不同层次智能的活动由不同的神经系统来完成。

(1)高层智能以大脑皮层为主,大脑皮层又称为抑制中枢,主要完成记忆、思维等活动。

(2)中层智能以丘脑为主,也称为感觉中枢,主要完成感知活动。

(3)低层智能以小脑脊髓为主,主要完成动作反应活动。

可见,把智能的不同观点和智能的层次结构联系起来看,思维理论和知识阈值理论对应于高层智能,进化理论对应于中层智能和低层智能。

14.1.2 人工智能的概念

人工智能(artificial intelligence),英文缩写为 AI。它是研究、开发用于模拟、延伸和扩展人的智能的理论、方法、技术及应用系统的一门新的技术科学。"人工智能"一词最初是在 1956 年 Dartmouth 学会上提出的。从那以后,研究者们发展了众多理论和原理,人工智能的概念也随之扩展。

从 1956 年正式提出人工智能学科算起,50 多年来,取得长足的发展,成为一门广泛的交叉和前沿科学。

总的来说,人工智能的目的就是让计算机这台机器能够像人一样思考。如果希望做出一台能够思考的机器,那就必须知道什么是思考,更进一步讲就是什么是智慧。

什么样的机器才是智慧的呢?科学家已经作出了汽车、火车、飞机、收音机等,它们模仿我们身体器官的功能,但是能不能模仿人类大脑的功能呢?我们也仅仅知道这个装在我们天灵盖里面的东西是由数十亿个神经细胞组成的器官,我们对这个东西知之其少，模仿它或许是天下最困难的事情。

当计算机出现后，人类开始真正有了一个可以模拟人类思维的工具，在以后的岁月中，无数科学家为这个目标努力着。

现在人工智能已经不再是几个科学家的专利了，全世界几乎所有大学的计算机系都有人在研究这门学科，学习计算机的大学生也必须学习这样一门课程，在大家不懈的努力下，现在计算机似乎已经变得十分聪明了。

例如，1997年5月，IBM公司研制的深蓝(deep blue)计算机战胜了国际象棋大师卡斯帕洛夫(Kasparov)。大家或许不会注意到，在一些地方计算机帮助人进行其他原来只属于人类的工作，计算机以它的高速和准确为人类发挥着它的作用。

人工智能始终是计算机科学的前沿学科，计算机编程语言和其他计算机软件都因为有了人工智能的进展而得以存在。

14.1.3　人工智能的研究目标

关于人工智能的研究目标，目前还没有统一的意见。斯洛曼于1978年规划了三个主要目标：

(1) 对智能行为有效解释的理论分析。

(2) 解释人类智能。

(3) 构造智能的人工制品。

要实现斯洛曼的这些目标，需要同时开展对智能机理和智能构造技术的研究。图灵在描述智能机器的时候，尽管没有提到思维过程，但是想要真正实现这种智能机器，却同样离不开对智能机理的研究。

因此，揭示人类智能的根本机理，用智能机器去模拟、延伸和扩展人类智能应该是人工智能的根本目标，或者远期目标。

人工智能的远期目标涉及脑科学、认知科学、计算机科学、系统科学、微电子及控制方法论等多种科学，并有赖于这些学科的共同发展。但从目前这些学科的发展情况来看，实现人工智能的远期目标还需要很长的时间。

在这种情况下，人工智能的近期目标是研究如何使现有计算机更加"聪明"，即使计算机可以运用知识去处理问题、模拟人类的智能行为(如学习、分析、思考等)。

为了实现这个目标，需要大家根据现有计算机的特点，研究实现智能的有关方法和技术，建立对应的智能系统。

实际上，人工智能的远期目标和近期目标是相辅相成的。远期目标为近期目标指明了方向，而近期目标为远期目标奠定了理论和技术基础。同时，近期目标和远期目标并没有严格的界限。近期目标会随着人工智能研究的发展而变化，并最终达到远期目标。

14.2　人工智能的典型应用

人工智能的应用领域已经非常广泛，这些应用从理论到技术，从产品到工程，从家庭到社会，如智能家居、智能网络、智能交通、智能楼宇和智能控制等。下面简单介绍几种典型的应用。

1. 智能机器人

机器人是一种具有人类的某些智能行为的机器。它是在电子学、人工智能、控制论、系统工程和心理学等多种学科或技术发展的基础上形成的一种综合性技术学科。

机器人可以分为很多类型,如工业机器人、水下机器人、家用机器人等。其研究的主要目的是:从应用方面考虑,可以让机器人帮助或代替人去完成一些工作;从科学方面考虑,可以为人工智能的研究提供一个综合试验场地。

机器人既是人工智能的研究对象,也是人工智能的试验场。几乎所有的人工智能技术都可以在机器人中得到应用。

智能机器人是一种具有感知能力、思维能力和行为能力的新一代机器人。这种机器人都能够主动适应外界环境变化,并能够通过学习丰富自己的知识,提高自己的工作能力。目前研究的智能机器人已经可以根据命令完成许多复杂的操作。

2. 智能网络

因特网的产生和发展为人类提供了方便快捷的学习交换手段,它极大地改变了人们的生活和工作方式,已成为当今人类社会信息化的一个重要标志。但是基于因特网的万维网却是一个杂乱无章、真假不分的信息海洋,大量的信息冗余给人们带来很多烦恼。因此,实现智能网络具有极大的理论意义和实际价值。

智能网络有两个重要的研究内容:智能搜索引擎和智能网络。智能搜索引擎是一种可以为用户提供内容识别、信息过滤等人性化服务的搜索引擎。智能网络是一种物理结构和物理分布无关的网络环境,它能够实现各种资源的充分分享,能为不同的用户提供个性化的网络服务。

3. 智能检索

智能检索是指利用人工智能的方法从大量信息中尽快找到所需要的信息或知识。随着科学技术的迅速发展和学习手段的快速提升,在各种数据库,尤其是因特网上存放着大量信息。面对这些数据,需要相应的智能检索技术帮助人们快速、准确地完成检索工作。

完成智能检索系统的设计需要解决以下几个问题:

(1) 能理解用自然语言提出的各种问题。

(2) 具有一定的推理能力。

(3) 拥有一定的常识性知识。

4. 智能游戏

智能游戏是游戏技术与智能技术的一种结合,它是具有一定智能行为的游戏。在智能游戏中用到的智能技术主要有以下几种:

(1) 感知——实现对玩家角色的感知。

(2) 行为——负责根据选择的行为对游戏状态进行更新。

（3）推理和决策——负责对当前信息的认知和决策。

（4）记忆——用于记忆不同的行动序列。

（5）搜索——用于寻找不同的行动序列。

（6）学习——非玩家角色在游戏过程中学到一定的知识。

智能游戏不仅是人工智能的一个研究方向和应用对象，同时也是人工智能研究的一个很好的试验平台。

14.3　人工智能的 MATLAB 实现

在人工智能研究领域，智能算法是其重要的一个分支。目前智能计算正在蓬勃发展，研究人工智能的领域十分活跃。虽然智能算法研究水平暂时还很难使"智能机器"真正具备人类的智能，但是人工脑是人脑和生物脑的结合，这种结合将使人工智能的研究向着更广和更深的方向发展。

智能计算不断地在探索智能的新概念、新理论、新方法和新技术，这些研究成果将给人类世界带来巨大的改变。本节重点介绍几种经典的人工智能算法的 MATLAB 实现。

14.3.1　粒子群算法的 MATLAB 实现

粒子群优化算法（particle swarm optimization），缩写为 PSO，属于进化算法的一种，和模拟退火算法相似，它也是从随机解出发，通过迭代寻找最优解，它也是通过适应度来评价解的品质，但它比遗传算法规则更为简单，它没有遗传算法的"交叉"（crossover）和"变异"（mutation）操作，它通过追随当前搜索到的最优值来寻找全局最优。

1. 基本原理

PSO 从这种模型中得到启示并用于解决优化问题。PSO 中，每个优化问题的潜在解都是搜索空间中的一只鸟，称为粒子。所有的粒子都有一个由被优化的函数决定的适值（fitness value），每个粒子还有一个速度决定它们"飞行"的方向和距离。然后粒子们就追随当前的最优粒子在解空间中搜索。

粒子位置的更新方式如图 14-1 所示。

其中，x 表示粒子起始位置；v 表示粒子"飞行"的速度；p 表示搜索到的粒子的最优位置。

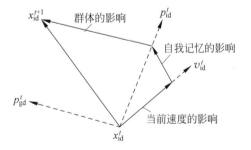

图 14-1　每代粒子位置的更新方式

PSO 初始化为一群随机粒子（随机解），然后通过迭代找到最优解。在每一次迭代中，粒子通过跟踪两个极值来更新自己；第一个就是粒子本身所找到的最优解，这个解称为个体极值；另一个极值是整个种群目前找到的最优解，这个极值是全局极值。另外，也可以不用整个种群而只是用其中一部分作为粒子的邻居，那么在所有邻居中的极值就是局部极值。

假设在一个 D 维的目标搜索空间中,有 N 个粒子组成一个群落,其中第 i 个粒子表示为一个 D 维的向量

$$\boldsymbol{X}_i = (x_{i1}, x_{i2}, \cdots, x_{iD}), \quad i = 1, 2, \cdots, N$$

第 i 个粒子的"飞行"速度也是一个 D 维的向量,记为

$$\boldsymbol{V}_i = (v_{i1}, v_{i2}, \cdots, v_{iD}), \quad i = 1, 2, \cdots, 3$$

第 i 个粒子迄今为止搜索到的最优位置称为个体极值,记为

$$p_{\text{best}} = (p_{i1}, p_{i2}, \cdots, p_{iD}), \quad i = 1, 2, \cdots, N$$

整个粒子群迄今为止搜索到的最优位置为全局极值,记为

$$g_{\text{best}} = (p_{g1}, p_{g2}, \cdots, p_{gD})$$

在找到这两个最优值时,粒子根据如下公式来更新自己的速度和位置:

$$v_{\text{id}} = w * v_{\text{id}} + c_1 r_1 (p_{\text{id}} - x_{\text{id}}) + c_2 r_2 (p_{\text{gd}} - x_{\text{id}})$$

$$x_{\text{id}} = x_{\text{id}} + v_{\text{id}}$$

式中,c_1 和 c_2 为学习因子,也称加速常数(acceleration constant);r_1 和 r_2 为 $[0,1]$ 范围内的均匀随机数。

公式 $v_{\text{id}} = w * v_{\text{id}} + c_1 r_1 (p_{\text{id}} - x_{\text{id}}) + c_2 r_2 (p_{\text{gd}} - x_{\text{id}})$ 右边由三部分组成:

第一部分为"惯性(inertia)"或"动量(momentum)"部分,反映了粒子的运动"习惯(habit)",代表粒子有维持自己先前速度的趋势。

第二部分为"认知(cognition)"部分,反映了粒子对自身历史经验的记忆或回忆,代表粒子有向自身历史最佳位置逼近的趋势。

第三部分为"社会(social)"部分,反映了粒子间协同合作与知识共享的群体历史经验,代表粒子有向群体或邻域历史最佳位置逼近的趋势。

由于粒子群算法具有高效的搜索能力,有利于得到多目标意义下的最优解;通过代表整个解集种群,按并行方式同时搜索多个非劣解,也即搜索到多个 Pareto 最优解。

同时,粒子群算法的通用性比较好,适合处理多种类型的目标函数和约束,并且容易与传统的优化方法结合,从而改进自身的局限性,更高效地解决问题。因此,将粒子群算法应用于解决多目标优化问题上具有很大的优势。

2. 程序设计

基本粒子群算法的流程图如图 14-2 所示。其具体过程如下:

(1) 初始化粒子群,包括群体规模 N、每个粒子的位置 x_i 和速度 v_i。

(2) 计算每个粒子的适应度值 $F_{\text{it}}[i]$。

(3) 对每个粒子,用它的适应值 $F_{\text{it}}[i]$ 和个体极值 $p_{\text{best}}(i)$ 比较,如果 $F_{\text{it}}[i] > p_{\text{best}}(i)$,则用 $F_{\text{it}}[i]$ 替换掉 $p_{\text{best}}(i)$。

(4) 对每个粒子,用它的适应度值 $F_{\text{it}}[i]$ 和全局极值 g_{best} 比较,如果 $F_{\text{it}}[i] > p_{\text{best}}(i)$,则用 $F_{\text{it}}[i]$ 替换掉 g_{best}。

(5) 更新粒子的速度 v_i 和位置 x_i。

(6) 如果满足结束条件(误差足够好或到达最大循环次数)退出,否则返回第 2 步。

在 MATLAB 中编程实现的基本粒子群算法基本函数为 PSO。其调用格式如下:

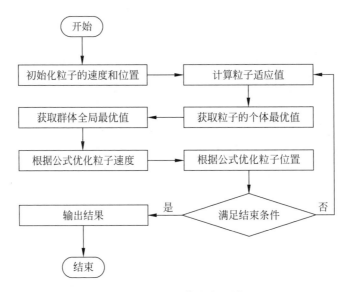

图 14-2 PSO算法流程图

[xm, fv] = PSO(fitness, N, c1, c2, w, M, D)

其中，fitness 为待优化的目标函数，也称适应度函数；N 是粒子数目；c_1 是学习因子 1；c_2 是学习因子 2；w 是惯性权重；M 是最大迭代数；D 是自变量的个数；xm 是目标函数取最小值时的自变量；fv 是目标函数的最小值。

使用 MATLAB 实现基本粒子群算法时代码如下：

```
function[xm, fv] = PSO(fitness, N, c1, c2, w, M, D)
% % % % % % 给定初始化条件 % % % % % % % % % %
% c1 为学习因子 1
% c2 为学习因子 2
% w 为惯性权重
% M 为最大迭代次数
% D 为自变量的个数
% N 为初始化群体个体数目
% % % % % 为初始化种群的个体(可以在这里限定位置和速度的范围) % % % % % % % % %
format long;
for i = 1:N
    for j = 1:D
        x(i, j) = randn;                    % 随机初始化位置
        v(i, j) = randn;                    % 随机初始化速度
    end
end
% % % % % % 先计算各个粒子的适应度,并初始化 pi 和 pg % % % % % % % % % % % % %
for i = 1:N
    p(i) = fitness(x(i, :));
    y(i, :) = x(i, :);
end
pg = x(N, :);                              % pg 为全局最优
for i = 1:(N-1)
```

```
        if fitness(x(i,:)) < fitness(pg)
            pg = x(i,:);
        end
    end
    %%%%%进入主要循环,按照公式依次迭代,直到满足精度要求%%%%%
    for t = 1:M
        for i = 1:N                    %更新速度、位移
            v(i,:) = w * v(i,:) + c1 * rand * (y(i,:) - x(i,:)) + c2 * rand * (pg - x(i,:));
            x(i,:) = x(i,:) + v(i,:);
            if fitness(x(i,:)) < p(i)
                p(i) = fitness(x(i,:));
                y(i,:) = x(i,:);
            end
            if p(i) < fitness(pg)
                pg = y(i,:);
            end
        end
        Pbest(t) = fitness(pg);
    end
    %%%%%%最后给出计算结果
    disp('********************************************* ')
    disp('目标函数取最小值时的自变量: ')
    xm = pg'
    disp('目标函数的最小值为: ')
    fv = fitness(pg)
    disp('******************************** ************************* ')
```

　　将上面的函数保存到 MATLAB 可搜索路径中,即可调用该函数。再定义不同的目标函数 fitness 和其他输入量,就可以用粒子群算法求解不同问题。

　　粒子群算法使用的函数有很多种,下面介绍两个常用的适应度函数。

　　1) Griewank 函数

　　该函数的 MATLAB 代码如下:

```
function y = Griewank(x)
% Griewank 函数
% 输入 x,给出相应的 y 值,在 x = (0,0,…,0)处有全局极小点 0
[row,col] = size(x);
if row > 1
    error('输入的参数错误');
end
y1 = 1/4000 * sum(x.^2);
y2 = 1;
for h = 1:col
    y2 = y2 * cos(x(h)/sqrt(h));
end
y = y1 - y2 + 1;
y = - y;
```

绘制以上函数图形的 MATLAB 代码如下：

```
function DrawGriewank()
% 绘制 Griewank 函数图形
x = [-8:0.1:8];
y = x;
[X,Y] = meshgrid(x,y);
[row,col] = size(X);
for l = 1:col
    for h = 1:row
        z(h,l) = Griewank([X(h,l),Y(h,l)]);
    end
end
surf(X,Y,z);
shading interp
```

将以上代码保存为 DrawGriewank.m 文件，并运行上述代码，得到 Griewank 函数图像如图 14-3 所示。

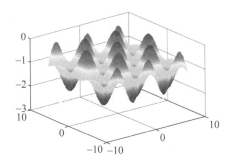

图 14-3　Griewank 函数图像

2) Rastrigin 函数

该函数 MATLAB 代码如下：

```
function y = Rastrigin(x)
% Rastrigin 函数
% 输入 x,给出相应的 y 值,在 x = (0,0,…,0)处有全局极小点 0
[row,col] = size(x);
if row > 1
    error('输入的参数错误');
end
y = sum(x.^2 - 10 * cos(2 * pi * x) + 10);
y = - y;
```

绘制以上函数图形的 MATLAB 代码如下：

```
function DrawRastrigin()
x = [-4:0.05:4];
y = x;
```

```
[X,Y] = meshgrid(x,y);
[row,col] = size(X);
for l = 1:col
    for h = 1:row
        z(h,l) = Rastrigin([X(h,l),Y(h,l)]);
    end
end
surf(X,Y,z);
shading interp
```

运行上述代码,得到 Rastrigin 函数图像如图 14-4 所示。

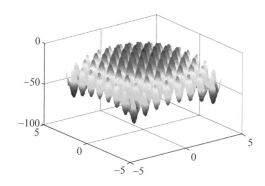

图 14-4   Rastrigin 函数图像

【例 14-1】   利用上面介绍的基本粒子群算法求解下列函数的最小值。

$$f(x) = \sum_{i=1}^{30} x_i^2 + x_i - 6$$

利用 PSO 算法求解最小值,需要首先确认不同迭代步数对结果的影响。设定题中函数的最小点均为 0,粒子群规模为 50,惯性权值为 0.5,学习因子 1 为 1.5,学习因子 2 为 2.5,迭代步数分别取为 100、1000、10000。

在 MATLAB 中建立目标函数代码如下:

```
function F = fitness(x)
F = 0;
for i = 1:30
    F = F + x(i)^2 + x(i) - 6
end
```

在 MATLAB 命令行窗口输入以下代码:

```
x = zeros(1,30);
[xm1,fv1] = PSO(@fitness,50,1.5,2.5,0.5,100,30);
[xm2,fv2] = PSO(@fitness,50,1.5,2.5,0.5,1000,30);
[xm3,fv3] = PSO(@fitness,50,1.5,2.5,0.5,10000,30);
```

运行以上代码,比较目标函数取最小值时的自变量,如表 14-1 所示。

表 14-1　比较不同迭代步数下的目标函数值和最小值

迭代步数	100	1000	10 000
x_1	$-0.203\ 470\ 374\ 827\ 947$	$-0.322\ 086\ 628\ 880\ 754$	$-0.435\ 569\ 044\ 575\ 185$
x_2	$0.0\ 614\ 316\ 795\ 653\ 017$	$-0.236\ 499\ 213\ 027\ 137$	$-0.456\ 597\ 706\ 978\ 179$
x_3	$-0.432\ 057\ 786\ 059\ 138$	$-0.174\ 672\ 457\ 595\ 542$	$-0.272\ 548\ 635\ 326\ 235$
x_4	$-0.562\ 337\ 192\ 754\ 589$	$-0.323\ 434\ 573\ 711\ 674$	$-0.410\ 028\ 636\ 513\ 352$
x_5	$0.216\ 285\ 572\ 045\ 985$	$-0.559\ 755\ 785\ 428\ 548$	$-0.478\ 395\ 017\ 745\ 105$
x_6	$-0.448\ 174\ 496\ 712\ 675$	$-0.500\ 724\ 696\ 101\ 979$	$-0.438\ 617\ 720\ 718\ 304$
x_7	$0.0\ 101\ 008\ 034\ 620\ 691$	$-0.334\ 601\ 378\ 057\ 723$	$-0.624\ 351\ 586\ 431\ 356$
x_8	$-0.359\ 780\ 035\ 841\ 033$	$-0.599\ 261\ 558\ 115\ 410$	$-0.542\ 835\ 397\ 138\ 839$
x_9	$-0.244\ 678\ 550\ 463\ 580$	$-0.689\ 138\ 008\ 554\ 286$	$-0.243\ 113\ 131\ 019\ 114$
x_{10}	$-0.316\ 139\ 905\ 200\ 595$	$-0.0\ 694\ 954\ 358\ 421\ 096$	$-0.143\ 940\ 233\ 374\ 031$
x_{11}	$-0.408\ 639\ 179\ 789\ 461$	$-0.259\ 841\ 700\ 046\ 576$	$-0.706\ 252\ 186\ 322\ 252$
x_{12}	$-0.642\ 619\ 836\ 410\ 718$	$-0.246\ 141\ 170\ 661\ 282$	$-0.00\ 781\ 653\ 355\ 911\ 016$
x_{13}	$-0.522\ 925\ 465\ 434\ 690$	$-0.449\ 585\ 957\ 090\ 094$	$-0.334\ 838\ 983\ 888\ 102$
x_{14}	$-0.203\ 441\ 587\ 074\ 036$	$-0.406\ 235\ 920\ 268\ 046$	$-0.104\ 353\ 647\ 362\ 726$
x_{15}	$-0.563\ 308\ 887\ 343\ 590$	$0.0\ 891\ 778\ 287\ 549\ 033$	$-0.438\ 931\ 696\ 076\ 205$
x_{16}	$-0.301\ 808\ 274\ 435\ 673$	$-0.0\ 303\ 852\ 886\ 125\ 965$	$-0.177\ 440\ 809\ 228\ 911$
x_{17}	$-0.709\ 768\ 167\ 671\ 245$	$-0.552\ 156\ 841\ 443\ 132$	$-0.621\ 428\ 723\ 324\ 555$
x_{18}	$-0.420\ 233\ 565\ 717\ 631$	$-0.354\ 652\ 539\ 291\ 389$	$-0.321\ 409\ 146\ 325\ 643$
x_{19}	$-0.0\ 649\ 786\ 155\ 553\ 592$	$-0.473\ 586\ 592\ 491\ 481$	$-0.340\ 215\ 630\ 334\ 193$
x_{20}	$0.0\ 835\ 405\ 545\ 618\ 331$	$-0.542\ 947\ 832\ 512\ 436$	$-0.435\ 868\ 961\ 230\ 739$
x_{21}	$-0.677\ 113\ 366\ 792\ 996$	$-0.571\ 165\ 888\ 709\ 759$	$-0.402\ 359\ 314\ 141\ 048$
x_{22}	$-0.288\ 800\ 585\ 542\ 166$	$-0.235\ 227\ 313\ 009\ 656$	$-0.663\ 112\ 621\ 839\ 921$
x_{23}	$-0.423\ 115\ 455\ 971\ 755$	$-0.783\ 184\ 021\ 012\ 424$	$-0.243\ 847\ 375\ 888\ 005$
x_{24}	$-0.483\ 611\ 573\ 904\ 200$	$-0.610\ 977\ 611\ 626\ 016$	$-0.372\ 767\ 988\ 055\ 409$
x_{25}	$-0.296\ 101\ 193\ 584\ 627$	$-0.0\ 762\ 667\ 490\ 397\ 894$	$-0.588\ 328\ 193\ 723\ 098$
x_{26}	$-0.364\ 523\ 672\ 340\ 500$	$-0.389\ 593\ 896\ 038\ 030$	$-0.310\ 699\ 752\ 647\ 837$
x_{27}	$-0.217\ 234\ 643\ 531\ 979$	$-0.152\ 204\ 938\ 081\ 090$	$-0.474\ 445\ 660\ 596\ 261$
x_{28}	$0.056\ 237\ 109\ 118\ 850\ 2$	$-0.812\ 638\ 082\ 215\ 613$	$-0.0\ 836\ 301\ 944\ 341\ 218$
x_{29}	$-0.507\ 805\ 752\ 603\ 469$	$-0.661\ 787\ 823\ 700\ 067$	$-0.0\ 284\ 228\ 008\ 093\ 966$
x_{30}	$-0.0\ 208\ 750\ 670\ 471\ 909$	$-0.145\ 197\ 593\ 442\ 009$	$-0.397\ 530\ 666\ 505\ 423$
目标函数最小值 fv	$-184.692\ 117\ 109\ 108$	$-184.692\ 117\ 109\ 108$	$-184.692\ 117\ 109\ 108$

从表 14-1 可以看出,迭代步数不一定与获得解的精度成正比,即迭代步数越大,获得解的精度不一定越高。这是因为 PSO 算法是一种随机算法,同样的参数也会算出不同的结果。

在上述参数基础上,保持惯性权重为 0.5、学习因子 1 为 1.5、学习因子 2 为 2.5、迭代步数为 100 不变,粒子群规模分别取 10、100 和 500,运行以下 MATLAB 代码:

```
x = zeros(1,30);
[xm1,fv1] = PSO(@fitness,10,1.5,2.5,0.5,100,30);
```

```
[xm2,fv2] = PSO(@fitness,100,1.5,2.5,0.5,100,30);
[xm3,fv3] = PSO(@fitness,500,1.5,2.5,0.5,100,30);
```

比较目标函数取最小值时的自变量，如表 14-2 所示。

表 14-2　比较不同粒子群规模下的目标函数值和最小值

粒子群规模	10	100	500
x_1	$-0.461\ 280\ 538\ 391\ 346$	$-0.568\ 652\ 265\ 006\ 235$	$-0.490\ 268\ 156\ 078\ 420$
x_2	$-0.408\ 370\ 995\ 746\ 921$	$-0.452\ 788\ 770\ 991\ 822$	$-0.495\ 317\ 061\ 863\ 384$
x_3	$-0.0\ 288\ 416\ 005\ 345\ 963$	$-0.388\ 174\ 768\ 325\ 847$	$-0.508\ 017\ 090\ 877\ 808$
x_4	$-0.0\ 552\ 338\ 567\ 227\ 231$	$-0.401\ 507\ 545\ 198\ 533$	$-0.517\ 007\ 413\ 849\ 568$
x_5	$0.0\ 738\ 166\ 644\ 789\ 645$	$-0.551\ 259\ 879\ 300\ 365$	$-0.477\ 354\ 073\ 247\ 202$
x_6	$-0.280\ 868\ 118\ 500\ 682$	$-0.233\ 393\ 064\ 263\ 199$	$-0.496\ 014\ 962\ 954\ 584$
x_7	$-0.429\ 600\ 925\ 039\ 530$	$-0.271\ 896\ 675\ 443\ 476$	$-0.489\ 607\ 302\ 876\ 620$
x_8	$-0.409\ 562\ 596\ 099\ 239$	$-0.547\ 844\ 449\ 351\ 226$	$-0.493\ 034\ 422\ 510\ 953$
x_9	$0.281\ 766\ 017\ 074\ 388$	$-0.380\ 278\ 337\ 003\ 657$	$-0.491\ 570\ 275\ 741\ 791$
x_{10}	$-0.587\ 883\ 598\ 964\ 542$	$-0.408\ 568\ 766\ 862\ 200$	$-0.505\ 298\ 045\ 536\ 549$
x_{11}	$-0.749\ 463\ 199\ 823\ 461$	$-0.626\ 782\ 730\ 867\ 803$	$-0.503\ 117\ 287\ 033\ 364$
x_{12}	$0.0\ 779\ 478\ 416\ 748\ 528$	$-0.349\ 408\ 282\ 182\ 953$	$-0.494\ 031\ 258\ 256\ 908$
x_{13}	$-0.758\ 300\ 631\ 146\ 907$	$-0.583\ 408\ 316\ 780\ 879$	$-0.500\ 060\ 685\ 658\ 700$
x_{14}	$0.180\ 131\ 709\ 578\ 965$	$-0.375\ 383\ 139\ 040\ 645$	$-0.511\ 709\ 156\ 436\ 812$
x_{15}	$-0.564\ 532\ 674\ 933\ 458$	$-0.490\ 162\ 739\ 466\ 452$	$-0.517\ 812\ 810\ 910\ 794$
x_{16}	$-0.0\ 637\ 266\ 236\ 855\ 537$	$-0.555\ 105\ 474\ 483\ 478$	$-0.504\ 355\ 035\ 662\ 881$
x_{17}	$0.501\ 801\ 473\ 477\ 060$	$-0.560\ 793\ 363\ 305\ 467$	$-0.511\ 495\ 990\ 026\ 503$
x_{18}	$0.583\ 049\ 171\ 640\ 106$	$-0.641\ 197\ 096\ 800\ 355$	$-0.519\ 087\ 838\ 941\ 761$
x_{19}	$0.423\ 066\ 993\ 306\ 820$	$-0.594\ 790\ 333\ 100\ 089$	$-0.497\ 402\ 575\ 677\ 108$
x_{20}	$0.463\ 031\ 353\ 118\ 403$	$-0.517\ 368\ 663\ 564\ 588$	$-0.506\ 039\ 272\ 612\ 501$
x_{21}	$-0.226\ 652\ 573\ 205\ 321$	$-0.647\ 922\ 715\ 489\ 912$	$-0.493\ 311\ 227\ 454\ 402$
x_{22}	$-0.340\ 694\ 973\ 324\ 611$	$-0.493\ 043\ 901\ 761\ 973$	$-0.492\ 860\ 555\ 794\ 895$
x_{23}	$0.303\ 590\ 596\ 927\ 068$	$-0.445\ 059\ 333\ 754\ 872$	$-0.499\ 654\ 192\ 041\ 048$
x_{24}	$-0.0\ 372\ 694\ 887\ 364\ 219$	$-0.602\ 557\ 014\ 069\ 339$	$-0.494\ 888\ 427\ 804\ 042$
x_{25}	$-0.119\ 240\ 515\ 687\ 260$	$-0.439\ 982\ 689\ 177\ 553$	$-0.519\ 431\ 562\ 496\ 152$
x_{26}	$0.511\ 293\ 600\ 728\ 549$	$-0.260\ 811\ 072\ 394\ 469$	$-0.493\ 925\ 264\ 779\ 633$
x_{27}	$0.115\ 534\ 647\ 931\ 772$	$-0.738\ 686\ 510\ 406\ 502$	$-0.488\ 810\ 925\ 337\ 222$
x_{28}	$0.559\ 536\ 823\ 964\ 912$	$-0.494\ 057\ 140\ 638\ 969$	$-0.489\ 181\ 575\ 636\ 495$
x_{29}	$0.446\ 461\ 621\ 552\ 828$	$-0.378\ 395\ 529\ 426\ 522$	$-0.498\ 224\ 198\ 470\ 959$
x_{30}	$-0.359\ 535\ 394\ 729\ 040$	$-0.402\ 673\ 857\ 684\ 666$	$-0.514\ 332\ 244\ 824\ 747$
目标函数最小值 fv	$-176.440\ 172\ 293\ 181$	$-187.045\ 295\ 621\ 546$	$-187.496\ 699\ 775\ 657$

从表 14-2 中可以看出，粒子群规模越大，获得解的精度不一定越高。

综合以上不同迭代步数和不同粒子群规模运算得到的结果可知，在粒子群算法中，要想获得精度高的解，关键是各个参数之间的合适搭配。

3. MATLAB 实现

粒子群算法经常与其他算法混合使用。混合策略就是将其他进化算法或传统优化算法或其他技术应用到 PSO 中,用于提高粒子多样性、增强粒子的全局探索能力,或者提高局部开发能力、增强收敛速度与精度。

常用的粒子群混合方法基于免疫的粒子群算法。该算法是在免疫算法的基础上采用粒子群优化对抗体群体进行更新,可以解决免疫算法收敛速度慢的缺点。

基于免疫的混合粒子群算法步骤如下:

(1) 确定学习因子 c_1 和 c_2、粒子(抗体)群体个数 M。

(2) 由 logistic 回归分析映射产生 M 个粒子(抗体)x_i 及其速度 v_i,其中 $i=1,2,\cdots,N$,最后形成初始粒子(抗体)群体 P_0。

(3) 生产免疫记忆粒子(抗体)。计算当前粒子(抗体)群体 P 中粒子(抗体)的适应值并判断算法是否满足结束条件,如果满足,则结束并输出结果,否则继续运行。

(4) 更新局部和全局最优解,并根据下面公式更新粒子位置和速度;

$$x_{i,j}(t+1) = x_{i,j}(t) + v_{i,j}(t+1), \quad j=1,2,\cdots,d$$
$$v_{i,j}(t+1) = w \cdot v_{i,j}(t) + c_1 r_1 [p_{i,j} - x_{i,j}(t)] + c_2 r_2 [p_{g,j} - x_{i,j}(t)]$$

(5) 由 logistic 映射产生 N 个新的粒子(抗体)。

(6) 基于浓度的粒子(抗体)选择。用群体中相似抗体百分比计算生产 $N+M$ 个新粒子(抗体)的概率,依照概率大小选择 N 个粒子(抗体)形成粒子(抗体)群 P。然后转入第 3 步。

算法流程图如图 14-5 所示。

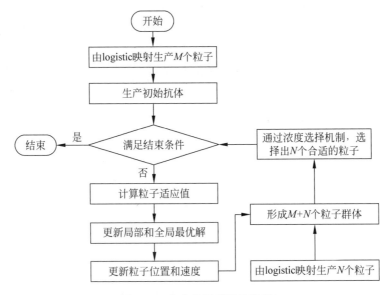

图 14-5　免疫粒子群算法流程

将实现自适应权重的优化函数命名为 PSO_immu,在 MATLAB 中编写实现以上步骤的代码如下:

```
function [x, y, Result] = PSO_immu(func, N, c1, c2, w, MaxDT, D, eps, DS, replaceP, minD, Psum)
format long;
% % % % % 给定初始化条件 % % % % % % % % % % % % % % % % % % % % % % % % % % %
% c1 = 2;                                    % 学习因子1
% c2 = 2;                                    % 学习因子2
% w = 0.8;                                   % 惯性权重
% MaxDT = 100;                               % 最大迭代次数
% D = 2;                                     % 搜索空间维数(未知数个数)
% N = 100;                                   % 初始化群体个体数目
% eps = 10 ^ ( - 10);                        % 设置精度(在已知最小值时候用)
% DS = 8;                                    % 每隔 DS 次循环就检查最优个体是否变优
% replaceP = 0.5;                            % 粒子的概率大于 replaceP 将被免疫替换
% minD = 1e - 10;                            % 粒子间的最小距离
% Psum = 0;                                  % 个体最佳的和
range = 100;
count = 0;
% % % % % % 初始化种群的个体 % % % % % % % % % % % % % % % % % % % % % % % % % %
for i = 1:N
    for j = 1:D
        x(i, j) = - range + 2 * range * rand;       % 随机初始化位置
        v(i, j) = randn;                            % 随机初始化速度
    end
end
% % % % % % % % % % % % % % % % % % % % % % % % % % % % % % % % % % % % % % % % %
% % % % 先计算各个粒子的适应度,并初始化 pi 和 pg % % % % % % % % % % % % % % % % % %
for i = 1:N
    p(i) = feval(func, x(i, :));

    y(i, :) = x(i, :);
end
pg = x(1, :);                                       % pg 为全局最优
for i = 2:N
    if feval(func, x(i, :)) < feval(func, pg)
        pg = x(i, :);
    end
end
% % % % % % % % % % % % % % % % % % % % % % % % % % % % % % % % % % % % % % %
% % % % 主循环,按照公式依次迭代,直到满足精度要求 % % % % % % % % %
for t = 1:MaxDT
    for i = 1:N
        v(i, :) = w * v(i, :) + c1 * rand * (y(i, :) - x(i, :)) + c2 * rand * (pg - x(i, :));
        x(i, :) = x(i, :) + v(i, :);
        if feval(func, x(i, :)) < p(i)
            p(i) = feval(func, x(i, :));
            y(i, :) = x(i, :);
        end
        if p(i) < feval(func, pg)
            pg = y(i, :);
            subplot(1, 2, 1);
            bar(pg, 0.25);
```

```
            axis([0 3 - 40 40 ]) ;
            title (['Iteration  ', num2str(t)]); pause (0.1);
            subplot(1,2,2);
          plot(pg(1,1),pg(1,2),'rs','MarkerFaceColor','r', 'MarkerSize',8)
            hold on;
            plot(x(:,1),x(:,2),'k.');
            set(gca,'Color','g')
            hold off;
            grid on;
            axis([ - 100 100 - 100 100 ]) ;
            title(['Global Min =   ',num2str(p(i))]);
            xlabel(['Min_x = ',num2str(pg(1,1)),'  Min_y = ',num2str(pg(1,2))]);

        end
    end
  Pbest(t) = feval(func,pg) ;
%    if Foxhole(pg,D)< eps                    % 如果结果满足精度要求,则跳出循环
%        break;
%    end
% % % % % 开始进行免疫 % % % % % % % % % % % % % % % % % % % %
    if t > DS
        if mod(t,DS) == 0 && (Pbest(t - DS + 1) - Pbest(t))< 1e - 020
% 如果连续 DS 代数,群体中的最优没有明显变优,则进行免疫
% 在函数测试的过程中发现,经过一定代数的更新,个体最优不完全相等,但变化非常非常小
            for i = 1:N                       % 计算出个体最优的和
                Psum = Psum + p(i);
            end

            for i = 1:N                       % 免疫程序

                for j = 1:N                   % 计算每个个体与个体 i 的距离
                    distance(j) = abs(p(j) - p(i));
                end
                num = 0;
                for j = 1:N                   % 计算与第 i 个个体距离小于 minD 的个数
                    if distance(j)< minD
                        num = num + 1;
                    end
                end
                PF(i) = p(N - i + 1)/Psum;     % 计算适应度概率
                PD(i) = num/N;                 % 计算个体浓度

                a = rand;                      % 随机生成计算替换概率的因子
                PR(i) = a * PF(i) + (1 - a) * PD(i); % 计算替换概率
            end

            for i = 1:N
                if PR(i)> replaceP
                    x(i,:) = - range + 2 * range * rand(1,D);
                count = count + 1;
                end
            end
```

```
            end
        end
    end

    %%%%%%%最后给出计算结果%%%%%%%%%%%%%%%%%%%%%%
    x = pg(1,1);
    y = pg(1,2);
    Result = feval(func,pg);
    %%%%%%%%%算法结束%%%%%%%%%%%%%%%%%%%%%
    function probaboPty(N,i)
    PF = p(N - i)/Psum;                    %适应度概率
    disp(PF);
    for jj = 1:N
      distance(jj) = abs(P(jj) - P(i));
    end
    num = 0;
    for ii = 1:N
        if distance(ii)< minD
            num = num + 1;
        end
    end
    PD = num/N;                            %个体浓度
    PR = a * PF + (1 - a) * PD;            %替换概率
```

【**例 14-2**】 使用基于模拟退火的混合粒子群算法,求解函数

$$f(x) = \frac{\cos(x_1^2 + x_2^2) - 1}{[1 + (x_1^2 - x_2^2)]^2} + 0.5$$

最小值,其中$-10 \leqslant x_i \leqslant 10$。粒子数为 50,学习因子均为 2,退火常数取值 0.6,迭代步数为 1000。

首先建立目标函数代码如下:

```
function y = immuFunc(x)
    y = (cos(x(1)^2 + x(2)^2) - 1)/((1 + (x(1)^2 - x(2)^2))^2) + 0.5;
end
```

在 MATLAB 命令行窗口输入代码:

```
[xm,fv] = PSO_immu (@immuFunc,50,2,2,0.8,100,5,0.0000001,10,0.6,
0.00000000000000000001,0)
```

运行后得到结果如下:

```
>> xm =
   1.139888959718036


fv =

  - 1.515992561220435
```

得到目标函数取最小值时的自变量 xm 变化图如图 14-6 所示。

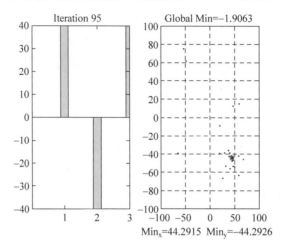

图 14-6　目标函数取最小值时的自变量 xm 变化图

14.3.2　遗传算法的 MATLAB 实现

遗传算法(genetic algorithm)是模拟自然界生物进化机制的一种算法,即遵循适者生存、优胜劣汰的法则也就是寻优过程中有用的保留无用的则去除。在科学和生产实践中表现为在所有可能的解决方法中找出最符合该问题所要求的条件的解决方法,即找出一个最优解。

1. 基本原理

遗传操作是模拟生物基因遗传的做法。在遗传算法中,通过编码组成初始群体后,遗传操作的任务就是对群体的个体按照它们对环境适应度(适应度评估)施加一定的操作,从而实现优胜劣汰的进化过程。从优化搜索的角度而言,遗传操作可使问题的解,一代又一代地优化,并逼近最优解。

遗传算法过程如图 14-7 所示。

遗传操作包括以下三个基本遗传算子 genetic operator):选择(selection)、交叉(crossover)、变异(mutation)。

个体遗传算子的操作都是在随机扰动情况下进行的。因此,群体中个体向最优解迁移的规则是随机的。需要强调的是,这种随机化操作和传统的随机搜索方法是有区别的。遗传操作进行的是高效有向的搜索,而不是如一般随机搜索方法所进行的无向搜索。

遗传操作的效果和上述三个遗传算子所取的操作概率、编码方法、群体大小、初始群体以及适应度函数的设定密切相关。

1) 选择

从群体中选择优胜的个体,淘汰劣质个体的操作叫作选择。选择算子有时又称为再生算子(reproduction operator)。选择的目的是把优化的个体直接遗传到下一代或通过配对交叉产生新的个体再遗传到下一代。

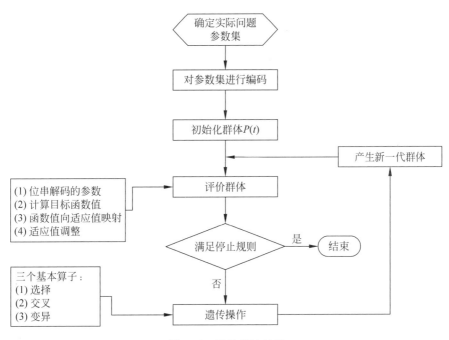

图 14-7　遗传算法过程

选择操作是建立在群体中个体的适应度评估基础上的,目前常用的选择算子有以下几种：适应度比例方法、随机遍历抽样法、局部选择法。

其中,轮盘赌选择法(roulette wheel selection)是最简单也是最常用的选择方法。在该方法中,各个个体的选择概率和其适应度值成比例。设群体大小为 n,其中个体 i 的适应度为 f_i,则 i 被选择的概率为

$$P_i = f_i \Big/ \sum_{i=1}^{n} f_i$$

显然,概率反映了个体 i 的适应度在整个群体的个体适应度总和中所占的比例。个体适应度越大,其被选择的概率就越高,反之亦然。

计算出群体中各个个体的选择概率后,为了选择交配个体,需要进行多轮选择。每一轮产生一个[0,1]之间均匀随机数,将该随机数作为选择指针来确定被选个体。

个体被选后,可随机地组成配对,以供后面的交叉操作。

2) 交叉

在自然界生物进化过程中起核心作用的是生物遗传基因的重组(加上变异)。同样,遗传算法中起核心作用的是遗传操作的交叉算子。所谓交叉,是指把两个父代个体的部分结构加以替换重组而生成新个体的操作。通过交叉,遗传算法的搜索能力得以飞跃提高。

交叉算子根据交叉率将种群中的两个个体随机地交换某些基因,能够产生新的基因组合,期望将有益基因组合在一起。根据编码表示方法的不同,可以有以下算法：

(1) 实值重组(real valued recombination)

① 离散重组(discrete recombination);

② 中间重组(intermediate recombination);

③ 线性重组(linear recombination);

④ 扩展线性重组(extended linear recombination)。

(2) 二进制交叉(binary valued crossover)

① 单点交叉(single-point crossover);

② 多点交叉(multiple-point crossover);

③ 均匀交叉(uniform crossover);

④ 洗牌交叉(shuffle crossover);

⑤ 缩小代理交叉(crossover with reduced surrogate)。

最常用的交叉算子为单点交叉。具体操作是:在个体串中随机设定一个交叉点,实行交叉时,该点前或后的两个个体的部分结构进行互换,并生成两个新个体。下面给出了单点交叉的一个例子:

个体 A:1 0 0 1 ↑1 1 1 → 1 0 0 1 0 0 0 新个体

个体 B:0 0 1 1 ↑0 0 0 → 0 0 1 1 1 1 1 新个体

3) 变异

变异算子的基本内容是对群体中的个体串的某些基因座上的基因值做变动。依据个体编码表示方法的不同,可以有以下算法:

① 实值变异;

② 二进制变异。

一般来说,变异算子操作的基本步骤如下:

(1) 对群中所有个体以事先设定的变异概率判断是否进行变异。

(2) 对进行变异的个体随机选择变异位进行变异。

遗传算法引入变异的目的有两个:一是使遗传算法具有局部的随机搜索能力。当遗传算法通过交叉算子已接近最优解邻域时,利用变异算子的这种局部随机搜索能力可以加速向最优解收敛。显然,此种情况下的变异概率应取较小值,否则接近最优解的积木块会因变异而遭到破坏。二是使遗传算法可维持群体多样性,以防止出现未成熟收敛现象。此时收敛概率应取较大值。

遗传算法中,交叉算子因其全局搜索能力而作为主要算子,变异算子因其局部搜索能力而作为辅助算子。

遗传算法通过交叉和变异这对相互配合又相互竞争的操作而使其具备兼顾全局和局部的均衡搜索能力。

所谓相互配合,是指当群体在进化中陷于搜索空间中某个超平面而仅靠交叉不能摆脱时,通过变异操作可有助于这种摆脱。

所谓相互竞争,是指当通过交叉已形成所期望的积木块时,变异操作有可能破坏这些积木块。如何有效地配合使用交叉和变异操作,是目前遗传算法的一个重要研究内容。

基本变异算子是指对群体中的个体码串随机挑选一个或多个基因座并对这些基因座的基因值做变动。(0,1)二值码串中的基本变异操作如下:

(个体 A)10010110 $\xrightarrow{\text{变异}}$ 11000110(个体 A)

注意:在基因位下方标有 * 号的基因发生变异。

变异率的选取一般受种群大小、染色体长度等因素的影响。通常选取很小的值,一般取 0.001～0.1。

4) 终止条件

当最优个体的适应度达到给定的阈值,或者最优个体的适应度和群体适应度不再上升时,或者迭代次数达到预设的代数时,算法终止。预设的代数一般设置为 100～500 代。

2. 程序设计

为了更好地在 MATLAB 中使用遗传算法,本部分主要对遗传算法的程序设计和 MATLAB 工具箱进行讲解。

随机初始化种群 $P(t) = \{x_1, x_2, \cdots, x_n\}$,计算 $P(t)$ 中个体的适应值。其 MATLAB 程序的基本格式如下:

```
Begin
t = 0
初始化 P(t)
计算 P(t)的适应值;
while (不满足停止准则)
     do
     begin
     t = t + 1
     从 P(t + 1)中选择 P(t)
     重组 P(t)
计算 P(t)的适应值
end
```

【例 14-3】 求下列函数的最大值。
$$f(x) = 10 * \sin(5x) + 7 * \cos(4x), \quad 其中\ x \in [0,15]$$

1) 初始化

initpop. m 函数的功能是实现群体的初始化,popsize 表示群体的大小,chromlength 表示染色体的长度(二值数的长度),长度大小取决于变量的二进制编码的长度。

遗传算法 MATLAB 子程序如下:

```
%初始化
function pop = initpop(popsize,chromlength)
pop = round(rand(popsize,chromlength));
% rand 随机产生每个单元为{0,1}行数为 popsize,列数为 chromlength 的矩阵,
% round 对矩阵的每个单元进行圆整
end
```

2) 目标函数值

(1) 二进制数转化为十进制数。遗传算法 MATLAB 子程序如下:

```
function pop2 = decodebinary(pop)
[px,py] = size(pop);
% 求 pop 行和列数
for i = 1:py
pop1(:,i) = 2.^(py − i). * pop(:,i);
end
pop2 = sum(pop1,2);
% 求 pop1 的每行之和
end
```

（2）二进制编码转化为十进制数。decodechrom. m 函数的功能是将染色体（或二进制编码）转换为十进制数，参数 spoint 表示待解码的二进制串的起始位置。

对于多个变量而言，如有两个变量，采用 20 位表示，每个变量 10 位，则第一个变量从 1 开始，另一个变量从 11 开始。参数 length 表示所截取的长度。

遗传算法 MATLAB 子程序如下：

```
% 将二进制编码转换成十进制数
function pop2 = decodechrom(pop,spoint,length)
pop1 = pop(:,spoint:spoint + length − 1);
pop2 = decodebinary(pop1);
end
```

（3）计算目标函数值。calobjvalue. m 函数的功能是实现目标函数的计算。

遗传算法 MATLAB 子程序如下：

```
function [objvalue] = calobjvalue(pop)
temp1 = decodechrom(pop,1,10);              % 将 pop 每行转化成十进制数
x = temp1 * 10/1023;                        % 将二值域中的数转化为变量域中的数
objvalue = 10 * sin(5 * x) + 7 * cos(4 * x); % 计算目标函数值
end
```

3）计算个体的适应值

遗传算法 MATLAB 子程序如下：

```
% 计算个体的适应值
function fitvalue = calfitvalue(objvalue)
global Cmin;
Cmin = 0;
[px,py] = size(objvalue);
for i = 1:px
    if objvalue(i) + Cmin > 0
        temp = Cmin + objvalue(i);
    else
        temp = 0.0;
    end
    fitvalue(i) = temp;
```

```
end
fitvalue = fitvalue'
```

4）选择复制

选择或复制操作是决定哪些个体可以进入下一代。程序中采用轮盘赌选择法选择，这种方法较易实现。根据方程 $P_i = f_i \big/ \sum f_i = f_i / f_{sum}$，选择步骤如下：

（1）在第 t 代，计算 f_{sum} 和 P_i。

（2）产生 $\{0,1\}$ 的随机数 $\mathrm{rand}(\,.\,)$，求 $s = \mathrm{rand}(\,.\,) * f_{sum}$。

（3）求 $\sum\limits_{i=1}^{k} f_i \geqslant s$ 中最小的 k，则第 k 个个体被选中。

（4）进行 N 次（2）、（3）操作，得到 N 个个体，成为第 $t = t+1$ 代种群。

遗传算法 MATLAB 子程序如下：

```
%选择复制
function [newpop] = selection(pop, fitvalue)
totalfit = sum(fitvalue);          %求适应值之和
fitvalue = fitvalue/totalfit;      %单个个体被选择的概率
fitvalue = cumsum(fitvalue);       %如 fitvalue = [1 2 3 4],则 cumsum(fitvalue) = [1 3 6 10]
[px, py] = size(pop);
ms = sort(rand(px, 1));            %从小到大排列
fitin = 1;
newin = 1;
while newin <= px
    if(ms(newin)) < fitvalue(fitin)
        newpop(newin) = pop(fitin);
        newin = newin + 1;
    else
        fitin = fitin + 1;
    end
end
```

5）交叉

群体中的每个个体之间都以一定的概率 P_c 交叉，即两个个体从各自字符串的某一位置（一般是随机确定）开始互相交换，这类似生物进化过程中的基因分裂与重组。

例如，假设两个父代个体 x_1、x_2 为：

$$x_1 = 0100110$$
$$x_2 = 1010001$$

从每个个体的第 3 位开始交叉，交叉后得到两个新的子代个体 y_1、y_2 分别为：

$$y_1 = 0100001$$
$$y_2 = 1010110$$

这样两个子代个体就分别具有了两个父代个体的某些特征。

利用交叉有可能由父代个体在子代组合成具有更高适合度的个体。事实上，交叉是遗传算法区别于其他传统优化方法的主要特点之一。

遗传算法 MATLAB 子程序如下：

```matlab
% 交叉
function [newpop] = crossover(pop,pc)
[px,py] = size(pop);
newpop = ones(size(pop));
for i = 1:2:px - 1
    if(rand < pc)
        cpoint = round(rand * py);
        newpop(i,:) = [pop(i,1:cpoint),pop(i + 1,cpoint + 1:py)];
        newpop(i + 1,:) = [pop(i + 1,1:cpoint),pop(i,cpoint + 1:py)];
    else
        newpop(i,:) = pop(i);
        newpop(i + 1,:) = pop(i + 1);
    end
end
```

6）变异

基因的突变普遍存在于生物的进化过程中。变异是指父代中的每个个体的每一位都以概率 P_m 翻转，即由 1 变为 0，或由 0 变为 1。

遗传算法的变异特性可以使求解过程随机地搜索到解可能存在的整个空间，因此可以在一定程度上求得全局最优解。

遗传算法 MATLAB 子程序如下：

```matlab
% 变异
function [newpop] = mutation(pop,pm)
[px,py] = size(pop);
newpop = ones(size(pop));
for i = 1:px
    if(rand < pm)
        mpoint = round(rand * py);
        if mpoint <= 0
            mpoint = 1;
        end
        newpop(i) = pop(i);
        if any(newpop(i,mpoint)) == 0
            newpop(i,mpoint) = 1;
        else
            newpop(i,mpoint) = 0;
        end
    else
        newpop(i) = pop(i);
    end
end
```

7）求出群体中最大的适应值及其个体

遗传算法 MATLAB 子程序如下：

```
% 求出群体中适应值最大的值
function [bestindividual,bestfit] = best(pop,fitvalue)
[px,py] = size(pop);
bestindividual = pop(1,:);
bestfit = fitvalue(1);
for i = 2:px
    if fitvalue(i)> bestfit
        bestindividual = pop(i,:);
        bestfit = fitvalue(i);
    end
end
```

8）主程序

遗传算法 MATLAB 主程序如下：

```
clear all
clc
popsize = 20;                                   % 群体大小
chromlength = 10;                               % 字符串长度(个体长度)
pc = 0.7;                                       % 交叉概率
pm = 0.005;                                     % 变异概率
pop = initpop(popsize,chromlength);             % 随机产生初始群体
for i = 1:20                                     % 20 为迭代次数
[objvalue] = calobjvalue(pop);                  % 计算目标函数
fitvalue = calfitvalue(objvalue);               % 计算群体中每个个体的适应度
[newpop] = selection(pop,fitvalue);             % 复制
[newpop] = crossover(pop,pc);                   % 交叉
[newpop] = mutation(pop,pc);                    % 变异
[bestindividual,bestfit] = best(pop,fitvalue);  % 求出群体中适应值最大的个体及其适应值
y(i) = max(bestfit);
n(i) = i;
pop5 = bestindividual;
x(i) = decodechrom(pop5,1,chromlength) * 10/1023;
pop = newpop;
end
fplot('9 * sin(5 * x) + 8 * cos(4 * x)',[0 15])
hold on
plot(x,y,'r * ')
hold off
```

运行主程序，得到结果如图 14-8 所示。

注意：遗传算法有四个参数需要提前设定，一般在以下范围内进行设置：

（1）群体大小——20～100。

（2）遗传算法的终止进化代数——100～500。

（3）交叉概率——0.4～0.99。

（4）变异概率——0.0001～0.1。

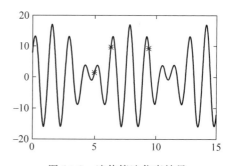

图 14-8　遗传算法仿真结果

3. MATLAB 实现

旅行商问题(traveling salesman problem,TSP),也称货郎担问题,是数学领域中的著名问题之一。TSP 问题已经被证明是一个 NP-hard 问题,由于 TSP 问题代表一类组合优化问题,因此对其近似解的研究一直是算法设计的一个重要问题。

TSP 问题从描述上来看是一个非常简单的问题,给定 n 个城市和各城市之间的距离,寻找一条遍历所有城市且每个城市只被访问一次的路径,并保证总路径距离最短。其数学描述如下:

设 $G = (V, E)$ 为赋权图,$v = \{1, 2, \cdots, n\}$ 为顶点集,E 为边集,各顶点间距离为 C_{ij},已知 $C_{ij} > 0$,且 $i, j \in v$,并设定:

$$x_{ij} = \begin{cases} 1 & \text{最优路径} \\ 0 & \text{其他情况} \end{cases}$$

那么整个 TSP 问题的数学模型表示如下:

$$\min Z = \sum_{i \neq j} C_{ij} x_{ij}$$

$$\begin{cases} \sum_{i \neq j} x_{ij} = 1, & j \in v \\ \sum_{i, j \in s} x_{ij} \leqslant |k| - 1, & k \subset v \end{cases}, \quad x_{ij} \in \{0, 1\}, i \in v, j \in v$$

式中,k 是 v 的全部非空子集;$|k|$ 是集合 k 中包含图 G 的全部顶点的个数。

遗传算法求解 TSP 的基本步骤如下:

(1) 种群初始化。个体编码方法有二进制编码和实数编码,在解决 TSP 问题过程中个体编码方法为实数编码。对于 TSP 问题,实数编码为 $1 \sim n$ 的实数的随机排列,初始化的参数有种群个数 M、染色体基因个数 N(即城市的个数)、迭代次数 C、交叉概率 P_c、变异概率 P_{mutation}。

(2) 适应度函数。在 TSP 问题中,对于任意两个城市之间的距离 $D(i, j)$,已知每个染色体(即 n 个城市的随机排列)可计算出总距离,因此可将一个随机全排列的总距离的倒数作为适应度函数,即距离越短,适应度函数越好,满足 TSP 要求。

(3) 选择操作。遗传算法选择操作有轮盘赌法、锦标赛法等多种方法,用户根据实际情况选择最合适的算法。

(4) 交叉操作。遗传算法中交叉操作有多种方法。一般对于个体,可以随机选择两个个体,在对应位置交换若干个基因片段,同时保证每个个体依然是 $1 \sim n$ 的随机排列,防止进入局部收敛。

(5) 变异操作。对于变异操作,随机选取个体,同时随机选取个体的两个基因进行交换以实现变异操作。

【例 14-4】 随机生成一组城市种群,利用遗传算法寻找一条遍历所有城市且每个城市只被访问一次的路径,且总路径距离最短的方法。

根据分析,完成 MATLAB 主函数如下:

```
% % % % % % % % % % % % % % % % % % % % % % % % % % % % % % %
% % % % % % % % % % % % % 主函数% % % % % % % % % % % % % % % %
clear;
clc;
% % % % % % % % % % % % % % 输入参数% % % % % % % % % % % % % % %
N = 10;                          % 城市的个数
M = 20;                          % 种群的个数
C = 100;                         % 迭代次数
C_old = C;
m = 2;                           % 适应值归一化淘汰加速指数
Pc = 0.4;                        % 交叉概率
Pmutation = 0.2;                 % 变异概率

% % % % % % % % % 生成城市的坐标% % % % % % % % % % % % % % % % % %
pos = randn(N,2);

% % % % % % % % 生成城市之间距离矩阵% % % % % % % % % % % % % %
D = zeros(N,N);
for i = 1:N
    for j = i + 1:N
        dis = (pos(i,1) - pos(j,1)).^2 + (pos(i,2) - pos(j,2)).^2;
        D(i,j) = dis ^(0.5);
        D(j,i) = D(i,j);
    end
end

% % % % % % % % 生成初始群体% % % % % % % % % % % % % % % % % % % % %
popm = zeros(M,N);
for i = 1:M
    popm(i,:) = randperm(N);
end

% % % % % % % % 随机选择一个种群% % % % % % % % % % % % % % % % % %
R = popm(1,:);
figure(1);
scatter(pos(:,1),pos(:,2) ,'k.');
xlabel('横轴')
ylabel('纵轴')
title('随机产生的种群图')
axis([ - 3 3 - 3 3]);
figure(2);
plot_route(pos,R);
xlabel('横轴')
ylabel('纵轴')
title('随机生成种群中城市路径情况')
axis([ - 3 3 - 3 3]);

% % % % % % % % 初始化种群及其适应函数% % % % % % % % % % % % % %
fitness = zeros(M,1);
len = zeros(M,1);
```

```
for i = 1:M
    len(i,1) = myLength(D,popm(i,:));
end
maxlen = max(len);
minlen = min(len);
fitness = fit(len,m,maxlen,minlen);
rr = find(len == minlen);
R = popm(rr(1,1),:);
for i = 1:N
fprintf('%d ',R(i));
end
fprintf('\n');
fitness = fitness/sum(fitness);
distance_min = zeros(C + 1,1);     % 各次迭代的最小的种群的距离
while C >= 0
fprintf('迭代第%d次\n',C);
%%%%选择操作%%%%
nn = 0;
for i = 1:size(popm,1)
    len_1(i,1) = myLength(D,popm(i,:));
    jc = rand * 0.3;
    for j = 1:size(popm,1)
        if fitness(j,1)>= jc
        nn = nn + 1;
        popm_sel(nn,:) = popm(j,:);
        break;
        end
    end
end
%%%%每次选择都保存最优的种群%%%%
popm_sel = popm_sel(1:nn,:);
[len_m len_index] = min(len_1);
popm_sel = [popm_sel;popm(len_index,:)];
%%%%交叉操作%%%%
nnper = randperm(nn);
A = popm_sel(nnper(1),:);
B = popm_sel(nnper(2),:);
for i = 1:nn * Pc
[A,B] = cross(A,B);
popm_sel(nnper(1),:) = A;
popm_sel(nnper(2),:) = B;
end
%%%%变异操作%%%%
for i = 1:nn
    pick = rand;
    while pick == 0
        pick = rand;
    end
    if pick <= Pmutation
        popm_sel(i,:) = Mutation(popm_sel(i,:));
```

```
        end
    end
    %%%%求适应度函数%%%%
    NN = size(popm_sel,1);
    len = zeros(NN,1);
    for i = 1:NN
        len(i,1) = myLength(D,popm_sel(i,:));
    end
    maxlen = max(len);
    minlen = min(len);
    distance_min(C + 1,1) = minlen;
    fitness = fit(len,m,maxlen,minlen);
    rr = find(len == minlen);
    fprintf('minlen = %d\n',minlen);
    R = popm_sel(rr(1,1),:);
    for i = 1:N
    fprintf('%d ',R(i));
    end
    fprintf('\n');
    popm = [];
    popm = popm_sel;
    C = C - 1;
    %pause(1);
    end
    figure(3)
    plot_route(pos,R);
    xlabel('横轴')
    ylabel('纵轴')
    title('优化后的种群中城市路径情况')
    axis([-3 3 -3 3]);
```

主函数中用到的函数代码如下:

1) 适应度函数代码

```
%%%%%%%%适应度函数%%%%%%%%%%%%%%%%%%%%%%%%%
function fitness = fit(len,m,maxlen,minlen)
    fitness = len;
    for i = 1:length(len)
        fitness(i,1) = (1 - (len(i,1) - minlen)/(maxlen - minlen + 0.0001)).^m;
    end
end
```

2) 计算个体距离函数代码

```
%%%%%%%%计算个体距离函数%%%%%%%%%%%%%%%
function len = myLength(D,p)
    [N,NN] = size(D);
    len = D(p(1,N),p(1,1));
    for i = 1:(N - 1)
        len = len + D(p(1,i),p(1,i + 1));
```

```
    end
end
```

3）交叉操作函数代码

```
% % % % % % % % 交叉操作函数 % % % % % % % % % % % % % % % % % % % % % % %
function [A,B] = cross(A,B)
    L = length(A);
    if L < 10
        W = L;
    elseif ((L/10) - floor(L/10)) > = rand&&L > 10
        W = ceil(L/10) + 8;
    else
        W = floor(L/10) + 8;
    end
    p = unidrnd(L - W + 1);
    fprintf('p = % d ',p);
    for i = 1:W
        x = find(A == B(1,p + i - 1));
        y = find(B == A(1,p + i - 1));
        [A(1,p + i - 1),B(1,p + i - 1)] = exchange(A(1,p + i - 1),B(1,p + i - 1));
        [A(1,x),B(1,y)] = exchange(A(1,x),B(1,y));
    end
end
```

4）对调函数代码

```
% % % % % % % % 对调函数 % % % % % % % % % % % % % % % % % % % % % % % % %
function [x,y] = exchange(x,y)
    temp = x;
    x = y;
        y = temp;
end
```

5）变异函数代码

```
% % % % % % % % 变异函数 % % % % % % % % % % % % % % % % % % % % % % % % %
function a = Mutation(A)
    index1 = 0;index2 = 0;
    nnper = randperm(size(A,2));
    index1 = nnper(1);
    index2 = nnper(2);
    % fprintf('index1 = % d ',index1);
    % fprintf('index2 = % d ',index2);
    temp = 0;
    temp = A(index1);
    A(index1) = A(index2);
    A(index2) = temp;
    a = A;
end
```

6）绘制连点曲线函数代码

```
%%%%%%%%连点画图函数%%%%%%%%%%%%%%%%%%%%%%%%%%%%%%%%
function plot_route(a,R)
    scatter(a(:,1),a(:,2),'rx');
    hold on;
    plot([a(R(1),1),a(R(length(R)),1)],[a(R(1),2),a(R(length(R)),2)]);
    hold on;
    for i = 2:length(R)
        x0 = a(R(i-1),1);
        y0 = a(R(i-1),2);
        x1 = a(R(i),1);
        y1 = a(R(i),2);
        xx = [x0,x1];
        yy = [y0,y1];
        plot(xx,yy);
        hold on;
    end
end
```

运行主程序,得到随机产生的城市种群图如图 14-9 所示,随机生成种群中城市路径情况如图 14-10 所示。

从图 14-9 中可以看出,速记产生的种群城市点不对称,也没有规律,用一般的方法很难得到其最优路径。从图 14-10 中可以看出,随机产生的路径长度很长,空行浪费比较多。

运行遗传算法,得到如图 14-11 所示的城市路径。从图中可以看出,该路径明显优于图 14-10 中的路径,且每个城市只经过一次。

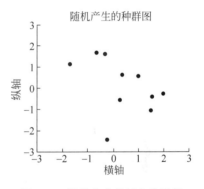

图 14-9　随机产生的城市种群图

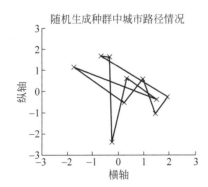

图 14-10　随机生成种群中城市路径情况

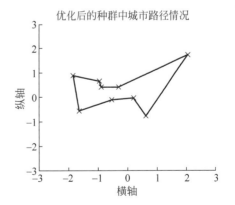

图 14-11　优化后的城市路径

14.3.3　模糊神经网络控制在 MATLAB 中的应用

美国加州大学的 L. A. Zadeh 教授在 1965 年发表了关于模糊集合理论的著名论文。文中首次提出表达事物模糊性的重要概念——隶属函数,突破了 19 世纪末康托尔的经典集合理论,这些奠定了模糊理论的基础。

模糊理论和神经网络技术是近年来人工智能研究较为活跃的两个领域。人工神经网络是模拟人脑结构的思维功能,具有较强的自学习和联想功能,人工干预少,精度较高,对专家知识的利用也较少。

模糊神经网络有如下三种形式:逻辑模糊神经网络、算术模糊神经网络、混合模糊神经网络。

模糊神经网络就是具有模糊权系数或者输入信号是模糊量的神经网络。上面三种形式的模糊神经网络中所执行的运算方法不同。

模糊神经网络无论作为逼近器,还是模式存储器,都是需要学习和优化权系数的。学习算法是模糊神经网络优化权系数的关键。

对于逻辑模糊神经网络,可采用基于误差的学习算法,即监视学习算法。对于算术模糊神经网络,则有模糊 BP 算法、遗传算法等。

对于混合模糊神经网络,目前尚未有合理的算法。不过,混合模糊神经网络一般是用于计算而不是用于学习的,它不必一定学习。

一种基于 T—S 模型的模糊神经网络由前件网络和后件网络两部分组成。前件网络用来匹配模糊规则的前件,它相当于每条规则的适用度。后件网络用来实现模糊规则的后件。总的输出为各模糊规则后件的加权和,加权系数为各条规则的适用度。

模糊神经网络具有局部逼近功能,且具有神经网络和模糊逻辑两者的优点。它既可以容易地表示模糊和定性的知识,又具有较好的学习能力。

水质评价指按照评价目标,选择相应的水质参数、水质标准和评价方法,对水体的质量利用价值及水的处理要求做出评定。水质评价是合理开发利用和保护水资源的一项基本工作。根据不同评价类型,采用相应的水质标准。

评价水环境质量,采用地面水环境质量标准;评价养殖水体的质量,采用渔业用水水质标准;评价集中式生活饮用水取水点的水源水质,用地面水卫生标准;评价农田灌溉用水,采用农田灌溉水质标准。

一般都以国家或地方政府颁布的各类水质标准作为评价标准。在无规定水质标准情况下,可采用水质基准或本水系的水质背景值作为评价标准。

现采取江水样本对江水水质进行评价,采取的取水口分别记为 A、B 和 C 厂。三个水厂水中的氨氧含量变化趋势如图 14-12～图 14-14 所示。

从图 14-12～图 14-14 可以看出,C 厂水中的氨氧含量低于 A 和 B 厂的。

【例 14-5】　应用模糊神经网络算法,实现江水水质的评价。

根据训练输入/输出数据维数确定网络结构,初始化模糊神经网络隶属于函数参数和系数,归一化训练数据。

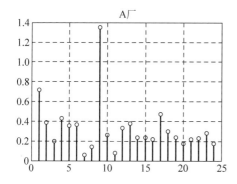

图 14-12　A 厂水中的氨氧含量变化趋势

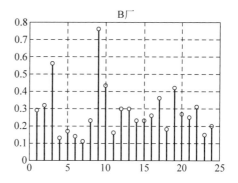

图 14-13　B 厂水中的氨氧含量变化趋势

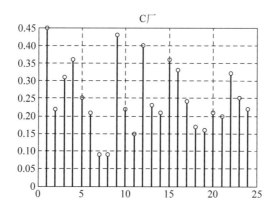

图 14-14　C 厂水中的氨氧含量变化趋势

从数据库文件 data1 中导出数据。其中,因为江水水质评价的真实数据比较难找,文中随机给出 5 类数据作为江水水质评价的 5 种因素。

MATLAB 程序如下:

```
clc
clear
%参数初始化
xite = 0.002;
alfa = 0.04;
%网络节点
I = 6;                        %输入节点数
M = 10;                       %隐含节点数
O = 1;                        %输出节点数

%系数初始化
p0 = 0.3 * ones(M,1);p0_1 = p0;p0_2 = p0_1;
p1 = 0.3 * ones(M,1);p1_1 = p1;p1_2 = p1_1;
p2 = 0.3 * ones(M,1);p2_1 = p2;p2_2 = p2_1;
p3 = 0.3 * ones(M,1);p3_1 = p3;p3_2 = p3_1;
p4 = 0.3 * ones(M,1);p4_1 = p4;p4_2 = p4_1;
p5 = 0.3 * ones(M,1);p5_1 = p5;p5_2 = p5_1;
```

```
p6 = 0.3 * ones(M,1); p6_1 = p6; p6_2 = p6_1;

% 参数初始化
c = 1 + rands(M, I); c_1 = c; c_2 = c_1;
b = 1 + rands(M, I); b_1 = b; b_2 = b_1;

maxgen = 120;                    % 进化次数

% 网络测试数据,并对数据归一化
load data1 input_train output_train input_test output_test

% 选取样本输入/输出数据归一化
[inputn, inputps] = mapminmax(input_train);
[outputn, outputps] = mapminmax(output_train);
[n,m] = size(input_train);

% % % % % % % 网络训练 % % % % % % % % % % % % %
% 循环开始,进化网络
for iii = 1:maxgen
    iii
    for k = 1:m
        x = inputn(:,k);

        % 输出层结算
        for i = 1:I
            for j = 1:M
                u(i,j) = exp( - (x(i) - c(j,i))^2/b(j,i));
            end
        end
        % 模糊规则计算
        for i = 1:M
            w(i) = u(1,i) * u(2,i) * u(3,i) * u(4,i) * u(5,i) * u(6,i);
        end
        addw = sum(w);
        for i = 1:M
          yi(i) = p0_1(i) + p1_1(i) * x(1) + p2_1(i) * x(2) + p3_1(i) * x(3) + p4_1(i) * x(4)
+ p5_1(i) * x(5) + p6_1(i) * x(6);
        end
        addyw = yi * w';
        % 网络预测计算
        yn(k) = addyw/addw;
        e(k) = outputn(k) - yn(k);
        % 计算 p 的变化值
        d_p = zeros(M,1);
        d_p = xite * e(k) * w./addw;
        d_p = d_p';

        % 计算 b 变化值
        d_b = 0 * b_1;
```

```
            for i = 1:M
                for j = 1:I
                    d_b(i,j) = xite * e(k) * (yi(i) * addw - addyw) * (x(j) - c(i,j))^2 * w(i)/(b
(i,j)^2 * addw^2);
                end
            end
            % 更新 c 变化值
            for i = 1:M
                for j = 1:I
                    d_c(i,j) = xite * e(k) * (yi(i) * addw - addyw) * 2 * (x(j) - c(i,j)) * w(i)/
(b(i,j) * addw^2);
                end
            end
            p0 = p0_1 + d_p + alfa * (p0_1 - p0_2);
            p1 = p1_1 + d_p * x(1) + alfa * (p1_1 - p1_2);
            p2 = p2_1 + d_p * x(2) + alfa * (p2_1 - p2_2);
            p3 = p3_1 + d_p * x(3) + alfa * (p3_1 - p3_2);
            p4 = p4_1 + d_p * x(4) + alfa * (p4_1 - p4_2);
            p5 = p5_1 + d_p * x(5) + alfa * (p5_1 - p5_2);
            p6 = p6_1 + d_p * x(6) + alfa * (p6_1 - p6_2);
            b = b_1 + d_b + alfa * (b_1 - b_2);
            c = c_1 + d_c + alfa * (c_1 - c_2);
            p0_2 = p0_1; p0_1 = p0;
            p1_2 = p1_1; p1_1 = p1;
            p2_2 = p2_1; p2_1 = p2;
            p3_2 = p3_1; p3_1 = p3;
            p4_2 = p4_1; p4_1 = p4;
            p5_2 = p5_1; p5_1 = p5;
            p6_2 = p6_1; p6_1 = p6;
            c_2 = c_1; c_1 = c;
            b_2 = b_1; b_1 = b;

        end
    E(iii) = sum(abs(e));
end

figure(1);
plot(outputn, 'r')
hold on
plot(yn, 'b')
hold on
plot(outputn - yn, 'g');
legend('实际输出', '预测输出', '误差', 'fontsize', 12)
title('训练数据预测', 'fontsize', 12)
xlabel('样本序号', 'fontsize', 12)
ylabel('水质等级', 'fontsize', 12)

%%%%%%%%%%%% 网络预测 %%%%%%%%%%%%%%%%%%%%
% 数据归一化处理
```

```
inputn_test = mapminmax('apply', input_test, inputps);
[n, m] = size(inputn_test)
for k = 1:m
    x = inputn_test(:, k);
    %计算输出中间层
    for i = 1:I
        for j = 1:M
            u(i, j) = exp( - (x(i) - c(j, i))^2/b(j, i));
        end
    end
    for i = 1:M
        w(i) = u(1, i) * u(2, i) * u(3, i) * u(4, i) * u(5, i) * u(6, i);
    end
    addw = 0;
    for i = 1:M
        addw = addw + w(i);
    end
    for i = 1:M
        yi(i) = p0_1(i) + p1_1(i) * x(1) + p2_1(i) * x(2) + p3_1(i) * x(3) + p4_1(i) * x(4)
+ p5_1(i) * x(5) + p6_1(i) * x(6);
    end

    addyw = 0;
    for i = 1:M
        addyw = addyw + yi(i) * w(i);
    end

    %计算输出
    yc(k) = addyw/addw;
end

% % % % % % % % % %预测结果反归一化% % % % % % % % % % % % % % % % % % % % % %
test_simu = mapminmax('reverse', yc, outputps);
%作图
figure(2)
plot(output_test, 'r')
hold on
plot(test_simu, 'b')
hold on
plot(test_simu - output_test, 'g')
legend('实际输出', '预测输出', '误差', 'fontsize', 12)
title('测试数据预测', 'fontsize', 12)
xlabel('样本序号', 'fontsize', 12)
ylabel('水质等级', 'fontsize', 12)

% % % % % % % % % % % %江水实际水质预测% % % % % % % % % % % % % % % % % % % %
load  data2 C B A
% % % % % % % % % % % % % % % % % %C厂% % % % % % % % % % % % % % % % % %
zssz = C;
```

```
% 数据归一化
inputn_test = mapminmax('apply', zssz, inputps);
[n,m] = size(zssz);
for k = 1:1:m
    x = inputn_test(:,k);

        % 计算输出中间层
        for i = 1:I
            for j = 1:M
                u(i,j) = exp( - (x(i) - c(j,i))^2/b(j,i));
            end
        end

        for i = 1:M
            w(i) = u(1,i) * u(2,i) * u(3,i) * u(4,i) * u(5,i) * u(6,i);
        end
        addw = 0;
        for i = 1:M
            addw = addw + w(i);
        end
        for i = 1:M
            yi(i) = p0_1(i) + p1_1(i) * x(1) + p2_1(i) * x(2) + p3_1(i) * x(3) + p4_1(i) * x(4) +
p5_1(i) * x(5) + p6_1(i) * x(6);
        end
        addyw = 0;
        for i = 1:M
            addyw = addyw + yi(i) * w(i);
        end
        % 计算输出
        szzb(k) = addyw/addw;
end
szzbz1 = mapminmax('reverse', szzb, outputps);

for i = 1:m
    if szzbz1(i)<= 1.5
        szpj1(i) = 1;
    elseif szzbz1(i)> 1.5&&szzbz1(i)<= 2.5
        szpj1(i) = 2;
    elseif szzbz1(i)> 2.5&&szzbz1(i)<= 3.5
        szpj1(i) = 3;
    elseif szzbz1(i)> 3.5&&szzbz1(i)<= 4.5
        szpj1(i) = 4;
    else
        szpj1(i) = 5;
    end
end
% % % % % % % % % % % % % % % % % % % B 厂 % % % % % % % % % % % % % % % % % % % % % % % %
zssz = B;
inputn_test = mapminmax('apply', zssz, inputps);
```

```
[n,m] = size(zssz);
for k = 1:1:m
    x = inputn_test(:,k);

    %计算输出中间层
    for i = 1:I
        for j = 1:M
            u(i,j) = exp( - (x(i) - c(j,i))^2/b(j,i));
        end
    end
    for i = 1:M
        w(i) = u(1,i) * u(2,i) * u(3,i) * u(4,i) * u(5,i) * u(6,i);
    end
    addw = 0;
    for i = 1:M
        addw = addw + w(i);
    end
    for i = 1:M
        yi(i) = p0_1(i) + p1_1(i) * x(1) + p2_1(i) * x(2) + p3_1(i) * x(3) + p4_1(i) * x(4) +
p5_1(i) * x(5) + p6_1(i) * x(6);
    end
    addyw = 0;
    for i = 1:M
        addyw = addyw + yi(i) * w(i);
    end
    %计算输出
    szzb(k) = addyw/addw;
end
szzbz2 = mapminmax('reverse',szzb,outputps);
for i = 1:m
    if szzbz2(i)<=1.5
        szpj2(i) = 1;
    elseif szzbz2(i)>1.5&&szzbz2(i)<=2.5
        szpj2(i) = 2;
    elseif szzbz2(i)>2.5&&szzbz2(i)<=3.5
        szpj2(i) = 3;
    elseif szzbz2(i)>3.5&&szzbz2(i)<=4.5
        szpj2(i) = 4;
    else
        szpj2(i) = 5;
    end
end
%%%%%%%%%%%%%%%%%%%%A厂%%%%%%%%%%%%%%%%%%%%%%%%
zssz = A;
inputn_test = mapminmax('apply',zssz,inputps);
[n,m] = size(zssz);

for k = 1:1:m
    x = inputn_test(:,k);
```

```matlab
%计算输出中间层
for i = 1:I
    for j = 1:M
        u(i,j) = exp( - (x(i) - c(j,i))^2/b(j,i));
    end
end
for i = 1:M
    w(i) = u(1,i) * u(2,i) * u(3,i) * u(4,i) * u(5,i) * u(6,i);
end
addw = 0;
for i = 1:M
    addw = addw + w(i);
end
for i = 1:M
    yi(i) = p0_1(i) + p1_1(i) * x(1) + p2_1(i) * x(2) + p3_1(i) * x(3) + p4_1(i) * x(4) + p5_1(i) * x(5) + p6_1(i) * x(6);
end
addyw = 0;
for i = 1:M
    addyw = addyw + yi(i) * w(i);
end
%计算输出
szzb(k) = addyw/addw;
end
szzbz3 = mapminmax('reverse', szzb, outputps);
for i = 1:m
    if szzbz3(i)< = 1.5
        szpj3(i) = 1;
    elseif szzbz3(i)> 1.5&&szzbz3(i)< = 2.5
        szpj3(i) = 2;
    elseif szzbz3(i)> 2.5&&szzbz3(i)< = 3.5
        szpj3(i) = 3;
    elseif szzbz3(i)> 3.5&&szzbz3(i)< = 4.5
        szpj3(i) = 4;
    else
        szpj3(i) = 5;
    end
end
figure(3)
plot(szzbz1,'o - r')
hold on
plot(szzbz2,' * - g')
hold on
plot(szzbz3,' * :b')
xlabel('时间','fontsize',12)
ylabel('预测水质','fontsize',12)
legend('C','B','A','fontsize',12)
```

运行上述程序,得到训练数据预测结果如图 14-15 所示,测试数据预测如图 14-16 所示。

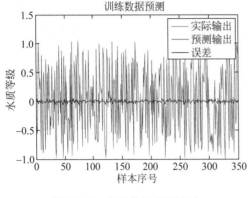

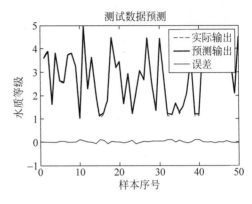

图 14-15　训练数据预测结果　　　　　　　　图 14-16　测试数据预测

得到模糊神经网络对 A、B 和 C 厂的水质评价如图 14-17 所示。其中,图 14-17 中横坐标 0～25 表示从开始计算水质的月份到之后的第 25 个计算的水质月份。

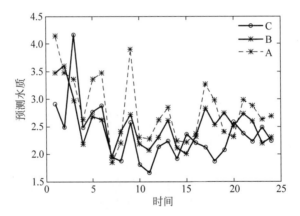

图 14-17　模糊神经网络对 A、B 和 C 厂的水质评价

从图 14-17 中可以看出,C 厂水质要好于 B 和 A 厂水质,这与前面有关氨氧含量的结果相符,这说明了模糊神经网络预测结果的有效性。

14.3.4　蚁群算法的 MATLAB 实现

蚁群算法由 Dorigo 于 1992 年在他的博士论文中提出,其灵感来源于蚂蚁在寻找食物过程中发现路径的行为。

1. 基本原理

蚁群优化算法是模拟蚂蚁觅食的原理设计出的一种群集智能算法。蚂蚁在觅食过程中能够在其经过的路径上留下一种称为信息素的物质,在觅食过程中能够感知这种物质的强度,并指导自己行动方向,它们总是朝着该物质强度高的方向移动,因此大量蚂蚁组成的集体觅食就表现为一种对信息素的正反馈现象。

某一条路径越短,路径上经过的蚂蚁越多,其信息素遗留的也就越多,信息素的浓度也就越高,蚂蚁选择这条路径的几率也就越高,由此构成正反馈过程,从而逐渐地逼近最优路径,找到最优路径。

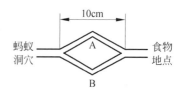

图 14-18　蚂蚁运行轨迹模式

蚂蚁觅食的运行轨迹模式如图 14-18 所示。蚂蚁以信息素作为媒介而间接进行信息交流,判断洞穴到食物地点的最佳路径。

当蚂蚁从食物源走到蚁穴,或者从蚁穴走到食物源时,都会在经过的路径上释放信息素,从而形成了一条含有信息素的路径,蚂蚁可以感觉出路径上信息素浓度的大小,并且以较高的概率选择信息素浓度较高的路径。

人工蚂蚁的搜索主要包括三种智能行为:

(1) 蚂蚁利用信息素进行相互通信。蚂蚁在所选择的路径上会释放一种信息素的物质,当其他蚂蚁进行路径选择时,会根据路径上的信息素浓度进行选择,这样信息素就成为蚂蚁之间进行通信的媒介。

(2) 蚂蚁的记忆行为。一只蚂蚁搜索过的路径在下次搜索时就不再被该蚂蚁选择,因此在蚁群算法中建立禁忌表进行模拟。

(3) 蚂蚁的集群活动。通过一只蚂蚁的运动很难达到事物源,但整个蚁群进行搜索就完全不同。当某些路径上通过的蚂蚁越来越多时,路径上留下的信息素数量也就越多,导致信息素强度增大,蚂蚁选择该路径的概率随之增加,从而进一步增加该路径的信息素强度,而通过的蚂蚁比较少的路径上的信息素会随着时间的推移而挥发,从而变得越来越少。

2. 程序设计

蚁群算法(ACO)不仅利用了正反馈原理,在一定程度上可以加快进化过程,而且是一种本质并行的算法,个体之间不断进行信息交流和传递,有利于发现较好解。

根据蚁群算法的介绍,编写蚁群算法 MATLAB 源程序如下:

```
clear all
clc
%%初始化%%%%%%%%%%%%%%%%%%%%%%%%%%%%%%%%%%%
Ant = 300;                                  %蚂蚁数量
Times = 80;                                 %蚂蚁移动次数
Rou = 0.9;                                  %信息素挥发系数
P0 = 0.2;                                   %转移概率常数
Lower_1 = -1;                               %设置搜索范围
Upper_1 = 1;
Lower_2 = -1;
Upper_2 = 1;
%%%%%%%%%%%%%%%%%%%%%%%%%%%%%%%%%%%%
for i = 1:Ant
```

```
        X(i, 1) = (Lower_1 + (Upper_1 − Lower_1) * rand);        %随机设置蚂蚁的初值位置
        X(i, 2) = (Lower_2 + (Upper_2 − Lower_2) * rand);
        Tau(i) = F(X(i, 1), X(i, 2));
end

step = 0.05;
f = ' − (x.^4 + 3 * y.^4 − 0.2 * cos(3 * pi * x) − 0.4 * cos(4 * pi * y) + 0.6)';


[x, y] = meshgrid(Lower_1 : step : Upper_1, Lower_2 : step : Upper_2);
z = eval(f);
figure(1);
subplot(1, 2, 1);
mesh(x, y, z);
hold on;
plot3(X(:, 1), X(:, 2), Tau, 'k * ')
hold on;
text(0.1, 0.8, − 0.1, '蚂蚁的初始分布位置');
xlabel('x'); ylabel('y'); zlabel('f(x, y)');

for T = 1 : Times
    lamda = 1/T;
    [Tau_Best(T), BestIndex] = max(Tau);
    for i = 1 : Ant
        P(T, i) = (Tau(BestIndex) − Tau(i))/Tau(BestIndex);        %计算状态转移概率
    end
    for i = 1 : Ant
        if P(T, i) < P0   %局部搜索
            temp1 = X(i, 1) + (2 * rand − 1) * lamda;
            temp2 = X(i, 2) + (2 * rand − 1) * lamda;
        else   %全局搜索
            temp1 = X(i, 1) + (Upper_1 − Lower_1) * (rand − 0.5);
            temp2 = X(i, 2) + (Upper_2 − Lower_2) * (rand − 0.5);
        end

        %越界处理
        if temp1 < Lower_1
            temp1 = Lower_1;
        end
        if temp1 > Upper_1
            temp1 = Upper_1;
        end
        if temp2 < Lower_2
            temp2 = Lower_2;
        end
        if temp2 > Upper_2
            temp2 = Upper_2;
        end

        % % %
```

```
            if F(temp1,temp2)>F(X(i,1),X(i,2))        % 判断蚂蚁是否移动
                X(i,1) = temp1;
                X(i,2) = temp2;
            end
        end
        for i = 1:Ant
            Tau(i) = (1 - Rou) * Tau(i) + F(X(i,1),X(i,2));        % 更新信息量
        end
    end

subplot(1,2,2);
mesh(x,y,z);
hold on;
x = X(:,1);
y = X(:,2);
plot3(x,y,eval(f),'k * ');
hold on;
text(0.1,0.8, - 0.1,'蚂蚁的最终分布位置');
xlabel('x');ylabel('y');zlabel('f(x,y)');

[max_value,max_index] = max(Tau);
maxX = X(max_index,1);
maxY = X(max_index,2);
maxValue = F(X(max_index,1),X(max_index,2));
```

设定目标函数如下:

```
function [F] = F(x1,x2)
F = - (x1.^4 + 3 * x2.^4 - 0.2 * cos(3 * pi * x1) - 0.4 * cos(4 * pi * x2) + 0.6);
```

运行程序得到蚂蚁算法运行前后,蚂蚁的位置变化示意图如图 14-19 所示。

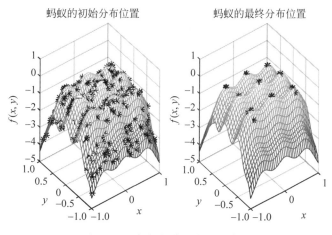

图 14-19 蚂蚁的位置变化示意图

3. MATLAB 实现

移动机器人路径规划是机器人学的一个重要研究领域。它要求机器人依据某个或某些优化原则(如最小能量消耗、最短行走路线、最短行走时间等),在其工作空间中找到一条从起始状态到目标状态的能避开障碍物的最优路径。

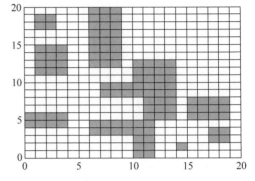

图 14-20　机器人需要寻找最优路径的地图

机器人路径规划问题可以建模为一个有约束的优化问题,都要完成路径规划、定位和避障等任务。

应用蚁群算法求解机器人路径优化问题的主要步骤如下:

(1) 输入由 0 和 1 组成的矩阵表示机器人需要寻找最优路径的地图,如图 14-20 所示。

其中,0 表示此处是可以通过的,1 表示此处为障碍物。由此得到的矩阵如下:

$$
\begin{aligned}
G=[&0\ 0\ 0\ 0\ 0\ 0\ 1\ 1\ 1\ 0\ 0\ 0\ 0\ 0\ 0\ 0\ 0\ 0\ 0\ 0;\\
&0\ 1\ 1\ 0\ 0\ 0\ 1\ 1\ 1\ 0\ 0\ 0\ 0\ 0\ 0\ 0\ 0\ 0\ 0\ 0;\\
&0\ 1\ 1\ 0\ 0\ 0\ 1\ 1\ 1\ 0\ 0\ 0\ 0\ 0\ 0\ 0\ 0\ 0\ 0\ 0;\\
&0\ 0\ 0\ 0\ 0\ 0\ 1\ 1\ 1\ 0\ 0\ 0\ 0\ 0\ 0\ 0\ 0\ 0\ 0\ 0;\\
&0\ 0\ 0\ 0\ 0\ 0\ 1\ 1\ 1\ 0\ 0\ 0\ 0\ 0\ 0\ 0\ 0\ 0\ 0\ 0;\\
&0\ 1\ 1\ 1\ 0\ 0\ 1\ 1\ 1\ 0\ 0\ 0\ 0\ 0\ 0\ 0\ 0\ 0\ 0\ 0;\\
&0\ 1\ 1\ 1\ 0\ 0\ 1\ 1\ 1\ 0\ 0\ 0\ 0\ 0\ 0\ 0\ 0\ 0\ 0\ 0;\\
&0\ 1\ 1\ 1\ 0\ 0\ 1\ 1\ 1\ 0\ 1\ 1\ 1\ 0\ 0\ 0\ 0\ 0\ 0\ 0;\\
&0\ 1\ 1\ 1\ 0\ 0\ 0\ 0\ 0\ 0\ 1\ 1\ 1\ 0\ 0\ 0\ 0\ 0\ 0\ 0;\\
&0\ 0\ 0\ 0\ 0\ 0\ 0\ 0\ 0\ 0\ 1\ 1\ 1\ 0\ 0\ 0\ 0\ 0\ 0\ 0;\\
&0\ 0\ 0\ 0\ 0\ 0\ 1\ 1\ 1\ 1\ 1\ 1\ 0\ 0\ 0\ 0\ 0\ 0\ 0\ 0;\\
&0\ 0\ 0\ 0\ 0\ 0\ 1\ 1\ 1\ 1\ 1\ 1\ 0\ 0\ 0\ 0\ 0\ 0\ 0\ 0;\\
&0\ 0\ 0\ 0\ 0\ 0\ 0\ 0\ 0\ 1\ 1\ 1\ 0\ 1\ 1\ 1\ 1\ 0;\\
&0\ 0\ 0\ 0\ 0\ 0\ 0\ 0\ 0\ 1\ 1\ 1\ 0\ 1\ 1\ 1\ 1\ 0;\\
&1\ 1\ 1\ 1\ 0\ 0\ 0\ 0\ 0\ 1\ 1\ 1\ 0\ 1\ 1\ 1\ 1\ 0;\\
&1\ 1\ 1\ 1\ 0\ 0\ 1\ 1\ 1\ 1\ 1\ 0\ 0\ 0\ 0\ 0\ 0\ 0;\\
&0\ 0\ 0\ 0\ 0\ 1\ 1\ 1\ 1\ 1\ 0\ 0\ 0\ 0\ 0\ 1\ 1\ 0;\\
&0\ 0\ 0\ 0\ 0\ 0\ 0\ 0\ 1\ 1\ 0\ 0\ 0\ 0\ 0\ 1\ 1\ 0;\\
&0\ 0\ 0\ 0\ 0\ 0\ 0\ 1\ 1\ 0\ 0\ 1\ 0\ 0\ 0\ 0\ 0;\\
&0\ 0\ 0\ 0\ 0\ 0\ 0\ 0\ 0\ 1\ 1\ 0\ 0\ 0\ 0\ 0\ 0;]
\end{aligned}
$$

(2) 输入初始的信息素矩阵,选择初始点和终止点并且设置各种参数。在此次计算中,设置所有位置的初始信息素相等。

(3) 选择从初始点下一步可以到达的节点,根据每个节点的信息素求出前往每个节点的概率,并利用轮盘赌算法选取下一步的初始点。

$$
p_{ij}^{k} = \begin{cases} \dfrac{[\tau_{ij}(t)]^{\alpha} \cdot [\eta_{ij}]^{\beta}}{\displaystyle\sum_{k \in \{N-tabu_k\}} [\tau_{ij}(t)]^{\alpha} \cdot [\eta_{ij}]^{\beta}}, & j \in \{N-tabu_k\} \\ 0, & \text{其他} \end{cases}
$$

式中,$\tau_{ij}(t)$ 为析取图中弧 (i,j) 上的信息素的浓度;η_{ij} 为与弧 (i,j) 相关联的启发式信息;α、β 分别为 $\tau_{ij}(t)$、η_{ij} 的权重参数。

(4) 更新路径和路程长度。

(5) 重复(3)、(4),直到蚂蚁到达终点或者无路可走。

(6) 重复(3)~(5),直到某一代 m 只蚂蚁迭代结束。

(7) 更新信息素矩阵,其中没有到达的蚂蚁不计算在内。

$$
\tau_{ij}(t+1) = (1-\rho) * \tau_{ij}(t) + \Delta\tau_{ij}
$$

$$
\Delta\tau_{ij}(t) = \begin{cases} \dfrac{Q}{l_k(t)}, & \text{蚂蚁 } k \text{ 经过 } i,j \\ 0, & \text{蚂蚁 } k \text{ 不经过 } i,j \end{cases}
$$

(8) 重复(3)~(7),直至第 n 代蚂蚁迭代结束。

【例 14-6】 根据图 14-20 所示地图,画出机器人行走的最短路径,并且输入每一轮迭代的最短路径,查看程序的收敛效果。

根据以上分析,得到 MATLAB 代码如下:

```
function main()
G = [0 0 0 0 0 0 1 1 1 0 0 0 0 0 0 0 0 0 0 0;
     0 1 1 0 0 0 1 1 1 0 0 0 0 0 0 0 0 0 0 0;
     0 1 1 0 0 0 1 1 1 0 0 0 0 0 0 0 0 0 0 0;
     0 0 0 0 0 0 1 1 1 0 0 0 0 0 0 0 0 0 0 0;
     0 0 0 0 0 0 1 1 1 0 0 0 0 0 0 0 0 0 0 0;
     0 1 1 1 0 0 1 1 1 0 0 0 0 0 0 0 0 0 0 0;
     0 1 1 1 0 0 1 1 1 0 0 0 0 0 0 0 0 0 0 0;
     0 1 1 1 0 0 1 1 1 0 1 1 1 1 0 0 0 0 0 0;
     0 1 1 1 0 0 0 0 0 1 1 1 1 0 0 0 0 0 0 0;
     0 0 0 0 0 0 1 1 1 1 1 1 0 0 0 0 0 0 0 0;
     0 0 0 0 0 0 1 1 1 1 1 1 0 0 0 0 0 0 0 0;
     0 0 0 0 0 0 0 0 0 1 1 1 0 1 1 1 1 0 0 0;
     0 0 0 0 0 0 0 0 0 1 1 1 0 1 1 1 1 0 0 0;
     1 1 1 0 0 0 0 0 0 1 1 1 0 1 1 1 1 0 0 0;
     1 1 1 0 0 1 1 1 1 1 0 0 0 0 0 0 0 0 0 0;
     0 0 0 0 0 1 1 1 1 1 0 0 0 0 0 1 1 0 0 0;
     0 0 0 0 0 0 1 1 0 0 1 1 0 0 0 0 1 1 0 0;
     0 0 0 0 0 0 0 1 1 0 0 1 0 0 1 0 0 0 0 0;
     0 0 0 0 0 0 0 0 0 1 1 0 0 0 0 0 0 0 0 0;];
MM = size(G,1);                    % G 地形图为 01 矩阵,如果为 1 表示障碍物
Tau = ones(MM * MM,MM * MM);       % Tau 初始信息素矩阵
Tau = 8. * Tau;
K = 100;                           % 迭代次数(指蚂蚁出动多少波)
```

```
M = 50;                                  % 蚂蚁个数
S = 1;                                   % 最短路径的起始点
E = MM * MM;                             % 最短路径的目的点
Alpha = 1;                               % Alpha 为表征信息素重要程度的参数
Beta = 7;                                % Beta 为表征启发式因子重要程度的参数
Rho = 0.3;                               % Rho 为信息素蒸发系数
Q = 1;                                   % Q 为信息素增加强度系数
minkl = inf;
mink = 0;
minl = 0;
D = G2D(G);
N = size(D,1);                           % N 表示问题的规模(像素个数)
 a = 1;                                  % 小方格像素的边长
 Ex = a * (mod(E,MM) - 0.5);             % 终止点横坐标
 if Ex == - 0.5
Ex = MM - 0.5;
end
Ey = a * (MM + 0.5 - ceil(E/MM));        % 终止点纵坐标
 Eta = zeros(N);                         % 启发式信息,取为至目标点的直线距离的倒数
 % 以下启发式信息矩阵
 for i = 1:N
 ix = a * (mod(i,MM) - 0.5);
    if ix == - 0.5
    ix = MM - 0.5;
    end
iy = a * (MM + 0.5 - ceil(i/MM));
    if i~ = E
    Eta(i) = 1/((ix - Ex)^2 + (iy - Ey)^2)^0.5;
    else
    Eta(i) = 100;
    end
end
ROUTES = cell(K,M);                      % 用细胞结构存储每一代的每一只蚂蚁的爬行路线
PL = zeros(K,M);                         % 用矩阵存储每一代的每一只蚂蚁的爬行路线长度
                                         % 启动 K 轮蚂蚁觅食活动,每轮派出 M 只蚂蚁

for k = 1:K
for m = 1:M
 % 状态初始化
W = S;                                   % 当前节点初始化为起始点
Path = S;                                % 爬行路线初始化
PLkm = 0;                                % 爬行路线长度初始化
TABUkm = ones(N);                        % 禁忌表初始化
TABUkm(S) = 0;                           % 已经在初始点了,因此要排除
DD = D;                                  % 邻接矩阵初始化
 % 下一步可以前往的节点
DW = DD(W, :);
DW1 = find(DW);
for j = 1:length(DW1)
    if TABUkm(DW1(j)) == 0
```

```
            DW(DW1(j)) = 0;
        end
    end
LJD = find(DW);
Len_LJD = length(LJD); % 可选节点的个数
% 蚂蚁未遇到食物或者陷入死胡同或者觅食停止
while W~= E&&Len_LJD >= 1
% 轮盘赌法选择下一步怎么走
PP = zeros(Len_LJD);
for i = 1:Len_LJD
    PP(i) = (Tau(W,LJD(i))^Alpha) * ((Eta(LJD(i)))^Beta);
end
sumpp = sum(PP);
PP = PP/sumpp; % 建立概率分布
Pcum(1) = PP(1);
    for i = 2:Len_LJD
    Pcum(i) = Pcum(i - 1) + PP(i);
    end
Select = find(Pcum >= rand);
to_visit = LJD(Select(1));
% 状态更新和记录
Path = [Path,to_visit];                 % 路径增加
PLkm = PLkm + DD(W,to_visit);           % 路径长度增加
W = to_visit;                           % 蚂蚁移到下一个节点
    for kk = 1:N
        if TABUkm(kk) == 0
        DD(W,kk) = 0;
        DD(kk,W) = 0;
        end
    end
TABUkm(W) = 0;                          % 已访问过的节点从禁忌表中删除
 DW = DD(W,:);
DW1 = find(DW);
for j = 1:length(DW1)
    if TABUkm(DW1(j)) == 0
        DW(j) = 0;
    end
  end
LJD = find(DW);
Len_LJD = length(LJD);                  % 可选节点的个数
 end
% 记下每一代每一只蚂蚁的觅食路线和路线长度
 ROUTES{k,m} = Path;
   if Path(end) == E
       PL(k,m) = PLkm;
       if PLkm < minkl
           mink = k;minl = m;minkl = PLkm;
       end
   else
```

```
            PL(k,m) = 0;
        end
    end
% 更新信息素
Delta_Tau = zeros(N,N);                % 更新量初始化
    for m = 1:M
        if PL(k,m)
            ROUT = ROUTES{k,m};
            TS = length(ROUT) - 1;          % 跳数
            PL_km = PL(k,m);
            for s = 1:TS
                x = ROUT(s);
                y = ROUT(s + 1);
                Delta_Tau(x,y) = Delta_Tau(x,y) + Q/PL_km;
                Delta_Tau(y,x) = Delta_Tau(y,x) + Q/PL_km;
            end
        end
    end
Tau = (1 - Rho). * Tau + Delta_Tau;          % 信息素挥发一部分,新增加一部分
    end
% 绘图
plotif = 1;                            % 是否绘图的控制参数
    if plotif == 1                           % 绘收敛曲线
        minPL = zeros(K);
        for i = 1:K
            PLK = PL(i,:);
            Nonzero = find(PLK);
            PLKPLK = PLK(Nonzero);
            minPL(i) = min(PLKPLK);
        end
figure(1)
plot(minPL);
hold on
grid on
title('收敛曲线变化趋势');
xlabel('迭代次数');
ylabel('最小路径长度');                  % 绘爬行图
figure(2)
axis([0,MM,0,MM])
for i = 1:MM
for j = 1:MM
if G(i,j) == 1
x1 = j - 1;y1 = MM - i;
x2 = j;y2 = MM - i;
x3 = j;y3 = MM - i + 1;
x4 = j - 1;y4 = MM - i + 1;
fill([x1,x2,x3,x4],[y1,y2,y3,y4],[0.2,0.2,0.2]);
hold on
else
```

```
x1 = j - 1; y1 = MM - i;
x2 = j; y2 = MM - i;
x3 = j; y3 = MM - i + 1;
x4 = j - 1; y4 = MM - i + 1;
fill([x1, x2, x3, x4], [y1, y2, y3, y4], [1, 1, 1]);
hold on
end
end
end
hold on
title('机器人运动轨迹');
xlabel('坐标 x');
ylabel('坐标 y');
ROUT = ROUTES{mink, minl};
LENROUT = length(ROUT);
Rx = ROUT;
Ry = ROUT;
for ii = 1:LENROUT
Rx(ii) = a * (mod(ROUT(ii), MM) - 0.5);
if Rx(ii) == - 0.5
Rx(ii) = MM - 0.5;
end
Ry(ii) = a * (MM + 0.5 - ceil(ROUT(ii)/MM));
end
plot(Rx, Ry)
end
plotif2 = 0;                    % 绘各代蚂蚁爬行图
if plotif2 == 1
figure(3)
axis([0, MM, 0, MM])
for i = 1:MM
for j = 1:MM
if G(i, j) == 1
x1 = j - 1; y1 = MM - i;
x2 = j; y2 = MM - i;
x3 = j; y3 = MM - i + 1;
x4 = j - 1; y4 = MM - i + 1;
fill([x1, x2, x3, x4], [y1, y2, y3, y4], [0.2, 0.2, 0.2]);
hold on
else
x1 = j - 1; y1 = MM - i;
x2 = j; y2 = MM - i;
x3 = j; y3 = MM - i + 1;
x4 = j - 1; y4 = MM - i + 1;
fill([x1, x2, x3, x4], [y1, y2, y3, y4], [1, 1, 1]);
hold on
end
```

```
end
end
for k = 1:K
PLK = PL(k, :);
minPLK = min(PLK);
pos = find(PLK == minPLK);
m = pos(1);
ROUT = ROUTES{k, m};
LENROUT = length(ROUT);
Rx = ROUT;
Ry = ROUT;
for ii = 1:LENROUT
Rx(ii) = a * (mod(ROUT(ii), MM) - 0.5);
if Rx(ii) == - 0.5
Rx(ii) = MM - 0.5;
end
Ry(ii) = a * (MM + 0.5 - ceil(ROUT(ii)/MM));
end
plot(Rx, Ry)
hold on
end
end
function D = G2D(G)
l = size(G, 1);
D = zeros(l * l, l * l);
for i = 1:l
    for j = 1:l
        if G(i, j) == 0
            for m = 1:l
                for n = 1:l
                    if G(m, n) == 0
                        im = abs(i - m); jn = abs(j - n);
                        if im + jn == 1 || (im == 1&&jn == 1)
                        D((i - 1) * l + j, (m - 1) * l + n) = (im + jn)^0.5;
                        end
                    end
                end
            end
        end
    end
end
```

运行以上代码,得到收敛曲线(最小路径)变化趋势如图 14-21 所示。从图 14-21 中可以看出,在大约迭代 40 代时,最小路径长度基本稳定在 38 左右。

机器人运行轨迹如图 14-22 所示。从图 14-22 中可以看出,机器人在到达目标点的整个过程中,成功地避过了所有障碍物。

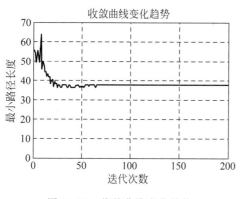

图 14-21　收敛曲线变化趋势

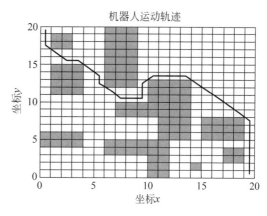

图 14-22　机器人运行轨迹

本章小结

　　本章重点介绍了人工智能的相关内容，包括其基本概念、典型应用，还着重介绍了粒子群算法、遗传算法、模糊神经网络和蚁群算法等几种常见的经典智能算法，并利用 MATLAB 代码实现其算法过程。最后，通过应用举例详细讲解了这几种智能算法在 MATLAB 中的应用。

第15章 模糊逻辑工具箱

模糊逻辑指模仿人脑的不确定性概念判断、推理思维方式，对于模型未知或不能确定的描述系统，以及强非线性、大滞后的控制对象，应用模糊集合和模糊规则进行推理，表达过渡性界限或定性知识经验，模拟人脑方式，实行模糊综合判断，推理解决常规方法难于对付的规则型模糊信息问题。模糊逻辑善于表达界限不清晰的定性知识与经验，它借助于隶属度函数概念，区分模糊集合，处理模糊关系，模拟人脑实施规则型推理，解决因"排中律"的逻辑破缺产生的种种不确定问题。

学习目标：
- 学习模糊逻辑基本原理及方法；
- 学习模糊逻辑隶属度函数的创建；
- 熟练掌握利用 MATLAB 进行模糊逻辑仿真。

15.1 隶属度函数

MATLAB 模糊工具箱包括大量的隶属度函数，具体如下。

15.1.1 高斯隶属度函数

MATLAB 中高斯隶属度函数为 gaussmf()，其格式如下：

y = gaussmf(x,[sig c])

高斯隶属度函数的数学表达式为

$$f(x;\sigma,e) = e^{-\frac{(x-c)^2}{2\sigma^2}}$$

式中，σ,c 为参数；x 为自变量；sig 为数学表达式中的参数 σ。

【例 15-1】 创建高斯隶属度函数曲线。编程如下：

```
clc,clear,close all
x = 0:0.1:10;
y = gaussmf(x,[2 5]);
plot(x,y)
xlabel('gaussmf, P = [2 5]')
```

运行程序,输出图形如图 15-1 所示。

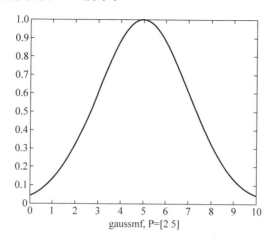

图 15-1　高斯隶属度函数曲线

15.1.2　两边型高斯隶属度函数

MATLAB 中两边型高斯隶属度函数为 gauss2mf(),其格式如下:

```
y = gauss2mf(x,[sig1 c1 sig2 c2])
```

其中,sig1、c1、sig2、c2 为数学表达式中的两对参数。

【例 15-2】　创建两边型高斯隶属度函数曲线。编程如下:

```
clc,clear,close all
x = (0:0.1:10)';
y1 = gauss2mf(x, [2 4 1 8]);
y2 = gauss2mf(x, [2 5 1 7]);
y3 = gauss2mf(x, [2 6 1 6]);
y4 = gauss2mf(x, [2 7 1 5]);
y5 = gauss2mf(x, [2 8 1 4]);
plot(x, [y1 y2 y3 y4 y5]);
set(gcf, 'name', 'gauss2mf', 'numbertitle', 'off');
grid on
axis tight
```

运行程序,输出图形如图 15-2 所示。

15.1.3　一般钟型隶属度函数

MATLAB 中钟型隶属度函数为 gbellmf(),其格式如下:

```
y = gbellmf(x,params)
```

一般钟型隶属度函数依靠函数表达式为

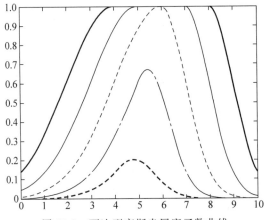

图 15-2　两边型高斯隶属度函数曲线

$$f(x\,;\,a,b,c) = \cfrac{1}{1 + \left| \cfrac{x-c}{a} \right|^{2b}}$$

　　式中，x 指定变量定义域范围；参数 b 通常为正；参数 c 位于曲线中心；第二个参数变量 params 是一个各项分别为 a、b 和 c 的向量。

　　【例 15-3】　创建一般钟型隶属度函数曲线。编程如下：

```
clc,clear,close all
x = 0:0.1:10;
y = gbellmf(x,[1 3 5 7]);
plot(x,y)
xlabel('gbellmf, P = [1 3 5 7]')
grid on
axis tight
```

　　运行程序，输出图形如图 15-3 所示。

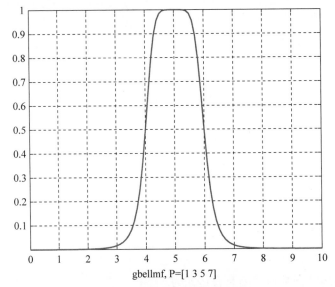

gbellmf, P=[1 3 5 7]

图 15-3　一般钟型隶属度函数曲线

15.1.4 两个 sigmoid 型隶属度函数之差组成的隶属度函数

MATLAB 中 sigmoid 型隶属度函数之差的隶属度函数为 dsigmf(),其格式如下:

```
y = dsigmf(x,[a1 c1 a2 c2])
```

sigmoid 型隶属度函数表达式为

$$f(x; a, c) = \frac{1}{1 + e^{-a(x-c)}}$$

式中,x 是变量;a,c 是参数。dsigmf 使用四个参数 a_1,c_1,a_2,c_2,并且是两个 sigmoid 型函数之差,即 $f_1(x; a_1, c_1) - f_2(x; a_2, c_2)$,参数按顺序 $[a_1 c_1 a_2 c_2]$ 列出。

【例 15-4】 创建由两个 sigmoid 型隶属度函数之差组成的隶属度函数曲线。编程如下:

```
clc,clear,close all
x = 0:0.1:10;
y = dsigmf(x,[5 2 5 7]);
plot(x,y)
grid on
axis tight
```

运行程序,输出图形如图 15-4 所示。

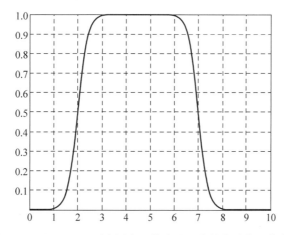

图 15-4 两 sigmoid 型隶属度函数之差组成的隶属度函数曲线

15.1.5 通用隶属度函数

MATLAB 中通用隶属度函数为 evalmf(),其格式如下:

```
y = evalmf(x, mfParams, mfType)
```

evalmf 可以计算任意隶属度函数,这里 x 是变量定义域,mfType 是工具箱提供的一种隶属度函数,mfParams是此隶属度函数的相应参数。如果想创建自定义的隶属度函数,evalmf仍可以工作,因为它可以计算它不知道名字的任意隶属度函数。

【例15-5】 创建通用隶属度函数曲线。编程如下:

```
clc,clear,close all
x = 0:0.1:10;
mfparams = [2 4 6];
mftype = 'gbellmf';
y = evalmf(x,mfparams,mftype);
plot(x,y)
xlabel('evalmf, P = [2 4 6]')
grid on
axis tight
```

运行程序,输出图形如图15-5所示。

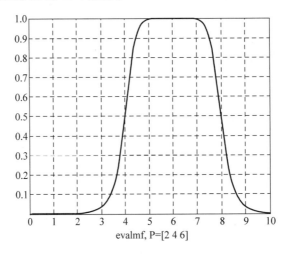

图15-5　通用隶属度函数曲线

15.1.6　∏型隶属度函数

MATLAB中∏型隶属度函数为pimf(),其格式如下:

```
y = pimf(x,[a b c d])
```

向量 x 指定函数自变量的定义域,该函数在向量 x 的指定点处进行计算,参数 $[a,b,c,d]$ 决定了函数的形状,a 和 d 分别对应曲线下部的左右两个拐点,b 和 c 分别对应曲线上部的左右两个拐点。

【例15-6】 创建∏形隶属度函数曲线。编程如下:

```
clc,clear,close all
x = 0:0.1:10;
y = pimf(x,[1 4 5 10]);
```

```
plot(x,y)
xlabel('pimf, P=[1 4 5 10]')
grid on
axis tight
```

运行程序,输出图形如图 15-6 所示。

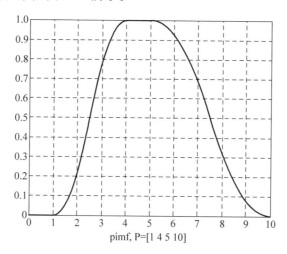

图 15-6 Π 形隶属度函数曲线

15.1.7   两个 sigmoid 型隶属度函数乘积组成的隶属度函数

MATLAB 中 sigmoid 型隶属度函数乘积组成的隶属度函数为 psigmf( ),其格式如下:

```
y = psigmf(x,[a1 c1 a2 c2])
```

sigmoid 型隶属度函数表达式为

$$f(x;\,a,c) = \frac{1}{1 + e^{-a(x-c)}}$$

式中,x 是变量; a,c 是参数。psigmf 使用四个参数 a_1,c_1,a_2,c_2,并且是两个 sigmoid 型函数之积,即 $f_1(x;\,a_1,c_1) * f_2(x;\,a_2,c_2)$,参数按顺序 $[a_1 c_1 a_2 c_2]$ 列出。

【例 15-7】 创建由两个 sigmoid 型隶属度函数乘积构成的隶属度函数曲线。编程如下:

```
clc,clear,close all
x = 0:0.1:10;
y = psigmf(x,[2 3 - 5 8]);
plot(x,y)
xlabel('psigmf, P = [2 3 - 5 8]')
grid on
axis tight
```

运行程序,输出图形如图 15-7 所示。

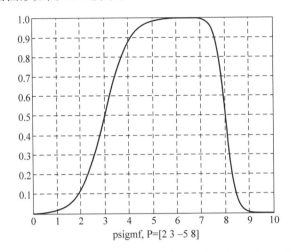

图 15-7　两 sigmoid 型隶属度函数乘积组成的隶属度函数曲线

15.1.8　sigmoid 型隶属度函数

MATLAB 中 sigmoid 型隶属度函数为 sigmf( ),其格式如下:

```
y = sigmf(x,[a c])
```

sigmoid 型隶属度函数表达式为

$$f(x;a,c) = \frac{1}{1 + e^{-a(x-c)}}$$

定义域由向量 x 给出,形状由参数 a 和 c 确定。

【**例 15-8**】　创建 sigmoid 型隶属度函数曲线。编程如下:

```
clc,clear,close all
x = 0:0.1:10;
y = sigmf(x,[2 4]);
plot(x,y)
xlabel('sigmf, P = [2 4]')
grid on
axis tight
```

运行程序,输出图形如图 15-8 所示。

创建不同 sigmoid 型隶属度函数曲线,编程如下:

```
clc,clear,close all
x = (0:0.2:10)';
y1 = sigmf(x,[-1 5]);
y2 = sigmf(x,[-3 5]);
y3 = sigmf(x,[4 5]);
```

```
y4 = sigmf(x,[8 5]);
subplot(2,1,1),plot(x,[y1  y2  y3  y4]);
y1 = sigmf(x,[5 2]);
y2 = sigmf(x,[5 4]);
y3 = sigmf(x,[5 6]);
y4 = sigmf(x,[5 8]);
subplot(2,1,2),plot(x,[y1  y2  y3  y4]);
grid on
axis tight
```

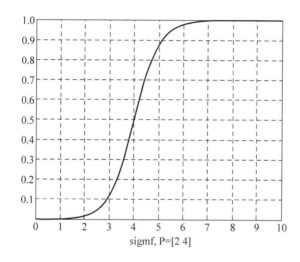

sigmf, P=[2 4]

图 15-8　sigmoid 型隶属度函数曲线

运行程序，输出图形如图 15-9 所示。

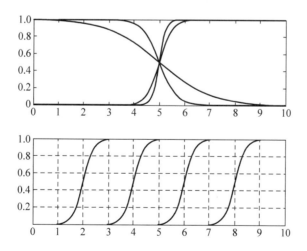

图 15-9　不同 sigmoid 型隶属度函数曲线

15.1.9　S形隶属度函数

MATLAB中S形隶属度函数为smf()，其格式如下：

```
y = smf(x,[a b])
```

其中，x为变量，a和b为参数，用于定位曲线的斜坡部分。

【例15-9】 创建S形隶属度函数曲线。编程如下：

```
clc,clear,close all
x = 0:0.1:10;
y = smf(x,[1 8]);
plot(x,y)
grid on
axis tight
```

运行程序，输出图形如图15-10所示。

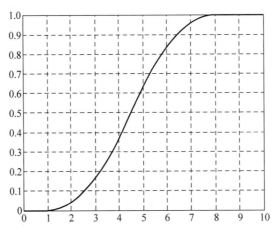

图15-10　S形隶属度函数曲线

创建不同S形隶属度函数曲线，编程如下：

```
clc,clear,close all
x = 0:0.1:10;
subplot(3,1,1);
plot(x,smf(x,[2 8]),'linewidth',2);
grid on
subplot(3,1,2);
plot(x,smf(x,[4 6]),'linewidth',2);
grid on
subplot(3,1,3);
plot(x,smf(x,[6 4]),'linewidth',2);
grid on
axis tight
```

运行程序,输出图形如图 15-11 所示。

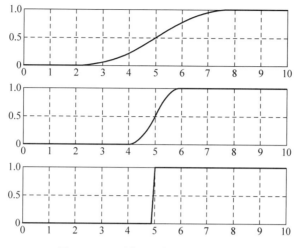

图 15-11　不同 S 形隶属度函数曲线

15.1.10　梯形隶属度函数

MATLAB 中梯形隶属度函数为 trapmf(),其格式如下:

```
y = trapmf(x,[a b c d])
```

梯形隶属度函数表达式为

$$f(x\,;\,a,b,c,d)=\begin{cases}0, & x\leqslant a\\[4pt]\dfrac{x-a}{b-a}, & a\leqslant x\leqslant b\\[4pt]1, & b\leqslant x\leqslant c\\[4pt]\dfrac{d-x}{d-c}, & c\leqslant x\leqslant d\\[4pt]0, & d\leqslant x\end{cases}$$

或

$$f(x\,;a,b,c,d)=\max\left(\min\left(\frac{x-a}{b-a},1,\frac{d-x}{d-c}\right),0\right)$$

定义域由向量 x 确定,曲线形状由参数 a,b,c,d 确定,参数 a 和 d 对应梯形下部的左右两个拐点,参数 b 和 c 对应梯形上部的左右两个拐点。

【**例 15-10**】　创建梯形隶属度函数曲线。编程如下:

```
clc,clear,close all
x = 0:0.1:10;
y = trapmf(x,[1 5 7 8]);
plot(x,y,'linewidth',2)
xlabel('trapmf, P = [1 5 7 8]')
grid on
axis tight
```

运行程序,输出图形如图 15-12 所示。

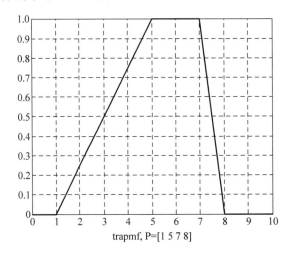

trapmf, P=[1 5 7 8]

图 15-12 梯形隶属度函数曲线

创建不同梯形隶属度函数曲线,编程如下:

```
clc,clear,close all
x = (0:0.1:10)';
y1 = trapmf(x,[2 3 7 9]);
y2 = trapmf(x,[3 4 6 8]);
y3 = trapmf(x,[4 5 5 7]);
y4 = trapmf(x,[5 6 4 6]);
plot(x,[y1  y2  y3  y4],'linewidth',2);
grid on
axis tight
```

运行程序,输出图形如图 15-13 所示。

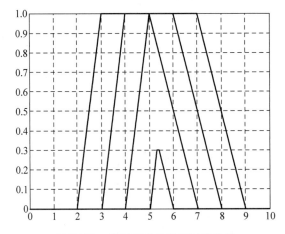

图 15-13 不同梯形隶属度函数曲线

15.1.11 三角形隶属度函数

MATLAB 中三角形隶属度函数为 trimf(),其格式如下:

```
y = trimf(x,params)
y = trimf(x,[a b c])
```

三角形隶属度函数表达式为

$$f(x;\ a,b,c) = \begin{cases} 0, & x \leqslant a \\ \dfrac{x-a}{b-a}, & a \leqslant x \leqslant b \\ \dfrac{c-x}{c-b}, & b \leqslant x \leqslant c \\ 0, & c \leqslant x \end{cases}$$

或者

$$f(x;\ a,b,c) = \max\left(\min\left(\frac{x-a}{b-a}, \frac{c-x}{c-b}\right), 0\right)$$

定义域由向量 x 确定,曲线形状由参数 a,b,c 确定,参数 a 和 c 对应三角形下部的左右两个顶点,参数 b 对应三角形上部的顶点,这里要求 $a \leqslant b \leqslant c$。生成的隶属度函数总有一个统一的高度,若想有一个高度小于统一高度的三角形隶属度函数,则使用 trapmf 函数。

【例 15-11】 创建三角形隶属度函数曲线。编程如下:

```
clc,clear,close all
x = 0:0.1:10;
y = trimf(x,[3 6 8]);
plot(x,y,'linewidth',2)
xlabel('trimf, P = [3 6 8]')
grid on
axis tight
```

运行程序,输出图形如图 15-14 所示。

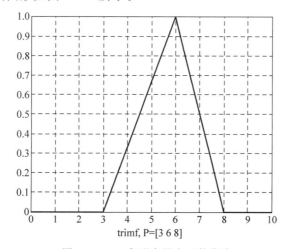

图 15-14　三角形隶属度函数曲线

创建不同三角形隶属度函数曲线,编程如下:

```
clc,clear,close all
x = (0:0.2:10)';
y1 = trimf(x,[3 4 5]);
y2 = trimf(x,[2 4 7 ]);
y3 = trimf(x,[1 4 9]);
subplot(2,1,1),
plot(x,[y1 y2 y3 ]);
grid on
axis tight
y1 = trimf(x,[2 3 5]);
y2 = trimf(x,[3 4 7]);
y3 = trimf(x,[4 5 9]);
subplot(2,1,2),
plot(x,[y1 y2 y3 ]);
grid on
axis tight
```

运行程序,输出图形如图 15-15 所示。

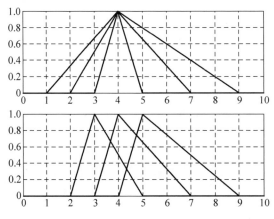

图 15-15　不同三角形隶属度函数曲线

15.1.12　Z形隶属度函数

MATLAB 中 Z 形隶属度函数为 zmf(),其格式如下:

```
y = zmf(x,[a b])
```

其中,x 为自变量;a 和 b 为参数,确定曲线的形状。

【例 15-12】　创建 Z 形隶属度函数曲线。编程如下:

```
clc,clear,close all
x = 0:0.1:10;
y = zmf(x,[3 7]);
```

```
plot(x,y,'linewidth',2)
xlabel('zmf, P=[3 7]')
grid on
axis tight
```

运行程序,输出图形如图 15-16 所示。

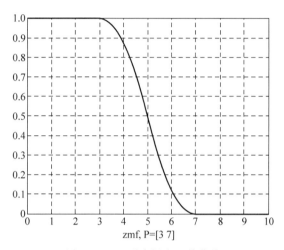

图 15-16 Z 形隶属度函数曲线

创建不同 Z 形隶属度函数曲线,编程如下:

```
clc,clear,close all
x = 0:0.1:10;
subplot(3,1,1);
plot(x,zmf(x,[2 8]),'linewidth',2);
grid on
subplot(3,1,2);
plot(x,zmf(x,[4 6]),'linewidth',2);
grid on
subplot(3,1,3);
plot(x,zmf(x,[6 4]),'linewidth',2);
grid on
axis tight
```

运行程序,输出图形如图 15-17 所示。

15.1.13 两个隶属度函数之间转换参数

MATLAB 中两个隶属度函数之间转换参数函数为 mfzmf(),其格式如下:

outParams = mf2mf(inParams,inType,outType)

此函数根据参数集,将任意内建的隶属度函数类型转换为另一种类型,inParams 为要转换的隶属度函数的参数,inType 为要转换的隶属度函数的类型的字符串名称,outType 为要转换成的目标隶属度函数的字符串名称。

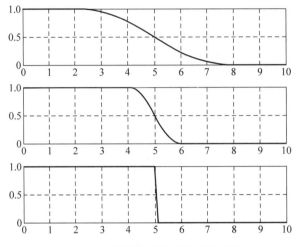

图 15-17　不同 Z 形隶属度函数曲线

【例 15-13】　求解两个隶属度函数之间的转换。编程如下：

```
clc,clear,close all
x = 0:0.1:5;
mfp1 = [1 2 3];
mfp2 = mf2mf(mfp1,'gbellmf','trimf');
plot(x,gbellmf(x,mfp1),x,trimf(x,mfp2))
grid on
axis tight
```

运行程序,输出图形如图 15-18 所示。

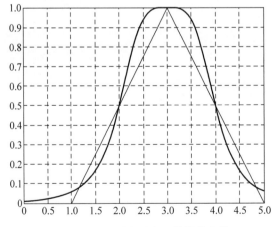

图 15-18　不同隶属度函数转化曲线

15.1.14　基本 FIS 编辑器

MATLAB 中基本 FIS 编辑器函数为 smf、fuzzy(),其格式如下：

```
fuzzy
```

也就是弹出未定义的基本 FIS 编辑器。

在 MATLAB 命令窗口输入：

```
fuzzy(fismat)          %使用 fuzzy(),弹出如图 15-19 所示的 FIS 编辑器
```

运行程序,输出图形如图 15-19 所示。

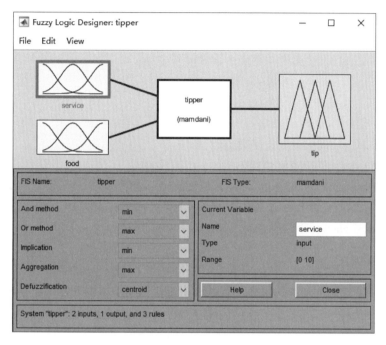

图 15-19　模糊工具箱

　　编辑器是任意模糊推理系统的高层显示,它允许调用各种其他的编辑器来对其进行操作。此界面允许用户方便地访问所有其他的编辑器,并以最灵活的方式与模糊系统进行交互。

　　1. 方框图

　　窗口上方的方框图显示了输入、输出和它们中间的模糊规则处理器。单击任意一个变量框,使选中的方框成为当前变量,此时它变成红色高亮方框。双击任意一个变量,弹出隶属度函数编辑器,双击模糊规则编辑器,弹出规则编辑器。

　　2. 菜单项

　　FIS 编辑器的菜单命令允许用户打开相应的工具,打开并保存系统。

　　1) File 菜单

　　(1) New mamdani FIS：打开新 mamdani 型系统。

　　(2) New Sugeno FIS：打开新 sugeno 型系统。

（3）Open from disk：从磁盘上打开指定的.fis 文件系统。

（4）Save to disk：保存当前系统到磁盘上的一个.fis 文件上。

（5）Save to disk as：重命名方式保存当前系统到磁盘上。

（6）Open from workspace：从工作空间中指定的 FIS 结构变量装入一个系统。

（7）Save to workspace：保存系统到工作空间中当前命名的 FIS 结构变量中。

（8）Save to workspace as：保存系统到工作空间中指定的 FIS 结构变量中。

（9）Close windows：关闭 GUI。

2）Edit 菜单

（1）Add input：增加另一个输入到当前系统中。

（2）Add output：增加另一个输出到当前系统中。

（3）Remove variable：删除一个所选的变量。

（4）Undo：恢复当前最近的改变。

3）View 菜单

（1）Edit MFs：调用隶属度函数编辑器。

（2）Edit rules：调用规则编辑器。

（3）Edit anfis：只对单输出 sugeno 型系统调用编辑器。

（4）View rules：调用规则观察器。

（5）View surface：调用曲面观察器。

3. 弹出式菜单

用五个弹出式菜单来改变模糊蕴含过程中五个基本步骤的功能。

（1）And method：为一个定制操作选择 min、prod 或 Custom。

（2）Or method：为一个定制操作选择 max、probor（概率）或 Custom。

（3）Implication method：为一个定制操作选择 min、prod 或 Custom；此项对 sugeno 型模糊系统不可用。

（4）Aggregation method：为一个定制操作选择 max、sum、probor 或 Custom。此项对 sugeno 型模糊系统不可用。

（5）Defuzzification method：对 mamdani 型推理，为一个定制操作选择 centroid（面积中心法）、bisector（面积平分法）、mom（平均最大隶属度法）、som（最大隶属度最小值法）、lom（最大隶属度最大值法）或 Custom。对 sugeno 型推理，在 wtaver（加权平均）或 wtsum（加权和）之间选择。

15.1.15　隶属度函数编辑器

MATLAB 中隶属度函数编辑器函数为 mfedit()，其格式如下：

```
mfedit('a')
mfedit(a)
mfedit
```

mfedit('a')生成一个隶属度函数编辑器，并允许检查和修改存储在文件 a.fis 中 FIS

结构的所有隶属度函数。在 MATLAB 命令窗口输入：

```
mfedit('tank')
```

运行程序，产生如图 15-20 所示工具箱图。

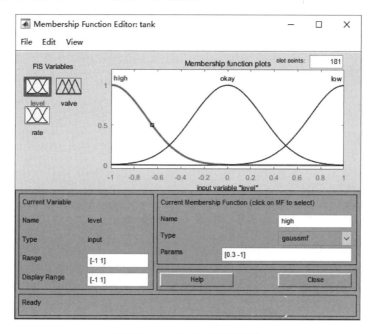

图 15-20　tank.fis 隶属度函数

mfedit('tank')以这种方式打开隶属度函数编辑器并装入 tank.fis 中存储的所有隶属度函数。

mfedit(a)对于 FIS 结构操作一个 MATLAB 工作空间变量 a。mfedit 可单独弹出没有装入 FIS 的隶属度函数编辑器。

在 ANFIS 编辑器 GUI 上，有一个菜单棒允许用户打开相关的 GUI 工具、打开和保存系统等。File 菜单与 FIS 编辑器上的 File 菜单功能相同。

1）Edit 菜单

（1）Add MF：为当前语言变量增加隶属度函数。

（2）Add custom MF：为当前语言变量增加定制的隶属度函数。

（3）Remove current MF：删除当前的隶属度函数。

（4）Remove all MFS：删除当前语言变量的所有隶属度函数。

（5）Undo：恢复当前最近的改变。

2）View 菜单

（1）Edit FIS properties：调用 FIS 编辑器。

（2）Edit rules：调用规则编辑器。

（3）View rules：调用规则观察器。

（4）View surface：调用曲面观察器。

15.2　模糊推理结构

模糊推理结构(fuzzy inference structure,FIS)根据用户自己选定的隶属度函数进行相关设计,MATLAB 工具箱提供了大量的函数供用户产生相应的 FIS 结构,具体如下。

15.2.1　不使用数据聚类从数据生成 FIS

MATLAB 不使用数据聚类从数据生成 FIS 的函数为 genfis1(),其格式如下:

```
fismat = genfis1(data)
fismat = genfis1(data,numMFs,inmftype, outmftype)
```

genfis1 为 anfis 训练生成一个 sugeno 型作为初始条件的 FIS(初始隶属度函数)。genfis1(data,numMFs,inmftype, outmftype)使用对数据的网格分割方法,从训练数据集生成一个 FIS。

data 是训练数据矩阵,除最后一列表示单一输出数据外,它的其他各列表示输入数据。numMFs 是一个向量,它的坐标指定与每一输入相关的隶属度函数的数量。如果想使用每个输入相关的相同数量的隶属度函数,那么只需使 numMFs 成为一个数就足够了。inmftype 是一个字符串数组,它的每行指定与每个输入相关的隶属度函数类型。outmftype 是一个字符串数组,它的每行指定与每个输出相关的隶属度函数类型。

不使用数据聚类方法从数据生成 FIS,编程如下:

```
clc,clear,close all
data = [rand(10,1) 10 * rand(10,1) − 5 rand(10,1)];
numMFs = [3 7];
mfType = str2mat('pimf','trimf');
fismat = genfis1(data,numMFs,mfType);
[x,mf] = plotmf(fismat,'input',1);
subplot(2,1,1),
plot(x,mf);
grid on
xlabel('input 1 (pimf)');
[x,mf] = plotmf(fismat,'input',2);
subplot(2,1,2),
plot(x,mf);
xlabel('input 2 (trimf)');
grid on
axis tight
```

运行程序,输出图形如图 15-21 所示。

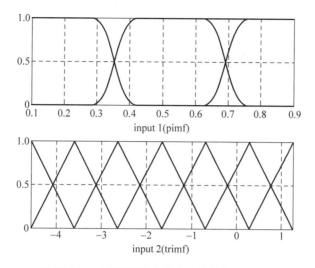

图 15-21   不使用数据聚类方法从数据生成 FIS

15.2.2   使用减法聚类从数据生成 FIS

MATLAB 中使用减法聚类从数据生成 FIS 的函数为 genfis2()，其格式如下：

```
fismat = genfis2(Xin,Xout,radii)
fismat = genfis2(Xin,Xout,radii,xBounds)
fismat = genfis2(Xin,Xout,radii,xBounds,options)
```

Xin 是一个矩阵，它的每一行包含一个数据点的输入值；Xout 是一个矩阵，它的每一行包含一个数据点的输出值；radii 是一个向量，它指定一个聚类中心在一个数据维上作用的范围，这里假定数据位于一个单位超立方体内；xBounds 是一个 $2 \times N$ 可选矩阵，它用于指定如何将 Xin 和 Xout 中的数据映射到一个超立方体内，这里是数据的维数（行数）；options 是一个可选向量，它指定的值用于覆盖算法参数的默认值。

```
fismat = genfis2(Xin,Xout,0.5)
```

这是使用此函数所需的最小变量数。这里对所有数据维指定 0.5 的作用范围。

```
fismat = genfis2(Xin,Xout,[0.5 0.25 0.3])
```

这里假定组合的维数是 3。假设 Xin 有两维、Xout 有一维，那么，0.5 和 0.25 是 Xin 数据维中每一维的作用范围，0.3 是 Xout 数据维的作用范围。

```
fismat = genfis2(Xin,Xout,0.5,[-10 -5 0; 10 5 20])
```

这里指定了如何将 Xin 和 Xout 中的数据规范化为[0 1]区间中的值来进行处理。假设 Xin 有两维、Xout 有一维，那么 Xin 第一列中的数据是从[−10 ＋10]比例变换后的值，Xin 第二列中的数据是从[−5 ＋5]比例变换后的值，Xout 中的数据是从[0 20]比例变换后的值。

15.2.3 生成FIS曲面

MATLAB中生成FIS曲面的函数为gensurf(),其格式如下:

(1) gensurf(fis)。使用前两个输入和第一个输出来生成给定模糊推理结构(FIS)的输出曲面。

(2) gensurf(fis,inputs,output)。使用分别由向量inputs和标量output给定的输入(一个或两个)和输出(只允许一个)来生成一个图形。

(3) gensurf(fis,inputs,output,grids)。指定 X(第一、水平)和 Y(第二、垂直)方向的网格数。如果是二元向量,X 和 Y 方向上的网格可以独立设置。

(4) gensurf(fis,inputs,output,grids,refinput)。用于多于两个的输入,refinput 向量的长度与输入相同。将对应于要显示的输入的 refinput 项,设置为 NaN;对其他输入的固定值设置为双精度实标量。

(5) [x,y,z]=gensurf(…)。返回定义输出曲面的变量并且删除自动绘图。

产生 FIS 输出曲面,调用 MATLAB 自带文件,编程如下:

```
clc,clear,close all
a = readfis('tipper');
gensurf(a)
axis tight
grid on
box on
```

运行程序,输出图形如图 15-22 所示。

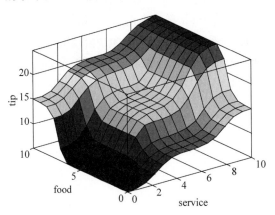

图 15-22　FIS 输出曲面

15.2.4 mamdani 型 FIS 转换为 sugeno 型 FIS

MATLAB中 mamdani 型 FIS 转换为 sugeno FIS 的函数为 mam2sug(),其格式如下:

```
sug_fis = mam2sug(mam_fis)
```

该函数将一个 mamdani 型 FIS(不必是单输出)mam_fis 转化为一个 sugeno 型结构 sug_fis。返回的 sugeno 型系统具有常值输出隶属度函数。这些常值由原来 mamdani 型系统的后件的隶属度函数的面积中心法来确定。前件仍保持不变。

15.2.5 完成模糊推理计算

MATLAB 中完成模糊推理计算的函数为 evalfis(),其格式如下:

```
output = evalfis(input,fismat)
output = evalfis(input,fismat, numPts)
[output, IRR, ORR, ARR] = evalfis(input,fismat)
[output, IRR, ORR, ARR] = evalfis(input,fismat, numPts)
```

说明:

(1) input:指定输入值的一个数或一个矩阵,如果输入是一个 $M\times N$ 矩阵,其中 N 是输入变量数,那么 evalfis 使用 input 的每一行作为一个输入向量,并且为变量 output 返回 $M\times L$ 矩阵,该矩阵每一行是一个向量并且 L 是输出变量数。

(2) fismat:要计算的一个 FIS。

(3) numPts:一个可选变量,它表示在输入或输出范围内的采样点数,在这些点上计算隶属度函数,如果不使用此变量,就使用 101 点的默认值。

evalfis 的值域如下:

(1) output:大小为 $M\times L$ 的输出矩阵,这里 M 表示前面指定的输入值的数量,L 表示 FIS 的输出变量数。evalfis 的可选值域变量只有当 input 是一个行向量时才计算。这些可选值域变量是 IRR、ORR、ARR。

(2) IRR:通过隶属度函数计算的输入变量的结果,这是一个大小为 numRules$\times N$ 的矩阵,这里 numRules 是规则条数,N 是输入变量数。

(3) ORR:通过隶属度函数计算的输出变量的结果,这是一个大小为 numRules$\times L$ 的矩阵,这里 numRules 是规则条数,L 是输出变量数,此矩阵的第一组 numRules 列对应于第一个输出,第二组 numRules 列对应于第二个输出,依次类推。

(4) ARR:对每个输出,在输出值域中,numPts 处采样合成值的 numPts$\times L$ 矩阵,当只有一个值域变量调用时,该函数使用由结构 fismat 指定的模糊推理系统,由标量或矩阵 inout 指定的输入值计算输出向量 output。

调用 evalfis()函数完成模糊推理计算,编程如下:

```
clc,clear,close all
fismat = readfis('tipper');
out = evalfis([2 1; 4 9],fismat)
```

运行程序,输出结果如下:

```
out =
     7.0169
    19.6810
```

15.2.6 模糊均值聚类

MATLAB中模糊均值聚类的函数为 fcm()，其格式如下：

1）[center,U,obj_fcn] = fcm(data,cluster_n)

对给定的数据集应用模糊c均值聚类方法进行聚类。

（1）data：要聚类的数据集，每行是一个采样数据点。

（2）cluster_n：聚类中心的个数（大于1）。

（3）center：迭代后得到的聚类中心的矩阵，这里每行给出聚类中心的坐标。

（4）U：得到的所有点对聚类中心的模糊分类矩阵或隶属度函数矩阵。

（5）obj_fcn：迭代过程中，目标函数的值。

2）fcm(data,cluster_n,options)

使用可选的变量 options 控制聚类参数，包括停止准则，和/或设置迭代信息显示。

（1）options(1)：分类矩阵 U 的指数，默认值是 2.0。

（2）options(2)：最大迭代次数，默认值是 100。

（3）options(3)：最小改进量，即迭代停止的误差准则，默认值是 1e-5。

（4）options(4)：迭代过程中显示信息，默认值是 1。

如果任意一项为 NaN，这些选项就使用默认值；当达到最大迭代次数时，或目标函数两次连续迭代的改进量小于指定的最小改进量，即满足停止误差准则时，聚类过程结束。

产生随机数据，进行均值聚类分析。编程如下：

```
clc,clear,close all
data = rand(100, 2);
[center,U,obj_fcn] = fcm(data, 2);
plot(data(:,1), data(:,2),'o');
maxU = max(U);
index1 = find(U(1,:) == maxU);
index2 = find(U(2, :) == maxU);
line(data(index1,1), data(index1, 2), 'linestyle', 'none', 'marker', '*', 'color', 'g');
line(data(index2,1), data(index2, 2), 'linestyle', 'none', 'marker', '*', 'color', 'r');
axis tight
grid on
box on
```

运行程序，输出图形如图 15-23 所示。

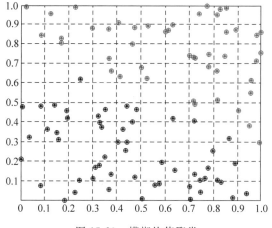

图 15-23　模糊均值聚类

15.2.7　模糊均值和减法聚类

MATLAB 中模糊均值和减法聚类的函数为 findcluster()，其格式如下：

```
findcluster('file.dat')
```

findcluster 产生一个 GUI 上的 Method 下的下拉式标签，可以实现模糊 C 均值（fcm）或模糊减法聚类（subtractiv），使用 Load Data 按钮输入数据，刚进入 GUI 时，对每种方法的选项都设置为默认值。

此工具使用多维数据集，但只显示这些维数中的两维。使用 X-axis 和 Y-axis 下的下拉式标签选择想观察的数据维。例如，有一个五维数据集，按照出现在数据集中的顺序，此工具将数据标记为 data_1、data_2、data_3、data_4、data_5，Start 将完成聚类，Save Centre 将保存聚类中心。

当使用数据集 file.data 时，findcluster(file.dat) 自动装入数据集，并且只绘制数据集中的前两维。产生 GUI 后，仍可以选择要聚类数据的那两维。

调用 MATLAB 聚类工具箱，编程如下：

```
clc,clear,close all
findcluster('clusterdemo.dat')
```

运行程序，输出图形如图 15-24 所示。

15.2.8　绘制 FIS

MATLAB 中绘制 FIS 的函数为 plotfis()，其格式如下：

```
plotfis(fismat)
```

此函数显示由 fismat 指定的一个 FIS 的高层方框图，输入和它们的隶属度函数出现

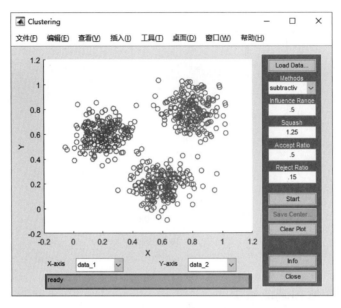

图 15-24　工具箱使用

在结构特征图的左边,同时输出和它们的隶属度函数出现在结构特征图的右边。

绘制 FIS,程序如下:

```
clc,clear,close all
a = readfis('tipper');
plotfis(a)
```

运行程序,输出图形如图 15-25 所示。

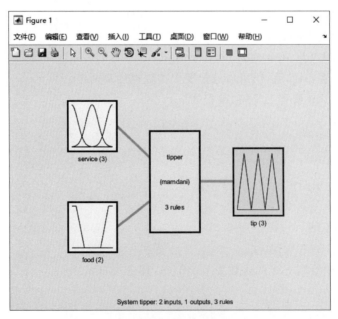

图 15-25　绘制 FIS

15.2.9 绘制给定变量的所有隶属度函数曲线

MATLAB 中绘制给定变量的所有隶属度函数曲线的函数为 plotmf()，其格式如下：

```
plotmf(fismat,varType,varIndex)
```

此函数绘制与给定变量相关的称为 fismat 的 FIS 中的所有隶属度函数曲线，变量的类型和索引分别由 varType（'input' 或 'output'）和 varIndex 给出。此函数也可以与 MATLAB 函数 subplot 一起使用。

绘制 FIS 文件中推理隶属度函数曲线，编程如下：

```
clc,clear,close all
a = readfis('tipper');
plotmf(a,'input',1)
```

运行程序，输出图形如图 15-26 所示。

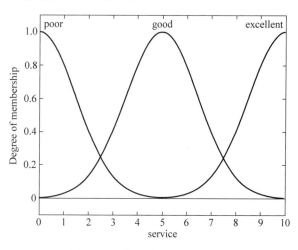

图 15-26　推理隶属度曲线显示

15.2.10 从磁盘装入 FIS

MATLAB 中从磁盘装入 FIS 的函数为 readfis()，其格式如下：

```
fismat = readfis('filename')
```

从磁盘上的一个 .fis 文件（由 filename 命名）读出一个模糊推理系统，并将产生的 FIS 装入当前的工作空间中。fismat = readfis 不带输入变量，即没有指定文件名时，使用 uigetfile 命令打开一个对话框，提示用户指定文件的名称和目录位置。

获取 FIS 文件信息，程序如下：

```
clc,clear,close all
```

```
fismat = readfis('tipper');
getfis(fismat)
```

运行程序,输出结果如下:

```
    Name        = tipper
    Type        = mamdani
    NumInputs   = 2
    InLabels    =
            service
            food
    NumOutputs  = 1
    OutLabels   =
            tip
    NumRules    = 3
    AndMethod   = min
    OrMethod    = max
    ImpMethod   = min
    AggMethod   = max
    DefuzzMethod = centroid
ans =
tipper
```

15.2.11 从 FIS 中删除某一隶属度函数

MATLAB 中从 FIS 中删除某一隶属度函数的函数为 rmmf(),其格式如下:

```
fis = rmmf(fis,'varType',varIndex,'mf',mfIndex)
```

从与工作空间 FIS 结构 fis 相关的模糊推理系统中删除变量类型为 varType,索引为 varIndex 的隶属度函数 mfIndex。

(1) varType 必须是 input 或 output。

(2) varIndex 是表示变量索引的一个整数,此索引表示列出变量的顺序。

(3) mf 是表示隶属度函数的一个字符串。

(4) mfIndex 是表示隶属度函数索引的一个整数,此索引表示列出隶属度函数的顺序。

编程如下:

```
clc,clear,close all
a = newfis('mysys');
a = addvar(a,'input','temperature',[0 100]);
a = addmf(a,'input',1,'cold','trimf',[0 30 60]);
getfis(a,'input',1)
```

运行程序，输出结果如下：

```
       Name      = tipper
       Type      = mamdani
       NumInputs = 2
       InLabels  =
             service
             food
       NumOutputs = 1
       OutLabels =
             tip
       NumRules = 3
       AndMethod = min
       OrMethod = max
       ImpMethod = min
       AggMethod = max
       DefuzzMethod = centroid
ans =
tipper
       Name =      temperature
       NumMFs =    1
       MFLabels =
             cold
       Range =     [0 100]
ans =
       Name: 'temperature'
     NumMFs: 1
       mf1: 'cold'
      range: [0 100]
```

15.2.12　从 FIS 中删除变量

MATLAB 中从 FIS 中删除变量的函数为 rmvar()，其格式如下：

```
[fis2,errorStr] = rmvar(fis,'varType',varIndex)
fis2 = rmvar(fis,'varType',varIndex)
```

（1）fis2 = rmvar(fis,'varType',varIndex)。从与工作空间 FIS 结构 fis 相关的模糊推理系统中删除索引为 varIndex 的语言变量 mfIndex。字符串 varType 必须是 input 或 output。varIndex 是表示变量索引的一个整数，此索引表示列出变量的顺序。

（2）[fis2,errorStr] = rmvar(fis,'varType',varIndex)。将任何错误信息返回到字符串 errorStr。

此命令自动更新规则列表以保证列表尺寸与当前变量数保持一致，在删除语言变量之前，必须从 FIS 删除任何包含要删除变量的规则，无法删除在规则列表中正在使用的模糊变量。

编程如下：

```
a = newfis('mysys');
a = addvar(a,'input','temperature',[0 100]);
getfis(a)
```

运行程序，输出结果如下：

```
Name      = mysys
      Type      = mamdani
      NumInputs = 1
      InLabels  =
            temperature
      NumOutputs = 0
      OutLabels =
      NumRules = 0
      AndMethod = min
      OrMethod = max
      ImpMethod = min
      AggMethod = max
      DefuzzMethod = centroid
ans =
mysys
```

从 FIS 中删除变量，调用 rmvar() 函数如下：

```
b = rmvar(a,'input',1);
getfis(b)
```

运行程序，输出结果如下：

```
      Name      = mysys
      Type      = mamdani
      NumInputs = 0
      InLabels  =
      NumOutputs = 0
      OutLabels =
      NumRules = 0
      AndMethod = min
      OrMethod = max
      ImpMethod = min
      AggMethod = max
      DefuzzMethod = centroid
ans =
mysys
```

15.2.13 设置模糊系统属性

MATLAB 中设置模糊系统属性的函数为 setfis()，其格式如下：

```
a = setfis(a,'fispropname','newfisprop')
a = setfis(a,'vartype',varindex,'varpropname','newvarprop')
a = setfis(a,'vartype',varindex,'mf',mfindex,'mfpropname','newmfprop');
```

可以使用 3 个、5 个或 7 个输入变量调用 setfis 命令,使用几个输入变量取决于是否设置整个结构的一个属性,是否设置属于该结构的一个特定变量,以及是否设置属于这些变量之一的一个特定隶属度函数。

(1) a:工作空间中 FIS 的一个变量名称。

(2) vartype:表示变量类型的一个字符串 input 或 output。

(3) varindex:输入或输出变量的索引。

(4) mf:调用 setfis 时,7 个变量中的第 4 个变量所用的字符串,用于指明此变量是一个隶属度函数。

(5) mfindex:属于所选变量的隶属度函数的索引。

(6) fispropname:表示要设置 FIS 域属性的一个字符串 name、type、andmethod、ormethod、impmethod、aggmethod、defuzzmethod。

(7) newfisprop:要设置的 FIS 的属性或方法名称的一个字符串。

(8) varpropname:要设置的变量域名称的一个字符串 name 或 range。

(9) newvarprop:要设置的变量名称的一个字符串(对 name),或变量范围的一个数组(对 range)。

(10) mfpropname:要设置的隶属度函数名称的一个字符串 name、type 或 params。

(11) newmfprop:要设置的隶属度函数名称或类型域的一个字符串(对 name 或 type)或者是参数范围的一个数组(对 params)。

使用 3 个变量调用,编程如下:

```
a = readfis('tipper');
a2 = setfis(a, 'name', 'eating');
getfis(a2, 'name');
```

运行程序,输出结果如下:

```
out =
eating
```

如果使用 5 个变量,setfis 将更新两个变量属性。程序如下:

```
a2 = setfis(a,'input',1,'name','help');
getfis(a2,'input',1,'name')
```

运行程序,输出结果如下:

```
ans =
    help
```

如果使用 7 个变量,setfis 将更新 7 个隶属度函数的任意属性。程序如下:

```
a2 = setfis(a,'input',1,'mf',2,'name','wretched');
getfis(a2,'input',1,'mf',2,'name')
```

运行程序,输出结果如下:

```
ans =
wretched
```

15.2.14 以分行形式显示 FIS 所有属性

MATLAB 中以分行形式显示 FIS 所有属性的函数为 showfis(),其格式如下:

```
showfis(fismat)
```

以分行方式显示 MATLAB 工作空间 FIS 变量 fismat,允许查看结构的每个域的意义和内容。

显示 FIS 属性,程序如下:

```
a = readfis('tipper');
showfis(a)
```

运行程序,输出结果如下:

```
1.  Name            tipper
2.  Type            mamdani
3.  Inputs/Outputs  [2 1]
4.  NumInputMFs     [3 2]
5.  NumOutputMFs    3
6.  NumRules        3
7.  AndMethod       min
8.  OrMethod        max
9.  ImpMethod       min
10. AggMethod       max
11. DefuzzMethod    centroid
12. InLabels        service
13.                 food
14. OutLabels       tip
15. InRange         [0 10]
16.                 [0 10]
17. OutRange        [0 30]
18. InMFLabels      poor
19.                 good
20.                 excellent
21.                 rancid
22.                 delicious
23. OutMFLabels     cheap
```

24.		average
25.		generous
26.	InMFTypes	gaussmf
27.		gaussmf
28.		gaussmf
29.		trapmf
30.		trapmf
31.	OutMFTypes	trimf
32.		trimf
33.		trimf
34.	InMFParams	[1.5 0 0 0]
35.		[1.5 5 0 0]
36.		[1.5 10 0 0]
37.		[0 0 1 3]
38.		[7 9 10 10]
39.	OutMFParams	[0 5 10 0]
40.		[10 15 20 0]
41.		[20 25 30 0]
42.	Rule Antecedent	[1 1]
43.		[2 0]
44.		[3 2]
45.	Rule Consequent	1
46.		2
47.		3
48.	Rule Weigth	1
49.		1
50.		1
51.	Rule Connection	2
52.		1
53.		2

15.2.15　完成模糊运算

MATLAB 中完成模糊运算的函数为 fuzarith()，其格式如下：

```
C = fuzarith(X, A, B, operator)
```

使用区间算法，C ＝ fuzarith(X，A，B，operator)返回一个模糊集 C 作为结果，该算法使用由字符串 operator 表示的函数，并在采样凸模糊集 A 和 B 上完成二进制运算；元素 A 和 B 由采样值域变量 X 的凸函数产生；A、B 和 X 是相同维数的向量；operator 是串 sum、sub、prod、and、div 之一；

该函数返回的模糊集 C 是一个与 X 具有相同长度的列向量。

模糊运算程序如下：

```
clc,clear,close all
point_n = 101;
min_x = -20; max_x = 20;
```

```
x = linspace(min_x, max_x, point_n)';
A = trapmf(x, [-10 -2 1 3]);
B = gaussmf(x, [2 5]);
C1 = fuzarith(x, A, B, 'sum');
subplot(2,1,1);
plot(x, A, 'b--', x, B, 'm:', x, C1, 'c','linewidth',2);
title('fuzzy addition A+B');
C2 = fuzarith(x, A, B, 'sub');
subplot(2,1,2);
plot(x, A, 'b--', x, B, 'm:', x, C2, 'c','linewidth',2);
title('fuzzy subtraction A-B');
C3 = fuzarith(x, A, B, 'prod');
```

运行程序,输出图形如图 15-27 所示。

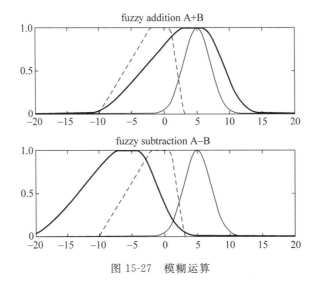

图 15-27　模糊运算

15.2.16　解析模糊规则

MATLAB 中解析模糊规则的函数为 parsrule(),其格式如下:

```
fis2 = parsrule(fis,txtRuleList)
fis2 = parsrule(fis,txtRuleList,ruleFormat)
fis2 = parsrule(fis,txtRuleList,ruleFormat,lang)
```

此函数为 MATLAB 工作空间 FIS 变量 fis 解析定义规则(txtRuleList)的文本,并且返回添加了相应规则列表的一个 FIS。如果原始输入 FIS 结构 fis 有任意初始规则,它们将由新结构 fis2 替换。

本函数支持三种不同的规则格式(由 ruleFormat 指定 verbose(语言型)、symbolic(符号型)、indexed(索引型)。默认格式是 verbose(语言型)。当使用可选语言变量 lang 时,规则以语言型格式进行解析,并采用语言变量 lang 中指定的关键字。

语言必须是 english、francais 或 deutsch。

英语关键字是 if、then、is、AND、OR 和 NOT。

模糊规则解析,程序如下:

```
a = readfis('tipper');
ruleTxt = 'if service is poor then tip is generous';
a2 = parsrule(a,ruleTxt,'verbose');
showrule(a2)
```

运行程序,输出结果如下:

```
ans =
    1. If (service is poor) then (tip is generous) (1)
```

15.2.17　规则编辑器和语法编辑器

MATLAB 中规则编辑器和语法编辑器的函数为 ruleedit(),其格式如下:

```
ruleedit('a')
ruleedit(a)
```

当使用 ruleedit('a')调用规则编辑器时,可用于修改存储在文件 a.fis 中的一个 FIS 结构的规则。它也可用于检查模糊推理系统使用的规则。为使用编辑器创建规则,必须首先用 FIS 编辑器定义要使用的所有输入/输出变量,可以使用列表框和检查框选择输入、输出变量,连接操作和权重来创建新规则。

如图 15-28 所示,用 ruleedit('tank')打开规则编辑器并装入 tank.fis 中存储的所有规则。

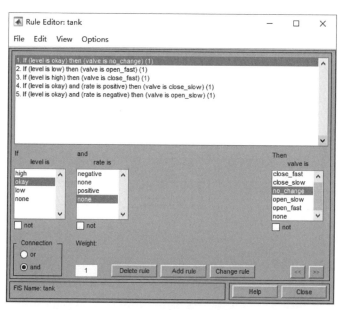

图 15-28　模糊编辑器

在规则编辑器 GUI 上,有一个菜单棒允许用户打开相关的 GUI 工具、打开和保存系统等。File 菜单与 FIS 编辑器上的 File 菜单功能相同。

1) Edit 菜单

Undo:用于恢复最近的改变。

2) View 菜单

(1) Edit FIS properties:调用 FIS 编辑器。

(2) Edit membership functions:调用隶属度函数编辑器。

(3) Edit rules:调用规则编辑器。

(4) View surface:调用曲面观察器。

3) Options 菜单

(1) Language:用于选择语言,即 English、Deutsch 和 Francais。

(2) Format:用于选择格式。

① Verbose:使用单词 if、then、AND、OR 等创建实际语句。

② Symbolic:用某些符号代替 Verbose 模式中使用的单词。例如,"if A AND B then C"成为"A&B=>C"。

③ Indexed:表示规则如何在 FIS 结构中存储。

15.2.18　规则观察器和模糊推理框图

MATLAB 中规则观察器和模糊推理框图的函数为 ruleview(),其格式如下:

```
ruleview('a')
```

使用 ruleview('a') 调用规则观察器时,将绘制在存储文件 a.fis 中的一个 FIS 的模糊推理框图。它用于观察从开始到结束整个蕴含过程。可以移动对应输入的指示线,然后观察系统重新调节并计算新的输出。

在 MATLAB 命令窗口输入 ruleview('tank'),得到模糊推理框图如图 15-29 所示。

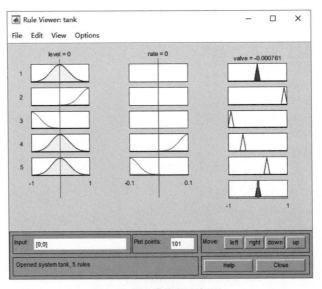

图 15-29　模糊推理框图

在规则编辑器 GUI 上,有一个菜单棒允许用户打开相关的 GUI 工具、打开和保存系统等。File 菜单与 FIS 编辑器上的 File 菜单功能相同。

1) View 菜单

(1) Edit FIS properties:调用 FIS 编辑器。

(2) Edit membership functions:调用隶属度函数编辑器。

(3) Edit rules:调用规则编辑器。

(4) View surface:调用曲面观察器。

2) Options 菜单

Rules display format:用于选择显示规则的格式。如果单击模糊推理框图左边的规则序号,则与该序号相关的规则出现在规则观察器底部的状态栏中。

15.2.19 保存 FIS 到磁盘

MATLAB 中保存 FIS 到磁盘的函数为 writefis(),其格式如下:

```
writefis(fismat)
writefis(fismat,'filename')
writefis(fismat,'filename','dialog')
```

(1) writefis 将一个 MATLAB 工作空间 FIS 结构 fismat 用一个 .fis 文件形式保存到磁盘上。

(2) writefis(fismat)产生一个对话框让用户输入文件的名称和存放文件的目录。

(3) writefis(fismat,'filename')将对应于 FIS 结构 fismat 的一个 .fis 文件写到一个称为 filename.fis 的磁盘文件中,不使用对话框该文件被保存在当前目录中。

(4) writefis(fismat,'filename','dialog')创建一个带有提供的默认名为 filename.fis 的对话框。

(5) 若扩展名不存在,则只为 filename 添加 .fis 扩展名。

FIS 写操作,程序如下:

```
clc,clear,close all
a = newfis('tipper');
a = addvar(a,'input','service',[0 10]);
a = addmf(a,'input',1,'poor','gaussmf',[1.5 0]);
a = addmf(a,'input',1,'good','gaussmf',[1.5 5]);
a = addmf(a,'input',1,'excellent','gaussmf',[1.5 10]);
writefis(a,'my_file')
```

运行程序,输出结果如下:

```
ans =
    my_file
```

15.2.20　显示 FIS 的规则

MATLAB 中显示 FIS 规则的函数为 showrule()，其格式如下：

```
showrule(fis)
showrule(fis,indexList)
showrule(fis,indexList,format)
showrule(fis,indexList,format,Lang)
```

此命令用于显示与给定系统相关的规则。

（1）fis 是必须提供的变量，这是一个 FIS 结构在 MATLAB 工作空间中的变量名。

（2）indexList 是要显示的规则向量（可选项）。

（3）format 是一个表示返回规则格式的字符串（可选项），showrule 可以用三种不同格式的任意一种返回规则，即 verbose（默认模式，此处 English 是默认语言）、symbolic 和 indexed，它们用于隶属度函数的索引引用。

（4）若要使用第 4 个参数 Lang，则 Lang 必须是 verbose（语言）型的，并且下面这种调用 showrule(fis,indexList,format,Lang) 使用 Lang 给定的语言显示规则，它们必须是 english、francais 或 deutsch。

调用 MATLAB 自带 tipper 文件，显示规则如下：

```
a = readfis('tipper');
showrule(a,1)
```

运行程序，输出结果如下：

```
ans =
1. If (service is poor) or (food is rancid) then (tip is cheap) (1)
```

显示规则 2，程序如下：

```
showrule(a,2)
```

运行程序，输出结果如下：

```
ans =
2. If (service is good) then (tip is average) (1)
```

显示规则 3，程序如下：

```
showrule(a,[3 1],'symbolic')
```

运行程序，输出结果如下：

```
ans =
3. (service == excellent) | (food == delicious) => (tip = generous) (1)
1. (service == poor) | (food == rancid) => (tip = cheap) (1)
```

显示规则 1、2、3,程序如下:

```
showrule(a,1:3,'indexed')
```

运行程序,输出结果如下:

```
ans =
1 1, 1 (1) : 2
2 0, 2 (1) : 1
3 2, 3 (1) : 2
```

15.3 模糊聚类工具箱

数据聚类形成了许多分类,是系统建模算法的基础之一,并对系统行为产生一种聚类表示。MATLAB 模糊逻辑工具箱装备了一些工具,使用户能够在输入数据中发现聚类,用户可以用聚类信息产生 Sugeno-type 模糊推理系统,使用最少规则建立最好的数据行为;按照每一个数据聚类的品质自动地划分规则。这种类型的 FIS 产生器能被命令行函数 genfis2() 自动地完成。

模糊聚类的相关函数如下。

1. fcm

功能:利用模糊 C 均值方法的模糊聚类。

格式:[center,U,obj_fcn] = fcm(data,cluster_n);
        fcm(data,cluster_n,options);

2. genfis2

功能:用于减聚类方法的模糊推理系统模型。

格式:fismat = genfis2(Xin,Xout,radii)
        fismat = genfis2(Xin,Xout,radii,xBounds)
        fismat = genfis2(Xin,Xout,radii,xBounds,options)

说明:

(1) Xin 为输入数据集。

(2) Xout 为输出数据集。

(3) radii 用于假定数据点位于一个单位超立方体内的条件下,指定数据向量的每一维聚类中心影响的范围,每一维取值在 0~1 之间。

(4) xBounds 为 $2 \times N$ 维的矩阵,其中 N 为数据的维数。

(5) options 为参数向量。

① options(1)=quashFactor。quashFactor 用于与聚类中心的影响范围 radii 相乘,用以决定某一聚类中心邻近的那些数据点被排除作为聚类中心的可能性,默认为 1.25。

② options(2)=acceptRatio。acceptRatio 用于指定在选出第一类聚类中心后,只有

某个数据点作为聚类中心的可能性值高于第一聚类中心可能性值的一定比例,只有高于这个比例才能作为新的聚类中心,默认为 0.5。

③ options(3)＝rejectRatio。rejectRatio 用于指定在选出第一类聚类中心后,只有某个数据点作为聚类中心的可能性值低于第一聚类中心可能性值的一定比例,只有低于这个比例才能作为新的聚类中心,默认为 0.15。

④ options(4)＝verbose。如果 verbose 为非零值,则聚类过程的有关信息将显示出来,否则将不显示。

genfis2 函数程序如下:

```
tripdata
subplot(211),plot(datin)
subplot(212),plot(datin)
fismat = genfis2(datin,datout,0.5);
fuzout = evalfis(datin,fismat);
trnRMSE = norm(fuzout - datout)/sqrt(length(fuzout))
trnRMSE =
    0.5276
figure,
plot(datout,'o')
hold on
plot(fuzout)
```

运行程序,结果如图 15-30 和图 15-31 所示。

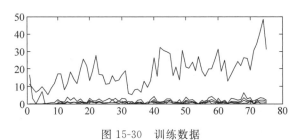

图 15-30　训练数据

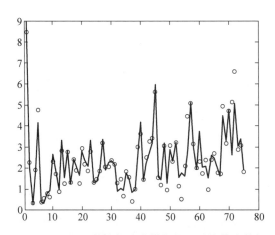

图 15-31　测试数据与减类模糊推理系统输出数据

3. subclust

功能：数据的模糊减聚类。

格式：[c,s] = subclust(X,radii,xBounds,options)

说明：

X 包括用于聚类的数据，X 的每一行为一个向量；返回参数 c 为聚类中心向量，向量 s 包含了数据点每一维聚类中心的影响范围。

subclust 函数示例如下：

```
[c,s] = subclust(X,0.5);
[c,s] = subclust(X,[0.5,0.25,0.3],[2.0,0.8,0.7]);
```

4. findcluster

功能：模糊 C 均值聚类和子聚类交互聚类的 GUI 工具。

格式：findcluster

程序如下：

```
findcluster('clusterdemo.dat')
```

运行程序，结果如图 15-32 所示。

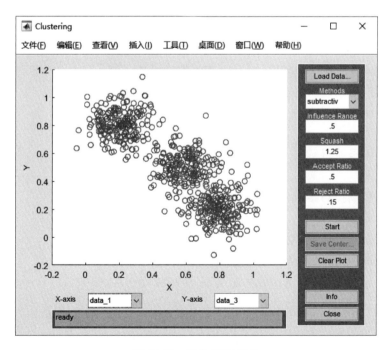

图 15-32　聚类 GUI 窗口

15.4　直接自适应模糊控制

直接模糊自适应控制和间接自适应模糊控制所采用的规则形式不同。间接自适应模糊控制利用的是被控对象的知识，而直接模糊自适应控制采用的是控制知识。

15.4.1　问题描述

考虑如下方程所描述的研究对象

$$x^{(n)} = f(x, x^2, x^3, \cdots, x^{(n-1)}) + bu \tag{15.1}$$

$$y = x \tag{15.2}$$

式中，f 为未知函数；b 为未知的正常数。

直接自适应模糊控制采用下面 IF-THEN 模糊规则来描述控制知识，即

$$\text{如果 } x_1 \text{ 是 } P_1^r \text{ 且 } \cdots\cdots x_n \text{ 是 } P_n^r, \text{ 则 } u \text{ 是 } Q_r \tag{15.3}$$

式中，P_n^r 和 Q_r 为 R 中的模糊集合，且 $r = 1, 2, \cdots, L_u$。

设位置指令为 y_m，令

$$e_m = y_m - y = y_m - x, \quad e = [e, e^{(2)}, \cdots, e^{(n-1)}]^{\mathrm{T}} \tag{15.4}$$

选择 $K = (k_n, k_{(n-1)}, k_{(n-2)}, \cdots, k_1)$，使多项式 $s^n + k_1 s^{(n-1)} + \cdots + k_n$ 的所有根都在平面左半平面上。取控制规律为

$$u^* = \frac{1}{b} [-f(x) + y_m^{(n)} + K^{\mathrm{T}} e] \tag{15.5}$$

将式(15.5)代入式(15.4)，得到闭环控制系统的方程为

$$e^{(n)} + k_1 e^{(n-1)} + \cdots + k_n e = 0 \tag{15.6}$$

由 K 的选取，可得 $t \to \infty$ 时，$e(t) \to 0$，即系统的输出 y 渐近地收敛于理想输出 y_m。

直接自适应模糊控制基于模糊系统设计一个反馈控制器 $u = u(x|\theta)$ 和一个调整参数向量 θ 的自适应律，使得系统输出 y 尽可能地跟踪理想输出 y_m。

15.4.2　控制器设计

直接适应模糊控制器为

$$u = u_D(x|\theta) \tag{15.7}$$

式中，u_D 是一个模糊系统；θ 是可调参数集合。

模糊系统 u_D 可由以下两步来构造：

（1）对变量 $x_i (i = 1, 2, 3, \cdots, n)$，定义 m_i 个模糊集合 $A_i^{l_i} (l_i = 1, 2, 3, \cdots, m_i)$。

（2）用以下 $\prod\limits_{i=1}^{n} m_i$ 条模糊规则来构造模糊系统 $u_D(x|\theta)$，即

$$u_D = S^{l_1, l_2, \cdots, l_n}, \quad x_n \in A_n^{l_n} \tag{15.8}$$

式中，$l_1 = 1, 2, 3, \cdots, m_i, i = 1, 2, 3, \cdots, n$。

采用乘积推理机、单值模糊器和中心平均解模糊器来设计模糊控制器，即

$$u_D = (x \mid \theta) = \frac{\sum\limits_{l_1=1}^{m_1} \cdots \sum\limits_{l_n=1}^{m_n} \bar{y}_u^{l_1 \cdots l_n} \left(\prod\limits_{i=1}^{n} \mu_{A_i}^{l_i}(x_i) \right)}{\sum\limits_{l_1=1}^{m_1} \cdots \sum\limits_{l_n=1}^{m_n} \left(\prod\limits_{i=1}^{n} \mu_{A_i}^{l_i}(x_i) \right)} \tag{15.9}$$

令 $\bar{y}_u^{l_1 \cdots l_n}$ 是自由参数,放在集合 $\theta \in R^{\prod\limits_{i=1}^{n} m_i}$ 中,则模糊控制器为

$$u_D = (x \mid \theta) = \theta^{\mathrm{T}} \xi(x) \tag{15.10}$$

式中,$\xi(x)$ 为 $\prod\limits_{i=1}^{n} m_i$ 维向量,其第 $l_1 \cdots l_n$ 个元素为

$$\xi_{l_1 \cdots l_n}(x) = \frac{\prod\limits_{i=1}^{n} \mu_{A_i}^{l_i}(x_i)}{\sum\limits_{l_1=1}^{m_1} \cdots \sum\limits_{l_n=1}^{m_n} \prod\limits_{i=1}^{n} \mu_{A_i}^{l_i}(x_i)} \tag{15.11}$$

模糊控制规则式(15.3)是通过设置其初始参数而被嵌入到模糊控制器中的。

15.4.3 自适应律设计

将控制率方程(15.5)、直接适应模糊控制器方程(15.7)代入式(15.1),并整理得

$$e^{(n)} = -K^{\mathrm{T}} e + b[u^* - u_D(x \mid \theta)] \tag{15.12}$$

令

$$\mathbf{A} = \begin{bmatrix} 0 & 1 & 0 & \cdots & 0 & 0 \\ 0 & 0 & 1 & \cdots & 0 & 0 \\ \cdots & \cdots & \cdots & \cdots & \cdots & \cdots \\ 0 & 0 & 0 & \cdots & 0 & 1 \\ -k_n & -k_{n-1} & -k_{n-2} & \cdots & -k_2 & -k_1 \end{bmatrix}, \quad \mathbf{b} = \begin{bmatrix} 0 \\ 0 \\ \cdots \\ 0 \\ b \end{bmatrix} \tag{15.13}$$

则闭环系统动态方程式(15.12)可写成向量形式,即

$$\dot{\mathbf{e}} = \Lambda e + \mathbf{b}[u^* - u_D(x \mid \theta)] \tag{15.14}$$

定义最优控制参数为

$$\theta^* = \underset{\prod\limits_{i=1}^{n} m_i}{\mathrm{argmin}} \left[\sup_{x \in R^n} \mid u_D(x \mid \theta) - u^* \mid \right] \tag{15.15}$$

定义最小逼近误差为

$$w = u_D(x \mid \theta^*) - u^* \tag{15.16}$$

由式(15.14)可得误差方程为

$$\dot{\mathbf{e}} = \Lambda e + [\mathbf{b}[u_D(x \mid \theta^*)] - u_D(x \mid \theta) - \mathbf{b}[u_D(x \mid \theta)] - u^*] \tag{15.17}$$

可将其改写为

$$\dot{\mathbf{e}} = \Lambda e + \mathbf{b}(\theta^* - \theta)^{\mathrm{T}} \xi(x) - \mathbf{b}w \tag{15.18}$$

定义 Lyapunov 函数为

$$V = \frac{1}{2} \mathrm{e}^{\mathrm{T}} \mathbf{P} e + \frac{b}{2\gamma} (\theta^* - \theta)^{\mathrm{T}} (\theta^* - \theta) \tag{15.19}$$

式中,参数 γ 是正的常数。

P 为一个正定矩阵且满足 Lyapunov 方程:

$$\Lambda^{\mathrm{T}} P + P\Lambda = -Q \tag{15.20}$$

式中,Q 是一个任意的 $n \times nn$ 的正定矩阵;Λ 由式(15.13)给出。

取 $V_1 = \dfrac{1}{2} e^{\mathrm{T}} Pe$,$V_2 = \dfrac{b}{2\gamma_1} (\theta^* - \theta)^{\mathrm{T}} (\theta^* - \theta)$。令 $M = (\theta^* - \theta)^{\mathrm{T}} \xi(x) - bw$,则式(15.18)变为

$$\dot{e} = \Lambda e + M$$

$$\dot{V}_1 = \frac{1}{2} \dot{e}^{\mathrm{T}} Pe + \frac{1}{2} e^{\mathrm{T}} P \dot{e} = \frac{1}{2} (e^{\mathrm{T}} \Lambda^{\mathrm{T}} + M^{\mathrm{T}}) Pe + \frac{1}{2} e^{\mathrm{T}} P (\Lambda e + M)$$

$$= \frac{1}{2} e^{\mathrm{T}} (\Lambda^{\mathrm{T}} P + P\Lambda) e + \frac{1}{2} M^{\mathrm{T}} Pe + \frac{1}{2} e^{\mathrm{T}} PM$$

$$= -\frac{1}{2} e^{\mathrm{T}} Qe + \frac{1}{2} (M^{\mathrm{T}} Pe + e^{\mathrm{T}} PM)$$

$$= -\frac{1}{2} e^{\mathrm{T}} Qe + e^{\mathrm{T}} PM$$

即

$$\dot{V}_1 = -\frac{1}{2} e^{\mathrm{T}} Qe + e^{\mathrm{T}} Pb((\theta^* - \theta)^{\mathrm{T}} \xi(x) - w)$$

$$\dot{V}_2 = -\frac{b}{\gamma} (\theta^* - \theta)^{\mathrm{T}} \dot{\theta}$$

V 的导数为

$$\dot{V} = -\frac{1}{2} e^{\mathrm{T}} Qe + e^{\mathrm{T}} Pb \left[(\theta^* - \theta)^{\mathrm{T}} \xi(x) - w \right] - \frac{b}{\gamma} (\theta^* - \theta)^{\mathrm{T}} \dot{\theta} \tag{15.21}$$

令 p_n 为 P 的最后一列,由 $b = [0,0,0,\cdots,b]^{\mathrm{T}}$ 可知,$e^{\mathrm{T}} Pb = e^{\mathrm{T}} p_n b$,则式(15.21)变为

$$\dot{V} = -\frac{1}{2} e^{\mathrm{T}} Qe + \frac{b}{\gamma} (\theta^* - \theta)^{\mathrm{T}} \left[\gamma e^{\mathrm{T}} P_n \xi(x) - \dot{\theta} \right] - e^{\mathrm{T}} p_n bw \tag{15.22}$$

取自适应律

$$\dot{\theta} = \gamma e^{\mathrm{T}} p_n \xi(x) \tag{15.23}$$

则

$$\dot{V} = -\frac{1}{2} e^{\mathrm{T}} Qe - e^{\mathrm{T}} P_n bw \tag{15.24}$$

$Q > 0$,w 是最小逼近误差,通过设计足够多规则的模糊系统 $u_D(x|\theta)$,可使 w 充分小,并满足 $|e^{\mathrm{T}} p_n bw| < \dfrac{1}{2} e^{\mathrm{T}} Q$,从而使得 $\dot{V} < 0$。

自适应模糊控制系统结构框图如图 15-33 所示。

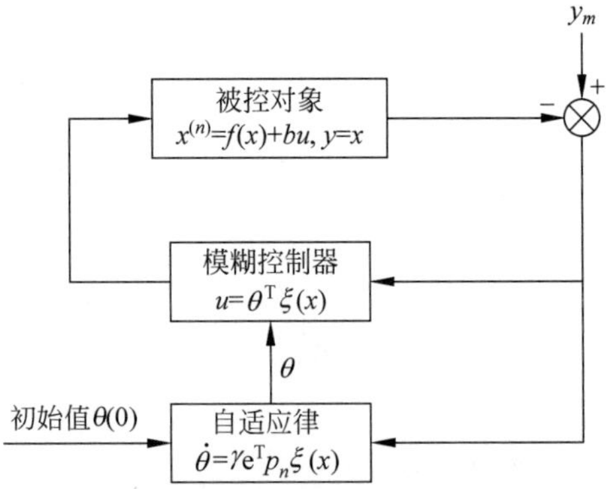

图 15-33　直接自适应模糊控制系统结构框图

15.4.4 直接自适应模糊控制仿真

取被控对象为

$$\ddot{x} = -25\,\dot{x} + 133u$$

位置指令为 $\sin(\pi t)$。取以下 6 种隶属度函数：

$$\mu_{N3}(x_i) = \frac{1}{1 + \exp(5(x_i + 2))}$$

$$\mu_{N2}(x_i) = \exp(-(x_i + 1.5)^2)$$

$$\mu_{N1}(x_i) = \exp[-(x_i + 0.5)^2]$$

$$\mu_{P1}(x_i) = \exp[-(x_i - 0.5)^2]$$

$$\mu_{P2}(x_i) = \exp[-(x_i - 1.5)^2]$$

$$\mu_{P3}(x_i) = \frac{1}{1 + \exp(-5(x - 2))}$$

系统初始状态矩阵为 $[1,0]$，θ 中各元素的初始值均取 0。采用控制律式(15.19)，自适应律取式(15.23)。取 $Q = \begin{bmatrix} 50 & 0 \\ 0 & 50 \end{bmatrix}$，$k_1 = 1$，$k_2 = 10$，自适应参数取 $\gamma = 50$。

根据隶属度函数，编写 MATLAB 程序如下：

```
%直接自适应模糊逼近
clc                              %清屏
clear all;                       %删除workplace变量
close all;                       %关掉显示图形窗口

L1 = -3;
L2 = 3;
L = L2 - L1;                     %模糊集变化范围长度
T = 0.001;
x = L1:T:L2;                     %模糊集变化范围

figure(1);
for i = 1:1:6
    if i == 1
        u = 1./(1 + exp(5 * (x + 2)));
    elseif i == 6
        u = 1./(1 + exp( - 5 * (x - 2)));
    else
    u = exp( - (x + 2.5 - (i - 1)).^2);
end
    hold on;
    plot(x, u, 'r', 'LineWidth', 2);
end
xlabel('x');ylabel('隶属度函数模糊集');
grid on
axis tight
```

运行程序,输出隶属度函数图如图 15-34 所示。

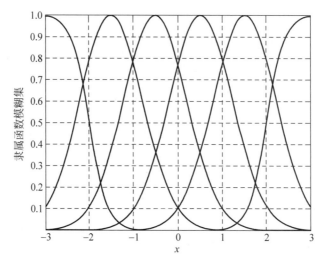

图 15-34　隶属度函数图

对内控对象进行直接自适应控制,编写 MATLAB 程序如下:

```
% S – function for continuous state equation 被控对象
function [sys, x0, str, ts] = s_function(t, x, u, flag)

switch flag,
% 初始值
  case 0,
    [sys, x0, str, ts] = mdlInitializeSizes;          % 初始化函数
case 1,
    sys = mdlDerivatives(t, x, u);                    % 微分函数
% 输出
  case 3,
    sys = mdlOutputs(t, x, u);                        % 输出函数
% Unhandled flags
  case {2, 4, 9 }
    sys = [];
% Unexpected flags
  otherwise
    error(['Unhandled flag = ', num2str(flag)]);
end

function [sys, x0, str, ts] = mdlInitializeSizes
sizes = simsizes;
sizes.NumContStates   = 2;
sizes.NumDiscStates   = 0;
sizes.NumOutputs      = 2;                            % 2 个输出
sizes.NumInputs       = 1;                            % 1 个输入
sizes.DirFeedthrough  = 0;
sizes.NumSampleTimes  = 0;
```

```
sys = simsizes(sizes);
x0 = [1 0];
str = [];
ts = [];

function sys = mdlDerivatives(t,x,u)
% 二阶系统
sys(1) = x(2);
sys(2) = - 25 * x(2) + 133 * u;
function sys = mdlOutputs(t,x,u)
sys(1) = x(1);
sys(2) = x(2);
```

画图程序编写如下：

```
close all;

figure(1);
plot(t,y(:,1),'r',t,y(:,2),'b','LineWidth',2);
xlabel('time(s)');ylabel('Position tracking');
grid on
title('位置跟踪')

figure(2);
plot(t,y(:,1) - y(:,2),'r','LineWidth',2);
xlabel('time(s)');ylabel('Position tracking error');
grid on
title('位置跟踪误差')

figure(3);
plot(t,u(:,1),'r','LineWidth',2);
xlabel('time(s)');ylabel('Control input');
grid on
title('控制输入信号')
```

运行程序，结果如图 15-35～图 15-37 所示。

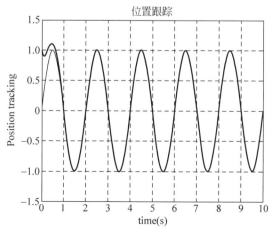

图 15-35　位置跟踪

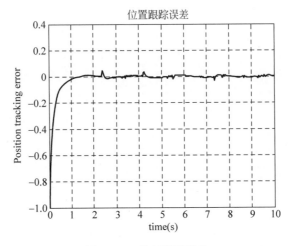

图 15-36　位置跟踪误差

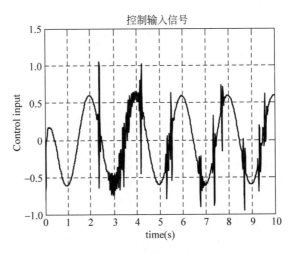

图 15-37　控制输入信号

本章小结

　　基于模糊逻辑运算器,本章从隶属度函数出发,讲解了 MATLAB 模糊工具箱中常用的隶属度函数,然后针对模糊推理结构进行 FIS 的构建以及属性查看和运算,通过自适应模糊控制器的设计,让读者全面而系统地掌握模糊逻辑控制器的应用。

最优化方法就是专门研究如何从多个方案中合理地提取出最佳方案的科学。利用 MATLAB 的优化工具箱,可以求解线性规划、非线性规划和多目标规划问题。另外,该工具箱还提供了线性/非线性最小化、方程求解、曲线拟合、二次规划等问题中大型课题的求解方法,为优化方法在工程中的实际应用提供了更方便、快捷的途径。

学习目标:

- 熟悉优化工具箱中常用函数;
- 掌握线性规划问题求解;
- 掌握无约束非线性规划问题求解;
- 掌握二次规划问题求解;
- 掌握有约束最小化问题求解;
- 掌握目标规划问题求解;
- 掌握最大最小化问题求解。

16.1 优化工具箱及最优化问题简介

在生活中,人们对于同一个问题往往会提出多个解决方案,并通过各方面的论证从中提取最佳方案。最优化方法就是专门研究如何从多个方案中科学合理地提取出最佳方案的方法。由于优化问题无所不在,目前最优化方法的应用和研究已经深入到了生产和科研的各个领域,如土木工程、机械工程、化学工程、运输调度、生产控制、经济规划、经济管理等,并取得了显著的经济效益和社会效益。

用最优化方法解决最优化问题的技术称为最优化技术,它包含两个方面的内容。

(1)建立数学模型,即用数学语言来描述最优化问题。模型中的数学关系式反映了最优化问题所要达到的目标和各种约束条件。

(2)数学求解。数学模型建好以后,选择合理的最优化方法进行求解。

下面介绍有关优化工具箱中的常用函数。

16.1.1　优化工具箱常用函数

首先介绍几个优化工具箱的常用函数。利用 optimset 函数,可以创建和编辑参数结构;利用 optimget 函数,可以获得 options 优化参数。

1. optimset 函数

optimset 函数用于创建或编辑优化选项参数结构。
语法如下:

```
options = optimset('param1',value1,'param2',value2, … )
optimset
options = optimset
options = optimset(optimfun)
options = optimset(oldopts,'param1',value1, … )
options = optimset(oldopts,newopts)
```

描述如下:

(1) options = optimset('param1',value1,'param2',value2,…)的作用是创建一个名为 options 的优化选项参数,其中指定的参数具有指定值。所有未指定的参数都设置为空矩阵[](将参数设置为[]表示当 options 传递给优化函数时给参数赋默认值)。赋值时只要输入参数前面的字母就可以了。

(2) optimset 函数没有输入/输出变量时,将显示一张完整的带有有效值的参数列表。

(3) options = optimset 的作用是创建一个选项结构 options,其中所有的元素被设置为[]。

(4) options = optimset(optimfun)的作用是创建一个含有所有参数名和与优化函数 optimfun 相关的带有默认值的选项结构 options。

(5) options = optimset(oldopts,'param1',value1,…)的作用是创建一个 oldopts 的备份,用指定的数值修改参数。

(6) options = optimset(oldopts,newopts)的作用是将已经存在的选项结构 oldopts 与新的选项结构 newopts 进行合并。newopts 参数中的所有元素将覆盖 oldopts 参数中的所有对应元素。

2. optimget 函数

optimget 函数用于获取优化选项参数值。
语法如下:

```
val = optimget(options,'param')
val = optimget(options,'param',default)
```

描述如下:

(1) val = optimget(options,'param')返回指定的参数 param 的值。

（2）val＝optimget(options,'param',default)返回指定的参数 param 的值,如果该值没有定义,则返回默认值。

举例如下。

（1）下面的语句创建一个名为 options 的优化选项结构,其中显示参数设置为 iter,TolFun 参数设置为 1e－8。

```
options = optimset('Display','iter','TolFun',1e - 8)
```

结果显示:

```
options =
                    Display: 'iter'
                 MaxFunEvals: []
                     MaxIter: []
                      TolFun: 1.0000e - 008
                        TolX: []
                  FunValCheck: []
                    OutputFcn: []
                     PlotFcns: []
               ActiveConstrTol: []
                    Algorithm: []
        AlwaysHonorConstraints: []
               BranchStrategy: []
               DerivativeCheck: []
                  Diagnostics: []
                 DiffMaxChange: []
                 DiffMinChange: []
                   FinDiffType: []
              GoalsExactAchieve: []
                    GradConstr: []
                       GradObj: []
                       HessFcn: []
                       Hessian: []
                      HessMult: []
                   HessPattern: []
                    HessUpdate: []
                 InitialHessType: []
                InitialHessMatrix: []
                InitBarrierParam: []
            InitTrustRegionRadius: []
                      Jacobian: []
                     JacobMult: []
                  JacobPattern: []
                    LargeScale: []
            LevenbergMarquardt: []
                 LineSearchType: []
                      MaxNodes: []
                     MaxPCGIter: []
```

```
                MaxProjCGIter: []
                   MaxRLPIter: []
                   MaxSQPIter: []
                      MaxTime: []
                MeritFunction: []
                    MinAbsMax: []
          NodeDisplayInterval: []
           NodeSearchStrategy: []
              NonlEqnAlgorithm: []
            NoStopIfFlatInfeas: []
                 ObjectiveLimit: []
         PhaseOneTotalScaling: []
                Preconditioner: []
              PrecondBandWidth: []
                RelLineSrchBnd: []
        RelLineSrchBndDuration: []
                  ScaleProblem: []
                       Simplex: []
           SubproblemAlgorithm: []
                        TolCon: []
                     TolConSQP: []
                     TolGradCon: []
                        TolPCG: []
                     TolProjCG: []
                  TolProjCGAbs: []
                     TolRLPFun: []
                    TolXInteger: []
                      TypicalX: []
                    UseParallel: []
```

（2）下面的语句创建一个名为 options 的优化结构的备份，用于改变 TolX 参数的值，将新值保存到 optnew 参数中。

```
optnew = optimset(options,'TolX',1e - 4)
```

（3）下面的语句返回 options 优化结构，其中包含所有的参数名和与 fminbnd 函数相关的默认值。

```
options = optimset('fminbnd');
```

（4）若只希望看到 fminbnd 函数的默认值，只需要简单地输入下面的语句就可以了。

```
optimset fminbnd
```

或

```
optimset('fminbnd')
```

（5）可以使用下面的命令获取 TolX 参数的值：

```
Tol = optimget(options, 'TolX')
```

得到：

```
Tol = 1.0000e - 04
```

下面列出有关最优化的 MATLAB 函数，包括最小化函数和方程求解函数，详细描述如表 16-1 和表 16-2 所示。

表 16-1　最小化函数表

函　数	描　　述	函　数	描　　述
fgoalattain	多目标达到问题	fminsearch, fminunc	无约束非线性最小化
fminbnd	有边界的标量非线性最小化	fseminf	半无限问题
fmincon	有约束的非线性最小化	linprog	线性课题
fminimax	最大最小化	quadprog	二次课题

表 16-2　方程求解函数表

函　数	描　　述
solve	线性方程求解
fsolve	非线性方程求解
fzero	标量非线性方程求解

使用优化工具箱时，由于优化函数要求目标函数和约束条件满足一定的格式，所以需要用户在进行模型输入时注意以下几个问题：

（1）目标函数最小化。优化函数 fminbnd、fminsearch、fminunc、fmincon、fgoalattain、fminmax 和 lsqnonlin 都要求目标函数最小化，如果优化问题要求目标函数最大化，可以通过使该目标函数的负值最小化，即 $-f(x)$ 最小化来实现。类似地，对于 quadprog 函数提供 $-H$ 和 $-f$，对于 linprog 函数提供 $-f$。

（2）约束非正。优化工具箱要求非线性不等式约束的形式为 $Ci(x) \leqslant 0$，通过对不等式取负可以达到使大于零的约束形式变为小于零的不等式约束形式的目的。例如，$Ci(x) \geqslant 0$ 形式的约束等价于 $-Ci(x) \leqslant 0$；$Ci(x) \geqslant b$ 形式的约束等价于 $-Ci(x)+b \leqslant 0$。

16.1.2　最优化问题

求解单变量最优化问题的方法有很多种，根据目标函数是否需要求导可以分为两类，即直接法和间接法。直接法不需要对目标函数进行求导，而间接法则需要用到目标函数的导数。

1. 直接法

常用的一维直接法主要有消去法和近似法两种。

（1）消去法。该法利用单峰函数具有的消去性质进行反复迭代，逐渐消去不包含极小点的区间，缩小搜索区间，直到搜索区间缩小到给定的允许精度为止。一种典型的消去法为黄金分割法（golden section search）。黄金分割法的基本思想是在单峰区间内适当插入两点，将区间分为 3 段，然后通过比较这两点函数值的大小来确定是删去最左段还是最右段，或同时删去左右两段保留中间段。重复该过程使区间无限缩小。插入点的位置放在区间的黄金分割点及其对称点上，所以该法称为黄金分割法。该法的优点是算法简单、效率较高、稳定性好。

（2）多项式近似法。该法用于目标函数比较复杂的情况。此时寻找一个与它近似的函数代替目标函数，并用近似函数的极小点作为原函数极小点的近似。常用的近似函数为二次和三次多项式。

2. 间接法

间接法需要计算目标函数的导数，优点是计算速度很快。常见的间接法包括牛顿切线法、对分法、割线法和三次插值多项式近似法等。优化工具箱中用得较多的是三次插值法。

对于只需要计算函数值的方法，二次插值法是一个很好的方法，它的收敛速度较快，尤其在极小点所在区间较小时更是如此。黄金分割法则是一种十分稳定的方法，并且计算简单。由于以上原因，MATLAB 优化工具箱中用得较多的方法是二次插值法、三次插值法，二次、三次混合插值法和黄金分割法。

下面介绍有关函数。

fminbnd：功能为找到固定区间内单变量函数的最小值。

语法如下：

```
x = fminbnd(fun,x1,x2)
x = fminbnd(fun,x1,x2,options)
x = fminbnd(fun,x1,x2,options,P1,P2, … )
[x,fval] = fminbnd( … )
[x,fval,exitflag] = fminbnd( … )
[x,fval,exitflag,output] = fminbnd( … )
```

描述如下：

（1）x = fminbnd(fun,x1,x2)返回区间(x_1,x_2)上 fun 参数描述的标量函数的最小值 x。

（2）x = fminbnd(fun,x1,x2,options)用 options 参数指定的优化参数进行最小化。

（3）x = fminbnd(fun,x1,x2,options,P1,P2，…)提供另外的参数 P_1、P_2 等，传输给目标函数 fun。如果没有设置 options 选项，则令 options＝[]。

（4）[x,fval] = fminbnd(…)返回解 x 处目标函数的值。

（5）[x,fval,exitflag] = fminbnd(…)返回 exitflag 值描述 fminbnd 函数的退出条件。

（6）[x,fval,exitflag,output] = fminbnd(…)返回包含优化信息的结构输出。

与 fminbnd 函数相关的细节内容包含在 fun、options、exitflag 和 output 等参数中，

如表 16-3 所示。

表 16-3　参数描述

参数	描　　述
fun	需要最小化的目标函数。fun 函数需要输入标量参数 x,返回 x 处的目标函数标量值 f。可以将 fun 函数指定为命令行,如: 　　x = fminbnd(inline('sin(x * x)'),x0) 同样,fun 参数可以是一个包含函数名的字符串。对应的函数可以是 M 文件、内部函数或 MEX 文件。若 fun='myfun',则 M 文件函数 myfun.m 必须是下面的形式: 　　function f = myfun(x) 　　f = …
options	优化参数选项。可以用 optimset 函数设置或改变这些参数的值。options 参数介绍如下。 (1) Display:显示的内容。选择 off,不显示输出;选择 iter,显示每一步迭代过程的输出;选择 final,显示最终结果。 (2) MaxFunEvals:函数评价的最大允许次数。 (3) MaxIter:最大允许迭代次数。 (4) TolX:x 处的终止容限
exitflag	描述退出条件如下。 (1) >0:表示目标函数收敛于解 x 处。 (2) =0:表示已经达到函数评价或迭代的最大次数。 (3) <0:表示目标函数不收敛
output	该参数包含的优化信息如下。 (1) output.iterations:迭代次数。 (2) output.algorithm:所采用的算法。 (3) output.funcCount:函数评价次数

下面举几个求最小化问题的示例。

【例 16-1】　在区间 $(0,3\pi)$ 上求函数 $\cos(x)$ 的最小值。

```
x = fminbnd(@cos,0,3 * pi)
x =
    3.1416
y = cos(x)
```

所以区间 $(0,3\pi)$ 上函数 $\cos(x)$ 的最小值点位于 $x=3.1416$ 处。

最小值处的函数值为:

```
y =
    -1
```

【例 16-2】　对边长为 3m 的正方形铁板,在 4 个角处剪去相等的正方形以制成方形无盖水槽,问如何剪才能使水槽的容积最大?

现在要求在区间 $(0,1.5)$ 上确定一个 x,使容积最大化。因为优化工具箱中要求目标函数最小化,所以需要对目标函数进行转换,即要求最小化。

首先编写 M 文件 ex16_2.m:

```
function f = opt1(x)
f = -(3-2*x).^2 * x;
```

然后调用 fminbnd 函数:

```
x = fminbnd(@ex16_2,0,1.5)
```

得到问题的解:

```
x =
    0.5000
```

即剪掉的正方形的边长为 0.5m 时水槽的容积最大。

16.2 线性规划

线性规划是处理线性目标函数和线性约束的一种较为成熟的方法,目前已经广泛应用于军事、经济、工业、农业、教育、商业和社会科学等许多方面。

线性规划的标准形式要求目标函数最小化、约束条件取等式、变量非负。不符合条件的线性模型要首先转化成标准形。

线性规划的求解方法主要是单纯形法(simple method),该法由 Dantzig 于 1947 年提出,后经多次改进。单纯形法是一种迭代算法,它从所有基本可行解的一个较小部分通过迭代过程选出最优解。其迭代过程的一般描述如下:

(1) 将线性规划问题化为典范形式,从而可以得到一个初始基本可行解 $x^{(0)}$(初始顶点),将它作为迭代过程的出发点,其目标值为 $z(x^{(0)})$。

(2) 寻找一个基本可行解 $x^{(1)}$,使 $z(x^{(1)}) \leqslant z(x^{(0)})$。方法是通过消去法将产生 $x^{(0)}$ 的典范形式化为产生 $x^{(1)}$ 的典范形式。

(3) 继续寻找较好的基本可行解 $x^{(2)}, x^{(3)}, \cdots$,使目标函数值不断改进,即 $z(x^{(1)}) \geqslant z(x^{(2)}) \geqslant z(x^{(3)}) \geqslant \cdots$。当某个基本可行解再也不能被其他基本可行解改进时,它就是所求的最优解。

MATLAB 优化工具箱中采用的是投影法,它是单纯形法的一种变种。

下面介绍有关函数。

16.2.1 线性规划函数

1. 功能

求解线性规划问题。

2. 语法

```
x = linprog(f,A,b,Aeq,beq)
x = linprog(f,A,b,Aeq,beq,lb,ub)
x = linprog(f,A,b,Aeq,beq,lb,ub,x0)
x = linprog(f,A,b,Aeq,beq,lb,ub,x0,options)
[x,fval] = linprog( ⋯ )
[x,fval,exitflag] = linprog( ⋯ )
[x,fval,exitflag,output] = linprog( ⋯ )
[x,fval,exitflag,output,lambda] = linprog( ⋯ )
```

3. 描述

（1）x ＝ linprog(f,A,b)：求解问题 min $f'x$，约束条件为 $Ax \leqslant b$。

（2）x ＝ linprog(f,A,b,Aeq,beq)：求解上面的问题，但增加等式约束，即 $Aeqx = beq$。若没有不等式存在，则令 $A=[\,]$、$b=[\,]$。

（3）x ＝ linprog(f,A,b,Aeq,beq,lb,ub)：定义设计变量 x 的下界 lb 和上界 ub，使得 x 始终在该范围内。若没有等式约束，令 $Aeq=[\,]$、$beq=[\,]$。

（4）x ＝ linprog(f,A,b,Aeq,beq,lb,ub,x0)：设置初值为 x_0。该选项只适用于中型问题，默认大型算法将忽略初值。

（5）x ＝ linprog(f,A,b,Aeq,beq,lb,ub,x0,options)：用 options 指定的优化参数进行最小化。

（6）[x,fval] ＝ linprog(⋯)：返回解 x 处的目标函数值 fval。

（7）[x,lambda,exitflag] ＝ linprog(⋯)：返回 exitflag 值，描述函数计算的退出条件。

（8）[x,lambda,exitflag,output] ＝ linprog(⋯)：返回包含优化信息的输出变量 output。

（9）[x,fval,exitflag,output,lambda] ＝ linprog(⋯)：将解 x 处的拉格朗日乘子返回到 lambda 参数中。

4. 变量

lambda 参数是解 x 处的拉格朗日乘子，它的属性如下。

（1）lambda. lower：lambda 的下界。

（2）lambda. upper：lambda 的上界。

（3）lambda. ineqlin：lambda 的线性不等式。

（4）lambda. eqlin：lambda 的线性等式。

5. 算法

（1）大型优化算法：采用 LIPSOL 法，该法在进行迭代计算之前首先要进行一系列的预处理。

（2）中型优化算法：linprog 函数使用的是投影法，就像 quadprog 函数的算法一样。

linprog 函数使用的是一种活动集方法,是线性规划中单纯形法的变种,它通过求解另一个线性规划问题来找到初始可行解。

6. 诊断

大型优化问题算法的第一步涉及一些约束条件的预处理问题,有些问题可能导致 linprog 函数退出,并显示不可行的信息。

若 Aeq 参数中某行的所有元素都为零,但 beq 参数中对应的元素不为零,则给出如下退出信息:

```
Exiting due to infeasibility: an all zero row in the constraint matrix does not have a zero in
corresponding right hand size entry.
```

若 x 的某一个元素没在界内,则给出以下退出信息:

```
Exiting due to infeasibility:objective f'*x is unbounded below.
```

若 Aeq 参数的某一行中只有一个非零值,则 x 中的相关值称为奇异变量。这里,x 中该成分的值可以用 Aeq 和 beq 算得。若算得的值与另一个约束条件相矛盾,则给出如下退出信息:

```
Exiting due to infeasibility:Singleton variables in equality constraints are not feasible.
```

若奇异变量可以求解,但其解超出上界或下界,则给出如下退出信息:

```
Exiting due to infeasibility:singleton variables in the equality constraints are not within
bounds.
```

16.2.2　线性规划问题的应用

1. 生产决策问题

【例 16-3】　某厂生产甲、乙两种产品,已知制成 1t 产品甲需用资源 A 4t,资源 B 4m³;制成 1t 产品乙需用资源 A 1t,资源 B 6m³,资源 C 7 个单位。若 1t 产品甲和乙的经济价值分别为 8 万元和 5 万元,3 种资源的限制量分别为 90t、220m³ 和 240 个单位,试分析应生产这两种产品各多少吨才能使创造的总经济价值最高?

这里可以令生产产品甲的数量为 x_1,生产产品乙的数量为 x_2。根据题意,代码设置如下:

```
clc
clear
f = [-8;-5];
```

```
A = [4 1
     4 6
     0 7];
b = [90; 220; 240];
lb = zeros(2,1);
```

然后调用 linprog 函数：

```
[x,fval,exitflag,output,lambda] = linprog(f,A,b,[],[],lb)
```

最优化结果如下：

```
Optimization terminated.

x =
   16.0000
   26.0000

fval =
 -258.0000

exitflag =
     1

output =
       iterations: 5
        algorithm: 'interior-point-legacy'
      cgiterations: 0
          message: 'Optimization terminated.'
    constrviolation: 0
      firstorderopt: 1.9099e-12

lambda =
    ineqlin: [3x1 double]
      eqlin: [0x1 double]
      upper: [2x1 double]
      lower: [2x1 double]
```

由上可知，生产甲种产品 16t、乙种产品 26t 可使创造的总经济价值最高，最高经济价值为 258 万元。exitflag＝1 表示过程正常收敛于解 x 处。

2. 工作人员计划安排问题

【例 16-4】 某昼夜服务的公共交通系统每天各时间段（每 4h 为一个时间段）所需的值班人数如表 16-4 所示，这些值班人员在某一时段开始上班后要连续工作 8h（包括轮流用餐时间），问该公共交通系统至少需要多少名工作人员才能满足值班的需要？

表 16-4　各时段所需值班人数

班　　次	时　间　段	所 需 人 数
1	6:00～10:00	60
2	10:00～14:00	20
3	14:00～18:00	80
4	18:00～22:00	50
5	22:00～2:00	50
6	2:00～6:00	30

这里可以设 x_i 为第 i 个时段开始上班的人员数。

根据题意,代码设置如下:

```
clc
clear
f = [1;1;1;1;1;1];
A = [ -1 0 0 0 0 -1
      -1 -1 0 0 0 0
       0 -1 -1 0 0 0
       0 0 -1 -1 0 0
       0 0 0 -1 -1 0
       0 0 0 0 -1 -1];
b = [ -60; -20; -80; -50; -50; -30];
lb = zeros(6,1);
```

然后调用 linprog 函数:

```
[x,fval,exitflag,output,lambda] = linprog(f,A,b,[],[],lb)
```

最优化结果如下:

```
Optimization terminated.
x =
   27.0553
   32.5220
   47.4780
   26.2604
   23.7396
   32.9447

fval =
  190.0000

exitflag =
    1

output =
        iterations: 5
```

```
            algorithm: 'interior - point - legacy'
         cgiterations: 0
               message: 'Optimization terminated.'
      constrviolation: 0
        firstorderopt: 2.4426e - 09


lambda =
      ineqlin: [6x1 double]
        eqlin: [0x1 double]
        upper: [6x1 double]
        lower: [6x1 double]
```

可见,只要 6 个时段分别安排 27 人、33 人、47 人、26 人、24 人和 33 人就可以满足值班的需要。共计 190 人。并且计算结果 exitflag ＝1 是收敛的。

3. 投资问题

【例 16-5】 某单位有一批资金用于 4 个工程项目的投资,用于各工程项目时所得的净收益(投入资金的百分比)如表 16-5 所示。

表 16-5 工程项目收益

工程项目	A	B	C	D
收益(%)	20	8	10	11

由于某种原因,决定用于项目 A 的投资不大于其他各项投资之和;而用于项目 B 和 C 的投资要大于项目 D 的投资。试确定使该单位收益最大的投资分配方案。

这里可以用 x_1、x_2、x_3 和 x_4 分别代表用于项目 A、B、C 和 D 的投资百分数,由于各项目的投资百分数之和必须等于 100%,所以

$$x_1 + x_2 + x_3 + x_4 = 1$$

根据题意,代码设置如下:

```
clear all
clc
f = [ - 0.2; - 0.08; - 0.1; - 0.11];
A =  [1 - 1 - 1 - 1
     0 - 1 - 1 1];
b = [0; 0];
Aeq = [1 1 1 1];
beq = [1];
lb = zeros(4,1);
```

然后调用 linprog 函数:

```
[x,fval,exitflag,output,lambda] = linprog(f,A,b,Aeq,beq,lb)
```

结果如下:

```
Optimization terminated.

x =
    0.5000
    0.0000
    0.2500
    0.2500

fval =
  - 0.1525

exitflag =
    1

output =
        iterations: 9
         algorithm: 'interior - point - legacy'
       cgiterations: 0
            message: 'Optimization terminated.'
     constrviolation: 2.2204e - 16
       firstorderopt: 8.4705e - 14

lambda =
    ineqlin: [2x1 double]
     eqlin: 0.1525
     upper: [4x1 double]
     lower: [4x1 double]
```

上面的结果说明,项目 A、B、C、D 投入资金的百分比分别为 50％、0％、25、25％时,该单位收益最大。

4. 工件加工任务分配问题

【例 16-6】 某车间有两台机床甲和乙,可用于加工 3 种工件。假定这两台机床的可用台时数分别为 700 和 800,3 种工件的数量分别为 500、400 和 700,且已知用两台不同机床加工单位数量的不同工件所需的台时数和加工费用(如表 16-6 所示),问怎样分配机床的加工任务,才能既满足加工工件的要求,又使总加工费用最低?

表 16-6 机床加工情况

机床类型	单位工作所需加工台时数			单位工件的加工费用			可用台时数
	工件 1	工件 2	工件 3	工件 1	工件 2	工件 3	
甲	0.5	1.1	1.2	12	8	10	700
乙	0.5	1.3	1.2	13	12	9	800

这里可以设在甲机床上加工工件 1、2 和 3 的数量分别为 x_1、x_2 和 x_3，在乙机床上加工工件 1、2 和 3 的数量分别为 x_4、x_5 和 x_6。根据 3 种工种的数量限制，则有：

$x_1 + x_4 = 500$　（对工件 1）

$x_2 + x_5 = 400$　（对工件 2）

$x_3 + x_6 = 700$　（对工件 3）

根据题意，代码设置如下：

```
clc
clear
f = [12;8;10;13;12;9];
A =  [0.5 1.1 1.2 0 0 0
      0 0 0 0.5 1.3 1.2];
b = [700; 800];
Aeq = [1 0 0 1 0 0
       0 1 0 0 1 0
       0 0 1 0 0 1];
beq = [500 400 700];
lb = zeros(6,1);
```

然后调用 linprog 函数：

```
[x, fval, exitflag, output, lambda] = linprog(f, A, b, Aeq, beq, lb)
```

结果如下：

```
x =
    0.1313
  400.0004
  229.8733
  499.8686
    0.0000
  470.1039

fval =
  1.6230e + 04

exitflag =
   - 2

output =
        iterations: 8
         algorithm: 'interior - point - legacy'
        cgiterations: 0
           message: 'Exiting: One or more of the residuals, duality gap, or total relative
error … '
    constrviolation: 15.9142
     firstorderopt: 3.9993e + 19
```

```
lambda =
    ineqlin: [2x1 double]
      eqlin: [3x1 double]
      upper: [6x1 double]
      lower: [6x1 double]
```

可见,在甲机床上加工 400 个工件 2、230 个工件 3,在乙机床上加工 500 个工件 1、加工 470 个工件 3,可在满足条件的情况下使总加工费用最小。最小费用为 16230 元。收敛正常。

5. 确定职工编制问题

【例 16-7】 某工厂每日 8h 的产量不低于 3600 件。为了进行质量控制,计划聘请两个不同水平的检验员。一级检验员的速度为 40 件/h,正确率 98%,计时工资 5 元/h;二级检验员的速度为 36 件/h,正确率 95%,计时工资 3 元/h。检验员每错检一次,工厂要损失 2 元。现有可供厂方聘请的检验员人数为一级 8 人和二级 9 人。为使总检验费用最省,该工厂应聘一级、二级检验员各多少名?

可以设需要一级和二级检验员的人数分别为 x_1 名和 x_2 名。由题意,代码设置如下:

```
clc
clear
f = [40;36];
A = [1 0
    0 1
    -5 -3];
b = [8;9;-45];
lb = zeros(2,1);
```

然后调用 linprog 函数:

```
[x,fval,exitflag,output,lambda] = linprog(f,A,b,[],[],lb)
```

结果如下:

```
Optimization terminated.
x =
    8.0000
    1.6667

fval =
  380.0000
exitflag =
    1

output =
        iterations: 7
```

```
        algorithm: 'interior - point - legacy'
      cgiterations: 0
           message: 'Optimization terminated.'
    constrviolation: 0
     firstorderopt: 2.8528e - 11

lambda =
    ineqlin: [3x1 double]
      eqlin: [0x1 double]
      upper: [2x1 double]
      lower: [2x1 double]
```

可见,招聘一级检验员 8 名、二级检验员 2 名可使总检验费用最省,约为 380.00 元。计算收敛。

6. 生产计划的最优化问题

【例 16-8】 某工厂生产 A 和 B 两种产品,它们需要经过 3 种设备的加工,其工时如表 16-7 所示。设备一、二和三每天可使用的时间分别不超过 11h、9h 和 12h。产品 A 和 B 的利润随市场的需求有所波动,如果预测未来某个时期内 A 和 B 的利润分别为 5000 元/吨和 3000 元/吨,问在那个时期内,每天应生产产品 A、B 各多少吨,才能使工厂获利最大?

表 16-7 生产产品工时

产　　品	设　备　一	设　备　二	设　备　三
A/(小时/吨)	4	5	6
B/(小时/吨)	3	4	3
设备每天最多可工作时数/h	11	9	12

这里可以设每天应安排生产产品 A 和 B 分别为 x_1 吨和 x_2 吨。

由题意,代码设置如下:

```
clc
clear
f = [ - 5; - 3];
A = [4 3
    5 4
    6 3];
b = [11;9;12];
lb = zeros(2,1);
```

然后调用 linprog 函数:

```
[x,fval,exitflag,output,lambda] = linprog(f,A,b,[],[],lb)
```

结果如下：

```
Optimization terminated.
x =
    1.8000
    0.0000
fval =
   - 9.0000
exitflag =
    1
output =
        iterations: 6
         algorithm: 'large - scale: interior point'
       cgiterations: 0
           message: 'Optimization terminated.'
    constrviolation: 0
      firstorderopt: 8.2385e - 009
lambda =
    ineqlin: [3x1 double]
     eqlin: [0x1 double]
     upper: [2x1 double]
     lower: [2x1 double]
```

所以，每天生产 A 产品 1.80 吨、B 产品 0 吨可使工厂获得最大利润 9000 元。

16.3 无约束非线性规划

无约束最优化问题在实际应用中也比较常见，如工程中常见的参数反演问题。另外，许多有约束最优化问题可以转换为无约束最优化问题进行求解。

下面介绍有关无约束非线性规划问题的基本数学原理。

16.3.1 基本数学原理简介

求解无约束最优化问题的方法主要有两类，即直接搜索法（search method）和梯度法（gradient method）。

直接搜索法适用于目标函数高度非线性、没有导数或导数很难计算的情况。由于实际工程中很多问题都是非线性的，直接搜索法不失为一种有效的解决办法。常用的直接搜索法为单纯形法，此外还有 Hooke-Jeeves 搜索法、Pavell 共轭方向法等。

在函数的导数可求的情况下，梯度法是一种更优的方法，该法利用函数的梯度（一阶导数）和 Hessian 矩阵（二阶导数）构造算法，可以获得更快的收敛速度。函数 $f(x)$ 的负梯度方向$-\nabla f(x)$反映了函数的最大下降方向。当搜索方向取为负梯度方向时称为最速下降法。常见的梯度法有最速下降法、牛顿法、Marquart 法、共轭梯度法和拟牛顿法等。

在所有这些方法中，用得最多的是拟牛顿法，这个方法在每次迭代过程中建立曲率信息,构成二次模型问题。

下面介绍有关 MATLAB 优化工具箱中的求解无约束最优化问题算法。

(1) 大型优化算法:若用户在函数中提供梯度信息,则函数默认将选择大型优化算法,该算法是基于内部映射牛顿法的子空间置信域法。计算中的每一次迭代涉及用 PCG 法求解大型线性系统得到的近似解。

(2) 中型优化算法:fminunc 函数的参数 options.LargeScale 设置为 off。该算法采用的是基于二次和三次混合插值一维搜索法的 BFGS 拟牛顿法。但一般不建议使用最速下降法。

(3) 默认时的一维搜索算法:当 options.LineSearchType 设置为 quadcubic 时,将采用二次和三次混合插值法。将 options.LineSearchType 设置为 cubicpoly 时,将采用三次插值法。第二种方法需要的目标函数计算次数更少,但梯度的计算次数更多。这样,如果提供了梯度信息,或者能较容易地算得,则三次插值法是更好的选择。

上述涉及的算法局限性主要表现在以下 4 个方面:

(1) 目标函数必须是连续的。fminunc 函数有时会给出局部最优解。

(2) fminunc 函数只对实数进行优化,即 x 必须为实数,而且 $f(x)$ 必须返回实数。当 x 为复数时,必须将它分解为实部和虚部。

(3) 在使用大型算法时,用户必须在 fun 函数中提供梯度(options 参数中 GradObj 属性必须设置为 on)。

(4) 目前,若在 fun 函数中提供了解析梯度,则 options 参数 DerivativeCheck 不能用于大型算法以比较解析梯度和有限差分梯度。通过将 options 参数的 MaxIter 属性设置为 0 来用中型方法核对导数,然后重新用大型方法求解问题。

16.3.2 无约束非线性规划函数

1. fminunc 函数

1) 功能

求多变量无约束函数的最小值。

2) 语法

```
x = fminunc(fun,x0)
x = fminunc(fun,x0,options)
x = fminunc(fun,x0,options,P1,P2, …)
[x,fval] = fminunc( … )
[x,fval,exitflag] = fminunc( … )
[x,fval,exitflag,output] = fminunc( … )
[x,fval,exitflag,output,grad] = fminunc( … )
[x,fval,exitflag,output,grad,hessian] = fminunc( … )
```

3) 描述

fminunc 给定初值,求多变量标量函数的最小值,常用于无约束非线性最优化问题。

(1) x = fminunc(fun,x0):给定初值 x_0,求 fun 函数的局部极小点 x。x_0 可以是标

量、向量或矩阵。

（2）x = fminunc(fun,x0,options)：用 options 参数中指定的优化参数进行最小化。

（3）x = fminunc(fun,x0,options,P1,P2,⋯)：将问题参数 P_1、P_2 等直接输给目标函数 fun，将 options 参数设置为空矩阵，作为 options 参数的默认值。

（4）[x,fval] = fminunc(⋯)：将解 x 处目标函数的值返回到 fval 参数中。

（5）[x,fval,exitflag] = fminunc(⋯)：返回 exitflag 值，描述函数的输出条件。

（6）[x,fval,exitflag,output] = fminunc(⋯)：返回包含优化信息的结构输出。

（7）[x,fval,exitflag,output,grad] = fminunc(⋯)：将解 x 处 fun 函数的梯度值返回到 grad 参数中。

（8）[x,fval,exitflag,output,grad,hessian] = fminunc(⋯)：将解 x 处目标函数的 Hessian 矩阵信息返回到 hessian 参数中。

4）变量

输入/输出变量的描述如表 16-8 所示。

表 16-8　输入/输出变量描述

变量	描　　述

fun	目标函数。需要最小化的目标函数。fun 函数需要输入标量参数 x，返回 x 处的目标函数标量值 f。可以将 fun 函数指定为命令行，例如：
	
	`x = fminunc(inline('sin(x * x) '),x0)`
	
	同样，fun 函数可以是一个包含函数名的字符串。对应的函数可以是 M 文件、内部函数或 MEX 文件。若 fun='myfun'，则 M 文件函数 myfun.m 必须有下面的形式：
	
	`function f = myfun(x)`
	`f = …`
	
	若 fun 函数的梯度可以算得，且 options.GradObj 设为 on：
	
	`options = optimset('GradObj', 'on')`
	
	则 fun 函数必须返回解 x 处的梯度向量 g 到第 2 个输出变量中去。当被调用的 fun 函数只需要一个输出变量时（如算法只需要目标函数的值而不需要其梯度值时），可以通过核对 nargout 的值来避免计算梯度值。
	
	`function [f,g] = myfun(x)`
	`f = …`　　　　　　　　; 计算 x 处的函数值
	`if nargout > 1`　　　　; 调用 fun 函数并要求有两个输出变量
	　　`g = …`　　　　　　; 计算 x 处的梯度值
	`end`
	
	若 Hessian 矩阵也可以求得，并且 options.Hessian 设为 on，即
	
	`options = optimset('Hessian', 'on')`
	
	则 fun 函数必须返回解 x 处的 Hessian 对称矩阵 H 到第 3 个输出变量中去。当被调用的 fun 函数只需要一个或两个输出变量时（如算法只需要目标函数的值 f 和梯度值 g 而不需要 Hessian 矩阵 H 时），可以通过核对 nargout 的值来避免计算 Hessian 矩阵

变量	描　　述
options	优化参数选项。可以通过 optimset 函数设置或改变这些参数。其中有的参数适用于所有的优化算法,有的则只适用于大型优化问题,另外一些则只适用于中型问题。 首先描述适用于大型问题的选项。这仅仅是一个参考,因为使用大型问题算法有一些条件。对于 fminunc 函数来说,必须提供梯度信息。 LargeScale:当设为 on 时,使用大型算法,若设为 off,则使用中型问题的算法。 适用于大型和中型算法的参数如下。 (1) Diagnostics:打印最小化函数的诊断信息。 (2) Display:显示水平。选择 off,不显示输出;选择 iter,显示每一步迭代过程的输出;选择 final,显示最终结果。打印最小化函数的诊断信息。 (3) GradObj:用户定义的目标函数的梯度。对于大型问题此参数是必选的,对于中型问题则是可选项。 (4) MaxFunEvals:函数评价的最大次数。 (5) MaxIter:最大允许迭代次数。 (6) TolFun:函数值的终止容限。 (7) TolX:x 处的终止容限。 只用于大型算法的参数如下。 (1) Hessian:用户定义的目标函数的 Hessian 矩阵。 (2) HessPattern:用于有限差分的 Hessian 矩阵的稀疏形式。若不方便求 fun 函数的稀疏 Hessian 矩阵 H,可以通过用梯度的有限差分获得的 H 的稀疏结构(如非零值的位置等)来得到近似的 Hessian 矩阵 H。若连矩阵的稀疏结构都不知道,则可以将 HessPattern 设为密集矩阵,在每一次迭代过程中,都将进行密集矩阵的有限差分近似(这是默认设置)。这将非常麻烦,所以花一些力气得到 Hessian 矩阵的稀疏结构还是值得的。 (3) MaxPCGIter:PCG 迭代的最大次数。 (4) PrecondBandWidth:PCG 前处理的上带宽,默认为零。对于有些问题,增加带宽可以减少迭代次数。 (5) TolPCG:PCG 迭代的终止容限。 (6) TypicalX:典型 x 值。 只用于中型算法的参数如下。 (1) DerivativeCheck:对用户提供的导数和有限差分求出的导数进行对比。 (2) DiffMaxChange:变量有限差分梯度的最大变化。 (3) DiffMinChange:变量有限差分梯度的最小变化。 (4) LineSearchType:一维搜索算法的选择。
exitflag	描述退出条件如下。 (1) >0:表示目标函数收敛于解 x 处。 (2) $=0$:表示已经达到函数评价或迭代的最大次数。 (3) <0:表示目标函数不收敛。
output	该参数包含的优化信息如下。 (1) output.iterations:迭代次数。 (2) output.algorithm:所采用的算法。 (3) output.funcCount:函数评价次数。 (4) output.cgiterations:PCG 迭代次数(只适用于大型规划问题)。 (5) output.stepsize:最终步长的大小(只用于中型问题)。 (6) output.firstorderopt:一阶优化的度量,解 x 处梯度的范数

2．minsearch 函数

1）功能

求解多变量无约束函数的最小值。

2）语法

```
x = fminsearch(fun,x0)
x = fminsearch(fun,x0,options)
x = fminsearch(fun,x0,options,P1,P2, … )
[x,fval] = fminsearch( … )
[x,fval,exitflag] = fminsearch( … )
[x,fval,exitflag,output] = fminsearch( … )
```

3）描述

fminsearch 求解多变量无约束函数的最小值。该函数常用于无约束非线性最优化问题。

（1）x = fminsearch(fun,x0)：初值为 x_0，求 fun 函数的局部极小点 x。x_0 可以是标量、向量或矩阵。

（2）x = fminsearch(fun,x0,options)：用 options 参数指定的优化参数进行最小化。

（3）x = fminsearch(fun,x0,options,P1,P2,…)：将问题参数 P_1、P_2 等直接输给目标函数 fun，将 options 参数设置为空矩阵，作为 options 参数的默认值。

（4）[x,fval] = fminsearch(…)：将 x 处的目标函数值返回到 fval 参数中。

（5）[x,fval,exitflag] = fminsearch(…)：返回 exitflag 值，描述函数的退出条件。

（6）[x,fval,exitflag,output] = fminsearch(…)：返回包含优化信息的输出参数 output。

4）变量

各变量的意义同前。

5）算法

fminsearch 使用单纯形法进行计算。

对于求解二次以上的问题，fminsearch 函数比 fminunc 函数有效。但是，当问题为高度非线性时，fminsearch 函数更具稳健性。

6）局限性

应用 fminsearch 函数可能会得到局部最优解。fminsearch 函数只对实数进行最小化，即 x 必须由实数组成，$f(x)$ 函数必须返回实数。如果 x 是复数，必须将它分为实部和虚部两部分。

16.3.3 无约束非线性规划问题的应用

【例 16-9】 求解下列无约束非线性函数的最小值：

$$f(x) = 3x_1^2 - 2x_1x_2 + 2x_2^2$$

代码设置如下：

```
function f = ex16_9(x)
f = 3 * x(1)^2 - 2 * x(1) * x(2) + 2 * x(2)^2;
```

在 MATLAB 命令行窗口输入下列代码：

```
x0 = [1,1];
[x,fval] = fminunc(@ex9_10,x0)
```

结果如下：

```
x =
   1.0e - 07 *
   - 0.1192    - 0.1192
fval =
   4.2633e - 16
```

16.4 二次规划

如果某非线性规划的目标函数为自变量的二次函数，约束条件全是线性函数，就称这种规划为二次规划。

16.4.1 二次规划函数 quadprog

1. 功能

求解二次规划问题。

2. 语法

```
x = quadprog(H,f,A,b)
x = quadprog(H,f,A,b,Aeq,beq)
x = quadprog(H,f,A,b,Aeq,beq,lb,ub)
x = quadprog(H,f,A,b,Aeq,beq,lb,ub,x0)
x = quadprog(H,f,A,b,Aeq,beq,lb,ub,x0,options)
[x,fval] = quadprog(…)
[x,fval,exitflag] = quadprog(…)
[x,fval,exitflag,output] = quadprog(…)
[x,fval,exitflag,output,lambda] = quadprog(…)
```

3. 描述

（1）$x = quadprog(H,f,A,b)$：返回向量 x，最小化函数 $1/2x'Hx + f'x$，其约束条件为 $Ax \leqslant b$。

（2）x ＝ quadprog(H,f,A,b,Aeq,beq)：仍然求解上面的问题，但添加了等式约束条件 Aeq$x$ ＝ beq。

（3）x ＝ quadprog(H,f,A,b,lb,ub)：定义设计变量的下界 lb 和上界 ub，使得 lb≤x≤ub。

（4）x ＝ quadprog(H,f,A,b,lb,ub,x0)：同上，并设置初值 x_0。

（5）x ＝ quadprog(H,f,A,b,lb,ub,x0,options)：根据 options 参数指定的优化参数进行最小化。

（6）[x,fval] ＝ quadprog(…)：返回解 x 处的目标函数值 fval ＝ $0.5x'Hx + f'x$。

（7）[x,fval,exitflag] ＝ quadprog(…)：返回 exitflag 参数，描述计算的退出条件。

（8）[x,fval,exitflag,output] ＝ quadprog(…)：返回包含优化信息的结构输出 output。

（9）[x,fval,exitflag,output,lambda] ＝ quadprog(…)：返回解 x 处包含拉格朗日乘子的 lambda 参数。

注意：

（1）一般地，如果问题不是严格凸性的，用 quadprog 函数得到的可能是局部最优解。

（2）如果用 Aeq 和 beq 明确地指定等式约束，而不是用 lb 和 ub 指定，则可以得到更好的数值解。

（3）若 x 的组分没有上限或下限，则 quadprog 函数希望将对应的组分设置为 Inf(对于上限)或－Inf(对于下限)，而不是强制性地给予上限一个很大的正数或给予下限一个很小的负数。

（4）对于大型优化问题，若没有提供初值 x_0，或 x_0 不是严格可行的，则 quadprog 函数会选择一个新的初始可行点。

（5）若为等式约束，且 quadprog 函数发现负曲度(negative curvature)，则优化过程终止，exitflag 的值等于－1。

4．算法

（1）大型优化算法：当优化问题只有上界和下界，而没有线性不等式或等式约束时，则默认算法为大型算法。或者，如果优化问题中只有线性等式，而没有上界和下界或线性不等式时，默认算法也是大型算法。

本法是基于内部映射牛顿法的子空间置信域法。该法的每一次迭代都与用 PCG 法求解大型线性系统得到的近似解有关。

（2）中型优化算法：quadprog 函数使用活动集法，它也是一种投影法，首先通过求解线性规划问题来获得初始可行解。

5．诊断

（1）大型优化问题。大型优化问题不允许约束上限和下限相等，如若 lb(2)＝＝ub(2)，则给出如下出错信息：

```
Equal upper and lower bounds not permitted in this large - scale method. Use equality
constraints and the medium - scale method instead.
```

若优化模型中只有等式约束,仍然可以使用大型算法;如果模型中既有等式约束又有边界约束,则必须使用中型方法。

(2)中型优化问题。当解不可行时,quadprog 函数给出以下警告:

> Warning:The constraints are overly stringent;there is no feasible solution.

这里,quadprog 函数生成使约束矛盾最坏程度最小的结果。

当等式约束不连续时,给出下面的警告信息:

> Warning:The equality constraints are overly stringent;there is no feasible solution.

当 Hessian 矩阵为负半定时,则生成无边界解,给出下面的警告信息:

> Warning: The solution is unbounded and at infinity; the constraints are not restrictive enough.

这里,quadprog 函数返回满足约束条件的 x 值。

6. 局限性

显示水平只能选择 off 和 final,迭代参数 iter 不可用。当问题不定或负定时,常常无解(此时 exitflag 参数给出一个负值,表示优化过程不收敛)。若正定解存在,则 quadprog 函数可能只给出局部极小值,因为问题可能是非凸的。对于大型问题,不能依靠线性等式,因为 Aeq 必须是行满秩的,即 Aeq 的行数必须不多于列数。若不满足要求,则必须调用中型算法进行计算。

16.4.2　二次规划问题的应用

【例 16-10】　找到使函数最小化的 x 值。

$$f(x) = \frac{1}{2}x_1^2 x_2^2 - x_1 x_2 - 2x_1 - 6x_2$$

式中

$$\begin{cases} x_1 + x_2 \leqslant 2 \\ -x_1 + 2x_2 \leqslant 2 \\ 2x_1 + x_2 \leqslant 3 \\ 0 \leqslant x_1, 0 \leqslant x_2 \end{cases}$$

代码设置如下:

```
clc
clear
```

```
H = [1 −1; −1 2];
f = [−2; −6];
A = [1 1; −1 2; 2 1];
b = [2; 2; 3];
lb = zeros(2,1);
% 调用二次规划函数
[x,fval,exitflag,output,lambda] = quadprog(H,f,A,b,[],[],lb)
```

最优化结果如下：

```
Optimization terminated.
x =
    0.6667
    1.3333
fval =
    −8.2222
exitflag =
    1
output =
        iterations: 3
    constrviolation: 1.1102e−016
          algorithm: 'medium−scale: active−set'
      firstorderopt: 8.8818e−016
        cgiterations: []
            message: 'Optimization terminated.'
lambda =
      lower: [2x1 double]
      upper: [2x1 double]
      eqlin: [0x1 double]
    ineqlin: [3x1 double]
```

可见 $x_1=0.6667$、$x_2=1.3333$ 时 $f(x)$ 最小，并且方程求解一致收敛。

16.5　有约束最小化

在有约束最优化问题中，通常要将该问题转换为更简单的子问题，这些子问题可以求解并作为迭代过程的基础。早期的方法通常是通过构造惩罚函数来将有约束最优化问题转换为无约束最优化问题进行求解。现在，这些方法已经被更有效的基于 K-T (Kuhn-Tucker)方程解的方法所取代。

16.5.1　有约束最小化函数 fmincon

1. 功能

求多变量有约束非线性函数的最小值。

2. 语法

```
x = fmincon(fun,x0,A,b)
x = fmincon(fun,x0,A,b,Aeq,beq)
x = fmincon(fun,x0,A,b,Aeq,beq,lb,ub)
x = fmincon(fun,x0,A,b,Aeq,beq,lb,ub,nonlcon)
x = fmincon(fun,x0,A,b,Aeq,beq,lb,ub,nonlcon,options)
x = fmincon(fun,x0,A,b,Aeq,beq,lb,ub,nonlcon,options,P1,P2,…)
[x,fval] = fmincon(…)
[x,fval,exitflag] = fmincon(…)
[x,fval,exitflag,output] = fmincon(…)
[x,fval,exitflag,output,lambda] = fmincon(…)
[x,fval,exitflag,output,lambda,grad] = fmincon(…)
[x,fval,exitflag,output,lambda,grad,hessian] = fmincon(…)
```

3. 描述

fmincon 用于求多变量有约束非线性函数的最小值。该函数常用于有约束非线性优化问题。

(1) x = fmincon(fun,x0,A,b)：给定初值 x_0，求解 fun 函数的最小值 x。fun 函数的约束条件为 $Ax \leqslant b$，x_0 可以是标量、向量或矩阵。

(2) x = fmincon(fun,x0,A,b,Aeq,beq)：最小化 fun 函数，约束条件为 Aeq$x$ = beq 和 $Ax \leqslant b$。若没有不等式存在，则设置 $A=[]$、$b=[]$。

(3) x = fmincon(fun,x0,A,b,Aeq,beq,lb,ub)：定义设计变量 x 的下界 lb 和上界 ub，使得总是有 lb $\leqslant x \leqslant$ ub。若无等式存在，则令 Aeq$=[]$、beq$=[]$。

(4) x = fmincon(fun,x0,A,b,Aeq,beq,lb,ub,nonlcon)：在上面的基础上，在 nonlcon 参数中提供非线性不等式 $c(x) \leqslant 0$ 或等式 ceq$(x)=0$。fmincon 函数要求 $c(x) \leqslant 0$ 且 ceq$(x) = 0$。当无边界存在时，令 lb$=[]$和(或)ub$=[]$。

(5) x = fmincon(fun,x0,A,b,Aeq,beq,lb,ub,nonlcon,options)：用 options 参数指定的参数进行最小化。

(6) x = fmincon(fun,x0,A,b,Aeq,beq,lb,ub,nonlcon,options,P1,P2,…)：将问题参数 P_1、P_2 等直接传递给函数 fun 和 nonlcon。若不需要这些变量，则传递空矩阵到 A、b、Aeq、beq、lb、ub、nonlcon 和 options。

(7) [x,fval] = fmincon(…)：返回解 x 处的目标函数值。

(8) [x,fval,exitflag] = fmincon(…)：返回 exitflag 参数，描述函数计算的退出条件。

(9) [x,fval,exitflag,output] = fmincon(…)：返回包含优化信息的输出参数 output。

(10) [x,fval,exitflag,output,lambda] = fmincon(…)：返回解 x 处包含拉格朗日乘子的 lambda 参数。

(11) [x,fval,exitflag,output,lambda,grad] = fmincon(…)：返回解 x 处 fun 函数的梯度。

（12）$[x, fval, exitflag, output, lambda, grad, hessian] = fmincon(\cdots)$：返回解 x 处 fun 函数的 Hessian 矩阵。

4. 变量

nonlcon 参数计算非线性不等式约束 $c(x) \leqslant 0$ 和非线性等式约束 $ceq(x) = 0$。它是一个包含函数名的字符串。该函数可以是 M 文件、内部文件或 MEX 文件。它要求输入一个向量 x，返回两个变量——解 x 处的非线性不等式向量 c 和非线性等式向量 **ceq**。例如，若 nonlcon= 'mycon'，则 M 文件 mycon. m 具有的形式如下：

```
function [c,ceq] = mycon(x)
c = …                 %计算 x 处的非线性不等式
ceq = …               %计算 x 处的非线性等式
```

若还计算了约束的梯度，即

```
options = optimset('GradConstr','on')
```

则 nonlcon 函数必须在第 3 个和第 4 个输出变量中返回 $c(x)$ 的梯度 GC 和 $ceq(x)$ 的梯度 GCeq。当被调用的 nonlcon 函数只需要两个输出变量（此时优化算法只需要 c 和 ceq 的值，而不需要 GC 和 gceq 的值）时，可以通过查看 nargout 的值来避免计算 GC 和 GCeq 的值。

```
function [c,ceq,GC,GCeq] = mycon(x)
    c = …                     %解 x 处的非线性不等式
    ceq = …                   %解 x 处的非线性等式
    if nargout > 2            %被调用的 nonlcon 函数,要求有 4 个输出变量
    GC = …                    %不等式的梯度
    GCeq = …                  %等式的梯度
end
```

若 nonlcon 函数返回长度为 m 的向量 c 和长度为 n 的向量 x，则 $c(x)$ 的梯度 GC 是一个 $n \times m$ 的矩阵，其中 $GC(i,j)$ 是 $c(j)$ 对 $x(i)$ 的偏导数。同样，若 **ceq** 是一个长度为 p 的向量，则 $ceq(x)$ 的梯度 GCeq 是一个 $n \times p$ 的矩阵，其中 $GCeq(i,j)$ 是 $ceq(j)$ 对 $x(i)$ 的偏导数。

其他参数意义同前。

1）大型优化问题

（1）使用大型算法，必须在 fun 函数中提供梯度信息（options. GradObj 设置为 on）。如果没有梯度信息，则给出警告信息。

fmincon 函数允许 $g(x)$ 为一个近似梯度，但使用真正的梯度将使优化过程更具稳健性。

（2）当对矩阵的二阶导数（即 Hessian 矩阵）进行计算以后，用该函数求解大型问题将更有效。但不需要求得真正的 Hessian 矩阵。如果能提供 Hessian 矩阵的稀疏结构的信息（用 options 参数的 HessPattern 属性），则 fmincon 函数可以算得 Hessian 矩阵的稀

疏有限差分近似。

（3）若 x_0 不是严格可行的，则 fmincon 函数选择一个新的严格可行初始点。

（4）若 x 的某些元素没有上界或下界，则 fmincon 函数更希望对应的元素设置为 Inf（对于上界）或-Inf（对于下界），而不希望强制性地给上界赋一个很大的正值或给下界赋一个很小的负值。

（5）线性约束最小化课题中需要注意的问题如下。

① Aeq 矩阵中若存在密集列或近密集列，会导致满秩并使计算费时。

② fmincon 函数剔除 Aeq 中线性相关的行。此过程需要进行反复的因式分解，因此，如果相关行很多的话，计算将是一件很费时的事情。

③ 每一次迭代都要用下式进行稀疏最小二乘求解：

Aeq = AeqTRT

其中，RT 为前提条件的乔累斯基因子。

2）中型优化问题

（1）如果用 Aeq 和 beq 清楚地提供等式约束，将比用 lb 和 ub 获得更好的数值解。

（2）在二次子问题中，若有等式约束并且因等式（dependent equalities）被发现和剔除，将在过程标题中显示 dependent。只有在等式连续的情况下，因等式才会被剔除。若等式系统不连续，则子问题将不可行并在过程标题中打印 infeasible 信息。

5. 算法

（1）大型优化算法。若提供了函数的梯度信息，并且只有上下界存在或只有线性等式约束存在时，则 fmincon 函数将默认选择大型算法。本法基于内部映射牛顿法的子空间置信域法。该法的每一次迭代都与用 PCG 法求解大型线性系统得到的近似解有关。

（2）中型优化算法。fmincon 函数使用序列二次规划法（SQP）。本法中，每一步迭代都求解二次规划子问题，并用 BFGS 法更新拉格朗日 Hessian 矩阵。

6. 诊断

求大型优化问题的代码中不允许上限和下限相等，即不能有 lb(2)＝＝ub(2)，否则给出出错信息如下：

```
Equal upper and lower bounds not permitted in this large - scale
method.
Use equality constraints and the medium - scale method instead.
```

若只有等式约束，仍然可以使用大型算法。当既有等式约束又有边界约束时，使用中型算法。

7. 局限性

目标函数和约束函数都必须是连续的，否则可能会给出局部最优解；当问题不可行时，fmincon 函数将试图使最大约束值最小化；目标函数和约束函数都必须是实数；对于大型优化问题,使用大型优化算法时,用户必须在 fun 函数中提供梯度(options 参数的 GradObj 属性必须设置为 on),并且只可以指定上界和下界约束,或者只有线性约束存在,Aeq 的行数不能多于列数。现在,如果在 fun 函数中提供了解析梯度,选项参数 DerivativeCheck 不能与大型方法一起用,以比较解析梯度和有限差分梯度,可以通过将 options 参数的 MaxIter 属性设置为 0 来用中型方法核对导数,然后用大型方法求解问题。

16.5.2　有约束最小化的应用

【**例 16-11**】　找到使函数 $f(x) = -2x_1 x_2 x_3$ 最小化的值,其中 $0 \leqslant x_1 + 2x_2 + 2x_3 \leqslant 72$。

代码设置如下:

```
function f = ex16_11(x)
f = -2 * x(1) * x(2) * x(3);
```

在 MATLAB 命令行窗口输入下列代码:

```
x0 = [10; 10; 10];          % 初值
A = [-1 -2 -2; …
1  2  2];
b = [0;72];
[x,fval] = fmincon(@ex16_11,x0,A,b)
```

结果如下:

```
x =

  24.0000
  12.0000
  12.0000


fval =

  -6.9120e + 03
```

16.6　目标规划

前面介绍的最优化方法只有一个目标函数,是单目标最优化方法。但是,在许多实际工程问题中,往往希望多个指标都达到最优值,所以它有多个目标函数。这种问题称为多目标最优化问题。

16.6.1 目标规划函数 fgoalattain

1. 功能

求解多目标达到问题。

2. 语法

```
x = fgoalattain(fun,x0,goal,weight)
x = fgoalattain(fun,x0,goal,weight,A,b)
x = fgoalattain(fun,x0,goal,weight,A,b,Aeq,beq)
x = fgoalattain(fun,x0,goal,weight,A,b,Aeq,beq,lb,ub)
x = fgoalattain(fun,x0,goal,weight,A,b,Aeq,beq,lb,ub,nonlcon)
x = fgoalattain(fun,x0,goal,weight,A,b,Aeq,beq,lb,ub,nonlcon,options)
x = fgoalattain(fun,x0,goal,weight,A,b,Aeq,beq,lb,ub,nonlcon,options,P1,P2, ⋯ )
[x,fval] = fgoalattain( ⋯ )
[x,fval,attainfactor] = fgoalattain( ⋯ )
[x,fval,attainfactor,exitflag] = fgoalattain( ⋯ )
[x,fval,attainfactor,exitflag,output] = fgoalattain( ⋯ )
[x,fval,attainfactor,exitflag,output,lambda] = fgoalattain( ⋯ )
```

3. 描述

fgoalattain 函数用于求解多目标达到问题。

（1）$x = fgoalattain(fun,x0,goal,weight)$：试图通过变化 x 来使目标函数 fun 达到 goal 指定的目标。初值为 x_0，weight 参数指定权重。

（2）$x = fgoalattain(fun,x0,goal,weight,A,b)$：求解目标达到问题，约束条件为线性不等式 $Ax \leqslant b$。

（3）$x = fgoalattain(fun,x0,goal,weight,A,b,Aeq,beq)$：求解目标达到问题，除提供上面的线性不等式以外，还提供线性等式 $Aeqx = beq$。当没有不等式存在时，设置 $A=[]、b=[]$。

（4）$x = fgoalattain(fun,x0,goal,weight,A,b,Aeq,beq,lb,ub)$：为设计变量 x 定义下界 lb 和上界 ub 集合，这样始终有 $lb \leqslant x \leqslant ub$。

（5）$x = fgoalattain(fun,x0,goal,weight,A,b,Aeq,beq,lb,ub,nonlcon)$：将目标达到问题归结为 nonlcon 参数定义的非线性不等式 $c(x) \leqslant 0$ 或非线性等式 $ceq(x) = 0$。fgoalattain 函数优化的约束条件为 $c(x) \leqslant 0$ 和 $ceq(x) = 0$。若不存在边界，则设置 $lb=[]$ 和（或）$ub=[]$。

（6）$x = fgoalattain(fun,x0,goal,weight,A,b,Aeq,beq,lb,ub,nonlcon,options)$：用 options 中设置的优化参数进行最小化。

（7）$x = fgoalattain(fun,x0,goal,weight,A,b,Aeq,beq,lb,ub,nonlcon,options,P1,P2,⋯)$：将问题参数 P_1、P_2 等直接传递给函数 fun 和 nonlcon。如果不需要参数 A、b、Aeq、beq、lb、ub、nonlcon 和 options，则将它们设置为空矩阵。

（8）$[x,fval] = fgoalattain(⋯)$：返回解 x 处的目标函数值。

(9) $[x, \text{fval}, \text{attainfactor}] = \text{fgoalattain}(\cdots)$：返回解 x 处的目标达到因子。

(10) $[x, \text{fval}, \text{attainfactor}, \text{exitflag}] = \text{fgoalattain}(\cdots)$：返回 exitflag 参数，描述计算的退出条件。

(11) $[x, \text{fval}, \text{attainfactor}, \text{exitflag}, \text{output}] = \text{fgoalattain}(\cdots)$：返回包含优化信息的输出参数 output。

(12) $[x, \text{fval}, \text{attainfactor}, \text{exitflag}, \text{output}, \text{lambda}] = \text{fgoalattain}(\cdots)$：返回包含拉格朗日乘子的 lambda 参数。

4. 变量

1) goal 变量

目标希望达到的向量值。向量的长度与 fun 函数返回的目标数 F 相等。fgoalattain 函数试图通过最小化向量 F 中的值来达到 goal 参数给定的目标。

2) nonlcon 函数

nonlcon 函数计算非线性不等式约束 $c(x) \leqslant 0$ 和非线性等式约束 $\text{ceq}(x) = 0$。nonlcon 函数是一个包含函数名的字符串，该函数可以是 M 文件、内部函数或 MEX 文件。nonlcon 函数需要输入向量 x，返回两个变量——x 处的非线性不等式向量 c 和 x 处的非线性等式向量 ceq。例如，若 nonlcon = 'mycon'，则 M 文件的形式如下：

```
function [c,ceq] = mycon(x)
c = ...              % 计算 x 处的非线性不等式
ceq = ...            % 计算 x 处的非线性等式
```

若约束函数的梯度可以计算，且 options.GradConstr 设为 on，即

```
options = optimset('GradConstr','on')
```

则函数 nonlcon 也必须在第 3 个和第 4 个输出变量中输出 $c(x)$ 的梯度 GC 和 $\text{ceq}(x)$ 的梯度 GCeq。可以通过核对 nargout 参数来避免计算 GC 和 GCeq。

```
function [c,ceq,GC,GCeq] = mycon(x)
c = ...                    % x 处的非线性不等式
ceq = ...                  % x 处的非线性等式
if nargout > 2             % 被调用的 nonlcon 函数,有 4 个输出
   GC = ...                % 不等式的梯度
   GCeq = ...              % 等式的梯度
end
```

若 nonlcon 函数返回长度为 m 的向量 c 和长度为 n 的 x，则 $c(x)$ 的梯度 GC 是一个 $n \times m$ 的矩阵，其中 $\text{GC}(i,j)$ 是 $c(j)$ 对 $x(i)$ 的偏导数。同样，若 ceq 是一个 p 元素的向量，则 $\text{ceq}(x)$ 的梯度 GCeq 是一个 $n \times p$ 的矩阵，其中 $\text{GCeq}(i,j)$ 是 $\text{ceq}(j)$ 对 $x(i)$ 的偏导数。

3）options 变量

优化参数选项。可以用 optimset 函数设置或改变这些参数的值。

（1）DerivativeCheck：比较用户提供的导数（目标函数或约束函数的梯度）和有限差分导数。

（2）Diagnostics：打印将要最小化或求解的函数的诊断信息。

（3）DiffMaxChange：变量中有限差分梯度的最大变化。

（4）DiffMinChange：变量中有限差分梯度的最小变化。

（5）Display：显示水平。设置为 off 时不显示输出；设置为 iter 时显示每一次迭代的输出；设置为 final 时只显示最终结果。

（6）GoalExactAchieve：使得目标个数刚好达到，不多也不少。

（7）GradConstr：用户定义的约束函数的梯度。

（8）GradObj：用户定义的目标函数的梯度。使用大型方法时必须使用梯度，对于中型方法则是可选项。

（9）MaxFunEvals：函数评价的允许最大次数。

（10）MaxIter：函数迭代的允许最大次数。

（11）MeritFunction：如果设为 multiobj，则使用目标达到或最大最小化目标函数的方法；若设置为 singleobj，则使用 fmincon 函数计算目标函数。

（12）TolCon：约束矛盾的终止容限。

（13）TolFun：函数值处的终止容限。

（14）TolX：x 处的终止容限。

4）weight 变量

weight 变量为权重向量，可以控制低于或超过 fgoalattain 函数指定目标的相对程度。当 goal 的值都是非零值时，为了保证活动对象超过或低于的比例相当，将权重函数设置为 abs(goal)。

注意：当目标值中的任意一个为零时，设置 weight＝abs(goal) 将导致目标约束看起来更像硬约束，而不像目标约束；当加权函数 weight 为正时，fgoalattain 函数试图使对象小于目标值。为了使目标函数大于目标值，将权重 weight 设置为负；为了使目标函数尽可能地接近目标值，使用 GoalsExactAchieve 参数，将 fun 函数返回的第一个元素作为目标。

5）attainfactor 变量

attainfactor 变量是超过或低于目标的个数。若 attainfactor 为负，则目标已经溢出；若 attainfactor 为正，则目标个数还未达到。

其他参数意义同前。

5. 算法

多目标优化同时涉及一系列对象。fgoalattain 函数求解该问题的基本算法是目标达到法。该法为目标函数建立起目标值。多目标优化的具体算法已经在前面进行了详细的介绍。

fgoalattain 函数使用序列二次规划法（SQP），前面已经进行了较多的介绍。算法中对于一维搜索和 Hessian 矩阵进行了修改。当有一个目标函数不再发生改善时，一维搜索终止。修改的 Hessian 矩阵借助于本问题的结构，也被采用。attainfactor 参数包含解处的 γ 值。γ 取负值时表示目标溢出。

6. 局限性

目标函数必须是连续的。fgoalattain 函数将只给出局部最优解。

16.6.2　目标规划的应用

【例 16-12】　考虑下列线性微分方程组的求解问题。

$$x = (A - BKC)x + Bu$$
$$y = Cx$$

$$A = \begin{bmatrix} -1.5 & 0 & 0 \\ 0 & -2 & 12 \\ 0 & 1 & -2 \end{bmatrix} \quad B = \begin{bmatrix} -1 & 0 \\ 2 & -2 \\ 0 & 1 \end{bmatrix} \quad C = \begin{bmatrix} 1 & 0 & 0 \\ 0 & 0 & -1 \end{bmatrix} \quad K = \begin{bmatrix} -1 & -1 \\ -1 & -1 \end{bmatrix}$$

代码设置如下：

```
function F = ex16_12(K,A,B,C)
F = sort(eig(A-B*K*C));
```

在 MATLAB 命令行窗口输入下列代码：

```
A = [-1.5 0 0; 0 -2 12; 0 1 -2];
B = [-1 0; 2 -2; 0 1];
C = [1 0 0; 0 0 -1];
K0 = [-1 -1; -1 -1];
goal = [-5 -3 -1];
weight = abs(goal);
lb = -4*ones(size(K0));
ub = 4*ones(size(K0));
options = optimset('Display','iter');
[K,fval,attainfactor] = fgoalattain(@(K) ex16_12(K,A,B,C), …
    K0,goal,weight,[],[],[],[],lb,ub,[],options)
```

结果如下：

Iter	F-count	Attainment factor	Max constraint	Line search steplength	Directional derivative	Procedure
0	6	0	2.12104			
1	13	2.068	9.297e-05	1	0.994	
2	20	1.099	0	1		-0.224
Hessian modified						
3	27	0.7693	0.1285	1		-0.659
Hessian modified						

4	38	0.7501	0.2975	0.0625	-0.0316	
5	45	0.7401	0.1576	1	-0.0169	
6	52	0.6361	0.8004	1	-0.0548	Hessian modified
7	59	1.293	0	1	0.636	
8	66	1.038	0	1	-0.243	Hessian modified
9	73	0.7053	0.00498	1	-0.99	Hessian modified
10	80	0.7006	0.0001398	1	-0.173	Hessian modified
11	87	0.628	0.01929	1	-0.0754	Hessian modified twice
12	94	0.3513	0.5489	1	-0.0921	Hessian modified
13	101	0.8942	0	1	0.134	Hessian modified
14	109	0.6366	-0.02577	0.5	-0.11	Hessian modified
15	116	0.3048	0.5423	1	-0.307	
16	124	0.4635	0.3648	0.5	0.325	
17	131	0.184	1.697	1	-0.0424	Hessian modified twice
18	138	1.51	0	1	0.217	Hessian modified
19	145	1.035	0	1	-0.949	
20	152	0.9216	0.2295	1	-0.032	Hessian modified
21	159	0.8747	0.03697	1	-0.0392	Hessian modified
22	167	0.726	0.2015	0.5	-0.178	
23	174	0.7138	0.05764	1	-0.0174	Hessian modified
24	183	0.664	0.04529	0.25	-0.201	
25	193	0.6231	0.0529	0.125	-0.152	Hessian modified
26	200	0.354	0.2946	1	-0.133	Hessian modified
27	207	0.4331	0.4736	1	0.0984	
28	215	0.4292	0.3874	0.5	-0.0037	
29	222	0.08708	1.427	1	-0.0713	
30	229	1.165	0	1	0.283	Hessian modified
31	236	0.2802	0.01661	1	-0.964	Hessian modified
32	243	0.2728	0.00204	1	-0.128	Hessian modified twice
33	250	0.2701	$9.095e-05$	1	-0.0747	Hessian modified

34	257	0.08656	0.3223	1	− 0.0617
Hessian modified					
35	264	0.1897	0.06426	1	0.09
Hessian modified					
36	271	0.1668	0.01085	1	− 0.129
Hessian modified					
37	278	0.1547	0.000221	1	− 0.0686
Hessian modified					
38	285	0.1199	0.0129	1	− 0.0526
Hessian modified					
39	292	0.1215	0.0001643	1	0.105
40	299	0.1214	7.818e − 08	1	− 0.113	Hessian

modified twice

Local minimum possible. Constraints satisfied.

fgoalattain stopped because the size of the current search direction is less than
twice the default value of the step size tolerance and constraints are
satisfied to within the default value of the constraint tolerance.

< stopping criteria details >

K =

    1.2716   − 4.0000
    4.0000   − 3.6788

fval =

    − 4.3929
    − 2.6357
    − 0.8786

attainfactor =

    0.1214

【例 16-13】 某化工厂拟生产两种新产品 A 和 B,其生产设备费用分别为 A：3 万
元/吨；B：5 万元/吨。这两种产品均将造成环境污染,设由公害所造成的损失可折算为
A：4 万元/吨；B：1 万元/吨。由于条件限制,工厂生产产品 A 和产品 B 的最大生产能
力分别为每月 4 吨和 6 吨,而市场需要这两种产品的总量每月不少于 8 吨。试问工厂如
何安排生产计划,在满足市场需要的前提下,使设备投资和公害损失均达最小? 该工厂
决策认为,这两个目标中环境污染应优先考虑,设备投资的目标值为 17 万元,公害损失
的目标为 13 万元。

设工厂每月生产产品 A 为 x_1 吨,B 为 x_2 吨,设备投资费为 $f_1(x)$,公害损失费为 $f_2(x)$,

则这个问题可表达为多目标优化问题。

代码设置如下：

```
function f = ex16_13(x)
        f(1) = 3 * x(1) + 5 * x(2);
        f(2) = 4 * x(1) + x(2);
```

给定目标，权重按目标比例确定，给出初值：

```
goal = [17 13];
weight = [17 13];
x0 = [2 5];
```

给出约束条件的系数：

```
A = [1 0;0 1; -1  -1];
b = [4 6  -8];
lb = zeros(2,1);
 [x, fval, attainfactor, exitflag] = …
fgoalattain(@ex16_13,x0,goal,weight,A,b,[],[],lb,[])
```

计算结果如下：

```
x =

    4.0000    4.0000


fval =

   32.0000   20.0000


attainfactor =

    0.8824


exitflag =

     4
```

故工厂每月生产产品 A 为 4 吨，B 为 4 吨。设备投资费和公害损失费的目标值分别为 32 万元和 20 万元。达到因子为 0.8824，计算收敛。

【例 16-14】 某工厂因生产需要欲采购一种原材料，市场上的这种原料有两个等级，甲级单价 5 元/千克，乙级单价 2 元/千克。要求所花总费用不超过 500 元，购得原料总量不少于 300 千克，其中甲级原料不少于 50 千克。问如何确定最好的采购方案？

这里设 x_1、x_2 分别为采购甲级和乙级原料的数量（千克），要求采购总费用尽量少，采购总重量尽量多，采购甲级原料尽量多。

由题意，代码设置如下：

```
function f = ex16_14(x)
f(1) = 5 * x(1) + 2 * x(2);
f(2) = - x(1) - x(2);
f(3) = - x(1);
```

给定目标，权重按目标比例确定，给出初值：

```
goal = [500 - 300 50];
weight = [500 - 300 50];
x0 = [55 55];
```

给出约束条件的系数：

```
  A = [5 2; -1 -1; -1 0];
  b = [500 - 300 - 50];
lb = zeros(2,1);
 [x, fval, attainfactor, exitflag] = fgoalattain(@ex16_14, x0, goal, …
weight, A, b, [], [], lb, [], [])
```

输出计算结果如下：

```
x =

    55.0250    54.8299


fval =

  384.7847 - 109.8549   - 55.0250


attainfactor =

  - 0.1740


exitflag =

    0
```

所以，最好的采购方案是采购甲级原料和乙级原料分别为 55.0250 千克和 54.8299 千克。此时采购总费用为 384.7847 元，总重量为 109.8549 千克，甲级原料总重量为 55.0250 千克。

16.7 最大最小化

通常遇到的都是目标函数的最大化和最小化问题,但是在某些情况下,则要求最大值的最小化才有意义。例如,城市规划中需要确定急救中心、消防中心的位置,可取的目标函数应该是到所有地点最大距离的最小值,而不是到所有目的地的距离和为最小。这是两种完全不同的准则,在控制理论、逼近论、决策论中也使用最大最小化原则。

MATLAB 优化工具箱中采用序列二次规划法求解最大最小化问题。

16.7.1 最大最小化函数 fminimax

1. 功能

求解最大最小化问题。

2. 语法

```
x = fminimax(fun,x0)
x = fminimax(fun,x0,A,b)
x = fminimax(fun,x0,A,b,Aeq,beq)
x = fminimax(fun,x0,A,b,Aeq,beq,lb,ub)
x = fminimax(fun,x0,A,b,Aeq,beq,lb,ub,nonlcon)
x = fminimax(fun,x0,A,b,Aeq,beq,lb,ub,nonlcon,options)
x = fminimax(fun,x0,A,b,Aeq,beq,lb,ub,nonlcon,options,P1,P2,…)
[x,fval] = fminimax(…)
[x,fval,maxfval] = fminimax(…)
[x,fval,maxfval,exitflag] = fminimax(…)
[x,fval,maxfval,exitflag,output] = fminimax(…)
[x,fval,maxfval,exitflag,output,lambda] = fminimax(…)
```

3. 描述

fminimax 函数用于使多目标函数中的最坏情况达到最小化。给定初值估计,该值必须服从一定的约束条件。

(1) x = fminimax(fun,x0):初值为 x_0,找到 fun 函数的最大最小化解 x。

(2) x = fminimax(fun,x0,A,b):给定线性不等式 $Ax \leqslant b$,求解最大最小化问题。

(3) x = fminimax(fun,x,A,b,Aeq,beq):给定线性等式,$Aeqx = beq$,求解最大最小化问题。如果没有不等式存在,则设置 $A = [\ ]$、$b = [\ ]$。

(4) x = fminimax(fun,x,A,b,Aeq,beq,lb,ub):为设计变量定义一系列下限 lb 和上限 ub,使得总有 $lb \leqslant x \leqslant ub$。

(5) x = fminimax(fun,x0,A,b,Aeq,beq,lb,ub,nonlcon):在 nonlcon 参数中给定非线性不等式约束 $c(x) \leqslant 0$ 或等式约束 $ceq(x) = 0$,fminimax 函数要求 $c(x) \leqslant 0$ 且 $ceq(x) = 0$。若没有边界存在,则设置 $lb = [\ ]$ 和(或)$ub = [\ ]$。

(6) x = fminimax(fun,x0,A,b,Aeq,beq,lb,ub,nonlcon,options):用 options 给定

的参数进行优化。

（7）x = fminimax(fun,x0,A,b,Aeq,beq,lb,ub,nonlcon,options,P1,P2,…)：将问题参数 P_1、P_2 等直接传递给函数 fun 和 nonlcon。如果不需要变量 A、b、Aeq、beq、lb、ub、nonlcon 和 options，则将它们设置为空矩阵。

（8）[x,fval] = fminimax(…)：返回解 x 处的目标函数值。

（9）[x,fval,maxfval] = fminimax(…)：返回解 x 处的最大函数值。

（10）[x,fval,maxfval,exitflag] = fminimax(…)：返回 exitflag 参数，描述函数计算的退出条件。

（11）[x,fval,maxfval,exitflag,output] = fminimax(…)：返回描述优化信息的结构输出 output 参数。

（12）[x,fval,maxfval,exitflag,output,lambda] = fminimax(…)：返回包含解 x 处拉格朗日乘子的 lambda 参数。

4. 变量

maxfval 变量用于解 x 处函数值的最大值，即 $maxfval = max\{fun(x)\}$。

5. 算法

fminimax 函数使用序列二次规划法（SQP）进行计算，对一维搜索法和 Hessian 矩阵的计算进行了修改。当有一个目标函数不再发生改善时，一维搜索终止。修改的 Hessian 矩阵借助于本问题的结构，也被采用。

6. 局限性

目标函数必须连续，否则 fminimax 函数有可能给出局部最优解。

16.7.2　最大最小化的应用

【例 16-15】　找到如下函数的最大最小值。
$$[f_1(x),f_2(x),f_3(x),f_4(x),f_5(x)]$$
其中
$$f_1(x) = 2x_1^2 + x_2^2 - 48x_1 - 40x_2 + 304$$
$$f_2(x) = -x_1^2 - 3x_2^2$$
$$f_3(x) = x_1 + 3x_2 - 18$$
$$f_4(x) = -x_1 - x_2$$
$$f_5(x) = x_1 + x_2 - 8$$

代码设置如下：

```
function f = ex16_15(x)
f(1) = 2 * x(1)^2 + x(2)^2 - 48 * x(1) - 40 * x(2) + 304;     %目标
f(2) = -x(1)^2 - 3 * x(2)^2;
```

```
f(3) = x(1) + 3 * x(2) - 18;
f(4) = - x(1) - x(2);
f(5) = x(1) + x(2) - 8;
```

在 MATLAB 命令行窗口输入下列代码：

```
x0 = [0.1; 0.1];            % 提供解的初值
[x,fval] = fminimax(@ex16_15,x0)
```

经过 7 次迭代以后,结果如下：

```
x =

    4.0000
    4.0000


fval =

    0.0000   - 64.0000   - 2.0000   - 8.0000   - 0.0000
```

【例 16-16】 定位问题。设某城市有某种物品的 10 个需求点,第 i 个需求点 P_i 的坐标为 (a_i,b_i),道路网与坐标轴平行,彼此正交。现打算建一个该物品的供应中心,且由于受到城市某些条件的限制,该供应中心只能设在 x 界于 $[5,8]$、y 界于 $[5,8]$ 的范围内。问该中心应建在何处为好?

P_i 点的坐标为：

a_i：2 1 5 9 3 12 6 20 18 11

b_i：10 9 13 18 1 3 5 7 8 6

设供应中心的位置为 (x,y),要求它到最远需求点的距离尽可能小。由于此处应采用沿道路行走的距离,可知用户 P_i 到该中心的距离为 $|x-a_i|+|y-b_i|$。

由题意,代码设置如下,并保存在 ex16_16.m 文件中：

```
function f = ex16_16(x)
% 输入各个点的坐标值
a = [2  1  5  9  3  12  6  20  18  11];
b = [10 9 13 18 1  3   5  7   8   6];
f(1) = abs(x(1) - a(1)) + abs(x(2) - b(1));
f(2) = abs(x(1) - a(2)) + abs(x(2) - b(2));
f(3) = abs(x(1) - a(3)) + abs(x(2) - b(3));
f(4) = abs(x(1) - a(4)) + abs(x(2) - b(4));
f(5) = abs(x(1) - a(5)) + abs(x(2) - b(5));
f(6) = abs(x(1) - a(6)) + abs(x(2) - b(6));
f(7) = abs(x(1) - a(7)) + abs(x(2) - b(7));
f(8) = abs(x(1) - a(8)) + abs(x(2) - b(8));
f(9) = abs(x(1) - a(9)) + abs(x(2) - b(9));
f(10) = abs(x(1) - a(10)) + abs(x(2) - b(10));
```

在 MATLAB 命令行窗口输入下列代码：

```
x0 = [6;6];                %提供解的初值
AA = [ - 1 0
    1  0
     0 - 1
     0  1];
bb = [ - 5;8; - 5;8];
[x,fval] = fminimax(@ex16_16,x0,AA,bb)
```

计算结果如下：

```
x =

    8.0000
    7.0000


fval =

    9.0000    9.0000    9.0000   12.0000   11.0000    8.0000    4.0000   12.0000
   11.0000    4.0000
```

可见，在限制区域内的东北角设置供应中心，可以使该点到各需求点的最大距离最小。最大最小距离为 8 个距离单位。

本章小结

本章主要介绍了 MATLAB 中的优化工具箱，包括优化工具箱中的函数、最小化问题、线性规划问题、无约束非线性规划问题、二次规划问题、有约束最小化问题、目标规划问题及最大最小化问题等。这些最优化问题在 MATLAB 中都可以找到相应的函数，用户可以参考每个小节中的函数功能描述及相应示例。

在解决优化问题时，首先，要根据实际情况抽象出一个数学模型；其次，要弄清楚模型是否有限制条件或约束，同时还要搞清楚目标函数是否是线性的；最后，利用相应优化函数有针对性地解决实际问题。最优化方法的发展很快，现在已经包含多个分支，如线性规划、整数规划、非线性规划、动态规划、多目标规划等。由于篇幅所限，这里仅仅讨论了一些常见的规划问题。

本章主要介绍有关解偏微分方程的工具箱。解偏微分方程在数学和物理学中应用广泛,理论丰富。但是,很多理工科的学生,特别是工程人员往往为偏微分方程的复杂求解而挠头。本章的目的是让用户在学会偏微分方程理论以后,能够从容地上手解决几类常见的、实用的偏微分方程,从而提高自己的工作效率。同时,不用考虑底层算法的构建,只需通过 GUI 轻松几步操作就能完成复杂的偏微分方程求解过程。

学习目标:

- 熟悉偏微分方程工具箱中常用函数;
- 掌握利用 GUI 求解椭圆方程;
- 掌握利用 GUI 求解抛物线方程;
- 掌握利用 GUI 求解双曲线方程;
- 掌握利用 GUI 求解特征值方程。

17.1 偏微分方程工具箱简介

在命令行窗口中输入 pdetool,窗口打开进入工作状态。提供两种解方程的方法:一种是通过函数,利用函数可以编程,也可以用命令行的方式解方程,函数及功能如表 17-1 所示;另一种是对窗口进行交互操作。

表 17-1　偏微分方程常用函数

函　　数	功　　能
adaptmesh	生成自适应网格及偏微分方程的解
assemb	生成边界质量和刚度矩阵
assema	生成积分区域上的质量和刚度矩阵
assempde	组成偏微分方程的刚度矩阵
hyperbolic	求解双曲线型偏微分方程
parabolic	求解抛物线型偏微分方程
pdeeig	求解特征型偏微分方程
pdenonlin	求解非线性型微分方程
poisolv	利用矩阵格式快速求解泊松方程

函　　数	功　　能
pdeellip	画椭圆
pdecirc	画圆
pdepoly	画多边形
pderect	画矩形
csgchk	检查几何矩阵的有效性
initmesh	产生最初的三角形网格
pdemesh	画偏微分方程的三角形网格
pdesurf	画表面图命令

一般来说,用函数解方程比较烦琐,而通过窗口交互操作比较简单。解方程的全部过程及结果都可以输出保存为文本文件,限于本文的篇幅,这里主要介绍交互操作解偏微分方程的方法。

1. 确定待解的偏微分方程

使用函数 assempde 可以对待解的偏微分方程加以描述。在交互操作中,为了方便用户,把常见问题归结为几个类型,可以在窗口的工具栏上找到选择类型的弹出菜单,这些类型如下:

（1）通用问题。

（2）通用系统(二维的偏微分方程组)。

（3）平面应力。

（4）结构力学平面应变。

（5）静电学。

（6）静磁学。

（7）交流电电磁学。

（8）直流电导电介质。

（9）热传导。

（10）扩散。

确定问题类型后,可以在 PDE Specification 对话框中输入 c、a、f、d 等系数(函数),这样就确定了待解的偏微分方程。

2. 确定边界条件

使用函数 assemb 可以描述边界条件。用 pdetool 提供的边界条件对话框,在对话框里输入 g、h、q、r 等边界条件。

3. 确定偏微分方程所在域的几何图形

可以用 MATLAB 的函数画出 Ω 域的几何图形,如 pdeellip——画椭圆; pderect——画矩形; pdepoly——画多边形。也可以用鼠标在 pdetool 的画图窗中直接画出 Ω 域的几何图形。pdetool 提供了类似于函数那样画圆、椭圆、矩形、多边形的工具。

无论哪种画法,图形一经画出,pdetool 就为这个图形自动取名,并把代表图形的名字放入 Set formula 窗口。在这个窗口中,可以实现对图形的拓扑运算,以便构造复杂的 Ω 域几何图形。

4. 划分有限元

对域进行有限元划分的函数有 initmesh(基本划分)和 refinemesh(精细划分)等。

在 pdetool 窗口中直接单击划分有限元的按钮划分有限元,划分的方法与上面的函数相对应。

5. 解方程

经过前 4 步之后就可以解方程了。解方程的函数有 adaptmesh——解方程的通用函数;poisolv——矩形有限元解椭圆型方程;parabolic——解抛物线型方程;hyperbolic——解双曲线型方程。

在 pdetool 窗口中直接单击解方程的按钮即可解方程。解方程所耗费的时间取决于有限元划分的多少。

17.2　求解椭圆方程

在偏微分方程中,有类特殊的椭圆曲线方程,即泊松方程,下面介绍一个这类问题的示例请读者参考。

【例 17-1】　求解在域 Ω 上泊松方程 $-\Delta U = 1$、边界条件 $\partial\Omega$ 上 $U = 0$ 的数值解,其中 Ω 是一个单位圆。

(1) 启动 pdetool 界面。在 MATLAB 命令行窗口中输入 pdetool,按 Enter 键弹出一个 PDE Tool 对话框,然后画一个单位圆,并单击 $\boxed{\partial\Omega}$ 图标,弹出如图 17-1 所示的界面。

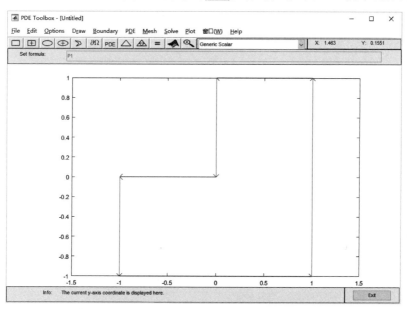

图 17-1　pdetool 界面

（2）选择 Boundary→Specify boundary conditions 命令，将边界条件选中为 Dirichlet 条件并设置 $h=1,r=0$，如图 17-2 所示。

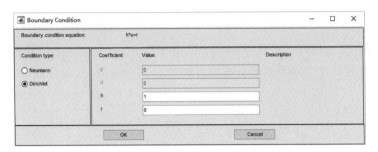

图 17-2　边界条件设置界面

（3）单击 PDE 按钮，将会弹出一个如图 17-3 所示的对话框。选中 Elliptic 单选按钮并设置 $c=1,a=0,f=10$。

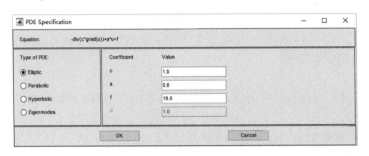

图 17-3　设置偏微分方程类型

（4）划分单元。单击三角按钮 △，弹出如图 17-4 所示的对话框。继续单击双三角按钮，弹出如图 17-5 所示的对话框。

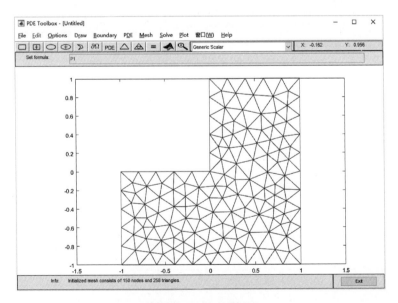

图 17-4　划分三角网格

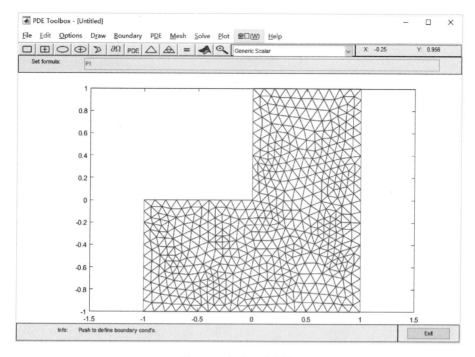

图 17-5　细分三角网格

（5）求解方程。单击等号按钮，弹出如图 17-6 所示的对话框，显示出求解方程值的分布。

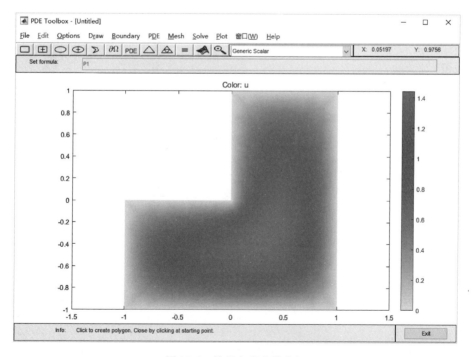

图 17-6　泊松方程的数值解

（6）对比精确解的绝对误差值。选择 Plot→Parameters 命令，弹出选择框，如图 17-7 所示，在 Property 下选择 User entry 选项，并在其中输入方程的精确解 u-(1-x.^2-y.^2)/4，单击 Plot 按钮，弹出如图 17-8 所示的绝对误差图。

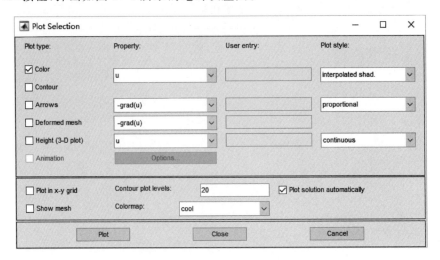

图 17-7　选择框

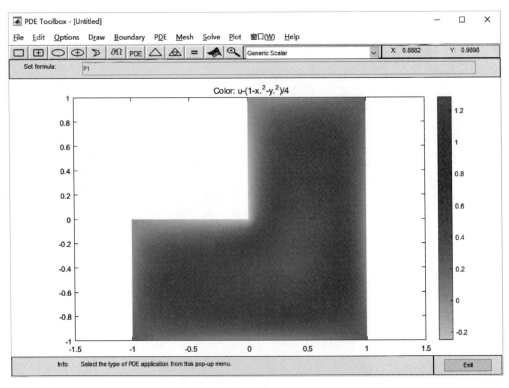

图 17-8　绝对误差图

（7）选择 File→Save as 命令，选择一个文件存放路径。最后，将结果保存为 M 文件即 ell.m，代码如下所示，以后运行此例时在 MATLAB 命令行窗口中执行即可。

```
function pdemodel
[pde_fig, ax] = pdeinit;
pdetool('appl_cb',1);
set(ax,'DataAspectRatio',[1 1 1]);
set ( ax, ' PlotBoxAspectRatio ' , [ 921. 59999999999991  614. 39999999999998  614.
39999999999998]);
set(ax,'XLimMode','auto');
set(ax,'YLim',[-1.5 1.5]);
set(ax,'XTickMode','auto');
set(ax,'YTickMode','auto');
pdetool('gridon','on');
% 几何描述
pdeellip(-0.00081433224755711464,-0.0024429967426706778,0.99429967426710109,
1.001628664495114, …
0,'E1');
set(findobj(get(pde_fig,'Children'),'Tag','PDEEval'),'String','E1')
% 边界条件
pdetool('changemode',0)
pdesetbd(4, …
'dir', …
1, …
'1', …
'0')
pdesetbd(3, …
'dir', …
1, …
'1', …
'0')
pdesetbd(2, …
'dir', …
1, …
'1', …
'0')
pdesetbd(1, …
'dir', …
1, …
'1', …
'0')

% 网格生成
setappdata(pde_fig,'Hgrad',1.3);
setappdata(pde_fig,'refinemethod','regular');
setappdata(pde_fig,'jiggle',char('on','mean',''));
pdetool('initmesh')
pdetool('refine')

% 偏微分方程的系数
pdeseteq(1, …
'1.0', …
'0.0', …
```

```
'1.0', …
'1.0', …
'0: 10', …
'0.0', …
'0.0', …
'[0 100]')
setappdata(pde_fig,'currparam', …
['1.0'; …
'0.0'; …
'1.0'; …
'1.0'])

% 求解参数
setappdata(pde_fig,'solveparam', …
str2mat('0','1620','10','pdeadworst', …
'0.5','longest','0','1E-4','','fixed','Inf'))

% Plotflags 和用户数据的字符串
setappdata(pde_fig,'plotflags',[4 1 1 1 1 1 1 1 0 0 0 1 1 0 0 0 0 1]);
setappdata(pde_fig,'colstring','u-(1-x.^2-y.^2)/4');
setappdata(pde_fig,'arrowstring','');
setappdata(pde_fig,'deformstring','');
setappdata(pde_fig,'heightstring','');

% 求解偏微分方程
pdetool('solve')
```

17.3　求解抛物线方程

下面介绍一类特殊的抛物线方程,即热方程,请用户参考以下示例。

【例 17-2】 求在一个矩形域 Ω 上的热方程 $\mathrm{d}\dfrac{\partial u}{\partial t}-\Delta u=$,边界条件为:在左边界上 $u=100$,在右边界上 $\dfrac{\partial u}{\partial n}=-10$,在其他边界上 $\dfrac{\partial u}{\partial n}=0$,其中 Ω 是一个矩形 R_1 与矩形 R_2 的差,R_1 为 $[-0.5,0.5]\times[-0.8,0.8]$,$R_2$ 为 $[-0.05,0.05]\times[-0.4,0.4]$。

(1) 启动 pdetool 界面。在 MATLAB 命令行窗口中输入 pdetool,按 Enter 键弹出一个 PDE Tool 对话框。选择 Options→Application→Generic Scalar 命令,如图 17-9 所示,然后选中 Grid 之后再选中 Grid Spacing 修改网格尺度,如图 17-10 所示。

(2) 画矩形区域。选择 Draw→Rectangle/square 命令,画 R_1 和 R_2,并且分别单击坐标系中的 R_1 与 R_2 图标设置其大小,具体内容如图 17-11 和图 17-12 所示。最后在 Set formula 文本框中输入 R_1-R_2。

(3) 边界条件。选择 Edit→Select All 命令,并选择 Boundary→Specify boundary conditions 命令,将边界条件选为 Neumann 条件,设置 $\dfrac{\partial u}{\partial n}=0$。然后分别单击最左侧边界和最右侧边界,按照要求设置边界条件。

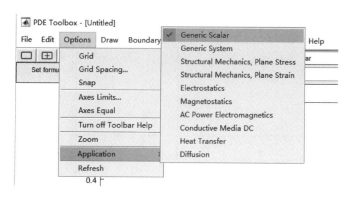

图 17-9 选择 Generic Scalar 命令

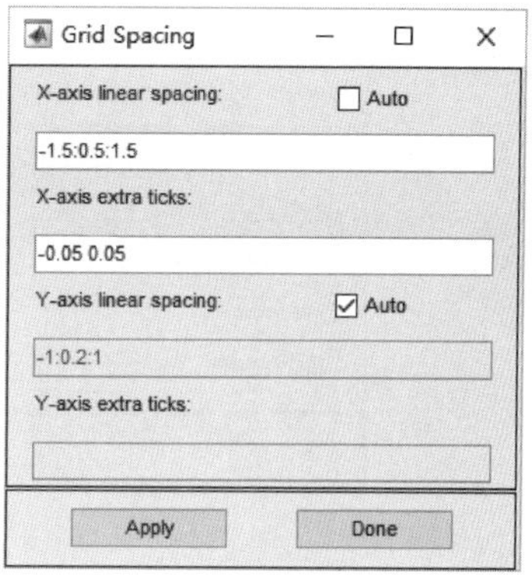

图 17-10 Grid Spacing 对话框

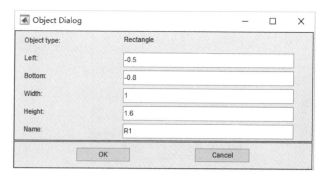

图 17-11 设置 R_1

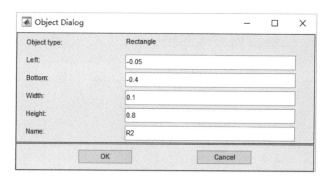

图 17-12 设置 R_2

（4）设置方程类型。由于热方程是特殊的抛物线方程，所以选中 Parabolic 单选按钮并设置 $c=1.0, a=0.0, f=0, d=1.0$，如图 17-13 所示。

（5）设置时间。选择 Solve→Solve Parameters 命令，然后设置时间，并将 $u(t_0)$ 设置成 0.0，其他不变，如图 17-14 所示。

（6）求解热方程。单击等号按钮，弹出如图 17-15 所示的对话框，显示出求解方程值的分布。

（7）选择 File→Save as 命令，选择一个文件存放路径。最后，将结果保存为 M 文件即 par. m，代码如下所示，以后运行此例时在 MATLAB 命令行窗口中执行即可。

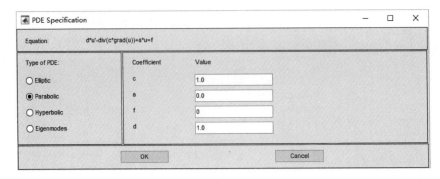

图 17-13　设置偏微分方程类型

图 17-14　Solve Parameters 对话框

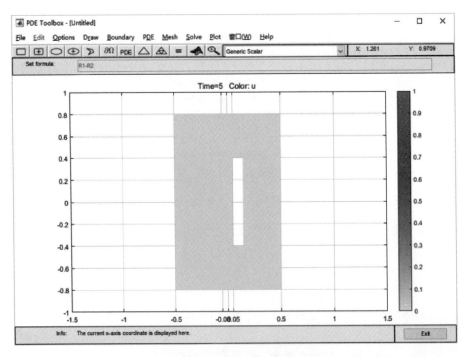

图 17-15　热方程数值解的分布

```
function pdemodel
[pde_fig,ax] = pdeinit;
pdetool('appl_cb',1);
pdetool('snapon','on');
set(ax,'DataAspectRatio',[1 9.25 1]);
set(ax,'PlotBoxAspectRatio',[1 0.66666666666666663 1]);
set(ax,'XLim',[-1 1]);
set(ax,'YLim',[-1.5 1.5]);
set(ax,'XTick',[ -1.5, ...
 -1, ...
 -0.5, ...
 -0.050000000000000003, ...
 0, ...
 0.050000000000000003, ...
 0.5, ...
 1, ...
 1.5, ...
]);
set(ax,'YTick',[ -1, ...
 -0.80000000000000004, ...
 -0.59999999999999998, ...
 -0.39999999999999991, ...
 -0.19999999999999996, ...
 0, ...
 0.19999999999999996, ...
 0.39999999999999991, ...
 0.59999999999999998, ...
 0.80000000000000004, ...
 1, ...
]);
setappdata(ax,'extraspacex','-0.05 0.05');
pdetool('gridon','on');

% 几何描述
pderect([-0.5 0.5 0.80000000000000004 -0.80000000000000004],'R1');
pderect([-0.050000000000000003 0.050000000000000003 0.40000000000000002
-0.40000000000000002],'R2');
set(findobj(get(pde_fig,'Children'),'Tag','PDEEval'),'String','R1-R2')

% 边界条件
pdetool('changemode',0)
pdesetbd(8, ...
'neu', ...
1, ...
'0', ...
'0')
pdesetbd(7, ...
'neu', ...
1, ...
'0', ...
'0')
pdesetbd(6, ...
'dir', ...
```

```
1, …
'1', …
'100')
pdesetbd(5, …
'neu', …
1, …
'0', …
'0')
pdesetbd(4, …
'neu', …
1, …
'0', …
'0')
pdesetbd(3, …
'neu', …
1, …
'0', …
'0')
pdesetbd(2, …
'neu', …
1, …
'0', …
'0')
pdesetbd(1, …
'neu', …
1, …
'0', …
'-10')

% 网格生成
setappdata(pde_fig,'Hgrad',1.3);
setappdata(pde_fig,'refinemethod','regular');
setappdata(pde_fig,'jiggle',char('on','mean',''));
pdetool('initmesh')
pdetool('refine')

% 偏微分方程的系数
pdeseteq(2, …
'1.0', …
'0.0', …
'0', …
'1.0', …
'0:0.5:5', …
'0.0', …
'0.0', …
'[0 100]')
setappdata(pde_fig,'currparam', …
['1.0'; …
'0.0'; …
'0  '; …
'1.0'])

% 求解参数
```

```
setappdata(pde_fig,'solveparam', …
str2mat('0','1308','10','pdeadworst', …
'0.5','longest','0','1E - 4','','fixed','Inf'))

% Plotflags 和用户数据的字符串
setappdata(pde_fig,'plotflags',[1 1 1 1 1 1 1 1 0 0 0 1 1 1 0 0 0 0 1]);
setappdata(pde_fig,'colstring','');
setappdata(pde_fig,'arrowstring','');
setappdata(pde_fig,'deformstring','');
setappdata(pde_fig,'heightstring','');

% 求解偏微分方程
pdetool('solve')
```

17.4　求解双曲线方程

下面介绍一类特殊的双曲线方程，即波动方程，请用户参考以下示例。

【例 17-3】　求解在矩形域内的波动方程 $\dfrac{\partial^2 u}{\partial t^2} - \Delta u = 0$，在左、右边界 $u = 0$，在上、下边界 $\dfrac{\partial u}{\partial n} = 0$，另外，要求有初值 $u(t_0)$ 与 $\dfrac{\partial u(t_0)}{\partial t}$，这里从 $t = 0$ 开始，那么 $u(0) = a\tan\left(\cos\left(\dfrac{\pi}{2}x\right)\right)$，从而 $\dfrac{\partial u(0)}{\partial t} = 3\sin(\pi x)\mathrm{e}^{\sin\left(\frac{\pi}{2}y\right)}$。

（1）启动 pdetool 界面。在 MATLAB 命令行窗口中输入 pdetool，按 Enter 键弹出一个 PDE Tool 对话框。然后选择 Options→Generic Scalar 命令。

（2）画矩形区域。选择 Draw→Rectangle/square 命令，画 R_1：$(-1, -1)$，$(-1,1)$，$(1,-1)$，$(1,1)$。

（3）边界条件。分别选中上、下边界，选择 Boundary→Boundary Mode→Specify Boundary Conditions 命令，将边界条件设置为 Neumann 条件，按照要求设置边界条件，如图 17-16 所示。然后分别单击左边界和右边界，按照要求设置边界条件，如图 17-17 所示。

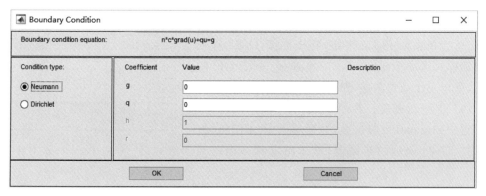

图 17-16　Neumann 条件

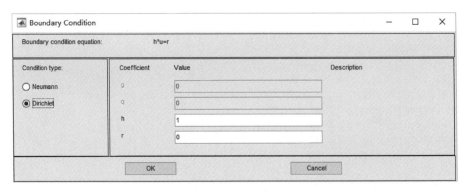

图 17-17　Dirichlet 条件

（4）设置方程类型。由于波动方程是特殊的双曲线方程，所以选中 Hyperbolic 单选按钮并设置 $c=1.0, a=0.0, f=0.0, d=1.0$，如图 17-18 所示。

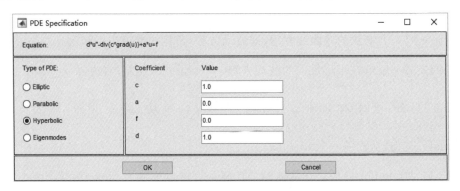

图 17-18　设置偏微分方程类型

（5）设置时间参数。选择 Solve → Solve Parameters 命令，然后在 Time 下输入 linspace（0,5,31），在 $u(t_0)$ 下输入 $atan(\cos(\text{pi}/2*x))$，在 $u'(t_0)$ 下输入 $3*\sin(\text{pi}*x).*\exp(\sin(\text{pi}/2*y))$，其他不变，如图 17-19 所示。

（6）动画效果图。选择 Plot→Parameters 命令，弹出如图 17-20 所示的对话框。选中 Animation 复选框，然后单击 Options 按钮，弹出如图 17-21 所示的对话框。选中 Replay movie 复选框，单击 OK 按钮后，弹出一个动态图像，如图 17-22 所示。

（7）求波动方程。在图 17-20 所示的对话框中取消选中 Animation 复选框，然后单击 Plot 按钮，弹出如图 17-23 所示的对话框，显示出求解方程值的分布。

图 17-19　Solve Parameters 对话框

（8）选择 File→Save as 命令，选择一个文件存放路径。最后，将结果保存为 M 文件即 hyp.m，代码如下所示，以后运行此例时在 MATLAB 命令行窗口中执行即可。

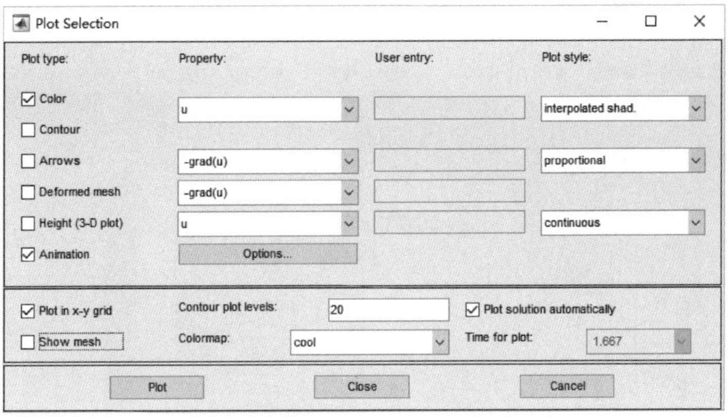

图 17-20　Plot Selection 对话框

图 17-21　Animation Options 对话框

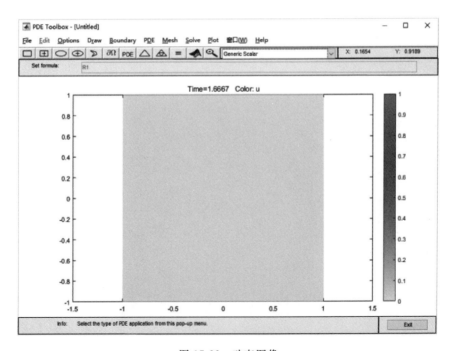

图 17-22　动态图像

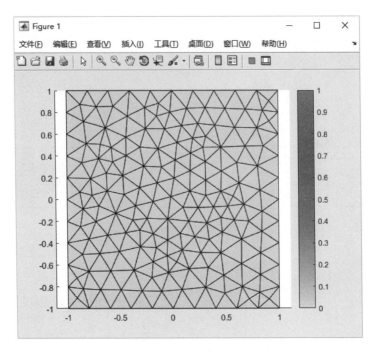

图 17-23　波动方程数值解的分布

```
function pdemodel
[pdc_fig,ax] = pdeinit;
pdetool('appl_cb',1);
set(ax,'DataAspectRatio',[1 1.5 1]);
set(ax,'PlotBoxAspectRatio',[1.5 1 1]);
set(ax,'XLim',[-1.5 1.5]);
set(ax,'YLim',[-1.5 1.5]);
set(ax,'XTickMode','auto');
set(ax,'YTick',[-1.2, …
-1, …
-0.79999999999999993, …
-0.59999999999999987, …
-0.39999999999999991, …
-0.19999999999999996, …
0, …
0.19999999999999996, …
0.39999999999999991, …
0.59999999999999987, …
0.79999999999999993, …
1, …
1.2, …
]);

% 几何描述
pderect([-1 1 1 -1],'R1');
set(findobj(get(pde_fig,'Children'),'Tag','PDEEval'),'String','R1')
```

```
% 边界条件
pdetool('changemode',0)
pdesetbd(4, …
'dir', …
1, …
'1', …
'0')
pdesetbd(3, …
'neu', …
1, …
'0', …
'0')
pdesetbd(2, …
'dir', …
1, …
'1', …
'0')
pdesetbd(1, …
'neu', …
1, …
'0', …
'0')

% 网格生成
setappdata(pde_fig,'Hgrad',1.3);
setappdata(pde_fig,'refinemethod','regular');
setappdata(pde_fig,'jiggle',char('on','mean',''));
pdetool('initmesh')

% 偏微分方程的系数
pdeseteq(3, …
'1.0', …
'0.0', …
'0.0', …
'1.0', …
'linspace(0,5,31)''', …
'atan(cos(pi/2 * x))''', …
'3 * sin(pi * x). * exp(sin(pi/2 * y))''', …
'[0 100]')
setappdata(pde_fig,'currparam', …
['1.0'; …
'0.0'; …
'0.0'; …
'1.0'])

% 求解参数
setappdata(pde_fig,'solveparam', …
str2mat('0','1000','10','pdeadworst', …
'0.5','longest','0','1E - 4','','fixed','Inf'))
```

```
% Plotflags 和用户数据的字符串
setappdata(pde_fig,'plotflags',[1 1 1 1 1 1 1 1 1 0 1 31 1 0 0 0 0 1]);
setappdata(pde_fig,'colstring','');
setappdata(pde_fig,'arrowstring','');
setappdata(pde_fig,'deformstring','');
setappdata(pde_fig,'heightstring','');


% 求解偏微分方程
pdetool('solve')
```

17.5　求解特征值方程

下面介绍特征值方程的求解过程,请用户参考以下示例。

【例17-4】　计算特征值小于 100 的特征方程

$$-\Delta u = \lambda u$$

其中求解区域在 L 形上,拐角点分别是$(0,0)$,$(-1,0)$,$(-1,-1)$,$(1,-1)$,$(1,1)$ 和$(0,1)$,并且边界条件为 $u=0$。

(1) 启动 pdetool 界面。在 MATLAB 命令行窗口中输入 pdetool,按 Enter 键弹出一个 PDE Tool 对话框。然后选择 Options→Generic Scalar 命令。

(2) 画 L 多边形区域。选择 Draw→Rectangle/square 命令,画 R_1 与 R_2:$(0,0)$,$(-1,0)$,$(-1,-1)$,$(1,-1)$,$(1,1)$ 和$(0,1)$,如图 17-24 所示。

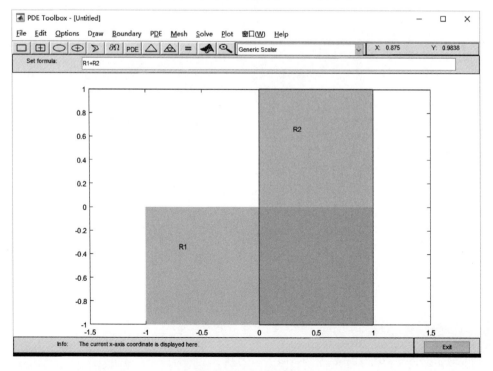

图 17-24　L 形区域

（3）边界条件。选择 Boundary→Specify Boundary Conditions 命令，将边界条件选为 Dirichlet 条件，按照要求设置边界条件，如图 17-25 所示。

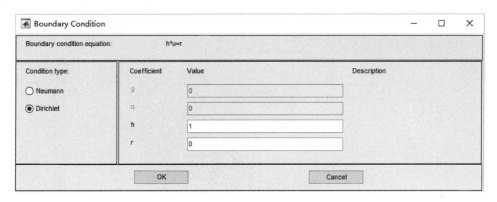

图 17-25　边界条件设置

（4）设置方程类型。选择 Eigenmodes 单选按钮，并设置 $c=1.0, a=0.0, d=1.0$，如图 17-26 所示。

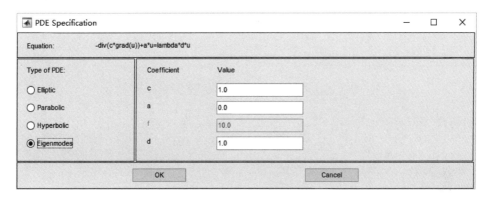

图 17-26　方程类型设置

（5）设置特征值范围。选择 Solve→Parameters 命令，然后输入 [0 100]，如图 17-27 所示。

图 17-27　范围设置

（6）求解特征方程。单击等号按钮，弹出如图 17-28 所示的对话框，显示出求解方程值的分布。

（7）选择 File→Save as 命令，选择一个文件存放路径。最后，将结果保存为 M 文件即 Eig.m，代码如下所示，以后运行此例时在 MATLAB 命令行窗口中执行即可。

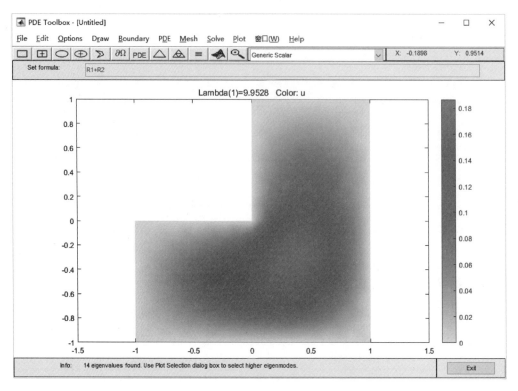

图 17-28 特征方程的解

```
function pdemodel
[pde_fig, ax] = pdeinit;
pdetool('appl_cb', 1);
set(ax, 'DataAspectRatio', [1 1.2 1]);
set(ax, 'PlotBoxAspectRatio', [1.5 1 1]);
set(ax, 'XLim', [ - 1.5 1.5]);
set(ax, 'YLim', [ - 1 1.3999999999999999]);
set(ax, 'XTickMode', 'auto');
set(ax, 'YTickMode', 'auto');

% 几何描述
pderect([ - 1 1 0 - 1], 'R1');
pderect([0 1 1 - 0], 'R2');
set(findobj(get(pde_fig, 'Children'), 'Tag', 'PDEEval'), 'String', 'R1 + R2')

% 边界条件
pdetool('changemode', 0)
pdesetbd(7, …
'dir', …
1, …
'1', …
'0')
pdesetbd(6, …
```

```
'dir', …
1, …
'1', …
'0')
pdesetbd(5, …
'dir', …
1, …
'1', …
'0')
pdesetbd(4, …
'dir', …
1, …
'1', …
'0')
pdesetbd(3, …
'dir', …
1, …
'1', …
'0')
pdesetbd(2, …
'dir', …
1, …
'1', …
'0')
pdesetbd(1, …
'dir', …
1, …
'1', …
'0')

%网格生成
setappdata(pde_fig,'Hgrad',1.3);
setappdata(pde_fig,'refinemethod','regular');
setappdata(pde_fig,'jiggle',char('on','mean',''));
pdetool('initmesh')

%偏微分方程的系数
pdeseteq(4, …
'1.0', …
'0.0', …
'10.0', …
'1.0', …
'0: 10', …
'0.0', …
'0.0', …
'[0 100]')
setappdata(pde_fig,'currparam', …
['1.0 '; …
'0.0 '; …
'10.0'; …
```

```
'1.0 '])

% 求解参数
setappdata(pde_fig,'solveparam', …
str2mat('0','1000','10','pdeadworst', …
'0.5','longest','0','1E-4','','fixed','Inf'))

% Plotflags 和用户数据字符串
setappdata(pde_fig,'plotflags',[1 1 1 1 1 1 1 1 0 0 0 1 1 0 0 0 0 1]);
setappdata(pde_fig,'colstring','');
setappdata(pde_fig,'arrowstring','');
setappdata(pde_fig,'deformstring','');
setappdata(pde_fig,'heightstring','');

% 求解偏微分方程
pdetool('solve')
```

　　用户可以依照以上所举示例,根据自己的不同需求修改边界条件、求解区域和方程参数。当然,可视化操作虽然简单方便,但并不灵活。用户也可以根据自己的能力通过数值计算方法(如有限差分法)来编写自己的代码,还可以选择工具箱中的 File→Save as 命令保存成 M 文件,用户可以自己参看代码。

本章小结

　　众所周知,解偏微分方程不是一件轻松的事情,但是偏微分方程在自然科学和工程领域应用很广,因此,研究解偏微分方程的方法,以及开发解偏微分方程的工具,是数学和计算机领域中的一项重要工作。

　　本章主要是针对工程人员,特别是涉及偏微分方程的数值解法及工程应用而编写的。本章的主要思想是通过具体、简单的示例来概括偏微分方程的数值结果,从结构安排上分别介绍了 4 类常见的偏微分方程在交互式界面上的操作方法,并且将这些操作进一步转化为 MATLAB 语言。